Analysis of
Organic Reaction Mechanism

有机反应机理解析

陈荣业 苏为科 著

化学工业出版社
·北京·

内容简介

本书为一部研究有机反应原理与规律的教科书，旨在将反应机理的认识水平从"感性认识"阶段提高到"理性认识"阶段。

现有教科书将有机反应划分成多种类型，研究反应机理也往往侧重于其个性区别，所选择的命名、术语、概念过多过复杂，很难从中找到有机反应的共性规律。本书的显著特点是从不同结构、不同反应类型中提炼出有机反应共性规律，从而高度概括有机反应的本质特征、基本原理与客观规律。先"从特殊到一般"提炼出的有机反应的基本原理和规律，再"从一般到特殊"利用这种原理和规律可以解析全部极性反应机理。

本书可供有机反应研究人员参考，也可供高等学校化学类及相关专业师生参阅。

图书在版编目（CIP）数据

有机反应机理解析/陈荣业，苏为科著. — 北京：化学工业出版社，2024.1
ISBN 978-7-122-44941-2

Ⅰ.①有… Ⅱ.①陈… ②苏… Ⅲ.①有机化学-反应机理 Ⅳ.①O621.25

中国国家版本馆 CIP 数据核字（2024）第 026374 号

责任编辑：刘　婧　戴燕红　　　　装帧设计：史利平
责任校对：王鹏飞

出版发行：化学工业出版社
　　　　　（北京市东城区青年湖南街 13 号　邮政编码 100011）
印　　装：涿州市般润文化传播有限公司
787mm×1092mm　1/16　印张 22¼　字数 549 千字
2025 年 3 月北京第 1 版第 1 次印刷

购书咨询：010-64518888　　　　　售后服务：010-64518899
网　　址：http://www.cip.com.cn
凡购买本书，如有缺损质量问题，本社销售中心负责调换。

定　　价：198.00 元　　　　　版权所有　违者必究

前言
PREFACE

  有机反应千变万化，然而万变不离其宗，它们均遵循相应的原理和规律。对其高度抽象化地进行概括，是有机化学理论的终极目标。对于众说纷纭的理论与观点，"去粗取精、去伪存真"，是不断完善有机反应理论的必由之路。

  反应机理解析是对反应过程、原理的形象化描述，有机极性反应的内在规律可由三个要素表达。对这三个要素的任一误解，均应给予纠正与补充，这是揭示有机反应规律的必要途径。

  综观共价键生成过程，有机反应只有两类：一类是一对电子转移，另一类是单电子转移。按电子转移方式分类有机反应，是反应机理解析的关键，且通俗易懂。

  按照电子转移方式分类有机反应，按照试剂的功能，如亲核试剂、亲电试剂、离去基、自由基等，就可简单易懂地理解反应机理。

  从特殊到一般，从具体的有机反应能够抽象出其电子转移规律、酸碱催化规律与物理化学规律等；从一般到特殊，运用上述普遍性规律能够评价具体的机理解析结论。按此种辩证的思维逻辑就能够推测出若干前人难以解析的反应机理。

  理解和把握有机反应规律之目的，不仅在于能够解释其过程与原理，而更在于运用这些基本原理去认识和优化反应过程。出于如上初衷，笔者撰写了本书，供同行专家学者研讨与交流。

  一个正确的认识，往往需要实践、认识、再实践、再认识多次的反复才能够完成。限于笔者实践过程与认识水平，书中的若干观点是逻辑推理得到的，需要实践的进一步检验，也需要认识的进一步深化。恳请读者提出宝贵意见和建议。

陈荣业 苏为科
2023 年 10 月于浙江工业大学

目 录
CONTENTS

第 1 章　有机分子的结构、极性与电荷分布　　1

1.1　原子的三个特征 ·· 1
　　1.1.1　原子的杂化轨道 ·· 1
　　1.1.2　原子的范德华半径与共价半径 ······································ 2
　　1.1.3　原子与基团的电负性 ·· 3
1.2　共价键的空间结构与电子特征 ·· 4
　　1.2.1　共价键的空间结构 ··· 4
　　1.2.2　共价键的电子特征 ··· 5
1.3　有机分子结构 ·· 7
　　1.3.1　烷烃 ··· 7
　　1.3.2　烯烃 ··· 8
　　1.3.3　芳烃 ··· 9
　　1.3.4　不同烃类的性质比较 ·· 11
1.4　分子内各元素原子的外层电子排布 ·· 11
　　1.4.1　八隅律规则及其适用范围 ·· 11
　　1.4.2　pπ-dπ 键的结构与共振 ·· 13
1.5　有机反应机理解析规范 ··· 15
　　1.5.1　解析反应过程到基元反应 ·· 15
　　1.5.2　电子转移标注必不可少 ··· 16
　　1.5.3　分子结构的形象化表述 ··· 17
1.6　运用概念解题 ··· 18
1.7　本章要点总结 ··· 23
参考文献 ·· 24

第 2 章　分子内的诱导效应、共轭效应与共振规律　　25

2.1　诱导效应 ··· 25
　　2.1.1　诱导效应的孤立观察 ·· 25
　　2.1.2　诱导效应的标度 ··· 26
2.2　共轭效应 ··· 27
　　2.2.1　共轭效应的孤立观察 ·· 27

2.2.2 共轭效应的标度 ··· 28
 2.3 诱导效应与共轭效应的共同作用 ··· 28
   2.3.1 电子效应的作用、标度与局限性 ··· 29
   2.3.2 共轭效应对 π 键电子云密度分布的影响 ································ 30
   2.3.3 共轭体系的电子云密度分布、反应活性与定位规律 ················ 31
   2.3.4 诱导效应与共轭效应的动态变化 ··· 34
 2.4 共轭体系内的共振状态 ·· 38
   2.4.1 电子对与 π 键的共振 ·· 39
   2.4.2 空轨道与 π 键的共振 ·· 42
   2.4.3 自由基与 π 键的共振 ·· 45
   2.4.4 卡宾与 π 键的共振 ··· 45
   2.4.5 共轭体系的识别 ··· 47
   2.4.6 分子内空间的共振异构 ·· 49
 2.5 运用概念解题 ··· 49
 2.6 本章要点总结 ··· 51
 参考文献 ·· 51

第3章 有机反应的特征与分类　　53

 3.1 电子转移的两种方式 ··· 53
   3.1.1 两种电子转移机理的识别 ··· 53
   3.1.2 电子转移的规范标注 ··· 58
   3.1.3 按电子转移方式分类有机反应 ·· 60
 3.2 电子转移标注的符号与意义 ·· 61
   3.2.1 弯箭头的意义 ·· 61
   3.2.2 虚线弯箭头的意义 ·· 64
   3.2.3 鱼钩箭头的意义 ··· 66
 3.3 一对电子转移的极性反应 ··· 67
   3.3.1 极性反应的三要素 ·· 67
   3.3.2 π 键上的三要素特征 ·· 68
   3.3.3 多步极性反应的串联过程 ·· 68
 3.4 多对电子的协同迁移 ··· 69
   3.4.1 热电环化反应 ·· 70
   3.4.2 σ-迁移反应 ·· 70
   3.4.3 环加成反应 ··· 71
   3.4.4 六元环内的多种 σ-迁移反应 ·· 72
   3.4.5 五元环内的 [2,3]-σ 迁移 ·· 77
   3.4.6 [2+2] 环加成与多对电子转移的混合机理 ····························· 79
 3.5 单电子转移的自由基机理 ··· 80
   3.5.1 自由基引发及其稳定性 ·· 80
   3.5.2 自由基的传递与终止 ··· 86
   3.5.3 自由基的共振异构 ·· 89
   3.5.4 自由基反应机理的识别 ·· 90
 3.6 利用概念解题与争议问题讨论 ··· 93

3.7 本章要点总结 ………………………………………………………………… 93
参考文献 …………………………………………………………………………… 94

第4章 极性反应的规律与特点 95

4.1 极性反应机理的现有解析 ……………………………………………………… 95
4.2 极性反应的三要素 ……………………………………………………………… 97
    4.2.1 三要素的基本概念 ………………………………………………………… 97
    4.2.2 极性基元反应的三要素 …………………………………………………… 98
    4.2.3 极性基元反应的方向和限度 ……………………………………………… 99
4.3 多步串联的极性反应 …………………………………………………………… 101
    4.3.1 离去基转化为亲核试剂的过程 …………………………………………… 101
    4.3.2 极性反应经典类型的机理解析 …………………………………………… 103
    4.3.3 电子转移的准确标注 ……………………………………………………… 107
4.4 π键上的三要素特征 …………………………………………………………… 110
    4.4.1 π键的离去方向 …………………………………………………………… 110
    4.4.2 π键的成键次序 …………………………………………………………… 111
    4.4.3 π键的两可功能 …………………………………………………………… 112
4.5 极性反应三要素的识别 ………………………………………………………… 114
    4.5.1 有机人名反应中三要素的识别 …………………………………………… 115
    4.5.2 根据三要素基本概念识别三要素 ………………………………………… 117
    4.5.3 复杂反应中三要素的识别 ………………………………………………… 118
4.6 极性反应的中间状态 …………………………………………………………… 121
    4.6.1 与活泼氢成键的亲核试剂 ………………………………………………… 122
    4.6.2 芳烃取代基上的活泼氢 …………………………………………………… 123
    4.6.3 杂原子上孤对电子与金属空轨道的络合 ………………………………… 124
    4.6.4 邻基参与的反应 …………………………………………………………… 124
4.7 本章要点总结 …………………………………………………………………… 127
参考文献 …………………………………………………………………………… 127

第5章 有机反应的基本规律 129

5.1 有机反应的电子转移规律 ……………………………………………………… 129
    5.1.1 三要素的运动规律 ………………………………………………………… 129
    5.1.2 电子转移的基本规律 ……………………………………………………… 130
    5.1.3 极性反应三要素的识别 …………………………………………………… 133
5.2 三要素的酸碱催化规律 ………………………………………………………… 137
    5.2.1 酸碱催化的对应关系 ……………………………………………………… 137
    5.2.2 碱对于亲核试剂的催化作用 ……………………………………………… 139
    5.2.3 酸对于亲电试剂的催化作用 ……………………………………………… 142
5.3 极性反应的物理化学规律 ……………………………………………………… 147
    5.3.1 羰基化合物的结构与活性 ………………………………………………… 147
    5.3.2 反应速度的决定因素 ……………………………………………………… 150
    5.3.3 反应的方向与限度 ………………………………………………………… 152

5.3.4	反应的进程与产物	154
5.3.5	离去基的可逆离去与不可逆离去	158

5.4 本章要点总结 ········ 161
参考文献 ········ 162

第6章 未成键原子间的作用力　164

6.1 溶剂对有机反应速度的影响 ········ 164
 6.1.1 溶剂的极性与分子间力 ········ 164
 6.1.2 溶剂作用的理论基础 ········ 167
 6.1.3 溶剂选择的 Hughes-Ingold 规则及其局限性 ········ 173
 6.1.4 化学反应类型与溶剂作用机理的对应关系 ········ 174
 6.1.5 溶剂作用因果关系讨论 ········ 174
 6.1.6 争议问题讨论 ········ 178
 6.1.7 本节要点总结 ········ 179
6.2 分子内空间诱导效应 ········ 179
 6.2.1 分子内空间诱导效应的作用与形式 ········ 179
 6.2.2 分子内空间诱导效应对电子云密度分布的影响 ········ 180
 6.2.3 空间诱导效应对分子物理性质的影响 ········ 181
 6.2.4 分子内空间诱导效应对反应活性的影响 ········ 186
 6.2.5 分子内空间诱导效应概念的拓展与延伸 ········ 190
 6.2.6 分子内空间诱导效应的范围与形式 ········ 191
 6.2.7 本节要点总结 ········ 195
参考文献 ········ 195

第7章 氧化还原反应的机理解析　196

7.1 氧化还原反应基本概念 ········ 196
 7.1.1 极性反应的氧化剂与还原剂 ········ 196
 7.1.2 自由基氧化反应的氧化剂与还原剂 ········ 197
7.2 电子得失与电负性的变化 ········ 199
 7.2.1 电负性均衡原理与变化趋势 ········ 199
 7.2.2 正负离子的电负性 ········ 199
7.3 常用杂正离子氧化剂的结构 ········ 200
 7.3.1 酸催化产生的杂正离子 ········ 200
 7.3.2 强酸脱水生成的杂正离子 ········ 200
 7.3.3 高价重金属含氧酰基正离子 ········ 201
 7.3.4 高价金属正离子 ········ 202
7.4 常见还原剂的结构 ········ 202
 7.4.1 负氢与路易斯酸的络合物 ········ 202
 7.4.2 低价元素上的氢原子 ········ 204
 7.4.3 金属外层的单电子转移 ········ 206
 7.4.4 含有活泼氢的杂原子亲核试剂 ········ 207
 7.4.5 低电负性的碳、氢亲核试剂 ········ 208

7.5 多对电子协同迁移过程的氧化还原 ·· 209
    7.5.1 [2,3]-σ 迁移过程的氧化还原 ·· 209
    7.5.2 [3,3]-σ 迁移过程的氧化还原 ·· 212
7.6 偶联反应的氧化加成与还原消除 ·· 215
    7.6.1 氧化加成的电子转移 ·· 215
    7.6.2 还原消除的电子转移 ·· 215
    7.6.3 偶联反应的机理解析 ·· 216
7.7 氧化还原反应的催化 ·· 218
    7.7.1 还原剂的催化过程 ·· 218
    7.7.2 氧化剂的催化过程 ·· 219
    7.7.3 自由基氧化反应的催化 ·· 220
7.8 本章要点总结 ·· 221
参考文献 ·· 221

第8章 亲核试剂   223

8.1 杂原子亲核试剂的反应活性 ·· 223
    8.1.1 所带电荷对亲核活性的影响 ·· 223
    8.1.2 碱性对亲核试剂活性的影响 ·· 224
    8.1.3 可极化度对亲核活性的影响 ·· 224
    8.1.4 空间位阻对亲核活性的影响 ·· 224
8.2 π 键亲核试剂 ·· 224
    8.2.1 烯烃的结构、反应机理与定位规律 ·· 225
    8.2.2 芳烃亲核试剂的结构、活性与定位规律 ·· 226
    8.2.3 烯醇结构亲核试剂及其共振状态 ·· 229
    8.2.4 羰基 π 键亲核试剂 ·· 230
    8.2.5 其它 π 键亲核试剂 ·· 232
8.3 碳负离子亲核试剂 ·· 233
    8.3.1 金属有机化合物 ·· 233
    8.3.2 共轭状态的碳负离子 ·· 235
    8.3.3 其它离去的碳负离子 ·· 237
8.4 负氢亲核试剂的结构与活性 ·· 239
8.5 两可亲核试剂 ·· 240
    8.5.1 芳烃 p-π 共轭体系的共振结构 ·· 240
    8.5.2 非芳烃分子 p-π 共轭体系内的共振 ·· 241
    8.5.3 与氧负离子成键的低价杂原子 ·· 242
    8.5.4 其它两可亲核试剂 ·· 244
8.6 碳负离子的性质 ·· 246
    8.6.1 与共轭 π 键的共振异构 ·· 246
    8.6.2 与 β-位亲电试剂成键 ·· 249
    8.6.3 α-消除反应与卡宾重排 ·· 250
    8.6.4 富电子重排反应 ·· 251
8.7 本章要点总结 ·· 252
参考文献 ·· 253

第9章　亲电试剂　254

- 9.1 路易斯酸亲电试剂 …… 254
  - 9.1.1 路易斯酸的亲电活性 …… 254
  - 9.1.2 路易斯酸的络合平衡 …… 255
  - 9.1.3 其它常用的路易斯酸 …… 257
- 9.2 缺电子的杂正离子亲电试剂 …… 257
  - 9.2.1 卤正离子的生成 …… 257
  - 9.2.2 氧正离子的生成 …… 258
  - 9.2.3 磺酰正离子的生成 …… 259
  - 9.2.4 硝酰正离子的生成 …… 260
  - 9.2.5 质子亲电试剂 …… 260
  - 9.2.6 两类杂正离子的结构与功能 …… 261
- 9.3 碳正离子亲电试剂 …… 261
  - 9.3.1 碳正离子的生成 …… 261
  - 9.3.2 碳正离子的性质 …… 266
- 9.4 带有独立离去基的亲电试剂 …… 268
  - 9.4.1 具有独立离去基的亲电试剂结构 …… 269
  - 9.4.2 独立离去基的酸催化原理 …… 269
  - 9.4.3 质子酸与路易斯酸催化作用的异同 …… 270
- 9.5 缺电子的不对称π键亲电试剂 …… 271
  - 9.5.1 分子结构不对称π键 …… 272
  - 9.5.2 电子效应不对称π键 …… 276
- 9.6 两类亲电试剂的活性排序 …… 278
  - 9.6.1 两类亲电试剂的活性比较 …… 278
  - 9.6.2 共轭效应对羰基亲电活性的影响 …… 279
- 9.7 碳氢亲电试剂的差别 …… 281
  - 9.7.1 碳氢亲电试剂的活性比较 …… 281
  - 9.7.2 两可亲电试剂的选择性 …… 282
- 9.8 本章要点总结 …… 284
- 参考文献 …… 285

第10章　离去基　286

- 10.1 离去基的三种类型 …… 286
  - 10.1.1 独立存在的离去基 …… 287
  - 10.1.2 不对称π键离去基 …… 288
  - 10.1.3 特殊的碳、氢离去基 …… 289
- 10.2 离去基的离去活性比较 …… 294
  - 10.2.1 碱性越弱的基团越容易离去 …… 294
  - 10.2.2 酸催化的基团容易离去 …… 295
  - 10.2.3 可极化度大的基团容易离去 …… 298
- 10.3 离去基的催化与衍生化 …… 300

10.3.1	几个典型的离去基催化剂	300
10.3.2	离去基的衍生化催化	302

10.4 离去基与亲核试剂的关系 ·············· 304
  10.4.1 两者结构类同 ·············· 304
  10.4.2 随酸碱性不同可相互转化 ·············· 305
  10.4.3 两者相互竞争、互不相容 ·············· 305

10.5 离去基与亲电试剂的关系 ·············· 307
  10.5.1 两者相互依存、不可分割 ·············· 307
  10.5.2 两者互带异电，可能处于离解与络合的平衡状态 ·············· 308
  10.5.3 路易斯酸空轨道上的络合与离去 ·············· 310

10.6 本章要点总结 ·············· 311

参考文献 ·············· 311

第 11 章　分子结构与反应活性　　313

11.1 离子对试剂与三元环结构 ·············· 313
  11.1.1 分子结构与物理性质的关系 ·············· 313
  11.1.2 叶立德试剂的结构与化学性质 ·············· 314
  11.1.3 重氮化合物的结构与化学性质 ·············· 315
  11.1.4 叠氮化合物的结构与化学性质 ·············· 317
  11.1.5 臭氧化合物的结构与化学性质 ·············· 319
  11.1.6 硝基化合物的结构与化学性质 ·············· 321

11.2 重排异构化反应的一般规律 ·············· 324
  11.2.1 多对电子协同迁移导致的重排反应 ·············· 324
  11.2.2 共轭体系内的共振重排反应 ·············· 325
  11.2.3 活性中间体导致的分子内重排反应 ·············· 327

11.3 金属有机化合物生成前后的功能转换 ·············· 331
  11.3.1 有机锂化物的生成与性质 ·············· 332
  11.3.2 格氏试剂的制备与功能 ·············· 333
  11.3.3 有机锌试剂的生成与性质 ·············· 334
  11.3.4 有机铜试剂的生成与反应 ·············· 335
  11.3.5 有机钯试剂的生成与反应 ·············· 337

11.4 重氮盐生成前后的功能变化 ·············· 339
  11.4.1 重氮盐的生成 ·············· 339
  11.4.2 重氮盐的性质 ·············· 341

11.5 本章要点总结 ·············· 343

参考文献 ·············· 344

第1章

有机分子的结构、极性与电荷分布

有机化学是研究碳的化学,碳原子处于元素周期表的第二周期第四主族,恰在电负性强的卤素和电负性弱的碱金属之间,正适合与多种元素形成共价键而生成有机化合物。

不同原子的原子核不同,其外层电子有不同构型。在形成共价键的有机分子中,一原子区别于其它原子的显著标志是其几何形状——杂化轨道类型、原子体积——共价半径与范德华半径以及控制电子的能力——电负性。

1.1 原子的三个特征

原子的三个特征为杂化轨道、半径和电负性。

1.1.1 原子的杂化轨道

根据价键理论,不同原子外层自旋相反的电子间相互配对,使每个原子的外层均达到不含未成对电子的饱和状态,由此构成了含共价键的有机化合物;能量相近的原子轨道间可进行杂化、重组,形成数量相等、能量相等的杂化轨道,从而使成键能力更强,成键后分子体系能量更低、更稳定;电子将尽可能占据能量相等的不同轨道。

碳原子的外层电子构型为 $(2s)^2 (2p_x)^1 (2p_y)^1 (2p_z)^0$,有一个 2s 轨道和三个相互垂直的 2p 轨道。当一个 2s 电子被激发至 $2p_z$ 轨道时,碳的外层四个轨道中各有一个未成对电子,此时碳原子的外层电子构型为 $(2s)^1 (2p_x)^1 (2p_y)^1 (2p_z)^1$,因而有三种不同的杂化方式(表 1-1)[1]。

表 1-1 碳原子不同杂化方式的结构参数

杂化方式	sp³	sp²	sp
原子构型	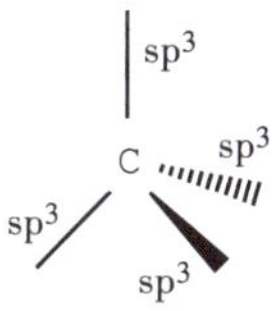	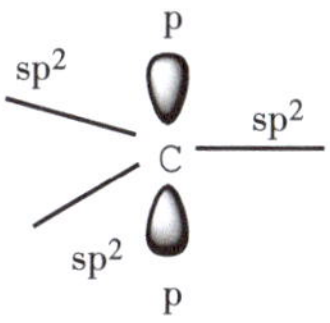	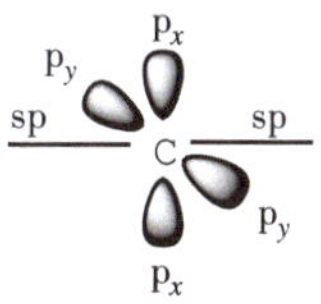
空间形状	四个 sp³ 轨道成正四面体	三个 sp² 轨道成平面正三角形,p 电子轴线垂直于这个平面	两个 p 轨道互相垂直构成平面,两个 sp 轨道成直线垂直于这个平面

续表

杂化方式	sp³	sp²	sp
键角	每两 sp³ 键间夹角为 109.5°	每两 sp² 键间夹角为 120°	两 sp 键间夹角为 180°,sp 键与 p 轨道轴线成夹角 90°
共价键型	单键	双键	三键
共价半径/Å	0.770	0.667	0.603

注：$1Å=10^{-10}m$，后同。

此外，碳负离子以 sp³ 杂化轨道形式存在，碳正离子以 sp² 杂化轨道形式（即平面结构）存在，碳自由基的杂化轨道究竟属于 sp³ 还是 sp²，目前认识尚未统一。

其它原子在形成共价键时也发生类似的杂化（表 1-2）。

表 1-2 部分原子的不同杂化方式及相应化合物

原子	sp³ 杂化	sp² 杂化	sp 杂化
Si	硅烷、硅醚类	—	—
N	氨、脂肪胺类	芳胺、杂环类	氰、腈类
O	醇、醚类	酚、芳醚、杂环类	—
S	硫醇、硫醚类	硫酚、芳硫醚、杂环类	—

研究原子的杂化状态、空间形状及变化趋势，是掌握化学反应客观规律的重要理论基础。

1.1.2 原子的范德华半径与共价半径

原子有它的体积，通常以范德华半径标度，它是原子核与原子外沿间的距离，是原子未成键时的半径（表 1-3）。

表 1-3 部分原子和基团的范德华半径[2]　　　　单位：$10^{-10}m$

原子和基团	范德华半径	原子和基团	范德华半径
H	1.2	S	1.85
—CH₂—	2.0	F	1.35
—CH₃	2.0	Cl	1.8
N	1.5	Br	1.95
O	1.4	I	2.15

共价半径是原子在分子内成键后的大小。原子成键后是以不同的杂化方式存在的，因而原子的共价半径因不同的杂化轨道而有所不同：p 轨道所占比例较大的杂化轨道原子共价半径较大，而 s 轨道所占比例较大的杂化轨道原子共价半径较小。常见的一些原子的共价半径见表 1-4[2]。

表 1-4 常见原子的共价半径　　　　单位：$10^{-10}m$

原子	单键	双键	叁键	原子	共价半径
C	0.77	0.667	0.603	H	0.28
N	0.74	0.62	0.55	F	0.72
O	0.74	0.62		Cl	0.99
S	1.04	0.94		Br	1.14

显然，原子的共价半径明显小于其范德华半径，一般是其 2/3 左右。原子的共价半径既

与原子的电子构型有关,又与原子的杂化状态有关。

运用原子的共价半径与共价键的键角,可以估算出静态下分子内原子间的空间直线距离,若两个未成键原子的距离处于它们的范德华半径之和范围内,即两原子核外电子的运动空间相互重叠、电子云相互覆盖时,往往具有特殊的性质(参见本书6.2节)。

1.1.3 原子与基团的电负性

1.1.3.1 原子的电负性

一个原子吸引、控制电子的能力称为电负性。只有在两元素原子的电负性接近时,即电负性差值小于2.0,才可能形成共价键。否则,电负性大的原子将从电负性小的原子外层完全得到一对电子而只能形成离子键。因此,电负性差值是共价键能否形成的先决条件和判别依据。常见元素原子的电负性见表1-5[3]。

表1-5 常见元素原子的电负性

H						
2.20						
Li	Be	B	C	N	O	F
0.98	1.57	2.04	2.55	3.04	3.44	3.98
Na	Mg	Al	Si	P	S	Cl
0.93	1.31	1.61	1.90	2.19	2.58	3.16
K	Ca					Br
0.80	1.00					2.96
						I
						2.66

1.1.3.2 Sanderson 电负性均衡原理

元素原子电负性是其未成键状态下吸引电子的能力。与另一原子成键后,元素原子的电负性会发生改变,其总的趋势是电负性较大的元素原子会得到部分电子,该元素原子的电负性减小;而电负性较小的元素原子会失去部分电子,该元素原子的电负性增大。至于增大与减小的幅度,则与得失电子的程度有关。

在两个不同原子(A、B)成键后,共用电子对会偏向电负性初始值较大的原子B一方,这就导致B原子核周围电子云密度增大,因而增加了对共用电子对的排斥力,也就减小了B原子的电负性;而电负性初始值较小的A原子由于原子核外电子云密度的减小而增加了对共用电子对的吸引力,因而增大了A原子的电负性。此消彼长的结果使得共用电子对处于一个平衡位置,此时两原子对共用电子对的吸引力相等即电负性相等,这就是Sanderson电负性均衡原理。

由Sanderson电负性均衡原理容易推出:

① 元素原子的电负性随其得失电子而增大或减小,增减的幅度取决于得失电子的程度。

② 同一元素原子所带有正电荷越多,其电负性越大;所带负电荷越多,其电负性越小。

③ 极限状态下,同一元素原子带有单位正电荷则电负性显著增大,若带有单位负电荷则电负性显著减小。增减的幅度一般不小于1。

④ 对于同一元素原子,若与吸电的高电负性元素原子或基团成键,其电负性增大;若

与供电的低电负性元素原子或基团成键,其电负性减小。

⑤ 在带有负电荷的元素原子与带有空轨道的元素原子相互靠近、逐步成键过程中,带有负电荷的原子因失去部分电子,电负性逐步增大;而带有空轨道的原子因得到部分电子,电负性逐步减小。

1.1.3.3 基团的电负性

根据 Sanderson 电负性均衡原理,原子成键后电负性与成键前不同,所有与其成键的原子均影响其电负性。用原子电负性已经难以描述复杂有机分子内原子对价电子的吸引能力了,有机化学家对基团电负性产生了极大的兴趣[4-6]。常见的基团电负性见表1-6[4]。

表 1-6 部分基团的电负性

基团	电负性	基团	电负性	基团	电负性	基团	电负性
—CF_3	3.64	—COOH	3.12	—OCH_3	2.81	—C_2H_5	2.64
—NO_2	3.49	—OH	3.08	—NH_2	2.78	—CH_3	2.63
—NO	3.42	—CN	2.96	—SH	2.77		
—CCl_3	3.28	—CHO	2.96	—OPh	2.75		
—NCO	3.18	—$OCOCH_3$	2.91	—Ph	2.67		

表 1-6 中,以 C 为中心元素构成的不同基团,—CF_3(3.64) 比—CH_3(2.63) 大了 1.01;而以 N 为中心元素构成的不同基团,—NO_2(3.49) 比—NH_2(2.78) 大了 0.71,由此可见原子电负性的影响因素、变化趋势和普遍规律。

目前对基团电负性的估算值并未一致,但各基团间电负性的相对大小基本一致,因此对基团电负性概念的应用仍具有重要价值。尽管未成键的基团电负性是一个定值,而一旦与另一基团成键,其电负性又会发生变化。因此基团电负性也只能用于判断新键上电子对的偏移方向。换句话说,分子内各元素原子的电负性远比基团的电负性更加复杂,然而只要掌握和运用 Sanderson 电负性均衡原理,就可容易掌握其变化趋势与规律。

1.2 共价键的空间结构与电子特征

1.2.1 共价键的空间结构

1.2.1.1 键长

键长是以共价键结合的两个原子核之间的距离。因此,该距离接近成键两原子的共价半径之和,且键长与原子轨道的杂化方式有关。表1-7列出了部分 C—C 键和 C—H 键的键长[7]。

表 1-7 碳的杂化态对 C—C 键和 C—H 键的键长的影响   单位:10^{-10} m

类型	分子	键长	类型	分子	键长	类型	分子	键长
sp^3—sp^3		154.0	sp^3—sp		145.6	sp^3—s		109.4
sp^3—sp^2		151.0	sp^2—sp		143.2	sp^2—s		106.9
sp^2—sp^2		146.6	sp—sp		137.4	sp—s		105.7

1.2.1.2 键角

键角是有机分子内原子间的构型问题,它取决于成键原子的杂化状态、成键原子或基团的体积、构型和电负性[2]。从表 1-8 中的键角数据可以看出,键角受成键原子体积的影响,氧、氮原子的杂化轨道受其孤对电子的影响。

表 1-8 几个化合物的键角比较

H-O-H 105°	H-N(H)-H 107°	H-C(H)-H 109.5°	O=C(H)-H 121°, H-C-H 118°
CH₃-O-CH₃ 111°	CH₃-N(CH₃)-CH₃ 108°	CH₃-C(CH₃)-H 112°	O=C(CH₃)-CH₃ 119.6°, CH₃-C-CH₃ 120.8°

运用键长和键角数据,容易计算出两原子在分子内的静态距离,这对反应活性的研究非常重要(详见本书 6.2 节)。

1.2.2 共价键的电子特征

1.2.2.1 键能

使共价键均裂所需要的能量叫键能。键能是对键强度的衡量,它等价于自由基的生成热。键能是某类共价键离解能的平均值,因此更确切地研究共价键的均裂应该运用离解能的概念。

离解能是自由基生成难易的标度,离解能越低自由基越易生成。影响离解能的因素较复杂,参见表 1-9。

表 1-9 部分共价键的离解能[8] 单位:kcal/mol

C—H 键	离解能	C—C 键	离解能	C—Cl 键	离解能	C—X 键	离解能
≡—H	133.3	≡—CH₃	126.5	≡—Cl	104.1	Ph-CH₂-F	98.7
Ph-H	112.9	CH₂=CH-CH₃	116.9	Ph-Cl	95.5	Ph-CH₂-Cl	95.5
CH₂=CH-H	111.2	Ph-CH₃	102.0	CH₂=CH-Cl	94.8	Ph-CH₂-Br	57.2
CH₃CH₂CH₂-H	100.9	CH₂=CH-CH₃	101.9	∼Cl	84.2	Ph-CH₂-I	44.9
(CH₃)₂CH-H	95.7	∼CH₃	88.5	Ph-CH₂-Cl	71.7	Ph-F	125.6
CH₂=CH-CH₂-H	88.5	Ph-CH(CH₃)-	75.0	CH₂=CH-CH₂-Cl	71.3	Ph-Cl	95.5
Ph-CH₂-H	88.2	Ph-CH₂-CH₂-Ph	62.6			Ph-Br	80.4
Ph-CH=CH-H	84.4					Ph-I	65.0

注:1kcal≈4.19kJ,后同。

从表 1-9 可归纳出影响离解能大小的部分规律：a. 产生的自由基共轭程度越高，离解能越低；b. 键长越长，离解能越低；c. 电负性越大，离解能越低；d. 原子间的电负性差值越小，离解能越低。

根据反应前后共价键离解能总和的变化，可以计算出化学反应热；比较离解能的大小可知自由基产生的难易程度；根据离解能的数据可评价化合物的稳定性与安全性。

1.2.2.2 极性

由于不同原子的电负性不同，成键后的共用电子对将偏移至初始电负性较大的原子一方。因此一般情况下不同原子间共价键的正电中心与负电中心不重合，这样共价键上两个大小相等、符号相反的电荷构成了一个偶极，电荷值 q 与两个电荷中心的距离 d 的乘积称为偶极矩（以 μ 表示，单位为 C·m）。

$$\mu = qd$$

偶极矩的大小反映了共价键的极性强弱。表 1-10 列举了一些共价键的偶极矩[2]。

表 1-10 部分共价键的偶极矩 μ

共价键	偶极矩/D	共价键	偶极矩/D
H—C	0.30		
H—N	1.30	C—N	0.40
H—O	1.53	C—O	0.86
H—S	0.68		
H—Cl	1.03	C—Cl	1.56
H—Br	0.78	C—Br	1.48

注：$1D = 3.34 \times 10^{-30}$ C·m，后同。

表 1-10 中数据表明：共价键的偶极矩随两原子的电负性差值增加而增加，随键长的增加而增加。

偶极矩是有方向的矢量，用 ↦ 表示由正电荷到负电荷的方向。尽管如此，极性共价键未必能构成极性分子，因为分子的极性是各共价键极性的向量和，结构对称的分子可以相互抵消共价键的极性，如 CH_4、CCl_4、CS_2、CO_2、苯等。只有那些结构不对称的官能团（也称功能基）与烃类构成化合物时才可能具有极性。表 1-11 列出了一些官能团的偶极矩[9]。

表 1-11 一些官能团的偶极矩   单位：D

功能基	结构	偶极矩	功能基	结构	偶极矩
胺	—N⦵	0.8~1.4	卤素	—X	1.6~1.8
醚	—O—	1.2	醛	—CHO	2.5
硫化物	—S—	1.4	酮	—C(=O)—	2.7
巯基	—SH	1.4	硝基	—NO₂	3.2
羟基	—OH	1.7	氰基	—C≡N	3.5
羧基	—COOH	1.7	亚砜	S=O	3.5
酯基	—C(=O)OR	1.8			

由于结构的不对称性，官能团及分子的正负电荷中心不一定处于某个共价键上，而更多地处于空间某位置。同时，由极性官能团构成的分子也未必具有极性，与其空间结构的对称性有关见表 1-12[2]。

表 1-12 不同异构体的偶极矩比较

化合物名称	顺-1,2-二氯乙烯	反-1,2-二氯乙烯	顺-丁-2-烯	反-丁-2-烯
结构	Cl、Cl	Cl、Cl	CH_3、CH_3	CH_3、H_3C
偶极矩 μ/D	1.85	0	0.33	0
沸点/℃	60.3	48.4	3.73	0.96

1.3 有机分子结构

有机化合物一般为带有官能团的烃类化合物。烃类化合物包括饱和脂肪烃（烷烃和环烷烃）、不饱和脂肪烃（烯烃和炔烃）和芳烃。

1.3.1 烷烃

在饱和脂肪烃分子内，无论是 C—C 键还是 C—H 键，其共价键（σ 键）的一对电子是在两原子间做定域运动的，该共价键称为定域化学键。

1.3.1.1 不带取代基的烷烃

对于不带有其它官能团的烷烃来说，共价键上的一对电子不易显著偏向某一原子，整个分子内电子云密度分布比较均匀，没有局部过大或过小的情形，因而烷烃具有极小的极性，因而不易发生极性反应，与强酸、强碱，常见的氧化剂、还原剂，以及常见的亲电试剂、亲核试剂都不易发生化学反应。只有在足够高的温度或光照条件下，烷烃才可能发生键的均裂而产生自由基，因而发生自由基反应。总之，烷烃上的化学反应，无论是卤化、氧化还是硝化、氯磺化等，均按自由基反应机理进行。

共价键均裂生成自由基的难易程度以其离解能（E 值）标度。一般情况下共价键的键长越长，其离解能越低；生成的自由基若与 π 键共轭，其离解能较低；π 键的离解能一般小于 σ 键[10]。

例 1：烷烃在 400℃高温下，能被硝化成硝基烷烃：

$$RH + HNO_3 \longrightarrow RNO_2 + H_2O$$

在高温条件下，共价键能够均裂生成自由基：

$$R\frown H \longrightarrow R\cdot + \cdot H$$

或者

$$O_2N\frown OH \longrightarrow O_2N\cdot + \cdot OH$$

上述自由基只要生成一个，便可实现链的传递以完成硝化反应，如

$$O_2N \cdot \quad R-H \longrightarrow O_2N-R + \cdot H$$

$$H \cdot \quad HO-NO_2 \longrightarrow H_2O + O_2N \cdot$$

然而，只有甲烷的加热硝化才有意义，其它烷烃的硝化会生成大量异构体，这是由于碳氢键的离解能接近。

1.3.1.2 带有取代基的烷烃

在取代烷烃分子内，由于取代基与烷烃之间的电负性差异，共价键上电子对会发生偏移而成为极性共价键。当取代基为吸电基团时，与其成键的 α-碳原子电子云密度显著降低，受 α-碳原子电负性增大的影响，β-碳原子的电子云密度也受到一定影响而略有降低，而对于 γ-位及其更远的碳原子来说，电子云密度影响不大，可以忽略。也就是说，缺电子的 α-碳原子很难从其它共价键上得到足够的电子补充，因而为缺电体——亲电试剂，容易与亲核试剂成键，前提是取代基能够带走一对电子离去而腾出空轨道。

例 2：Williamson 醚合成法[11]：

$$R'-\bar{O} \quad R \overset{E}{-} Cl \longrightarrow R'-O-R$$

式中，蓝色标注的是为新键提供一对电子的富电体亲核试剂；红色标注的是为新键提供空轨道的缺电体亲电试剂；绿色标注的是带走旧键上一对电子，并为新键腾出空轨道的离去基。

这是极性基元反应的一个实例，极性反应由亲核试剂、亲电试剂与离去基三个要素构成，其原理与规律请详见第 4 章。

1.3.2 烯烃

烯烃由一个 σ 键与一个 π 键构成。

以烯烃为例，由两个 2p 轨道相互交盖形成的 π 键远比由两个 sp^2 杂化轨道形成的 σ 键弱。C=C 双键的离解能为 145kcal/mol，而 C—C 单键的离解能为 80kcal/mol，这就定量地表明：π 键离解能较 σ 键键能小 15kcal/mol，表明不饱和烃的 π 键较弱且离解能较低，容易均裂生成自由基。

例 3：烯烃在过氧化物存在下与溴化氢的加成反应，就是 π 键均裂过程[10]。

$$RO-OR \longrightarrow RO \cdot \quad H-Br \xrightarrow{-ROH} Br \cdot$$

$$R' \overset{}{=} \quad Br \longrightarrow \underset{R'}{\overset{H-OR}{\underset{Br}{|}}} \longrightarrow R' \diagdown Br + RO \cdot$$

这是烯烃 π 键离解能低于 σ 键的典型实例。

π 键除了具有较低离解能之外，由于 π 键上两个 p 电子在两个碳原子间离域运动，极易受分子内取代基和外界电场的影响而发生极化，使两个碳原子的一端带有部分负电荷，另一端则带有部分正电荷，在极限条件下发生共振生成具有正负离子的离子对：

于是，带有一对电子的碳负离子便成了亲核试剂，这对电子能进入亲电试剂的空轨道而生成新键：

上述碳负离子，是π键上一对电子共振生成的。一般π键离去直接与亲电试剂成键：

离去基离去所伴生的具有空轨道的碳正离子亲电试剂，会随后接受亲核试剂上一对电子成键：

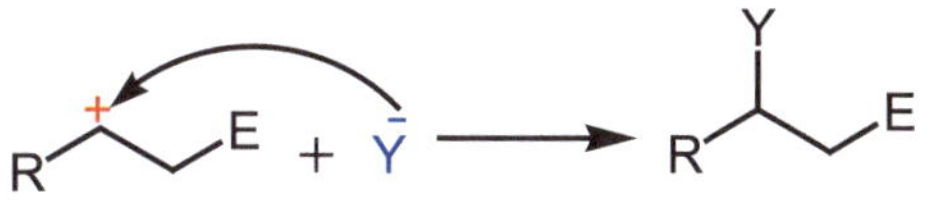

因此，对于烯烃π键来说，其富电子的一端容易得到π键上一对电子再与亲电试剂成键，其缺电子的一端容易腾出空轨道接受另一亲核试剂上一对电子成键[12]。

总之，烯烃π键的离解能较低而能够均裂生成自由基，烯烃π键容易离域共振而能够异裂生成正负离子，因而具有较强的反应活性。

1.3.3 芳烃

1.3.3.1 芳烃的结构与化学性质

苯是芳烃中最典型而又最简单的分子，是由六个sp^2杂化碳原子形成的正六边形平面结构，在芳环上形成了高度共轭、高度离域的大π键。也就是说苯环并非单双键相间、环己三烯结构的六边形，而是由其共轭效应与共振作用形成的完全均等的六个C—C键结构的六边形，这种碳碳键既非单键也非双键，而是1.5级键：

芳烃的结构决定了芳烃的稳定性：一方面是化学性质比较稳定，远不及烯烃那样易被极化、变形。苯的氢化热仅有49.8kcal/mol，远低于等量的环己三烯112.8kcal/mol，这是芳烃具有稳定性的主要依据之一。另一方面，由于高度共轭的性质，当芳烃上某一原子得失电子，整个苯环上其它碳原子容易对其进行分散或补充，这是芳烃具有稳定性的主要依据之二。

尽管芳烃的反应活性不及烯烃，但其π键仍然具有烯烃π键的基本特征及π键的基本功能，仍能在一定条件下发生π键的共振：

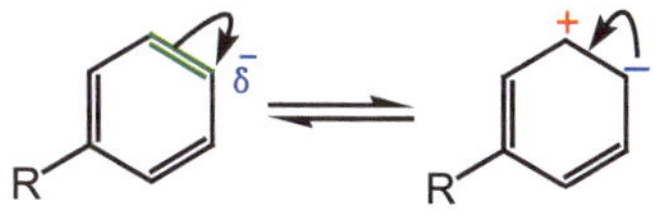

由于芳烃高度共轭,当某一原子得失电子,整个苯环上其它碳原子都对其进行分散或补充,这对芳环上的反应具有双重影响:有利于富电子芳烃成为亲核试剂;不利于缺电芳烃成为亲电试剂。因此芳环上作为亲电试剂的位置一般为强吸电基(硝基、氰基、三氟甲基等)的邻对位(参见本书2.3节)。

1.3.3.2 芳香烃 π 电子的环流效应

分子是否具有芳香性可由核磁共振谱确定,在外加磁场作用下是否具有π电子的环流效应可作为是否具有芳香性的依据[13]。

将苯放在外加磁场中,假设苯分子的环平面垂直于外加磁场方向,在外加磁场作用下,苯分子上的离域π电子将产生环电流;环电流的流动又产生了一个感应磁场,感应磁场的方向取决于苯环的不同位置。在苯环内及上下方,外加磁场与感应磁场方向相反,称作屏蔽区,相当于两种磁场强度相抵,即两种磁场强度相减;而在苯环侧面,外加磁场与感应磁场方向相同,称作去屏蔽区,相当于两种磁场强度叠加。

图1-1为苯环NMR环流效应示意图。由图1-1可知,位于屏蔽区的氢核化学位移δ_H减小,即移至高场;而位于去屏蔽区的氢核化学位移增加,即移至低场。图1-2比较了环内氢与环外氢的化学位移δ_H。

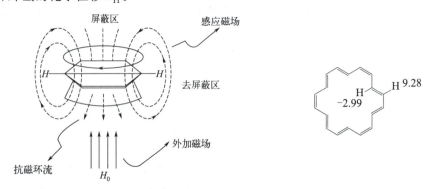

图1-1 苯环NMR环流效应示意图   图1-2 18-轮烯环内氢与环外氢的化学位移值(δ_H)

1.3.3.3 芳烃结构的休克尔(Hückel)规则

休克尔(Hückel)用分子轨道理论对芳香族化合物的结构做了简要的解释:芳烃是以sp^2杂化原子构成的含有$4n+2$个π电子的平面体系。也就是说含$4n+2$个π电子的环状共轭多烯烃是芳香性的($n=0,1,2,3,\cdots$)。相反,$4n$个π电子的环状共轭多烯烃,由于共轭不稳定,是反芳香性的。非平面体系中环状轨道重叠被严重破坏,化合物表现出烯烃性质,这类化合物归为非芳香性化合物。实践表明,休克尔规则不仅适用于单环结构,也适用于多环结构;不仅适用于碳环结构,也适用于杂环结构。

对于单环体系的分子轨道能级,Frost和Musulin用作图法形象地表示了K个原子单环体系的轨道能级图,它是在一个半径为2β的圆圈内画一个正K边形,顶角朝下,如图1-3所示。由图1-3可知,芳烃所处轨道能级较低,因而其化学性质比较稳定。

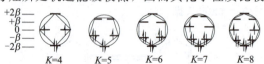

图1-3 单环体系的分子轨道能级

1.3.4 不同烃类的性质比较

不同种类的烃类化合物，因其饱和度、芳香性、可极化度等因素不同，具有不同的物理与化学性质。其中最显著的区别见表 1-13[14]。

表 1-13　不同烃类的性质比较

序号	性质	烷烃（饱和烃）	烯烃（不饱和烃）	芳烃
1	电子运动	在共价键的两原子间定域	双键的 p 电子在双原子间离域	p 电子在大 π 键间处于高度离域状态
2	电场作用	几乎不受影响，不易极化	π 键极易极化变形，两侧带有电荷	大 π 键较易极化
3	电荷分布及传递	分布均匀不易传递	局部电荷较大且容易传递	电荷分散，容易在大 π 键间传递
4	与亲电试剂作用	不能反应	富电子烯烃可能	富电子芳烃可能
5	与亲核试剂作用	与吸电基成键的 α-碳容易	缺电子烯烃可能	缺电子芳烃可能
6	自由基反应	相对容易	不容易	较不容易
7	化学稳定性	稳定	不稳定	较稳定

1.4 分子内各元素原子的外层电子排布

分子内不同元素原子具有不同的外层电子结构，不仅外层电子数量不同，其外层电子轨道的利用也不同。

1.4.1 八隅律规则及其适用范围

八隅律规则（octet rule）是指主族元素的原子与其它原子成键时，倾向于形成每个原子最外层具有 8 个电子的稳定结构。

第二周期元素（如碳、氮、氧、氟）必须符合八隅律规则，因为它们只有 s 与 p 杂化轨道可以利用。除此之外的其它元素原子一般也倾向于形成最外层具有 8 电子的结构，因为符合八隅律规则的分子结构比较稳定。

例 4：判断硝酸的分子结构。

A 结构并不符合八隅律规则。因为它的中心氮原子上已经不止 8 个电子而是多达 10 个电子，多出的 2 个电子无处安置。

B 结构中存在着一个配位键，该配位键上两个电子均由中心氮原子提供，氮原子的最外层刚好满足八隅律规则。

C 结构相当于是对 B 结构上电子得失情况的标注，即氮原子上的孤对电子与氧共用之后，相当于向氧原子提供了一个电子，因而氮原子带有单位正电荷而氧原子带有单位负电荷。

显然，C 结构与 B 结构没有本质区别，均符合八隅律规则，是硝酸的可能结构，而 A 结构表达错误。

类似地，硝基取代有机化合物一般表示为：

$$R-\overset{+}{N}\begin{smallmatrix}O\\O^-\end{smallmatrix} \quad R-\overset{+}{N}\begin{smallmatrix}O^-\\O\end{smallmatrix}$$

尽管如此，同一有机分子未必只有一种结构，硝基结构上具备了极性反应的三个要素，分子内的异构化反应可能发生。

八隅律规则为第二周期元素所必须遵循的规则，也是其它原子间结合成键的一般倾向。因为各种元素原子的外层电子只有按八隅律规则排布，才处于较低能量状态而处于稳定状态。无论是稳定的有机化合物还是反应过程的活性中间状态，均应遵循八隅律规则，这正是共振论的主要规律之一。如重氮正离子与酰基正离子满足八隅律规则的结构比较稳定：

$$Ar-\overset{+}{N}=\overset{..}{N} \longrightarrow Ar-N\equiv N$$

$$R-\overset{O:}{\overset{+}{C}} \longrightarrow R-C\equiv \overset{+}{O}$$

例 5：对于如下取代反应：

$$R-X + Y^- \longrightarrow R-Y + X^-$$

有文献提出碘代烷烃、硝基烷烃的取代反应是按照单电子转移（SET）机理进行的[10]。依据有二：一是发现了手性烷烃的消旋化，二是检测到了反应体系内有自由基。故将该反应解析成三步进行的自由基机理：

$$R-X + Y^- \longrightarrow R-X^{\overline{\cdot}} + Y\cdot$$

$$R-X^{\overline{\cdot}} \longrightarrow R\cdot + X^-$$

$$R\cdot + Y\cdot \longrightarrow R-Y$$

上述反应机理解析的第一步就存在两个明显错误：首先，取代基 X 是满足 8 电子稳定结构的，再得电子将使其外层电子数达到 9 个，这违背了八隅律规则，硝基上的任一原子都不具有接受电子的位置。其次，电子转移是有方向的，它只能转移到缺电子原子上。虽然碘原子（X＝I）上具有 d 轨道，因其带有难以分散的部分负电荷，由同性电荷相互排斥的原理，也不具备接受自由电子的能力。即便是具有 8 电子稳定结构的缺电子碳原子，也不具备直接接受一个电子的能力，只有在取代基离去腾出空轨道的情况下才可能接受，碳原子最外层电子数在任何条件下都不能超过 8。

退一步说，即使上述反应真是按自由基机理进行的，原有的机理解析也不正确，其只能修改为：

$$Y^- \quad R-X \xrightarrow[SET]{-\bar{X}} R\cdot \quad \cdot Y \longrightarrow R-Y$$

这才符合八隅律规则并符合电子转移的规律。然而如此解析反应机理仍有不合理之处。

原因之一：反应体系内的自由基未必是主反应的中间体，而更像是由离去基生成的。硝基离去后转化成了亚硝基亲核试剂，它能再与硝基化合物成键生成亚硝酸酯，亚硝酸酯的离解能较低而容易均裂成自由基：

$$Nu^- \quad R-NO_2 \longrightarrow Nu-R + ON-\bar{O}$$

$$ON-\bar{O} \quad R-N^+O\bar{O} \longrightarrow RO-NO \longrightarrow RO\cdot + \cdot NO$$

离去的碘负离子也容易被氧化为离解能低的碘分子，也能生成自由基。

$$Nu^- \quad R-I \longrightarrow Nu-R + \bar{I}$$

$$\bar{I} \xrightarrow{[O]} I^+ + \bar{I} \longrightarrow I-I \longrightarrow I\cdot$$

原因之二：离去的亚硝基与碘负离子均为强亲核试剂，可能与原料成键而使其手性化合物消旋：

因此，反应体系内有自由基和手性产物出现消旋现象，并非自由基机理的充足依据。此种现象的发生，未必是主反应中间体所致，更可能是副反应所致。

1.4.2 pπ-dπ 键的结构与共振

第三周期以上的元素原子仍然倾向于生成符合八隅律规则的分子结构，又由于存在 d 轨道而继续接受电子，其最外层的电子数可以多于 8。

第三周期的硅、磷、硫、氯均可利用其 d 轨道接受电子，外层总的电子数不受 8 个电子的限制。在磷、硫原子与氧原子形成的双键上，一个是普通的 σ 键，而另一个并不是两个 p 电子相互重叠而生成的 π 键，而是氧原子上一对 p 电子进入磷、硫原子上空的 3d 轨道而生成的 pπ-dπ 键，因而属于配位键的内鎓盐结构[10]，可将其视作离子对结构与 pπ-dπ 键的共振异构体[2]：

$$R_3P\underset{\delta^+}{=}\underset{\delta^-}{O} \rightleftharpoons R_3P^+-\bar{O}$$

在上述共振的反应式中，离子对结构满足了八隅律规则，而 pπ-dπ 键则是离子对结构的共振异构体。这说明第三周期以上的元素原子是可以利用其 d 轨道接受一对电子成键的，前提是在其缺电子的条件下。

第三周期元素原子所具有的 d 轨道是第二周期元素原子所没有的，因而能生成 pπ-dπ 键。但由于 d 轨道与原子核之间距离较远且引力偏小，pπ-dπ 键相对容易破坏，叶立德试剂就是此种结构的典型实例，它是离子对结构与 pπ-dπ 键的共振状态[2]：

$$Ph_3\overset{+}{P}-\overset{-}{C}H_2 \rightleftharpoons Ph_3P=CH_2$$

从叶立德试剂所特有的高活性判断，其更像是以离子对形式存在、满足八隅律规则的内鎓盐结构。叶立德试剂的结构决定了它的性质，详见本书 11.1 节。

磷原子表观上与氮原子结构类似，但由于氮原子不存在 p 轨道，也就不存在 pπ-dπ 键，即不存在上述的共振异构，只能以分子内配位键的形式存在。

磷、硫等第三周期及以上元素原子利用其 d 轨道生成 pπ-dπ 键的实例很多。如：五氯化磷、六氟化硫、三氯氧磷、磷酸、硫酸、砜或亚砜等。

与磷、硫原子类似，第三周期元素硅、氯原子同样也能生成 pπ-dπ 键结构，因而其外层电子数可能超过 8 个。

例 6：氟硅酸钠的分子式为 Na_2SiF_6，且在 300℃下发生分解：

$$Na_2SiF_6 \xrightarrow[\Delta]{300℃} SiF_4 + 2NaF$$

显然，氟硅酸钠分子内的硅原子最外层有 12 个电子。

例 7：高氯酸钾的分子式为 $KClO_4$，氯酸钾的分子式为 $KClO_3$，它们的分子结构式分别为

高氯酸钾　　　　　　氯酸钾

高氯酸钾分子内的氯原子最外层有 14 个电子，氯酸钾分子内的氯原子最外层有 12 个电子。

在若干有机反应产物或其中间状态下，第三周期及以上元素原子利用其 d 轨道接受一对电子成键是常见的现象。

例 8：Dess-Martin 过碘酸酯氧化反应为[15]：

在过碘酸酯分子内，碘原子最外层有 12 个电子，包括一对未成键的孤对电子。

例 9：Tamao-Kumada 氧化反应为烷基氟硅烷被双氧水氧化成醇的反应[16]：

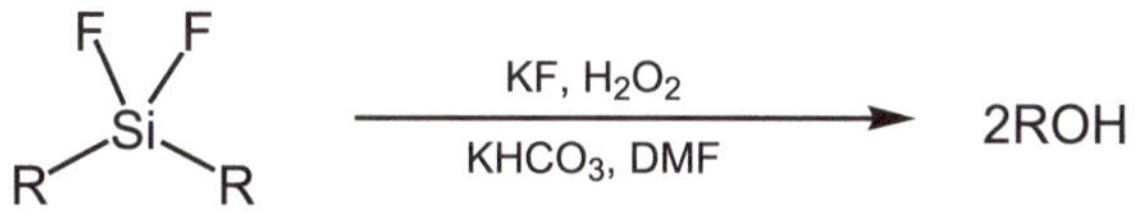

$$\text{R}_2\text{SiF}_2 \xrightarrow[\text{KHCO}_3, \text{DMF}]{\text{KF}, \text{H}_2\text{O}_2} 2\text{ROH}$$

Tamao-Kumada 氧化反应机理解析为：

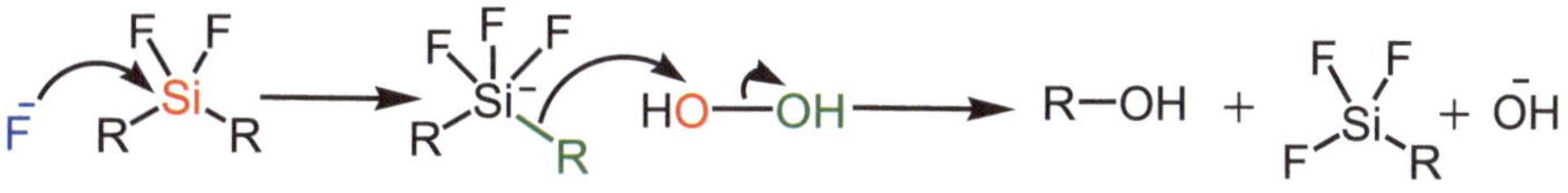

反应过程中得益于硅原子利用其 d 轨道接受氟负离子，从而生成低电负性的硅负离子，否则烷基不易离去，因其并不具有较大的电负性差，特别是在硅与两个氟原子成键的条件下。

1.5 有机反应机理解析规范

反应机理是反应过程与原理的形象化表述，因此反应机理解析时必须满足如下规范。

1.5.1 解析反应过程到基元反应

对反应进行机理解析，是为了理解反应全过程中每一基元反应的原理。

例 10：Pfitzinger 喹啉合成反应[17] 是碱性条件下邻氨基苯基乙酮酸（靛红酸）与 α-亚甲基酮缩合生成取代喹啉-4-羧酸的反应：

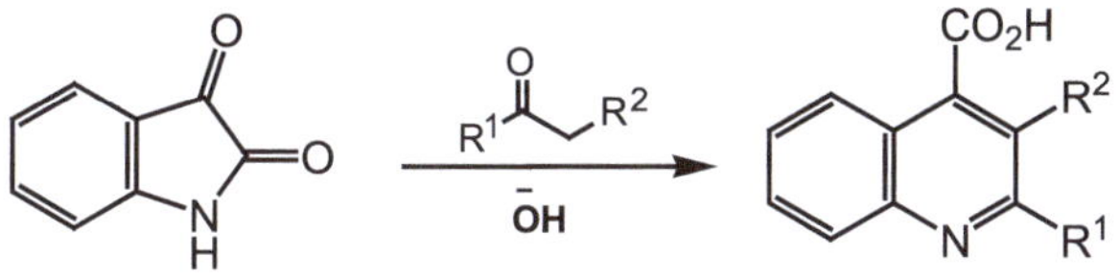

现有的机理解析为：

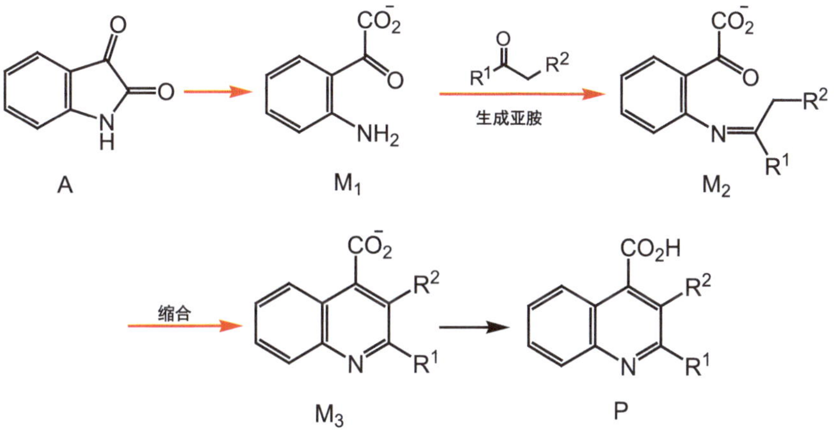

上述的机理解析仅仅给出了两个比较稳定的中间体 M_1、M_2，并未解析生成这些中间体和产物 P 的中间状态。应该补充完整。

自 A 至 M_1 的反应机理：

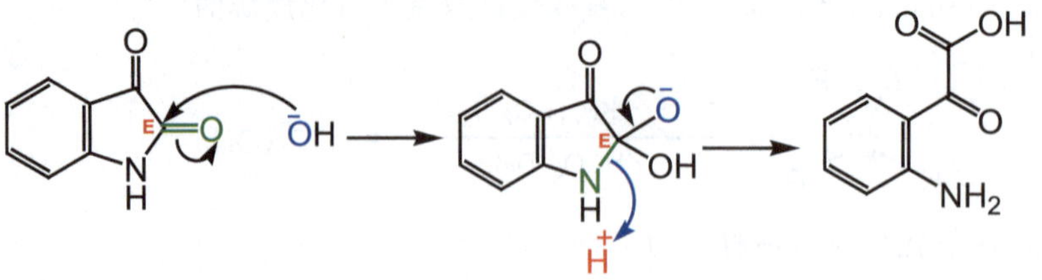

自 M_1 至 M_2 的反应机理：

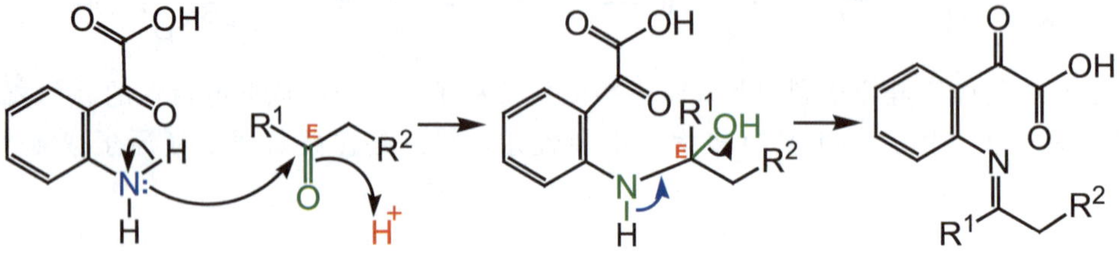

自 M_2 至 P 的反应机理：

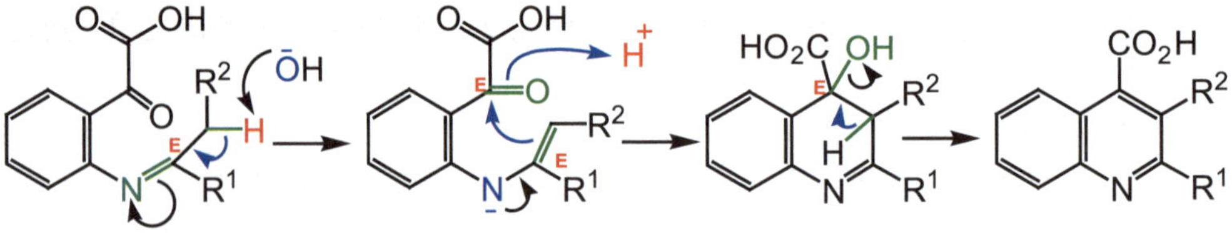

1.5.2 电子转移标注必不可少

既然有机反应的基本特征是电子转移，那么有必要将所有步骤的电子转移过程规范地标注出来。准确标注电子转移，是反应原理的依据，也是推测产物结构的依据，还是反应机理解析的标志。规范的电子转移标注符号不可省略或遗忘。

例 11：Kumada 交叉偶联反应是在 Ni 或 Pd 催化下，格氏试剂与卤代物之间的交叉偶联反应[18]：

$$R\text{—}X + R^1\text{—}MgX \xrightarrow{Pd(0)} R\text{—}R^1 + MgX_2$$

有文献将 Kumada 交叉偶联反应的机理解析为[19]：

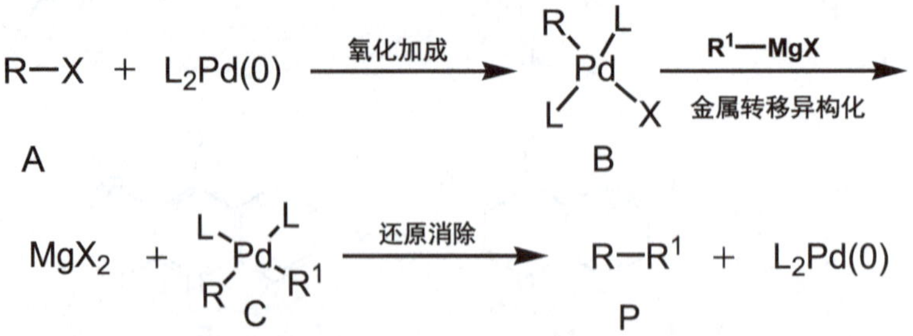

上述机理解析仅将反应划分为三个步骤：氧化加成、金属转移异构化与还原消除。每一步骤均未进行电子转移标注，因此不是完整的机理解析。我们可省略溶剂与金属的络合步骤，将 Kumada 交叉偶联反应机理重新解析如下：

第 1 章 有机分子的结构、极性与电荷分布

也可将还原消除反应拆解成两步表述，这样反应原理更加清晰：

由此可见 Pd 原子上得失电子的性质，只有标注电子转移才能清晰地说明反应原理。

1.5.3 分子结构的形象化表述

分子结构的形象化表述是通过夸大电子转移限度的方法，说明反应过程和机理。

例 12：苯的结构式若采用正六角形的一个半键（1.5 级键）结构来表示，则后续 π 键上一对电子转移很难表达；而以形象化的环己三烯极限式表示，则容易进行后续的机理解析。

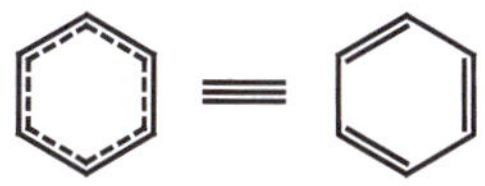

真实结构　　形象化结构

例 13：Friedel-Crafts 烷基化反应的催化过程[20]：

这是形象化的表述，因为络合过程不可能进行到底而是平衡可逆过程；卤正离子离去是平衡可逆的，且平衡常数更小。若将此过程表述为藕断丝连的半对电子转移更接近事实：

但这相对复杂，后续过程也难以表述，显然不如前述方法更形象、生动，更能体现反应原理。

例 14：Pinacol 重排是酸催化 Pinacol 重排成酮的反应，有文献将 Pinacol 重排反应机理解析为[21]：

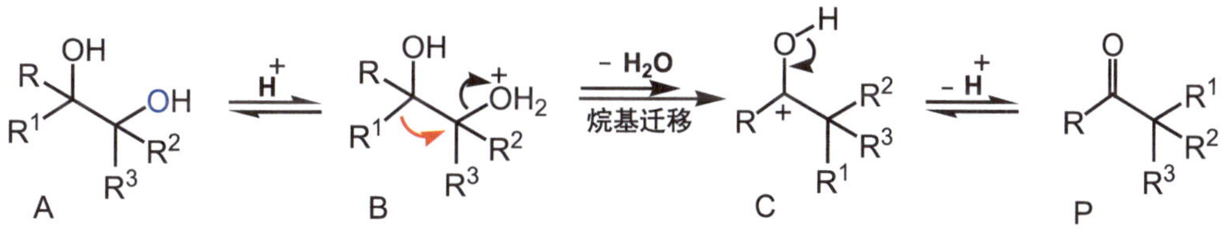

该机理解析自 B 至 C 过程有两个问题：一是将该过程解析成两对电子协同转移，难解其中原理；二是烷基迁移的弯箭头弯曲方向标注错误，与产物结构不符。最好将此反应分解成两步，成为缺电子重排的标准形式，便于理解该过程的原理：

这是缺电子重排反应的规范形式，更容易体现反应过程与原理：空轨道缺电子元素原子能吸引其 α-位的 σ 键上一对电子成键。

1.6 运用概念解题

【议题 1】 苯酚、苯胺等分子内杂原子属于 sp^2 杂化轨道的依据是什么？

苯酚、苯胺环上的电子云密度足够大，在非催化情况下容易进行三次卤代反应，如此高的电子云密度只能通过 p-π 共轭来实现，即 O、N 原子上的一对 p 电子（孤对电子）与芳环上的 π 电子同方向、共平面，由此实现最大限度的共轭程度。反之，假定 N 原子不是 sp^2，而是 sp^3 杂化，则 N 原子上的 sp^3 孤对电子与芳烃上的 π 电子方向不同，距离较大，这样就不能实现最大限度的共轭，更不能称其为 p-π 共轭。由此推论 O、N 原子为 sp^2 杂化。

【议题 2】 在芳香族杂环化合物中，为什么说杂原子均为 sp^2 杂化状态？

休克尔（Hückel）规则仍适用于杂环化合物。该规则有三个要点：一是环上原子均为 sp^2 杂化轨道；二是环上 π 电子数目为 $4n+2$；三是整个环处于平面结构。

在下面含有一个或两个杂原子的五元杂环芳香族化合物中：

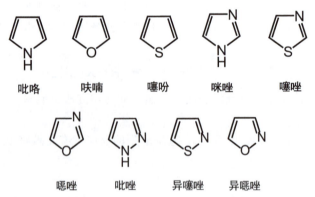

吡咯　　呋喃　　噻吩　　咪唑　　噻唑

噁唑　　吡唑　　异噻唑　　异噁唑

所有原子都是 sp^2 杂化的。

对于 O、S 原子来说，有两对电子，未杂化的一对 p 电子在芳环上形成 p-π 共轭，成为 $4n+2$ 稳定结构，而另一对 sp^2 杂化电子在芳环的侧面且与芳环共平面，呈现一定程度的碱性。

N 原子与 O、S 原子有所不同。当 N 原子处于六元环内分别以单、双键与环成键时，例如吡啶、哌嗪分子等，N 原子上的一个 p 电子在芳环上形成共轭体系，由于 N 电负性大于 C，因此芳环内电子云密度降低，而另一对 sp^2 电子在环外与环共平面，呈碱性。

当 N 原子处于五元环内分别与三个元素原子成键时，它们均以 sp² 杂化轨道成键，另一对 p 电子与芳环形成 p-π 共轭，使芳环电子云密度增加；而在 N—H 键上，因 N 较强的电负性使 N—H 共价键上电子对偏向于 N 原子一方，氢原子为缺电体而呈酸性。

以咪唑为例：

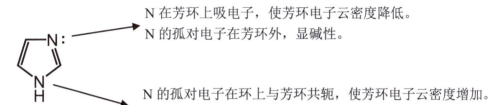

其它六元环、多环化合物均遵循此规律。

【议题 3】如何估计负离子电负性？

元素原子得失电子的程度决定了其电负性的增减幅度。所得电子越多，电负性就越小；所失电子越多，电负性就越大。因此带有正电荷的元素原子电负性显著增大，带有负电荷的元素原子电负性显著减小。

例 15：氢氧根基团上两个元素原子的电负性比较。

氢原子的电负性为 2.20，氧原子的电负性为 3.44，但在氧原子已经得到共价键上一对电子生成氧负离子的条件下，其电负性低于氢原子。

此种状态下，氢原子从氧负离子上得到部分电子而带有部分负电荷，根据同性电荷相斥原理，不可能再与碱性的孤对电子亲核试剂成键：

$$H \leftarrow \bar{O} \longrightarrow \overset{\delta}{H} - \overset{\delta}{\bar{O}}$$

因此，所谓二价氧负离子不可能存在。

例 16：氧负离子与亚甲基碳原子的电负性比较。

氧原子的电负性为 3.44，远高于碳原子的 2.55。比较氧负离子与碳原子的电负性需要借助于有机反应。

如下结构的手性有机化合物中碳原子是不能消旋化的。即碳原子上氢原子是不能与碱成键的，只能停留在氧负离子阶段：

这是因为手性碳原子得到了氧负离子上的部分电子而带有部分负电荷，其电负性显著下降，以至低于与其成键的氢原子，碳氢共价键上一对电子是向氢原子方向偏移的，此时氢原子不是带有正电荷而是带有部分负电荷，在较强亲电试剂（氧化剂）靠近条件下容易发生负氢转移而被氧化，这就证明了氧负离子低电负性的供电性质：

中心碳原子既与氢原子成键又与氧负离子成键的结构是还原剂的基本结构。不仅如此，将中心碳原子换成 N、S、P 等其它元素，也均为能够产生负氢的还原剂。还原剂的标准结构为：

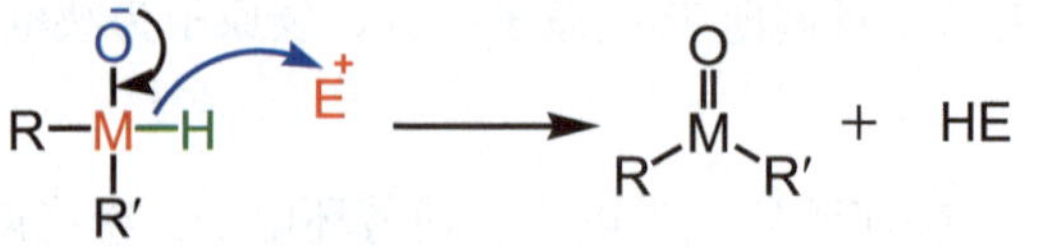

由此可见，氧负离子电负性显著降低的依据十分充分，其它带有一对电子的负离子，如 N、S、P 等，与氧负离子的基本原理完全相同，也是低电负性元素，对于与其成键的元素有显著的供电作用。

例 17：氮负离子与溴原子的电负性比较。

Hofmann 重排反应首先生成氮负离子中间体，溴原子能够带走其与氮负离子共价键上一对电子而生成氮烯，进而发生卡宾重排[22]：

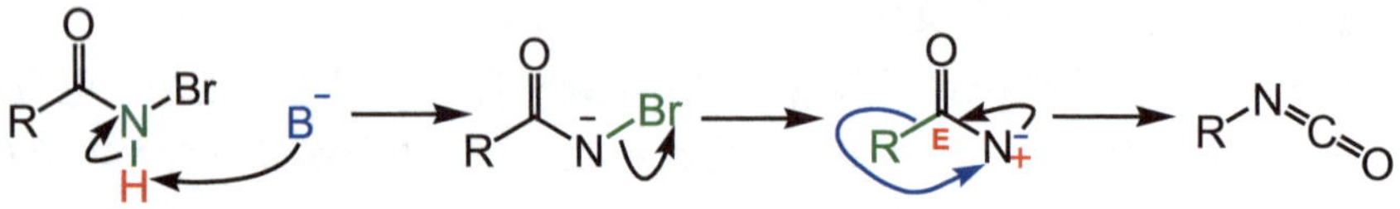

显而易见，氮负离子的电负性远低于溴原子的电负性。

【议题 4】 正离子的电负性如何估计？

与负离子的电负性显著减小相反，正离子的电负性显著增大。

例 18：氮正离子与氧的电负性比较。

氮正离子分为两种：一种是带有空轨道的，另一种是没有空轨道的。我们在此讨论季铵盐类没有空轨道的氮正离子。

氮原子的电负性为 3.04，小于氧原子的 3.44。然而氮正离子的电负性显著增大，从而显著高于氧原子。在硝基化合物分子内，与氮正离子成双键的氧原子是缺电体——亲电试剂，π 键上一对电子偏向于氮正离子一端。

例 19：Bartoli 吲哚合成反应硝基还原成亚硝基中间体的合成反应机理[23]。

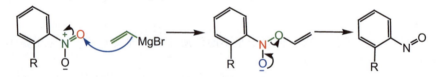

这充分说明氮正离子具有比氧原子更强的电负性。

例 20：不同中心氮原子的电负性比较（表 1-14）。

比较对位取代苯甲酸的 pK_a 值，并比较基团电负性，容易看出正电荷电负性的增加幅度。因为苯甲酸对位取代基的吸电能力越强，苯甲酸的酸性就越强，其 pK_a 值就越小。

表 1-14　不同中心氮原子的电负性比较

基团 X	pK_a 值	氮原子电负性
—N$^+$Me$_3$	3.43	—
—NO$_2$	3.44	3.49
—NH$_2$	4.92	2.78
—NMe$_2$	5.04	—

由此可见，季铵盐分子上氮正离子的电负性高于硝基，较不带电荷的氮原子的电负性显著增大。

例 21：高价金属阳离子如 Cu、Zn、Fe、Al 等在溶剂中的结构。

若干文献提及高价金属阳离子的概念，其实并不准确，也不利于理解化学反应的原理。因为阳离子的电负性显著增大，一旦生成金属阳离子，与其成键的其它元素或基团的电负性相对较小，没有可能再带走一对电子。

以氯化铜为例，在溶剂作用下一个氯原子带着一对电子离去还是可能的，因为氯原子的电负性相对较大。但当一个氯原子离去后生成了铜正离子，铜正离子的电负性则不低于氯原子，二价铜离子便不可能生成，只能在共价键结构与一价铜离子结构之间处于可逆的平衡状态：

$$Cl\overset{\delta+}{Cu}-\overset{\delta-}{Cl} \rightleftharpoons Cl\ Cu^+ \quad Cl^-$$

综上所述，带有正电荷元素的电负性显著增大，带有负电荷元素的电负性显著减小。

【议题 5】 碳原子各种活性中间体的杂化轨道是怎样的？

碳原子的五种活性中间状态，碳正离子、碳负离子、自由基、单线态卡宾、三线态卡宾，其杂化轨道分为 sp^2 与 sp^3 两种杂化方式。

(1) 碳正离子

碳正离子分别与三个元素成键，且三个共价键处于同一平面，因而碳正离子处于 sp^2 杂化状态。因此，亲核试剂上一对电子可以从平面的两侧分别进入碳正离子的空轨道成键。如果中心碳原子为手性碳原子，则必然生成具有等比例对映体的外消旋体。

S_N1 机理一般以溴代叔丁烷的醇解为例解析，离去基先离去生成碳正离子中间体 M，此解离过程具有较高的活化能：

由于上述中间体 M 处于 sp^2 杂化状态而具有平面结构，亲核试剂可以分别从平面的两侧与亲电试剂——碳正离子成键，因此可以得到"构型保持"和"构型翻转"两种构型：

这就是碳正离子 sp^2 杂化轨道的证据。

(2) 碳负离子

碳负离子是 sp^3 杂化的，未共用电子对占据四面体的一个顶点，与胺的锥形结构类似。

然而此锥形结构并不稳定，像胺一样可发生锥形翻转。

例 22：环己烷衍生物中的直立键正是在强碱催化下转化成了平伏键的[24]：

$$\text{(A)} \longrightarrow \text{(M)} \longrightarrow \text{(P)}$$

与 R^1 成键的碳原子在强碱的作用下质子转移生成了 sp^3 碳负离子，然后发生锥形翻转生成（M），锥形顶端的碳负离子再得到质子时，生成更稳定的结构，即直立键异构化为平伏键。

当然，特殊结构的碳负离子可能并不具备锥形翻转条件；烯烃上的碳负离子仍然保持其原有的 sp^2 结构。

与碳正离子、碳负离子不同，自由基具有两种可能的结构：sp^2 与 sp^3。简单的自由基一般为 sp^2 杂化的平面结构，但与强电负性基团（如三氟甲基）成键时，自由基倾向于生成三角锥形结构[10]。

对于平面结构的 sp^2 杂化，必然生成外消旋体，对于三角锥形的 sp^3 杂化，由其快速的锥形翻转所决定，也容易生成外消旋体，即所有自由基结构均具有消旋化的特征。

例 23：两种卡宾与烯烃加成生成的环丙烷，产物结构不同。

单线态卡宾与 π 键加成只能生成单一的顺式产物：

三线态卡宾与烯烃加成生成顺反两种异构体：

原因是自由基结构所决定的消旋化作用。通过产物的立体专一性与区域选择性容易判断活性中间体的结构。

【议题 6】 共价键的键角与键长对分子的物理化学性质有什么影响？

共价键的键长和键角分子结构的基本概念，有广泛的实用性。

依据键角与键长的概念，可以构建一个分子的结构模型，由此可观察各个元素原子所处的环境。根据分子内的活性基团是裸露的还是被包裹的，可判断该基团的反应活性，裸露基团活性较强，而被包裹的基团不具有活性。

再根据这个结构模型，能够计算静态条件下未成键原子间的相对距离。如果未成键原子间的距离较近，处于两个原子范德华半径之和的范围内，则存在着分子内空间诱导效应，它对于分子内电子云密度分布、分子的物理性质与化学性质均具有显著影响。

例 24：四氢呋喃与甲基四氢呋喃及乙醚的水溶性差异较大的原因。

四氢呋喃之所以能溶解于水，是因为其氧原子上具有裸露的孤对电子，其亲核活性较强，从而能与水成键：

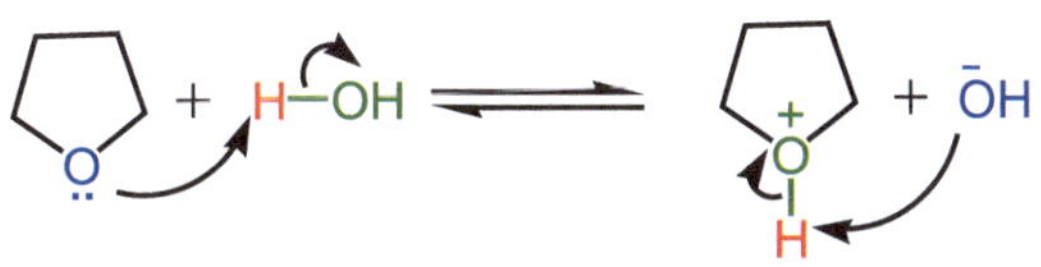

甲基四氢呋喃或乙醚的氧原子上的孤对电子与分子内的氢原子之间存在着分子内空间诱导效应，分子内的四个原子及氧原子上孤对电子构成了平面不规则五元环，处于半成环状态的氧原子亲核活性显著降低：

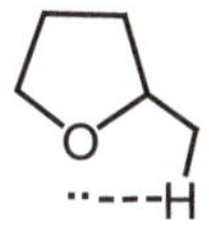

例 25：硝基与氰基取代的二氯代芳烃，其氟代反应为何发生在不同位置？

这是由于硝基氧原子与邻位氯原子的距离处于范德华半径之和范围内，两者之间的电子云部分交叠，相当于氧与氯处于半成键状态，从而减弱了氯与芳环间的共价键，氯原子的离去活性显著增加：

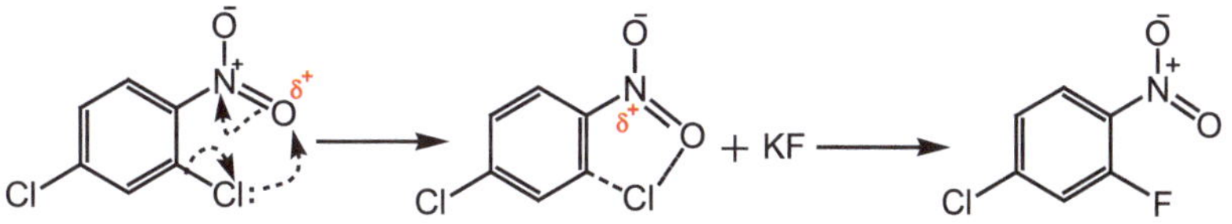

而氰基是 sp 杂化的直线形结构，其与邻位氯原子没有电子云的交叠，因而其活性低于对位：

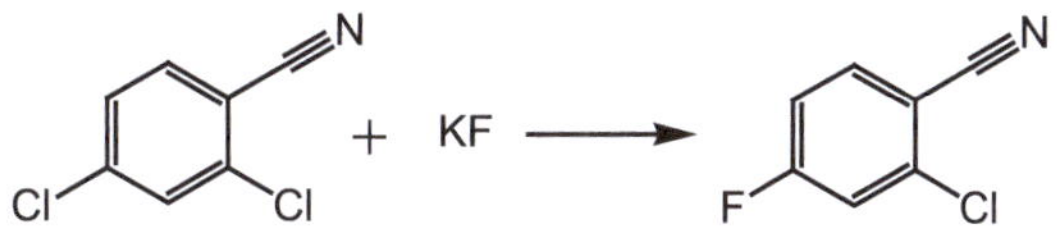

有关分子内空间诱导效应的详细讨论，参见 6.2 节。

1.7 本章要点总结

① 概述了原子、共价键、基团、分子的空间结构与电子云密度分布规律，强化了杂化轨道、基团电负性、共价键极性等分子结构的概念，为认识分子结构、基团功能与反应活性的关系奠定了基础。

② 从 Sanderson 电负性均衡原理出发，讨论了离子的电负性、反应过程各元素原子的电负性变化趋势，拓展了 Sanderson 电负性均衡原理的应用范围和影响规律。

③ 揭示了八隅律规则的普适性，拓展了第三周期及以上元素可利用 d 轨道接受电子的可能性与普遍性，列举了除磷、硫之外还有硅、氯等元素原子均可利用 d 轨道的实证。

④ 揭示了同一有机分子可能具有不同结构的基本原理，有的分子遵循一定的规律生成共振结构。

⑤ 提出了反应机理解析的三个标准：一要将基元反应逐个解析出来，二要在每个基元反应过程中准确标注电子转移，三要形象化表述分子结构。

参考文献

[1] K. 彼得·C. 福尔哈特, 尼尔·E. 肖尔. 有机化学: 结构与功能. 戴立信, 席振峰, 王海峰, 译. 北京: 化学工业出版社, 2006.
[2] 邢其毅, 徐瑞狄, 周政. 基础有机化学. 北京: 人民教育出版社, 1980.
[3] R. E. Dickerson, H. B. Gray, G. P. Haight. Chemical Principles. 3rd edition. Amsterdam: Benjamin Publishing, 1979.
[4] Sanderson R T. Polar Covalence. New York: Academic Press, 1983: 37-44.
[5] 韩长日. 离子基团和中性基团电负性的计算. 化学学报, 1990, 48: 627-631.
[6] Inamoto, N., Mashda, S. Chem. Lett., 1003, 1982.
[7] 尹爱萍. 杂化轨道理论的探讨. 忻州师范学院学报, 2002, 18 (6): 59-62.
[8] 罗渝然. 化学键能数据手册. 北京: 科学出版社, 2005.
[9] 章晋中, 郭希圣. 薄层层析法和薄层扫描法. 北京: 中国医药科技出版社, 1990: 125.
[10] Michael B. Smith, Jerry March. March 高等有机化学——反应、机理与结构. 李艳梅, 译. 北京: 化学工业出版社, 2009.
[11] Williamson, A. W. J. Chem. Soc., 1982, 4: 229.
[12] 陈荣业. 有机反应机理解析与应用. 北京: 化学工业出版社, 2020: 73-74.
[13] 汪秋安. 高等有机化学. 北京: 化学工业出版社, 2004: 8-14.
[14] 陈荣业. 分子结构与反应活性. 北京: 化学工业出版社, 2008: a, 8-9; b, 28.
[15] Dess, P. B., Martin, J. C. J. Am. Chem. Soc., 1978, 100: 300.
[16] Tamao, K., Ishida, N, Kumada, M. J. Org. Chem., 1983, 48: 2120.
[17] Buu-Hoi, N. P., Royer, R, Nuong, N. D., et al. J. Org. Chem., 1953, 18: 1209.
[18] Tamao, K., Sumitani, K., Kiso, Y., Zembayashi, M. et al. Bull. Chem. Soc. Jpn., 1976, 49: 1958-1969.
[19] Stanforth, S. P. Tetrahedron, 1998, 54: 263-303.
[20] Pearson, D. E., Buehler, C. A. Synthesis, 1972: 533.
[21] Magnus, P., Diorazio, L., Donohoe, T. J., Giles, M. et al. Tetrahedron. 1996, 52: 14147-14176.
[22] Hofmann, A. W. Ber. Dtsch. Chem. Ges., 1881, 14: 2725.
[23] Bartoli, G, Leardini, R, Medici, A, et al. J. Chem. Soc., Perkin Trans. 1978: 892.
[24] 杨永忠, 高仁孝, 刘鸿, 等. 反-4-(反-4-丙基环己基) 环己基甲酸的合成方法. 应用化学, 2004, 21 (9): 971-972.

第2章

分子内的诱导效应、共轭效应与共振规律

有机反应的本质特征是电子转移，反应活性取决于分子内活性基团的电荷分布，影响电荷分布的主要因素是基团之间的相互作用，包括诱导效应和共轭效应。

无论是诱导效应还是共轭效应，都是分子内沿着化学键传播、影响电子云密度分布的电子作用，通常将两者共同作用的结果称为电子效应，然而运用电子效应的概念无法合理解释 π 键上的电子云密度分布规律，人们更希望将诱导效应与共轭效应分开，解释它们各自对于分子内电子云密度分布的影响，解释芳烃不同位置的电荷分布与化学性质的关系。为此，只有在孤立研究诱导效应与共轭效应的基础上再将两者按某种方式叠加才可能实现。换句话说，只有孤立地研究诱导效应与共轭效应，才能揭示分子内电荷分布、基团功能、反应活性的基本原理和内在规律[1]。

2.1 诱导效应

当碳链上引入一个基团时，由于该基团与碳链的电负性差异，共价键上共用电子对的位置会发生偏移，进而影响整个碳链上的电子云密度分布。根据电负性均衡原理，这种变化不仅发生在它们的直连部分，而且将沿着碳链自近至远地传递：

$$C : C : C : C \quad 无取代基的链状烷烃$$
$$X \leftarrow C : C : C : C \quad 带吸电基的链状烷烃$$

这种因某一基团电负性变化而引起分子内 σ 键电子云分布的变化，进而引起整个分子物理化学性质发生变化的效应称作诱导效应（inductive effect）。当引入基团的电负性相对较大时，基团对分子有吸电的诱导效应（−I），反之则有供电的诱导效应（+I）。显然，供电还是吸电是由两个基团间相对电负性决定的。

根据 Sanderson 电负性均衡原理，诱导效应能以静电诱导方式沿着碳链自近至远地传递下去，而且随着距离增加诱导效应会显著地递减。实际上，只有 α-位和 β-位才能显著观察到诱导效应的影响，γ-位及其更远的原子所受影响甚微，可以忽略。

2.1.1 诱导效应的孤立观察

在烷烃类脂肪族化合物中，由于不存在共轭体系，诱导效应成了唯一的电子效应。此种

状态下，所有电负性大于碳原子的基团，在与烷烃碳原子成键状态下都属于吸电基－I，如羟基、氨基、巯基、卤素等杂原子基团，它们与碳原子间的共价键上电子对均是向着较高电负性的基团一方偏移的，故这些杂原子都属于吸电基：

$$Y \overset{\alpha}{\underset{}{\longrightarrow}} \overset{\beta}{\underset{\gamma}{\longrightarrow}}$$

$Y = -OR, -NR_2, -SR, X$ （R 为 H 或烷基，X 为卤素）

这些共价键上电子对的偏移结果，导致 α-碳原子上带有部分正电荷而成为缺电体——亲电试剂，杂原子上带有部分负电荷而成为离去基。

在四面体结构上，如羰基加成产物的四面体结构上，不带电荷的较高电负性的杂原子基团 Y，也同样表现为具有－I 的吸电基，因而也成了离去基：

$Y = -OR, -NR_2, -SR, X$ （R 为 H 或烷基，X 为卤素）

上述这些具有吸电诱导效应的杂原子离去基，其离去活性未必较强，但在其孤对电子与空轨道缔合或络合成键状态下，便带有了正电荷而电负性增大，因而其离去活性增强。

$$R-Y: \quad H^+ \longrightarrow R \overset{\delta+}{\underset{}{\longrightarrow}} YH \longrightarrow R^+$$

式中 Y＝N，O，卤素等。

在非共轭体系内，我们只需关注诱导效应，甚至只关注基团间的相对电负性就已足够。

像羟基、氨基、巯基等取代基，在与烯烃、芳烃、羰基等 π 键成键时，往往体现为供电的电子效应。然而这是其供电的共轭效应＋C 占优势所致，它们原本所具有的吸电诱导效应－I 并未改变，此种情况下是－I＋C＞0，而不是＋I＞0。

鉴于上述，如果孤立地讨论诱导效应对于共轭体系内电子云密度的影响，则－I 基团总是降低整个共轭体系电子云密度，并非显著影响共轭体系内 π 键两端的电子云密度分布的主要因素。

研究诱导效应，应侧重理解其源于电负性，沿着碳链递减地传递，并非影响 π 键两端电子云密度分布的主要因素。

2.1.2 诱导效应的标度

为了衡量诱导效应的大小，化学家研究了多种方法，有求取代基诱导效应指数的[2]，也有比较核磁共振氢谱化学位移的[3]，但所得到的诱导效应大小次序并不一致。相对来说，核磁共振氢谱化学位移值更具理论性，也更有说服力。比较取代甲基化合物 Z—CH_3 中甲基氢的核磁共振谱化学位移值 δ_H，结果见表 2-1。

表 2-1　Z—CH₃ 中甲基氢的核磁共振谱化学位移值 δ_H

官能团 Z	δ_H	官能团 Z	δ_H
—NO₂	4.28	—C₆H₅	2.30
—F	4.26	—N(CH₃)₂	2.20
—OH	3.40	—I	2.16
—Cl	3.05	—CH₃	0.90
—Br	2.68	—H	0.23
—SH	2.44		

这种甲基氢化学位移值的相对大小，与基团电负性的相对大小比较接近，因此用于标度基团诱导效应的相对大小比较可靠。

2.2 共轭效应

在简单的不饱和烃（如乙烯）分子内，π 键的两个 p 电子只能局限在两个碳原子之间运动。但在单双键交替出现的分子内（如丁-1,3-二烯），p 电子不再局限于两个碳原子之间，而是扩展至四个碳原子之间，这种现象叫作离域，这种分子叫作共轭分子，具有单双键相间的体系叫作共轭体系。

在共轭体系内，除了共轭分子相邻 π-π 电子相互重叠外，还有 p-π 电子的相互重叠，使得共轭体系内的电子云密度发生了平均化，相邻的单键与双键间的区别也部分地消失，这种原子间的相互影响叫作共轭效应（conjugative effect）。

2.2.1 共轭效应的孤立观察

由于 π 电子的离域运动，共轭体系所受到的影响很容易沿着共轭 π 键传递到相当远的地方，而没有显著的渐远渐弱情况，这是共轭体系的突出特征，因此共轭效应是使共轭体系内相应位置电子云密度趋于平均化的效应，其主要体现在以下两个方面。

① 在 p-π 共轭体系内，电子云密度分布平均化了。由于取代基提供了一对 p 电子参与共轭，提供的电子数是 π 电子所在原子的 2 倍。因此，尽管取代基拉电子的诱导效应因素（−I）可能拉回来部分电荷，但 p-π 共轭体系总的结果是供电的，说明提供一对 p 电子的元素原子（或基团）对 π 键共轭体系是推电子的（+C 效应），如—NR₂、—OR、—SR、—X（X＝F，Cl，Br，I）等。在 p-π 共轭体系内，相当于 N 个原子上相对平均地占有 $N+1$ 个 p 电子。

如氯乙烯分子 p-π 共轭体系内的共振及电荷分布相当于：

这就相当于四个电子分布在三个原子上。即两个碳原子与一个氯原子三个原子将四个 p 电子相对地平均化了。

② 在 π-π 共轭体系内，除烯烃或金属之外的所有杂原子双键（或叁键）总比烯烃的电负性大，而所提供的 π 电子数量相同，故它们对烯烃总是拉电子的共轭效应 −C。如：—NO$_2$、—CN、—COOR、—COR、—CONH$_2$ 等。然而，吸电基的缺电子部分被若干个 π 键的相应位置平均化了。如：

两种结构对比，饱和酮羰基的碳原子上缺电显著且比较集中，而与烯烃共轭的酮羰基缺电相对较少，因为电荷被分散即被平均化了。

共轭效应是使 π-π 之间相应位置的电荷平均化，而并非 π 键两端的电子云密度平均化。恰恰相反，共轭效应极化了 π 键，决定了 π 键上电子对的偏移方向，即共轭效应的方向。换句话说，π 键两端的电子云密度分布主要受共轭效应影响，而受诱导效应的影响相对较小。

非极性共轭体系的共轭效应是没有方向的，例如：丁-1,3-二烯、苯等；而大多数共轭体系是与极性官能团成键的，因此共轭效应具有方向性。

研究共轭效应，应重点把握 p-π 共轭体系、π-π 共轭体系电荷的平均化作用，及共轭效应对于 π 键两端电荷分布的影响。

2.2.2 共轭效应的标度

诸多化学家发明了多种共轭效应标度方法，人们普遍认同的是饱和烃与芳香烃的偶极矩差值法[3]。它是通过计算和比较官能团 X 分别与甲基和苯基的偶极矩差（$\Delta\mu = \mu - \mu'$）来判断共轭效应大小的。虽然存在键长因素的影响，数值未必能完全代表定量关系，但得到的共轭效应次序定性地与公认的规律性基本一致[3]，见表 2-2。表 2-2 中数据表明：+C 效应自上至下递减，而 −C 效应自上至下递增。

表 2-2　部分气态化合物 R—X 的偶极矩　　　　　　单位：D

X	$\mu(CH_3—X)$	$\mu'(C_6H_5—X)$	$\Delta\mu = \mu - \mu'$
—F	1.81	1.57	0.24
—Cl	1.86	1.70	0.16
—Br	1.78	1.71	0.07
—COCH$_3$	2.84	3.00	−0.16
—CO$_2$C$_2$H$_5$	1.76	1.95	−0.19
—CN	3.94	4.39	−0.45
—NO$_2$	3.54	4.23	−0.69

2.3　诱导效应与共轭效应的共同作用

诱导效应与共轭效应均是影响有机分子电子云密度及其分布的重要因素。两种效应独立影响、共同作用而又相互交织：π-π 共轭效应的方向与限度取决于其诱导效应，p-π 共轭效应的方向是 p 电子向 π 键供电，但供电的多少也与诱导效应有关。

2.3.1 电子效应的作用、标度与局限性

人们将诱导效应、共轭效应的加和称为电子效应。然而，由于两种效应并不完全类似，不可能用电子效应概念涵盖和包括诱导效应与共轭效应的全部作用，电子效应的作用就是求取基团与共轭体系之间共价键的偏移方向。

电子效应大小的求取方法较多，常用的有以下两种。

方法一：通过比较对位取代苯甲酸的 pK_a 值，来比较和排序取代基的电子效应[4]。表 2-3 给出部分对位取代苯甲酸的 pK_a 值[4]。

表 2-3　X—⟨苯环⟩—COOH 的 pK_a 值

基团 X	pK_a	基团 X	pK_a	基团 X	pK_a
—N$^+$Me$_3$	3.43	—H	4.21	—OCH$_3$	4.47
—NO$_2$	3.44	—SiMe$_3$	4.27	—Ph	4.52
—SO$_2$Me	3.52	—CH$_3$	4.34	—OH	4.58
—CN	3.55	—CH$_2$CH$_3$	4.35	—NH$_2$	4.92
—Cl	3.99	—CH(CH$_3$)$_2$	4.35	—N(CH$_3$)$_2$	5.03
—Br	4.00	—C(CH$_3$)$_3$	4.40	—NHCH$_3$	5.04
—F	4.14	—OCH$_2$CH$_3$	4.45		

在表 2-3 中，pK_a 值大于 4.21 的取代基对芳烃对位为供电基（+I+C>0 或 −I+C>0），且 pK_a 值越大，取代基的供电能力越强。pK_a 值小于 4.21 的取代基对芳烃对位为吸电基（−I+C<0 或 −I−C<0），且 pK_a 值越小，取代基的吸电能力越强。表 2-3 中数据证明了芳烃对位取代基对其酸性的影响，也体现了不同基团电子效应的方向。

然而此种方法研究电子效应具有局限性。因为不是所有取代基的电子效应均对芳烃的对位影响显著，例如 −I+C<0 的卤素取代基，它们对芳烃电子云密度的影响主要在间位，属于间位缺电子基团。仅以其对位电荷密度判定其吸引电子能力，显然是被严重低估了。若将表 2-3 中的取代基改为苯甲酸的间位，则所求取的电子效应的次序会有较大差异。

方法二：有学者对分子结构与化学反应活性关系做了定量处理，由取代基对反应速率的影响来求取电子效应[5]，即通过比较哈米特（Hammett）方程的取代基常数 σ_p，来比较取代基对反应速率的影响：

$$\lg(k/k_0)=\sigma_p\rho$$

式中，k 和 k_0 分别代表取代和未取代苯衍生物的反应速率常数；ρ 为反应常数，与反应条件及反应历程有关；σ_p 为取代基常数，仅取决于取代基的结构和位置。部分对位取代基常数 σ_p 见表 2-4[5]。

表 2-4 中数据表明：σ_p 的值越大，取代基的吸电能力越强。这些 σ_p 值的大小是基于反应速率来评价芳环上电子云密度的。表 2-4 所揭示的反应活性次序具有重要意义，它客观体现了基团与芳烃共价键上电子对的偏移方向。

然而用这种方法研究电子效应仍具有局限性。数据中仅仅引用芳烃与亲电试剂的反应类型而并未引用缺电子芳烃与亲核试剂的反应；芳烃与亲电试剂的反应速率也只比较了对位而

未比较间位。若这些条件变了，不同基团的 σ_p 值也会有较大差异。

表 2-4 部分对位取代基常数 σ_p

取代基 X	σ_p	取代基 X	σ_p	取代基 X	σ_p
—NH_2	−0.86	—C_2H_5	−0.151	—$CO_2C_2H_5$	0.45
—$N(CH_3)_2$	−0.83	—H	0.0	—$COCH_3$	0.502
—OH	−0.37	—F	0.062	—CF_3	0.54
—OCH_3	−0.268	—Cl	0.227	—CN	0.56
—$C(CH_3)_3$	−0.20	—Br	0.232	—NO_2	0.778
—CH_3	−0.176	—I	0.276		

总之，电子效应仅仅揭示了取代基与芳烃之间共价键的偏移方向，并未揭示芳环上电子云密度的分布规律。例如，将取代芳烃与亲电试剂成键的定位规律看作：芳环上供电基为邻对位定位基，吸电基为间位定位基，而卤素例外。这个例外就表明电子效应与定位规律之间并不存在对应关系与必然联系，这就体现了电子效应概念的局限性。

2.3.2 共轭效应对 π 键电子云密度分布的影响

长期以来，人们一直认为电子效应影响芳环上的电子云密度分布，然而实验结果并不支持这种说法：取代芳烃与亲电试剂成键的定位规律中，卤素例外便是证明。

到目前为止，利用有机化合物的 NMR 数据，就能够揭开芳环上电子云密度分布之谜。大量统计数据表明，主要是共轭效应对于 π 键具有极化作用，即主要是共轭效应影响电子云分布，且极化的方向与共轭效应的方向一致。所有 p-π 共轭的基团均为推电子基 +C，所有电负性较大的 π-π 共轭基团均为拉电子基 −C。

利用上述结论重新定义取代基在芳环上的定位效应：推电子共轭效应 +C 基团均为邻对位定位基，拉电子共轭效应 −C 基团均为间位定位基。

我们分别以烯烃和芳烃为例，观察不同取代基与烯烃或芳烃之间的诱导效应与共轭效应对共轭体系电子云密度分布的影响。

取代烯烃的 ^{13}C 化学位移值表明了烯烃 π 键两端的电子云密度分布，见表 2-5。

表 2-5 取代烯烃的 ^{13}C 化学位移值

取代基 X	化合物 X✓ 的 δ_C	诱导效应	共轭效应	分布作用
—F	F 147.8 / 88.6	−I	+C	推电子
—Cl	Cl 125.3 / 116.4	−I	+C	推电子
—Br	Br 115.0 / 121.2	−I	+C	拉电子
—H	122.5 / 122.5	0	0	无

取代基 X	化合物 X⌒ 的 δ_C	诱导效应	共轭效应	分布作用
—CH₃	135.0 / 19.4 117.2	+I	+C	推电子
—OH	176.0 / HO 88.8	−I	+C	推电子
—N(CH₃)₂	43.2 147.3 / N 93.1 / 43.2	−I	+C	推电子

表 2-5 中数据表明，π 键两端的电子云密度分布主要由共轭效应所决定，而受诱导效应影响较小。以卤原子为例，随着键长的增加，共轭效应减小，因而推电子的分布作用降低。

表 2-6 给出了取代芳烃的 ^{13}C 化学位移值，由此可见电子云密度分布的一般趋势[6]。

表 2-6　一取代苯的 ^{13}C 化学位移值 δ_C (X—⟨o m p⟩)

取代基 X	$\delta_{C,1}$	$\delta_{C,o}$	$\delta_{C,m}$	$\delta_{C,p}$	诱导效应	共轭效应	分布作用
—F	162.9	115.5	130.4	124.4	−I	+C	推电子
—Cl	134.3	128.9	130.2	126.9	−I	+C	推电子
—Br	123.1	131.7	131.0	127.0	−I	+C	推电子
—I	94.4	137.6	130.4	127.7	−I	+C	推电子
—H	127.4	127.4	127.4	127.4	0	0	
—OH	158.5	115.9	130.2	121.4	−I	+C	推电子
—NH₂	148.4	116.3	129.6	118.8	−I	+C	推电子
—CH₃	138.4	129.1	128.7	125.8	+I	+C	推电子
—CN	112.6	132.2	129.5	133.1	−I	−C	拉电子

表 2-6 中数据表明，影响芳环上电子云密度分布的，主要是共轭效应，且电子云密度分布决定了取代芳烃不同位置的功能与活性。

观察表 2-5 与表 2-6 中 ^{13}C 化学位移值，能够比较 π 键的电子云密度分布规律，这是电子效应概念所无法解释的。孤立地研究诱导效应、共轭效应，并将这两种效应简单地叠加，便可以解释 π 键的电子云密度与分布规律。

2.3.3　共轭体系的电子云密度分布、反应活性与定位规律

如前所述，电子效应仅仅体现了诱导效应、共轭效应作用的一部分，除此之外还存在共轭效应对于 π 键上电子云密度的分布作用。这两种作用的简单叠加便能完整表述诱导效应与共轭效应的综合作用。

2.3.3.1　取代烯烃与亲电试剂成键的定位规律

一个典型的实例就是取代烯烃与无机酸的加成反应。Markovnikov 规则（马氏规则）

给出的定位规律是：进攻试剂的电正性部分总会加到双键或叁键含氢较多的原子一边[7]。若干学者为马氏规则的合理性提供了理论解释，认为电荷分散的中间态正离子更加稳定[8]。

例 1：丙烯与溴化氢加成反应：

此例中溴化氢的氢原子带有部分正电，加到了含氢较多的原子一边，似乎符合马氏规则。

然而，马氏规则的"含氢较多的一边"与 π 键两端的电荷分布无关，其理论依据显然不足，具有局限性。由于 Markovnikov 实验所用的取代烯烃均为具有＋C 共轭效应的推电子基，所以其统计规律存在，一旦推电子基这一前提不存在，马氏规则也就不适用了。

例 2：三氟甲基乙烯与溴化氢的加成[9]：

这里，氢原子并未加到含氢较多的一边，而是恰恰相反，这就证明了马氏规则的局限性，同时也证明了中间态正离子的热力学稳定性不是烯烃定位规律的主因，烯烃的哪一端与氢原子成键取决于哪一端能聚集较多的电子，即取决于烯烃 π 键的电子云密度分布。

对于以上结果，有学者辩称这并非按照烯烃加成反应机理进行，而是按照 Michael 加成反应机理进行[10]：

然而，否定烯烃加成机理的依据不足，肯定 Michael 加成反应机理的依据也不足。因为烯烃与无机酸加成一般是在酸性条件下进行的，而 Michael 加成反应一般是在碱催化条件下进行的，将烯烃与无机酸的加成解析成 Michael 加成有些牵强。

其实我们没有必要纠结属于何种机理，前述两个机理仅仅是先后次序有别而反应原理无异。我们不妨再设定一个两对电子协同迁移的［2＋2］环加成机理，所生成的产物结构也没有区别：

关注反应先后次序或者关注属于何种机理并不重要，重要的是发生反应的原理与规律，带有异性电荷的原子之间相互吸引、接近、成键才是客观规律。烯烃加成反应的定位规律为：富电子的一端为亲核试剂，缺电子的一端为亲电试剂，与含氢多少无关。这就是烯烃加成反应的定位规律，此规律不仅适用于烯烃，而且适用于芳烃。

2.3.3.2 取代芳烃与亲电试剂成键的定位规律

与烯烃相比，芳烃的基团电负性相对较大，且大 π 键的共轭程度也增加了，因而取代基对芳烃的诱导效应减小，共轭效应增加，因而改变了一些基团对电子云密度分布的影响，如 Br、I 原子由对烯烃的拉电子作用变成了对芳烃的推电子作用。表 2-6 与表 2-5 的微小差异，体现了诱导效应、共轭效应变化的一般趋势。

供电与推电子不是一个概念，吸电和拉电子也不是一个概念，供电与吸电是指电子效应的总方向，推电子与拉电子仅仅是指共轭效应的方向。

研究诱导效应与共轭效应的共同作用，不仅要研究两者是供电还是吸电，还要研究共轭效应对共轭体系电子云密度的分布作用，这样才能理解和把握芳烃不同位置的功能与活性。

单独采用供电与吸电概念或单独采用推电子与拉电子概念很难概括取代芳烃性质，必须同时采用两个概念。这样将芳烃取代基分为三种类型：供电的推电子基 G_1、吸电的推电子基 G_2 和吸电的拉电子基 G_3。这三种基团对于芳环各位置电子云密度分布的影响如下。

① 供电的推电子基 G_1。供电的电子效应使芳环上电子云密度平均地增加，推电子的共轭效应使邻对位更加多电。如羟基、氨基、烷基、烷氧基等：

② 吸电的推电子基 G_2。吸电基的电子效应使芳环上电子云密度平均地减少，推电子的共轭效应使间位更加缺电子。如氟、氯、溴、碘：

③ 吸电的拉电子基 G_3。吸电的电子效应使芳环上电子云密度平均地减少，拉电子的共轭效应使邻对位更加缺电子。如硝基、氰基、羰基等：

总之，供电的推电子基团之邻对位具有较高的电子云密度，属于富电子位置；吸电的推电子基团之间位的电子云密度低，属于缺电子位置；吸电的拉电子基团之邻对位的电子云密度低，属于缺电子的位置。

容易推论，凡使邻对位缺电子的基团其间位就相对地不缺电子，凡使邻对位富电子的基团其间位也就相对地不多电子，而富电子的位置为亲核试剂的位置，缺电子的位置为亲电试剂的位置。

实际上，供电的推电子基确实是邻对位具有较大电子云密度的基团，为较强亲核试剂，而其间位的亲核活性与亲电活性均比较弱。吸电的推电子基（卤素）确实是间位缺电子的基团，其间位可能成为亲电试剂，而其邻对位并不缺电子，可作为亲核试剂与亲电试剂成键。吸电的拉电子基团，其严重缺电子的邻对位属于亲电试剂的位置，间位缺电子较少，可以作为较弱的亲核试剂。总而言之，芳环与亲电试剂的反应活性及定位规律并非仅由电子效应决定，主要取决于共轭效应的电子云密度分布。

因此,"供电基为邻对位定位基,吸电基为间位定位基,卤素例外"并不准确,确切地说,推电子基为邻对位定位基,拉电子基为间位定位基。

2.3.4 诱导效应与共轭效应的动态变化

前面讨论了基团的诱导效应与共轭效应对共轭体系电子云密度分布的影响。在动态条件下,即在亲电试剂与芳环相互接近而极化条件下,芳烃的电子云密度分布还会发生变化。

芳烃共轭 π 键在接近亲电试剂条件下分子被极化了,而芳环被极化时最容易汇聚电子的位置才是亲核试剂的位置。将此刻汇聚电子的能力称为动态电子效应。

2.3.4.1 杂环芳烃内的电荷变化

由五元环与六元环构成的杂环芳烃往往具有不同的性质,即奇数的五元环与偶数的六元环之间具有显著的区别。

六元环内的三个 π 键共轭方向往往相同,环内原子的间位是带同性电荷的共振位置,因而其静态电子效应与动态电子效应一致。如吡啶与亲电试剂的反应总是发生在间位:

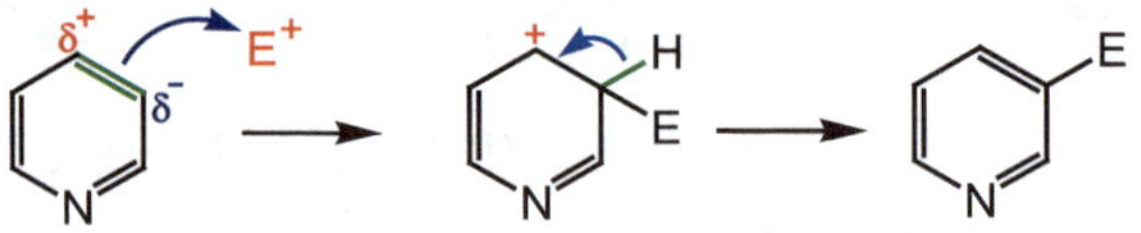

在奇数的五元杂环内,杂原子可从两个方向影响环内其它元素原子的电子云密度分布,且两个方向的影响趋势截然相反。因此难以比较 2-位与 3-位何处更易汇聚更多电子。

例 3:五元杂环化合物的定位规律

五元杂环化合物具有亲核试剂功能,能与亲电试剂成键,更容易发生在杂环上电子云密度的最大处。呋喃、吡咯、噻吩为典型的五元单杂环芳香族化合物。它们在静态条件下的电子效应可从其 ^{13}C NMR 化学位移中查到。

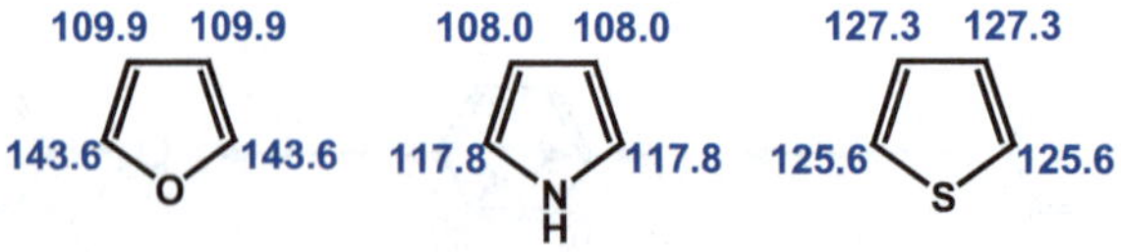

由静态条件下的电子云密度分布看,呋喃、吡咯与亲电试剂成键似乎应该发生在 3-位,其实并非如此。当亲电试剂接近上述五元杂环芳烃时,便会发生分子内共振,可能生成两种离子对结构的活性中间体:

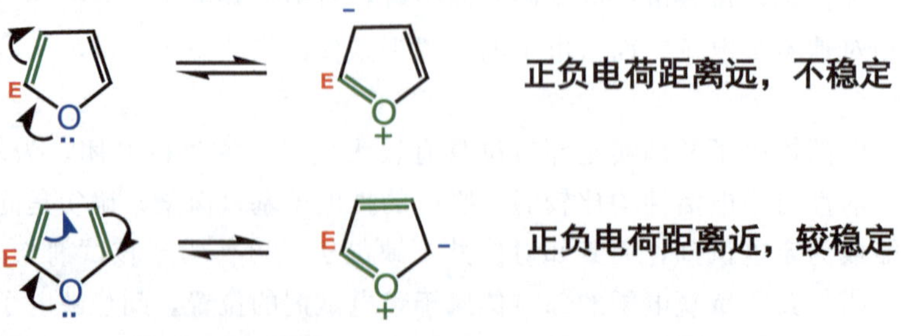

正负电荷距离远,不稳定

正负电荷距离近,较稳定

实践证明,在杂原子的 2-位容易集中更多的电子,容易与亲电试剂成键,这可能是由于近距离的离子对相对稳定而容易生成。

例 4：吡咯与吲哚的定位效应

在吡咯与吲哚的杂环上，相当于五元环上存在六个 π 电子，环内电子云密度相对较高，它们静态的电子云密度可通过其 ^{13}CNMR 化学位移值来比较：

作为亲核试剂，吡咯的定位问题刚刚讨论过，其氮原子在分子内共振中间体的稳定性决定了 2-位比 3-位更容易与亲电试剂成键：

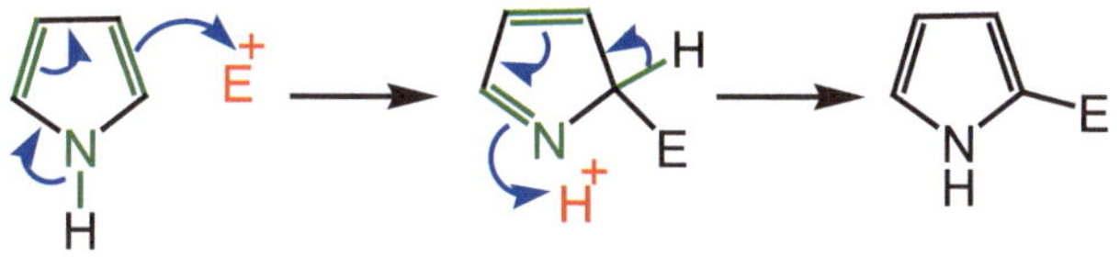

当吡咯并入苯环后，杂环上的电子部分地向苯环转移，使得两环电子云密度趋于平均化而杂环上略微占优。此时氮原子作为亲核试剂与 π 键共振，只有 3-位容易聚集并能得到电子，因而成为强亲核试剂，更容易与亲电试剂成键：

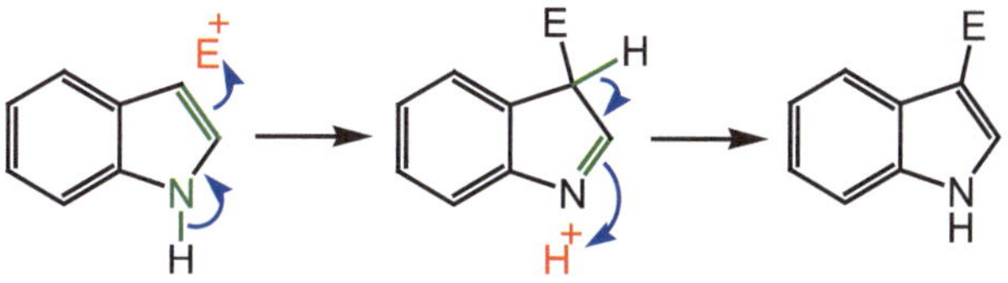

2.3.4.2 −I+C 基团的动态变化

取代基对芳烃诱导效应与共轭效应的大小与芳烃的电负性相关，当芳烃电子云密度下降时，−I+C 基团的诱导效应势必减小，共轭效应势必增大，反之亦然。因此−I+C 基团相当于芳环上的电容器。

众所周知，氯原子在芳环上为−I+C<0 的吸电基。但是根据电负性均衡原理，诱导效应−I 会随着芳环电子云密度的降低而减小，共轭效应会随着芳环电子云密度降低而增大。此消彼长的结果，可能使氯代芳烃上的氯原子由−I+C<0 转化为−I+C>0，氯原子也就可能在芳环上电子云密度较低条件下由吸电基转化为供电基。

实验结果表明：与强吸电基成键的芳烃，若其邻对位碳原子与氯原子成键，其亲核活性不仅没有降低，反而往往增强。

例 5：两个芳烃的硝化反应条件比较[11-12]：

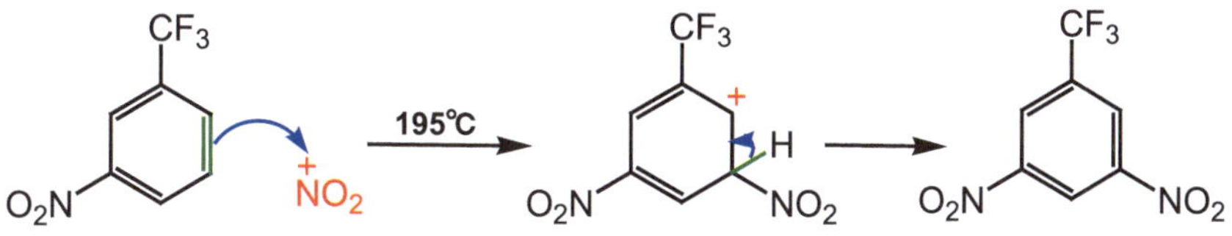

氯为供电基团

如果氯原子是吸电基团，则氯代芳烃的亲核活性势必较低；而实验结果恰恰相反，说明氯原子为供电基团，至少在其活性中间状态是如此。

这说明两个反应过程的活化能不同。在反应过程中芳环上电子云密度的变化规律如图 2-1 所示。

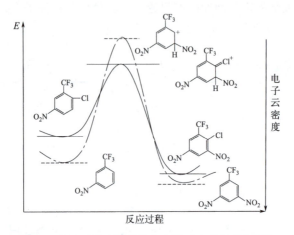

图 2-1　反应过程中活化能与电子云密度的变化规律

由此可见，若在氯代芳烃的邻对位存在其它强吸电基，在其 π 键与亲电试剂成键后的中间状态，即在芳环上与氯成键的碳原子带有一个单位正电荷时，氯原子变成了 $-I+C>0$ 的供电基，其孤对电子会进入碳正离子的空轨道而成键。

从特殊到一般，只要卤代芳烃的邻对位存在强吸电基（包括硝基、氰基、三氟甲基等），在其与亲电试剂成键的中间状态下，氯原子均起供电作用。参见芳烃硝化反应实例（表 2-7）。

表 2-7　芳烃硝化反应条件比较

序号	化学反应	反应条件		活化能
		硫酸浓度	反应温度/℃	
例 1[13]	CF_3-苯 → 3-硝基三氟甲苯	发烟硫酸	50	较高
比较例 1[13]	2-氯三氟甲苯 → 2-氯-4-硝基三氟甲苯	浓硫酸	40	较低

续表

序号	化学反应	反应条件		活化能
		硫酸浓度	反应温度/℃	
例2[13]	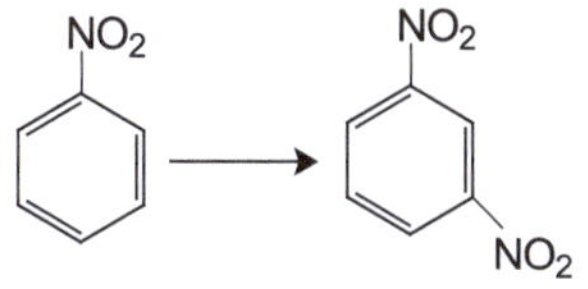 硝基苯 → 间二硝基苯	浓硫酸	90	较高
比较例2[13]	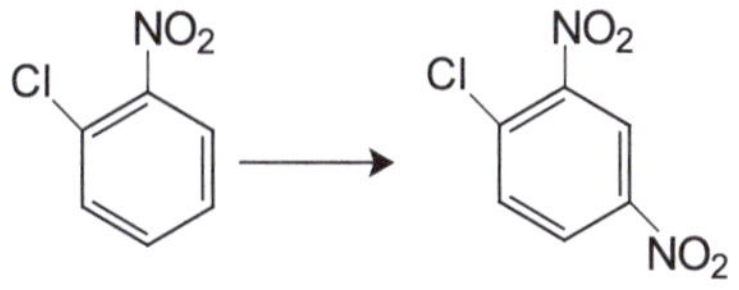 邻氯硝基苯 → 2-氯-1,4-二硝基苯	78%硫酸	70	较低
例3[14]	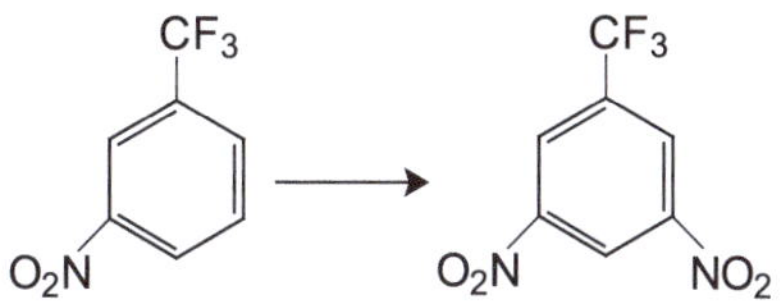 间硝基三氟甲苯 → 3,5-二硝基三氟甲苯	发烟硫酸	120	较高
比较例3[15]	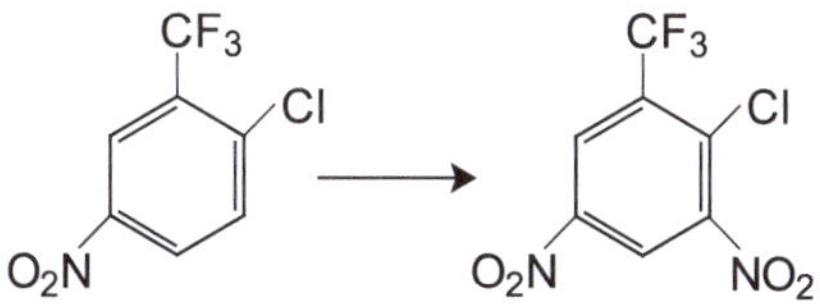 2-氯-4-硝基三氟甲苯 → 2-氯-3,5-二硝基三氟甲苯	浓硫酸	100	较低
例4[16]	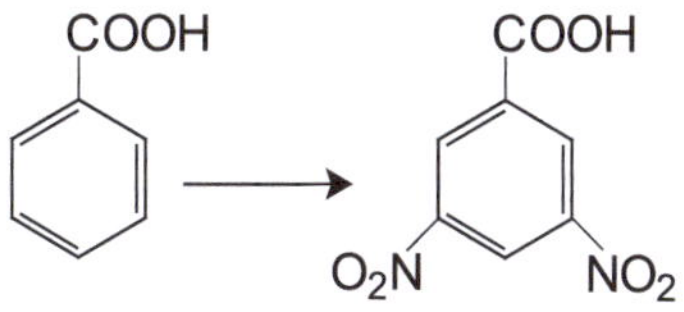 苯甲酸 → 3,5-二硝基苯甲酸	96%硫酸	140	较高
比较例4[17]	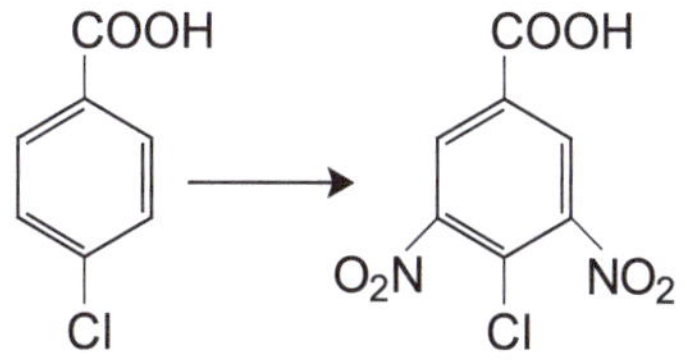 对氯苯甲酸 → 4-氯-3,5-二硝基苯甲酸	92%硫酸	130	较低

影响芳烃混酸硝化反应活化能的因素有两个——反应温度与混酸浓度，且反应活化能总是随着反应温度与混酸浓度的增加而增加[18]。由表2-7可知：在低电子云密度的氯代芳烃硝化反应过程中，生成了带有单位正电荷的活性中间体，氯原子为供电基，它活化了芳烃的亲核活性。

与卤原子不同，氰基是强吸电基，它对芳烃的诱导效应与共轭效应方向一致（−I−C）。但与硝基、三氟甲基等强吸电基相比，氰基的电负性相对较小，因而诱导效应−I相对较小，而其共轭效应−C相对较大，这就可能在与缺电芳烃成键时，其电子效应的方向发生改变。

例6：以苯腈与苯二腈的多氯化反应为例，两者反应温度不同，因此反应活化能不同：

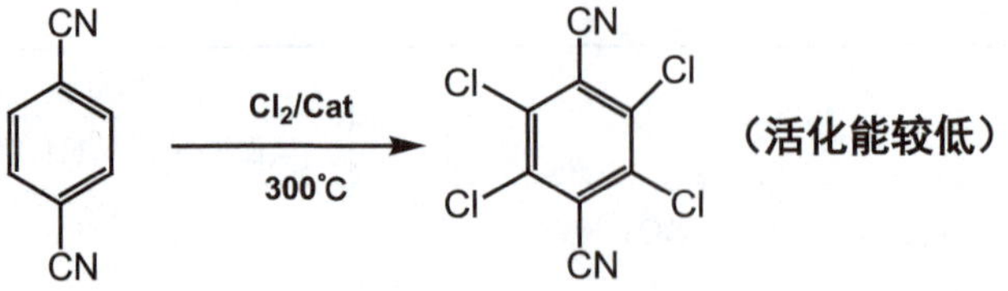

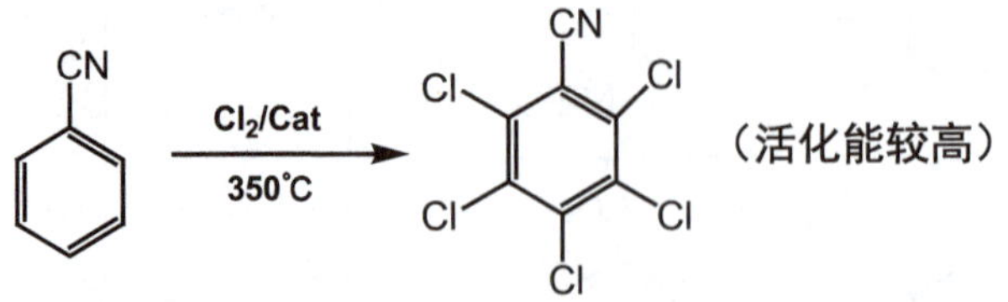

这就表明：在反应中间状态下，即在多氯取代后生成的碳正离子状态下，氰基比氯原子的供电作用更强。

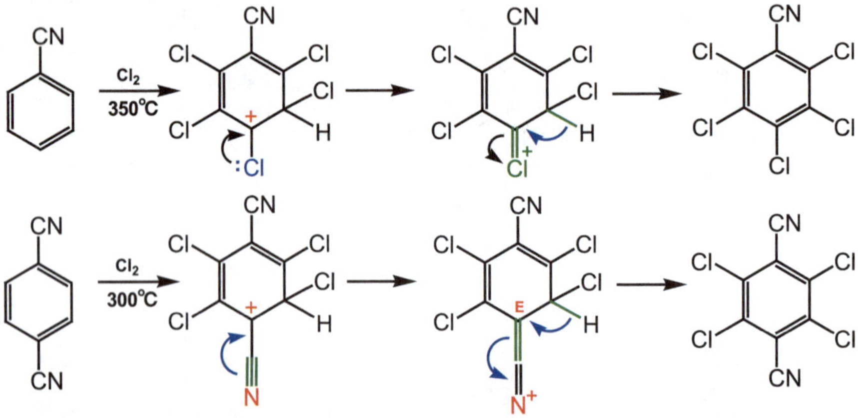

氰基取代氯原子后的亲核活性更强，表明氰基在反应中间状态下供电更多，因为芳环的电子云密度与其亲核活性相对应，这就是氰基动态下的电子效应可转化成供电基的依据。

总之，基团的电子效应方向和大小并非仅仅取决于基团自身的性质，同时还取决于与之成键基团的电负性，这符合人们普遍认同的相对论原理，也符合 Sanderson 电负性均衡原理。

2.4 共轭体系内的共振状态

同一分子有时难以用一种结构表示，这是由于在共轭体系内 π 电子并非在某个 π 键上定域，而是处于两个或多个原子之间离域的。

一个最简单的例子，苯分子通常表示成环己三烯结构，这只是苯分子的形象化描述，便于进行反应机理解析。然而环己三烯的结构与苯的实际结构并不相符，按环己三烯的结构，其双键键长应与单键键长不同，而实际上并不是所谓的单键与双键相间状态，共振状态使两者完全平均化，其实际键长大于双键而小于单键的键长，实际键级不是 1 级也不是 2 级，而恰恰是 1.5 级。

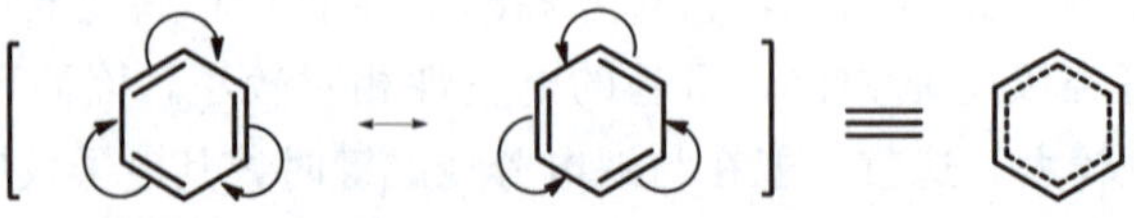

用虚线弯箭头表示半对电子转移容易形象地表示其共振杂化状态：

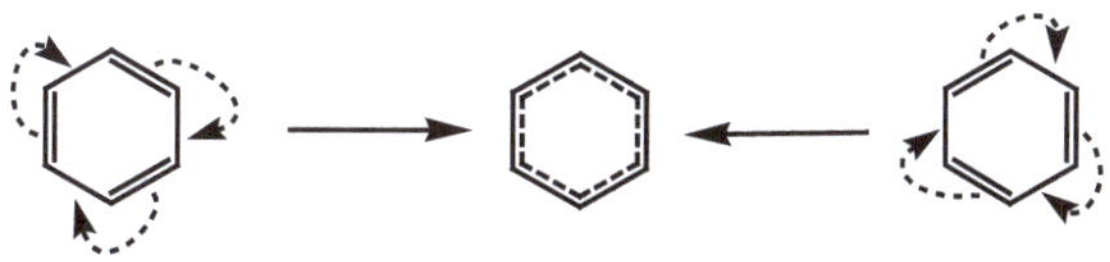

例 7：DMF 在常温下测得的氢原子化学位移值 δ_H 与低温条件下不同[6]：

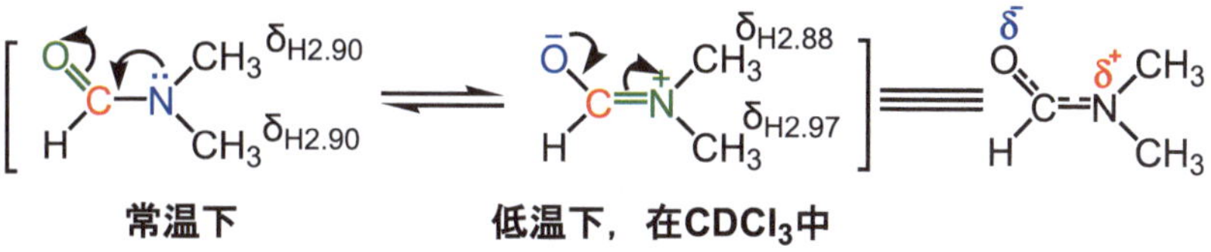

常温下　　　　　　　　**低温下，在CDCl₃中**

以虚线弯箭头表示半对电子转移，容易表示其共振杂化体的生成：

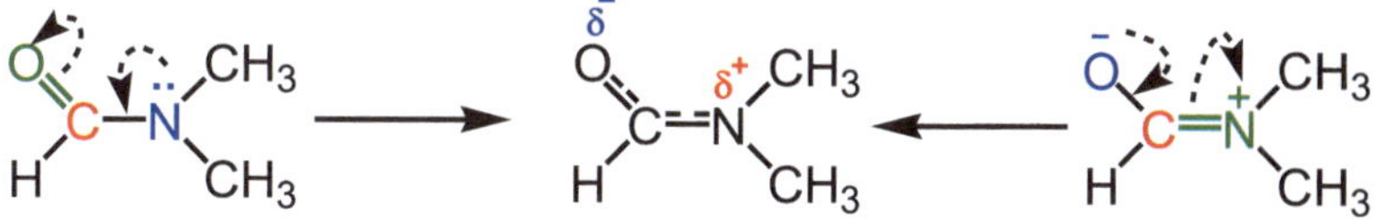

DMF 两种共振结构的稳定存在，证明了在共轭体系内存在着 p 电子与 π 电子的离域，即 p-π 共振状态。

这种分子内的共振就是分子内的电子转移，就是旧键断裂与新键生成的分子内化学反应。因其属于一对电子转移的极性反应，因而必然存在亲核试剂、亲电试剂与离去基这三要素的运动与变化，并遵循电子转移的客观规律。

实验结果表明：所有反应中间状态，无论是具有一对电子的负离子，还是拥有空轨道的正离子，或是具有单电子的自由基，只要与 π 键处于共轭状态，就可能发生分子内共振，生成另一种异构状态。同时，此种共振异构状态平衡可逆，最终生成的往往是异构混合物。

2.4.1　电子对与 π 键的共振

2.4.1.1　p-π 共轭体系的共振状态

带有负离子或孤对 p 电子的原子是亲核试剂，若其与 π 键共轭，则该电子对势必极化 π 键，并与 π 键处于平衡可逆的共振状态。

例 8：乙腈在碱性条件下的两种共振结构：

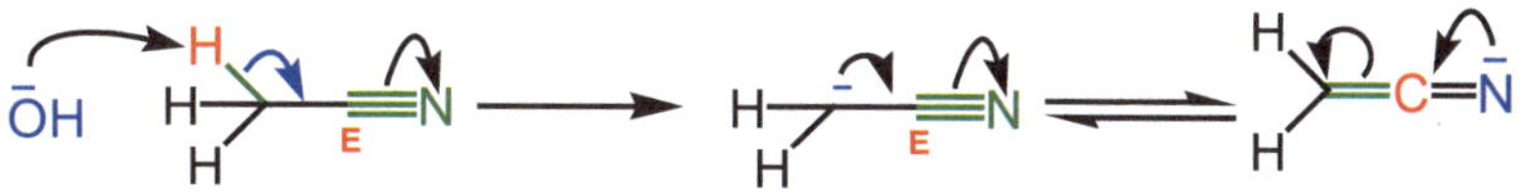

生成的碳负离子为富电体——亲核试剂，氰基碳原子为缺电体——亲电试剂，与氰基氮原子成键的 π 键为离去基，具备了极性反应三要素，因而分子内共振不可避免。

例 9：硫脲在碱性条件下的共振结构：

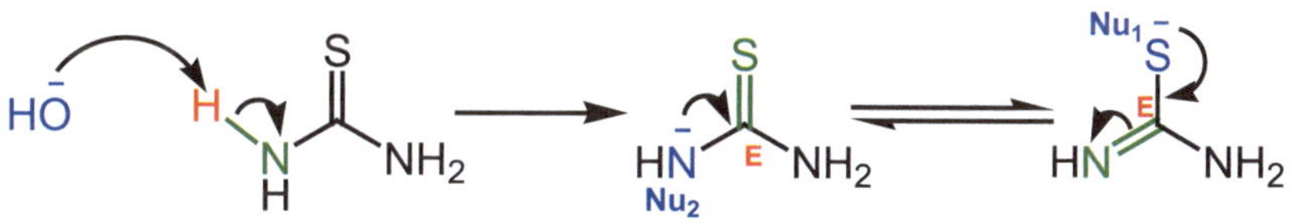

生成的氮负离子为富电体——亲核试剂，与氮负离子成键的碳原子为缺电体——亲电试剂，与硫原子成键的 π 键为离去基，三要素均已具备，因而分子内共振不可避免。正是由于

共振的存在，生成的硫负离子才显现出相对较强的亲核活性。

因此，只要一对 p 电子与 π 键共轭，就满足三要素的基本条件，分子内的共振就不可避免。

例 10：若干负离子的共振状态举例[11]：

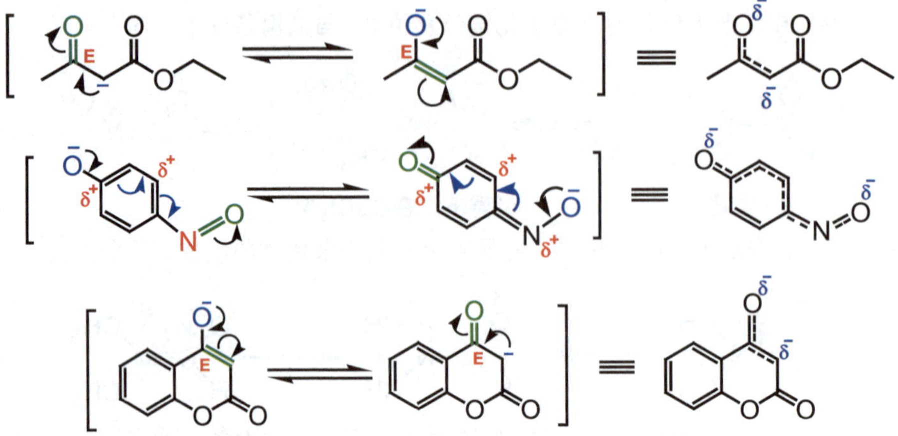

在上述两种或多种共振结构上均存在带有单位负电荷的一对电子，它们均能为新键提供一对电子，故所有处于共振状态的负离子均具有两可亲核试剂的性质。

一些弱碱之所以弱，就是由于生成共振结构之后电荷被分散：

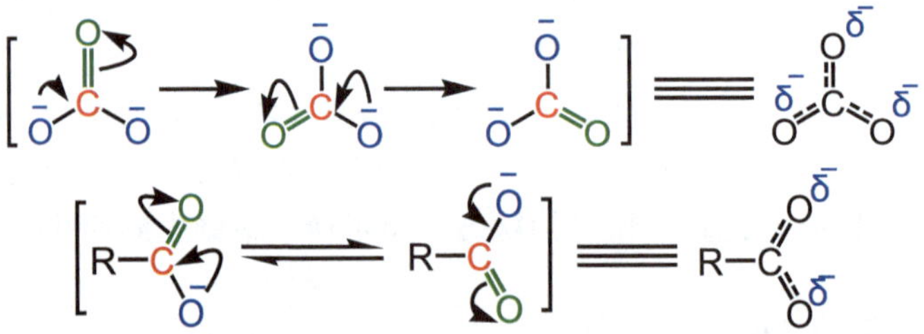

上述共轭体系内发生共振的若干实例具有一些共性的特点：

① 共振的位置与原有带电原子间隔一个原子，即隔一个原子的位置为共振的位置。

② 共振为可逆的平衡过程，两者相互转化，这也为电荷分散提供了条件。

③ 一对电子共振异构后转化为另一种亲核试剂，因此所有一对电子与 π 键的共振结构均为两可亲核试剂。

2.4.1.2　p-π 共振异构体的两可亲核试剂性质

如上所述，在 p-π 共轭体系内，p 电子共振后生成了另一对电子，两者均具有亲核试剂的结构与功能，故所有 p-π 共轭体系均为两可亲核试剂。

例 11：碱催化作用下的酮醛缩合反应：

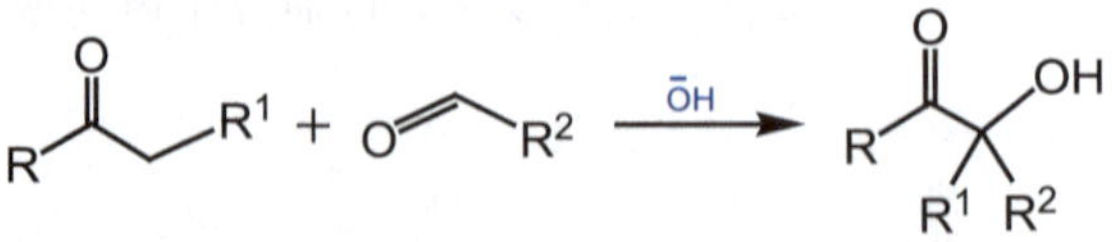

首先以碱为亲核试剂与酮羰基上 α-位氢原子成键，离去基上带有碳负离子；生成的碳负离子与 π 键共轭，必然出现如下的分子内共振：

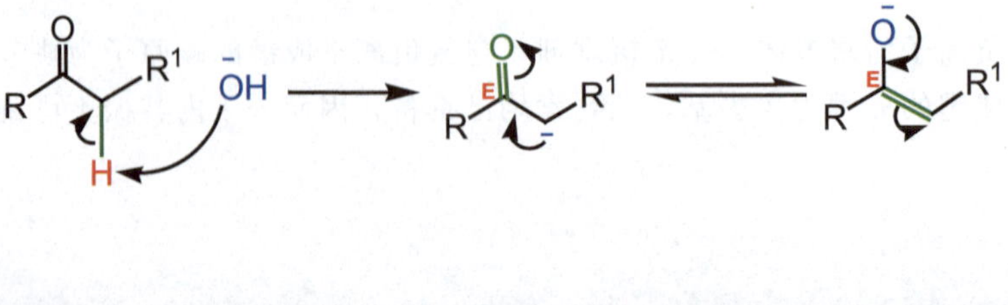

人们通常将上述两种共振结构简单地表示为烯氧基负离子结构，这并不说明此种烯氧基负离子结构是唯一的，只是在此种共振平衡状态下以烯氧基结构为主。根据共振论，负电荷主要集中在电负性较大的原子上。

上述两种共振结构的负离子均具有亲核试剂性质，均可以与亲电试剂成键。实际上碳负离子与亲电试剂的成键产物为：

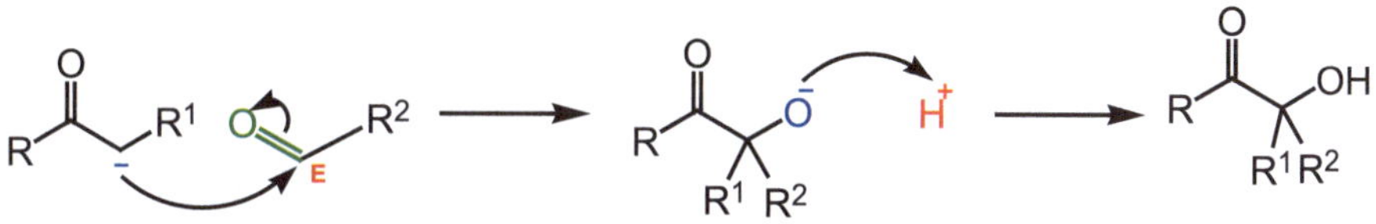

然而通常未见氧负离子与亲电试剂的反应产物：

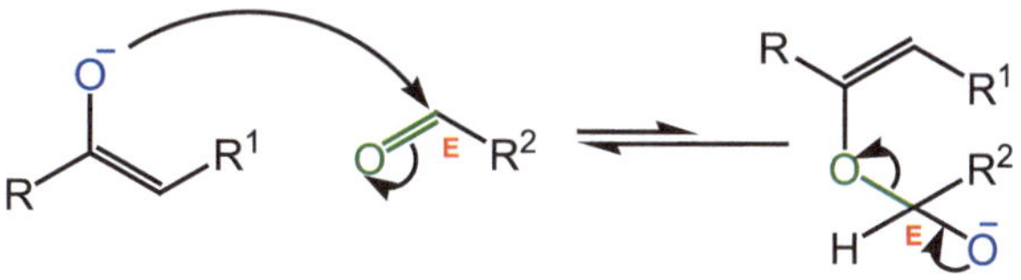

这是由于烯氧基与亲电试剂加成的四面体结构不稳定，烯氧基具有较大的离去活性而返回到初始的原料状态。由此可见：两可亲核试剂与亲电试剂成键后的离去活性不同，烯氧基与羰基的加成属于未见产物的可逆平衡反应，而碳负离子与羰基碳原子成键后不具有离去活性因而生成稳定产物。

2.4.1.3 芳环内 p-π 共轭体系的共振

在芳环内，p-π 共轭体系仍然具有共振的必然性。

例 12：如在环状共轭体系内，π 电子呈高度离域的共振状态：

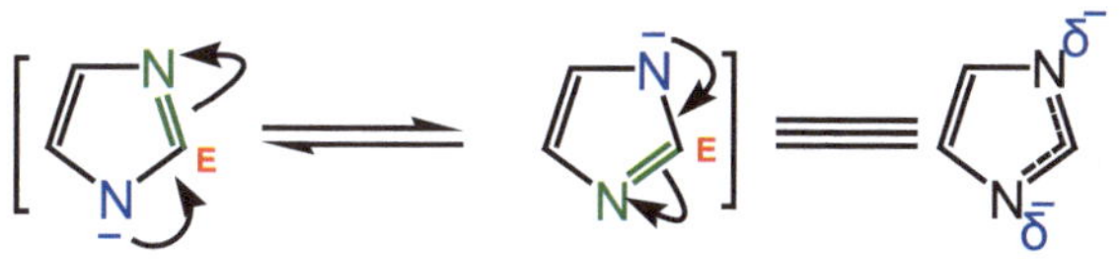

由于共轭体系内的共振状态，人们无法区分不同位置的两个相同元素原子，故往往以共振杂化体的形式来象征性地表示其分子结构。

尽管如此，不应将上述共振杂化体理解为环上电荷的平均分布，因为在空间电场的极化作用下，分散的电荷还能够重新集中起来，即电荷处于分散与集中的可逆平衡状态。

例 13：Meisenheimer 反应[19] 是缺电子芳烃亲电试剂与亲核试剂成键过程，反应机理应解析为：

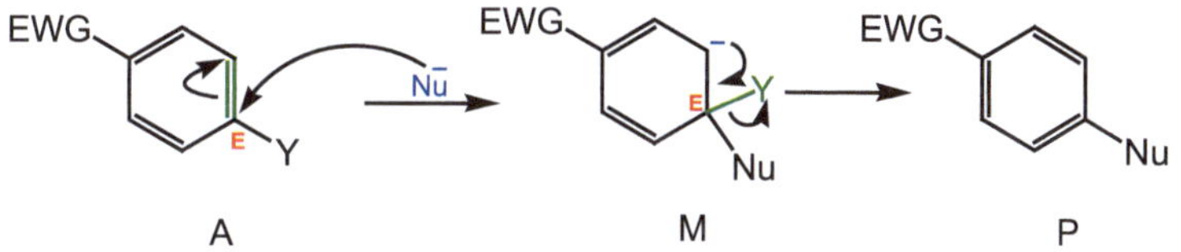

式中，EWG 为强吸电基团，其对位显然为缺电体——亲电试剂，在此位置恰恰又具有离去基 Y。于是便有亲核试剂 Nu 与亲电试剂成键、π 键离去生成中间体 M 过程；再由前一步的离去基转化成的碳负离子为亲核试剂，与其邻位的缺电体——亲电试剂成键，则离去基 Y 离去，这是两步串联的极性反应。

由于中间状态的碳负离子与 π 键共轭，发生分子内的共振就不可避免：

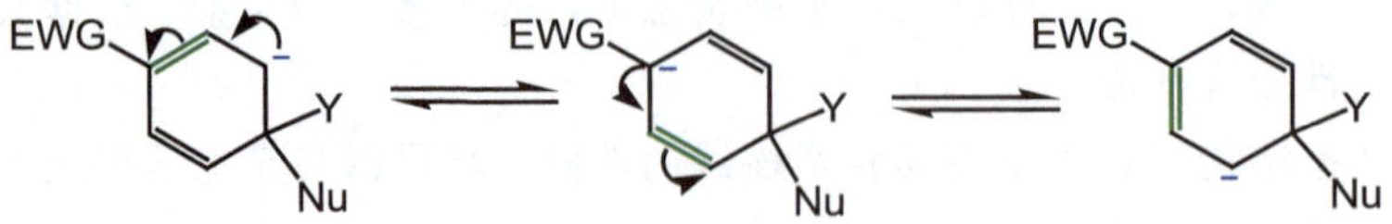

然而上述共振状态是平衡可逆的，且共振过程并非此反应的主要过程或核心步骤，所有共振异构体并非反应所必须经过的步骤，省略此步骤便合理了。

综上所述，反应过程的中间状态只要是 p-π 共轭体系，分子内的共振就不可避免。这些共振状态的相互转化就是分子内的极性反应，生成了两个或两个以上位置具有活性的亲核试剂，这些两可亲核试剂的生成，有可能生成异构产物，这取决于产物的热力学稳定性。

2.4.2 空轨道与 π 键的共振

众所周知，具有空轨道的原子属于路易斯酸，由于它并未满足八隅律的稳定结构，因而是极强的亲电试剂。如果与 π 键亲核试剂共轭，势必发生分子内的极性反应，即分子内的共振。

2.4.2.1 空轨道与 π 键共振的形式

在有机分子内的碳正离子，只要与 π 键共轭，就会发生分子内共振。

例 14：丁二烯的加成反应有两个产物，即 1,4-加成与 1,2-加成产物，原因是中间状态的碳正离子与 π 键共轭发生分子内共振。以丁二烯与溴素的加成反应为例：

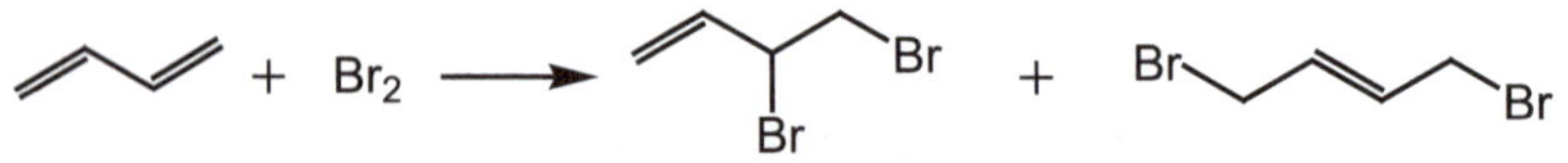

这是两步串联的极性反应。烯烃 π 键与溴素成键之后生成了一个与烯烃共轭的碳正离子，在分子内发生了共振：

两种共振异构体均为碳正离子亲电试剂，故此共振体系为两可亲电试剂，均可与亲核试剂溴负离子成键，生成 1,4-加成与 1,2-加成两种异构产物：

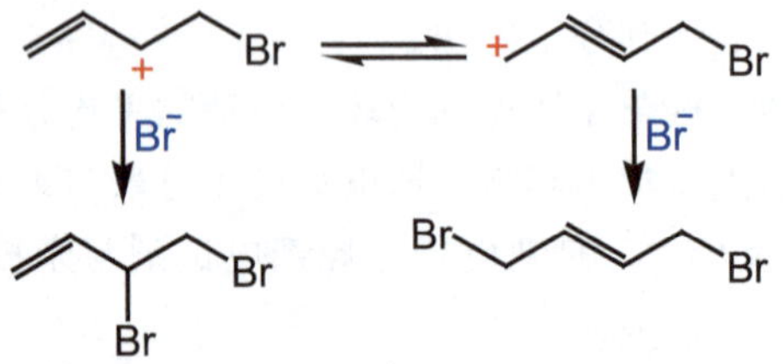

例 15：在甲醇钠与苄基季铵盐合成苄甲醚过程中发现有异构体生成：

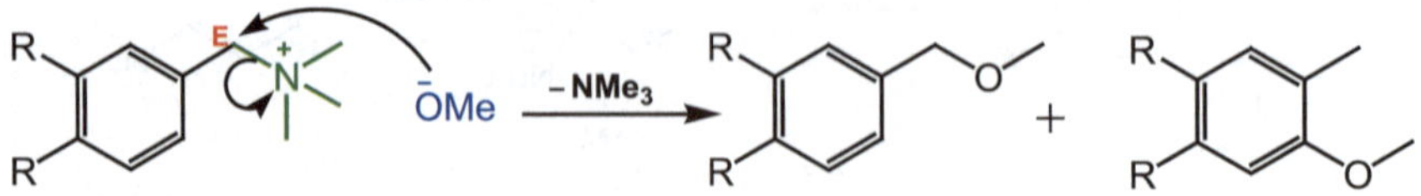

之所以生成异构体是中间体碳正离子与 π 键共振所致：

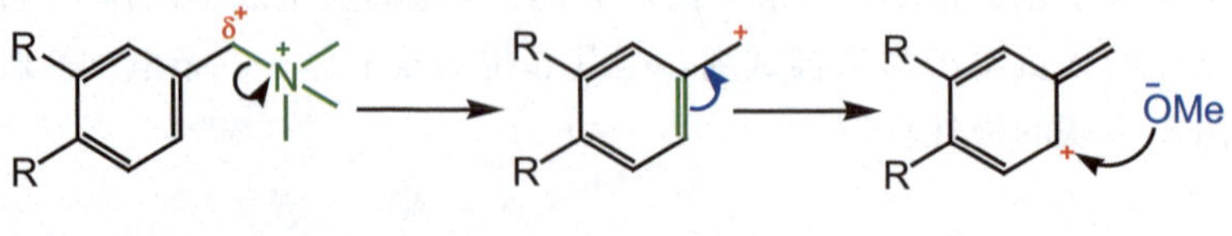

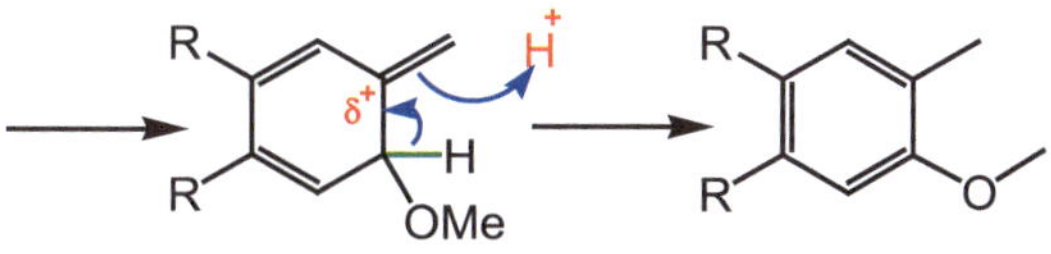

例 16：芳烃作为亲核试剂与亲电试剂成键。国内外教科书中将此反应机理解析为[10-11]：

实际上，芳烃 π 键先与亲电试剂成键生成活性中间体 M_1，再于分子内消除生成取代芳烃：

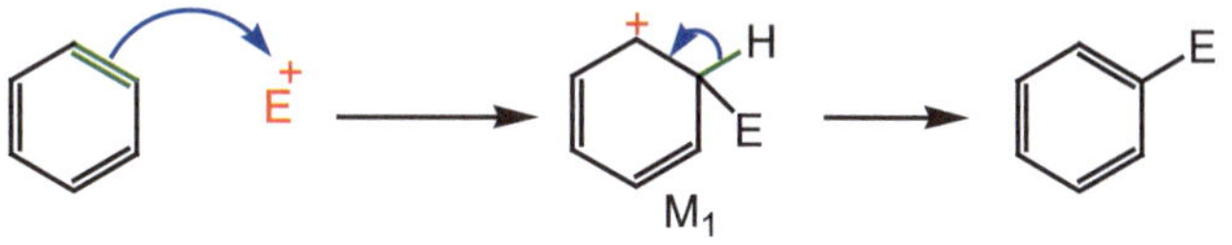

而中间体 M_1 上带有空轨道的碳正离子，是与 π 键共轭的亲电试剂，满足了极性反应三要素，分子内共振异构就不可避免：

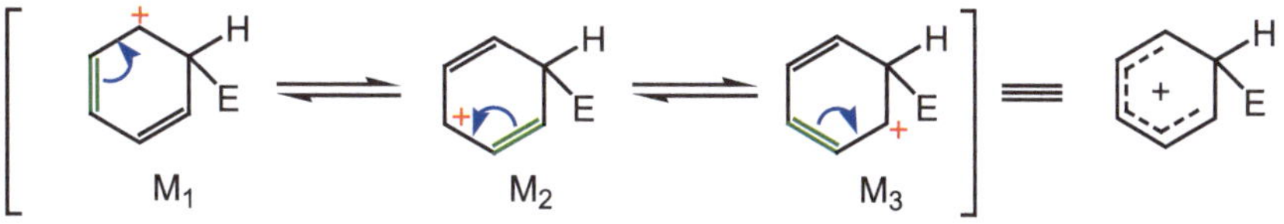

上述共振过程是平衡可逆的，即无论其如何共振，总会存在返回到初始状态的时刻，将分散的电荷重新集中起来，为 β-消除反应创造条件。

例 17：苯酚溴代反应是在二硫化碳中进行的，主要生成对溴苯酚：

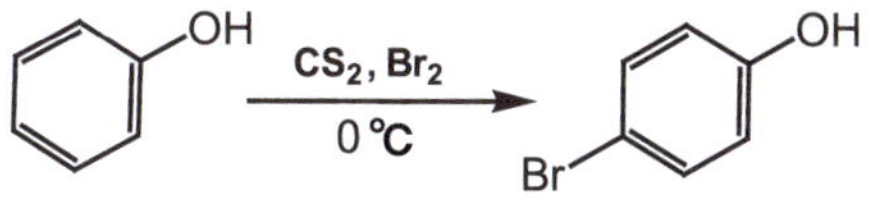

反应机理为：

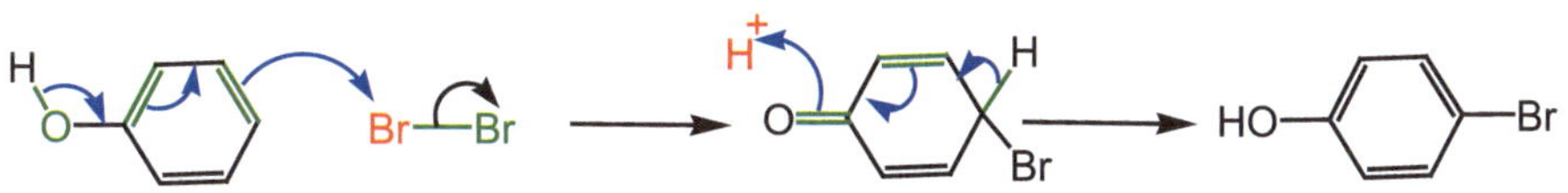

分步解析如上机理，相当于芳烃 π 键上的一对电子与溴成键；所伴生的间位碳正离子立即接受相邻 π 键上一对电子，又产生一个与羟基直连的碳正离子；它立即接受氧原子的孤对电子成键，而氧原子协同地收回氢氧键上的一对电子：

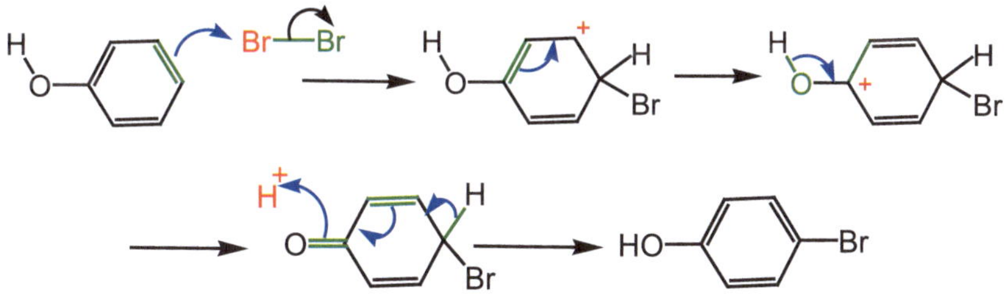

这是碳正离子与 π 键共轭发生共振的结果。由于整个过程是协同发生的，相当于在其中间状态下芳环上始终没有正电荷产生，因而具有较强的反应活性。这就是芳胺、苯酚等含有活泼氢的芳烃亲核试剂具有较强反应活性的原因。

2.4.2.2 超共轭效应的原理

超共轭效应是基于烷基苯分子内电子云密度与其反应活性不符而概括总结出来的。

烷基对于芳烃的供电次序为：叔丁基＞异丙基＞乙基＞甲基。

烷基苯和亲电试剂的反应速度与其供电次序相反：叔丁基＜异丙基＜乙基＜甲基。

基于上述实验依据，化学界学者们将其称作超共轭效应（hyperconjugation），一般将其表述为：

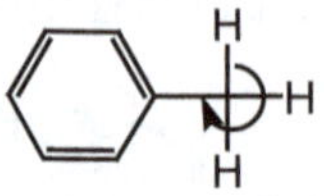

认为芳烃 α-位的碳氢共价键有"较少定域的可能性"。此外，关于"超共轭效应"的理论解释还有很多。

Baker 和 Nathan 认为，超共轭形式对甲苯的真实结构有贡献：

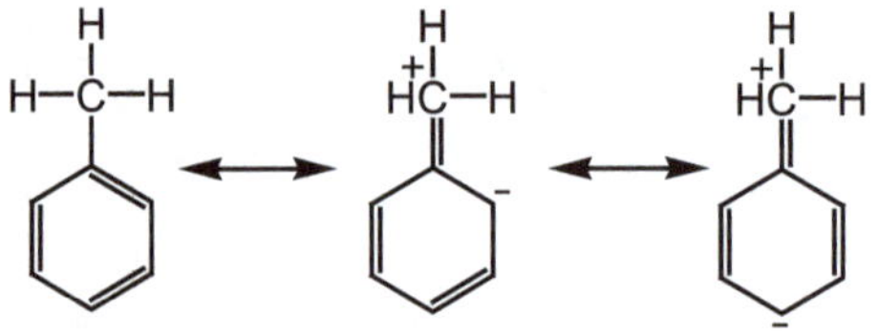

Baker 和 Nathan 认为，对于其它烷烃而言，由于碳氢键数目减少，超共轭效应也相应减弱，叔丁基则根本没有这种效应。

关于"超共轭效应"的上述解释依据不足，至少 Baker 和 Nathan 所解释的碳正离子的结构违背八隅律规则。

依据有机反应的一般原理，"超共轭效应"只不过是甲基 α-氢能与中间状态的碳正离子消除，芳环中间体上未生成碳正离子，因而反应活化能较低之故：

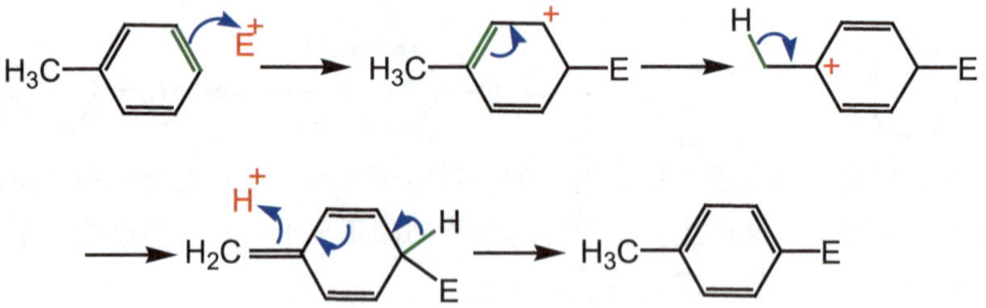

上述过程协同进行，因而具有较低的反应活化能：

因此，超共轭效应可以理解为碳正离子与 π 键共振后的消除反应，体现了碳正离子能够吸引其 α-位的 σ 键成键的一般性质，由于碳氢键上的电子对更容易极化偏移，因此 α-位含氢越多

芳环的亲核活性越强。

由此可见，所谓"超共轭效应"只不过是协同进行的共振、消除反应过程，与苯酚、苯胺等其它含有活泼氢的芳烃亲核试剂原理无异，只是活性有别罢了。

2.4.3 自由基与 π 键的共振

若自由基与 π 键处于共轭状态，也就不可避免地发生分子内的共振。活性极强的自由基极易与 π 键成键而产生新的 π 键和新的自由基，且两者处于平衡可逆状态：

因此，如果自由基与共轭体系处于共轭状态，分子内共振必然导致异构重排副反应，反应的选择性必然较差。

例 18：杀菌剂 2-烷基异噻唑-3(2H)酮避光保存的原因[11]：

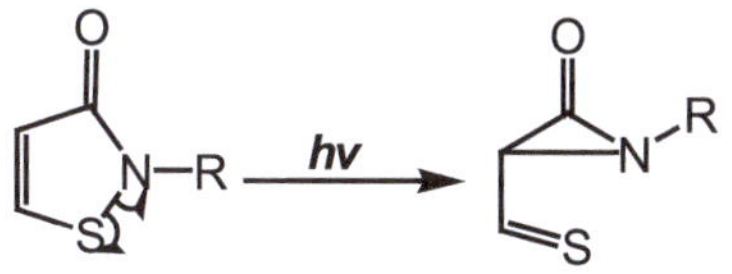

由于 2-烷基异噻唑-3(2H)酮分子内的 N—S 共价键的键长较长且电负性差较小，共价键的离解能较低，在光、热或引发剂存在下容易均裂生成自由基，该自由基能与分子内 π 键共轭而发生共振重排反应：

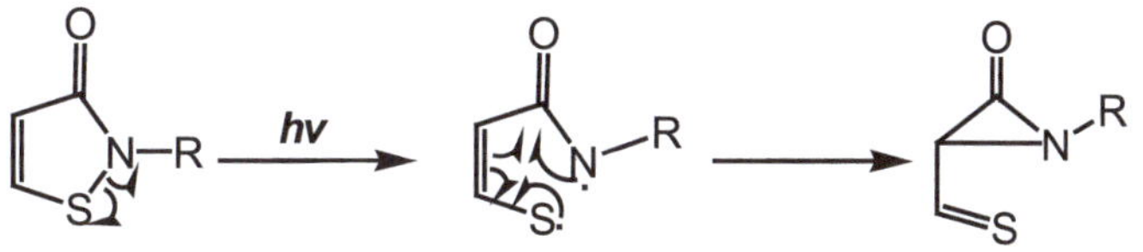

实验检出的异构产物结构，证明了该异构反应为自由基与 π 键的共振。

2.4.4 卡宾与 π 键的共振

这里主要指的是单线态卡宾，其中心元素原子上既具有一对孤对电子又具有一个空轨道，两者各自独立地与 π 键共轭，因而均可各自独立地与 π 键共振，生成异构化反应产物。

例 19：以 2-氟-4-溴苯酚为原料合成 2-氟-4-溴苯三氟甲基醚过程中，发现有 2-氟-6-溴苯三氟甲基醚生成：

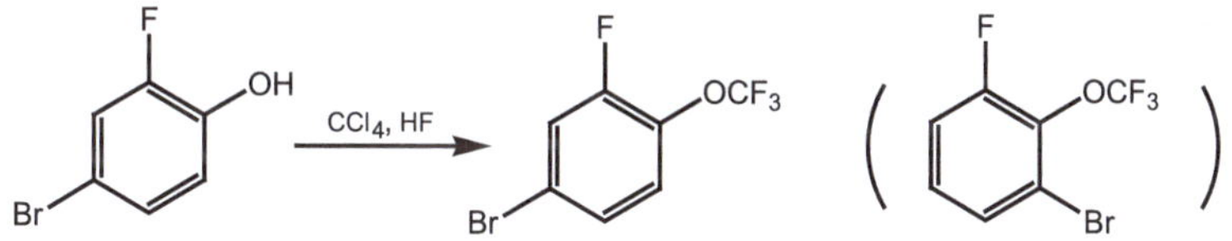

该产物结构决定了其化学性质比较稳定，而主原料 2-氟-4-溴苯酚的稳定性相对较差。羟基氧原子容易得到氢氧共价键上一对电子，生成的氧负离子与芳烃 π 键共轭，因而容易发生分子内共振：

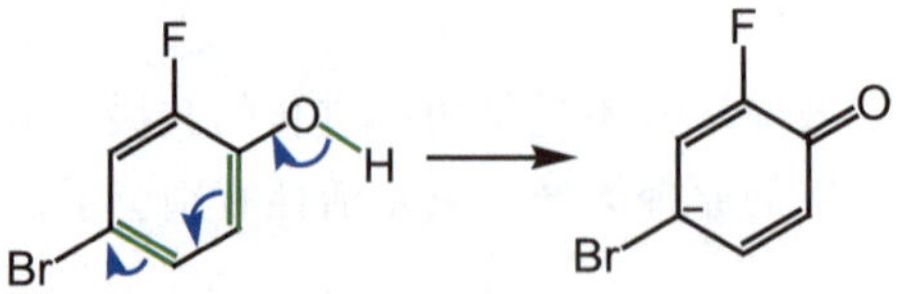

当负电荷共振到羟基的对位时，生成的碳负离子的电负性显著下降，离去基溴原子便可带走一对电子离去，从而生成单线态卡宾：

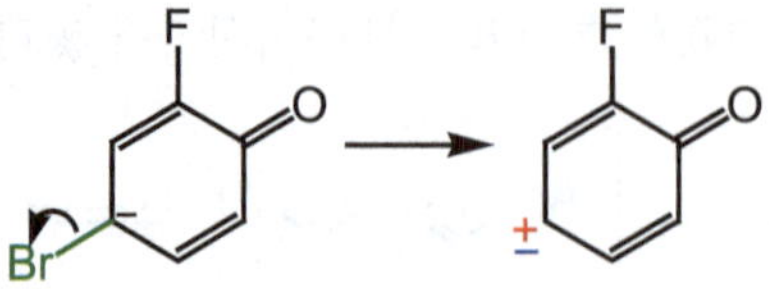

因单线态卡宾与π键共轭而发生分子内共振，产生的异构体再与溴负离子成键生成2-氟-6-溴苯酚：

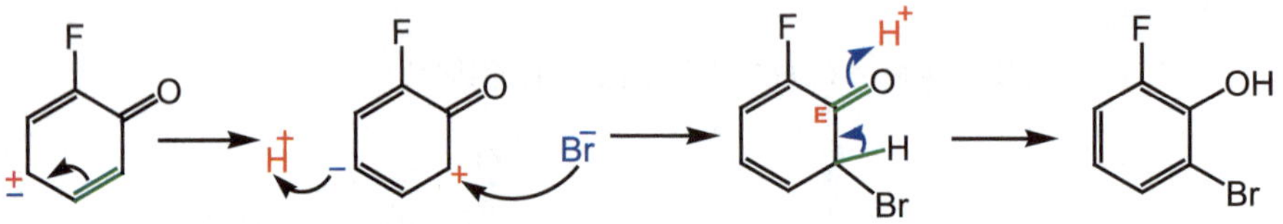

原料的异构化导致了产物的异构化。

例 20：以 3-氟-4-碘苯酚为原料合成 3-氟-4-氰基苯酚过程中，发现异构副产物 3-氟-6-氰基苯酚生成：

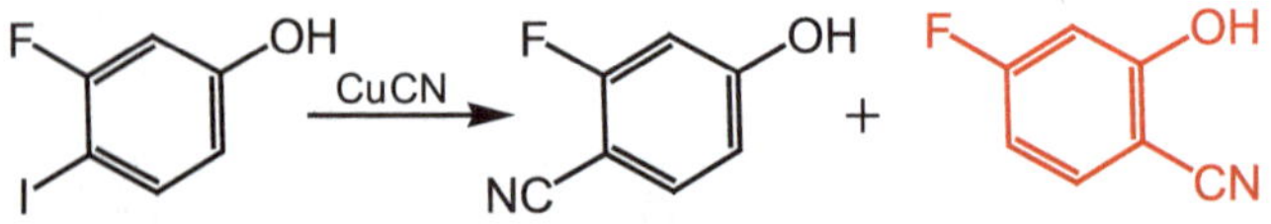

这也是原料异构所导致的结果。原因是原料 3-氟-4-碘苯酚不稳定，容易发生分子内共振生成单线态卡宾，单线态卡宾与苯环上 π 键共轭而再次发生分子内共振，产生的异构中间体与氰化亚铜反应生成 3-氟-6-氰基苯酚：

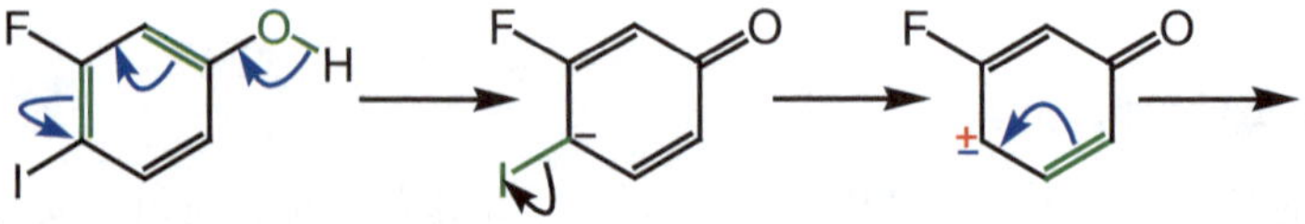

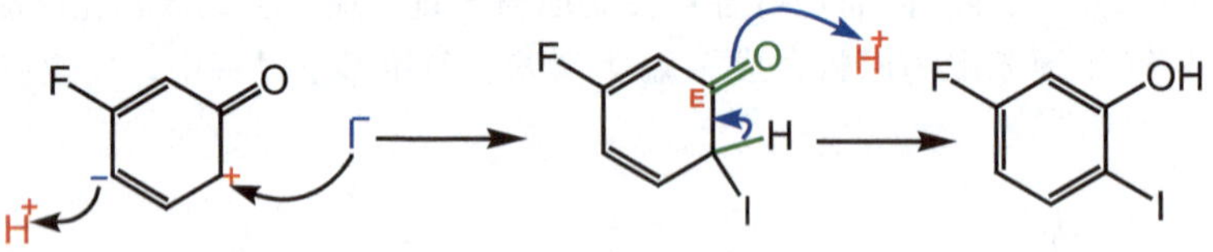

由此可见，含有活泼氢的芳烃类化合物，如酚、芳胺等，若在其邻对位存在离去基，则此种化合物不稳定，至少是热不稳定，容易生成单线态卡宾而重排成异构体。

由此推论：只要负离子上带有离去基，就容易生成单线态卡宾，若单线态卡宾与π键共轭，就不可避免地发生分子内共振而发生分子内重排反应。

综上所述，正离子、负离子、自由基、卡宾等活性中间状态，均容易与分子内相邻的π键发生共振，即发生分子内的化学反应，而处于两种或多种结构的共振状态，容易导致异构产物的生成。

2.4.5 共轭体系的识别

前述讨论的均是共轭体系内的共振规律，显然共轭体系的存在是共振发生的必要前提。鉴别能否发生共振首先应判别是否存在共轭体系。

共轭的概念指的是 p 电子不是在两个元素原子之间定域，而是在整个共轭体系内离域。用是否离域这个标准，就能识别共轭体系是否存在。

例 21：比较与判别叶立德试剂能否发生分子内共振。

硫叶立德试剂存在两种结构形式的共振状态：

磷叶立德试剂存在两种结构形式的共振状态：

氮叶立德试剂不可能发生如下共振：

在磷叶立德试剂上，一对 p 电子处于碳原子独有或与磷原子共有两种状态，显然这对电子是离域状态的，硫叶立德试剂与其相似。

所不同的是氮叶立德试剂，碳负离子上的一对电子是定域在碳原子上的，因此不属于共轭体系，当然也就不存在共振。

由此可见，并非与 π 键成键的一对电子均属 p-π 共轭体系，能否发生共振才是共轭体系存在与否的标志，或者说共轭与共振互为条件、相辅相成。

共轭体系内的共振实际上就是分子内的重排反应，因而它必须符合化学反应的一般规律。对于一对电子转移的反应，必须具备极性反应的三要素。

例 22：异氰的氮叶立德试剂能否发生共振异构的讨论：

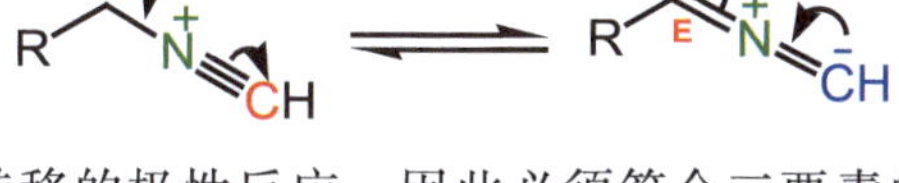

共振过程是一对电子转移的极性反应，因此必须符合三要素的运动规律，碳负离子当然属于亲核试剂，可氮正离子上没有空轨道，且由氮正离子较大的电负性所决定，又不可能失去外层的一对电子而腾出空轨道，因此氮正离子不可能成为亲电试剂而接受一对电子成键。

总之，不是所有的正离子都是亲电试剂，亲电试剂是为新键提供空轨道的，只有能够提供空轨道的原子，至少能提供 d 轨道，才有可能成为亲电试剂。

因此，满足八隅律的、高电负性的氮、氧正离子，只能是离去基，不可能成为亲电试剂。

例 23：Wolff 重排反应是 α-重氮酮于碱性条件下生成烯酮中间体，再与胺生成相应酰胺的反应[20]：

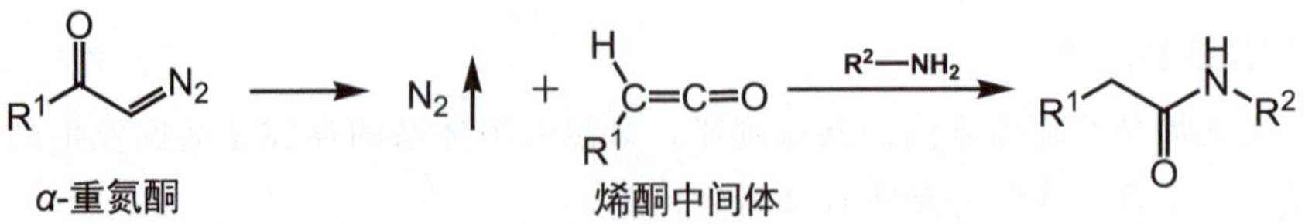

有文献将 Wolff 重排反应过程中生成烯酮中间体 M 的机理解析为[21]：

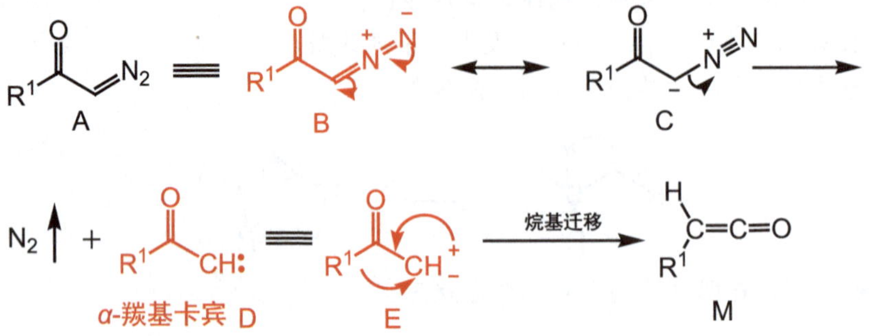

上述重氮化合物的结构分别用 A、B、C 来表示。然而 A 结构是模糊的表述，根据重氮甲烷低沸点的性质应该是三元环状结构及其异构化的 C 结构。即：

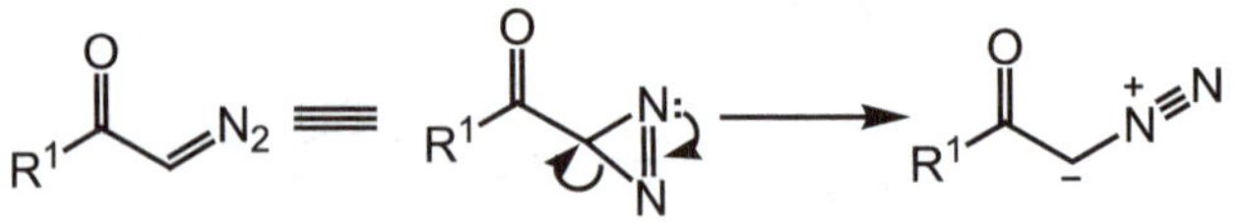

B 结构不可能共振成 C 结构，原因是氮正离子是离去基而不是亲电试剂，这种共振不可能存在。

由 C 结构离去氮气之后也不会生成 D 结构的三线态卡宾，而只能直接生成单线态卡宾 E，经卡宾重排得到烯酮：

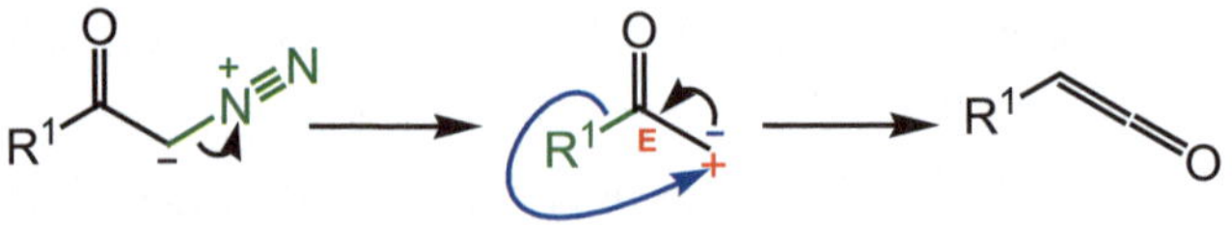

综上所述，B 与 C 结构不可能直接转化，即分子内的共轭不存在，因而共振也不会发生。

例 24：具有 α-氢的硝基化合物在碱性条件下会生成碳负离子，有文献认为此硝基结构的中间体可共振生成假酸式结构：

该重排反应机理解析显然不准确。因为硝基上的氮正离子既没有空轨道也不可能腾出空轨道，不具备亲电试剂的基本条件。没有空轨道是因其满足了八隅律，四个轨道均处于充满状态；腾不出来空轨道是因氮正离子具有高于氧原子的电负性，其与氧原子之间的共价键不可能由氧原子带走。因此氮正离子不是亲电试剂，只能是离去基。

硝基 α-位碳负离子只能与亲电试剂——缺电子氧原子成键，生成三元环状结构而释放出氮原子上孤对电子，此孤对电子再作为亲核试剂与碳原子成键，氧原子协同地带着一对电子离去生成假酸式结构：

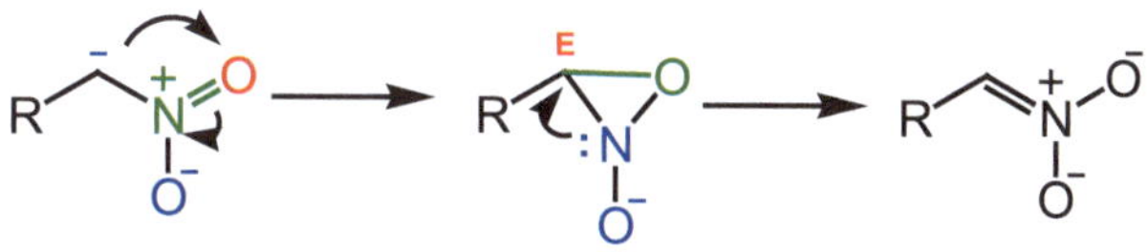

总而言之，分子内共振必须符合极性反应三要素的基本原理和运动规律。

2.4.6 分子内空间的共振异构

电子的离域状态不仅发生在化学键上，当分子内带有部分异性电荷的两个原子间距离足够近时，可以出现分子内空间的共振异构。

例 25：杀菌剂 Pyrithione 就是以两种空间共振结构存在的[3,16]：

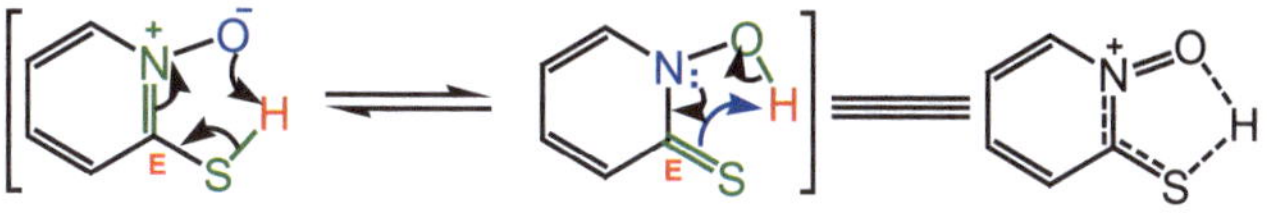

如果芳烃邻位的两基团分别为亲核试剂与亲电试剂，则容易发生分子内极性反应。

例 26：2-甲基吡嗪-1-氧化物易发生分子内共振异构生成 2-亚甲基吡嗪-1(2H)-醇：

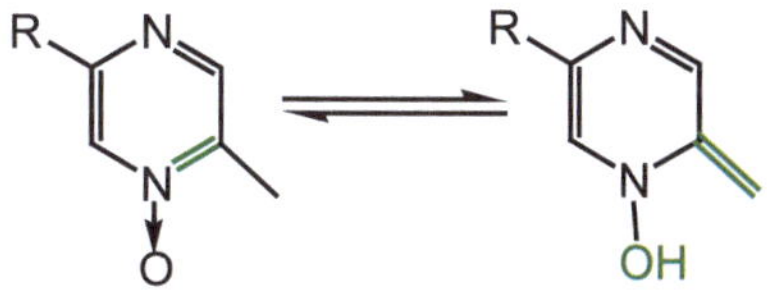

这是典型的分子内共振异构过程，即分子内的 [2,3]-σ 迁移反应过程：

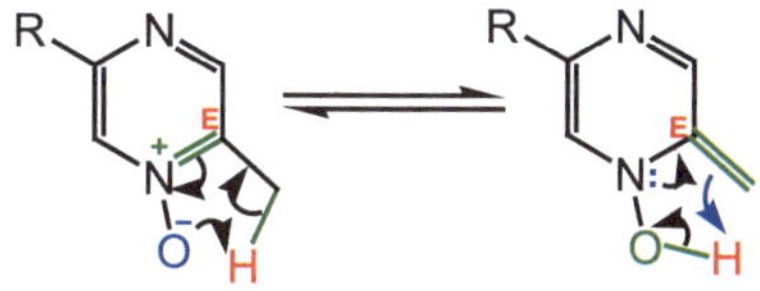

因此，该中间体无法分离提纯，只能直接应用于后续过程。容易推论，分子内多对电子的协同迁移也属于分子内的共振异构过程。

综上所述，在分子内未成键的两个基团间，若它们分别属于活性的亲核试剂与亲电试剂，且在距离靠近的条件下，则容易发生分子内空间共振，即发生分子内的重排反应。

2.5 运用概念解题

【议题 1】 有文章认为卤代芳烃上的共轭效应是 $C_F > C_{Cl} > C_{Br} > C_I$[18]，这是否正确？
正确，表 2-2 中已有偶极矩差值的数据。这里还可以通过电子效应的次序推导出来：
首先，卤代芳烃中电子效应（$-I+C$）次序为：

$$(-I+C)_F > (-I+C)_{Cl} \geqslant (-I+C)_{Br} > (-I+C)_I$$

此电子效应符合其化学反应活性次序，并已得到实验结果的验证和人们的普遍认同。
由式 $-I_{Cl} + C_{Cl} \geqslant -I_{Br} + C_{Br}$ 容易推论：
由于 $-I_{Cl} < -I_{Br}$，所以 $C_{Cl} > C_{Br}$。

同理可证：$C_F > C_{Cl} > C_{Br} > C_I$

【议题2】 在 N 杂环芳香族化合物中，N 原子的电子效应方向讨论。

在 N 杂环化合物中，N 原子的电子效应有两种情况：在双键氮原子上，sp^2 杂化氮原子仅提供一个 π 电子参与共轭，即 π 电子数不多于碳原子，属 π-π 共轭体系；N 原子的电负性大于碳，因此其诱导效应、共轭效应为同方向（-I-C），对芳环起吸电作用，使其电子云密度减小而有利于芳烃作为亲电试剂的反应而不利于芳烃作为亲核试剂的反应。"类硝基"的俗称依此而得名。带有一个或两个 N 原子的此类化合物有：

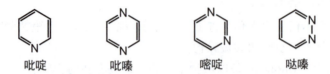

在五元杂环芳香族化合物中，N 原子的三个 sp^2 杂化轨道分别与三个不同原子成键，而一对 p 电子参与环上的 p-π 共轭体系。因其提供了多于碳原子 1 倍的电子，体现出推电子的共轭效应+C。此时，诱导效应与共轭效应方向相反（-I+C），且 |+C|＞|-I|，N 原子表现为供电基，因而有利于杂环芳烃作为亲核试剂的反应而不利于其作为亲电试剂的反应。此类化合物最典型的代表是吡咯与吲哚。

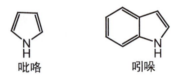

对于五元环双氮原子杂环化合物（如咪唑）来说，两个 N 原子的作用完全不同：

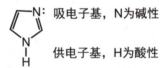

【议题3】 吡啶、喹啉与亲电试剂的反应及其定位规律。

吡啶与喹啉的 ^{13}CNMR 化学位移为：

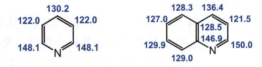

对吡啶来说，由于具有强电负性的氮原子以 sp^2 杂化方式成环，且仅提供一个（而不是一对）p 电子，因而对杂环上电子云密度的贡献为负值，"类硝基"的俗称依此而得名。由氮原子-C 的共轭效应所决定，邻对位为严重缺电子的位置，而间位的电子云密度相对高些，比邻对位更容易与亲电试剂成键。

3-位有利   8-位更有利

当吡啶环并上苯环后，苯环上电子云向吡啶环转移，使两环电子云密度趋于平均而苯环略高。由氮原子吸电的电子效应与拉电子的共轭效应所决定，3-位的电子云密度仍然偏高，然而由于3-位碳所处的整个杂环都是低电子云密度的，动态下也难以得到电子的补充。相比之下，苯环上的8-位更有利于在动态条件下聚集电子，因而优先与亲电试剂成键。

2.6 本章要点总结

① 揭示了孤立地观察诱导效应、共轭效应的意义。诱导效应与共轭效应的各自作用并不完全相同，两种效应不能完全加和在一起。诱导效应主要体现在基团电负性决定共价键上电子对的偏移方向；共轭效应除了影响共价键上电子偏移方向之外，还通过 p-π 共轭推电子的+C效应和 π-π 共轭拉电子的-C效应，影响 π 键上电子对的偏移方向。

② 揭示了电子效应概念仅仅是诱导效应与共轭效应部分功能的加和，它只能表示基团与共轭体系共价键的偏移方向；电子效应并非影响 π 键上电子云密度分布的决定性因素，而共轭效应才是。

③ 理论化地概括了 π 键两端的功能与反应定位规律。无论烯烃还是芳烃，均是由 π 键上电子对偏移方向决定 π 键两端功能与定位规律的。烯烃与无机酸的加成反应，总是烯烃富电子的一端与质子成键，与含氢多少无关。芳烃与亲电试剂成键的位置由共轭效应的方向决定，并非由电子效应的方向决定。

④ 讨论了动态条件下的电子效应，强调了容易得到电子补充的位置为亲核试剂的位置。-I+C基团有供电与吸电两种，它的电子效应方向可能随着共轭体系内电子云密度变化而变化。

⑤ 概括总结了活性中间体与共轭体系发生共振的规律。由 π 键的低离解能与 π 电子的离域性所决定，所有与之共轭的活性中间体，如孤对电子、空轨道、自由基、卡宾等，均不可避免地与之发生分子内的电子转移——共振异构，且此共振异构反应平衡可逆。

⑥ 强调了反应机理解析的重点与关键。由活性中间体与 π 键的共振平衡所决定，该过程既不是反应过程的必经阶段，也不是反应机理的核心部分，不必喧宾夺主地将其视作反应机理而忽视分子间电子转移的成键过程。

⑦ 界定了电子离域化为共振的条件，这为分子内共振的判别提供了理论依据。π 电子离域化是共轭效应的基本特征，而分子内共轭与共振互为条件，分子内共振就是分子内的化学反应，其中一对电子的转移必须符合极性反应三要素的运动规律。

参考文献

[1] 陈荣业. 有机反应机理解析与应用. 北京：化学工业出版社，2017：42.
[2] 蒋明谦，戴萃辰. 诱导效应指数及其在分子结构与化学活性间定量关系中的应用. 北京：科学出版社，1963.
[3] 俞凌翀. 基础理论有机化学. 北京：人民教育出版社，1981：60-64，474.
[4] R. Williams. pKa Data.
[5] 汪秋安. 高等有机化学. 北京：化学工业出版社，2003：44.
[6] 朱淮武. 有机分子结构波谱解析. 北京：化学工业出版社，2005：90，102.
[7] Isenberg, N., Grdinic, M. J. Chem. Educ., 1969, 46：601.
[8] Saethre, L. J., Thomas, T. D., Svensson, S. J. Chem. Soc., Perkin Trans., 2, 1997：749.
[9] 迈克尔 B. 史密斯. March's 高等有机化学. 李艳梅, 译. 北京：化学工业出版社，2009：468.
[10] Michael, A. J. Prakt. Chem., 1887, 35：349.

[11] 陈荣业. 分子结构与反应活性. 北京：化学工业出版社，2008：10-11.
[12] 陈荣业. 有机合成工艺优化. 北京：化学工业出版社，2006：41-42.
[13] 徐克勋. 精细有机化工原料及中间体手册. 北京：化学工业出版社，1997.
[14] US3726930.
[15] US3984488.
[16] CN14155998A.
[17] 章思规，辛忠. 精细有机化学制备手册. 北京：科学技术文献出版社，1994：42.
[18] 段行信. 实用精细有机合成手册. 北京：化学工业出版社，2000：191.
[19] Meisenheimer, J. Justus Liebigs Ann. Chem., 1902，323：205.
[20] Wolff, L. Justus Liebigs Ann., 1912，394：25.
[21] Zeller, K. P., Meier, H., Müller, E. Tetrahedron, 1972，28：5831-5838.

第3章

有机反应的特征与分类

有机分子是共价键化合物，每个共价键均由两个自旋相反的电子构成。因此无论是共价键的断裂还是生成，均是电子的有序转移过程，电子转移是有机反应的基本特征。因此，有机反应的分类应该遵循电子转移规律，按照电子转移的方式分类，既能体现有机反应的本质特征，又能把握有机反应的内在规律。

3.1 电子转移的两种方式

按照电子转移的方式分类，有机反应只能分为两种：一对电子转移的反应与单电子转移的反应[1]1。

所谓一对电子转移的反应，就是旧键的断裂与新键的生成均是在成对电子转移的条件下完成的。旧键的断裂就是离去基带走旧键上的一对电子腾出空轨道；新键的生成就是亲核试剂带着一对电子进入亲电试剂的空轨道。旧键断裂与新键生成少数是分步完成的（S_N1），大多数是协同完成的（S_N2）。若干多对电子协同迁移的反应过程也遵循相同的原理与规律。

所谓单电子转移的反应，就是旧键均裂生成两个自由基，新键由两个自由基各提供一个电子构成，且生成新键的两个电子必须自旋方向相反。若干金属外层的自由电子能够单电子转移到缺电子的亲电试剂上，前提是亲电试剂上具有空轨道，或者能协同地腾出空轨道。

有机反应按照电子转移的方式分类，有利于对其原理与规律的深入理解。

3.1.1 两种电子转移机理的识别

识别反应属于一对电子转移还是单电子转移，一般以分子结构为依据。根据其活性基团及共价键的性质，来判断两种电子转移形式。如果反应原料具有显著的极性基团，即亲核试剂、亲电试剂与离去基兼备，一般按照一对电子转移机理进行。如果反应体系内含有键长较长、离解能较低的共价键，则往往容易按照单电子转移的机理进行。

识别反应属于一对电子转移还是单电子转移，一般还以反应条件为依据。如：光催化条件总是有利于共价键均裂，如果光催化是反应的必要条件，则此反应按照单电子转移即自由基机理进行，至少其中的一步是如此。

例1：Williamson 醚合成的反应式为[2]：

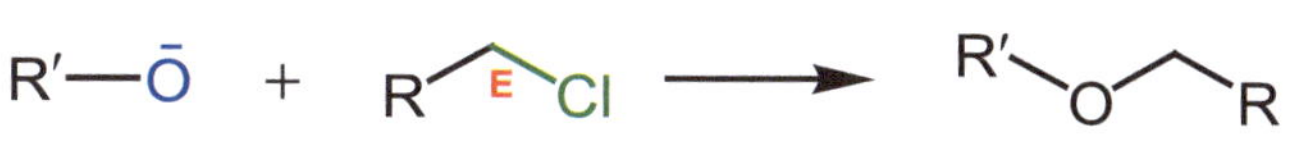

明显看出：有能够为新键带来一对电子的富电体——亲核试剂（蓝色标注），有能够为新键提供空轨道的缺电体——亲电试剂（红色标注），有能带走旧键一对电子而为亲电试剂腾出空轨道的高电负性离去基（绿色标注）。极性反应三要素兼备，容易发生一对电子转移的极性反应。反应机理为[3]：

上述弯箭头表示一对电子的转移，其起始点表示电子对的初始位置——亲核试剂的位置；终点表示接受电子对的位置——亲电试剂的位置，弯箭头弯曲的方向表示共价键上电子对的转移方向。

氧负离子上带有一对电子——亲核试剂，可利用这对电子进入亲电试剂——碳原子的空轨道而成键，该空轨道是由氯原子带走一对电子离去而腾出来的。这就是典型的一对电子转移的反应，人们将这种一对电子转移的反应称为极性反应。

例2：De Mayo 反应是 1,3-二酮在光催化条件下与烯烃缩合、重排生成 1,5-二酮的反应[4]：

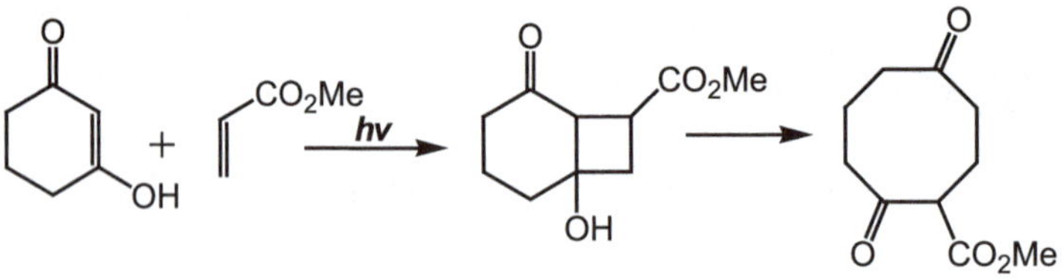

有文献将 De Mayo 反应缩合步骤的生成机理解析为[5]：

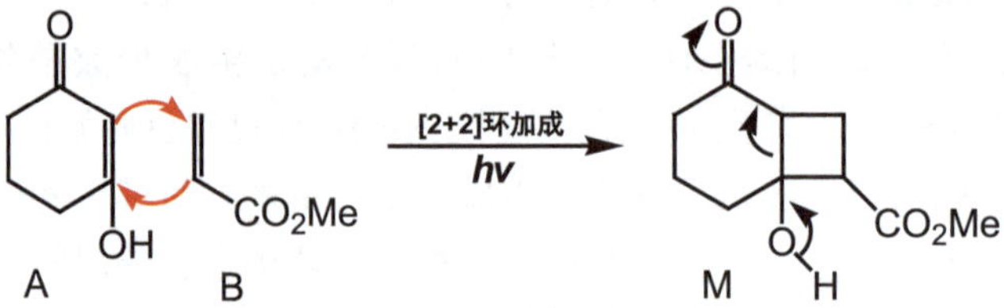

上式错将 A 与 B 缩合成 M 的反应解析成两对电子协同迁移的 [2+2] 环加成反应，且电子转移的弯箭头方向标注错误。

若是两对电子协同迁移的反应则属于一对电子转移的原理，它与光照条件无关，因为光总是催化共价键均裂的。

此外，β-二酮分子并非仅以烯醇式一种结构存在，烯醇式与 β-二酮式处于互变异构的平衡状态。由于酮羰基 α-位的亚甲基上碳氢共价键的离解能较低，双羰基中间亚甲基上碳氢键的离解能更低，这就为 De Mayo 反应机理的解析提供了依据。

依据上述分子结构具有较低离解能与光催化这两个条件，De Mayo 反应过程的 A 与 B 缩合生成中间体 M 的阶段，应按自由基机理解析为：

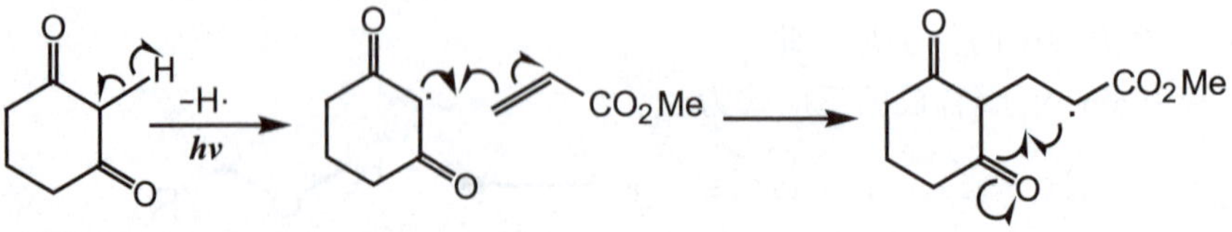

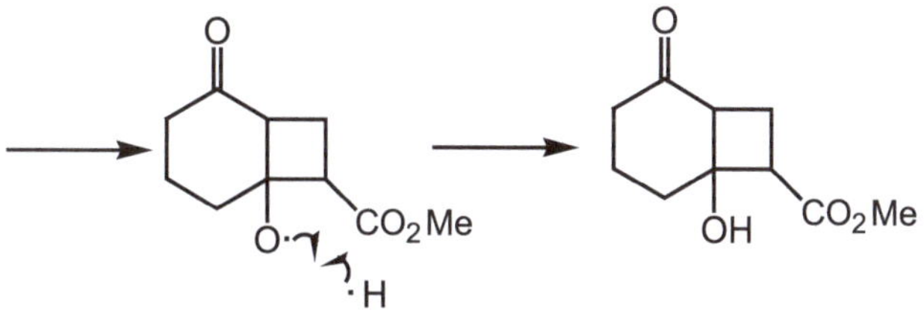

其中，鱼钩箭头表示单电子转移，鱼钩箭头的起始位置表示单电子成键前所处位置，在未标明 SET 的条件下，这个单电子是协同所依附的原子同时转移的。

这符合反应所必需的光照条件，也符合共价键离解能较低的分子结构。

由此可见，识别反应属于一对电子转移还是单电子转移，应根据原料的分子结构与反应的影响因素综合判断。如果反应存在一个引发阶段或光能够催化、促进的反应，一定是单电子转移反应。

例 3：己-2,4-二烯的"电环化反应"在不同条件下生成不同产物，在加热条件下生成的是单一顺式产物，而在光照条件下则生成顺反异构体：

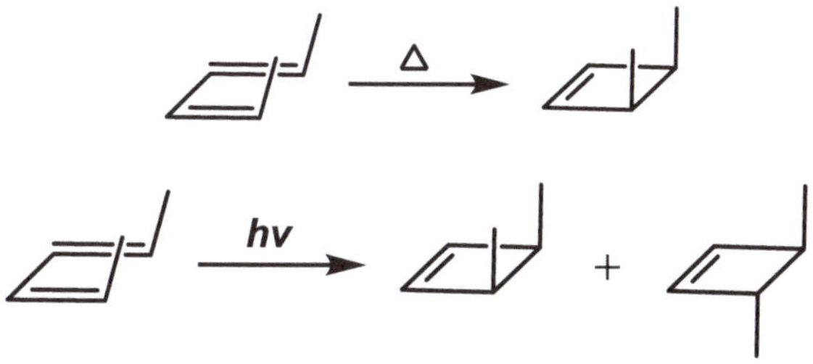

加热条件是两对电子协同迁移的极性反应，其中 π 键离去基转化成亲核试剂，离去 π 键腾出空轨道的位置又转化成亲电试剂。正是由于反应是两对电子协同迁移的 [2+2] 环加成反应，所以只能生成顺式产物而无反式产物：

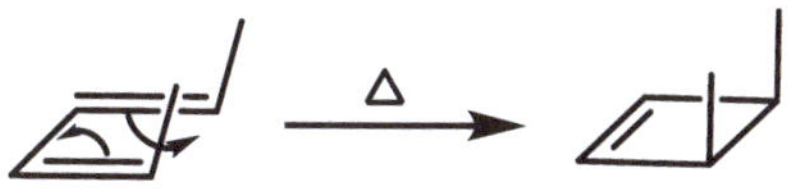

在光照条件下，两个 π 键均裂生成四个自由基，而在中间相邻的两个自由基成键后，生成了双自由基中间体，此双自由基结构不易立即成键，必须在两个单电子处于自旋相反状态下才有可能。故两个自由基之间存在一个撞击、变轨、再撞击、再变轨的过程，直至它们处于自旋相反状态才能成键，而恰恰在其变轨过程中出现了异构化而消旋。这是典型的光照条件下的自由基反应机理：

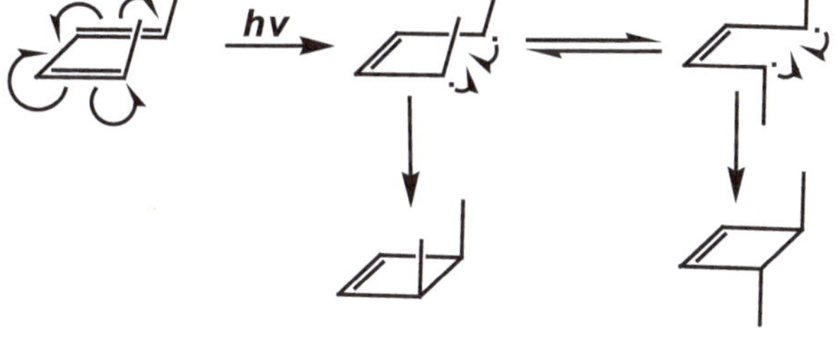

对于上述消旋化过程也有另一种解释：双自由基结构上的每一个自由基均是以 sp^2 杂化结构存在的，本身没有立体选择性，消旋化是自由基反应的必然结果。然而无论怎样解释，

光照条件下生成自由基，自由基导致消旋化是没有争议的。

因此，所谓电环化反应并非同类，加热条件与光照条件属于两种不同的反应机理：加热条件下的电环化应该被称为热电环化反应，属于一对电子转移的极性反应机理；而光照条件下的电环化应该被称为光电环化反应，属于单电子转移的自由基机理。

例 4：乙烯酮光解反应生成三线态卡宾的机理。

有文献解析了乙烯酮光解生成三线态卡宾的反应机理[6]119,[7]257-267：

$$H_2C=C=\ddot{O} \xrightarrow{h\nu} H_2C: + \overset{-}{C}\equiv\overset{+}{O}$$

该机理解析有两处明显不合理：其一，光催化反应是共价键均裂生成自由基的单电子转移反应，应采用鱼钩箭头标注单电子转移；其二，一对电子转移不可能生成具有双自由基结构的三线态卡宾，只能生成单线态卡宾：

$$H_2C=C=\ddot{O} \longrightarrow H_2C\pm + \overset{-}{C}\equiv\overset{+}{O}$$

只有将乙烯酮光解解析成共价键均裂，才能生成三线态卡宾：

$$H_2C=C=O \xrightarrow{h\nu} H_2C: + :C=O$$

例 5：重氮甲烷光解生成三线态卡宾机理。

有文献将重氮甲烷光解生成三线态卡宾机理解析为[6]119,[7]257-267：

$$H_2C=\overset{+}{N}=\overset{-}{N} \xrightarrow{h\nu} H_2C: + N\equiv N$$

与例 4 类似，光照条件下只能是单电子转移，成对电子转移不可能生成三线态卡宾。

重氮甲烷的异构体——二嗪丙因（diazirines）也会在光照条件下生成卡宾[6]119,[7]257-267，这是个碳氮共价键在光催化下的均裂过程，生成三线态卡宾的机理为：

$$\text{(diazirine)} \xrightarrow{h\nu} H_2C: + N\equiv N$$

重氮甲烷的沸点为 -23℃，如此低的沸点不应该属于离子对结构，其物理性质与二嗪丙因结构相符。故在上述重氮甲烷结构与二嗪丙因结构之间应该存在着循环的异构化过程：

$$H_2\overset{\delta+}{C}=\overset{+}{N}=\overset{-}{N} \longrightarrow \overset{+}{\underset{N}{\diagup}}\overset{-}{\underset{N}{\diagdown}} \longrightarrow \text{(diazirine)}$$

然而在上述循环的异构化过程中，满足八隅律规则的离子对结构与其化学性质并不相符，该结构上的碳原子是亲电试剂，而端点氮负离子是亲核试剂，这与该分子的化学性质截然相反。因此，重氮甲烷与二嗪丙因之间还应存在另一种异构循环。机理如下：

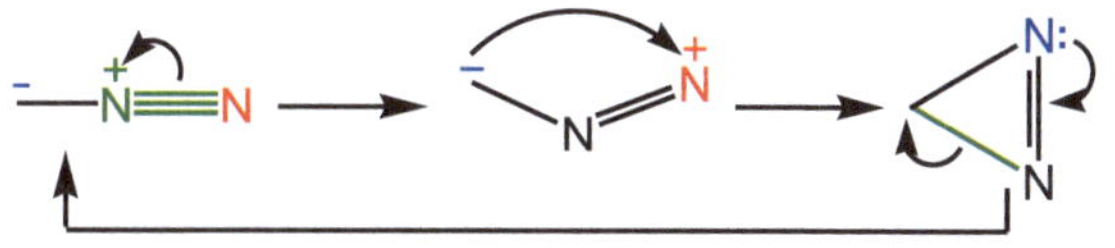

这种循环异构发生的原因在于三元多杂环的不稳定性，氮原子上的孤对电子可从两个方向与邻位原子成键，因而容易实现三元环的开环。在这种异构循环中，碳负离子结构与其化学性质相符，二嗪丙因结构与其物理性质相符。

由三元多杂环的不稳定性所决定，上述两种异构循环均应存在，两者之间的互变异构必然经过三元杂环的二嗪丙因阶段，不存在如下两种离子对结构的直接共振异构：

原因是亲电试剂与离去基的功能不可颠倒。

例 6：顺-丁-2-烯与三线态卡宾加成生成二甲基环丙烷的反应机理。文献 [7]（257-267 页）将机理解析为：

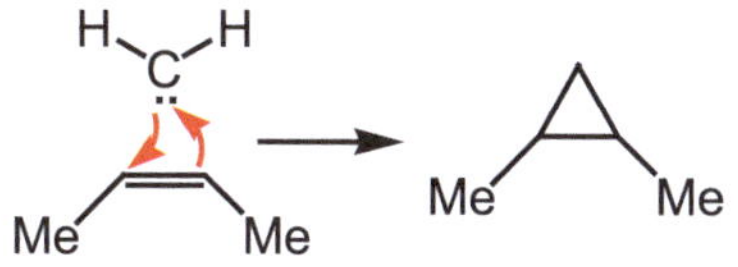

弯箭头表示一对电子转移，而在三线态卡宾的中心碳原子上，既不存在一对电子，也不存在空轨道，是以双自由基形式存在的，两个单电子各自占有一个轨道。故上述机理解析的电子转移标注与分子结构矛盾。

顺-2-丁烯与三线态卡宾加成反应只能按照自由基机理解析：

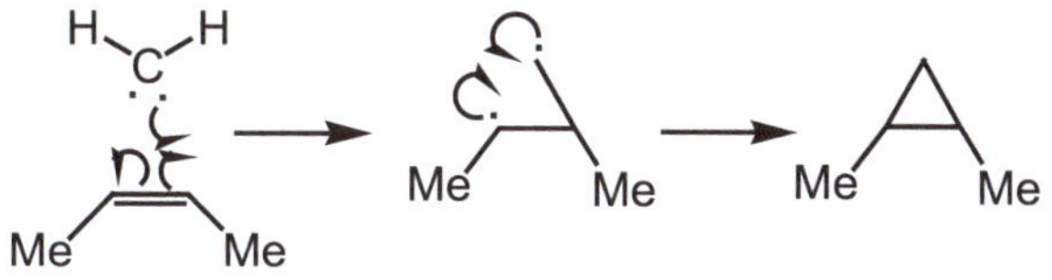

由自由基机理所决定，产物结构的消旋异构化不可避免。

例 7：如下反应过程在光照条件下进行，目标产物的反应选择性为 50%，而在硝酸高铁催化下目标产物选择性为 75%。试解释原因。

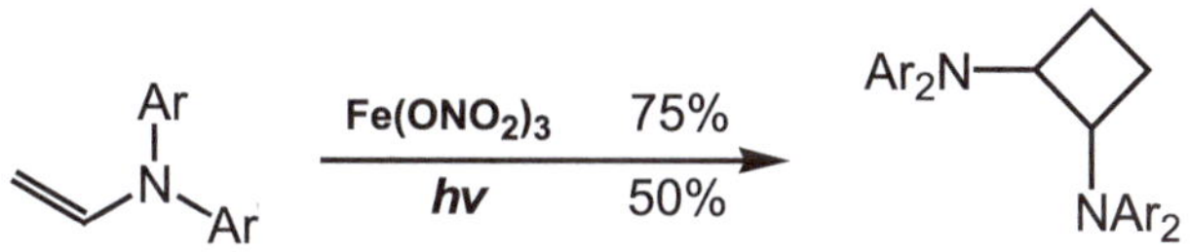

这是由两种不同的反应机理决定的。光照条件下烯烃均裂成两个自由基，双分子缩合时两端自由基不具有选择性，只能得到 50% 的选择性：

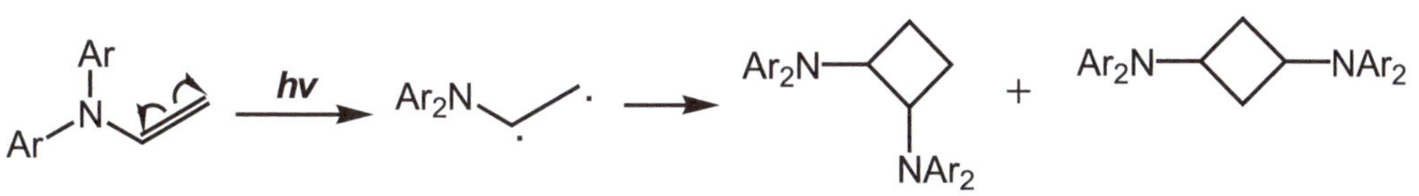

在路易斯酸——硝酸高铁催化作用下，烯烃两端的电荷分布即反应功能发生了变化：

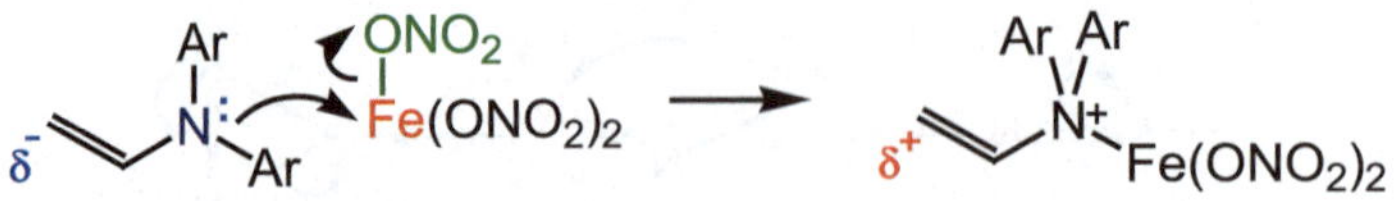

分子间的缩合反应是按照极性反应机理进行的：

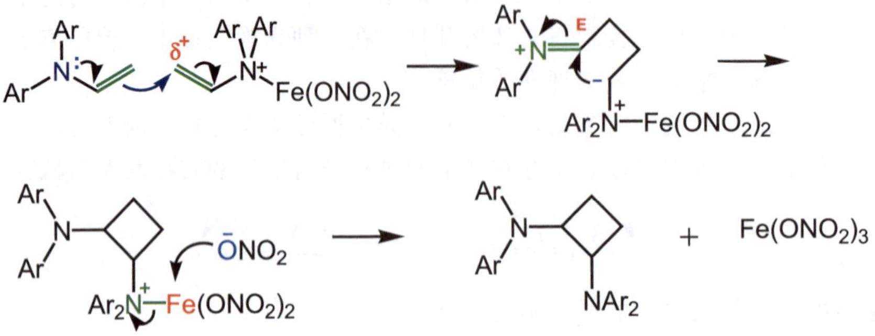

综上所述，机理解析的第一要点是区分一对电子转移还是单电子转移，并严格采用规范的电子转移标注。

3.1.2 电子转移的规范标注

电子转移是有机反应的基本特征，因此完整、规范地标注电子转移与元素原子电荷变化是反应机理解析的基础。这就要求电子转移的标注不可缺少，电子转移的符号必须准确，电子转移的起始与终到位置必须清晰，电子转移的方向必须明确，各元素原子的电荷变化标注必须清楚。

例8：通常将有机反应分成极性反应、自由基反应与周环反应三大类[6]130-131，并将每类反应又细分为六小类：取代、加成、消除、重排、氧化还原与综合。

有文献对于若干反应给出了一般性的反应机理解析[6]130-131。

（1）亲核取代反应机理

$$A-X + Y \longrightarrow A-Y + X$$

弯箭头不应指向 A 与 X 之间的共价键而应将起始于 Y 的弯箭头延伸到 A 原子上：

$$A-X + Y^- \longrightarrow A-Y + X^-$$

成键前后的 X、Y 所带电荷不同，因为成键过程中各元素之间有电子的得失。

（2）亲电取代反应机理

$$A-X + Y \longrightarrow A-Y + X$$

按照反应物的电子转移标注，基团 X 带着一对电子离去后，进入了 Y 的空轨道：

$$A-X + Y^+ \longrightarrow X-Y + A^+$$

这与产物结构不符。若以产物结构为基准，上述反应机理为：

$$X\text{—}A + \overset{+}{Y} \longrightarrow A\text{—}Y + \overset{+}{X}$$

这里，蓝色弯箭头代表亲核试剂是由离去基离去转化生成的，再与亲电试剂成键。

（3）自由基取代反应机理

$$A\text{—}X + Y\cdot \longrightarrow A\text{—}Y + X\cdot$$

这里缺少单电子转移的标注，用鱼钩箭头表示单电子转移。机理解析为：

$$X\text{—}A \curvearrowright \cdot Y \longrightarrow A\text{—}Y + X\cdot$$

（4）亲电加成反应机理

$$A{=}B + Y\text{—}W \longrightarrow A\text{—}B^Y + W \longrightarrow W_{\diagdown A}{-}B_{\diagdown Y}$$

A 与 B 间 π 键上的弯箭头应延伸至 Y 原子上，并标明各原子成键前后的电荷变化：

$$A{=}B + Y\text{—}W \longrightarrow \overset{-}{W} + \overset{+}{A}_{\diagdown B}{-}Y \longrightarrow W_{\diagdown A}{-}B_{\diagdown Y}$$

（5）亲核加成反应机理

$$A{=}B + Y\text{—}W \longrightarrow A_{\diagdown B}{-}Y + W \longrightarrow W_{\diagdown A}{-}B_{\diagdown Y}$$

补充中间状态的电荷标注，便可说明反应原理：

$$A{=}B + Y\text{—}W \longrightarrow \overset{+}{W} + \overset{-}{A}_{\diagdown B}{-}Y \longrightarrow W_{\diagdown A}{-}B_{\diagdown Y}$$

（6）自由基加成反应机理

$$A{=}B + Y\text{—}W \xrightarrow{-W\cdot} \cdot A\text{—}B^Y + W\text{—}Y \longrightarrow W_{\diagdown A}{-}B_{\diagdown Y} + Y\cdot$$

单电子转移只能采用鱼钩箭头表示，且鱼钩箭头的初始位置与终到位置必须规范：

$$A{=}B \quad Y\text{—}W \xrightarrow{h\nu} W\cdot \curvearrowright \cdot A_{\diagdown B}{-}Y \longrightarrow W_{\diagdown A}{-}B_{\diagdown Y}$$

（7）协同加成（周环）反应机理

$$\begin{array}{c} W\text{—}Y \\ A{=}B \end{array} \longrightarrow W_{\diagdown A}{-}B_{\diagdown Y}$$

弯箭头的起始位置、终到位置与弯曲方向均不规范。以产物结构为基准的机理解析为：

$$\begin{array}{c} W\text{—}Y \\ A{=}B \end{array} \longrightarrow W_{\diagdown A}{-}B_{\diagdown Y}$$

（8）β-消除反应机理

$$W-A-B-Y \longrightarrow A=B + W-Y$$

没有标明一对电子的起始位置和各元素原子所带电荷。规范的机理解析为：

$$W-A-B-Y \longrightarrow A=B + W^+ + Y^- \longrightarrow W-Y$$

重排反应的如下三种类型均机理解析错误[6]119,[7]280-282：

（9）带着一对电子迁移（亲核型）

$$W-A-B \longrightarrow A-B-W$$

此机理未标注各原子所带电荷，应该是空轨道吸引 α-位的 σ 键的成键过程，属于烷基迁移的缺电子重排反应：

$$W-A-B^+ \longrightarrow A^+-B-W$$

（10）带着一个电子迁移（自由基型）

$$W-A-\dot{B} \longrightarrow \dot{A}-B-W$$

未将单电子转移的鱼钩箭头标注出来，规范的自由基重排反应机理为：

$$W-A-\dot{B} \longrightarrow \dot{A}-B-W$$

（11）不带电子迁移（亲电型，较少）

$$W-A-\ddot{B} \longrightarrow \ddot{A}-B-W$$

将式中的孤对电子改成带有负电荷的亲核试剂，才是规范的富电子重排反应机理：

$$W-A-B^- \longrightarrow \bar{A}-B-W$$

否则此反应没有产物生成。因为逆向反应更容易进行，只能返回到初始的原料状态：

$$W-A-\ddot{B} \longrightarrow \bar{A}-B^+-W \longrightarrow W-A-\ddot{B}$$

总而言之，不能脱离亲核试剂、亲电试剂与离去基这三要素，不能省略各元素原子所带有的电荷标注，不能缺少电子转移的符号标注，否则就无法揭示反应过程与原理。

3.1.3 按电子转移方式分类有机反应

电子转移是有机反应的基本特征，按电子转移的方式分类有机反应，有利于揭示有机反应的基本原理和内在规律。按照电子转移的方式分类，有机反应只有两种：一对电子转移和单电子转移。

现有教科书[6]将有机反应划分为三类：除了一对电子转移的极性反应、单电子转移的自由基反应外，还有一类周环反应。其实"周环反应"的电子转移方式既不特殊也不专一，其中大多属于多对电子协同迁移，而个别属于单电子转移。

例9：辛-2,4,6-三烯的电环化反应，在加热状态与光照条件下产物结构不同，在加热条件下生成单一顺式产物：

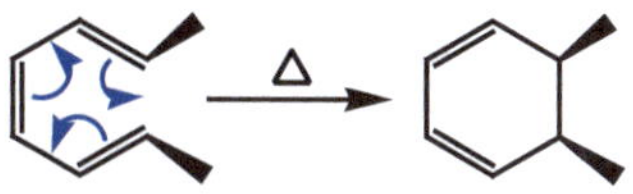

在光照条件下生成顺式和反式两种异构产物[8]：

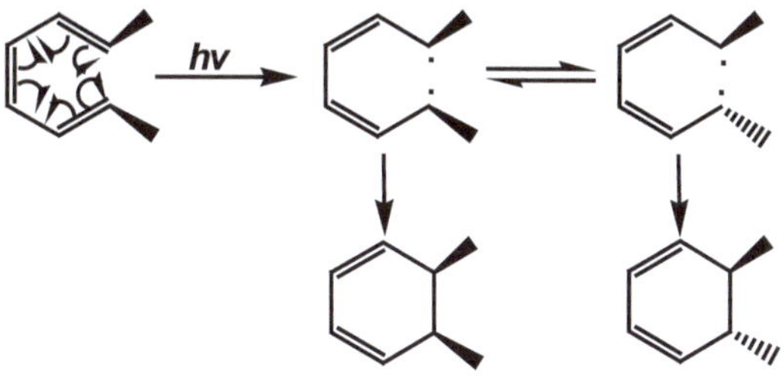

由于有双自由基结构中间体生成，为消旋化创造了条件。由此可见，加热条件与光照条件并非按同一反应机理进行，因而不宜采用同一机理命名。分别称之为热电环化与光电环化，有利于揭示其反应原理。

按照电子转移的方式，有机反应只有两类：一类是一对电子转移的极性反应，而环状基团间多对电子的协同迁移只是其特殊形式；另一类是单电子转移的自由基反应，而金属外层的单电子转移也是其特殊形式。这样，按电子转移分类有机反应与现有的三类有机反应之间存在下述联系：

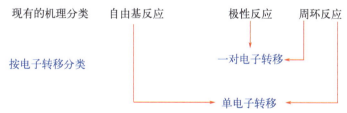

按照电子转移方式分类有机反应，有利于理解和把握化学反应的基本原理和客观规律。

3.2 电子转移标注的符号与意义

如前所述，完整地表述电子转移过程，需要规范地标注电子转移的符号和元素原子的电荷变化。

3.2.1 弯箭头的意义

3.2.1.1 弯箭头的起始位置与终到位置

弯箭头代表一对电子转移，起始点代表电子对的起始位置，终点代表电子对的终到位置。以极性反应的一般表达式为例：

$$\text{Nu}^- + \text{E}-\text{Y} \longrightarrow \text{Nu}-\text{E} + \text{Y}^-$$

这是用了两个弯箭头表述一步极性反应过程。前一个弯箭头表示的是新键的生成，后一个弯箭头表示的是旧键的断裂。前一个弯箭头表示亲核试剂上一对电子进入亲电试剂的空轨道而成键，后一个弯箭头表示离去基带走旧键上一对电子，为亲电试剂腾出空轨道。前一个弯箭头的起点是原子、终点也是原子，后一个弯箭头起点是共价键、终点是原子。

为了方便讨论弯箭头起始与终到位置的意义，我们将起始与终到的原子简称为"点"，将共价键简称为"键"，则弯箭头的起始与终到位置有如下四种类型。

（1）从点到点

起始点具有孤对电子，是亲核试剂；终到点具有空轨道，是亲电试剂。这是新键生成过程的电子转移。

例 10：卤代烷烃与路易斯酸的络合过程：

$$\text{R}-\ddot{\text{X}}: \quad \text{AlCl}_3 \longrightarrow \text{R}-\overset{+}{\text{X}}-\overset{-}{\text{AlCl}_3}$$

卤原子上具有孤对电子，是亲核试剂；路易斯酸三氯化铝上具有空轨道，是亲电试剂。上述络合过程就是卤原子提供一对电子与路易斯酸成键的过程。

（2）从点到键

起始点具有一对电子，是亲核试剂；终到位置是两个原子之间的共价键，这是一个 π 键的生成过程，实际接受一对电子的仍然是共价键另一端的缺电子原子，即亲电试剂。

例 11：四面体的消除反应：

$$\text{R}^1\overset{\overset{\bar{\text{O}}}{|}}{\underset{\underset{\text{R}^2}{|}}{\text{E}}}-\text{Y} \longrightarrow \overset{\text{O}}{\underset{}{\text{R}^1}}\text{R}^2 + \text{Y}^-$$

氧负离子上一对电子是亲核试剂，中心碳原子是亲电试剂，Y 是为中心碳原子腾出空轨道的离去基。由于新键生成过程其实就是氧与碳的成键过程，因此若将上式改写成从点到点的类型也没错，两者原理相同：

$$\text{R}^1\overset{\overset{\bar{\text{O}}}{|}}{\underset{\underset{\text{R}^2}{|}}{\text{E}}}-\text{Y} \longrightarrow \overset{\text{O}}{\underset{}{\text{R}^1}}\text{R}^2 + \text{Y}^-$$

（3）从键到点

起始于共价键，终到其一个端点，这是一个典型的离去基离去过程。

例 12：卤代烷与三氯化铝络合物的解离：

$$\overset{\delta+}{\text{R}}-\overset{+}{\text{X}}-\overset{-}{\text{AlCl}_3} \longrightarrow \overset{+}{\text{R}} + \text{X}-\overset{-}{\text{AlCl}_3}$$

这是一个卤正离子 X 的离去过程，该过程平衡可逆。但不可将例 12 与例 10 合并表示成：

$$\text{R}-\text{X} \quad \text{AlCl}_3 \longrightarrow \overset{+}{\text{R}} + \text{X}-\overset{-}{\text{AlCl}_3}$$

这是卤原子离去后转化成卤负离子亲核试剂，再与亲电试剂成键的过程。虽然原理没错但活性不足，因为只有先络合生成卤正离子，才具有较高的离去活性。

(4) 从键到键

此过程弯箭头跨过了一个原子，这是一个较大电负性的原子先带走一对电子离去，再用这对电子进入另一原子空轨道的成键过程，即离去基转化成亲核试剂的过程，常用于多步串联极性反应或多对电子协同迁移反应过程的标注。

这里特别提醒注意：六元环内的三对电子协同迁移，蓝色弯箭头所跨过的原子为电负性较大的离去基，而后转化成了亲核试剂；蓝色弯箭头避开的原子为电负性较小的亲电试剂。

例 13：Diels-Alder 反应[9] 是双烯体与亲双烯体之间的缩合，是三对电子协同迁移的反应，三个蓝色弯箭头分别表示离去基转化成亲核试剂的电子转移过程：

弯箭头的终到位置，除了上述的"点"与"键"之外，还有指向两个原子之间空位置的（简称"空"），这个"空"可以理解为"点"，就是邻近原子，也可以理解为"键"，即两个原子之间。例 13 中的三对电子协同迁移反应的弯箭头也可以表示为从键到空：

这与例 13 的弯箭头表示意义相同，可任意选择，但习惯上以后一种表示方式居多。

3.2.1.2 弯箭头的弯曲方向

前已述及，弯箭头弯曲方向就是共价键上一对电子转移的方向：

$$A-B \longrightarrow A^+ + \bar{B}$$

$$A=B \rightleftharpoons A^+ - \bar{B}$$
$$\quad E_2 \qquad\quad E_1 \ Nu$$

式中，弯箭头弯曲方向就是共用电子对的转移方向，电子转移后得到电子的原子也就带有了一对电子，成为亲核试剂；而失去共价键上电子的原子便具有了空轨道，成为亲电试剂。故弯箭头的弯曲方向与共价键两端电负性相对应，绝不可以随意表述。

例 14：Bouveault 醛合成反应方程式为[10]：

$$R_2N-CHO \xrightarrow[2. \ \overset{+}{H}]{1. \ R'MgX} R'-CHO$$

有文献对上述反应的机理解析为[11]：

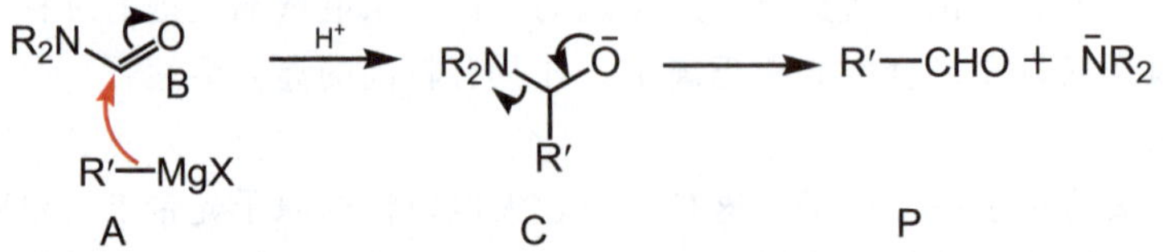

很遗憾，最重要的一对电子转移标注错了。对于格氏试剂 A 说来，其 R'—Mg 共价键断裂后一对电子应归属于烷基，而上述弯箭头标注的是镁原子得到了这对电子，这就不会生成目的产物了：

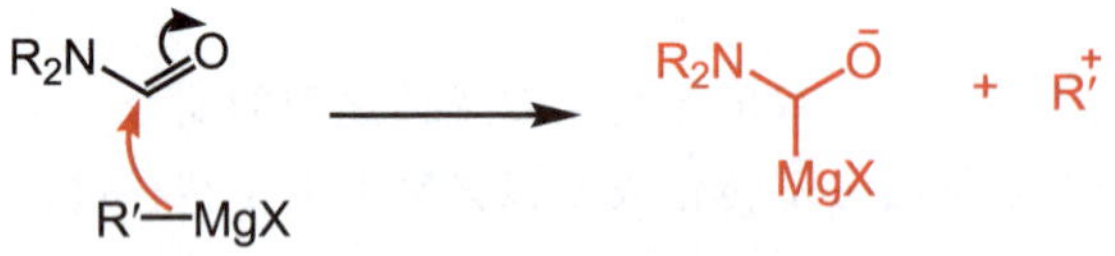

显然这不是作者原意，只不过是弯箭头的弯曲方向标注不规范。由此可见，反应进行的方向即产物的分子结构，可以通过反应物的电子转移方向推导出来，弯箭头的弯曲方向决定共价键上电子对的归属，必须规范标注。

根据产物结构与原料性质，Bouveault 醛合成反应机理应为：

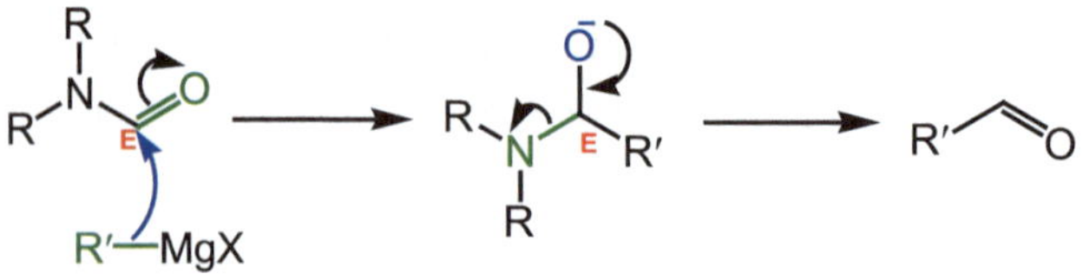

由此可见，在准确标注电子转移的基础上，机理解析式可以从正向或逆向可逆推导。反映前后互为对应的因果关系。

3.2.2 虚线弯箭头的意义

在以往的机理解析过程中，常常看到反应进行到某种中间状态，而对于这些中间状态的生成与湮灭，却未见令人满意的电子转移表述。

如果我们设定虚线弯箭头代表半对电子（而不是一个电子）的转移，虚直线为半个共价键，则中间状态、过渡状态、共轭状态、共振状态的表示方法就容易了。

3.2.2.1 极性反应的过渡状态

对于协同进行的极性反应 S_N2 来说，人们常用下述过程描述其中间状态[12]：

$$\text{Nu}^- + \text{R-Y} \longrightarrow [\text{Nu}^{\delta-}\text{-R--Y}^{\delta-}] \longrightarrow \text{Nu-R} + \text{Y}^-$$

从上式中看不到电子转移过程。如果加上虚线弯箭头表示半对电子的转移，则过渡状态生成与湮灭过程的电子转移就容易理解了：

如果亲电试剂为手性碳原子，就会出现手性的翻转：

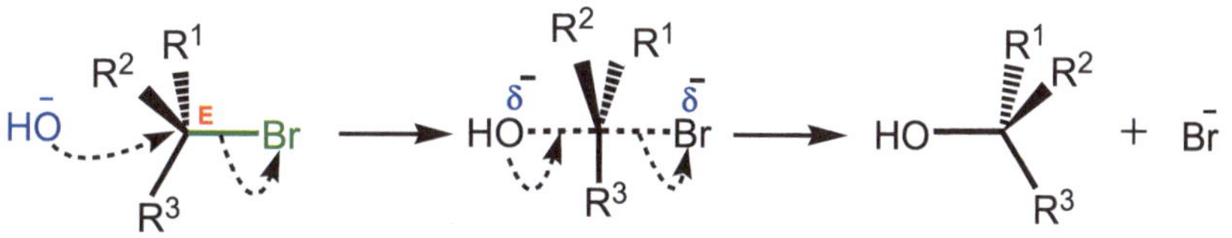

3.2.2.2 芳烃的共轭状态

芳烃经常被表示成环己三烯的形式,因为这种形象化的表示便于描述芳烃上 π 键的电子转移过程,这对于反应机理解析至关重要。然而环己三烯的表示方法与苯的实际结构并不相符,环己三烯的结构应该是单键与双键相间的状态,而实际上苯环的键级是 1.5 级:

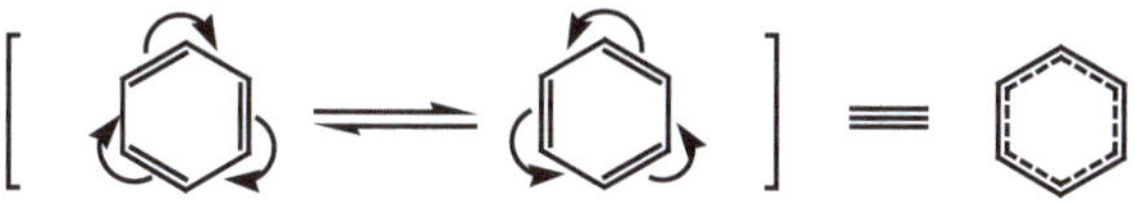

表示苯的共振杂化体结构的生成,用虚线弯箭头表示半对电子的转移更加清晰:

3.2.2.3 环内多对电子协同迁移的中间状态

按电子转移方式分类,"周环反应"中除了光照条件下的电环化反应之外,均属于多对电子协同迁移过程,属于极性反应的特殊形式。此类反应的特点是环内的亲核试剂与亲电试剂的活性较弱,在任何两个原子间均不具备发生极性反应的活性,只有在一定排序条件下相互极化才产生瞬时极性,才可以协同地进行反应,因而具有极性或容易极化、容易变形的基团或分子,更容易发生此类反应。

例 15:以 Cope 反应为例[13],它属于 [3,3]-σ 迁移反应机理。通常将机理解析为:

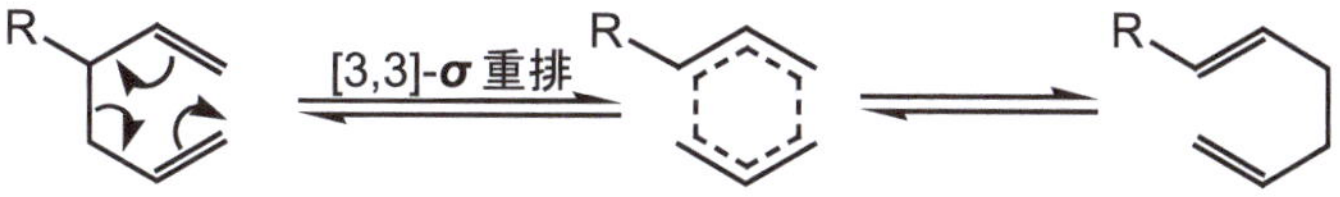

然而,上述中间状态生成机理的表达并不准确。因为按照左侧的弯箭头标注,并非生成活性中间状态,而是直接生成右侧产物。只有采用虚线弯箭头表示半对电子的转移,才能比较准确地表示中间状态的生成:

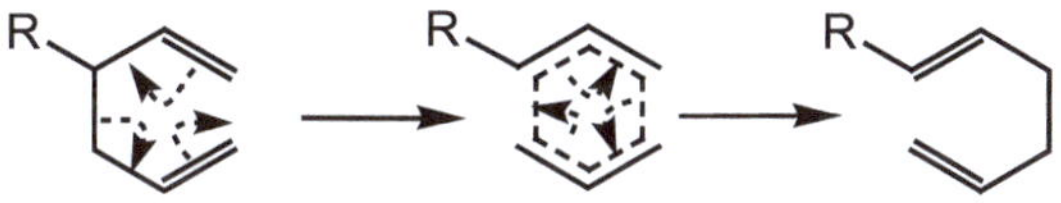

3.2.2.4 活性中间体的共振杂化状态

在极性反应的中间状态,往往生成带有一对电子(负电荷)或空轨道(正电荷)的活性中间体,它们若与共轭体系处于共轭状态,则不可避免地发生分子内共振,生成两种或多种带有单位正、负电荷的共振异构体。

例 16:对羟基吡啶在碱性条件下与硫酸二甲酯成键能生成两种异构体:

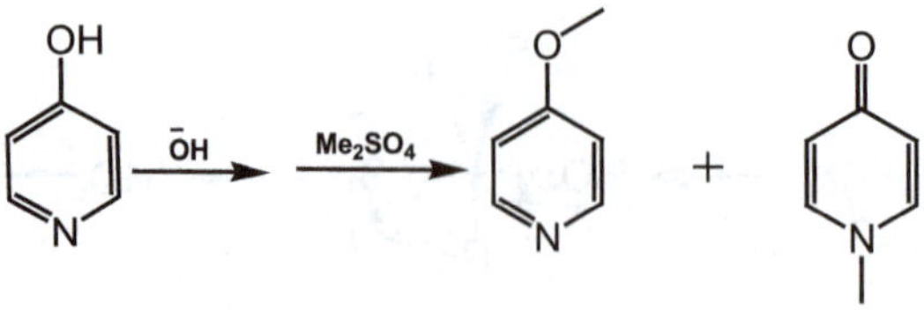

这是由于氧负离子平衡可逆地与 π 键共振生成氮负离子：

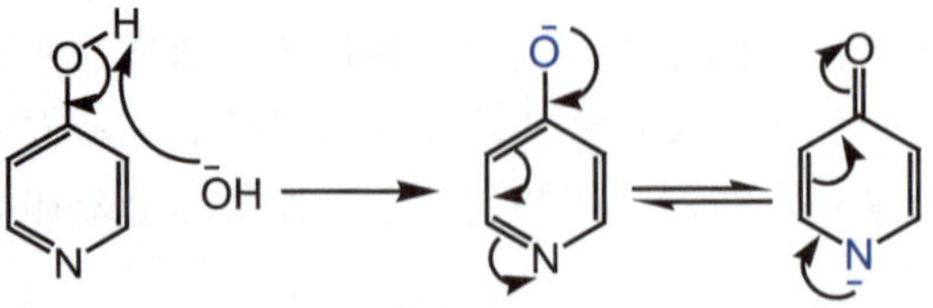

人们常用共振杂化体表示如上两个共振异构中间体，则共振杂化体的生成可用虚线弯箭头表示的半对电子的转移清晰地表示为：

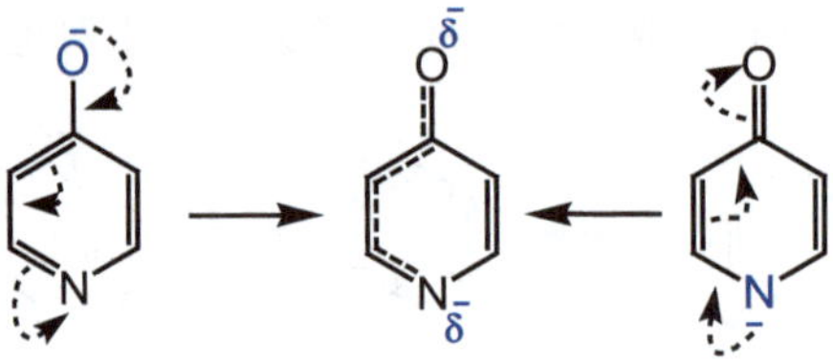

例 17：丁二烯与溴素加成生成 1,2-加成与 1,4-加成两种异构产物。这是由中间状态的碳正离子平衡可逆地与 π 键共振所致：

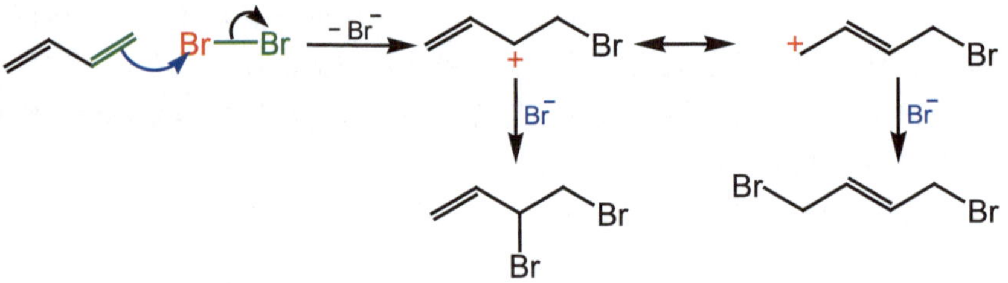

若用虚线弯箭头表示半对电子的转移，可容易地表示其中间共振杂化体的生成：

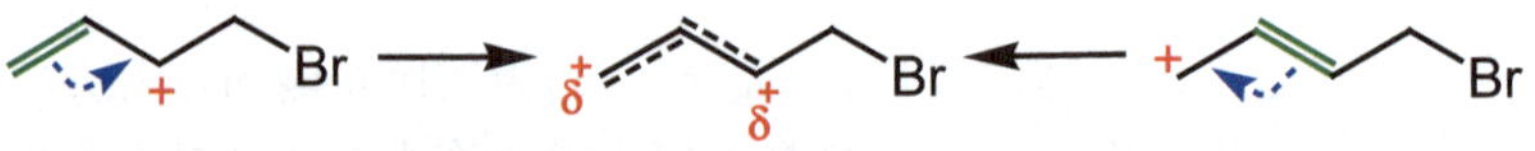

这里特别提示：共振杂化体的概念仅仅表明带电原子在共轭体系内的电荷分散作用，并无其它实际意义。在反应机理解析过程中，真正有意义的是多种具体的共振结构，这些具体的共振结构才是分子结构的形象化表述。

综上所述，采用虚线弯箭头的方法，无论对于共轭体系、共振状态的描述还是对于中间状态、过渡状态的描述均简单明了，它形象地描述了部分电子转移的过程，因而有助于人们对于反应原理的理解和反应机理的解析。

3.2.3 鱼钩箭头的意义

鱼钩箭头标注单电子转移，包括自由基转移与金属外层自由电子的单电子转移两种。标明 SET 的表示单个自由电子的转移，未标 SET 的则是自由基转移。凡是自由基转移的机理，鱼钩箭头总是成对出现的。

例 18：非催化的 Grignard 反应，是在金属镁表面自引发自由基的反应过程，此过程中既有一对电子的转移，又有自由电子的单电子转移 SET，还有自由基之间的成键过程：

$$R-X: \quad Mg \xrightarrow{\text{极性反应}} R\overset{+}{\underset{}{X}}\cdot Mg^- \xrightarrow{SET} R\cdot\cdot MgX \xrightarrow{\text{自由基反应}} R-MgX$$

第一步络合过程为一对电子转移的极性反应，是引发反应的关键步骤。只有在此络合状态下，卤正离子才具有较大电负性而离去活性显著增强；也只有在此络合状态下，金属镁负离子的电负性才显著减小，束缚外层电子的能力减弱，才有利于自由电子的离去。

第二步为金属镁外层自由电子的单电子转移过程，是镁负离子最外层的一个单电子转移到卤代烃 α-碳原子的空轨道中，该空轨道是由卤正离子协同地离去腾出来的。在此过程中镁原子并未随同该电子与碳原子直接成键，这种单电子转移简称为 SET（single electron transfer）。

第三步是两个自由基成键过程。在生成的卤镁自由基再与烷烃自由基成键时，镁是随同单电子一起与碳自由基成键的。

3.3 一对电子转移的极性反应

3.3.1 极性反应的三要素

极性反应的具体形式较多，以最抽象、最简单的方式可用如下通式表达：

$$\overset{-}{Nu} + E-Y \longrightarrow Nu-E + \overset{-}{Y}$$

式中用三种不同颜色标注极性反应三要素：Nu 为亲核试剂，是为新键提供一对电子的富电体；E 为亲电试剂，是为新键提供空轨道的缺电体；Y 为离去基，是带走旧键上一对电子、为新键腾出空轨道的高电负性基团。

在生成物中，离去基 Y^- 已经转化成亲核试剂了，故以蓝色标注，而亲核试剂 Nu 与亲电试剂 E 成键后，两者的功能是否发生变化取决于两者的相对电负性，暂以黑色标注。

一对电子转移的反应过程，就是亲核试剂取代离去基的电子转移过程。

例 19：以下是几个典型的极性基元反应实例[14]，三要素的表述极其清晰：

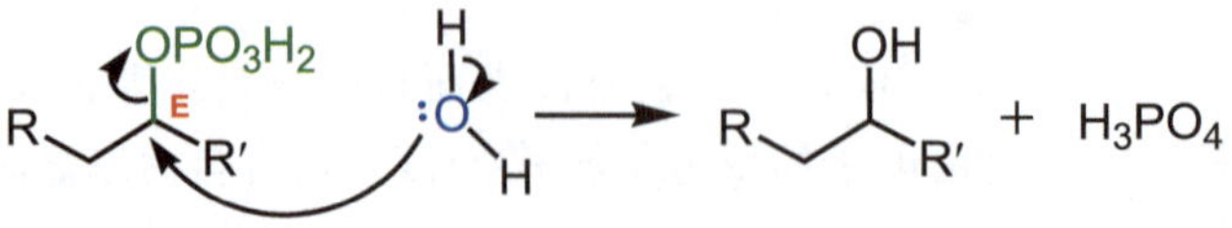

式中，蓝色标注的氰基、巯基、苯氧基、水等皆是为新键提供一对电子的富电体——亲核试剂；而绿色标注的季铵盐、硫酸根、卤素离子、磷酸根等均在分子内具有较大的电负性，是能够带走一对电子离去的离去基，离去后腾出了亲电试剂上的空轨道；红色标注的 E 是为新键提供空轨道的缺电体——亲电试剂，该空轨道是由离去基离去腾出来的。

3.3.2　π 键上的三要素特征

极性反应三要素中的任一要素，均表现为多种形式，其中 π 键共振产生的三要素，便是其中相对复杂的一种。

有如下 π 键，其中 B 的电负性大于 A，则在一定条件下会发生共价键的异裂，出现如下共振平衡：

B 原子带着 π 键上一对电子从 A 原子上离去为 B 原子所独有，A、B 原子之间仍以 σ 键成键，此时 A 原子上便腾出了空轨道成为亲电试剂，而 B 原子得到了 π 键上一对电子而成为亲核试剂。此过程 π 键上一对电子就是离去基，它是随着电负性较大的 B 原子离去的，π 键的离域共振产生了如上的离子对。

综上所述，离域的 π 键本身就具有离去基性质，当 π 键上一对电子转移至其某一端时，得到电子对的一端就是亲核试剂，而失去 π 键上电子对的一端便腾出了空轨道，成了亲电试剂。

3.3.3　多步极性反应的串联过程

有机反应大多数属于极性反应，但真正单步的基元反应较少，大部分极性反应为多步反应串联，往往是离去基转化成亲核试剂再与亲电试剂成键。

例 20：Kemp 消除反应就是在碱催化下多步串联的极性反应：

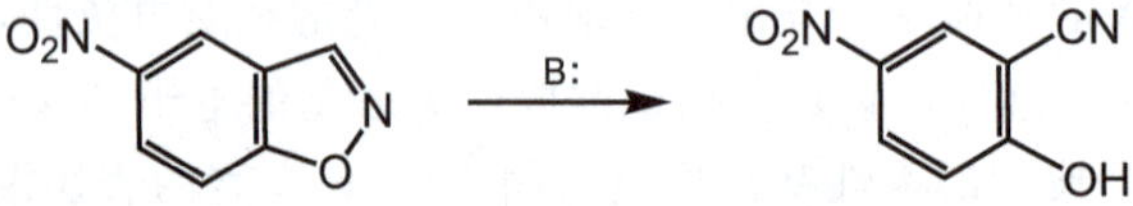

这是三步极性反应的串联过程，每步极性反应的离去基均为后一步反应的亲核试剂：

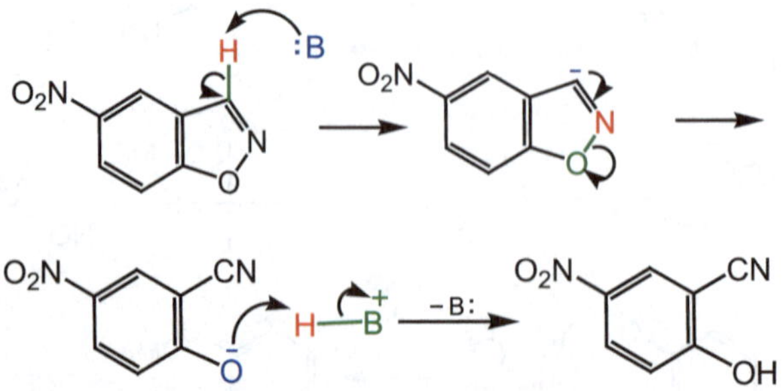

一般以如下简化的方式解析如上三步反应的反应机理：

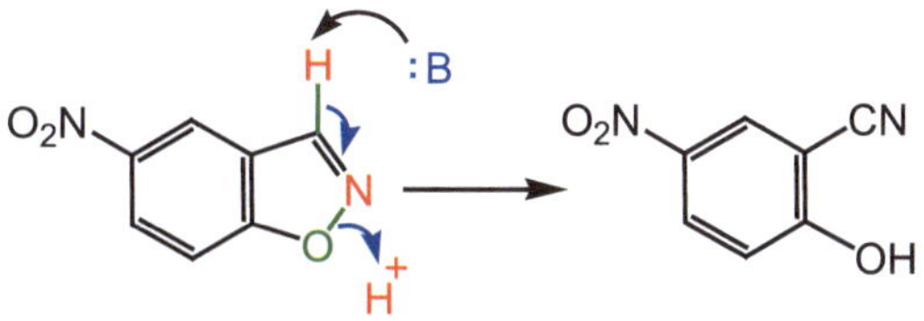

在简化的机理解析式中,三个弯箭头代表三对电子的转移,其真正的基元反应步骤为三步。

综上所述,从三要素的基本概念出发,就能够逐步解析极性反应过程,并揭示反应原理。

绝大多数有机反应均是极性反应,极性反应的若干反应规律将在后续章节中逐步深入讨论,本章从略。

3.4 多对电子的协同迁移

如果两个或两个以上 π 键有序排列,使每个 π 键的富电子原子靠近另一 π 键的缺电子原子,这样首尾靠近,由它们所带有的异性电荷所决定,相互极化、吸引而成键。

例 21:甲醛分子容易聚合生成三聚甲醛,三聚甲醛也能加热分解成甲醛:

这里羰基氧原子为亲核试剂,羰基碳原子为亲电试剂,两者均是由 π 键的极化离去产生的:

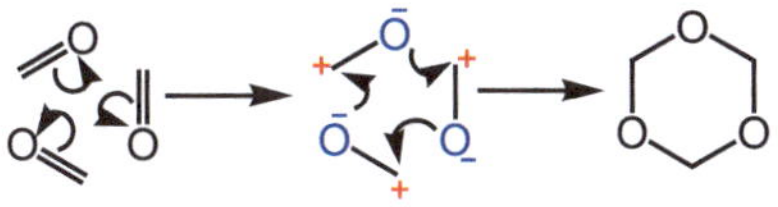

由于是三对电子的协同迁移,即便它们三个要素的活性都比较弱,其共同作用的结果也容易发生多对电子的协同迁移,这说明多对电子的协同迁移具有较低的活化能。

例 22:羧酸的脱羧反应,一般是在碱性条件下实现的:

实际上,β-酮酸的脱羧反应并不需要碱性条件,这是由于其多对电子的协同迁移所需能量较低[1]4:

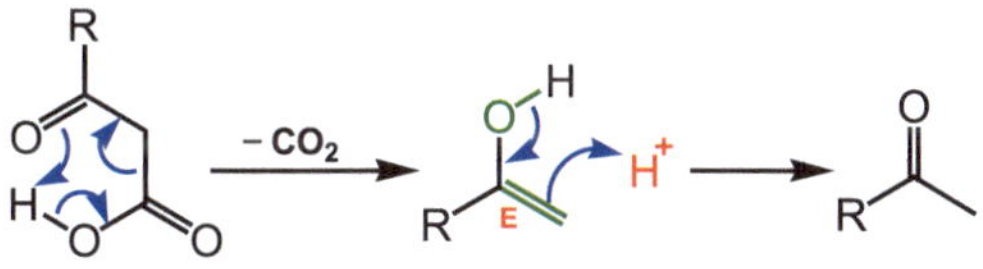

多对电子协同迁移反应,往往在环内进行,且需要的能量较低,一般与反应物的极性相关。

"周环反应"中除了光催化发生的电环化反应之外,均属于多对电子协同迁移的反应过程,属于极性反应的特殊形式。此类反应的中间过渡态,请参见 3.2.2 部分。

3.4.1 热电环化反应

热电环化反应是在加热条件下发生的多对电子的协同迁移。其表现形式是：原料分子上存在两个或两个以上共轭的 π 键，并处于未封闭的环状，通过两个 π 键之间的成键可以使之环合。由于反应前后的结构差异是环内原有的一个未封闭缺口封闭了，因此我们简称此类反应为"一比〇型"。

例如，辛-2,4,6-三烯加热下生成 cis-1,2-二甲基环辛-3,5-二烯的反应：

再如，己-2,4-二烯于加热条件下生成 cis-1,2-二甲基环丁-3-烯的反应：

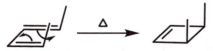

都是多对电子协同迁移的反应机理，保持了原有构型，避免了产物的异构，决定了产物的立体专一性。

综上所述，加热条件下的环加成反应是共轭体系内多对电子的协同迁移。其极性反应三要素是在加热条件下极化变形而瞬间生成的。如果共轭体系内的原子间能够排列出平面六元环结构，且未封闭缺口的两端均为 π 键结构，则此缺口容易在加热条件下成键闭合。

3.4.2 σ-迁移反应

σ-迁移反应是一个新 σ 键生成与一个旧 σ 键断裂以及 π 键移动协同发生的反应。正是多对电子的协同迁移，反应才具有较低的活化能。从外观上看，σ-迁移反应是未封闭六元环上的一个缺口由 π 键上一对电子成键封闭，而另一处的 σ 键断裂成另一个缺口的过程。我们简称此类反应为"一比一型"。

以用数字标识位置的戊二烯为例，加热时发生了如下化学反应：

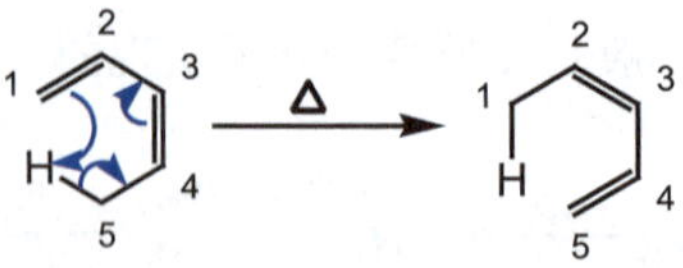

这种反应相当于 5-位 σ 键上氢原子转移到了 1-位，故称之为 [1,5]-σ 迁移，或称 [1,5]-σ 重排。

不仅碳氢 σ 键可能迁移，碳碳 σ 键及其它杂原子的 σ 键均可以迁移：

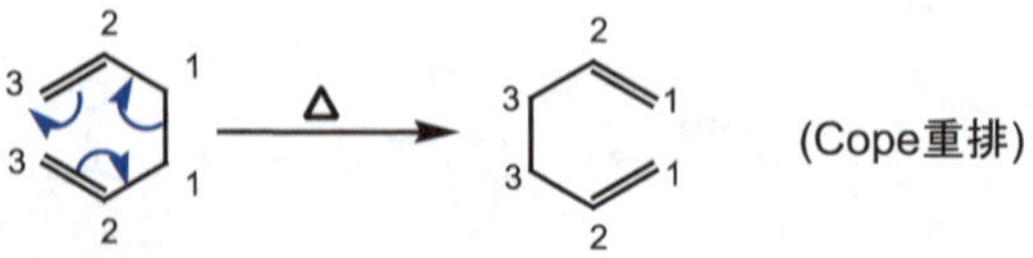

(Cope 重排)

这种在 3,3 位形成 σ 键的 Cope 重排称为 [3,3]-σ 重排。

与此类似的结构，即能够构成六元环且含有双 π 键的化合物，都容易发生 σ-迁移反应。且分子内极性越大，反应活性越强。

例 23：阿格列汀中间体的合成属于 Boekelheide 反应机理。其机理解析为：

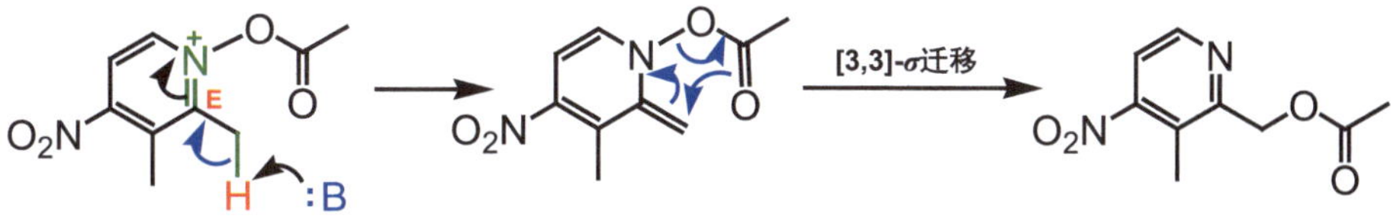

在这个未封闭六元环内,由于共价键的极性较强,σ-迁移反应容易发生。

3.4.3 环加成反应

环加成反应是双烯结构与具有 π 键的亲双烯结构之间三对电子协同迁移的过程。由于是三个 π 键的协同迁移,因此在两个分子的首尾两端成键而形成闭环。由于反应前后的结构差异是环内的两个缺口同时封闭了,我们简称此类反应为"二比〇型"。

以最典型 Diels-Alder 反应为例[9]。无论正常的 Diels-Alder 反应、反转的 Diels-Alder 反应,还是杂原子参与的 Diels-Alder 反应,反应难易均与双烯体与亲双烯体的极性即电子云密度分布有关。

首先,设 EDG 为推电子的＋C 基团,设 EWG 为拉电子的－C 基团,则双烯体与亲双烯体上所带电荷及化学反应如下。

3.4.3.1 正常的 Diels-Alder 反应

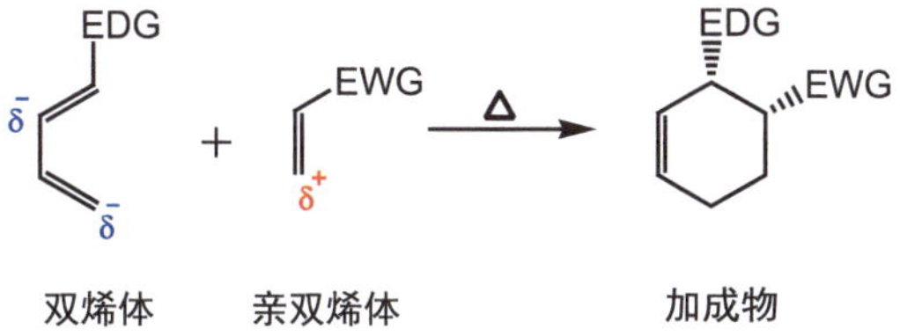

一个具体的实例:

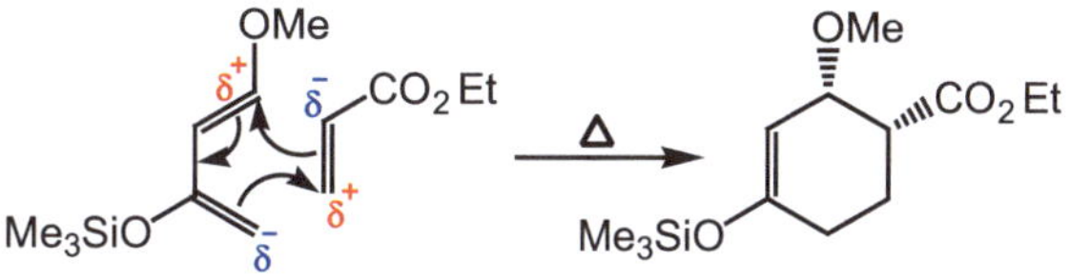

3.4.3.2 反转的 Diels-Alder 反应

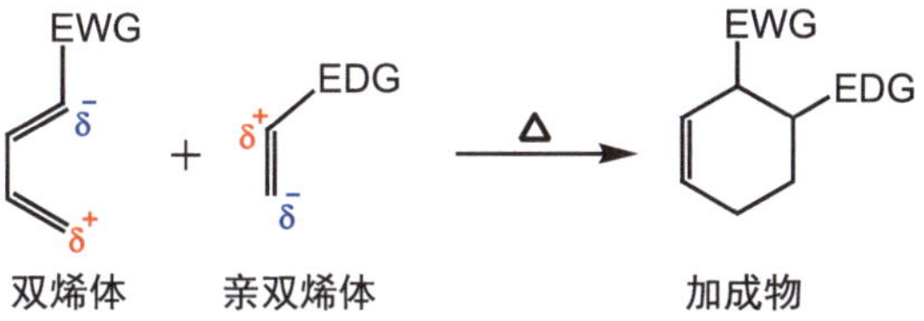

一个具体的实例:

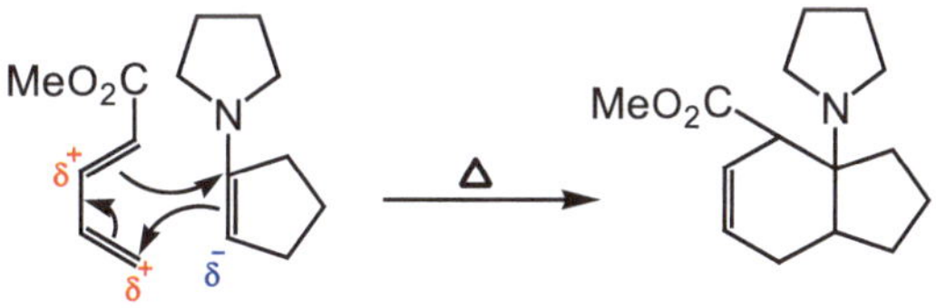

Diels-Alder 反应的正转与反转完全是由双烯体和亲双烯体基团上的电子云密度分布决定的。总是异性电荷之间的吸引、接近、成键过程。在双烯体与亲双烯体上同时带有拉电子基团或推电子基团时的产物结构如下：

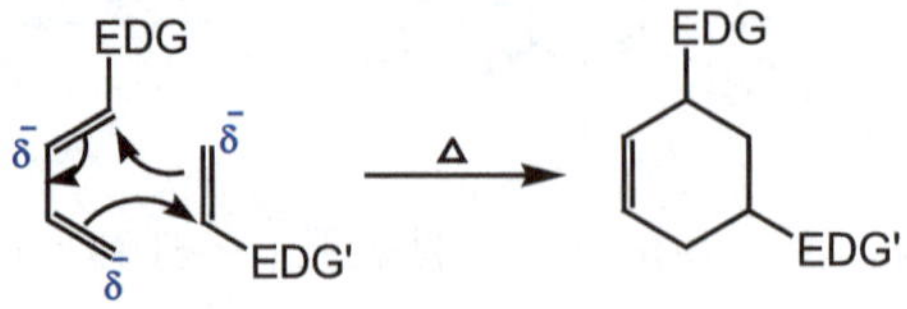

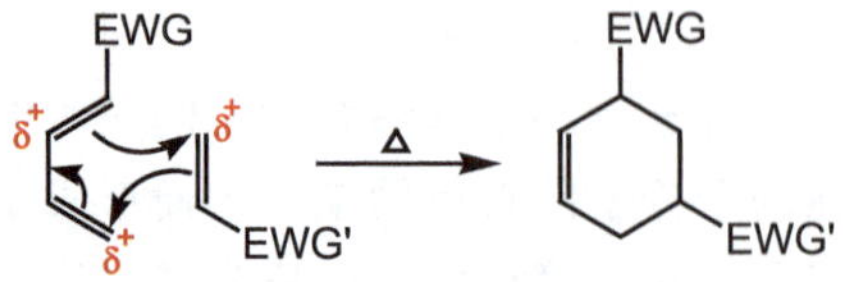

3.4.3.3 杂原子参与的 Diels-Alder 反应

杂原子参与的 Diels-Alder 反应，也同样遵循上述规律。

杂原子二烯与亲双烯体加成，产物结构仍由双烯体与亲双烯体的电子云密度分布决定：

二烯和杂原子亲双烯体加成：

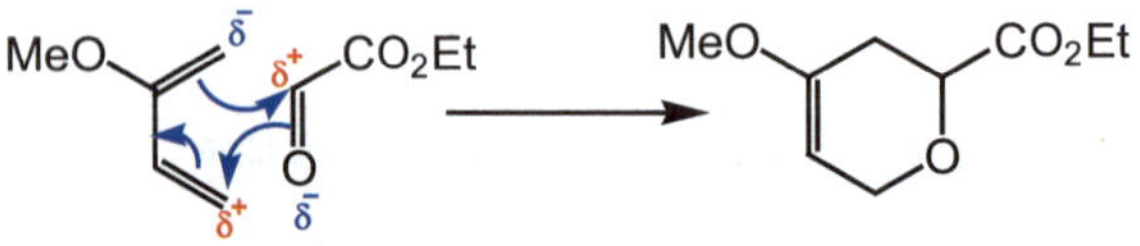

综上所述，在所有环加成反应过程中，均为双烯体与亲双烯体之间带有异性电荷的两端首尾成键，没有必要将其划分成多种类型。

容易推论，六元环内的三对电子容易协同迁移，无论是在单分子内还是在双分子或多分子之间，只要六元环内异性电荷的原子间距离足够接近，均易发生三对电子的协同迁移反应。

3.4.4 六元环内的多种 σ-迁移反应

对于三对电子协同迁移的反应，无论是热电环化、环加成还是 σ-迁移，也无论是 1,5 位还是 3,3 位，均为三对电子的协同迁移，均遵循一对电子转移规律，均随极性增强而更容易发生反应。

因此区别上述反应并无实际意义，三对电子协同迁移的反应也并非局限于以上三种。事实上，在六元环内进行的三对电子协同迁移，均具有相对较低的活化能。

例 24：丁-1,3-二烯与溴素的加成反应，由于两种异构中间体的共振结构，生成了与其对应的产物：

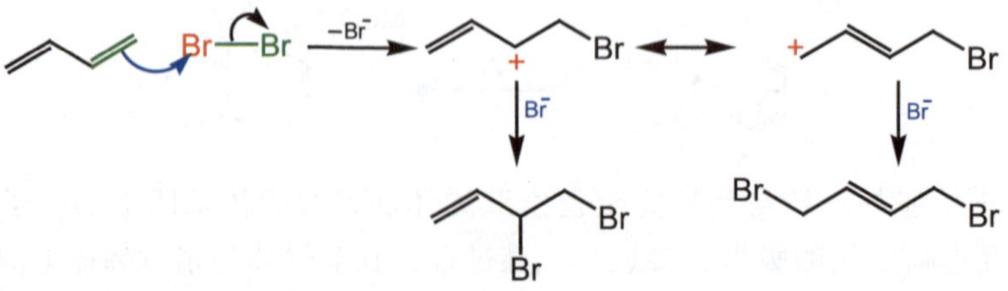

然而，无论按照碳正离子生成的次序，还是按照碳正离子的稳定性次序，似乎应该以 1,2-加成产物为主，而实际上却以 1,4-加成产物为主。这说明除了上述反应机理之外，还有另一可能的反应机理存在：

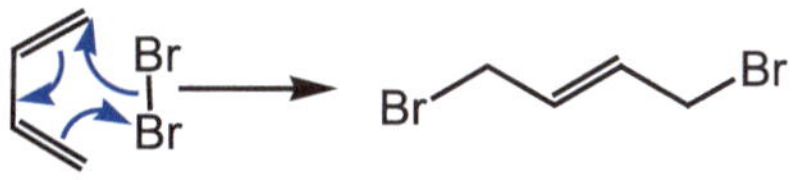

按照三对电子协同迁移反应机理，由于具有相对较低的活化能，因而才有可能成为反应的主机理，结果主要生成 1,4-加成产物。

这说明：环内三对电子的协同迁移，远远不止如前所述的一比〇型、一比一型或二比〇型，丁二烯与溴素的加成就属于二比一型。

因此我们将六元环内的三对电子协同迁移反应抽象地命名为［3,3］-σ 迁移，表示三对电子协同地迁移到另外三个位置。

这种三对电子协同迁移的反应很多，看起来很复杂的反应，只要画出其六元环状排布，便可容易地解析其反应机理。

例 25：解析如下重排反应的机理：

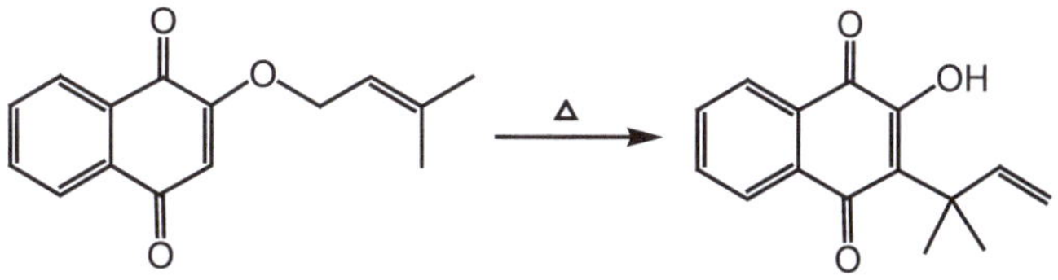

解析该反应机理，关键是画出六元环状结构：

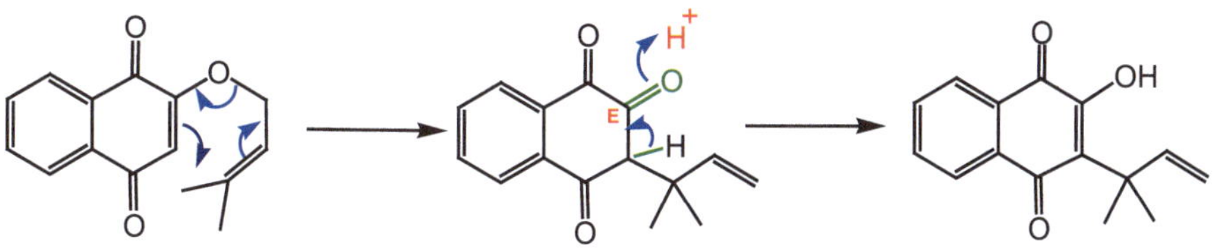

例 26：解析下述分子内脱去二氧化碳的反应机理：

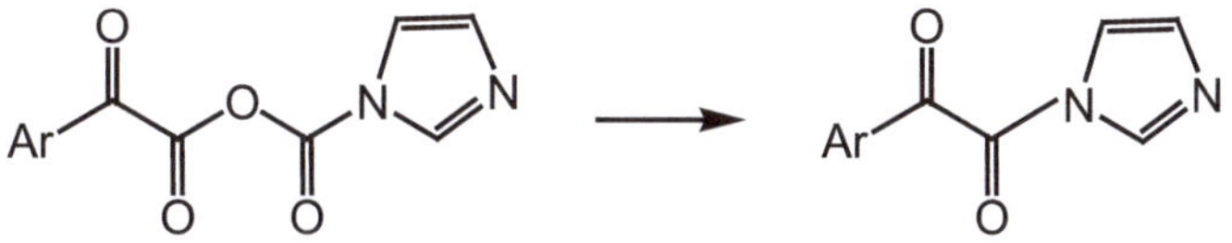

只要画出六元环状结构，反应机理就迎刃而解：

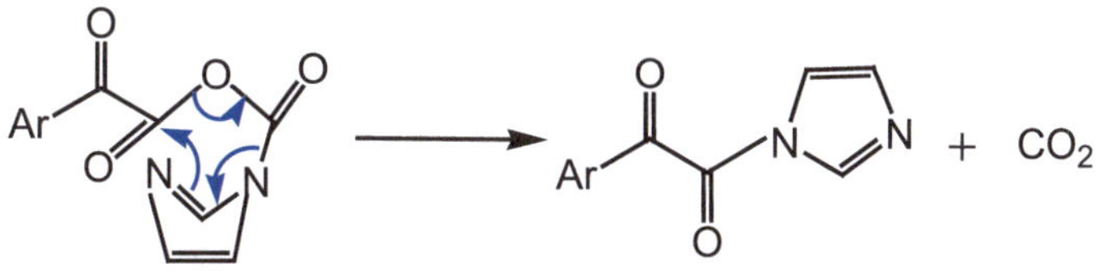

例 27：解析如下缩合反应机理：

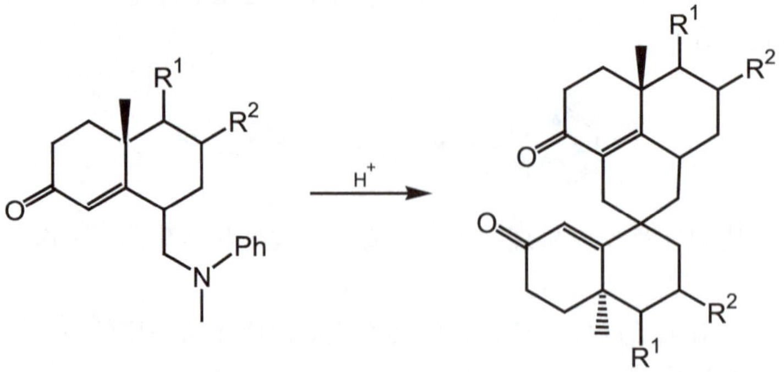

为解析此机理，首先原料通过消除生成双烯结构：

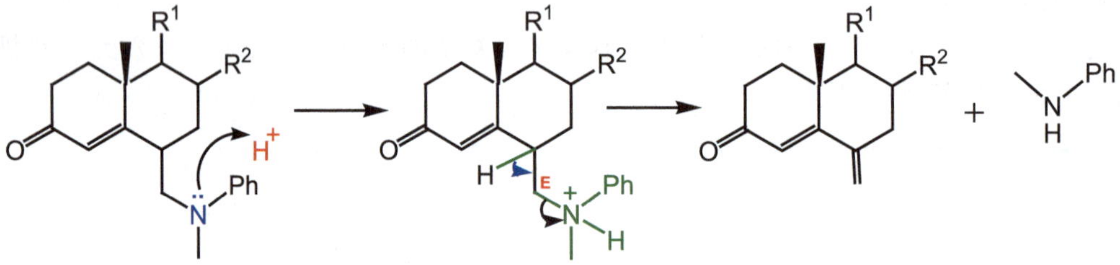

由此双烯产物在酸性条件下进行缩合反应，并无产物生成。然而将原料与消除中间体——双烯结构排列成六元环状，反应机理便容易解析：

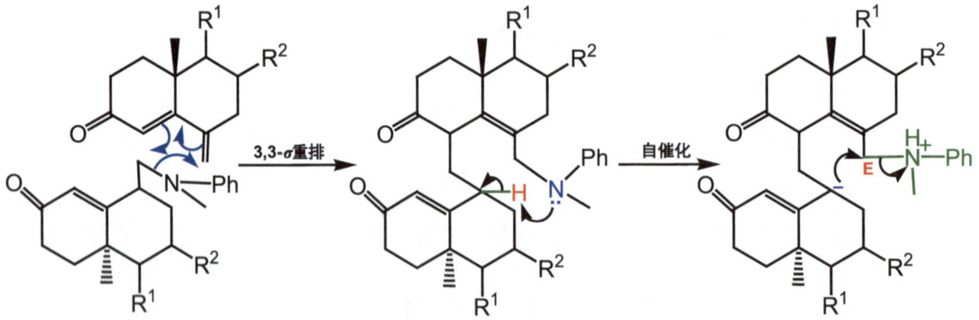

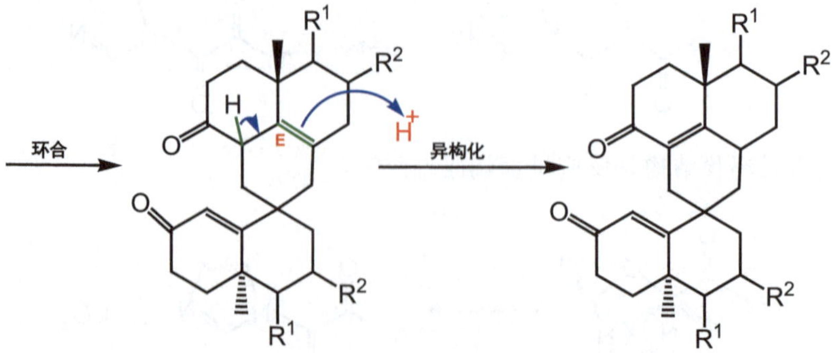

例 28：某企业发现产品 P 中有超标的杂质 S，请解释杂质产生的原因：

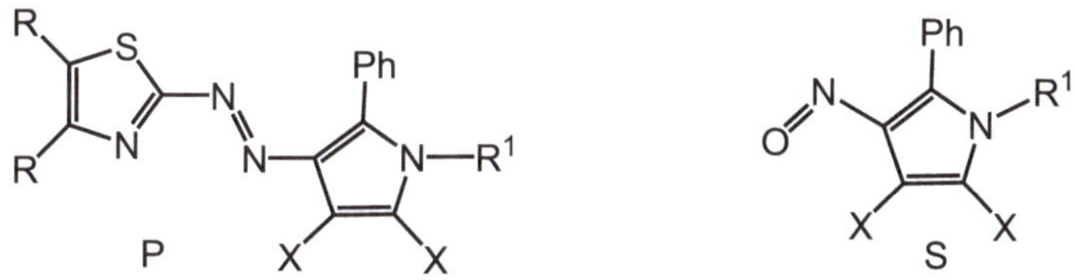

由于氧气的存在，产品 P 与氧气发生了三对电子协同迁移反应：

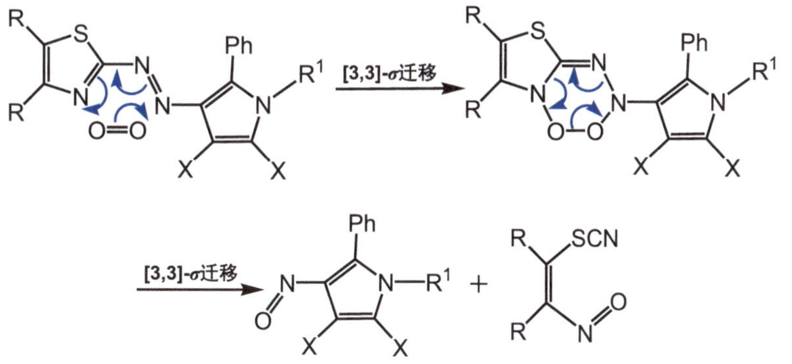

为避免杂质 S 产生，有必要除去系统内的氧气。

例 29：间氯苯乙酮与甲基格氏试剂加成，间-氯苯乙酮转化率只有 80%，请解释原因：

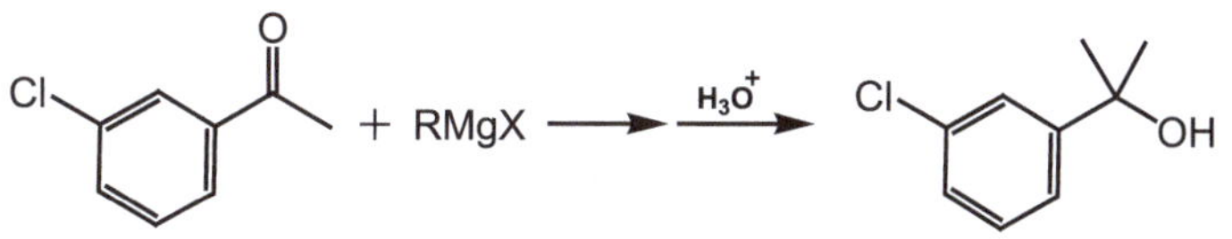

卤原子的间位为缺电子位置，致使甲基氢原子酸性增强，因而发生分子间的 σ-迁移反应生成烯醇式结构，经过酸水处理之后，烯醇式结构又转化成原料：

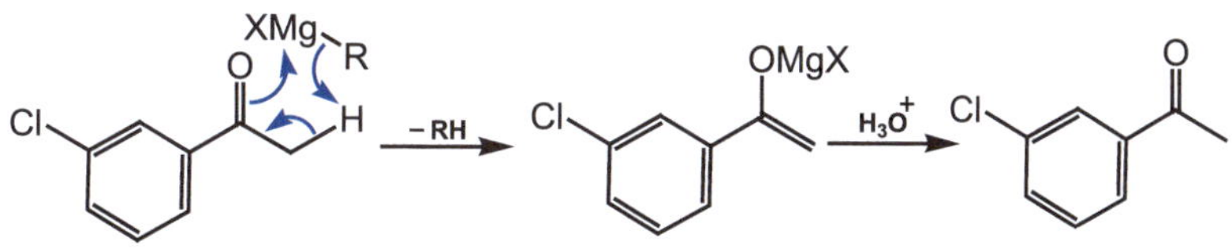

例 30：以叔丁胺为溶剂，-70℃条件下苯酚溴代反应，高选择性地制备 2,4-二溴苯胺：

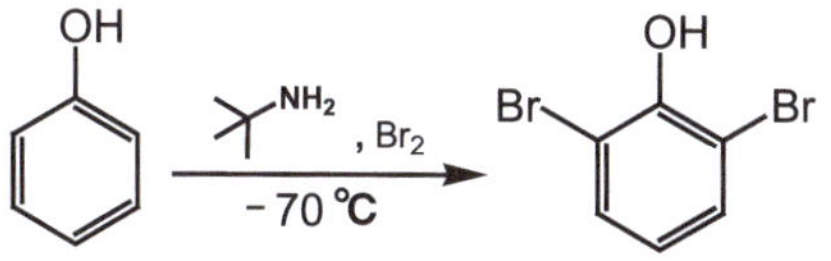

该反应仅发生在邻位的机理是：

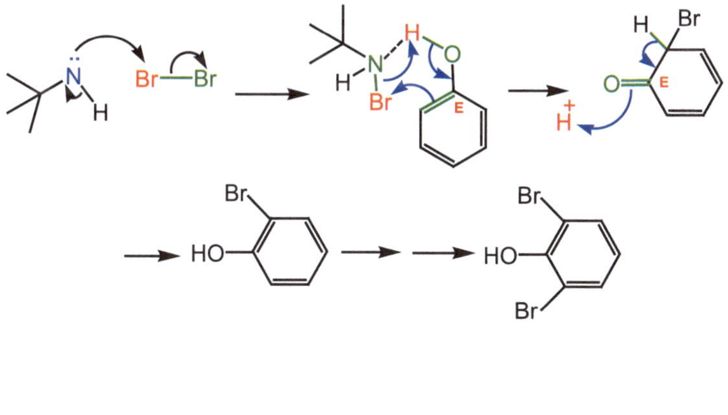

在该反应中，叔丁胺不仅是溶剂，而且还是活性亲核试剂。其与溴素能优先反应生成 N-溴代叔丁胺活性中间体，再与苯酚羟基活泼氢形成氢键，通过其六元环结构的三对电子协同迁移，因而在邻位成键。

显然，在 −70℃ 的低温条件下，苯酚对位的亲核活性不足，唯有邻位三对电子的协同迁移所需活化能较低，才具备较强的反应活性而生成产物。

例 31：解析阿昔洛韦的侧链合成反应的机理：

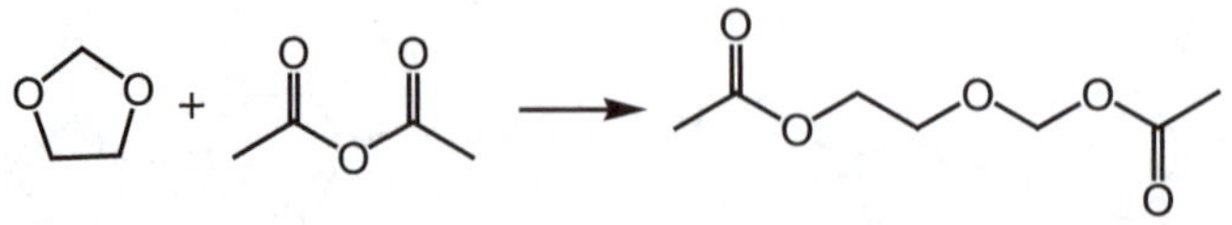

两个反应物分子内的亲电试剂活性较强且亲核试剂活性较弱。唯有三对电子的协同迁移反应才可能发生：

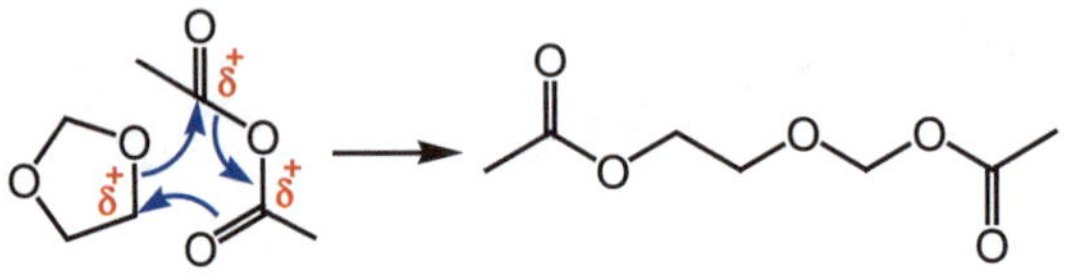

例 32：阿昔洛韦的另一中间体的合成工艺为：

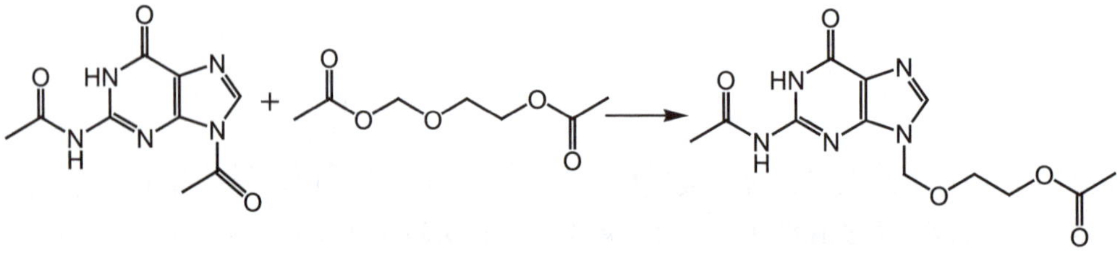

解析该反应机理的关键是画出六元环结构，这是标准的三对电子协同迁移过程：

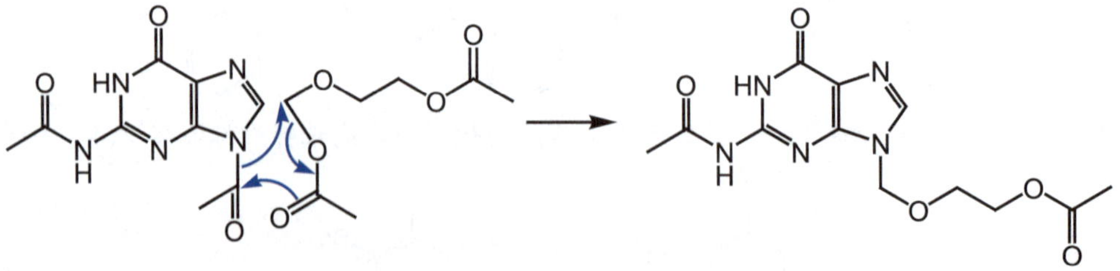

例 33：以三氯乙醛和丙烯腈为原料合成 2,3,6-三氯吡啶：

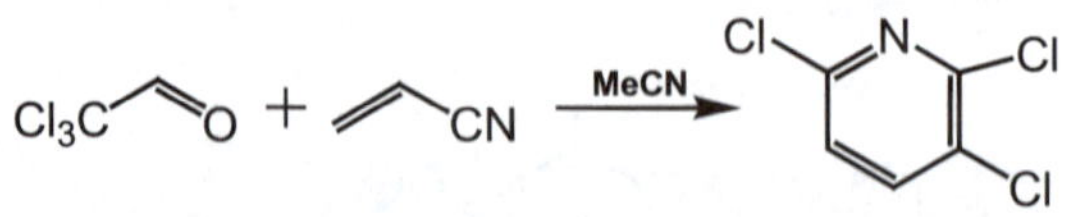

该反应机理也是典型的分子间多对电子协同迁移反应机理：

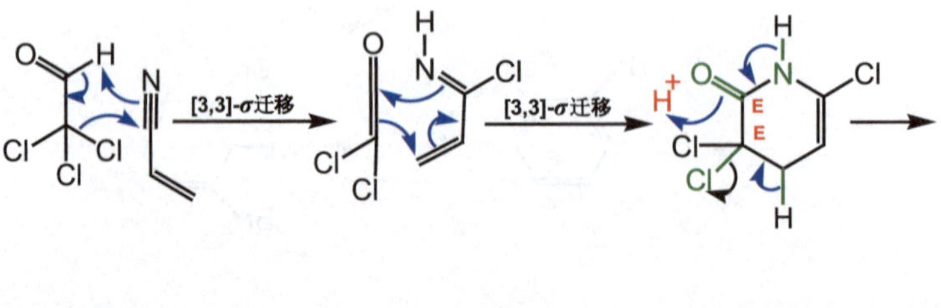

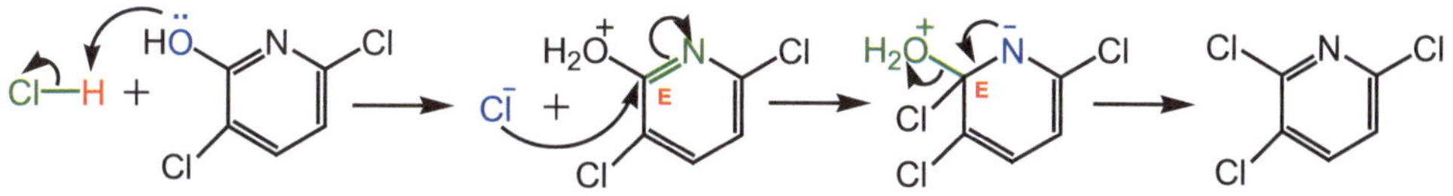

例 34：拟合成如下有机化合物，请设计合成路线：

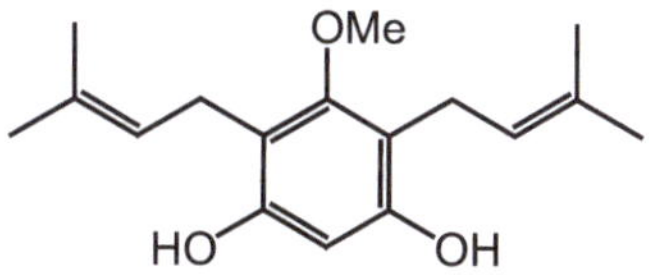

首先以 3,5-二羟基苯甲醚和 3-甲基-3-氯丁烯为原料在碱性条件下发生醚化反应，然后发生 [3,3]-σ 迁移，最后芳构化重排，反应完成：

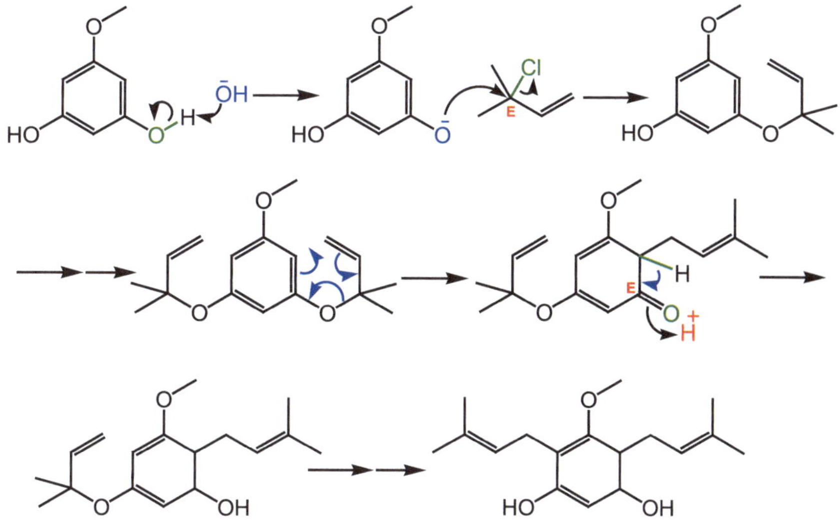

例 35：北京大学在 Diels-Alder 反应基础上，利用三元环状结构的不稳定性，将其 [4+2] 的基本形式拓展为 [4+2+1] 形式等，合成了七元环的环庚烯结构的一系列化合物。反应机理为：

综上所述，六元环内三对电子的协同迁移，均与极性相关，且具有较低的活化能，均为极性反应的特殊形式，且具有极性反应三要素特征。其范围包括但不限于"周环反应"。

3.4.5 五元环内的 [2,3]-σ 迁移

多对电子协同迁移反应并不限于六元环内的 [3,3]-σ 迁移反应，常见的还有五元环内的 [2,3]-σ 迁移反应，特别是在五元环内有电负性较强的杂原子或具有单位正负电荷原子存在时，[2,3]-σ 迁移反应具有非常强的反应活性。

例 36：Gassman 吲哚合成反应过程中的 [2,3]-σ 重排[3]：

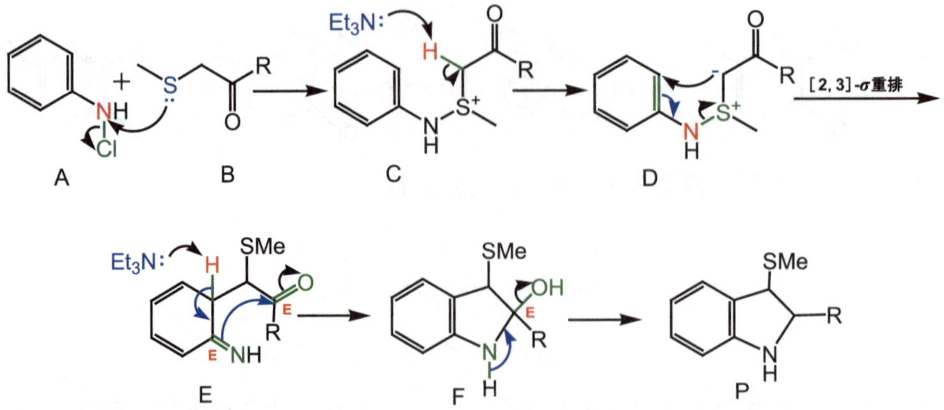

其中自 D 至 E 阶段为三对电子协同迁移的 [2,3]-σ 迁移反应过程。

例 37：Mislow-Evans 重排反应中的 [2,3]-σ 重排[3]：

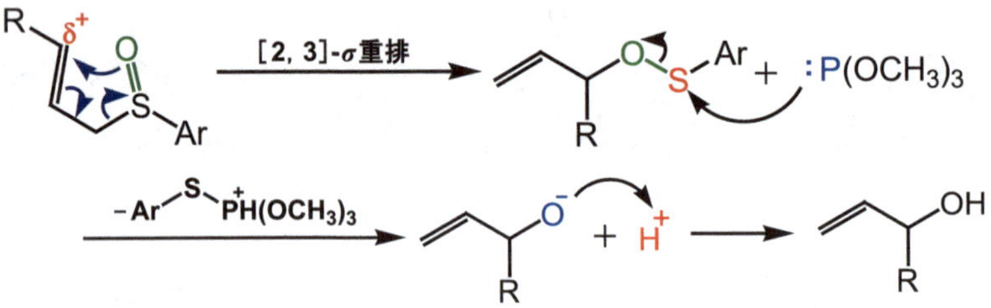

由此可见，[2,3]-σ 重排反应是有方向性的。

例 38：Still-Wittig 重排反应也是典型的 [2,3]-σ 重排反应[3]：

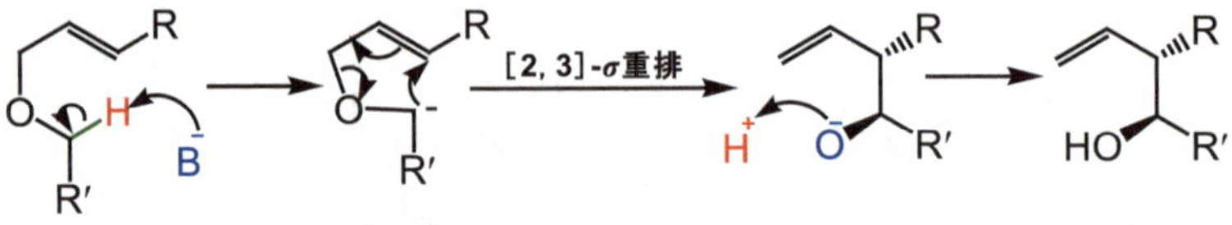

例 39：如下甲基吡嗪氧化物中间体内含有一种异构物，且含量较高：

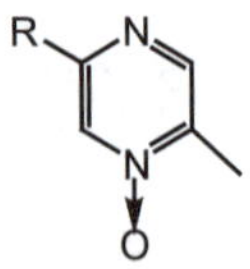

其实这是分子内可逆的异构平衡，是典型的 [2,3]-σ 迁移的互变异构反应：

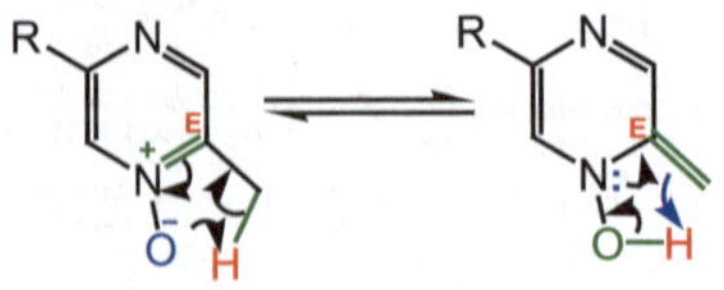

例 40：间二氯苯可由混二氯苯经三氯化铝催化异构得到。其反应机理也是 [2,3]-σ 迁移反应过程。以邻二氯苯异构反应为例，反应机理为：

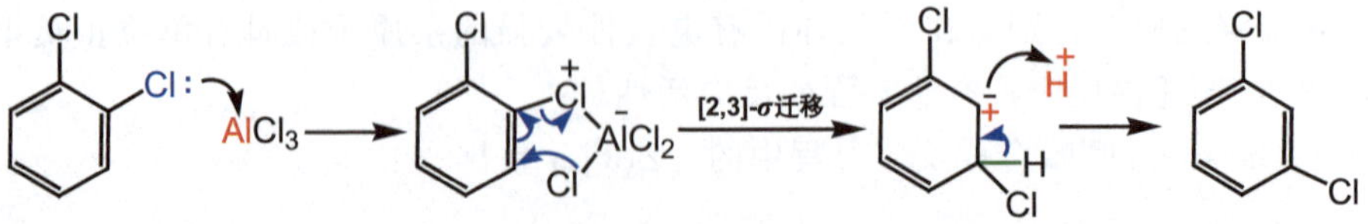

由于卤素的间位是缺电子的位置，间位氯原子的亲核活性较弱，难与路易斯酸络合且络合后离去活性不强。异构化反应主要发生在邻对位结构转化成间位。

此外，[2,3]-σ 迁移反应更多地发生在氧化还原反应过程中，因为在五个原子中有三对电子转移，必然有一个原子存在电子的得失（参见第 7 章）。

3.4.6 [2+2] 环加成与多对电子转移的混合机理

多对电子的协同迁移主要发生在三对电子之间，但并不局限于三对，在两个 π 键之间的两对电子也能协同迁移，即 [2+2] 环加成反应[6]519。例如：己-2,4-二烯加热生成顺-1,2-二甲基环丁烯反应：

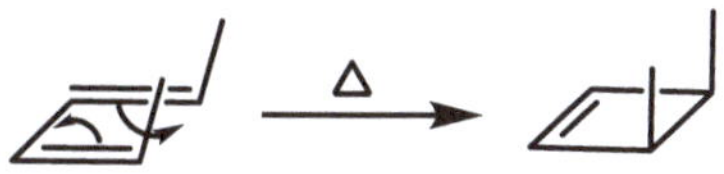

类似的还有 Buchner 扩环反应[15-16]、Corey-Fuchs 反应[17]、Heck 偶联反应[18] 等。

多对电子协同转移的反应也未必按照单一的反应机理进行。根据分子结构、功能的变化，会有不同的 σ-迁移反应机理同时或先后发生。

例 41：Buchner 扩环反应就是经过了 [2+2] 环加成与 [3,3]-σ 迁移的两个过程[15-16]：

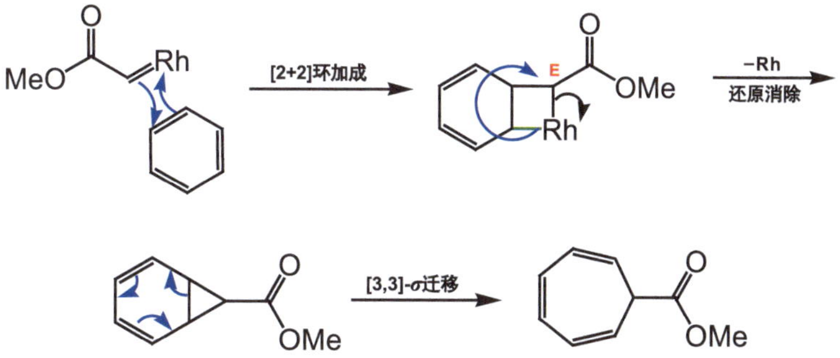

例 42：三氯甲苯与三氧化硫加成生成苯甲酰氯的反应也经过了 [2+2] 环加成与 [3,3]-σ 迁移两个过程：

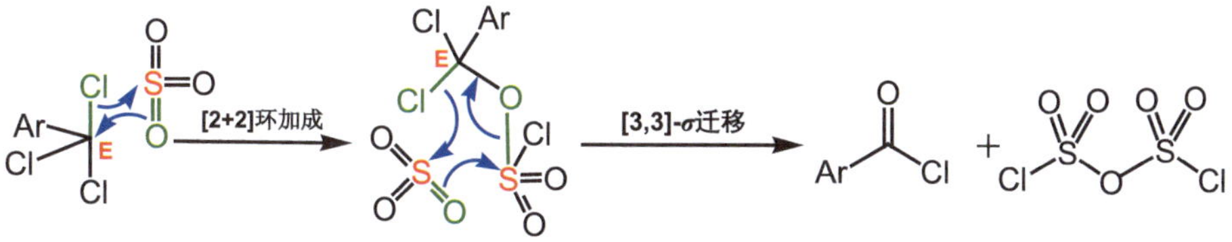

反应并非需要两个三氧化硫，三氯甲苯与三氧化硫的摩尔比为 1∶1：

例 43：Boekelheide 反应是经过 [3,3]-σ 迁移反应过程完成的，反应机理为：

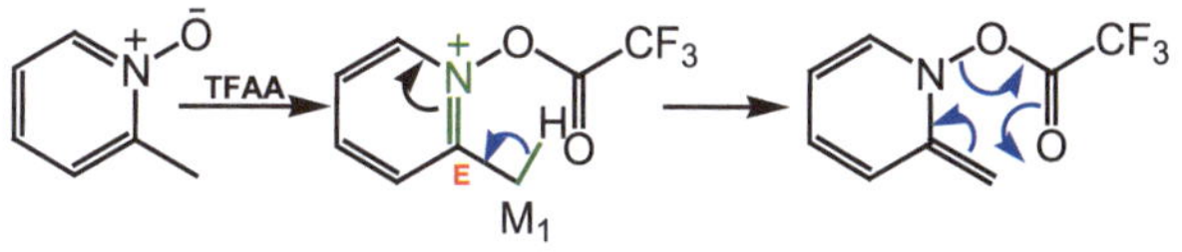

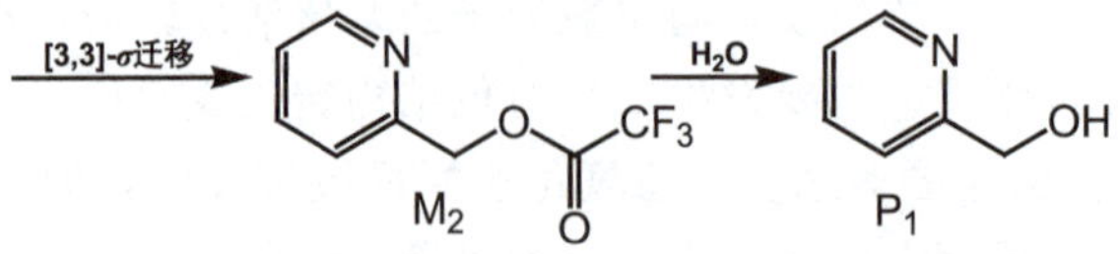

实验发现，还有两个异构体生成，它们均是多对电子协同迁移的产物：

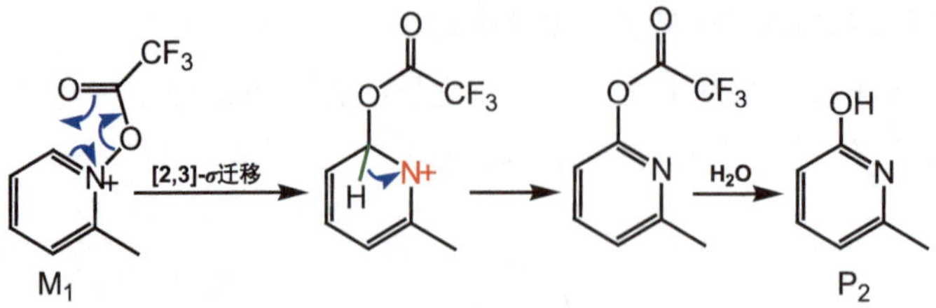

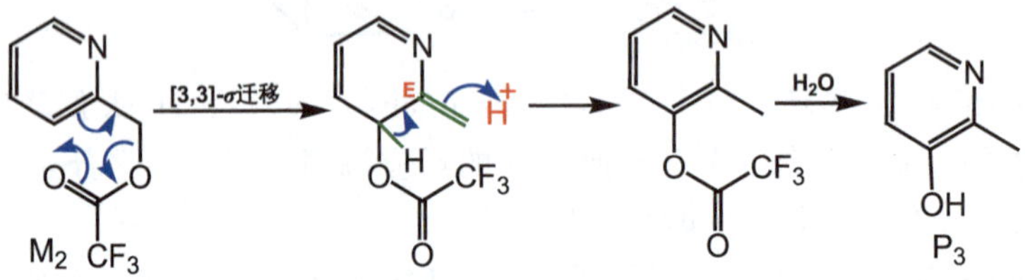

综上所述，环内发生的 σ-迁移反应具有两个特点：一是几对电子的协同迁移具有较低的活化能而更容易相互成键；二是具有较强极性的共价键总是有利于 σ-迁移反应的发生。因此，将多对电子的协同迁移反应视作极性反应的特殊形式。

3.5 单电子转移的自由基机理

单电子转移的反应是一个典型的非极性反应，影响极性反应的若干要素对单电子转移反应皆无显著影响，是完全独立于极性反应之外的反应类型。

单电子转移反应常见于自由基反应机理或金属外层得失电子过程，用鱼钩箭头表示单电子转移的起始与终到位置。

3.5.1 自由基引发及其稳定性

3.5.1.1 光或热引发的自由基

自由基是由共价键均裂生成的，且通过光或热引发是自由基生成的主要方法。

例如，卤素在光催化作用下生成自由基：

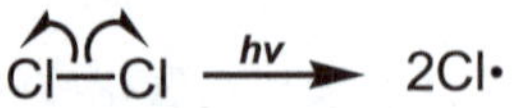

再如，过氧化苯甲酰加热分解生成自由基：

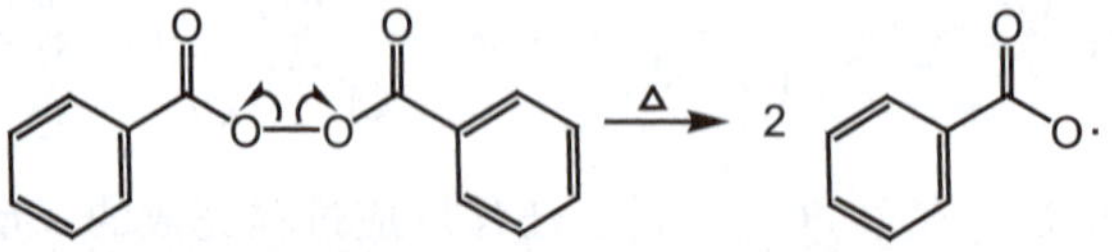

光或热引发某一共价键均裂所需的能量叫作离解能。离解能的大小取决于分子结构，具有较强的规律性。

① 自由基的共轭程度越高，自由基越稳定，其离解能也就越低（表3-1）。

第3章 有机反应的特征与分类

表 3-1 几个典型的碳氢共价键的离解能   单位：kcal/mol

碳氢键	伯氢 RCH₂—H	仲氢 R₂CH—H	叔氢 R₃C—H	烯丙氢 CH₂=CH-CH₂—H	苄氢 Ph-CH₂—H	烯丙苄氢 Ph-CH(CH=CH₂)—H
离解能	100.9	98.1	95.7	88.5	88.2	84.4

因为与共轭体系成键的自由基是以 sp² 杂化方式存在的，成键的 σ 轨道电子能够部分离域到空的 p 轨道，实现 σ-p 共轭，这已为分光检测法所证明。

② 对于不同原子之间的共价键来说，键长越长，其离解能越低，越容易均裂，见表 3-2。

表 3-2 几个典型的碳卤共价键的离解能

碳卤键	氟苄	氯苄	溴苄	碘苄
离解能/(kcal/mol)	98.7	95.5	57.2	44.9

③ 共价键的极性越低，即共价键两端的基团电负性越接近，越容易均裂产生自由基，其离解能也就越低。这种规律可从对位取代苯甲酸上羧基氢氧共价键的离解能变化看出，见表 3-3[1]。

表 3-3 几个羧基氢氧共价键的离解能

苯甲酸羧基氢氧键	对硝基苯甲酸	对溴苯甲酸	对甲基苯甲酸	对甲氧基苯甲酸
离解能/(kcal/mol)	119	112	110	109

根据如上规律不难判断：比碳原子体积大的杂原子之间的共价键，具有键长较长、极性较弱的特点，因而具有较小的离解能（表 3-4）。

表 3-4 几个典型的杂原子之间共价键的离解能

杂原子共价键	MeO—NO	MeS—NO	Cl—SMe	Cl—OMe	Cl—SCl	Cl—OCl
离解能/(kcal/mol)	41.8	25.0	70.6	47.5	70.6	33.2

这些低离解能的化合物容易均裂生成自由基，生成的自由基又容易与氧生成含氧自由基，容易引燃引爆有机化合物。因此定性地判断离解能的大小对于企业的安全生产尤为重要。

比较离解能的大小可解释自由基反应产物的组成。如：甲烷氯化时可产生乙烷，而甲苯氯化时并无 1,2-二苯基乙烷生成，原因在于 1,2-二苯基乙烷的离解能较低，容易再裂解生成苄基自由基：

Ph-CH₂—CH₂-Ph (62.6kcal/mol) << H₃C—CH₃ (90.2kcal/mol)

比较离解能的大小还能判别反应的引发次序。如离解能大小的比较：Ph—CH₂—H

(88kcal/mol)＞Cl—Cl（58kcal/mol），可知甲苯氯化反应首先产生的是氯自由基，而不是苄基自由基。

3.5.1.2 SET 机理生成的自由基

除了光或热能够瞬间引发自由基之外，有的自由基引发需要一个较慢的引发阶段，说明还有其它引发自由基的方法。

按照电子转移的规律推论：在极性共价键缺电子的一端是具有部分正电荷的亲电试剂，一旦离去基离去且单个自由电子进入空轨道即可生成自由基。在金属外层自由电子进入亲电试剂空轨道的过程中，金属原子并未随同与亲电试剂成键，而只是其外层的一个电子进入，这种只转移电子而元素不随之成键的过程称之为单电子转移（SET），单电子转移过程相当于在亲电试剂轨道内，一个自由电子与离去基做了交换。

例 44：将硼化物通过单电子转移还原成自由基，再生成双硼分子的反应机理解析为：

金属钠的最外层自由电子能够进入硼原子的空轨道生成自由基，而那些不具空轨道的亲电试剂，则只能在接受单电子时由离去基带着一对电子离去，协同地腾出空轨道。

例 45：Sandmeyer 反应是在卤化亚铜催化下，芳烃重氮盐生成卤代烃的反应[19]：

$$ArN_2^+ \ Cl^- \xrightarrow{CuCl} Ar—Cl$$

有文献将 Sandmeyer 反应机理解析为[20-21]：

$$ArN_2^+ \ Cl^- \xrightarrow{CuCl} N_2\uparrow + Ar\cdot + CuCl_2 \longrightarrow Ar—Cl + CuCl$$
A   B   P

芳烃自由基是经过 SET 机理生成的，Sandmeyer 反应机理规范的解析如下：

并非所有的金属外层自由电子都容易与离去基交换，也存在反应活性问题。一方面需要有活性更高的自由电子，另一方面又需要具有足够活性的离去基。满足此两个条件的有效方法就是离去基上孤对电子与金属外层空轨道的络合，其一般表达式为：

$$R—X: \ M \longrightarrow R—\overset{+}{X}—\overset{-}{M}$$

当离去基上孤对电子进入金属空轨道之后，带有单位负电荷的金属电负性显著降低，自由电子便容易离去；同时离去基带有单位正电荷，其电负性显著增大，离去活性增强。显然，此络合过程具有双重催化功效，是自由基引发的必要条件之一。

例 46：甲基氯化锌的合成就是自由电子与离去基的交换过程，反应机理可以形象地表述为：

$$\text{Me-Cl:} \xrightarrow{} \text{Zn} \longrightarrow \text{Me}\overset{+}{\underset{}{\text{Cl}}}\text{Zn}^- \longrightarrow \text{Me}\cdot\cdot\text{ZnCl} \longrightarrow \text{Me-ZnCl}$$

氯原子上孤对电子进入金属锌的空轨道之后生成了一个离子对，带有负电荷的锌元素电负性降低，容易失去外层自由电子；带有正电荷的氯正离子电负性显著增大，离去活性增强。显然，离去基与金属络合过程是单电子转移的关键步骤，此络合过程便是自由基引发过程。

例 47：Kumada 交叉偶联反应是在 Ni 或 Pd 催化下，格氏试剂与卤代物之间的交叉偶联反应[22]。现有的反应机理解析为[23]：

$$\text{R-X} \xrightarrow[\text{氧化加成}]{\text{Pd(0)}} \text{R-Pd-X} \xrightarrow[\text{金属转移异构化}]{\text{R}^1\text{-MgX}} \text{R-Pd-R}^1 \xrightarrow[\text{还原消除}]{-\text{Pd}} \text{R-R}^1$$

显然，该 Kumada 交叉偶联反应的机理解析不规范，其氧化加成步骤规范地解析如下：

$$\text{R-X:} \xrightarrow{} \text{Pd} \longrightarrow \text{R}\overset{+}{\underset{}{\text{X}}}\text{Pd}^- \longrightarrow \text{R}\cdot\cdot\text{PdX} \longrightarrow \text{R-PdX}$$

由此可见，卤原子上孤对电子进入金属钯的空轨道是至关重要的步骤。只有钯负离子的电负性显著降低，外层自由电子才容易转移出去；而只有卤正离子电负性增大，才容易带走一对电子离去，因而自由电子与离去基的交换才能完成。

例 48：Grignard 试剂的生成，是卤代烷烃或卤代芳烃与镁的自引发过程[24]：

$$\text{R-X} \xrightarrow{\text{Mg(0)}} \text{R-MgX}$$

现有文献仅仅证明 Grignard 试剂是在金属表面生成的[25]：

$$\underset{\text{R-X}}{\text{////Mg///Mg////}} \xrightarrow{\text{在Mg表面接触}} \underset{\text{R}\cdots\text{X}}{\text{////Mg//Mg////}}$$

$$\xrightarrow{\text{SET}} \underset{\text{R}\cdot\quad\cdot\text{MgBr}}{\text{////Mg//Mg////}} \longrightarrow \text{R-MgBr}$$

此格氏试剂的生成机理不具体、欠规范，仅仅说明自由基是在金属镁的表面生成的，并未说明格氏试剂的自引发过程与原理，而卤素上孤对电子与镁表面空轨道络合是格氏试剂引发的关键环节。格氏试剂的自引发机理可以形象地解析为：

$$\text{R-X:} \xrightarrow{} \text{Mg} \longrightarrow \text{R}\overset{+}{\underset{}{\text{X}}}\text{Mg}^- \longrightarrow \text{R}\cdot\cdot\text{MgX} \longrightarrow \text{R-MgX}$$

只有在此络合状态下，卤原子转化成了卤正离子，其电负性显著增大，离去活性才显著增强；也只有在此络合状态下，金属镁原子转化成了镁负离子，其电负性显著减小，束缚外层自由电子的能力显著减弱，才有利于自由电子的离去。

然而，引发格氏试剂往往需要一定的时间并达到一定的浓度，这似乎与上述机理不符。其实上述形象化的机理解析只证明了反应原理，实际的引发反应更像是络合物生成之后在分子间发生的：

$$\text{R}\overset{+}{\underset{}{\text{X}}}\text{Mg}^-\cdot\quad\text{R}\overset{+}{\underset{}{\text{X}}}\text{Mg}^-\cdot \longrightarrow \text{R}\cdot\cdot\text{MgX} \longrightarrow \text{R-MgX}$$

也就是说，自由基的引发需要络合物积累到一定的浓度，使金属表面生成的络合物距离足够靠近，才能在络合物分子间引发自由基。为机理解析简便，我们一般仍以形象化的表达方式即以分子内的电子转移方式表述。

例49： 用铜催化重氮盐生成芳烃的机理为典型的 SET 引发自由基机理：

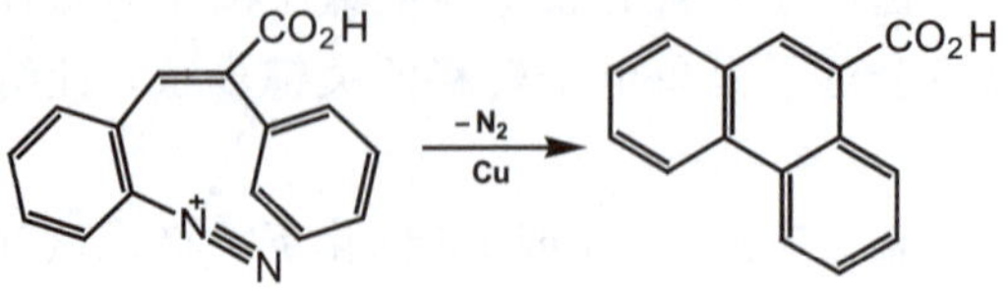

这是单电子转移与一对电子转移的串联过程：

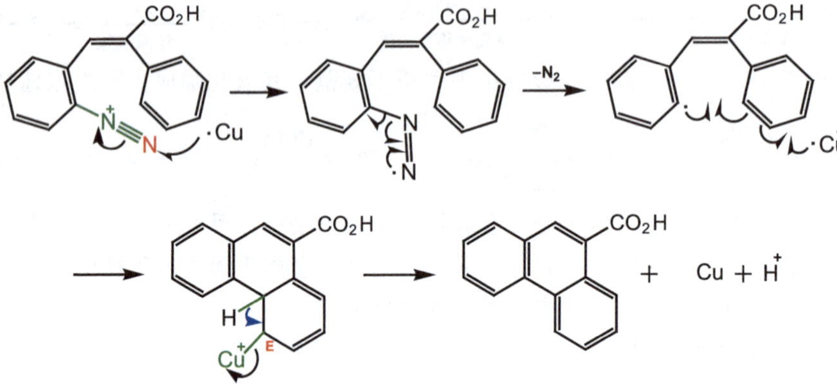

由此可见，芳环上 π 键的离解能相对较低，在自由基引发下容易均裂。

例50： 乌尔曼-马大为反应就是通过 MNPMO 试剂等与卤代亚铜络合，从而降低铜原子的电负性而促进单电子转移的反应过程：

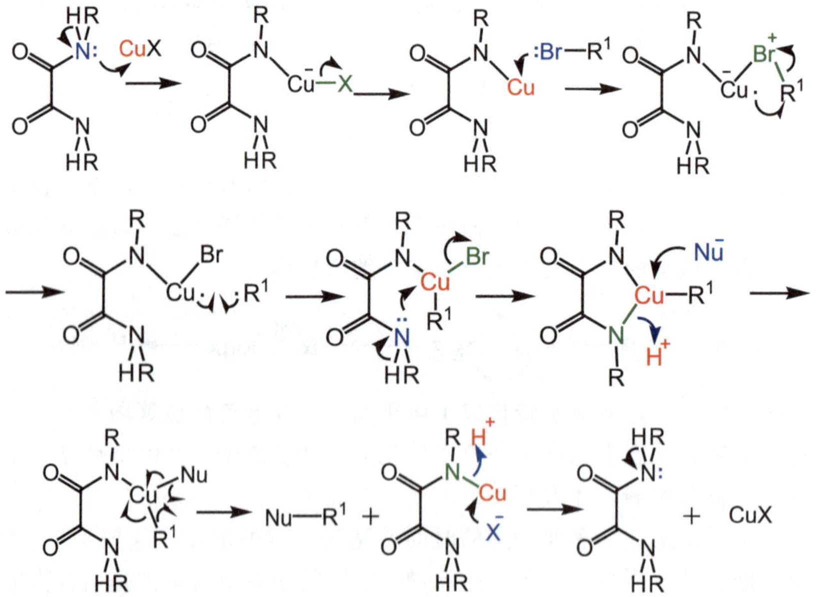

3.5.1.3 低价金属离子催化生成的自由基

有文献比较了离解能数据：O—O（118kcal/mol）＞Ph—CH_2—H（88kcal/mol），认为甲苯氧化反应首先产生的是苄基自由基，这种推测依据不足。

原因一：离解能数据与共价键结构并未对应起来，并未区分此数据为氧氧 π 键的离解能还是氧氧 σ 键的离解能，并未区分氧原子另一端是与烷烃成键还是自由基或负离子：

$$RO-OR \qquad \bar{O}-\bar{O} \qquad \cdot O-O\cdot$$

如果氧原子是与烷基成键，则过氧化物的离解能数据更低；如果氧原子以负离子的形式存在，其离解能较高，氧化反应未必是按自由基机理进行的，如果氧分子的 π 键均裂成双自由基结构，那么在自由基已经引发条件下，氧氧 σ 键再均裂的离解能数据并无意义。

原因二：氧化反应一般在低价金属盐的催化下进行，说明金属离子参与了氧化反应过程，即金属催化剂是反应过程的必要条件。

不能排除在甲苯氧化过程中，氧自由基可能先于苄基引发，且引发条件又与金属催化剂相关。这也可以证明：除了光与热能够引发自由基、金属外层自由电子转移能引发自由基之外，低价金属离子也能够引发自由基。

实际上，催化氧气的催化剂配方中，至少有一种低价金属离子催化剂。它具有两个特点：一是其最外层具有单电子，相当于仍然存在自由基；二是正离子具有较高的电负性，使其外层单电子不易自由离去。这样的单电子便可能具有自由基的性质，能与氧气成键生成氧自由基：

按此逻辑，若干低价金属离子可能将氧气催化成氧自由基，至少在理论上是如此，此类金属离子包括但不限于铁、铜、钯、锰、钴等。其更科学的机理解析有待我们认识上的进一步深化。

3.5.1.4 自由基的稳定性

自由基元素的最外层只有 7 个电子，并未满足八隅律的稳定结构，因此其反应活性较强，很难找到稳定的自由基。因此，自然界存在的自由基结构化合物应该具有另一种满足八隅律的结构形式。如二氧化氮的结构应该与四氧化二氮共存：

具有自由基结构的二氧化氮之所以相对稳定，还有一个原因就是单电子与 π 键的共轭结构。

同理，可将 Tempo 试剂的分子结构视作单分子与双分子的可逆平衡：

迄今为止，仅有三苯甲基自由基能够在溶剂中稳定存在（2%浓度），这是由于该自由基与三个芳环高度共轭。

3.5.1.5 自由基反应的催化与衍生化

除了光、热能催化自由基反应之外，加入低离解能的分子也可引发自由基反应，如碘、过氧化苯甲酰、偶氮二异丁腈等。

另外，若能改变反应物的结构，使其共价键的离解能降低，也是催化自由基反应的良好选择。

例 51：如下结构的医药中间体的合成工艺为：

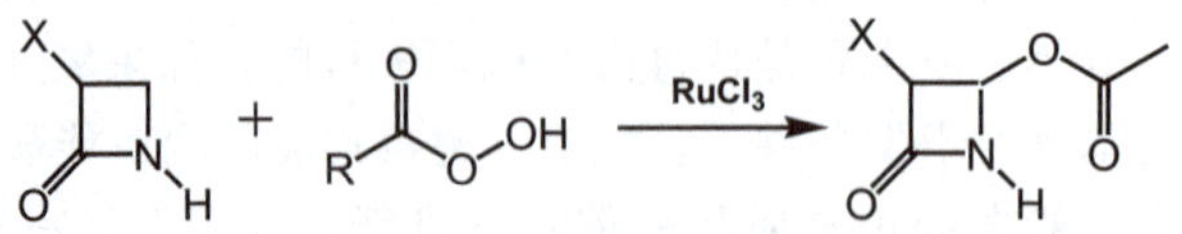

这里，三氯化钌的作用就是催化碳氢共价键，使其离解能降低而容易均裂，方法是将此碳氢共价键转化成 π 键的 α-位，由于生成的自由基与 π 键共轭而稳定，碳氢共价键的离解能便可降低。反应机理为：

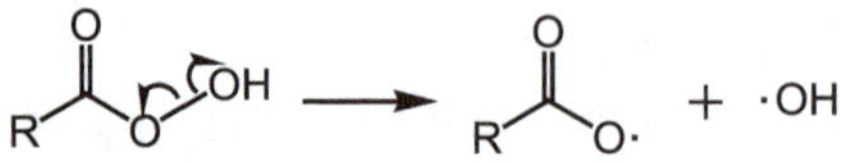

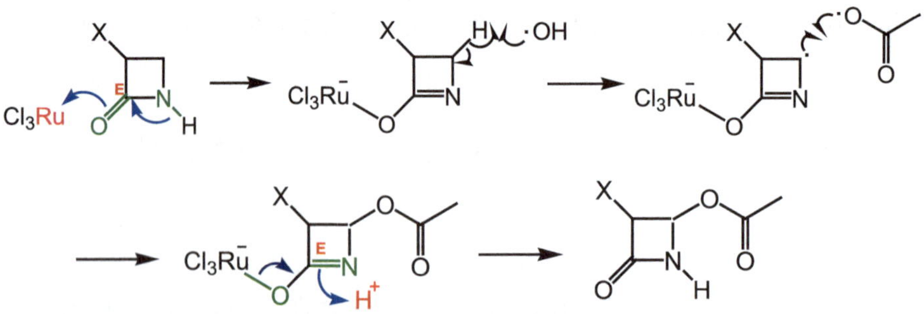

通过催化改变了反应物的分子结构，生成了 π 键 α-位的碳氢共价键，从而降低了共价键的离解能。

3.5.2 自由基的传递与终止

自由基反应一经引发，即自由基一旦生成，就会平行地发生两类反应：

① 若自由基仅与共价键成键，也就协同地生成了另一种自由基，自由基就能循环无限地传递下去。在自由基传递过程中，离解能小的共价键优先均裂。

② 自由基之间不可避免是要成键的，只要它们的电子自旋方向相反。因此，自由基不可能在反应系统内无限地循环再生，自由基之间成键过程就是自由基终止过程。

3.5.2.1 自由基传递过程的规律与特点

在自由基与共价键成键过程中，即在自由基传递过程中，一定是离解能小的共价键优先均裂。根据反应进程、次序可比较不同共价键的离解能大小。

例 52：对溴甲苯光氯化反应制备对溴氯苄反应机理。

首先光催化引发氯自由基生成：

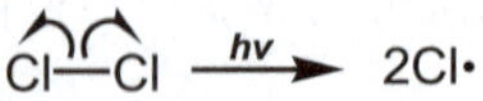

接着氯自由基引发碳氢共价键均裂生成氯化氢和对溴苄基自由基，它可与氯气成键生成对溴氯苄和氯自由基，这样就可实现自由基的部分传递：

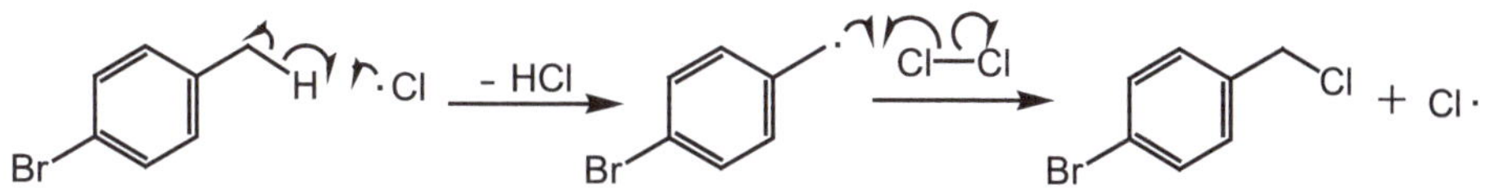

自由基的传递并不意味着自由基引发后就不需要再引发了，氯自由基在氯化反应过程中并不是不断地再生出来的，反应过程消耗的也不仅仅是氯气分子，因为还有个与自由基传递平行进行的反应——自由基的终止：

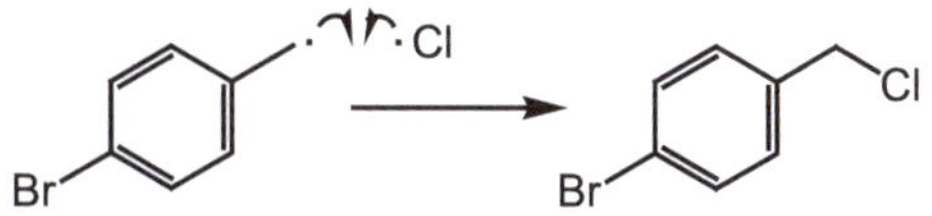

例 53： 拟将对溴氯苄进一步光氯化制备对溴三氯甲苯，而实际的反应过程与预想不同：

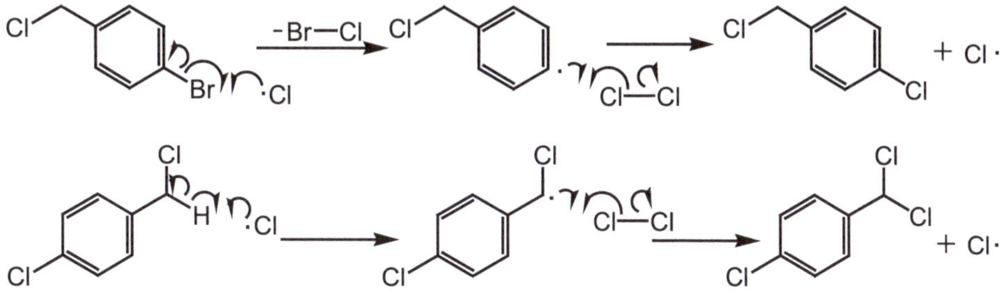

反应过程并未按照原先预想的方向进行，也就是并未使对溴氯苄亚甲基上的碳氢键均裂，原因是共价键的均裂严格按其离解能从小到大的次序进行，此种结构下芳环与溴原子之间共价键的离解能最低，对溴三氯甲苯显然不能按照此工艺合成。从上述反应进行的次序，可以容易地排序几个步骤离解能的相对大小。

例 54： 四氢萘经低价金属催化氧化合成四氢萘酮的反应机理。

按照离解能的一般次序，首先生成了单过氧化物：

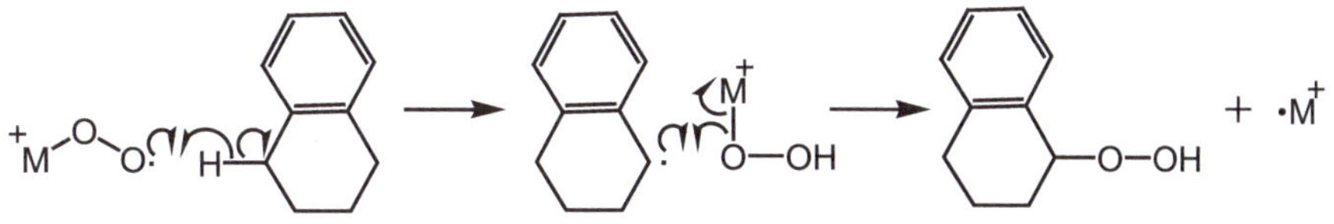

再由单过氧化物裂解，生成四氢萘醇：

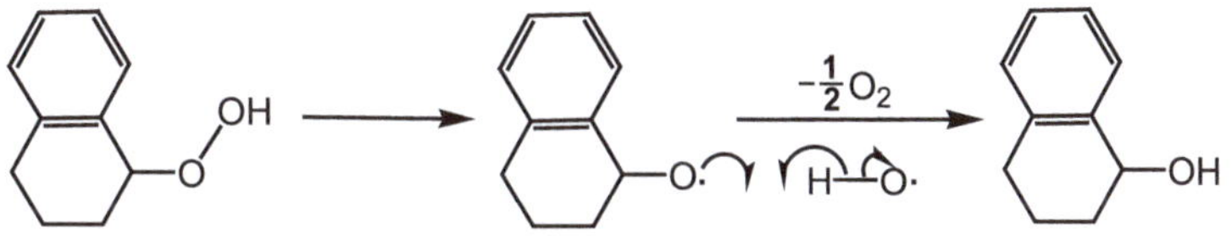

再以四氢萘醇为原料，经过氧化生成不稳定的四面体结构，消除双氧水生成四氢萘酮：

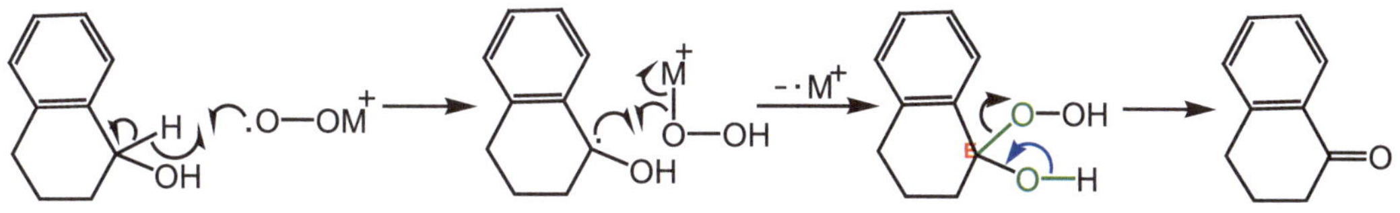

然而，实验结果否定了如上机理解析，因为醇难以继续氧化生成酮。

因此，一定有单过氧化物进一步氧化生成酮的反应机理存在：

即必须在单过氧化物未分解条件下继续氧化成双过氧化物，才有较高的选择性。这与实验结果一致：低温条件有利于生成酮，这是避免单过氧化物分解所致；富氧条件有利于生成酮，这有利于单过氧化物的再氧化过程。

上述氧化反应机理证明：单过氧化物 α-位碳氢键的离解能较低，较容易与自由基成键。低价金属催化剂本身也是反复利用、反复再生的自由基。

例 55：格氏试剂的自由基传递过程。

一旦格氏试剂生成，根据 Schlenk 平衡，格氏试剂便能够平衡可逆地异构化为另外两种产物结构：

$$2RMgX \rightleftharpoons RMgR + XMgX$$

这就说明格氏试剂在溶剂中可以均裂生成如下四种自由基：

$$R\text{—}MgX \xrightleftharpoons{K_1} R\cdot \ \cdot MgX$$

$$RMg\text{—}X \xrightleftharpoons{K_2} RMg\cdot \ \cdot X$$

这四种自由基重新组合成键才能生成 Schlenk 平衡的另外两个化合物：

$$R\cdot \ \cdot MgR \longrightarrow RMgR$$

$$X\cdot \ \cdot MgX \longrightarrow XMgX$$

容易理解，只要存在上述四种自由基的其中一种，自由基即可传递下去。如：

$$X\cdot \ \cdot Mg \longrightarrow XMg\cdot \ \cdot R\text{—}X \longrightarrow RMgX + X\cdot$$

$$R\cdot \ \cdot Mg \longrightarrow RMg\cdot \ \cdot X\text{—}R \longrightarrow RMgX + R\cdot$$

实际上，格氏试剂本身就是格氏反应的引发剂。

从如上氯代、氧化、格氏试剂生成反应的链传递过程，容易发现如下规律：a. 严格按照共价键离解能由低到高的次序进行共价键的均裂；b. 某一自由基与共价键成键的同时生成另一自由基，由此实现链的传递；c. 自由基不仅引发共价键均裂，还会与另一自由基成键，导致自由基的终止。

总之，自由基的引发、传递、终止为自由基反应的三个阶段，然而此三个阶段不能从时间上截然分开。由于自由基在不断地终止，所以自由基必须不断地引发，方可满足自由基传递的需要。

如上实验结果表明：共价键的离解能是对应其具体结构的，结构不同其离解能也就不同。

例 56：醛羰基上碳氢共价键的离解能如何确认？

在不同的酸碱性溶液中，羰基结构本身就具有多种变化，研究其碳氢共价键的离解能，必须首先区别其结构。如：

$$Ar-CHO \quad Ar-CH(OH)O^- \quad Ar-CH=O^+-M \quad Ar-CH=O^+-H$$

显然，不同结构上的碳氢共价键的离解能完全不同。

3.5.2.2 自由基的终止

按照自由基的传递规律，自由基与共价键化合物成键则自由基传递，自由基与自由基成键则自由基终止，在多数反应体系内一旦停止自由基引发，自由基自身也就终止了。如甲苯的光氯化反应等，反应体系内一旦易均裂的组分消失，自由基也就终止了，除非自由基能够平衡生成。

例 57：Grignard 试剂的自由基终止：

$$X\cdot \quad \cdot Mg \cdot \quad \cdot R \longrightarrow RMgX$$

然而由于 Grignard 试剂的卤镁共价键、烷镁共价键在溶剂中处于均裂平衡状态，反应体系内微量的自由基永远存在而不会消失：

$$RMg\cdot + \cdot X \xrightleftharpoons{K_2} RMgX \xrightleftharpoons{K_1} R\cdot + \cdot MgX$$

在有些特定的场合，需要运用自由基终止剂来终止链传递过程。苯酚、苯醌等常用作自由基的终止剂，硝基化合物、亚硝基化合物等也常用作自由基的终止剂。

3.5.3 自由基的共振异构

自由基作为高活性的中间体，若与低离解能的 π 键共轭，分子内便不可避免地发生共振。如：

$$\begin{array}{c} R \\ | \\ R'_2N-C-C\equiv N \end{array} \rightleftharpoons \begin{array}{c} R \\ | \\ R'_2N-C=C=N\cdot \end{array}$$

例 58：杀菌剂 MIT 的光照分解反应机理[26]：

<化学结构式：MIT 光照分解机理图>

这是由于氮硫 σ 键的共价键较长，两端电负性差距较小，因而离解能较小，容易在光照下均裂生成自由基而导致产物不稳定。

例 59：三苯甲基自由基由于自由基与芳烃的高度共轭而能比较稳定地存在，如在苯溶液中，室温下自由基的浓度约为 2%。多年来人们推测可能生成六苯基乙烷结构[6]115,[7]254，但 UV 和 NMR 研究结果表明，其真实结构为：

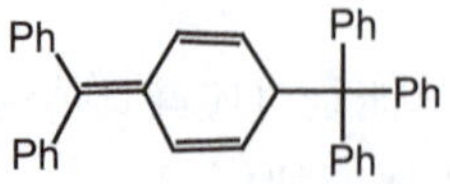

这是由于与 π 键共轭的自由基发生共振：

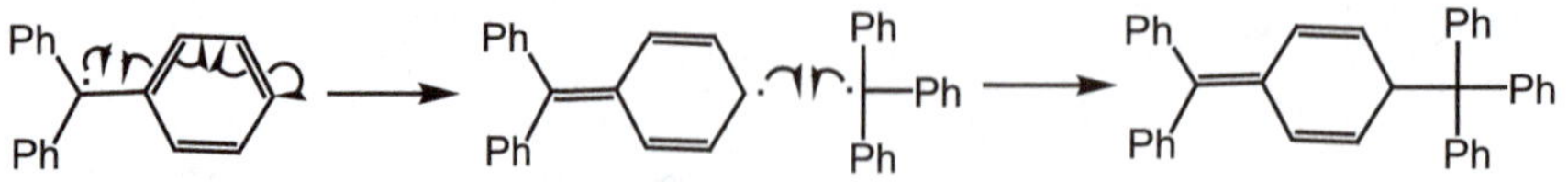

综上所述，与 π 键共轭的自由基，很难以一种结构稳定地存在，不可避免地生成共振异构混合物。

3.5.4 自由基反应机理的识别

例 60：2,4-二硝基氟苯于 230℃ 条件下的氯代反应：

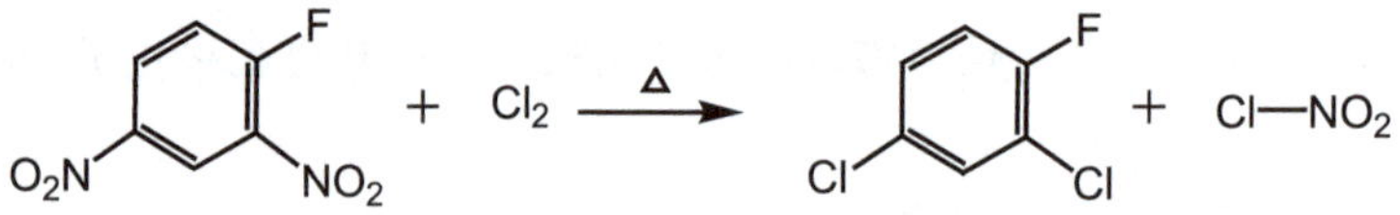

依据高温条件氯气容易热解成自由基，且反应产生硝酰氯。反应只能是按自由基机理进行：

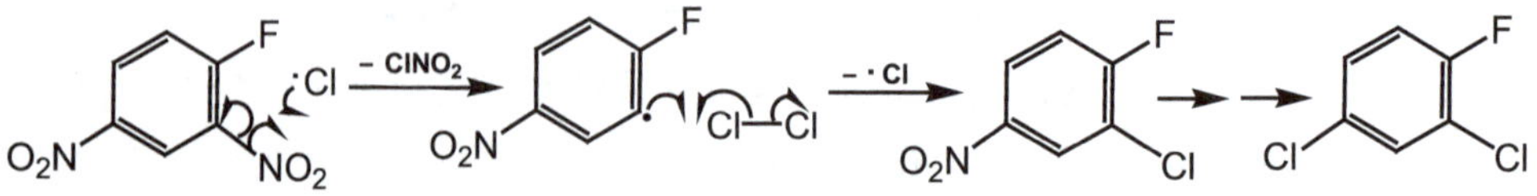

例 61：顺二苯乙烯光照下能生成反式异构体[6]151：

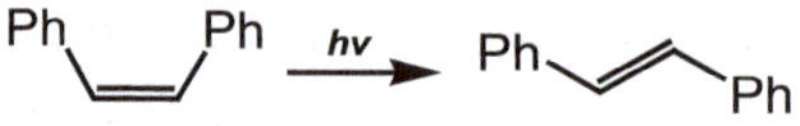

由于顺二苯乙烯 π 键的离解能小于 σ 键，光照下容易生成双自由基结构，使 σ 键可以自由旋转，在两个苯基旋转至反式时，双自由基自旋相反可再成键：

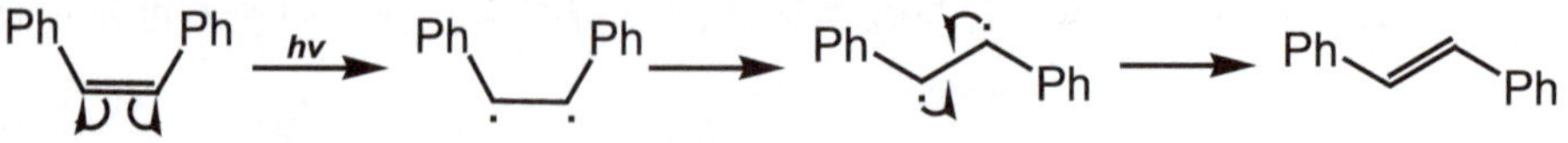

由于顺式结构空间位阻较大，反应平衡向反式方向移动。

例 62：Tempo 氧化反应就是自由基反应与极性反应的混合机理。因为 Tempo 试剂本身就是自由基结构：

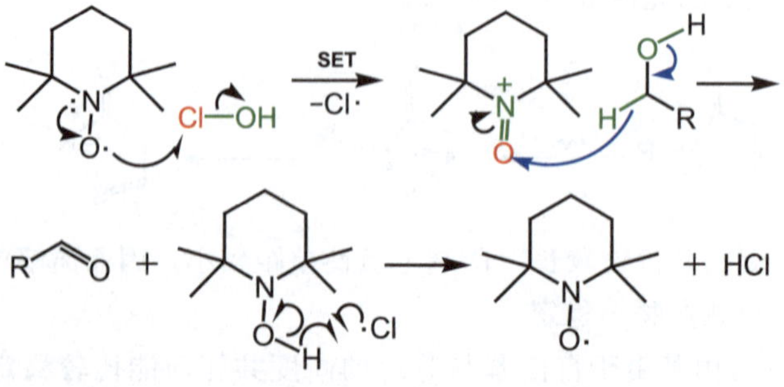

例 63：邻硝基苯甲醛光催化重排反应：

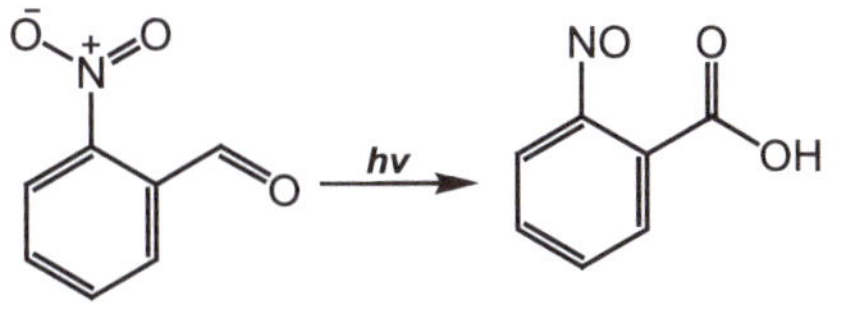

光能催化共价键均裂产生自由基，邻硝基苯甲醛光催化重排反应是自由基反应与极性反应多步交叉串联的过程：

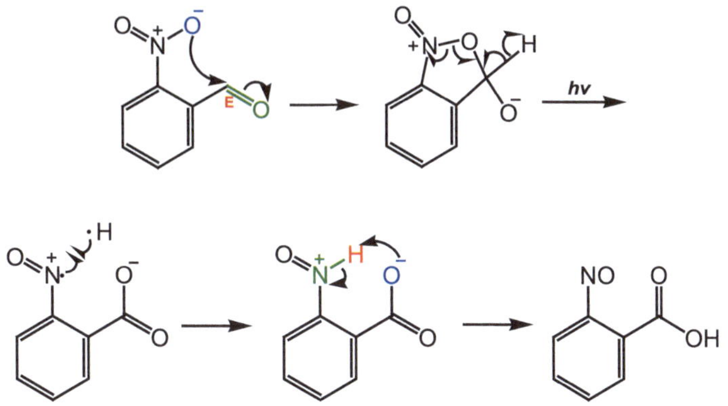

例 64：在硫氰酸苯乙酯产物中有苯甲醛副产物生成：

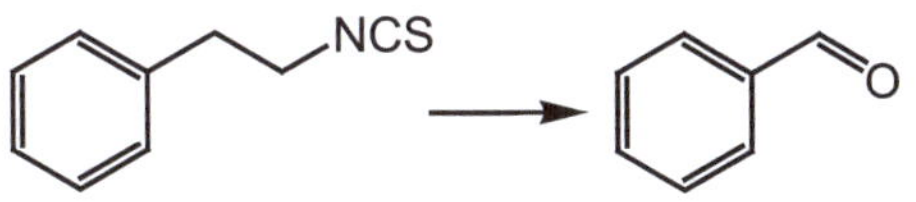

这是硫氰酸苯乙酯氧化反应所致。由于硫氰酸苯乙酯分子内的两个亚甲基都处于 π 键的 α-位，属于低离解能的碳氢键，容易均裂生成自由基。故这是自由基机理与极性反应机理的串联过程：

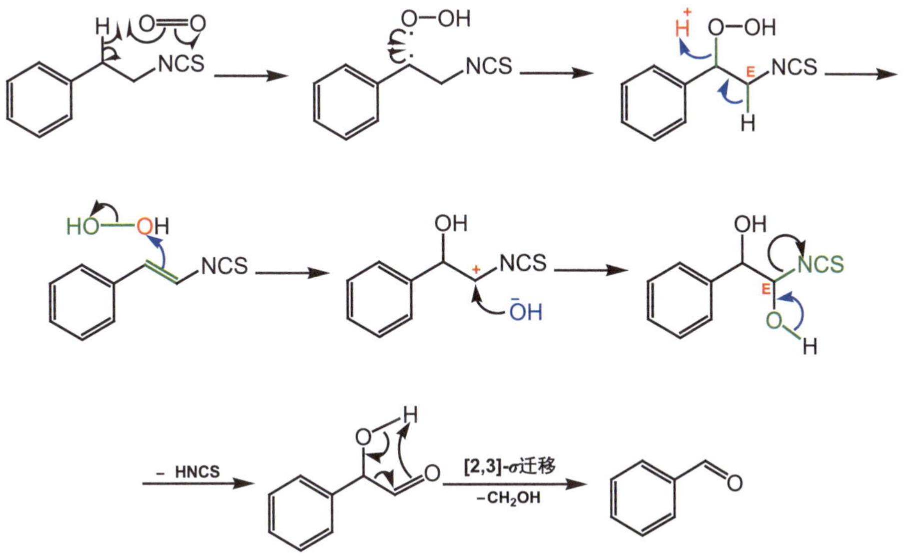

例 65：以 4-羟基-2H-苯并吡喃-2-酮和 2-氧代-2-苯乙醛为原料合成如下结构的医药中间体：

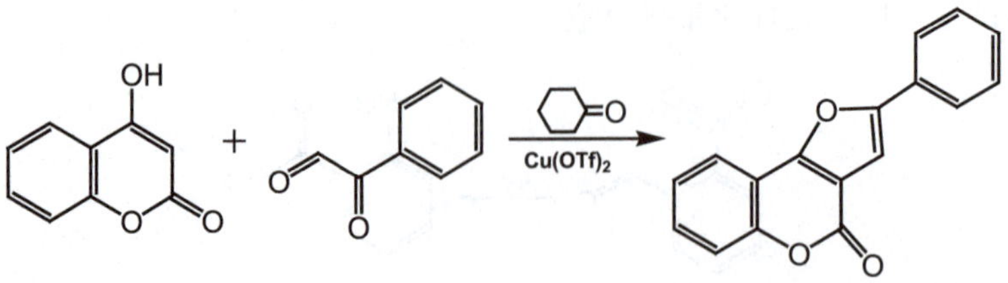

这也是极性反应与自由基反应的多步串联过程。其中的三氟甲磺酸铜催化可作为自由基机理的判据：

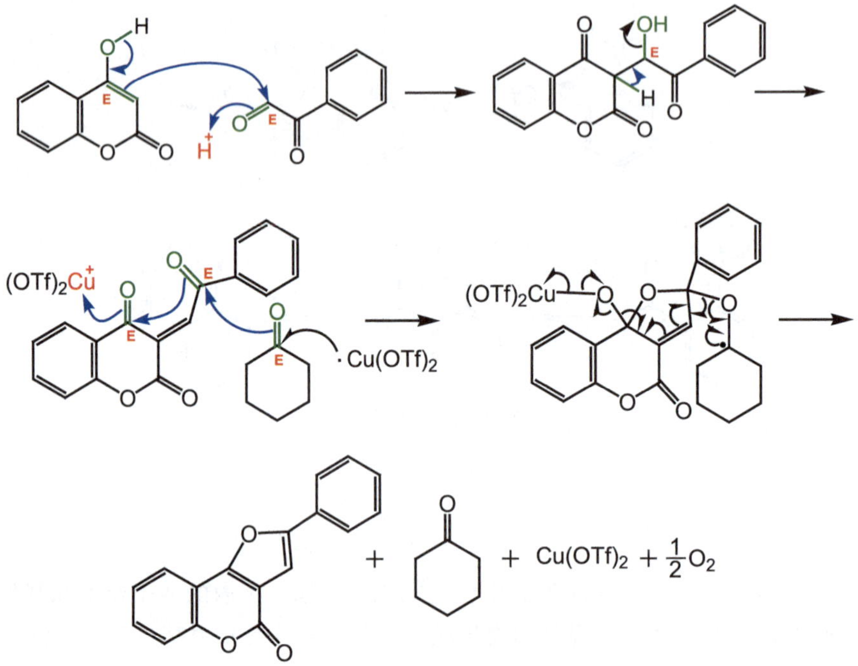

例 66：铜催化邻氯苯甲酸与间三氟甲基苯胺合成氟芬那酸：

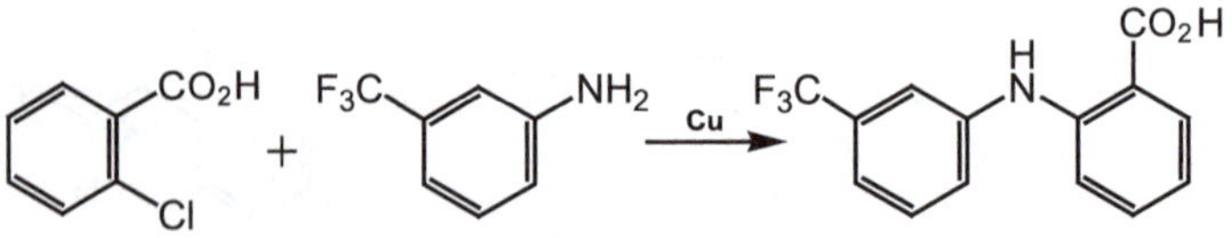

铜催化剂的采用表明反应过程按照自由基机理进行：

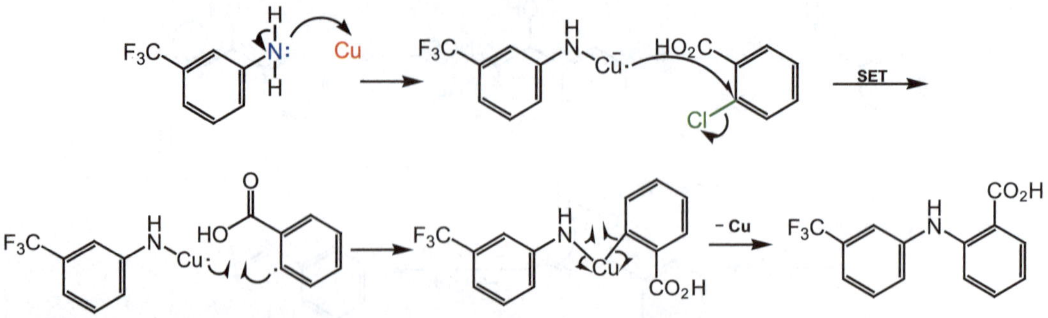

综上所述，极性反应还是自由基反应，即单电子转移还是一对电子转移，一般以分子结构为内因、以反应条件为外因作为主要判据。

3.6 利用概念解题与争议问题讨论

【议题 1】 环加成反应是否可能是单电子转移的自由基机理？

不可能。依据为：

如果是 π 键均裂生成自由基，则一定波长的光应该能够催化这个反应，事实上不能。

即使是 π 键均裂，则反应不会是一步瞬间合成的，必然有个双自由基阶段，而此阶段容易发生消旋化、聚合等副反应，因而选择性降低，这与实际不符。

更重要的依据：所得产物结构严格遵循双烯体与亲双烯体之间异性电荷成键规律。

这就是多对电子协同迁移的证据。

【议题 2】 本书将离去基定义为"带走旧键上一对电子离去的基团"。而国外有教科书[6]130-131 将质子当作离去基。如何解释其概念差异？

文献［6］（130～131 页）将一个反应物称为进攻试剂，另一个反应物称为底物，而将反应物结构上未生成主产物部分均称作离去基。如此定义的离去基即包含带有一对电子的基团，也包含带有空轨道的基团，此概念的不确定性容易引起认识上的混乱，本书不采用。

为了区别两种不同的"离去基"，该文献将带有一对电子的称作离核基，将带有空轨道的称作离电基，可实际上仍运用"离去基"这一"抽象概念"，容易引起读者误解。

之所以出现上述概念上的差异或者矛盾，正是由于有机反应命名中脱离电子转移规律引进了与电子转移不相关的概念（底物与进攻试剂），参见第 4 章。

3.7 本章要点总结

① 揭示了有机反应的本质是电子转移过程，按照电子转移方式分类有机反应，既能体现有机反应的本质特征，又能把握有机反应的内在规律。有机反应的电子转移只有两种方式：一对电子转移与单电子转移。除了光催化电环化反应属于单电子转移之外，其它"周环反应"均属于一对电子转移的反应。

② 规范了极性反应三要素的概念。亲核试剂是为新键提供一对电子的富电体；亲电试剂是为新键提供空轨道的缺电体；离去基是带走旧键上一对电子、为亲电试剂腾出空轨道的较大电负性基团。一对电子转移的反应，包括极性反应与多对电子的协同迁移反应，均具备极性反应三要素的基本形式。

③ 补充解释了单电子转移反应过程与原理。首先说明单电子转移的反应包括自由基反应和金属外层的电子转移；其次补充了自由基引发条件，除了靠一定波长的光照和加热条件之外，金属外层自由电子和低价金属离子均可引发自由基；最后提出自由基的引发、传递、终止过程往往平行发生，自由基不断终止需要自由基不断引发，由此满足自由基的传递要求。

④ 规范了电子转移标注方法。反应机理是反应过程与原理的形象化表述，标注电子转移的符号必须严格、准确与规范。弯箭头标注一对电子的转移，其起点与终点分别表示这对电子的起始与终到位置，其弯曲方向标注了这对电子转移的方向；虚线弯箭头标注半对电子的转移，且虚直线表示半个共价键，用于表述各种中间状态；鱼钩箭头标注的是单电子转移，其起点与终点标注该电子的初始与终到位置。

⑤ 揭示了两种电子转移的区别，主要依据反应物的分子结构与反应条件。具备三要素

的条件或离解能小的条件容易从分子结构上分辨；光催化条件有利于共价键的均裂。产物的立体专一性与区域选择性也为反应机理解析提供了依据。

⑥ 拓宽了多对电子协同迁移的反应类型，并不限于电环化反应、环加成反应和 σ-迁移反应，且这些反应遵循同样的原理与规律，没有必要严格区分与独立命名，在构成空间六元环的极性共价键之间，三对电子协同迁移的反应活化能较低。

参考文献

[1] 陈荣业. 有机反应机理解析与应用. 北京：化学工业出版社，2017：9，a，1；b，4.
[2] Williamson, A. W. J. Chem. Soc., 1852, 4：229.
[3] Dermer. O. C. Chem. Rev., 1934, 14：385.
[4] De Mayo, P., Takeshita, H., Sattar, A. B. M. A. Proc. Chem. Soc., London, 1962：119.
[5] De Mayo, P. Acc. Chem. Res. 1971, 4：41-48.
[6] Michael B. Smith, Jerry March. March 高等有机化学——反应、机理与结构. 李艳梅, 译. 北京：化学工业出版社，2009：a，119；b，130-131；c，151；d，115；e，519.
[7] Michael B. Smith. March's Advanced Organic Chemistry. New York：Wiley, 2020：a，257-267；b，280-282；c，254.
[8] 陈荣业. 分子结构与反应活性. 北京：化学工业出版社，2008：169-170.
[9] Diels, O., Alder, K. Justus Liebigs Ann. Chem., 1928, 460：98.
[10] Bouveault, L. Bull. Soc. Chim. Fr., 1904, 31：1306-1322.
[11] Comins, D. L., Brown, J. D. J. Org. Chem., 1984, 49：1078.
[12] Hansen, H. J. In Mechanisms of Molecular Migrations. New York：Wiley, 1971：177-200.
[13] Paquette, L. A. Angew. Chem., 1990, 102：642.
[14] 顾振鹏, 王勇. 制备芳香族甲醚化合物的方法. 中国发明专利, 201210589021.2.
[15] Buchner, E. Ber. Dtsch. Chem. Ges. 1896, 29：106-109.
[16] von E. Doering, W., Konx, L. H. J. Am. Chem. Soc., 1957, 79：352-356.
[17] Corey, E. J., Fuchs, P. L. Tetrahedron Lett., 1972, 13：3769-3772.
[18] Heck, R. F., Nolley, J. P., Jr. J. Am. Chem. Soc., 1968, 90：5518-5526.
[19] Sandmeyer, T. Ber. Chem. Ges, 1884, 17：1633.
[20] Suzuki, N., Azuma, T., Kaneko, Y., Izawa, Y., et al. J. Chem. Soc., Perkin Trans., 1987：645-647.
[21] Merkushev, E. B. Synthesis, 1988：923-937.
[22] Kalinin, V. N. Synthesis, 1992：413-432.
[23] Stanforth, S. P. Tetrahedron, 1998, 54：263-303.
[24] Grignard, V. C. R. Acad. Sci., 1900, 130：1322-1324.
[25] Ashby, E. C., Laemmle, J. T., Neumann, H. M. Acc. Chem. Res., 1974, 7：272-280.
[26] Smith, P. A. S., Baer, D. R. Org. React., 1960, 11：157-188.

第 4 章

极性反应的规律与特点

一对电子的转移过程，是亲核试剂的一对电子进入亲电试剂空轨道的成键过程，同时也是离去基带着一对电子从亲电试剂上离去的断键过程。因此，极性反应机理解析不能脱离电子转移这一基本特征，描述化学反应过程也必须采用与电子转移相关的概念。

4.1 极性反应机理的现有解析

一个正确的认识，往往需要经过实践、认识、再实践、再认识这样多次的反复才能够形成。受历史的局限，在有机化学发展的早期阶段，前辈们选用了一些与电子转移无关的概念也属正常。但是随着人们实践、认识的多次反复，与时俱进地解释有机反应机理，也就理所当然了。

在有机化学发展的初始阶段，人们对于极性反应的研究，不是按照试剂功能分类的，而是人为设定有机碳类化合物为底物，另一反应物为进攻试剂[1]251。表 4-1 给出了极性反应的底物、进攻试剂、产物与机理命名。

表 4-1 底物、进攻试剂、产物与机理命名

底物	E—Y	 R⌒	Ar
进攻试剂	N⁻	H—X	E⁺
反应产物	Nu—E	 X基团加成产物	Ar—E
机理命名	亲核取代	亲电加成	亲电取代

表 4-1 中，Nu^- 代表亲核试剂，E^+ 代表亲电试剂，Y 代表离去基，X 代表卤素，R 代表烷基，Ar 代表芳烃。红色代表亲电试剂，蓝色代表亲核试剂。

容易发现，无论是底物还是进攻试剂，并未区别其带电属性与试剂功能，这种与电荷无关的概念不具有实际意义。因为同性相斥、异性相吸乃自然界普遍规律，并无主动与被动之分，带有异性电荷的基团间相互吸引、接近、成键才是极性反应的一般规律。

由于底物与进攻试剂概念并未区分反应物的带电属性与试剂功能，增加了亲核反应与亲电反应的概念，这又带来了概念的复杂化与多层次，并导致反应机理难以表述。其直接的弊端就是无法表述亲电反应的电子转移过程。

例1：烯烃与卤化氢的"亲电加成"反应，是两步串联进行的极性反应，然而第一步反应无法标注电子转移的弯箭头：

$$R-CH=CH_2 + H-X \longrightarrow R-\overset{+}{C}H-CH_3 + X^- \longrightarrow R-CHX-CH_3$$

之所以如此，就是"底物""进攻试剂""亲电加成"等概念所导致的困扰。

由于设定烯烃为"底物"，质子为"进攻试剂"，反应命名为亲电加成，弯箭头应以进攻试剂——质子为起始点，而以烯烃上富电的碳原子为终到位置：

$$R-CH=CH_2 + \overset{+}{H} \longrightarrow R-\overset{+}{C}H-CH_3$$

可是弯箭头代表一对电子的转移，质子上并不存在可供成键的一对电子，故弯箭头不应如此画出。

若改变方向，弯箭头以烯烃 π 键为起始点，以卤化氢分子上氢原子为终到位置，卤原子协同地离去。电子转移过程可用弯箭头表述为：

$$R-CH=CH_2 + H-X \longrightarrow R-\overset{+}{C}H-CH_3 + X^-$$

然而，这又与亲电加成的命名相矛盾。

在无法用弯箭头标注电子转移的情况下，有意回避便是无奈的选择，这是明显缺陷。

例2：芳烃与亲电试剂的反应，现有教科书命名为"芳烃亲电取代"反应，电子转移弯箭头仍然无法表述[1]467,[2]322：

$$\underset{\text{苯}}{\phenyl} + \underset{\text{亲电试剂}}{E^+} \longrightarrow \underset{\text{π络合物}}{[\phenyl\cdots E^+]} \longrightarrow \underset{\text{σ络合物}}{\overset{+}{\phenyl}\langle\overset{E}{H}\rangle} \longrightarrow \underset{\text{一取代苯}}{\phenyl-E} + H^+$$

按照亲电取代反应的概念，正离子亲电试剂为进攻试剂，芳烃为底物，弯箭头应该以正离子为起点而终到芳烃富电的碳原子上。

$$\phenyl + E^+ \longrightarrow \overset{+}{\phenyl}-E$$

然而，"进攻试剂"正离子只具有空轨道，并不具有可供成键的一对电子，这显然不符合弯箭头所代表的一对电子转移的概念，弯箭头不可如此画出。

若改换方向，弯箭头起始于芳烃上的 π 键，终到亲电试剂的空轨道内，可以完美表示出成键过程的电子转移：

$$R-\phenyl + E^+ \longrightarrow R-\overset{+}{\phenyl}\langle\overset{H}{E}\rangle \longrightarrow R-\phenyl-E + H^+$$

这又与亲电取代反应的命名相矛盾。无法标注至关重要的电子转移。

现有机理解析概念存在如下三个弊端：a. "底物"与"进攻试剂"概念与电子转移无关；b. "亲核反应"与"亲电反应"概念隐含着主动与被动之分，并不科学；c. "亲电反应"的概念与弯箭头代表电子转移的概念相矛盾，无法标注电子转移。

因此，有必要简化机理解析概念，使之能理论化地抽象概括有机反应的基本原理和客观规律。

4.2 极性反应的三要素

综观所有一对电子转移的反应，均为亲核试剂、亲电试剂与离去基这三要素的有序运动，这种电子的有序转移过程体现了极性反应的基本原理与客观规律。

4.2.1 三要素的基本概念

极性反应千变万化且无穷无尽，文献［2］将极性反应细分成取代、加成、消除、重排、氧化还原、综合六大类，而更具体的反应类型更是数不胜数。然而万变不离其宗，所有一对电子转移的极性反应都是亲核试剂上一对电子进入亲电试剂空轨道的成键过程，也是离去基带走旧键上一对电子为亲电试剂腾出空轨道的异裂过程，都遵循三要素运动的电子转移规律：

$$\text{Nu}^- + \text{E—Y} \longrightarrow \text{Nu—E} + \text{Y}^-$$

式中，Nu 代表亲核试剂；E 代表亲电试剂；Y 代表离去基。

亲核试剂：为新键提供一对电子的富电子体。

亲电试剂：为新键提供空轨道的缺电体。

离去基：带走旧键上一对电子，为亲电试剂腾出空轨道的较大电负性基团。

显然，离去基离去是旧键的断裂过程，亲核试剂上一对电子进入亲电试剂空轨道是新键的生成过程，在这同一个基元反应过程中存在着两对电子的协同迁移。换句话说，极性反应就是亲核试剂带着一对电子在亲电试剂上取代离去基的交换过程。

在亲核试剂取代离去基的交换过程中，绝大多数都是协同进行的，反应速度既与亲核试剂的浓度相关，也与亲电试剂的浓度相关，从理论上推测反应势必经过一个中间过渡状态[3]：

$$\text{Nu}^- + \text{R—Y} \longrightarrow [\text{Nu}^{\delta-}\text{---R---Y}^{\delta-}] \longrightarrow \text{Nu—R} + \text{Y}^-$$

此中间过渡状态具有相对较高的能量，因此既不容易生成也不容易稳定存在。在此状态下，亲核试剂与离去基均与亲电试剂处于半成键状态，我们以虚线弯箭头表示半对电子的转移，同时用虚线表示半个共价键，则可将极性反应的中间过渡状态的生成机理表示为：

$$\text{Nu}^- \quad \text{E—Y} \longrightarrow \text{Nu}^{\delta-}\text{---E---Y}^{\delta-} \longrightarrow \text{Nu—E} + \text{Y}^-$$

在上述协同进行的反应进程中，亲核试剂从离去基的背后与缺电子的亲电试剂成键。若中心元素为手性元素，则上述反应生成的产物构型相当于原料构型的完全翻转。正是该手性构型的完全翻转，成为协同进行反应过程的证据。正如溴代烷烃水解反应：

在上述反应过程中，碱是为新键提供一对电子的亲核试剂，与溴成键的中心碳原子是为新键提供空轨道的亲电试剂，而这个空轨道是由离去基溴原子协同离去过程中带走一对电子腾出来的。

从结构变化上看，溴代烷烃在转变为过渡态时，中心碳原子由原来 sp^3 杂化的四面体结构转变为 sp^2 杂化的三角形平面结构，中心碳原子上还有一个垂直于该平面的 p 轨道，该轨道的两侧分别与亲核试剂和离去基处于半成键状态。

如上实例说明：协同进行的极性反应（即 S_N2 机理）进行一次反应的结果是手性结构发生了翻转。因此，若在此中心手性元素上进行偶数次极性反应，则中心元素的手性构型应该保持不变。

如若亲电试剂上天然地存在空轨道（如路易斯酸），则极性反应只有一对电子转移，即只有亲核试剂上孤对电子进入路易斯酸空轨道的络合过程。在此种特殊情况下，极性反应就不存在三要素而只剩两要素了，这与极性反应的基本概念并不矛盾。

4.2.2 极性基元反应的三要素

最简单的有机化学反应，即只进行一步的反应，无论反应前后的结构是否稳定，均称之为基元反应。显然，基元反应就是有机反应中最简单的单步反应。

为了理解极性基元反应原理和规律，我们从基元反应开始，循序渐进地逐步深化。

例 3：氯化氢在水中的溶解，实际是个极性基元反应过程：

$$H_2O: \ + \ H-Cl \ \rightleftharpoons \ H_2O^+-H \ + \ Cl^-$$

上述反应是平衡可逆的，因为在新生成的产物结构内，反应前的离去基转化成了亲核试剂，而反应前的亲核试剂又转化成了离去基，正向反应与逆向反应的亲电试剂没有改变，均是缺电子的活泼氢原子。

在上述氯化氢与水的溶解平衡反应式中，蓝色标注的是亲核试剂 Nu，红色标注的是亲电试剂 E，绿色标注的是离去基 Y，以后章节的颜色标注类同。从中可见如下规律：

第一，分子间的弯箭头总是起始于亲核试剂，而终到亲电试剂。

第二，在亲核试剂与亲电试剂成键时，有一分子内的弯箭头从共价键指向离去基。

第三，可逆反应的方向取决于离去基的离去活性。

上式中离去基的活性次序为：

$$Cl^- \ > \ H_2O$$

上述最简单的基元反应式，体现了极性反应最基本、最本质的规律。

由极性反应通式可见：反应的目标产物是由亲核试剂与亲电试剂成键生成的，离去基的结构并不体现在目标产物中。这就意味着离去基可有多种选择，选择廉价离去基无疑是优化工艺、降低成本的客观要求和主要方法。

例 4：苯甲醚的合成，目前主要以硫酸二甲酯为原料：

$$PhO^- \ + \ Me-O-SO_2-OMe \ \longrightarrow \ PhOMe \ + \ ^-OSO_3Me$$

为综合利用副产物并降低成本，可以改用廉价的氯甲烷为原料[4]：

$$PhO^- \ + \ Me-Cl \ \longrightarrow \ PhOMe \ + \ Cl^-$$

例 5：N-甲基-N-乙酰基苯胺的合成，原有文献以碘甲烷为亲电试剂：

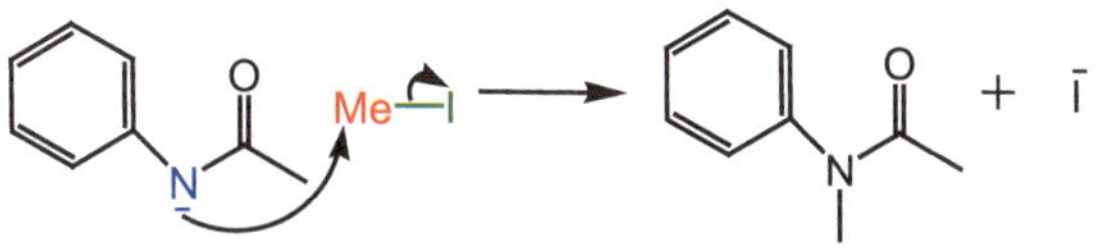

以廉价的硫酸二甲酯代替碘甲烷，成本显著降低：

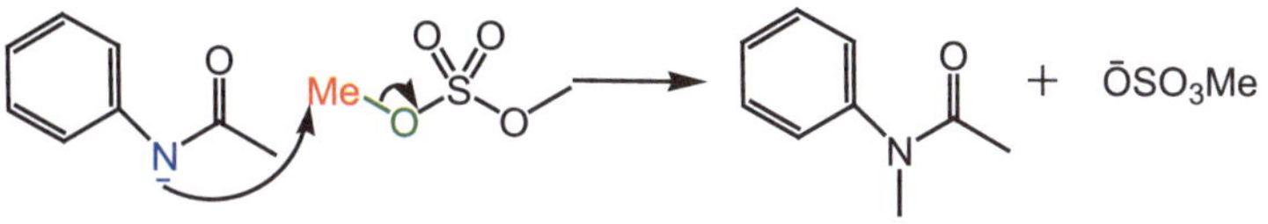

极性基元反应不仅发生在分子间，也可能发生在分子内，条件是分子内具备极性反应三要素。

例 6：Meisenheimer 重排反应，就是在分子内进行 [1,2]-σ 重排[5]：

这是典型的富电子重排反应机理，分子内极性反应的三要素显而易见。

4.2.3 极性基元反应的方向和限度

由极性反应通式可见：离去后的离去基带有一对电子，因而具有亲核试剂的结构与功能，可能再与亲电试剂成键。若亲核试剂与亲电试剂成键后的电负性仍然较大，也能转化成离去基。此时极性反应通式可以表达成如下平衡式：

如上反应平衡式，存在着反应进行的方向与限度问题。实验结果表明：反应进行的方向与限度是由离去基的相对离去活性决定的。

对于上述平衡式说来，存在如下因果关系：

离去活性比较	反应方向
Nu 远小于 Y	进行到底的反应
Nu 接近 Y	平衡可逆的反应
Nu 远大于 Y	没有产物的反应

这里，没有产物的反应未必是没有反应，可能反应进行了一个往返，只是宏观效果上没有稳定产物生成。进行到底的反应之逆反应就是没有产物的反应，没有产物反应的逆反应也就是进行到底的反应。

进行到底的反应均是旧键上离去基的离去活性更强。

例 7：Williamson 反应是烷氧基与卤代烷成醚的反应：

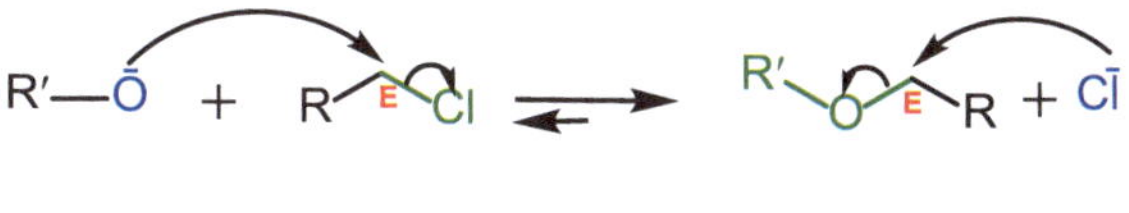

由于生成的氯负离子的离去活性远强于烷氧基负离子，故这是一个进行到底的反应。

例 8：氰基取代季铵盐的反应也是能够进行到底的反应：

由于氮正离子的离去活性远强于氰基，正向反应能够进行到底。

所有平衡可逆反应均是新键与旧键的离去活性接近。

例 9：Finkelstein 反应机理为[6]：

这是一个可逆的极性基元反应过程，虽然碘负离子的离去活性强于氯负离子，但两者的差距并不足够大，两者的互代成为必然。过量加入的碘化钠旨在移动平衡，以丙酮作溶剂旨在溶解碘化钠而析出氯化钠，也是为了移动平衡。

例 10：Fischer-Speier 酯化反应是个平衡进行的极性反应。它们均是经过同一活性中间四面体结构消除而进行的：

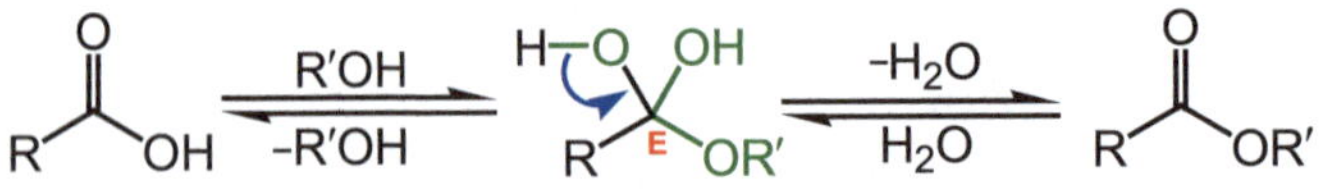

式中，蓝色弯箭头表示离去基转化成了亲核试剂，再与亲电试剂成键。

此反应为平衡可逆反应，反应进行的方向与限度取决于四面体中间结构上羟基与烷氧基之间的相对离去活性，唯有低级醇的离去活性才低于质子化的羟基——水，如甲醇、乙醇等，且为使反应平衡移动生成酯，需要不断地移走生成的水。

随着醇分子质量的增大，其可极化度势必增加且其离去活性增加，因此较大质量的醇分子不易与羧酸完成酯化反应，因为在中间状态的四面体结构上高级烷氧基的离去活性远强于水，高级醇只能率先离去而不能完成酯化反应。

酯交换反应也是平衡可逆进行的反应，离去基的相对活性决定了高级醇酯所占比例较小，为生成高级醇酯只能不断地蒸出低级醇以移动平衡。

例 11：缺电子芳烃的氟氯交换反应也是平衡可逆进行的，它们也是同一活性中间体的消除反应：

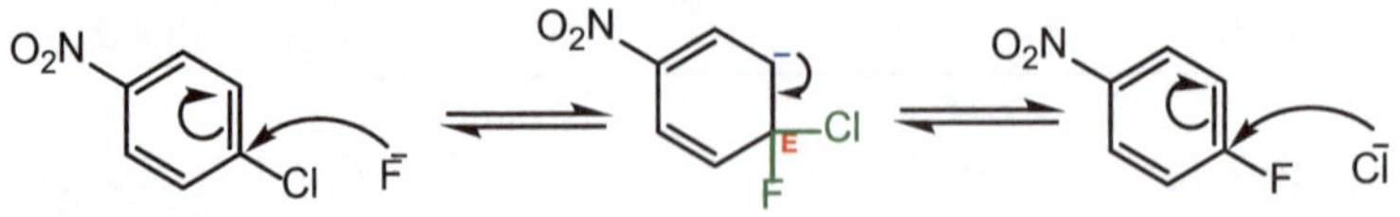

这是氟与氯的离去活性相差不显著之故。

综上所述，平衡可逆反应是在同一活性中间状态上两个离去基的离去活性接近所导致的。

若与亲电试剂成键后，亲核试剂仍具有相对较大电负性，其离去活性又强于原有离去基，则没有产物生成。

若于反应系统内，虽然活性的极性反应三要素兼备，似乎极性反应不可避免，但未必能生成新的稳定产物，这是由于亲核试剂成键后的离去活性比原有离去基更强，逆向反应更容易发生。

例 12：氯负离子与苄腈的反应就是一个没有产物的反应或称未见产物的反应：

这是由于氯原子比氰基更容易带着一对电子离去，因而以逆向反应为主。

容易推论：在极性反应三要素兼备条件下，没有产物反应的逆向反应就是能够进行到底的反应，进行到底反应的逆向反应就是没有产物的反应。没有产物未必是没有反应，只不过反应进行了一个往返罢了，最终返回到初始的原料状态。

对比例 7：Williamson 反应的逆向反应就是没有产物的反应：

式中，氯负离子为亲核试剂，烷氧基为离去基，与氧成键的亚甲基为缺电体亲电试剂，三要素均具备。然而一旦反应生成了烷氧基负离子与氯代烷，由于氯原子更易离去，逆向反应必然发生且占优势，反应的最终产物结构上只能带有相对较弱的离去基——烷氧基，而较强离去基氯原子只能离去。

例 13：氰基负离子为两可亲核试剂，其碳原子、氮原子上均具有可供成键的一对电子，试问氰基负离子与氯苄的反应产物只见苄腈而未见苄基异腈之原因。

这里生成异腈不可避免，只不过异腈结构上的氮正离子更易离去，因而未见异腈生成：

未见异腈生成并不是异腈并未生成，并不能否定氰基的两可亲核试剂性质。

既然极性反应的方向、限度由离去基的相对离去活性决定，那么排序并掌握离去基活性次序就非常重要了（详见第 10 章）。

离去基具有亲核试剂的功能，它不仅能作为逆向反应的亲核试剂，也可作为下一步极性反应的亲核试剂，多步串联的极性反应正是如此。

4.3 多步串联的极性反应

除了少数基元反应之外，绝大多数极性反应是多步串联进行的。然而无论这些极性反应多么复杂，都是由若干个简单的极性基元反应串联构成的，且从每个基元反应中均可解析出亲核试剂、亲电试剂与离去基这极性反应的三要素。

4.3.1 离去基转化为亲核试剂的过程

在某一反应过程中往往包含了若干个复杂的串联步骤，这些串联进行的极性反应具有一个显著特点，就是前一步反应的离去基恰是后一步反应的亲核试剂。我们只要从极性反应三要素的基本概念出发，逐步解析每一步基元反应，就能解析整个反应机理。

例 14：von Braun 反应[7]是溴化氰与叔胺反应生成氨基氰和卤代烷的反应：

$$R_2N-R + NC-Br \longrightarrow R_2N-CN + R-Br$$

这是两步基元反应的串联过程[8]：

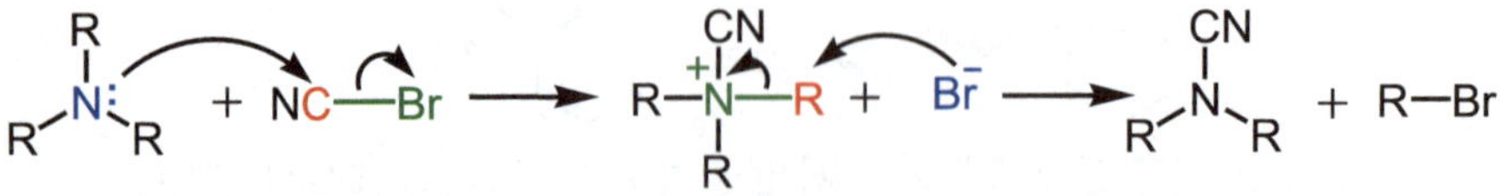

$$R_3N: + NC-Br \longrightarrow R_3N^+-CN + Br^- \longrightarrow R_2N-CN + R-Br$$

其中在第一步反应过程中，叔胺上孤对电子为亲核试剂，溴化氰上氰基碳原子为亲电试剂，溴原子为离去基。在第二步反应过程中，第一步反应离去的溴负离子为亲核试剂，季铵盐上与 N 原子成键的烷基碳原子是亲电试剂，季铵盐上氮正离子为离去基。

对于多步进行的极性反应的任意一步，往往也以协同进行的反应居多。

例 15：Kemp 消除反应机理，就是三步进行的极性反应，且各步反应都是协同地进行的[3]217：

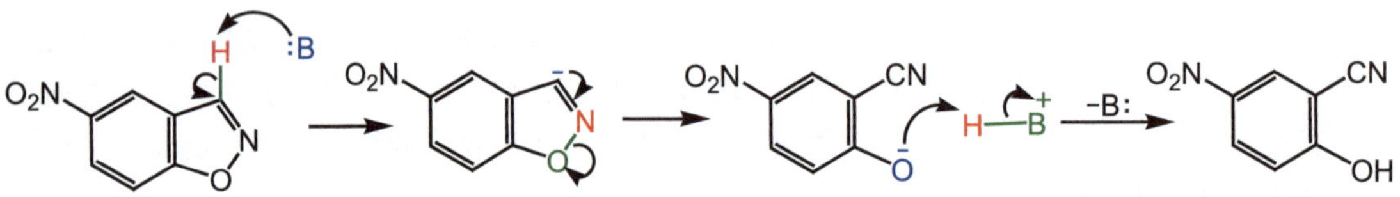

在这三步进行的反应过程中，前一步反应的离去基均转化成了后一步反应的亲核试剂。

类似 Kemp 消除这些多步串联的极性反应，其机理解析往往采取如下简化方式：

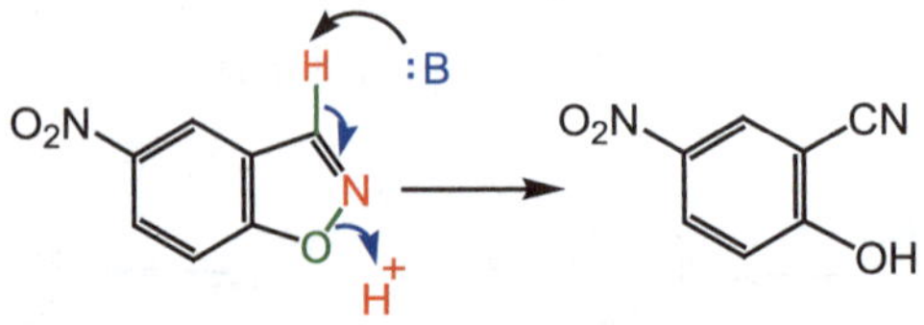

式中，蓝色弯箭头表示离去基转化成亲核试剂后再与亲电试剂成键。

例 16：以 α-亚硝基-β-萘酚与焦亚硫酸钠制备 4-磺基-2-羟基萘胺的过程如下：

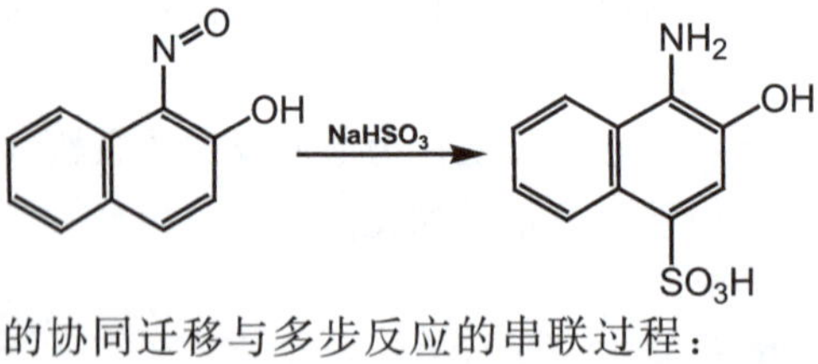

反应机理为三对电子的协同迁移与多步反应的串联过程：

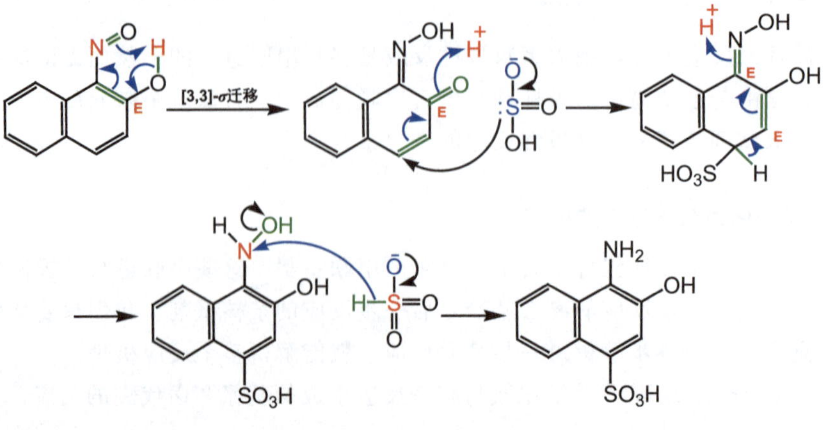

例 17：Zinin 联苯胺重排反应，也是多步反应的串联过程：

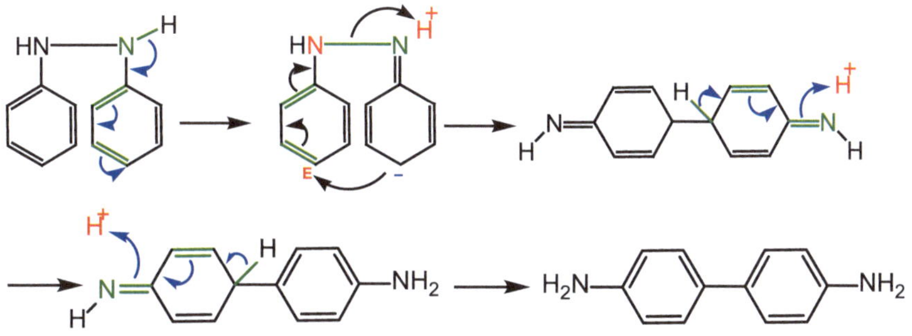

该反应既是多步反应的串联过程，也是多对电子的协同迁移过程。

在上述机理解析过程中，本书不再强调某一步骤原有反应之命名，旨在忘却那些与电子转移无关的概念，本书强化三要素的结构识别，旨在抓住有机反应的本质要素，把握有机反应的基本原理。

4.3.2 极性反应经典类型的机理解析

在高等有机化学教科书[2]中，一般将有机反应划分为极性反应、自由基反应与周环反应三大类，又将每类反应细分为饱和脂肪烃、不饱和脂肪烃和芳香烃，还将各类反应更具体地细分为取代、加成、消除、重排、氧化还原、综合六类。若按照极性反应三要素的原理解析上述六类经典的反应机理，所有反应均属同一类。这样就将有机反应的原理与规律抽象化、理论化、系统化与简单化了。

4.3.2.1 烯烃的加成反应

例 18：烯烃的加成反应。

由于烯烃与溴化氢的加成反应被命名为"亲电加成"，因此在两步串联的极性反应过程中，只能标注第二步反应的电子转移，第一步反应的电子转移无法标注：

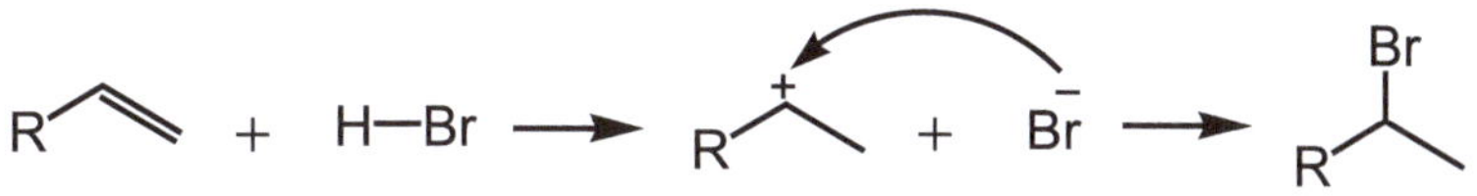

这是由亲电反应概念与弯箭头概念相矛盾所致。若采用三要素概念解析极性反应，则可标注任何一步反应的电子转移，且清晰地体现了反应原理：

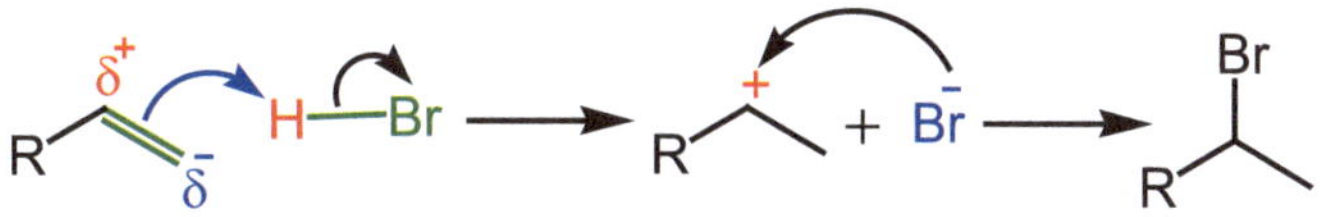

如此可见原有反应机理命名之弊端。

4.3.2.2 取代烷烃的消除反应

例 19：Zaitsev 消除反应是取代烷烃消除成烯烃的反应[9]：

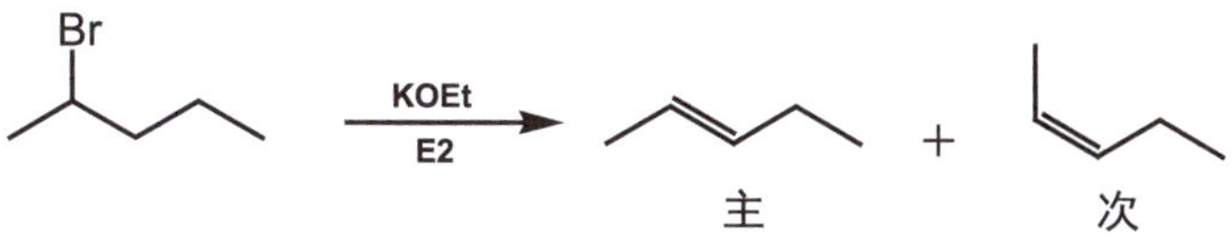

有文献将 Zaitsev 消除反应的机理解析为 β-消除[10]:

$$\text{(structure with Br, H, OEt)} \xrightarrow[\text{E2}]{\text{KOEt}} \text{(alkene)}$$

这里 α-位氢原子的酸性（即亲电活性）远强于 β-位氢原子，α-位氢原子才是最强亲电试剂而容易与碱成键，不能否定如下反应机理存在：

$$\text{(mechanism scheme)}$$

显然，这三步反应均符合极性反应三要素的规律。只有在 α-位没有氢原子的条件下，按照 β-消除反应机理解析才是合理的。

原有机理的依据是生成的烯烃以反式为主，认为亲核试剂是从背后进攻。然而此种解释依据不足：因为产物中并非单一反式结构，仍有顺式结构生成；还因为 α-碳与 β-碳原子之间的 σ 键可以自由旋转，并不存在离去基背后的亲核试剂。

4.3.2.3 芳烃上的亲电取代反应

例 20：芳烃的"亲电取代"反应机理在国内外教科书中表述如下[1]467,[2]322：

$$\text{苯} + E^+ \longrightarrow \text{π 络合物} \longrightarrow \text{σ 络合物} \longrightarrow \text{一取代苯} + H^+$$

这里无法标注电子转移，是由"亲电取代"概念与弯箭头含义彼此矛盾所致。

若用极性反应三要素的概念，则富电子芳烃的 π 键为亲核试剂，反应为两步极性反应的串联过程：

$$\text{(scheme)} + E^+ \longrightarrow \text{(intermediate)} \longrightarrow \text{(product)} + H^+$$

两个弯箭头完美地标注了两步基元反应的电子转移过程，也完美地表述了反应原理。在第一个基元反应发生后，所生成的碳正离子与 π 键共轭，分子内的共振不可避免：

$$[M_1 \rightleftharpoons M_2 \rightleftharpoons M_3] \equiv \text{σ 络合物}$$

三种共振异构体的共振杂化体便是上式右侧的 σ 络合物，此络合物有两个含义：一是代表该中间体是混合物而非单一结构；二是表示电荷被部分地分散了。

此 σ 络合物只是代表三个异构体的混合物，并非真实存在的分子结构；况且即便 σ 络合物真实存在也会因电荷分散而活性不足，并不利于后续分子内消除反应的发生；只有可逆地共振到其初始的 M_1 结构，才容易发生分子内消除反应。

若将反应主机理与中间体共振过程都表述出来，芳烃与亲电试剂的反应机理如下：

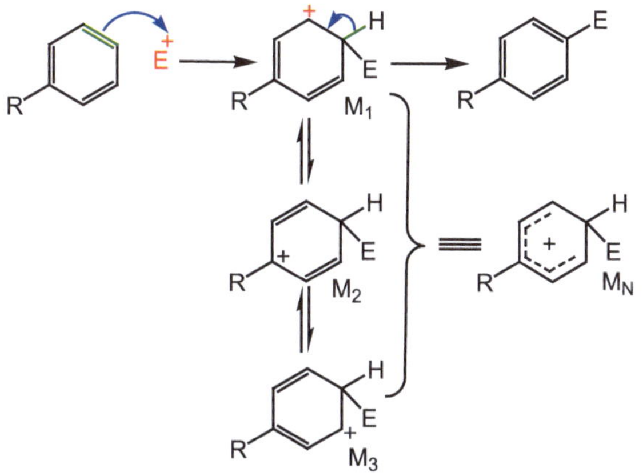

其中第一行反应才是反应的主机理；下面仅是中间体的共振状态说明，此部分可以省略。

4.3.2.4 重排反应机理

例 21：Stevens 重排反应[11]是季铵盐于碱性条件下生成了叶立德试剂，再于分子内发生的重排反应：

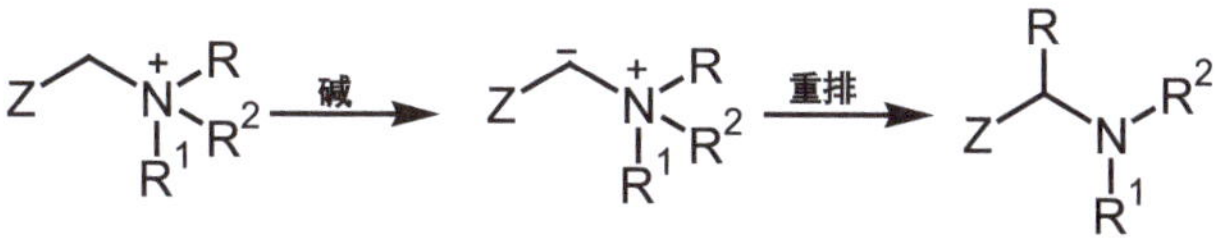

原来认为的极性反应机理[12]：

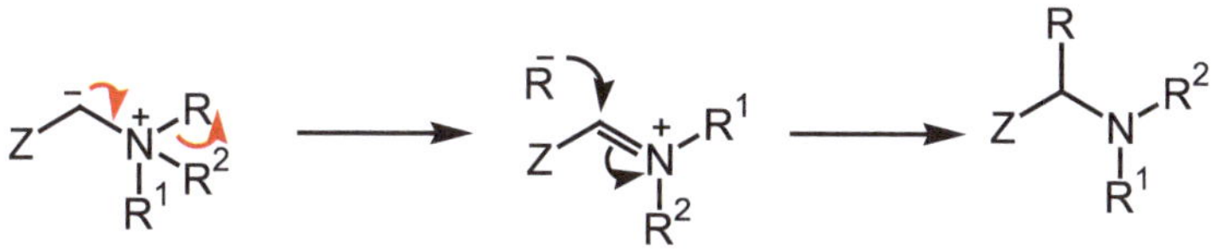

此机理解析不合理。氮正离子上并不存在空轨道，也不能腾出空轨道，因此不是亲电试剂，其电负性远大于与其成键的其它元素。

后来在反应体系内发现了自由基，便推断其为自由基反应机理[13]：

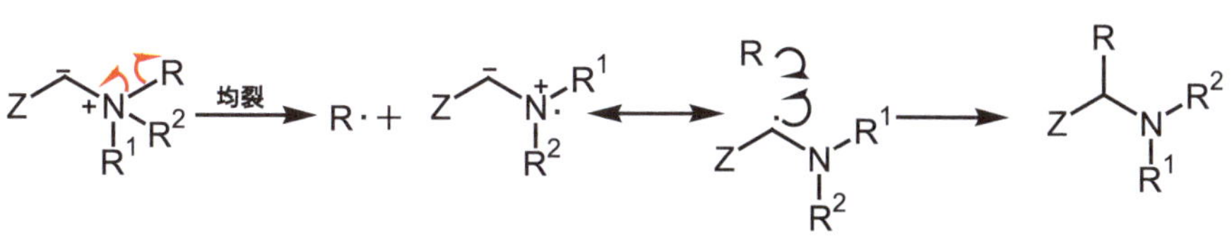

此机理解析仍然不合理。共价键均裂需要较低的离解能，而较低的离解能只存在于两端电负性差异较小、键长又相对较长的共价键上。此结构远远满足不了共价键容易均裂的离解能条件，因为氮正离子的电负性远大于碳原子，共价键上一对电子是偏向氮元素一方的，不易均裂而是有利于异裂的。

至于反应体系内发现的自由基，未必是主反应过程产生的，更像是叶立德试剂热分解后衰减所致：

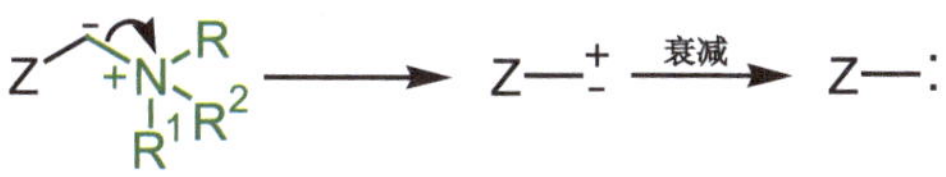

反应生成的三线态卡宾本身就是双自由基结构。

从三要素的基本概念出发，Stevens 重排反应只是一个典型的富电子重排反应：

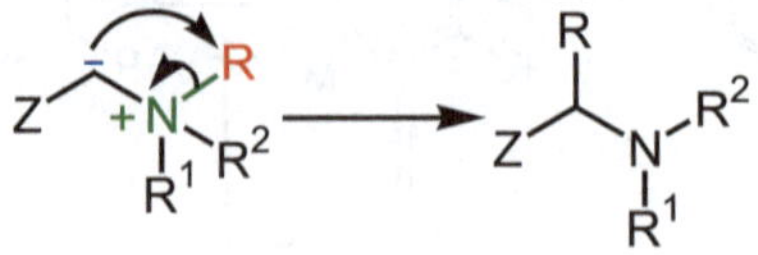

4.3.2.5 氧化还原反应机理

例 22：Swern 氧化反应[14]是先以 DMSO 与草酰氯合成二甲基硫醚氯化物，再用其氧化羟基生成羰基的反应：

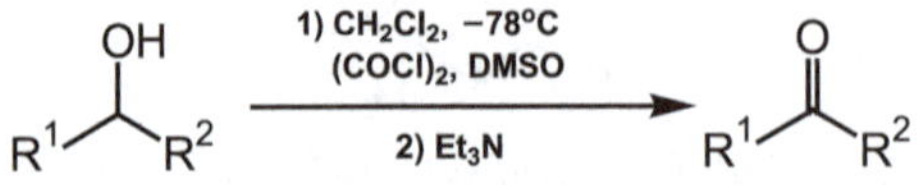

现有文献将上述 Swern 氧化反应的机理解析为：

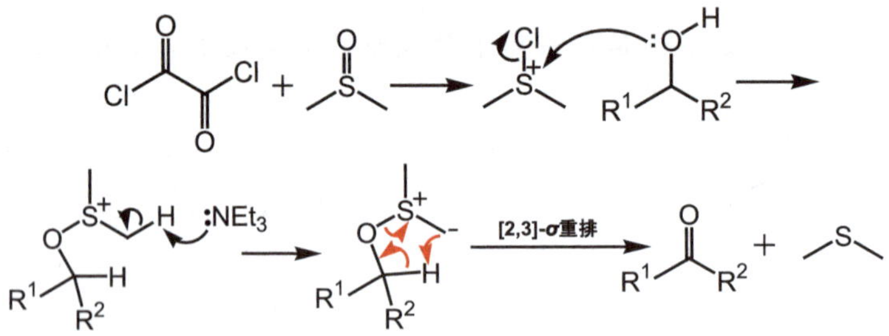

此 [2,3]-σ 重排机理解析存在疑问：一是氧化还原反应是以负氢转移或正氧得电子为特征的，此过程更容易发生的是负氢转移，而在上述 [2,3]-σ 重排过程中并未见到；二是叶立德试剂容易生成 pπ-dπ 键，且在生成的未封闭五元环内电负性最大的是氧原子，它不会先失电子再得电子，而属于亲电试剂，应该先得电子再利用这对电子与亲电试剂成键。

将上述 [2,3]-σ 重排机理分段表述，就容易发现其不合理之处。即一旦生成碳负离子，则电负性较大的氧原子容易率先离去，返回到初始的 DMSO 结构并重新生成醇。

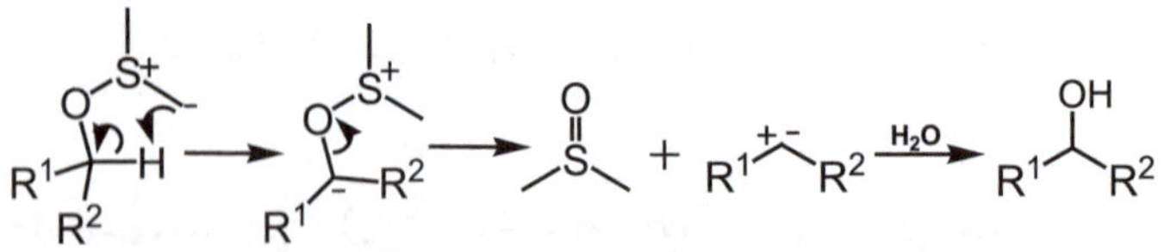

根据如上讨论，Swern 氧化反应机理应为如下形式的 [2,3]-σ 迁移反应机理：

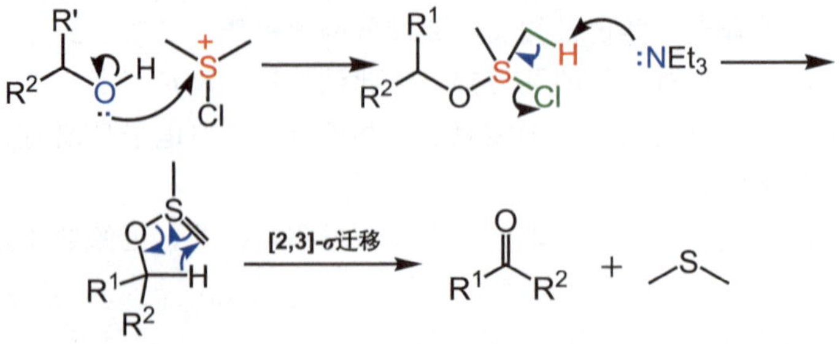

此种五元环内的 [2,3]-σ 迁移才符合负氢转移的反应原理，才符合三要素的运动规律。

4.3.2.6 其它多对电子的协同迁移

例 23：ANRORC 反应是亲核试剂与缺电子芳烃的开环与闭环过程[15]：

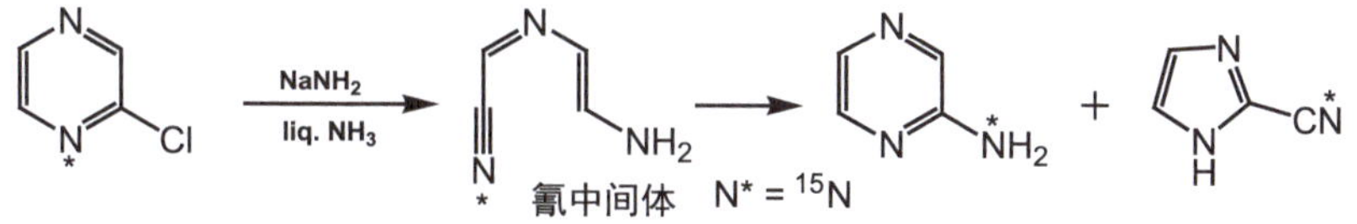

有文献将 ANRORC 反应开环过程的机理解析为[16]：

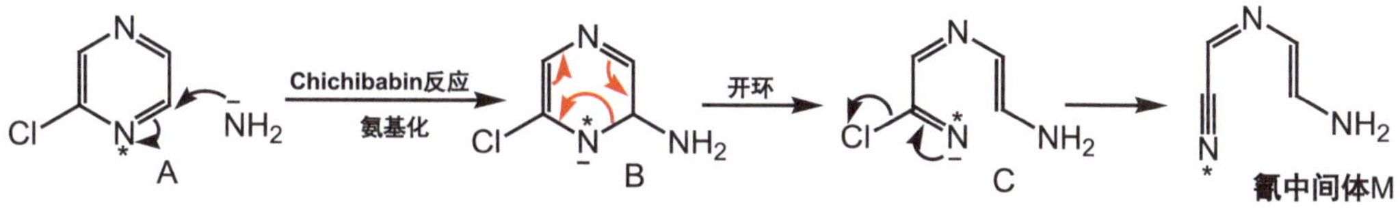

该机理解析式自 B 至 C 的开环过程忽视了 B 结构六元环内各元素上的电荷分布。氮负离子的电负性显然最低，它只能首先失去共价键上一对电子，再利用空轨道接受电子。弯箭头不能从此元素"跨越"而只能"避开"。上述机理解析式中将其解析为首先得到电子再与亲电试剂成键的强电负性元素，这显然违背了三要素的基本概念。

将开环过程分解表述，容易体现电子转移的基本原理。自 B 至 C 过程的反应机理应为：

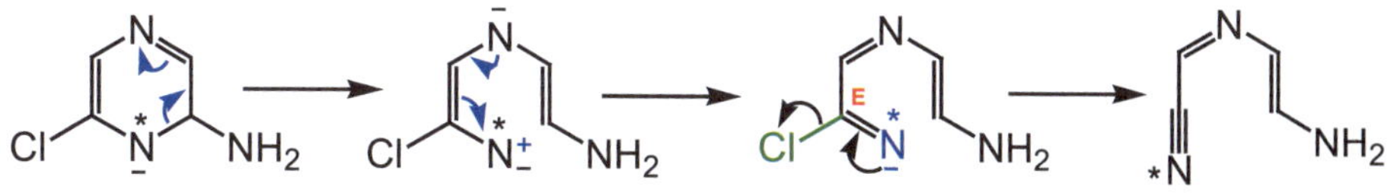

从三要素的基本概念出发，可将 ANRORC 反应的开环机理解析成如下形式的 [3,3]σ-迁移：

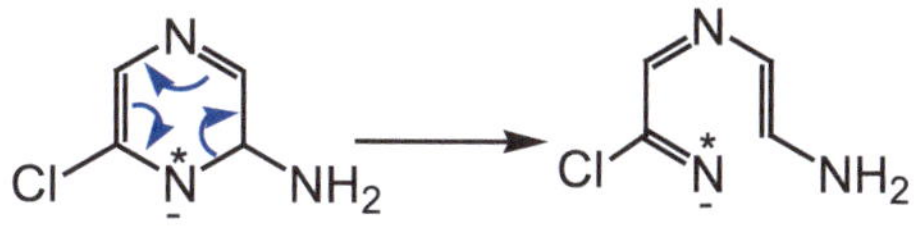

综上所述，无论极性反应有多少种、由多少步串联、有多么复杂，也无论是加成、取代、消除、重排、氧化还原及其它反应，其基本原理均是三要素之间的电子迁移过程。掌握了三要素的结构与变化，便掌握了极性反应的内在规律。因此，没有必要再将极性反应细分成很多种类，仅仅利用三要素的概念就能解析所有反应机理。

总之，三要素概念才是极性反应规律最科学、最抽象、最简单、最实用的理论化之精华。

4.3.3 电子转移的准确标注

在串联进行的多步极性反应过程中，往往前一步反应的离去基直接转化为后一步反应的亲核试剂，此种情况下弯箭头往往起始于共价键而终到于亲电试剂。然而起始于共价键的弯箭头向哪个方向弯曲不可忽视，关系到原有共价键的哪一端得到这对电子与亲电试剂成键的问题。

例 24：Demjanov 重排反应，是扩环的重排过程[17]：

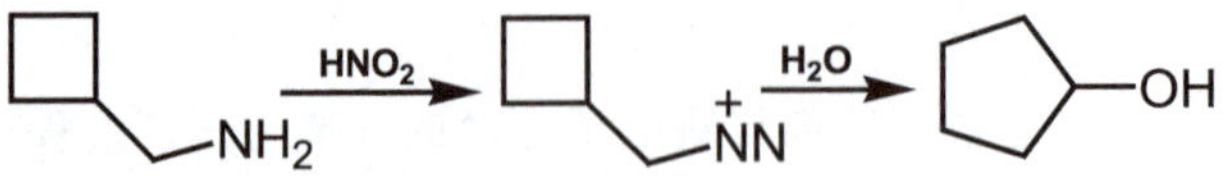

对于扩环的反应机理，有文献的机理解析为[18]：

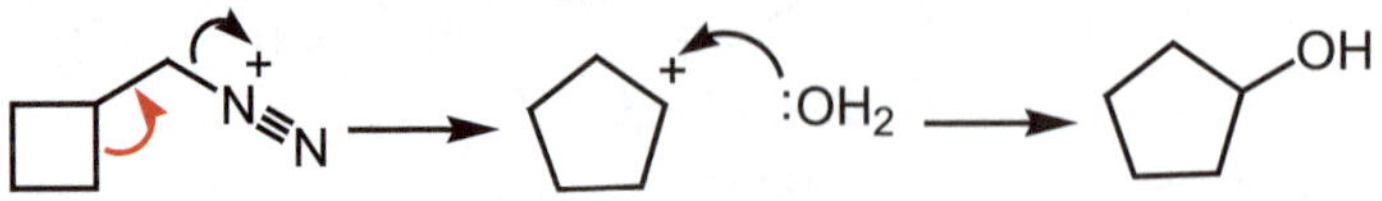

按照如上弯箭头的弯曲方向推理，第一步不是生成环戊基碳正离子，而是生成 γ-戊烯碳正离子：

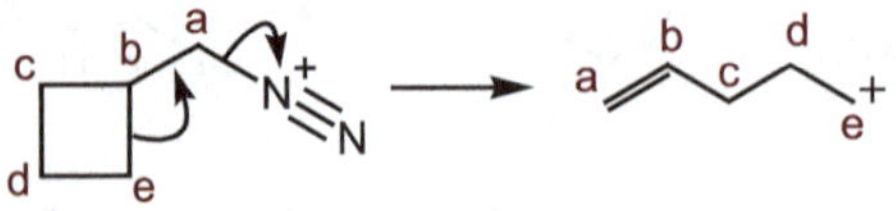

这种 b—e 共价键上一对电子被 b 碳原子得到显然反了。Demjanov 重排是个典型的缺电子重排反应机理，应该是碳正离子吸引其 α-位的 σ 键成键，e 碳原子得到共价键上一对电子：

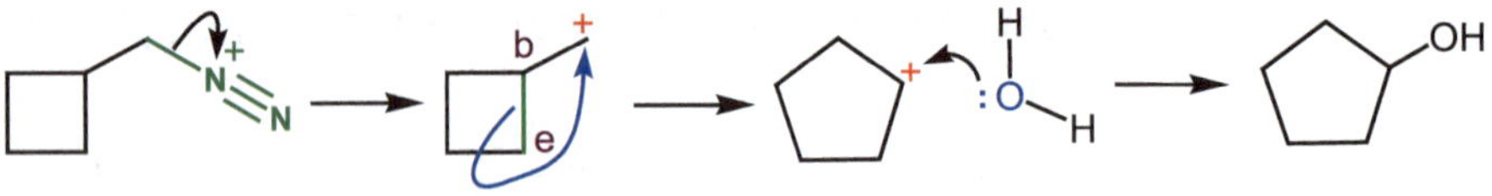

由此可见，弯箭头的弯曲方向不可任意，它决定了共价键上一对电子的归属，因而决定了产物结构。电子转移标注与产物结构必须一一对应。

即便是多对电子协同迁移反应，不规范的电子转移标注虽不致误导产物结构，但也会误导反应原理。

例 25：Horner-Wadsworth-Emmons 反应，是醛与磷酸酯反应生成烯烃的过程[19]：

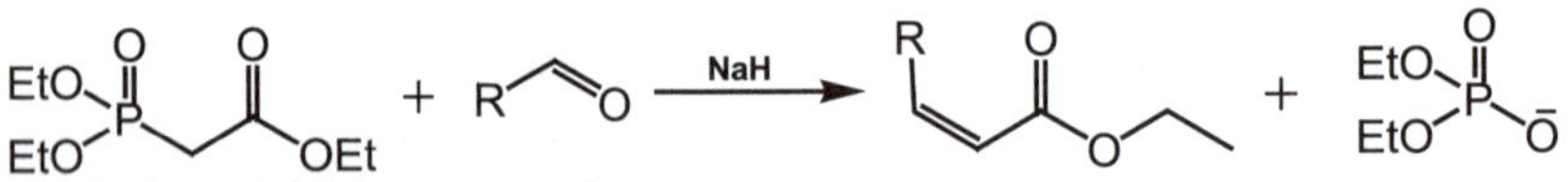

该反应是首先加成得到氧、磷杂环丁烷中间体，再经逆 [2+2] 环加成反应生成产物。有文献将反应机理解析为[20-21]：

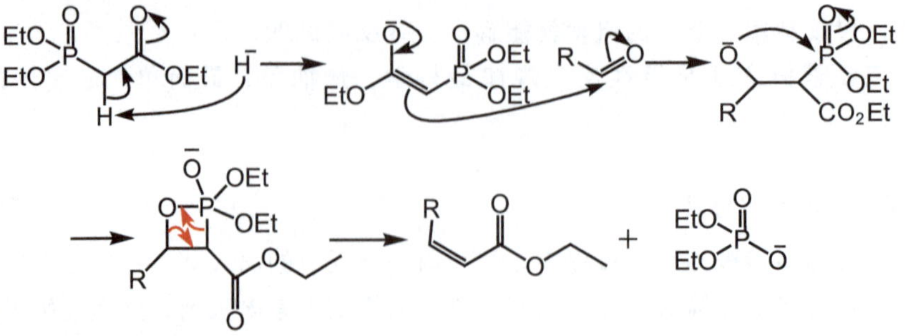

在氧、磷杂环丁烷的逆 [2+2] 环加成过程中，即上述反应的最后步骤，弯箭头弯曲方向显然错了。四元环内最大电负性的元素是氧原子，它只能先得电子，再用这对电子与亲电试剂成键，即氧原子是为新键提供一对电子的而不是提供空轨道的，弯箭头必须绕着氧原子

走。按照上述机理解析，氧原子是先先去一对电子，再利用其空轨道接受一对电子，这显然是将最大电负性元素摆在了缺电子的亲电试剂位置上，显然不合理。

按照三要素的基本概念，Horner-Wadsworth-Emmons 反应的逆 [2+2] 环加成反应机理应为：

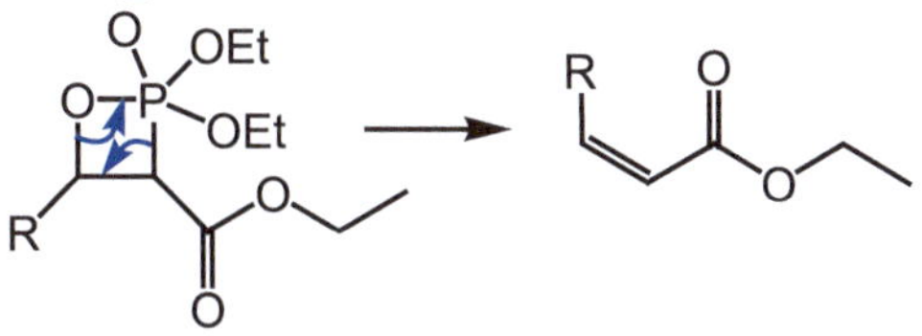

这才符合不同元素、不同基团的电负性，也才体现多对电子协同迁移过程的三要素。

例 26：Alder 反应是烯丙基亲核试剂与亲电试剂的加成反应[22]：

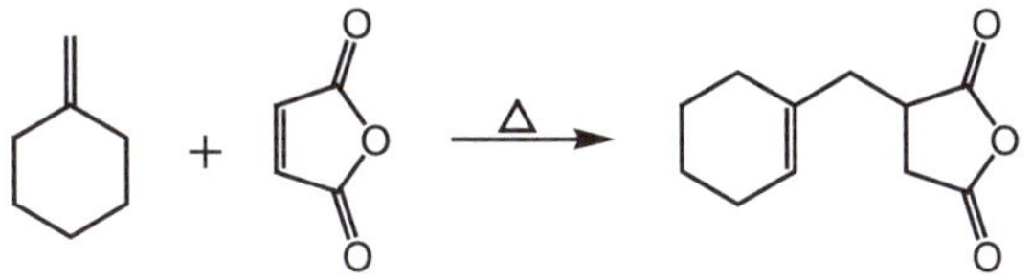

现有机理是按照三对电子协同迁移的机理解析的[23]：

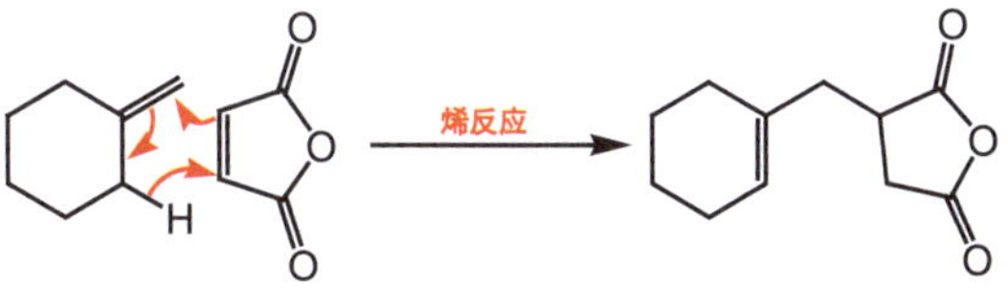

这里弯箭头的弯曲方向显然不对，因为氢原子的电负性小于碳原子，尤其是烯丙位的氢原子，它是不容易发生负氢转移的，烯丙位的 α-氢原子是显弱酸性的缺电体。故上述机理解析应修正为：

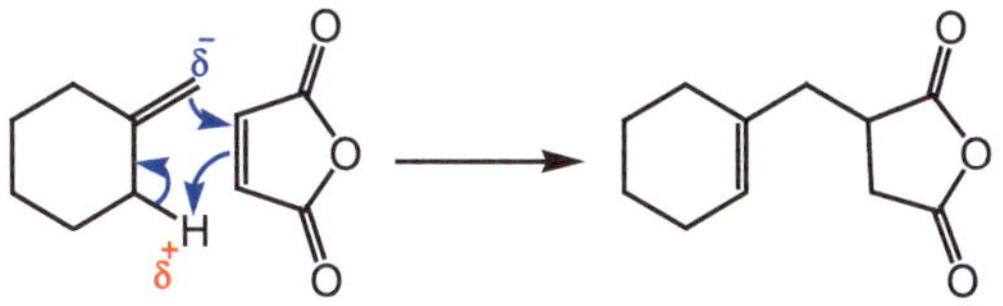

例 27：丁二烯与碘化氢的加成反应，文献是按照 [3,3]-σ 迁移的机理解析的 1,4-加成[2]472：

然而在碘化氢分子内，得到共价键上独对电子的只能是较高电负性的碘原子而不会是氢原子，即碘原子为新键提供独对电子而氢原子只能为另一新键提供空轨道。故上述机理应该改为：

综上所述，弯箭头的弯曲方向应与分子内各共价键上孤对电子的偏移方向一致，这是体

现反应原理的必然要求。

4.4 π 键上的三要素特征

用三要素概念解析极性反应，就应该识别三要素的结构，使其涵盖所有极性反应类型，其中识别 π 键上的三要素特征尤为重要。

在极性反应过程中，π 键扮演着各种特殊的角色。首先 π 键属于离域键，可以从其电负性较小的一端离去共振到电负性较大的一端，其一对电子也就不再为两个原子所共有，而是从 π 键的一端离去为另一端所独有：

$$A=B \rightleftharpoons \overset{+}{A}-\overset{-}{B}$$

π 键的共振当然是平衡可逆的。π 键首先是离去基，离去后得到 π 电子的一端便具有一对电子而成为亲核试剂，离去 π 键的一端腾出了空轨道便成了亲电试剂。两者重新成键也就是必然的。

4.4.1 π 键的离去方向

前已述及，离域的 π 键极化到极限程度就生成了离子对，说明 π 键本身是离去基。与其它独立的离去基的区别在于：它并未随着电负性较大元素离开分子，π 键上一对电子只能为 π 键两端的某一电负性较大元素所拥有，这就是 π 键离去的方向。同其它离去基一样，带有一对电子的离去基同样能够转化成亲核试剂，能与各种亲电试剂成键，包括分子内的亲电试剂。

由杂原子构成的不对称 π 键，一对电子处于电负性较大的元素上比较稳定，这也是共振论的要点之一。如羰基、亚氨基、氰基只有按照如下共振方式，电荷集中在较大电负性元素上，才相对稳定：

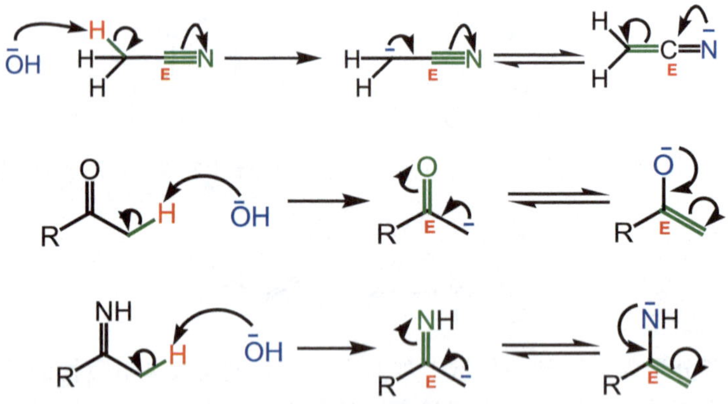

这种不对称 π 键的特点是：缺电子的一端首先表现为缺电体——亲电试剂，能接受亲核试剂的一对电子成键；而离去的 π 电子由电负性较大的原子得到，这样便伴生了亲核试剂。这里的先后次序不可颠倒，原因是缺电子一端的亲电活性较强。

对于烯烃或芳烃的 π 键来说，π 键两端的电子云密度分布决定了 π 键上一对电子的共振方向。它与取代基的共轭效应、诱导效应相关，但主要取决于共轭效应的影响。

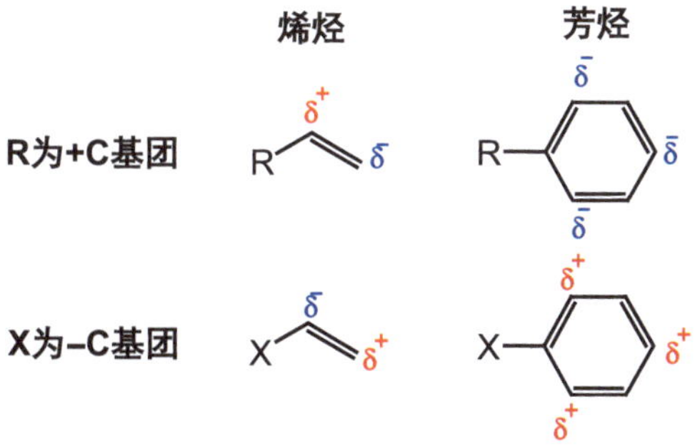

综上所述，π 键两端电负性或者 π 键的共轭效应决定了 π 键离去方向。由此容易判断该 π 键与另一活性试剂首先成键的位置和 π 键不同位置的功能。

4.4.2 π 键的成键次序

π 键的成键次序由离域 π 键的共振性质所决定，它具有亲核试剂与亲电试剂双重功能。然而，它的哪一个功能为第一功能，即哪一个功能首先参与成键，取决于如下两个因素：a. 缺电子的 π 键往往以亲电试剂为第一功能，富电子的 π 键往往以亲核试剂为第一功能；b. 与 π 键成键的另一试剂功能往往更加重要。

既然 π 键与亲核试剂、亲电试剂均可成键，属于双功能活性试剂，那么其实际功能取决于另一活性试剂的功能。换句话说，虽然 π 键离去会导致亲核试剂与亲电试剂的生成，但两种功能还是有先后次序的，若 π 键首先与亲电试剂成键，那么它的第一功能就是亲核试剂，因为同类试剂之间不能成键。

例 28：乙烯与酰氯的加成反应机理。

酰氯分子内的羰基碳原子是个显著的缺电体，又有羰基 π 键、氯原子等离去基，因此为较强的亲电试剂，而乙烯 π 键上一对电子为富电体——亲核试剂，两者之间成键是必然的：

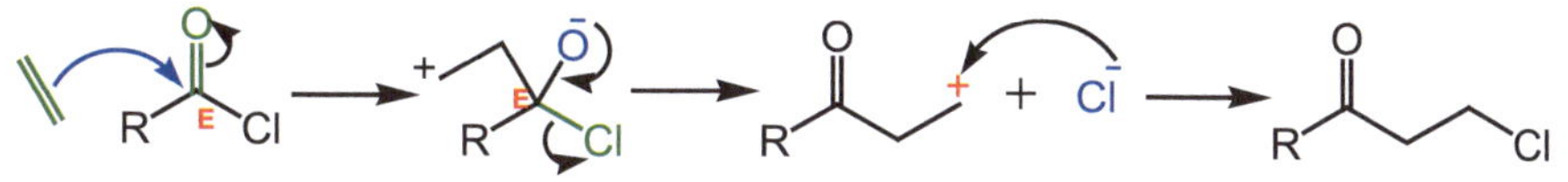

这里与亲电试剂成键的烯烃当然是亲核试剂，也就是乙烯的第一功能是亲核试剂。

例 29：Michael 加成反应[24]的一个实例：

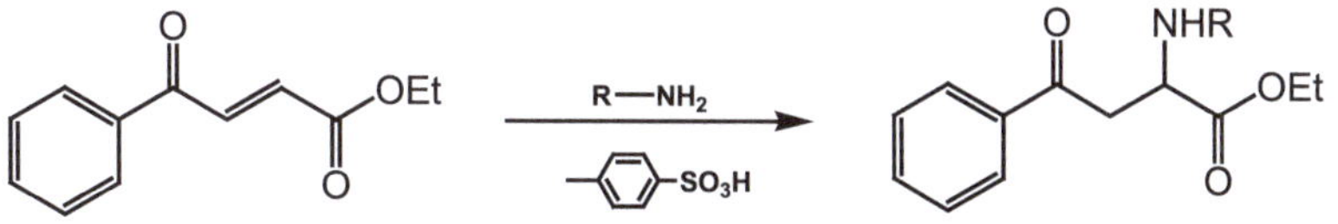

这里带有孤对电子的取代胺显然是亲核试剂，与之成键的缺电子烯烃只能作为亲电试剂了：

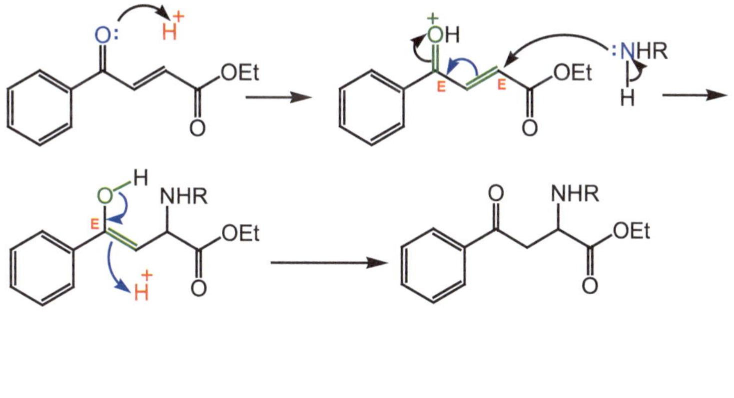

对比如上两例，可见缺电子烯烃与富电子烯烃的本质区别。

例 30：对氯硝基苯不同位置的功能比较。

对氯硝基苯磺化反应：

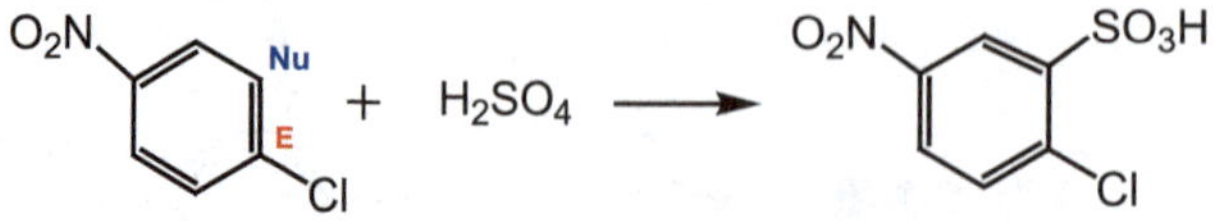

这里磺酰基正离子是亲电试剂，只能与硝基苯间位的亲核试剂成键，尽管该位置的电子云密度不大：

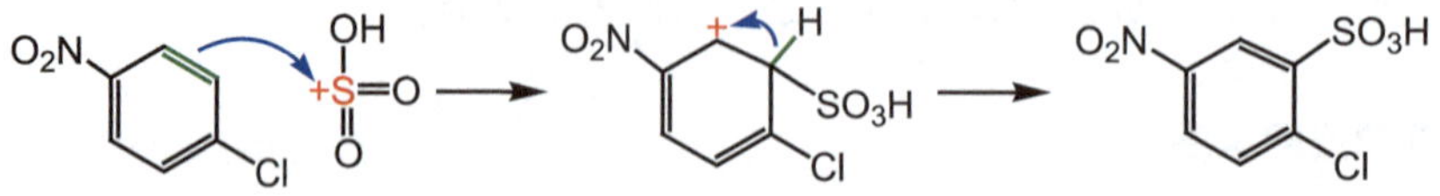

对氯硝基苯氟代反应：

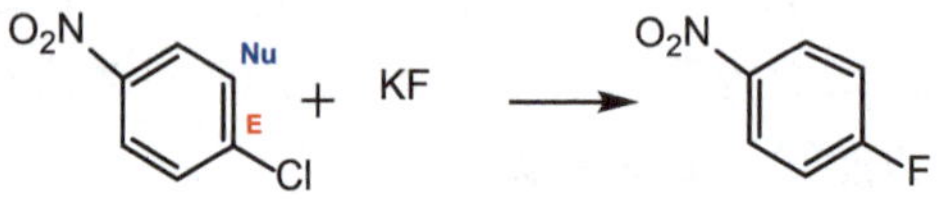

这里氟负离子是亲核试剂，只能与硝基对位的亲电试剂成键：

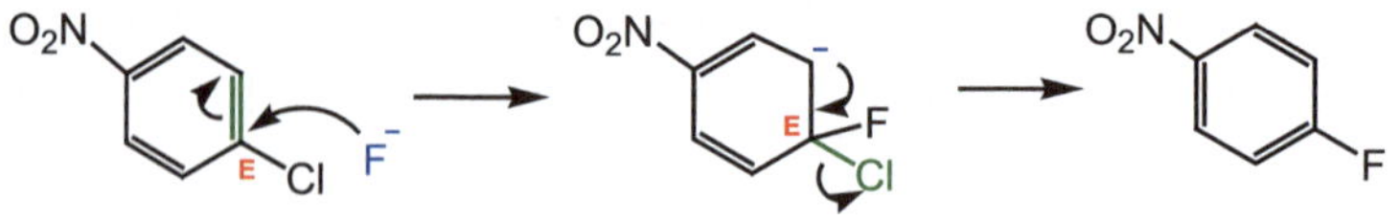

例 31：Meisenheimer 反应[25]是亲核试剂取代缺电子芳烃上离去基的反应：

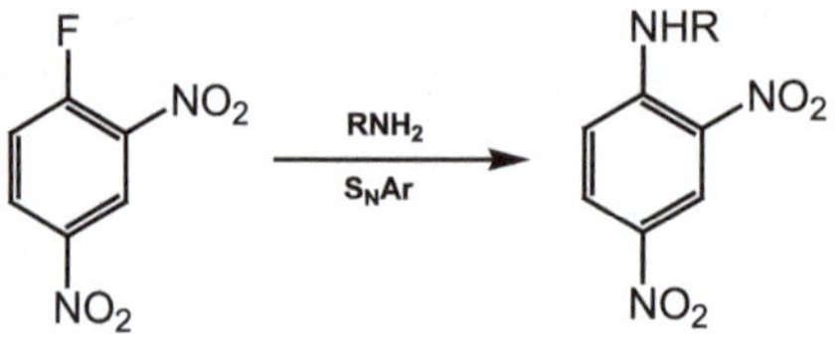

这里烷基胺是亲核试剂，取代芳烃自然就成了亲电试剂。反应机理为两步极性反应的串联：

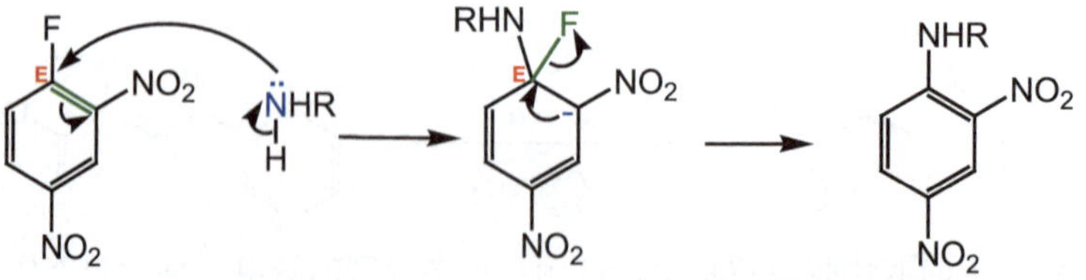

根据三要素的基本概念，再综合上述实例，应该记住如下两个要点：π 键两端功能不同，其富电子一端为亲核试剂，缺电子一端为亲电试剂；其第一功能往往取决于与其成键的另一试剂的功能。

4.4.3　π 键的两可功能

由 π 键的离域键性质所决定，不对称 π 键两端的功能不同。一般根据 π 键两端的电子云密度分布判断，而更重要的是根据与其成键试剂的功能判断。然而判断 π 键的功能并非界限分明、非此即彼，有些情况处于两可之间，界限比较模糊而不易界定。

例 32：Orton 重排反应，是 N-氯代乙酰基苯胺转化成对氯乙酰基苯胺的反应[26]：

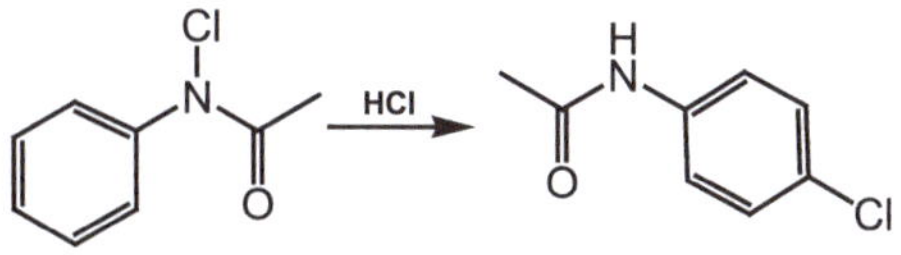

这里羰基氧原子首先与氯化氢分子上的氢原子成键，氯负离子离去成为亲核试剂：

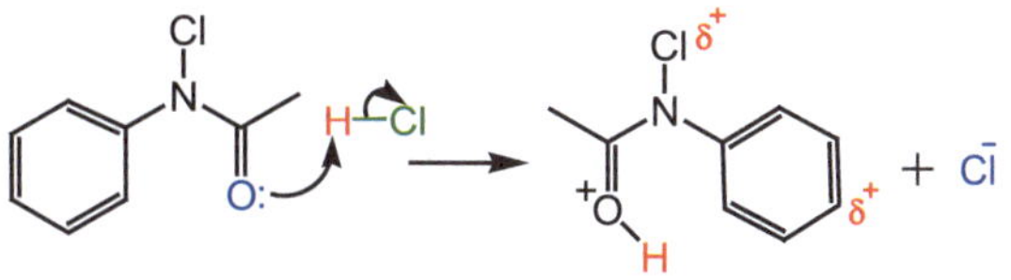

在质子化的 N-氯代乙酰基苯胺分子内，除了质子还有两个元素为亲电试剂，均可与氯负离子成键。

机理一，这是缺电 π 键为亲电试剂的反应：

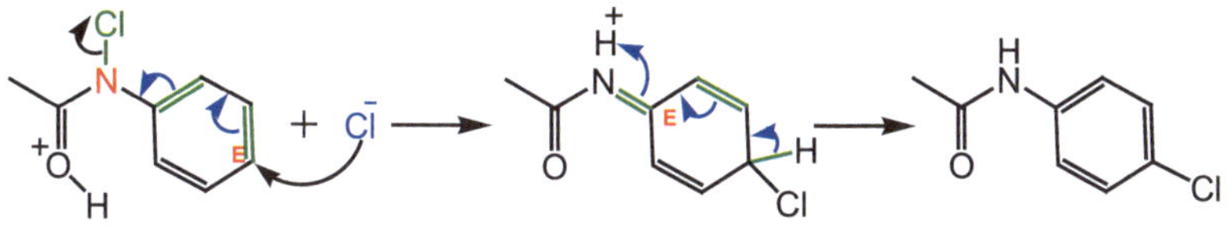

机理二，这首先是个缺电子氯原子为亲电试剂的反应，生成含有活泼氢的富电子芳烃与氯气，富电子芳烃的 π 键再与氯气成键：

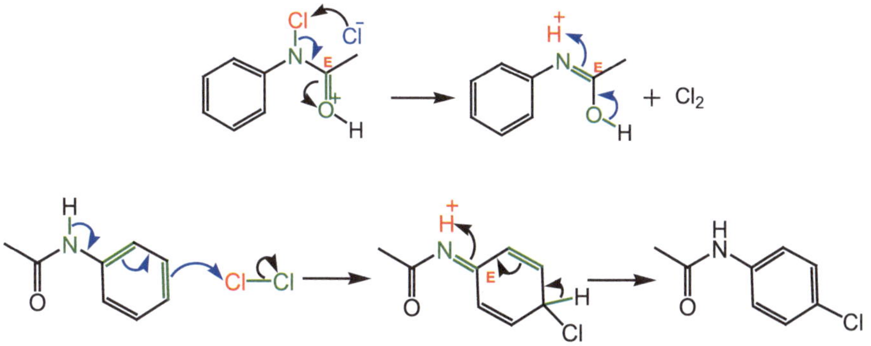

上述两个机理解析均符合极性反应三要素的概念，均符合电子转移的客观规律。难以否定其一，除非再有新的证据。

例 33：三氟甲基乙烯上 π 键电子云密度分布示意如下

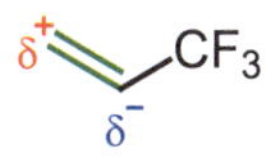

三氟甲基乙烯与溴化氢的加成反应很难区分 π 键的第一功能。

机理一，三氟甲基乙烯富电子的一端可以作为亲核试剂与亲电试剂成键：

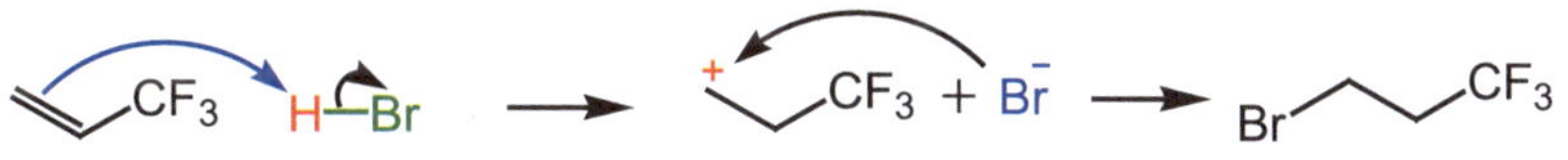

机理二，三氟甲基乙烯缺电子的一端也可以作为亲电试剂与亲核试剂成键：

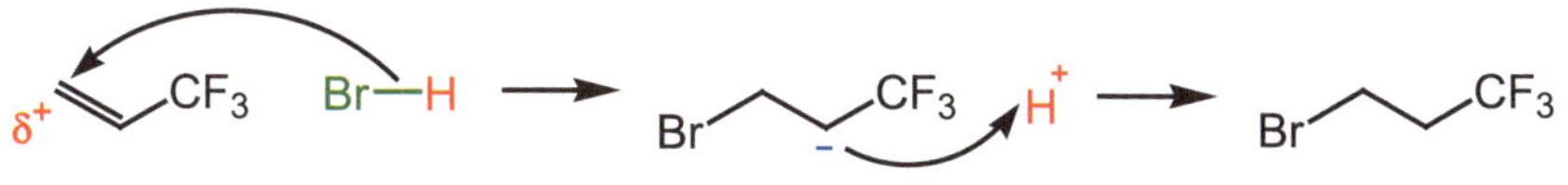

机理三，两对电子协同迁移的［2+2］环加成机理，反应不分步骤协同进行：

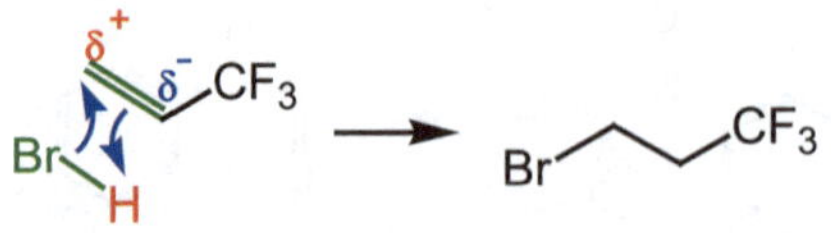

上述三个反应机理解析，其反应次序不同但反应原理相同、结果相同。其实我们并无必要关注何种机理与反应次序，重要的是把握有机反应的原理与规律，只要把握反应物内各基团的三要素功能，就能认识反应过程的影响因素与客观规律。

例 34：α-萘酚与邻二氯苯在三氯化铝催化作用下生成缩合产物：

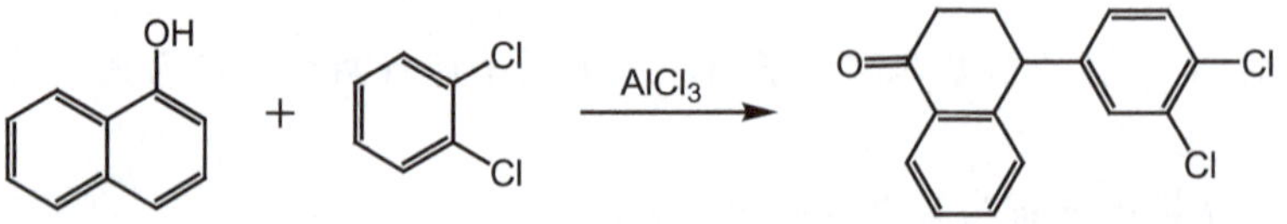

解析反应机理，需要预先识别亲核试剂与亲电试剂。若将电子云密度较大的α-萘酚看作亲核试剂，将邻二氯苯当作亲电试剂，机理解析如下：

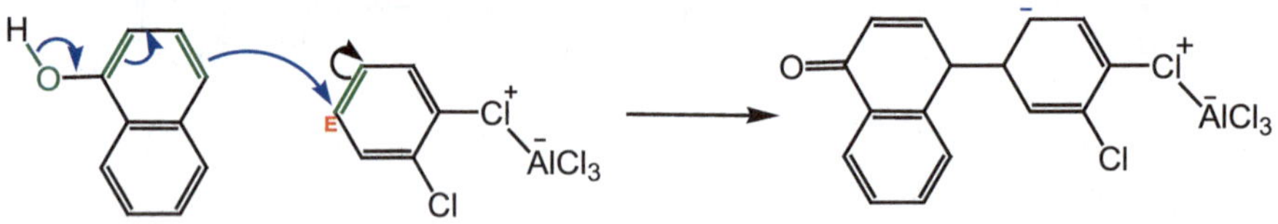

生成上述中间状态，继续生成目标产物便不可能，说明亲核试剂与亲电试剂的功能相反。

由于三氯化铝的存在，两个芳烃的电子云密度可能发生变化，一旦萘酚氧原子上的孤对电子率先进入三氯化铝空轨道，其电子云密度势必降低而其电负性势必增大，其邻对位就可能成为缺电体——亲电试剂，此缩合反应能够完成：

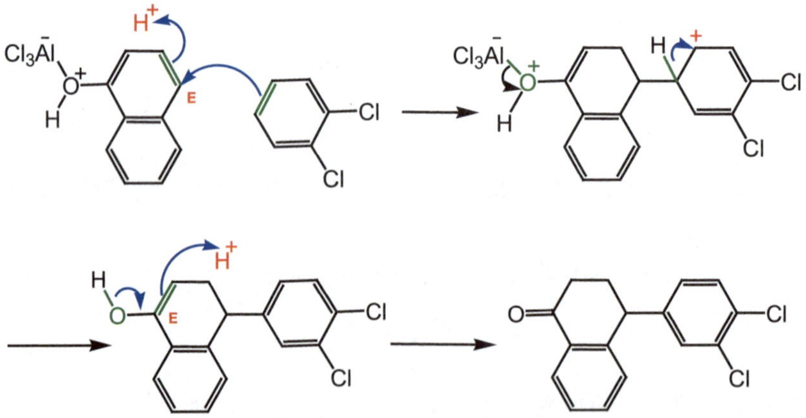

综上所述，富电子π键的第一功能为亲核试剂，缺电子π键的第一功能为亲电试剂。同一个π键在不同条件下其电子云密度不同，π键的功能也会随着发生变化。

4.5 极性反应三要素的识别

解析极性反应机理，最基本的就是识别三要素。准确把握分子内电子云密度分布是识别三要素的基础。

4.5.1 有机人名反应中三要素的识别

极性反应的机理解析,识别三要素是重要前提。

例 35：Perkow 反应是从 α-卤代酮与亚磷酸三烷基酯合成磷酸烯醇酯的反应[27]：

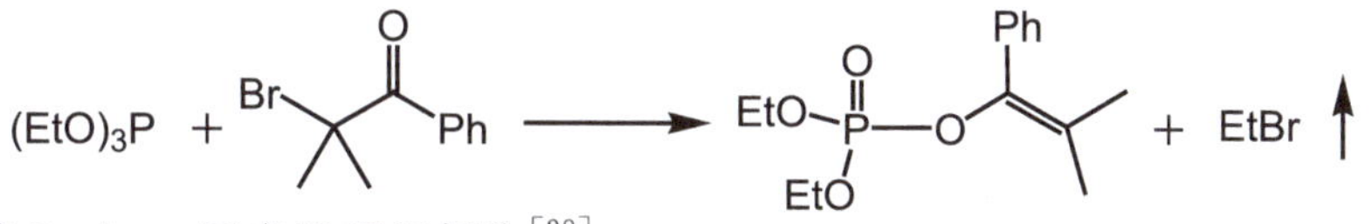

有文献将 Perkow 反应机理解析为[28]：

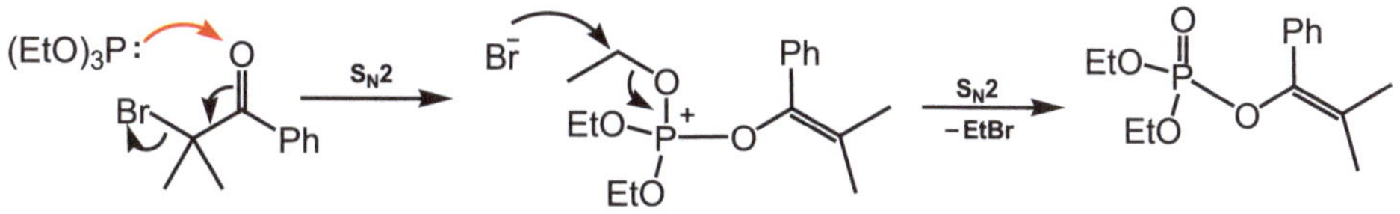

这是亲电试剂的识别错误。羰基氧原子为富电体,不可能成为亲电试剂,而羰基碳原子才是缺电体——亲电试剂。此外,在羰基的 α-位还有一个与卤素成键的碳原子,此碳原子比芳酮羰基碳原子的亲电活性还强。

依据亲电试剂的活性次序,Perkow 反应机理应该修改为：

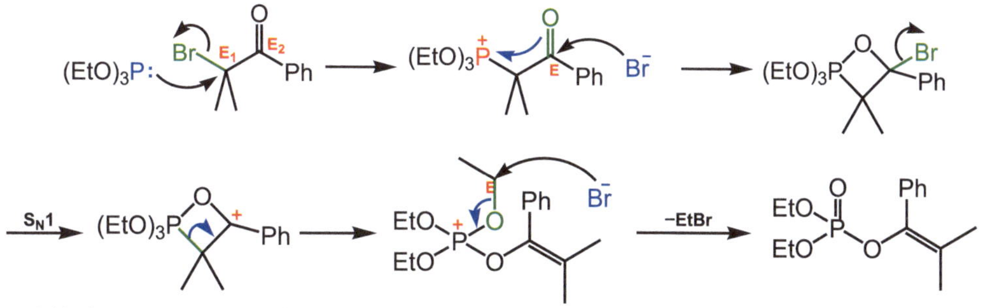

这才符合极性反应三要素的结构特征与运动规律,符合亲电试剂的活性排序。

例 36：Wallach 重排是氧化偶氮苯经酸处理后生成对羟基偶氮化合物的反应[29]：

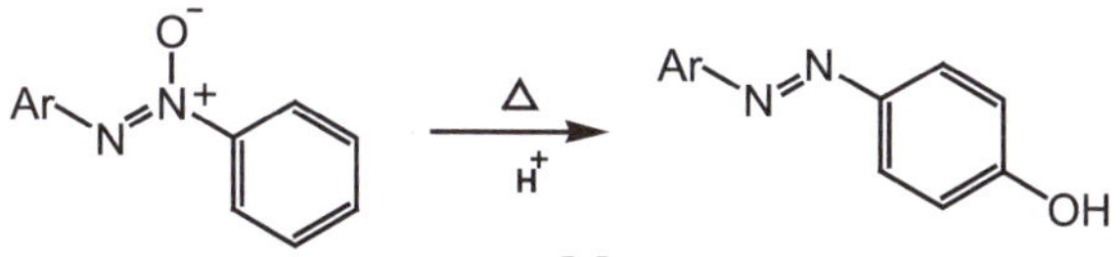

有文献将 Wallach 重排反应的机理解析为[3]427：

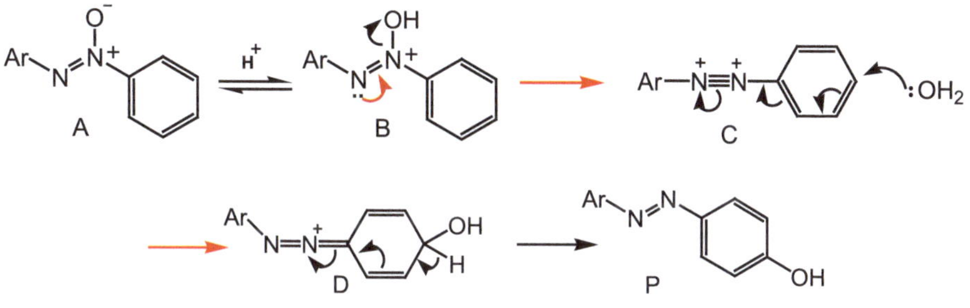

在自 B 至 C 与自 C 至 D 过程中,所有氮正离子都不是亲电试剂,因为它们并不具有空轨道,也不能腾出空轨道,这是由其高电负性的性质所决定的。

根据三要素的基本概念,Wallach 重排反应机理应解析为：

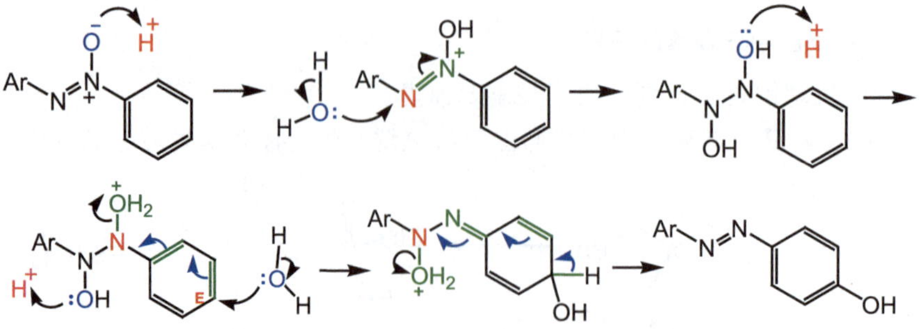

这才符合极性反应三要素的基本概念和电子转移的一般规律。

例 37：Herz 反应是苯胺与单氯化硫生成中间体 M，再经碱处理生成邻氨基硫酚的反应：

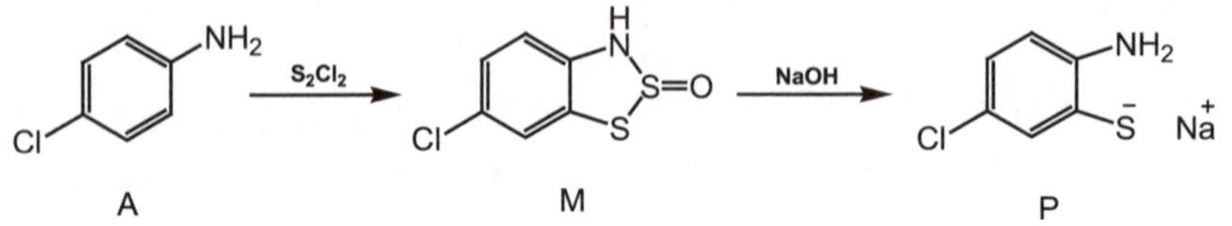

有文献将上述中间体 M 的生成机理解析为[30]：

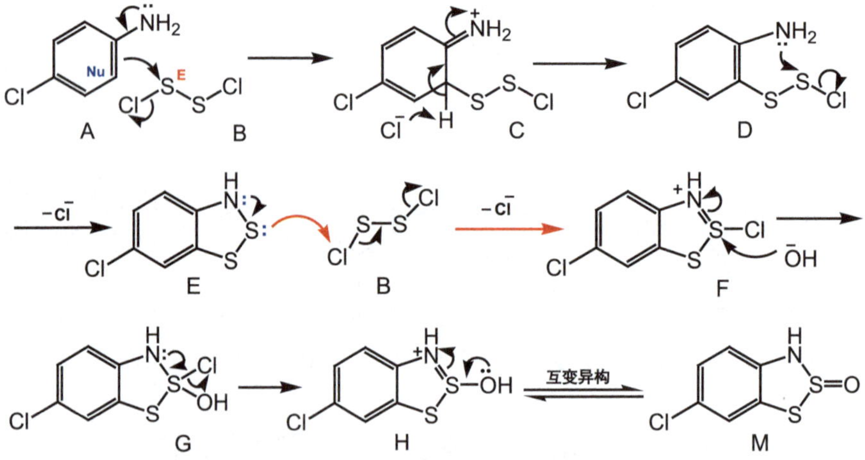

在制备 C 的过程中，二氯化二硫分子内以缺电子的硫为亲电试剂显然正确，而在制备 F 的过程中，将较大电负性的富电子的氯作为亲电试剂显然错了。自 E 至 M 过程反应机理应该改为：

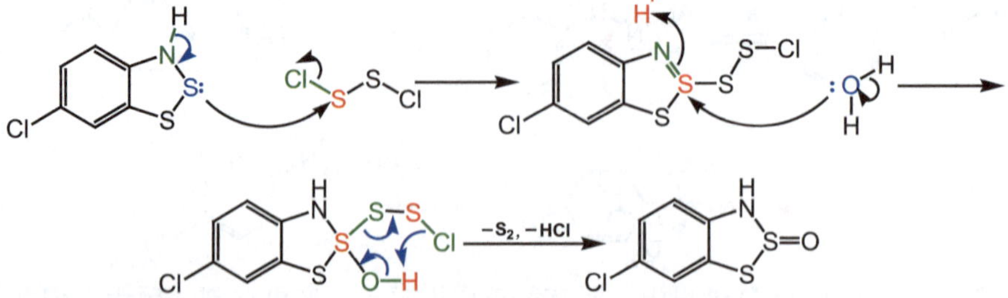

综上所述，准确地识别分子内各个元素的带电特征，准确地认识分子内电子云密度分布，是识别和判断极性反应三要素的基础。

4.5.2 根据三要素基本概念识别三要素

同一元素所具有的功能，不是由元素本身决定的，而是由该元素在分子内的具体结构决定的。

例 38：双氧水分子内氧原子的不同状态与不同功能：

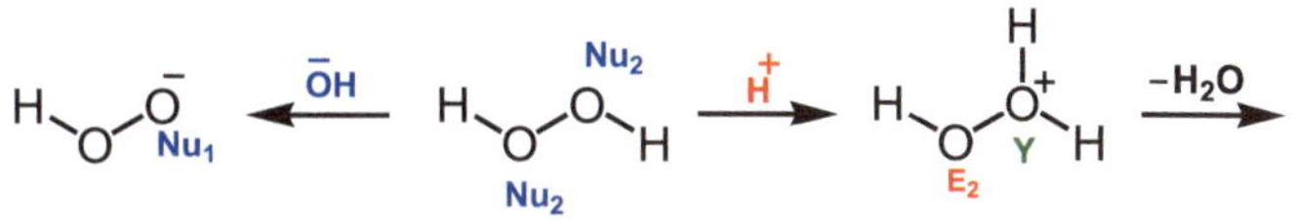

同样为氧原子，碱性条件下生成的氧负离子为亲核试剂，酸化后的氧正离子为离去基，与离去基成键的氧原子便成了缺电体——亲电试剂，在水离去后便能生成具有空轨道的氧正离子亲电试剂。

例 39：杀菌剂 BIT 的合成反应方程为：

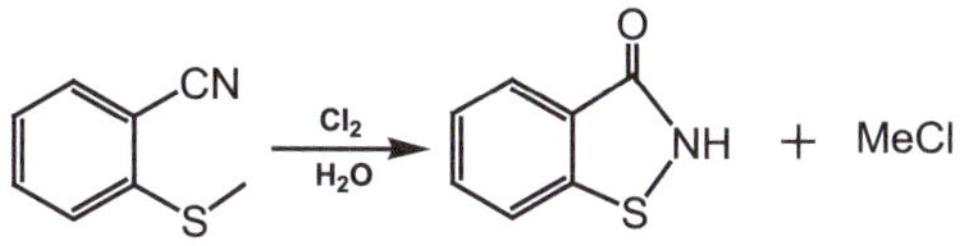

依据极性反应三要素的概念，上述反应机理解析为：

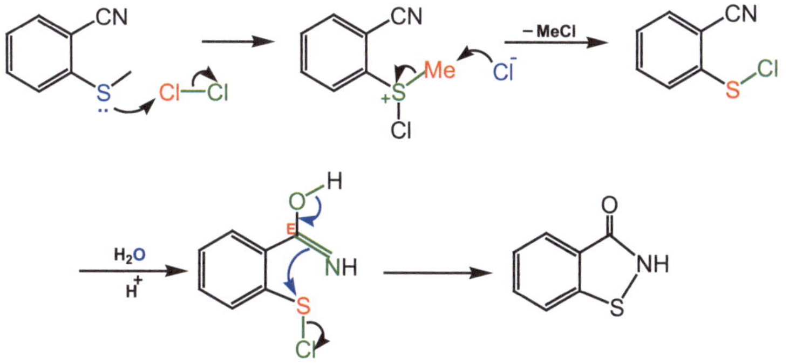

作为甲硫醚上的硫元素，是为新键提供一对电子的亲核试剂；与氯成键后生成的硫正离子具有较大的电负性而成为离去基，从甲基上离去的硫原子与较大电负性的离去基氯原子成键，便成为缺电体——亲电试剂。

例 40：以苯甲醚和光气为原料，在四丁基溴化铵存在下，合成对溴苯甲醚：

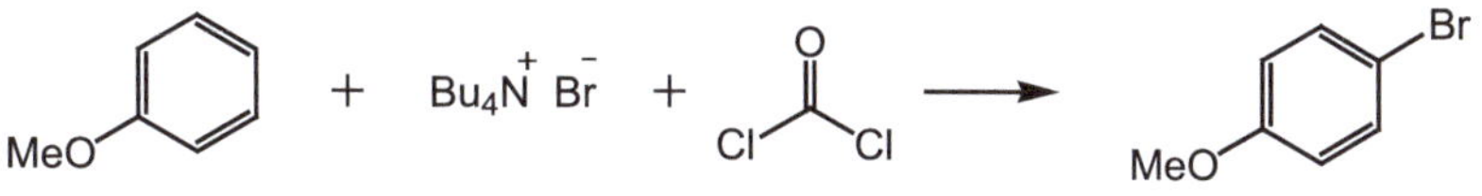

这里富电子的芳烃为亲核试剂，而溴负离子也是亲核试剂，两者之间不可能直接成键。它们之间必有一个转化成亲电试剂，该反应经历了如下过程：

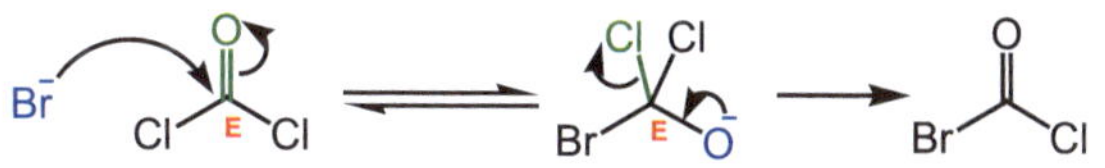

这里溴负离子为较强的亲核试剂，与光气碳原子成键生成四面体结构，此反应虽然平衡可逆，但总有微量的氯原子离去生成溴代光气。在溴代光气分子内溴原子的电负性小于氯甲酰基，因而转化成了缺电体亲电试剂，能与富电子芳烃的 π 键成键。

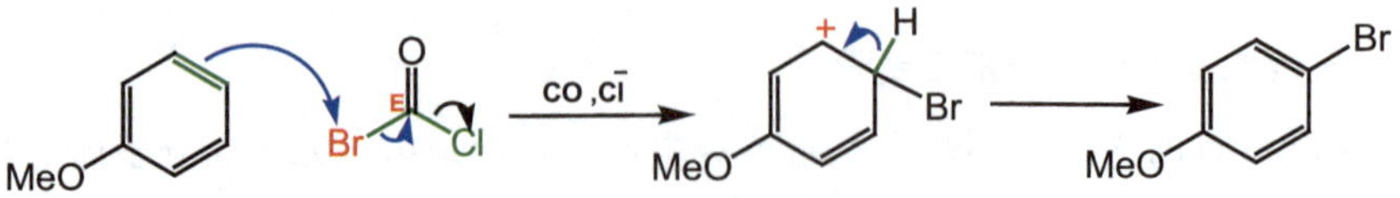

其中溴负离子由亲核试剂转化成亲电试剂，是由于光气分子内的碳原子起着氧化作用。

例 41：有文献介绍苯胺与亚硝酸钠、氟化钾在醋酸溶剂中有氟代苯胺生成。试评价其可能性：

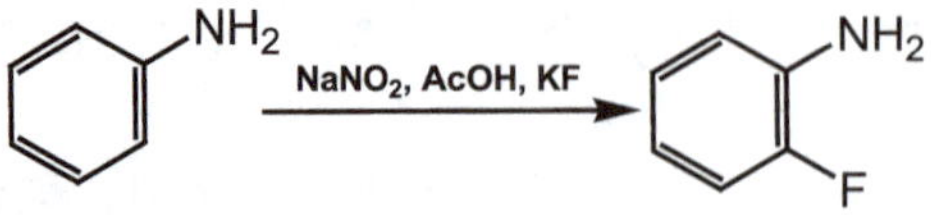

在反应系统内可能生成亚硝酰氟：

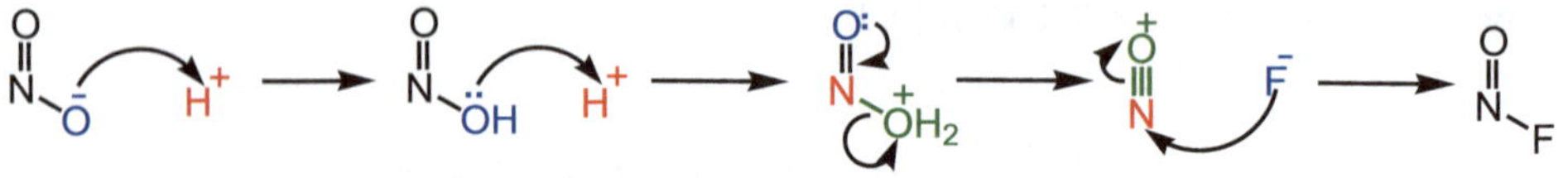

在亚硝酰氟的分子内，氟的电负性仍然最大，不可能成为缺电体——亲电试剂。但在酸性环境下，亚硝酰氟质子化，氮原子转化成了氮正离子，其电负性就高于氟原子了，此种状态下氟原子就可能成为缺电体——亲电试剂：

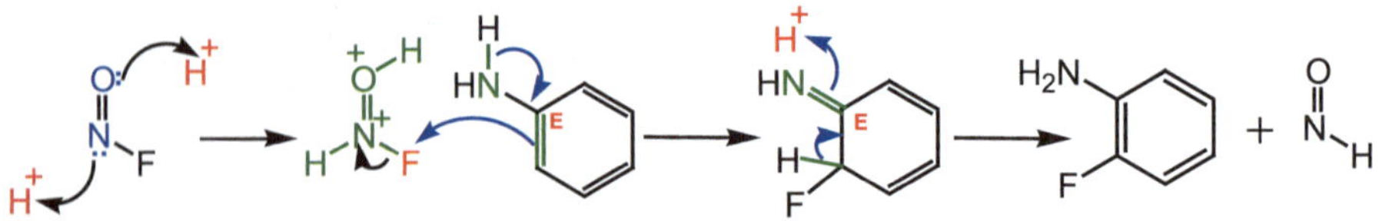

综上所述，同一元素与不同的基团成键或带有不同的电荷时，一般具有不同的功能。根据试剂的分子结构与三要素的基本概念就能判断试剂功能。

4.5.3 复杂反应中三要素的识别

有机反应千变万化，但极性反应均为亲核试剂上一对电子进入亲电试剂上空轨道的成键过程，也是离去基带着一对电子离去的断键过程。

例 42：医药中间体 4,5-二甲亚基-1,3-二氧环戊-2-酮的合成：

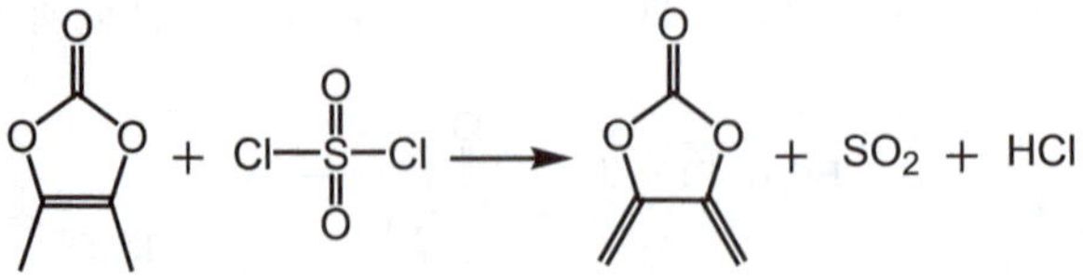

该反应机理可解析为氯化砜分子内的极化生成了缺电子的氯原子，它能接受烯烃 π 键成键：

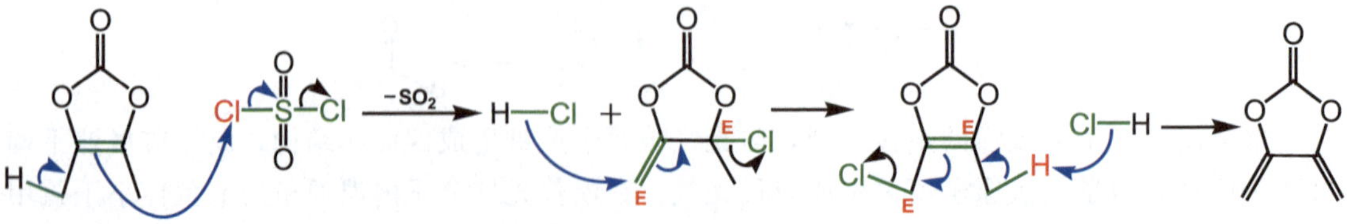

例 43：以 2-肼基-3-氯吡啶和溴素为原料合成农药中间体 2-溴-3-氯吡啶：

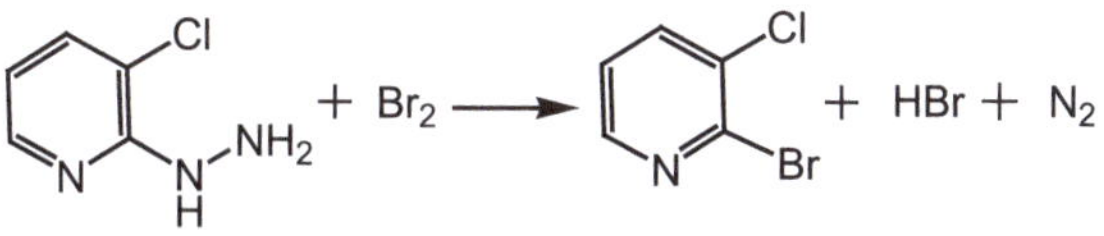

该溴化反应必然经历如下复杂过程：

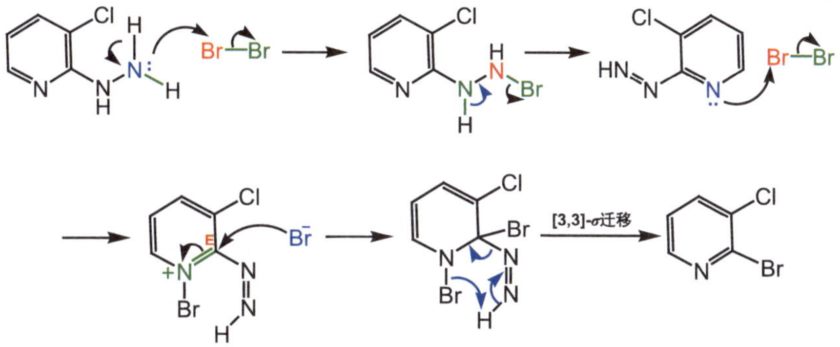

无论是一对电子的转移，还是三对电子的协同迁移，反应过程的三要素均清晰可见。

例 44：制备苄硫醚的反应式如下：

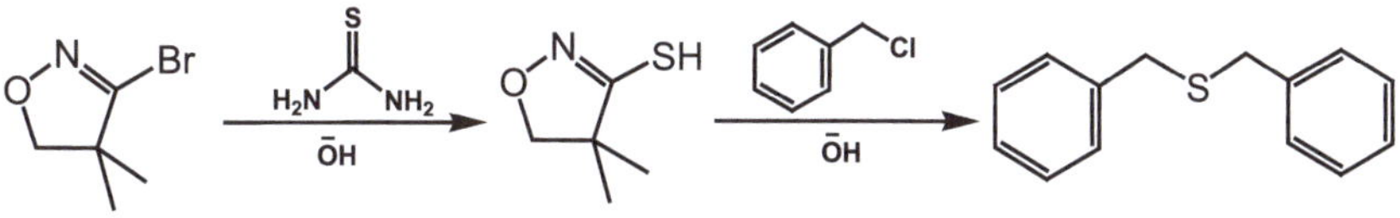

这是个多步反应串联的复杂机理：

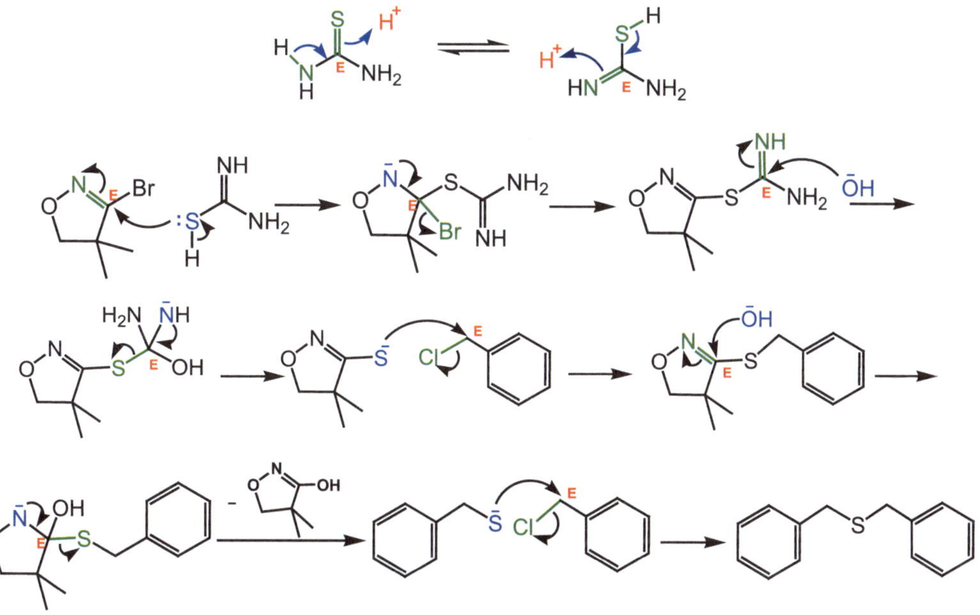

例 45：奥卡西平中间体的合成：

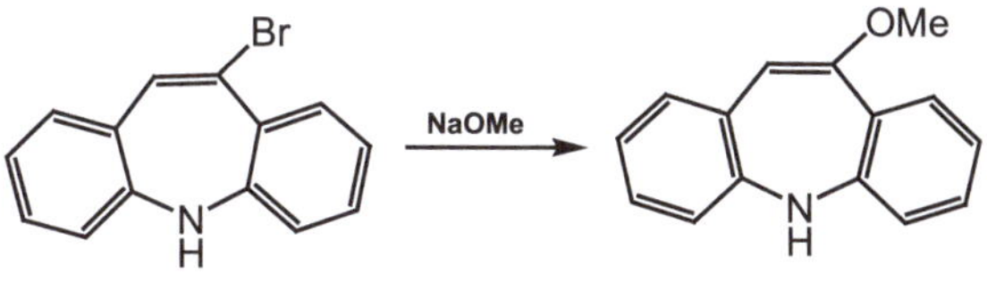

通常按照如下机理解析该反应：

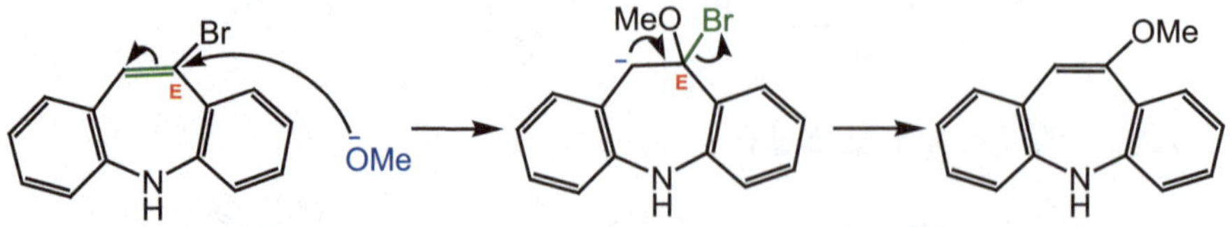

此机理解析符合极性反应三要素的一般规律。然而，在分子内还有一个更强的亲电试剂——活泼氢原子，其与甲醇钠成键后容易生成卡宾，因此这个反应具有更低的活化能：

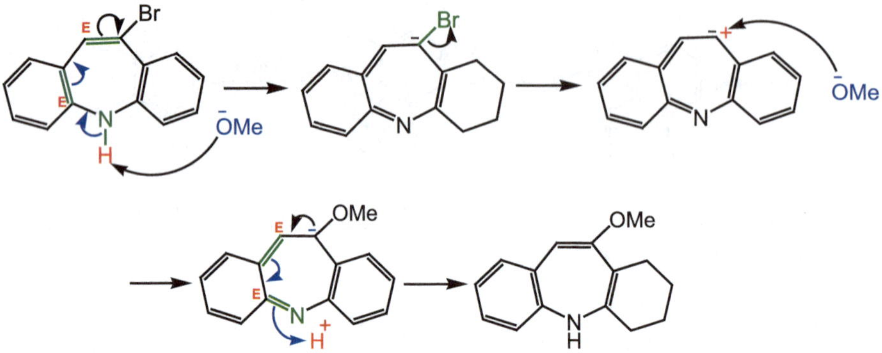

此卡宾的生成已经经过如下反应过程的验证：

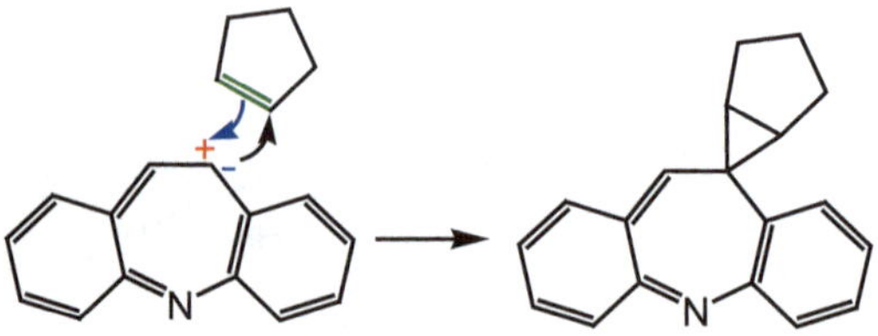

故卡宾机理应为此反应过程的主要机理。

例 46：有如下氯代、环合反应发生，试解析反应机理：

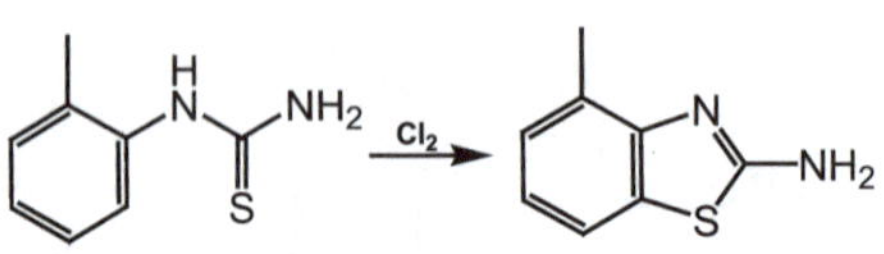

机理一：

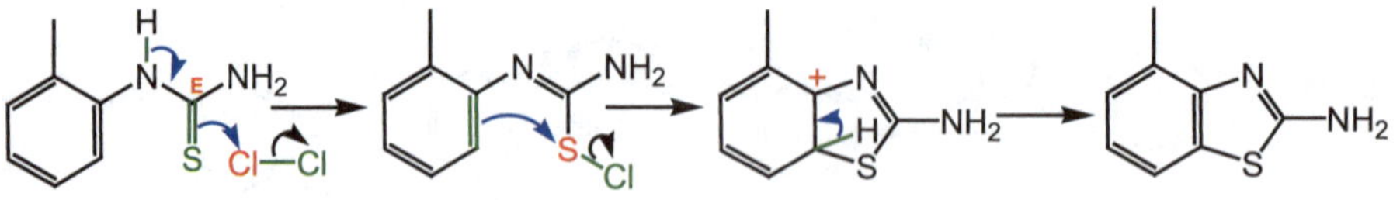

机理二：

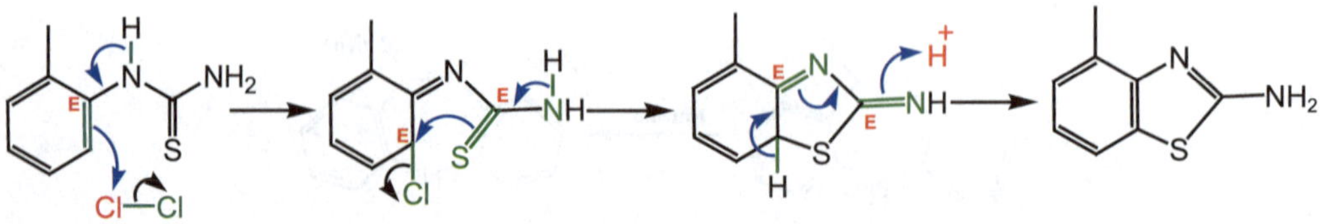

两个机理解析均符合反应的一般原理。但若为机理二，则可能有氨基对位氯化物生成，由于未见对位异构体，说明反应按照机理一进行。

例 47： 溴代丙炔与亚硝酸钠能够发生如下反应：

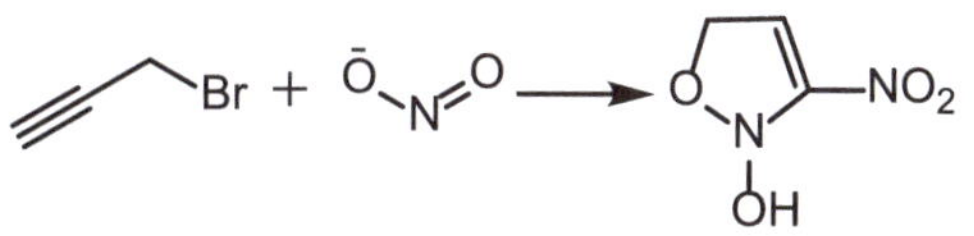

按照极性反应三要素的概念，上述反应机理解析为：

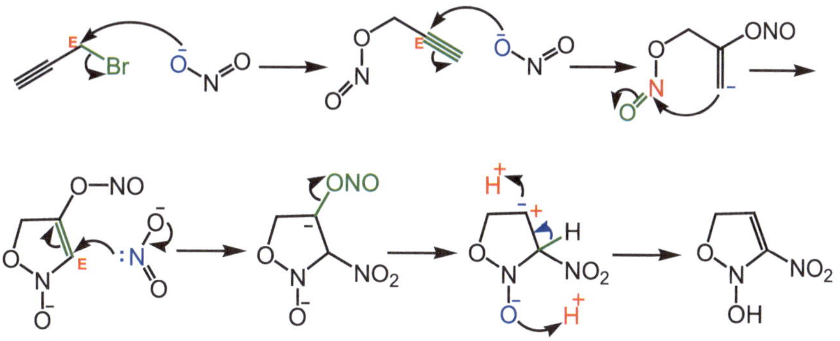

例 48： 对位苯甲醚解离、氧化生成醌的反应：

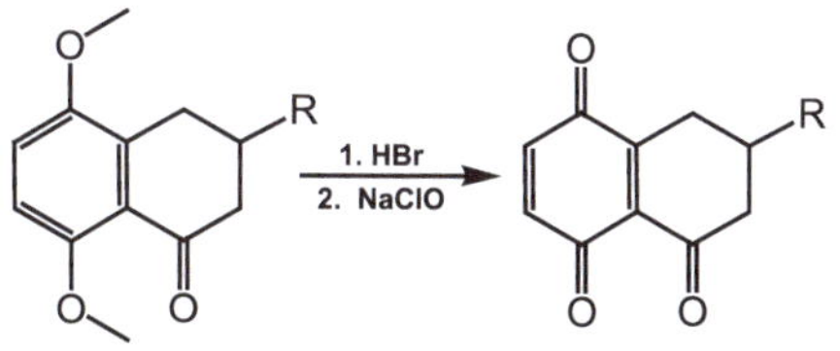

这是一个多步串联进行的极性反应：

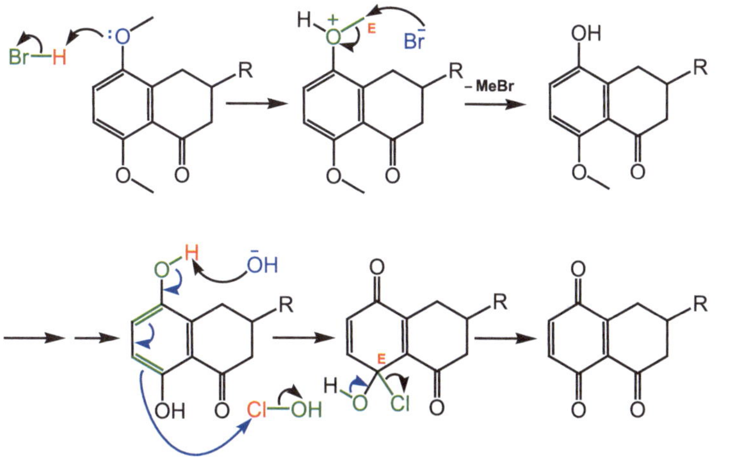

总之，在依据基本概念识别三要素的基础上，多么复杂的反应过程均容易理清其反应进程、原理与规律。

4.6 极性反应的中间状态

对于极性反应过程，人们对其中间状态的不同理解会得到不同的机理解析，机理解析的合理性是通过解析的中间状态来鉴别的。

4.6.1 与活泼氢成键的亲核试剂

当氮、氧、硫、卤等杂原子与氢原子成键时,由于其与氢原子之间较大的电负性差距,其共价键上的一对电子远离氢原子而靠近杂原子,此时这些杂原子带有部分负电荷且带有孤对电子,因而成为亲核试剂。在其与亲电试剂相互吸引、接近并逐步成键过程中,将原共价键上一对电子逐步吸引过来,氢原子也就逐渐失去电子而转化成质子了。

这就说明游离的质子是协同地生成的,一般不会提前或者延后生成。我们简单地以醇类氧原子上孤对电子与卤代烃碳原子成键的过程为例,通过其中间过渡态的活性来判断反应进行的方向,最终证明脱质子的时机。

例 49:不同烷氧基的亲核活性比较。

先以乙醇钠与溴乙烷反应生成乙醚为例,以虚线弯箭头表示半对电子转移以预测反应的过渡态,则中间过渡态的生成及其后续反应的机理为:

在中间过渡态结构上,作为亲核试剂中心元素的氧原子上仍然带有部分负电荷,仍具有较强的亲核活性,能够继续与亲电试剂成键,因而能够完成上述反应过程。

再以乙醚与溴乙烷的反应为例,看其反应中间过渡态便容易预测最终结果:

在中间过渡态 M 结构上,亲核试剂氧原子上已经带有部分正电荷,其亲核活性显著下降且其离去活性显著增强。此时溴原子的亲核活性反而比乙醚中心氧原子更强,离去活性却不及带有部分正电荷的氧原子,因而反应只能朝相反方向进行,即只能从中间过渡状态 M 返回初始的原料状态而不会生成任何产物。

最后讨论乙醇与溴乙烷的反应。假设乙氧基先从氢原子上离去,则反应速度应与乙醇钠一致,而实际反应速度远低于乙醇钠,这就与前面假设矛盾,故乙氧基并非先从氢原子上离去的。

假设乙醇的氧原子先与溴乙烷上碳原子成键生成质子化的乙醚,然后再从氢氧共价键上带着一对电子离去,则在中间状态下,氧中心元素上应带部分正电荷,这就相当于乙醚与溴乙烷的反应进行至中间状态后只能返回到初始状态,产物便不可能生成,这又与假设的前提矛盾,说明质子并非氧与碳成键后才脱去的。

既然乙醇的亲核活性既不同于乙醇钠也不同于乙醚,质子就既不是预先脱去也不是后来脱去的,则只有协同脱质子这一种可能性了。反应机理及其中间过渡状态应为:

在中间过渡态分子结构上,作为亲核试剂的中心氧原子始终不带电荷,因而始终保持着一定的亲核活性，而氢氧键的断裂、碳溴键的断裂与碳氧键的生成是协同进行的。反应机理只能解析为：

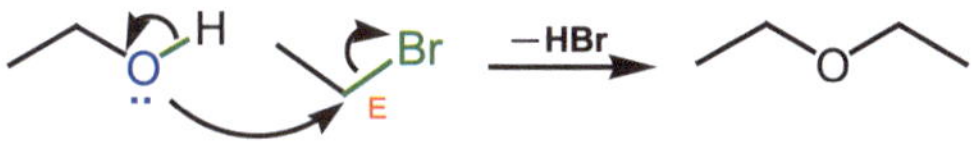

由此证明了氢原子容易失去共价键上一对电子的特殊规律，也证明了离去基从氢原子上离去的次序与时机，还证明了含活泼氢亲核试剂所具有的较强活性。

如下机理解析的质子转移次序是错误的，反应活性不对：

如果搞错了质子转移的次序，就颠倒了亲核试剂的活性次序，也就违背了反应过程的基本原理。含有活泼氢的亲核试剂之所以具有相对较高的反应活性，就在于亲核试剂与亲电试剂成键时，能够协同地收回其与活泼氢共价键上的一对电子。

4.6.2 芳烃取代基上的活泼氢

由于活泼氢容易失去共价键上的一对电子，所有含活泼氢亲核试剂的亲核活性往往较强。无论是脂肪族化合物还是芳香族化合物。

例 50：苯酚、苯胺的亲核活性较其它芳烃强，可从其反应机理解析过程中观察到它们与亲电试剂的反应机理与其它芳烃不同。

以苯胺的氯化反应为例，反应具有较低的活化能，这是由于空轨道与 π 键的共振中间体能与活泼氢消除：

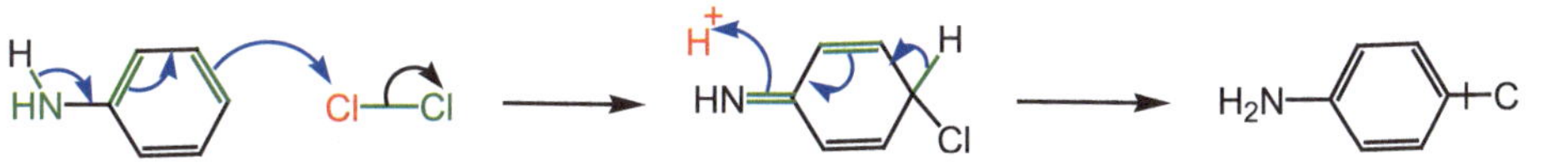

与其它无活泼氢的芳烃不同，在芳烃上 π 键与亲电试剂成键过程的任何一种中间状态下，作为亲核试剂的芳环上始终不带有正电荷，这是亲核试剂活性较强之主因。

例 51：由于苯胺与苯酚具有较强的亲核活性，能于较低温条件下与重氮盐成键生成偶氮化合物。反应机理为：

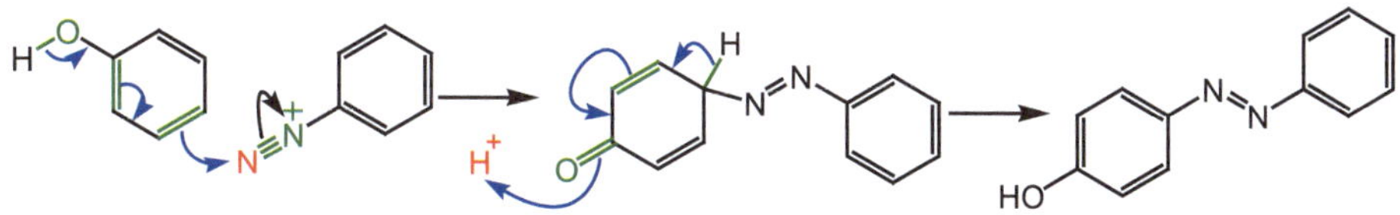

其它芳烃在反应处于中间状态下，芳环上带有部分正电荷，因而离去活性增加，只能发生逆向反应而返回初始的原料状态，不会有偶氮化合物生成。

例 52：苯与重氮盐于低温下没有产物生成。若为此反应提供足够的能量而升温，则在偶氮化合物尚未生成之前，重氮化合物便已经分解，生成另一亲电试剂——苯基正离子，苯基正离子于较高温度下能与苯环 π 键成键生成联苯：

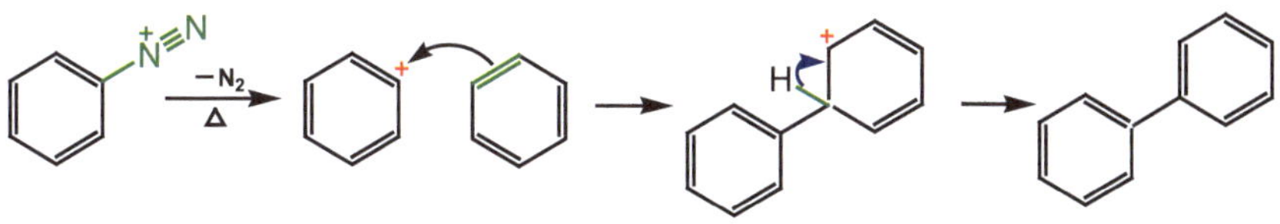

由于重氮盐首先热分解生成了芳基正离子，也就不可能再生成偶氮化合物了。

由此可见，含活泼氢亲核试剂之所以活泼，是因其能够协同地得到其与活泼氢共价键上的一对电子。

综上所述，认识和把握亲核试剂与亲电试剂成键过程中各元素的电荷变化，特别是含有活泼氢亲核试剂的电荷变化，认识和把握三要素的反应活性，有助于准确地解析反应机理。

4.6.3 杂原子上孤对电子与金属空轨道的络合

参与有机反应的金属元素，除了其外层具有自由电子可参与有机反应之外，诸多金属最外层还具有空轨道，容易与孤对电子络合。这样既催化了离去基的离去活性，又催化了自由电子的单电子转移，参见本书 3.5.1.2 部分。

例 53：Clemmensen 还原反应是用锌汞齐和氯化氢还原苯乙酮上羰基的反应：

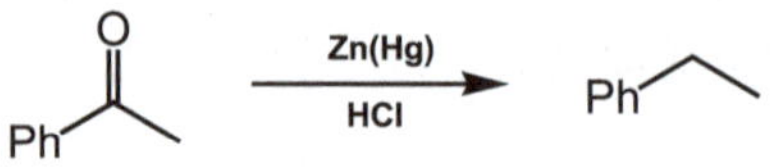

传统的反应机理解析为[31]：

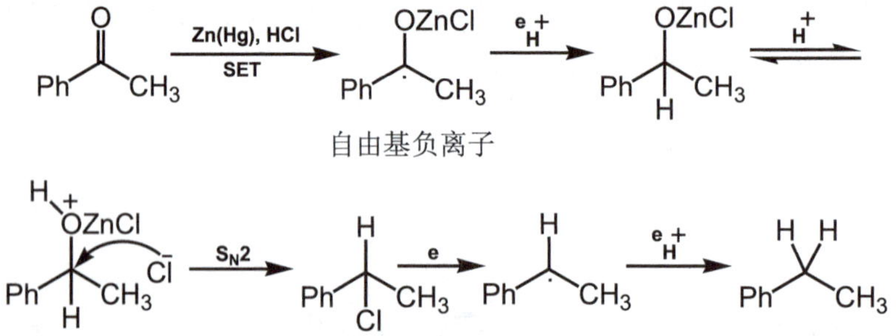

此机理解析缺少必要的电子转移标注，且对金属元素的作用认识不足。因为按照上述机理解析，似乎改换成能够提供自由电子的其它金属，如金属钠、钾等，也能完成这个反应。实际上并非如此，这里不能忽视氧原子上孤对电子与金属空轨道的络合步骤：

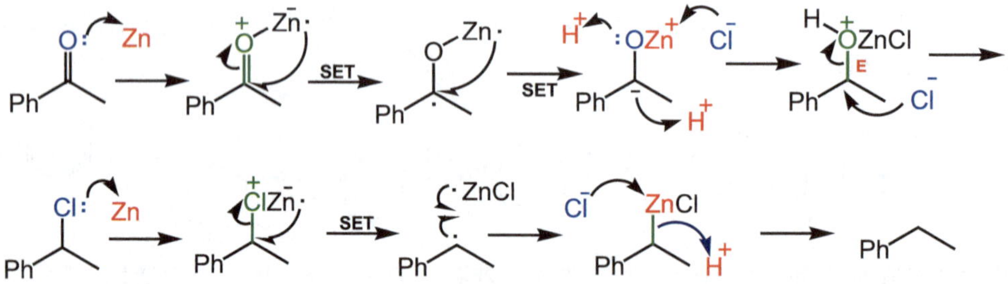

氧正离子的生成使其离去活性更强，羰基碳原子的亲电活性也就更强；金属锌负离子的生成使其电负性下降，因而外层自由电子更易转移出去，由此可见此络合步骤的双重效果。

类似地，格氏试剂的生成、金属钯催化的氧化加成反应等，均与此种机理类似，参阅本书 3.5.1.2 部分。

4.6.4 邻基参与的反应

有些有机反应过程不仅成键基团参与了反应，而且邻位基团也参与了反应，甚至邻位基团对于反应本身起着催化促进作用。

例 54：γ-酮酰胺在弱碱性条件下水解生成羧酸的反应：

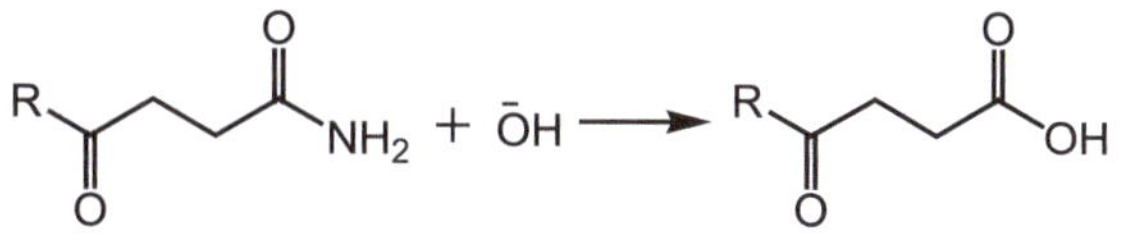

如果没有 γ-位的羰基而仅仅考虑酰胺基团，生成的四面体结构在弱碱性条件下，羟基离去活性较强而率先离去重新生成酰胺，这是个平衡可逆、没有产物的反应过程：

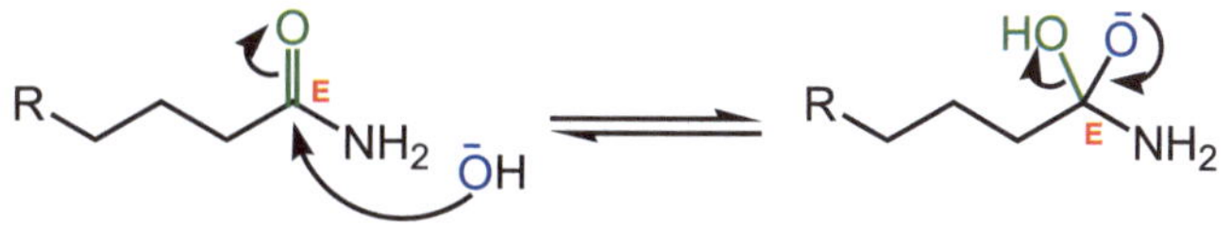

之所以 γ-酮酰胺在弱碱性条件下水解能生成羧酸，是由于 γ-位羰基参与反应生成了五元环状中间体，当此中间体再与碱加成生成四面体结构时，取代氨基的可极化度增大而离去活性增强，才能率先离去而生成了亚胺结构，最后经酸化水解生成羧酸：

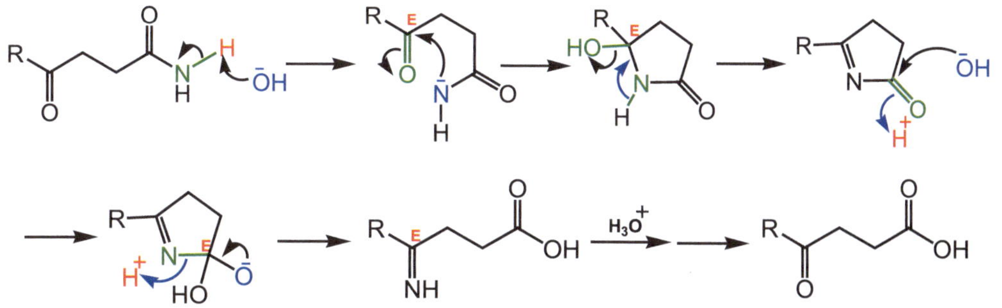

上述五元环中间体已经检出，若没有 γ-位的羰基，此水解反应在弱碱性条件下不可能有羧酸产物生成。

例 55：一般脱羧反应在碱性条件下进行，但 β-酮酸的脱羧反应例外：

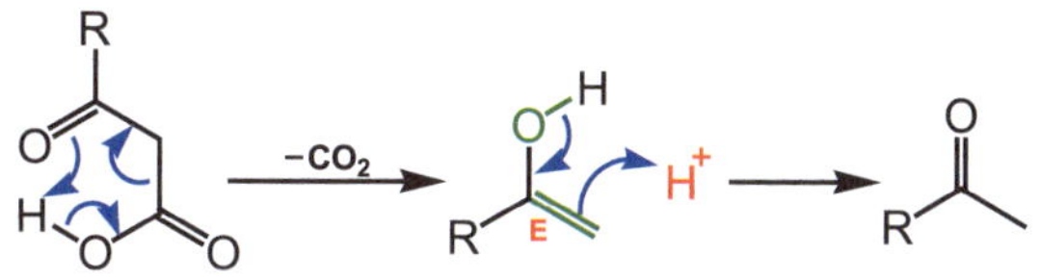

这是 β-位羰基参与了脱羧反应的缘故。

例 56：Woodward 顺式二羟基化反应是烯烃选择性二羟基化生成顺式结构的二醇的过程[32]：

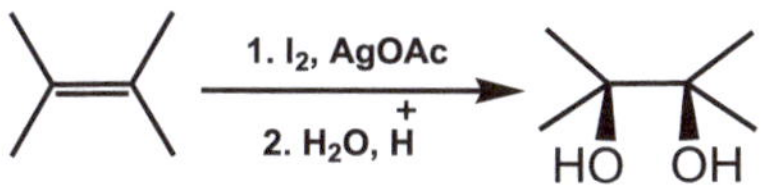

有文献将 Woodward 顺式二羟基化反应的机理解析为[33]：

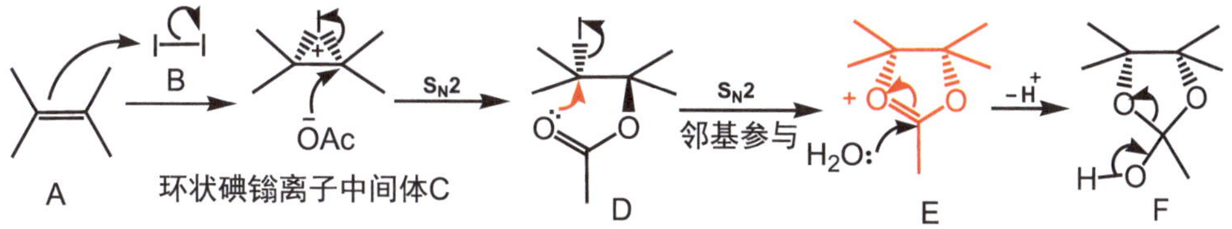

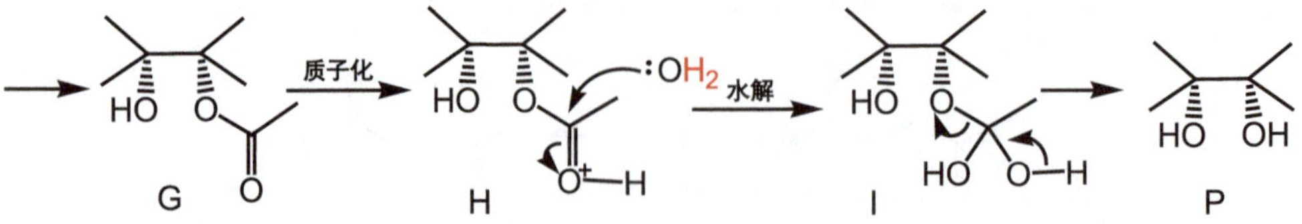

自 D 至 G 阶段的邻基参与是正确的，但羰基氧原子上孤对电子的亲核活性不足，只有将羰基双键打开生成氧负离子才具有较强的亲核活性，生成的中间体才具有相对较强的稳定性。故自 D 至 G 过程应该解析为：

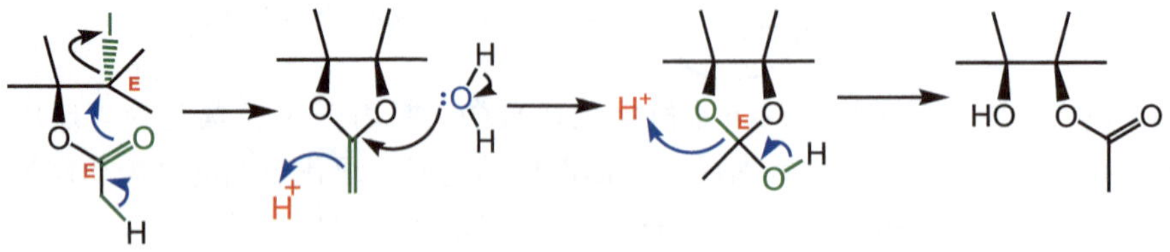

或者：

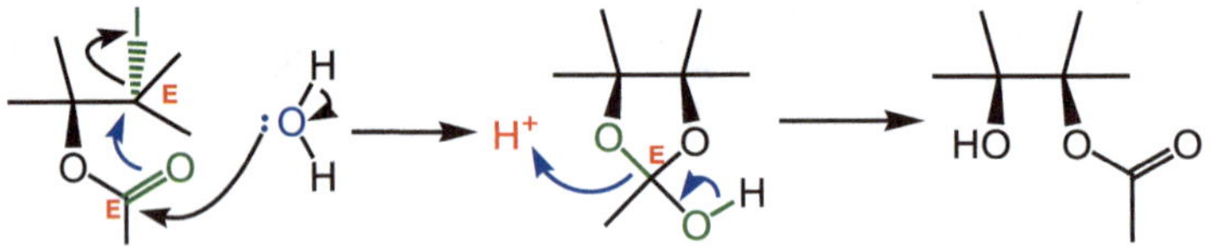

反应中加入的乙酸银是为了去除碘负离子，以抑制反式异构体的生成。

例 57：2,4,5-三氟-3-甲氧基苯二甲酸脱羧反应，能够高选择性地生成同一产物，而无异构体生成。试解析其原理：

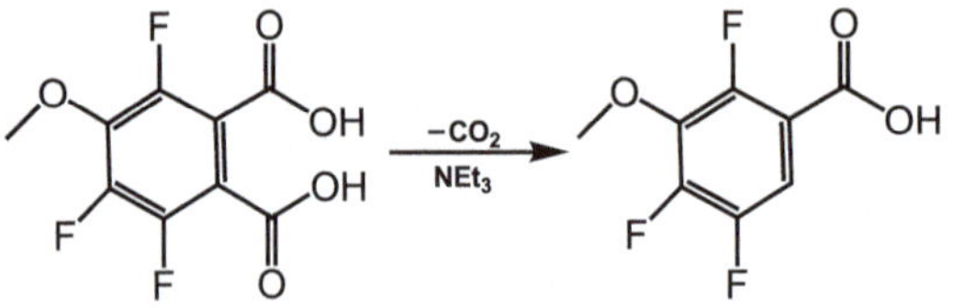

如果按照缺电子羧基容易脱去的基本规律，首先脱羧的应该是甲氧基间位的羧基而生成其异构体。故此种脱羧反应势必经过如下邻基参与过程：

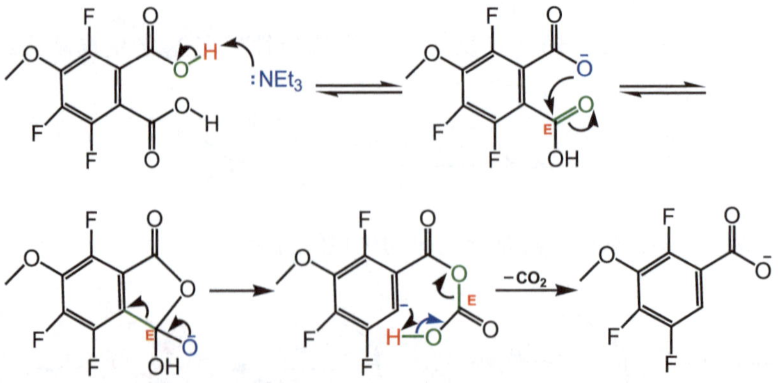

综上所述，若干邻近基团参与的反应往往都是反应过程的关键环节，机理解析过程中如不充分关注，将会误解分子结构与反应活性的关系。

4.7 本章要点总结

① 摒弃了原有机理解析过程中设定"底物"与"进攻试剂"的概念与方法，因为此概念与有机反应的电子转移无关，并不利于理解反应过程的基本原理与客观规律。

② 抽象地揭示了极性反应的一般规律，即极性反应三要素。它涵盖了极性反应的所有类型，概括了极性反应的基本原理和一般规律。运用极性反应三要素解析有机反应机理是理论化、简单化的方法。

③ 对比了不同极性反应的机理解析，表明了三要素概念的可行性、重要性、准确性与实用性。运用三要素讨论反应机理，容易判别反应发生的可能性，容易推测主副产物的结构，可将反应过程与原理完美地结合于机理解析之中。

④ 揭示了π键上的三要素特征，特别是对于π键的离去方向、π键两端的成键次序、π键作为亲核试剂与亲电试剂的两可功能、π键两端的定位规律等做了深入的解析和讨论。

⑤ 深化了有机反应中间状态的理解。通过含有活泼氢亲核试剂成键过程机理，论证了亲核试剂协同脱质子过程；通过比较络合前后各基团活性的改变，论证了络合过程的必要性与必然性；通过分子结构与反应活性原理认识邻基参与反应的可能性与必然性。

参考文献

[1] 邢其毅，裴伟伟，徐瑞秋，等．基础有机化学．3版．北京：高等教育出版社，2005：a，251；b，467.
[2] Michael B. Smith, Jerry March. March 高等有机化学——反应、机理与结构．李艳梅，译．北京：化学工业出版社，2009：a，322；b，472.
[3] Jie Jack Li. 有机人名反应及机理．荣国斌，译．上海：华东理工大学出版社，2003：a，230；b，217；c，427.
[4] 顾振鹏，王勇．制备芳香族甲醚化合物的方法．中国发明专利，201210589021.2.
[5] Meisenheimer, J. Ber. Dtsch. Chem. Ges., 1919, 52：1667.
[6] Finkelstein, H. Ber. Dtsch. Chem. Ges., 1910, 43：1528.
[7] von Braun, J. Ber. Chem. Ges., 1907, 40：3914.
[8] Chambert, S., Thamosson, F., Decout, J. L. J. Org. Chem., 2002, 67：1898.
[9] Brown, H. C., Wheeler, O. H. J. Am. Chem. Soc., 1956, 78：2199-2210.
[10] Chamberlin, A. R., Bond, F. T. Synthesis, 1979：44-45.
[11] Stevens, T. S., Creighton, E. M., Gordon, A. B., MacNicol, M. J. Chem. Soc., 1928：3193-3197.
[12] Schöllkopf, U., Ludwig, U., Ostermann, G., et al. Tetrahedron Lett., 1969, 10：3415-3418.
[13] Pine, S. H., Catto, B. A., Yamagishi, F. G. J. Org. Chem., 1970, 35：3663-3665.
[14] Huang, S. L., Omura, K., Swern, D. J. Org. Chem., 1976, 41：3329-3331.
[15] Lont, P. J., Van der Plas, H. C., Koudijs, A. Recl. Trav. Chim. Pays-Bas., 1971, 90：207.
[16] Lont, P. J., Van der Plas, H. C. Recl. Trav. Chim. Pays-Bas., 1973, 92：449.
[17] Demjanov, N. J., Lushnikov, M. J. Russ. Phys. Chem. Soc., 1903, 35：26-42.
[18] Kotani, R. J. Org. Chem., 1965, 30：350.
[19] Horner, L., Hoffmann, H., Wippel, H. G., et al. Chem. Ber., 1959, 92：2499-2505.
[20] Wadsworth, W. S., Jr., Emmons, W. D. J. Am. Chem. Soc., 1961, 83：1733-1783.
[21] Maryanoff, B. E., Reitz, A. B. Chem. Rev., 1989, 89：863-927.
[22] Alder, K., Pascher, F., Schmitz, A. Ber. Dtsch. Chem. Ges., 1943, 76：27.
[23] Oppolzer, W. Pure Appl. Chem., 1981, 53：1181.
[24] Michael, A. J. Prakt. Chem., 1887, 35：349.
[25] Meisenheimer, J. Justus Liebigs Ann. Chem., 1902, 323：205.
[26] Verma, S. M., Srivastava, R. C. Indian J. Chem., 1965, 43：732.

[27] Perkow, W., Ullrich, K., Meyer, F. Nasturwiss., 1952, 39: 353.

[28] Borowitz, G. B., Borowitz, I. J. Handb. Organophosphorus Chem., 1992: 115.

[29] Wallach, O., Belli. L. Ber. Dtsch. Chem. Ges., 1880, 13: 525.

[30] Ried W. Valentin J. Justus Liebigs Ann Chem., 1966, 699: 183.

[31] Vedejs, E. Org. React., 1975, 22, 401-422.

[32] Woodward, R. B., Brutcher, F. V., Jr. J. Am. Chem. Soc., 1958, 80: 209-211.

[33] Kirschning, A., Plumeier, C., Rose, L. Chem. Commun., 1998: 33-34.

第5章

有机反应的基本规律

反应机理解析是人们对反应过程、原理的形象化描述。人们所能理解、认识的化学反应规律，均体现在反应机理解析式中。本章重点讨论有机反应的电子转移规律、酸碱催化规律和物理化学规律。

5.1 有机反应的电子转移规律

化学反应过程就是元素、基团或共价键上电子的有序转移过程。电子转移过程有两种基本形式：一种是一对电子的转移过程，另一种是单电子转移过程。电子转移是化学反应的本质特征，有机反应机理解析的核心就是解析电子转移的原理与规律。

5.1.1 三要素的运动规律

在第4章中，已经论证了底物与进攻试剂概念、亲核反应与亲电反应概念及极性反应分类的弊端。三要素概念，既揭示和概括了极性反应的本质和规律，又简化了机理解析的思路和方法。

极性反应包括极性基元反应及其串联过程，都可以极性反应三要素描述其运动规律：

$$Nu^- + E{-}Y \longrightarrow Nu{-}E + Y^-$$

① 亲核试剂：为新键提供一对电子的富电体。以 Nu 标注，亲核试剂上的一对电子进入亲电试剂的空轨道而生成新键。

② 亲电试剂：为新键提供空轨道的缺电体。以 E 标注，亲电试剂上存在空轨道或能腾出空轨道，接受一对电子而生成新键。

③ 离去基：带走旧键一对电子的较大电负性基团。以 Y 标注，离去基带走其与亲电试剂共价键上的一对电子，为亲电试剂腾出空轨道。

一对电子转移的反应有几种形式，包括极性基元反应、基元反应的多步串联和多对电子的协同迁移。烷烃的取代反应是极性基元反应；烯烃亲电加成、取代烷烃的消除、芳烃亲电取代及芳烃亲核取代反应等均是两步极性反应的串联；若干极性反应是几对电子协同迁移的，如富电子重排、缺电子重排、卡宾重排、多数周环反应等，多对电子的协同迁移是极性反应的特殊形式；均可用极性反应三要素的概念解析。

总而言之，极性反应的三要素概念，即亲核试剂、亲电试剂与离去基的概念，体现了极性反应的基本原理与客观规律。

5.1.2 电子转移的基本规律

有机反应存在着两种电子转移方式，两种方式有着共同的特点：电子转移的起点均是带有可迁移的电子，无论是成对的还是单电子；电子转移的终点均是未充满电子的原子轨道。总而言之，电子转移的起点是存在电子且能够迁移的位置，电子转移的终点是具有储存电子能力的位置。这些都是电子转移的必要条件或者说是电子转移规律。

因此，电子的转移方向是电子从富电子的位置转移到缺电子的位置，弯箭头与鱼钩箭头的概念均是如此。具体地说，极性反应的方向只能将一对电子转移到空轨道内，自由基反应只能是两个未充满原子轨道内的单电子相互配对、相互充满。

5.1.2.1 亲电反应的概念与电子转移的方向相矛盾

例 1：亲电试剂与烯烃的"亲电加成"反应，原有反应机理解析为：

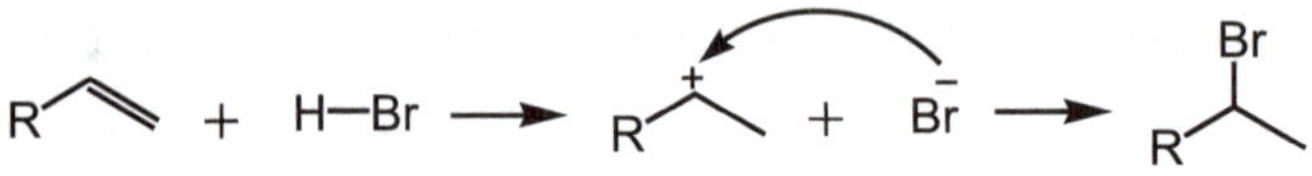

显然亲电加成由两个基元反应串联而成，遗憾的是唯有第二步反应才标注电子转移。对于第一步反应说来，按照"底物"与"进攻试剂"概念，应该是 H^+ 进攻烯烃，即弯箭头应该起始于质子终到于烯烃的一端，然而弯箭头是代表一对电子转移的，而在 H^+ 上并不存在提供成键的一对电子，因此亲电反应概念与弯箭头代表一对电子的概念相矛盾。

若不采用"亲电反应"的概念，采用三要素概念解析机理，则所有问题都不存在，烯烃加成只不过是两步极性反应的串联过程：

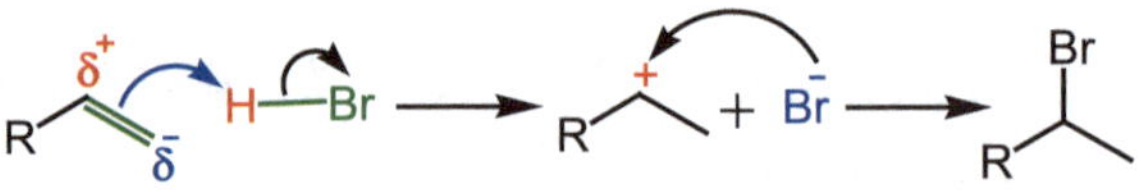

例 2：芳烃的亲电取代反应，现有的反应机理表述为[1]467：

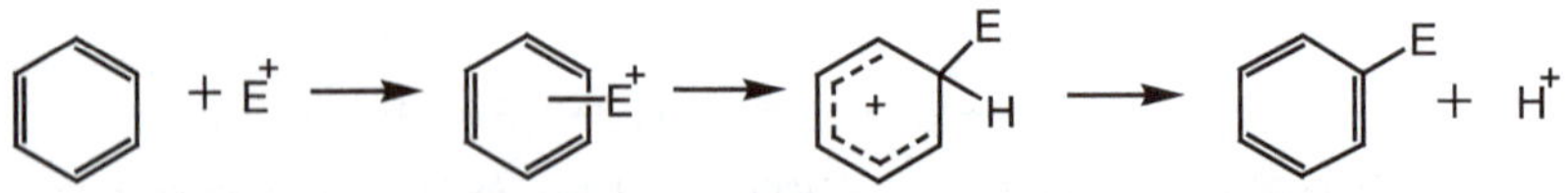

苯　　亲电试剂　　π络合物　　σ络合物　　一取代苯

在上述机理解析式中，亲电试剂 E^+ 与芳烃成键的弯箭头也同样无法表述，同样是"亲电反应"概念与弯箭头代表一对电子的概念相矛盾。

若不采用"进攻试剂""底物""亲核反应""亲电反应"的概念，采用三要素概念解析机理，所有弊端都不存在，反应机理可解析为：

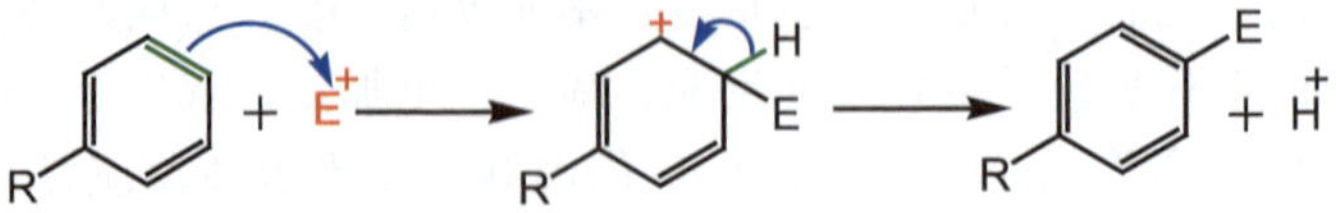

5.1.2.2 电子不能转移到富电子位置

电子本身带有一个单位负电荷，根据同性相吸、异性相斥的经典电子学理论，带有同性负电的质点之间是不可能结合在一起的，不论以哪种形式。

例 3： 文献 [2]（197~198 页）介绍，在如下取代反应过程中：

$$R-X + \bar{Y} \longrightarrow R-Y + \bar{X}$$

若取代基 X＝I、NO_2 时，该反应是按照如下单电子转移（SET）机理进行的：

$$R-X + \bar{Y} \longrightarrow R-\bar{X}\cdot + \cdot Y$$

$$R-\bar{X}\cdot \longrightarrow R\cdot + \bar{X}$$

$$R\cdot + Y\cdot \longrightarrow R-Y$$

其依据是在反应体系内发现了自由基，且有手性对映体生成，而对映体生成是自由基结构的消旋化所致。

然而上述依据显然不充分，因为离去的碘负离子与亚硝基负离子均具有较强的亲核活性，与亲电试剂成键后又有较强的离去活性，不能排除它们在同一亲电试剂位置上多次取代的可能。

上述机理解析违背了电子转移的基本规律：电子只能转移到未充满电子的原子轨道内。式中的离去基，如硝基，并不具有未充满的原子轨道，即便是碘原子外层存在 d 轨道，也不是可以随意接受电子的，因为碘原子上带有部分负电荷，它与电子是同性相斥的，只能是彼此相斥而远离。

退一步说，即便上述反应真能按单电子转移的 SET 机理进行，也必须将原有机理解析修正为：

$$R-X + \bar{Y} \xrightarrow[SET]{-\bar{X}} R\cdot \cap \cdot Y \longrightarrow R-Y$$

也就是说：电子只能转移至缺电子的未充满的电子轨道上，不可能转移到满足八隅律条件的富电子原子上。即便在第三周期以上元素上存在的 d 轨道，也只能在其处于缺电子状态下才可能利用。

例 4： 氟硼酸钠水解成硼酸的反应，反应机理不可以按如下方式解析：

两个负电荷之间相互排斥，不能相互吸引成键。其反应机理只能解析为：

反应次序必须符合电子转移规律，才能体现反应过程之原理。

5.1.2.3 电子只能从富电子位置转移到缺电子位置

按照电子转移规律，电子只能从亲核试剂位置转移到亲电试剂位置，这就需要区别亲核试剂与亲电试剂的带电性质。既然亲核试剂是为新键提供一对电子的，那么这对电子如果是从共价键上带走的，那么带走一对电子的基团势必具有相对较大的电负性，得到这对电子之后再利用这对电子进入亲电试剂空轨道而成键。因此，具有相对较大电负性是离去基转化成亲核试剂的必要条件。

例 5：碘化氢与丁二烯的 1,4-加成反应，有文献的机理解析为[2]472：

在碘化氢分子内，碘的电负性高于氢，共价键上一对电子是偏向于碘原子的。因此上述机理应该改为：

在共价键非均裂过程中，共价键上一对电子归属于哪一元素，是由共价键两端电负性决定的，不会因为多对电子的协同迁移而改变。

例 6：Claisen 重排反应是三对电子协同迁移的 [3,3]-σ 迁移反应[3]。原有的机理解析为：

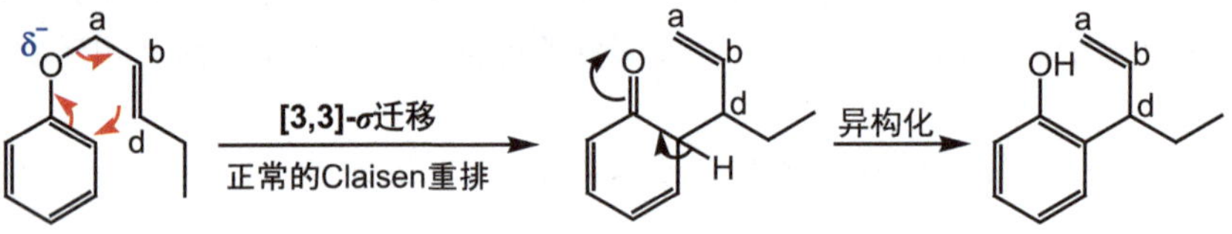

这里 [3,3]-σ 迁移过程的弯箭头标注错了。因为在六元环内最大电负性的是氧原子，它只能为新键提供一对电子而不能提供空轨道。标注一对电子转移的弯箭头只能从氧原子上"跨越"，而弯箭头不能"避开"氧原子：

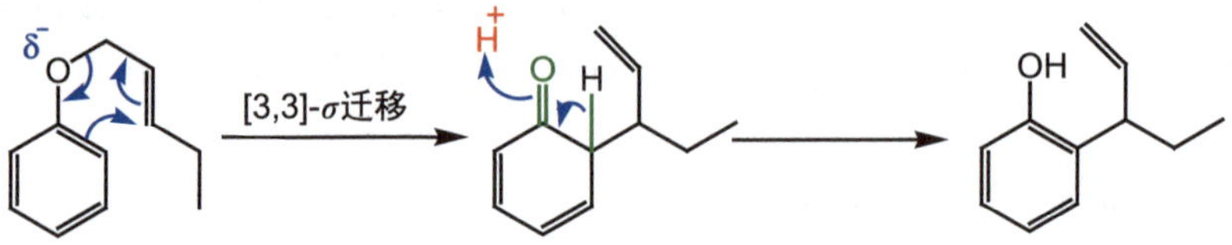

5.1.2.4 电子不能转移到已充满的轨道内

显然，只有元素外层存在未充满电子轨道才能接受电子，即未充满的原子轨道是接受电子的必要条件。既然如此，不具备未充满原子轨道的元素是不可能接受电子的。

例 7：解析重氮甲烷与酰卤反应制备重氮酮的反应机理。反应方程式为[2]280：

这是 Arndt-Eistert 反应的第一步[4]，有文献解析其反应机理为[5]：

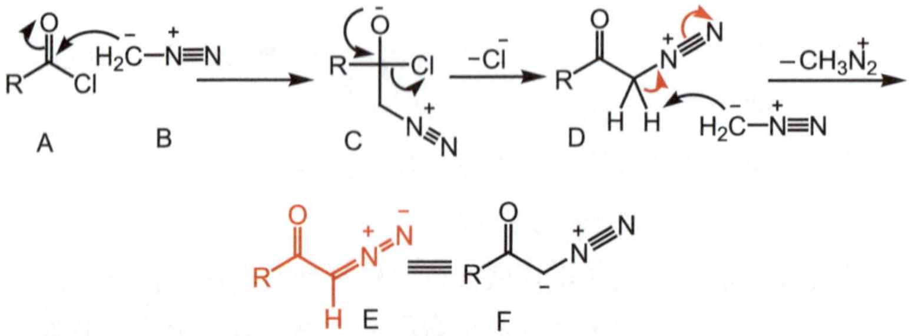

D 结构在碱性条件下应该直接转化成 F 结构，不应经过 E 结构阶段：

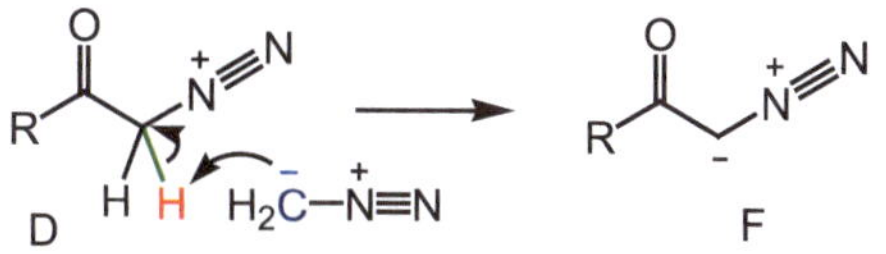

因为氮正离子的四个原子轨道是充满的，且由其极强的电负性所决定，不可能失去任何一对电子而腾出空轨道，也就不存在自 D 至 E 的过程。

不能将 D 与 E 结构看作能够直接相互转化的两种共振形式，因为共振是分子内的极性反应，必须遵循三要素的运动规律。氮正离子既没有空轨道也不能腾出空轨道，不是亲电试剂而是离去基，因此不可能发生该形式的共振异构：

也不能将 D 与 E 结构看作互变的和全等的。因为 E 与 D 的电荷分布完全相反，两种结构中的亲核试剂与亲电试剂位置恰好颠倒。

例 8：具有 α-位碳负离子的硝基化合物的共振异构。

在诸多国内外教科书中，均认为下述结构的中间体存在硝基式与假酸式的异构共振：

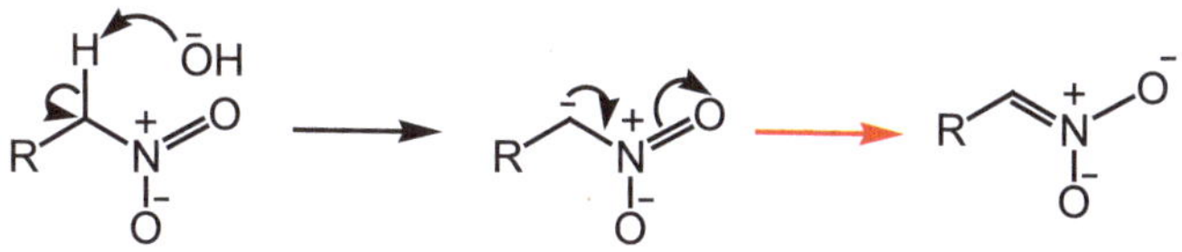

然而，硝基上的氮正离子并不具有空轨道，电子不可能转移到没有空轨道的位置。在硝基的氮氧双键上，氮正离子的电负性远大于氧原子，π 键上一对电子向氮正离子方向偏移，因此氧原子为缺电体亲电试剂，氮正离子是离去基。

硝基式与假酸式的共振过程，就是分子内化学反应过程，必然遵循电子转移规律，按照三要素的运动规律，必然经过如下三元环结构阶段：

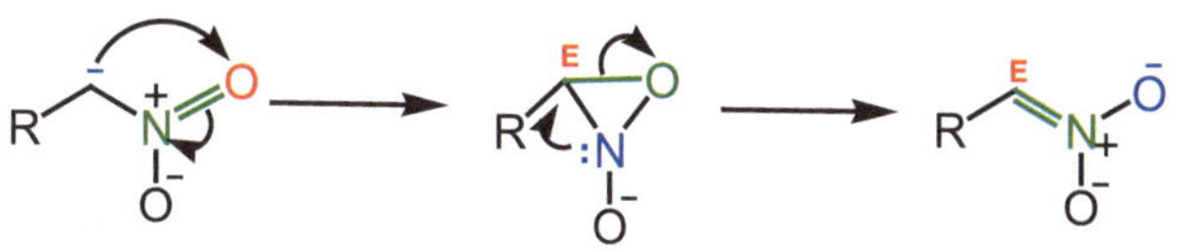

在硝基式转化为假酸式后，α-位碳负离子亲核试剂便转化为不对称 π 键的亲电试剂了。

综上所述，电子转移规律依据的是经典电子学同性相斥异性相吸的概念、原子外层电子结构的概念、电负性均衡原理的概念。利用三要素基本概念解析反应机理，就能认识和把握化学反应的基本规律。

5.1.3 极性反应三要素的识别

研究一对电子转移规律，识别三要素是关键环节，这就需要从三要素的基本概念出发，分清分子内各元素的电荷分布。

5.1.3.1 有机人名反应的三要素识别

如前所述，接受电子的位置必须存在未充满电子的原子轨道。对于极性反应说来，电子转移过程一定是亲核试剂上的一对电子进入亲电试剂空轨道的过程，如果亲电试剂上没有空轨道，则必须存在高电负性的离去基以腾出空轨道。

例 9：Baeyer-Drewson 靛蓝合成是邻硝基苯甲醛与丙酮在碱催化下的缩合、重排反应[6]：

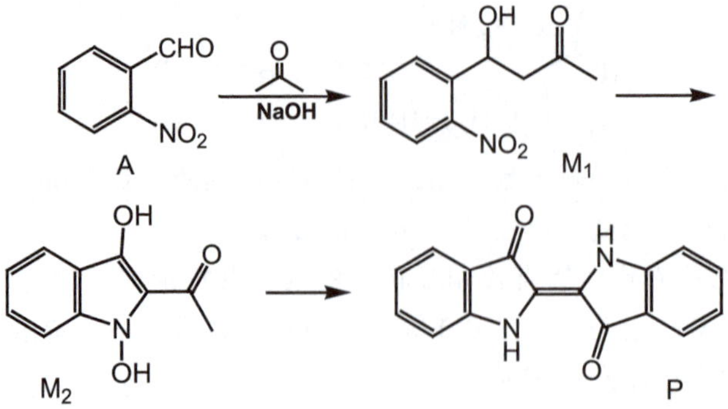

有文献将 Baeyer-Drewson 靛蓝中间体自 M_1 至 M_2 过程的合成机理解析为[7]：

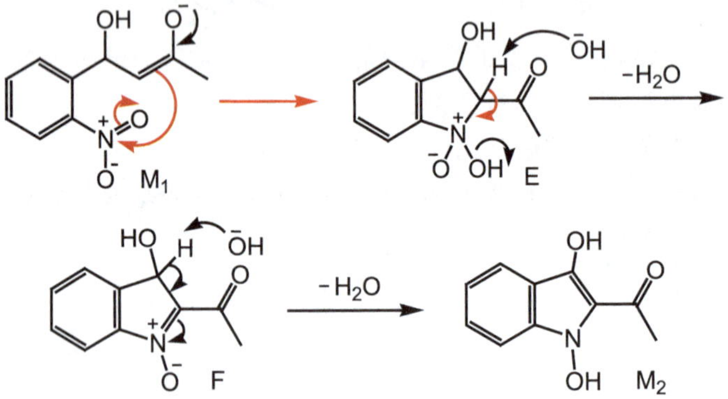

在 M_1 的硝基结构上，颠倒了亲电试剂与离去基的位置。N 正离子的电负性是最大的，并不带有空轨道，也不具有腾出空轨道的条件，N 正离子凭其超大的电负性只能成为离去基；而受 N 正离子较强电负性的影响，氮-氧双键上的 π 键电子对偏向于电负性更大的 N 正离子，显然 π 键上氧原子相对缺电子，应为亲电试剂，经加成、消除及分子内氧化反应生成亚硝基中间体，再经后续反应生成中间体 M_2：

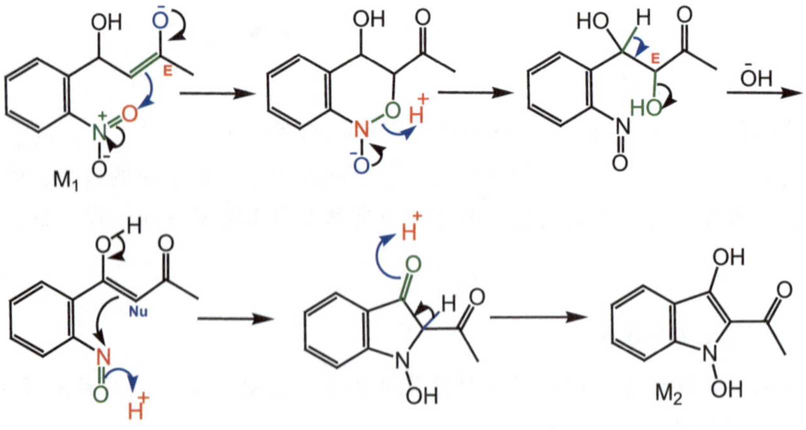

例 10：Boyland-Sims 氧化反应，是芳胺被碱性过二硫酸盐氧化为酚的反应[8]：

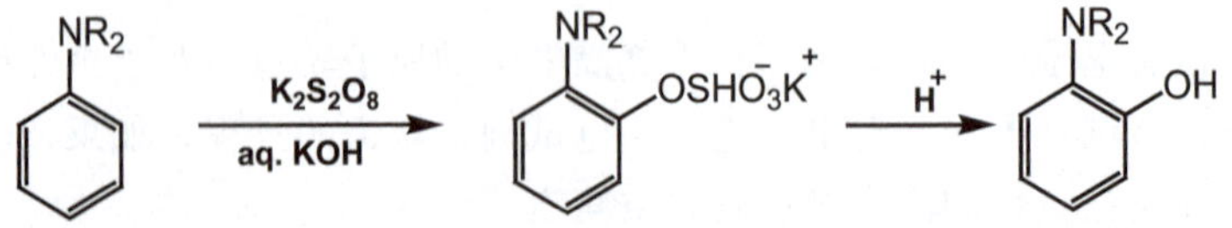

有文献对于 Boyland-Sims 氧化反应机理解析如下[9]：

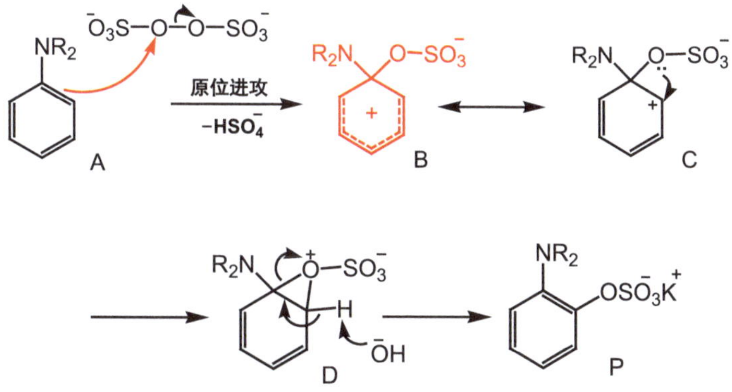

具有孤对电子的富电体才是亲核试剂。在二烷基苯胺分子内有四个位置为富电体——亲核试剂，氨基的两个邻位、一个对位及氨基 N 原子上的孤对电子：

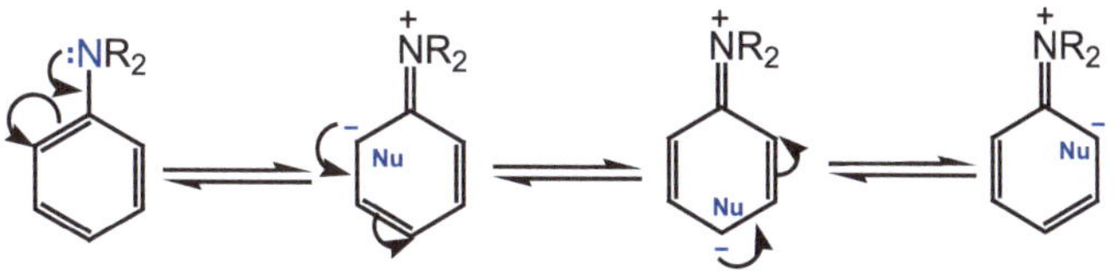

无论受氨基吸电的诱导效应 $-I$ 的影响，还是受其推电子共轭效应 $+C$ 的影响，直连碳的原位总是缺电子的亲电试剂，而该机理将其视作亲核试剂是不合理的。

该反应只发生在邻位，是氨基 N 原子上孤对电子为亲核试剂，其与过硫酸成键生成了季铵盐结构：

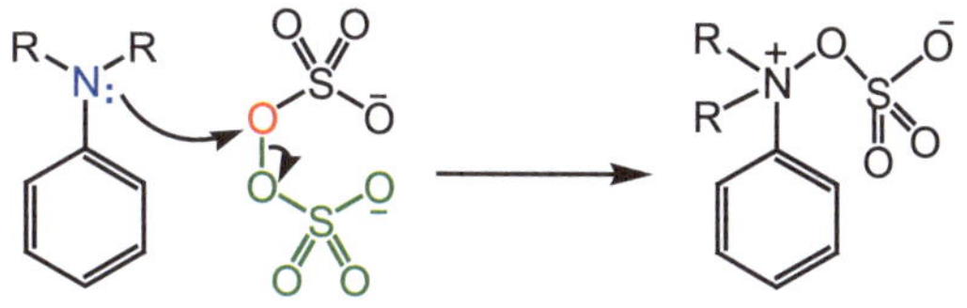

季铵盐生成后，经 [3,3]-σ 迁移，可以生成目标化合物，且该反应活化能足够低：

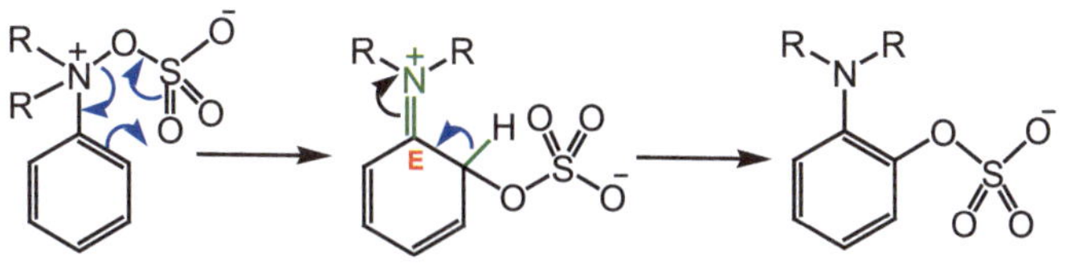

5.1.3.2 其它有机反应的三要素识别

运用极性反应三要素，可方便地解析有机合成反应的机理，为工艺优化提供理论指导。

例 11：由乙醇钠、乙腈、甲酸乙酯、乙醇溶剂构成的反应体系，于低温下生成了一个有机物的钠盐。试解析该产物结构。

此反应机理只能是：

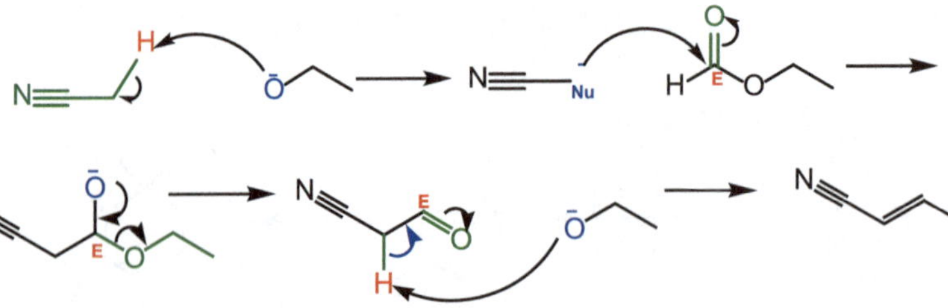

乙醇钠既是亲核试剂也是强碱，首先与乙腈分子上缺电子的α-氢原子成键；生成的碳负离子亲核试剂与甲酸乙酯的羰基加成生成四面体不稳定结构；四面体上的氧负离子为亲核试剂，与中心碳原子成键而乙氧基离去；此中间体内的亚甲基酸性较强，在碱性条件下容易重排生成比较稳定的烯醇式结构。

例 12：取代苯磺酸的脱磺基反应是在稀硫酸中加热条件下进行的[10]：

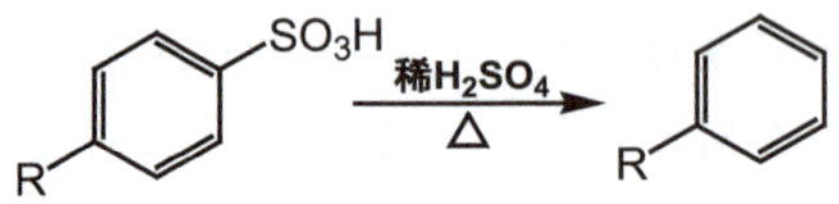

与苯环成键的是电负性较强的磺基，如若简单地考虑，磺基的电负性强于芳烃，硫和碳间的共价键应该向硫原子方向偏移，最后非均裂生成苯基正离子是可能的。生成的碳正离子只有与氢负离子成键才能生成芳烃：

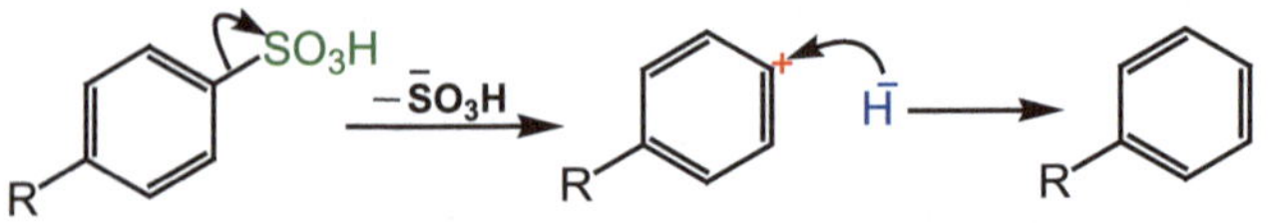

然而，体系内能够提供负氢的，唯有脱去的磺基转化成的亚硫酸分子才有可能：

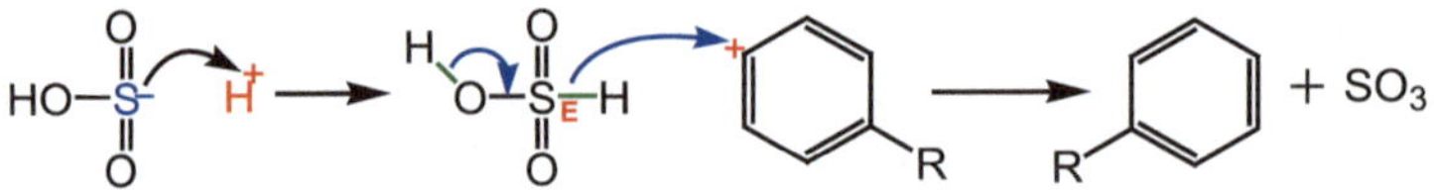

这是苯磺酸脱磺基反应的可能机理之一。

还有一个可能的反应机理。取代苯磺酸分子内存在着极性反应的三要素：亲核试剂——芳环上π键、亲电试剂——磺酸上的活泼氢、离去基——与活泼氢相连的磺酸根。分子内可能于高温下发生极性反应而生成如下活性中间体：

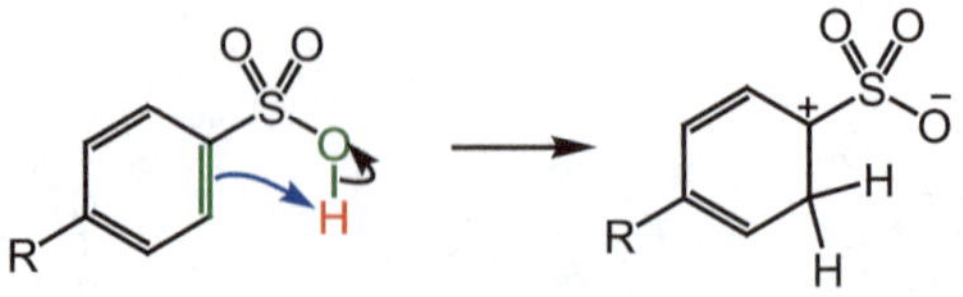

在此活性中间体状态下，碳正离子的电负性显著增强，而与负氧成键的硫原子的电负性显著减弱，这一增一减、此消彼长的结果导致了碳正离子比磺基负离子的电负性更大，共用电子对向电负性较大的碳正离子方向偏移，从而导致共价键异裂生成了卡宾，再经过消除并得质子生成芳烃：

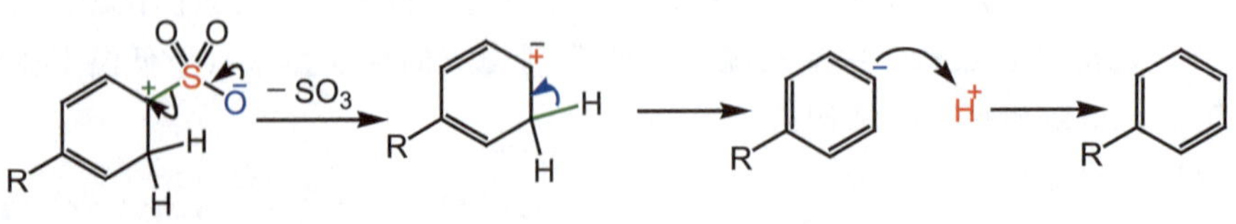

总之，准确地观察分子结构，动态地分析中间状态，找到其中的三要素，就容易解析反应过程与原理。

5.2 三要素的酸碱催化规律

极性反应三要素中任一要素的活性，均与其结构和所带电荷相关，对各要素反应活性的影响最显著的是其酸碱性。

5.2.1 酸碱催化的对应关系

我们从实例出发，观察酸碱对于亲核试剂、亲电试剂、离去基的影响。

例13：双氧水上两个氧原子均为较弱的亲核试剂，然而在酸、碱的作用下其功能与活性均可能改变：

在碱性条件下，碱与双氧水的一个活泼氢成键后，离去的氧负离子的亲核活性显著增强，这时功能未变而活性变了。在酸性条件下，双氧水的氧原子上孤对电子与质子成键，生成了氧正离子离去基。与氧正离子成键的氧原子成了缺电体亲电试剂，这时基团功能改变了。当氧正离子离去而生成具有空轨道的氧正离子后，其亲电活性更强，这时功能未变而活性变了。

由此可见酸碱催化的一般规律和对应关系：

碱带有一对电子属于亲核试剂，它能与缺电子的氢原子成键，而原与氢原子成键的基团带着一对电子离去，此离去基便成为活性的亲核试剂，即碱催化了亲核试剂的活性。

酸带有空轨道属于亲电试剂，它能接受离去基上的一对电子成键，成键后离去基上带有正电荷而离去活性增强，离去后生成具有空轨道的亲电试剂，即酸催化了离去基，间接催化了亲电试剂的活性。

例14：芳烃磺化反应过程中的亲电试剂识别。

在现有的教科书中，均认为芳烃磺化反应过程的亲电试剂为三氧化硫，文献[1]（476页）将磺化反应的亲电试剂看成三氧化硫的共振异构体：

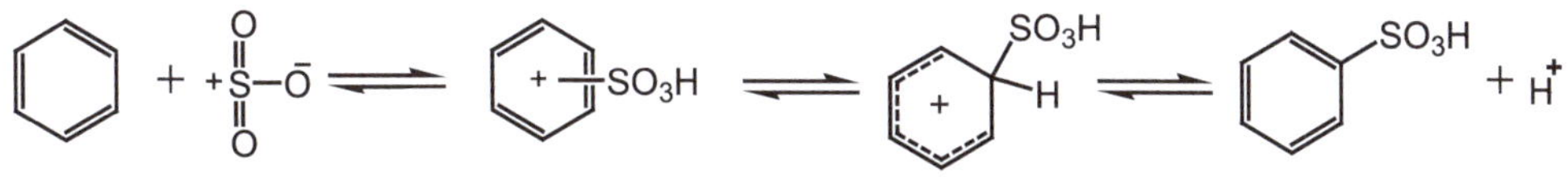

然而，根据酸对于亲电试剂的催化作用，是不能认同上述亲电试剂结构的。我们可通过亲电试剂的生成机理和活性对比来评价和判断。

硫酸分子之间能够发生如下极性反应：

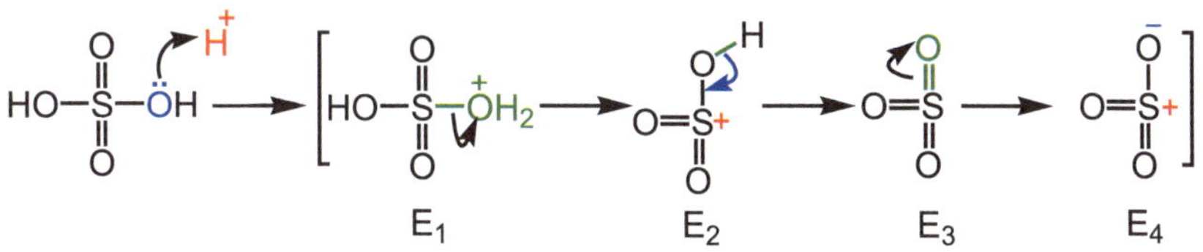

比较硫酸质子化后的反应产物 E_1、E_2、E_3、E_4 这四个亲电试剂结构，磺酰正离子 E_2 才是活性最强的亲电试剂，它相当于酸催化了的三氧化硫，或者说是 E_3、E_4 的质子化产物：

之所以认为磺酰正离子 E_2 的亲电活性最强，质子化与否是其亲核活性最显著的判据。

例 15：酸性催化条件下的丙酮卤代反应机理。

国内外教科书中[2]371将酸性条件下丙酮卤代反应机理解析为：

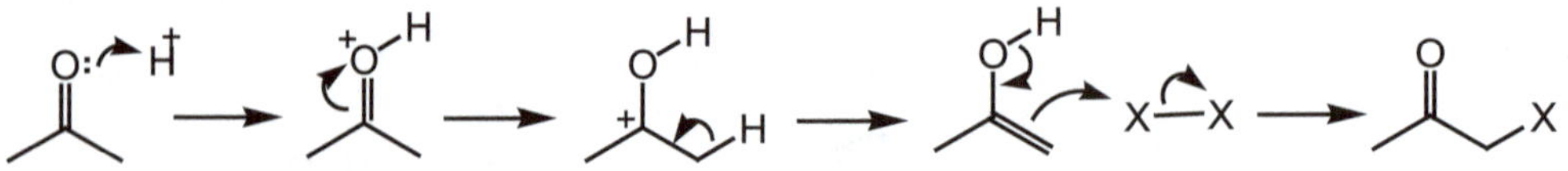

该机理解析是将酸的作用看成是催化了亲核试剂的活性，即将酮式结构催化成了烯醇式结构，这违背了有机反应最基本的常识。

第一，酮式与烯醇式的互变异构确与酸碱性相关，但酸性条件总是趋向于生成酮式结构而不是烯醇式结构：

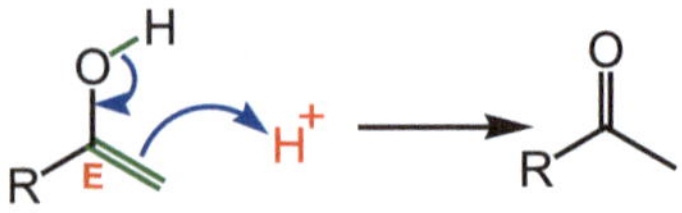

其它酮式与烯醇式共振结构的转化规律均为如此。因此将酸性视作酮式向烯醇式转化的有利条件，与事实相违。

第二，酸催化了亲核试剂活性的说法违背了催化作用的对应关系。因为酸性条件是催化离去基而间接催化亲电试剂的。

酸性条件催化了丙酮溴代反应的原因，不会违背酸碱催化作用的对应关系，只能是催化了溴原子离去基，生成了具有空轨道的溴正离子：

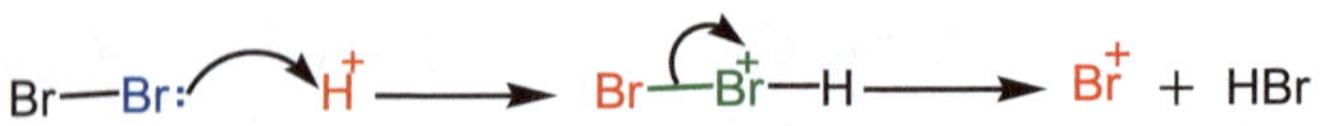

因此催化了丙酮溴代反应：

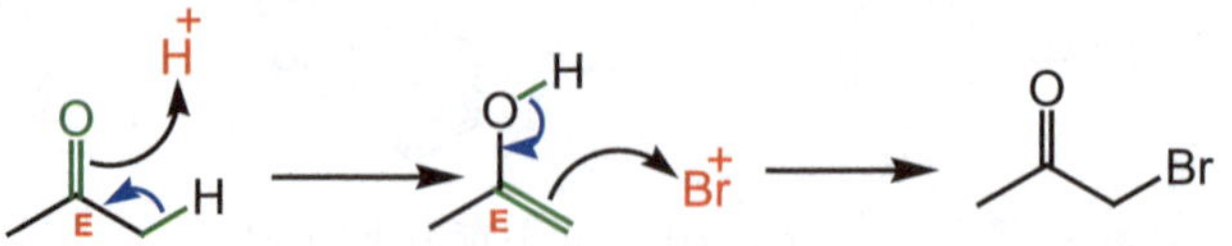

在上述机理解析式中，尽管亲核试剂仍为烯醇式结构，但其并非酸催化所致，而是烯醇式与酮式互变异构的平衡结果，酸性条件并未增加而是相对减少了烯醇式结构的平衡组成。

总之，酸催化了离去基而间接催化了亲电试剂，酸对于亲核试剂只能是致钝作用。同理，碱催化了亲核试剂，对于离去基与亲电试剂也只能是致钝作用。也就是说，凡是有利于亲核试剂活性的因素一定不利于亲电试剂与离去基活性，凡是有利于亲电试剂与离去基活性的因素一定不利于亲核试剂活性。酸、碱对于亲核试剂与亲电试剂的催化作用方向完全相反。

5.2.2 碱对于亲核试剂的催化作用

碱具有一对电子，属于特殊的亲核试剂，它对氢原子的亲核活性较强而对碳原子的亲核活性相对偏弱，因而能与缺电子的氢原子优先成键而生成负离子亲核试剂。根据极性反应的一般表达式，我们将碱催化亲核试剂的反应表示为：

$$\overset{-}{B} \curvearrowright H - Nu \longrightarrow B - H + \overset{-}{Nu}$$

$$B_1, Nu_2 \qquad\qquad\qquad B_2, Nu_1$$

下标的数字表示自强至弱的活性次序，反应前的负离子为强碱、弱亲核试剂，反应后生成了弱碱、强亲核试剂。即在碱催化反应前后两个负离子的碱性与亲核活性发生了变化。

有些与氢成键的元素上并不带有一对电子而不是亲核试剂，碳、氢类亲核试剂均属此类。但是在碱催化下可能生成亲核试剂。即便是存在孤对电子的亲核试剂如氧、氮元素等，碱催化生成的负离子结构的亲核活性也显著增强。

离去基离去后的结构就是亲核试剂，离去基转化成亲核试剂恰是在碱与氢原子成键条件下实现的。换句话说，碱催化生成的亲核试剂就是碱与氢原子成键所生成的离去基。

5.2.2.1 碱与取代基 α-氢原子的作用

取代基的 α-位存在氢原子，受取代基诱导效应、共轭效应的影响，α-碳原子的电负性较高，因而 α-氢原子一般具有弱酸性，当碱与其成键时，离去的碳负离子就成为亲核试剂。

例 16：Michael 加成反应是在碱催化条件下进行的[11]，反应机理为：

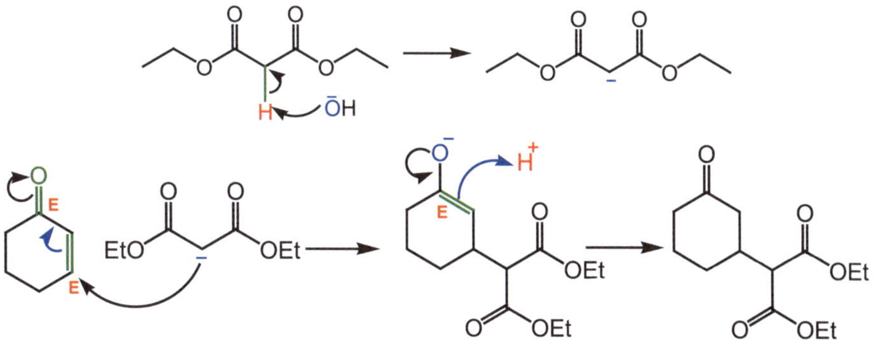

其中，碳负离子与羰基共轭，两结构间处于共振的平衡可逆状态：

显然，上述羰基与烯醇式共振结构为两可亲核试剂，但两个亲核试剂的活性有区别，所生成新键的离去活性有区别，因而生成的产物稳定性也不同。

例 17：Feist-Bénary 呋喃合成反应是 α-卤代烃与 β-酮酯在吡啶催化下生成呋喃的反应[12-13]：

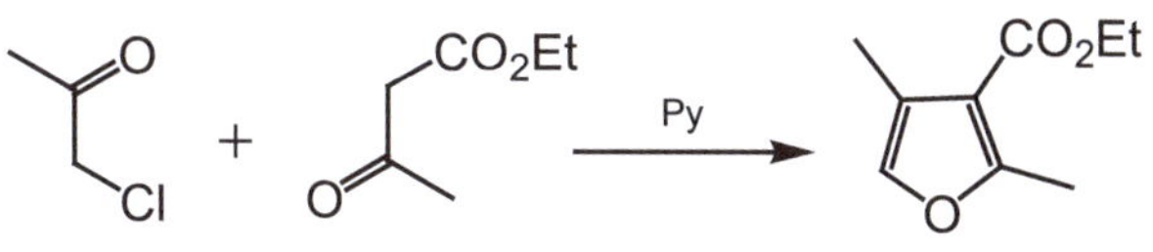

其中的吡啶（碱）三次与缺电子的氢原子成键，生成碳负离子亲核试剂：

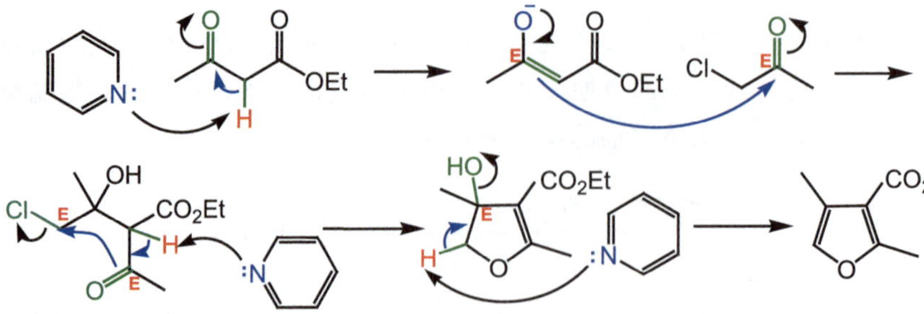

在 Feist-Bénary 呋喃合成反应过程中，选择吡啶而不选择乙醇钠为碱是有原因的。因为碱本身也是亲核试剂，它可能与其它亲电试剂成键，而成键后又可能成为离去基。我们总是希望碱的亲核活性越低越好、离去活性越高越好，吡啶便属此类。

5.2.2.2 碱性催化剂的选择

如前所述，碱性基团具有一对电子，与缺电子的氢原子成键后，原来与氢成键的元素带着一对电子离去，离去基转化为高活性的亲核试剂：

碱催化亲核试剂的过程本质上也是一个极性反应。其中碱 B^- 既具有碱性又具有亲核活性，生成的亲核试剂 Nu^- 既具有亲核活性又具有碱性，碱性催化过程是碱性降低而亲核活性增强的过程。

评价碱性强弱，不仅要看中心元素的电负性，更要看分子内的电荷分布。当基团 α-位的碳负离子与 π 键共轭而生成共振杂化体时，其碱性显著减弱而成为弱碱。生成的亲核试剂碱性减弱，但其可极化度显著增大，其亲核活性往往比碱催化剂更强。这就是碱的催化原理。

具有一对电子的碱属于亲核试剂，亲核试剂也是广义上的碱，碱性与亲核活性是同一试剂的两个功能。碱性标度的是与缺电子氢原子的成键能力，亲核活性标度的是与缺电子碳原子及其它缺电子元素的成键能力。两者既有区别又有联系，一般来说，亲核活性随着碱性的增强而增强，同时亲核活性又与可极化度相关。也就是说，碱性只是影响基团亲核活性的因素之一。

对于碱性催化剂的选择性，我们希望只与酸性氢原子成键，而不与其它亲电试剂成键，因此碱性催化剂的选择一般注意三个要点。

一是具有适度的碱性。因为分子内往往存在不同酸性的氢原子，因而催化用碱的碱性并非越强越好。

二是具有较弱的亲核活性。毕竟亲核试剂在碱性催化过程中发生的是副反应，碱的亲核活性越弱越好。

三是具有较强的离去活性。一旦碱与 π 键加成生成四面体结构，其较高的离去活性会使新键不稳定，从而返回到初始的原料状态。

几种常用的碱性催化剂比较见表 5-1。

表 5-1 常用碱性催化剂

项目	碱性催化剂(从强到弱)					
碱性强弱	$t\text{-BuO}^-$	H^-	$i\text{-PrO}^-$	EtO^-	MeO^-	HO^-
亲核活性	MeO^-	EtO^-	$i\text{-PrO}^-$	$t\text{-BuO}^-$	HO^-	H^-
离去活性	$t\text{-BuO}^-$	$i\text{-PrO}^-$	EtO^-	MeO^-	HO^-	H^-
试剂价格	H^-	$t\text{-BuO}^-$	$i\text{-PrO}^-$	EtO^-	MeO^-	HO^-

在选择碱性催化剂的过程中，符合上述全部条件的并不容易找到。烧碱的价格最低，但其水解副反应容易发生，因而使用受限；小分子醇钠较便宜，但其能够与羰基化合物加成，生成比较稳定的四面体结构的半缩醛（酮）副产物；较大的烷氧基化合物如叔丁醇钾，其碱性较强而亲核活性偏弱，因可极化度较大而离去活性较强，其与羰基加成的四面体结构不稳定而容易返回初始的原料状态，应该是个较好的碱催化剂，但其价格较贵，因而催化剂成本较高；氢化钠可极化度太小，因而只有碱性而无亲核活性，但其碱性较强、价格较贵，特别是安全隐患较大。

除了如上碱性催化剂之外，无机弱碱与有机碱也常用于亲核试剂的催化过程。无机弱碱价格低廉是优势，而需要极性偶极溶剂溶解则是劣势，此外还有可能生成水；有机碱的亲核活性与离去活性均强，不易生成稳定的四面体结构，但其仍能与亲电试剂生成稳定的季铵盐。

5.2.2.3 碱性催化剂的效果评价

碱性催化剂的选择应综合考虑其碱性、亲核活性、离去活性、价格等。

例 18：甲醇钠催化下的醛酮缩合反应，总会剩余较大量的醛，是否反应平衡可逆？

碱是催化亲核试剂的，反应机理为：

根据如上机理解析，生成的产物结构上虽存在氧负离子亲核试剂，但不存在活性离去基，因而此反应为不可逆过程，醛的剩余并非反应的平衡所致。

醛之所以剩余是由于甲氧基与醛羰基加成生成了半缩醛：

半缩醛结构的生成使其亲电活性消失，无法再与亲核试剂成键。在反应后处理的酸化过程中，半缩醛发生了分子内消除反应，重新生成了醛。

这是碱性兼有亲核活性的必然结果。为了避免半缩醛的生成，若采用只有碱性而不具亲核活性的碱如氢化钠，或用虽具有亲核活性但离去活性较高的碱如叔丁醇钾，或许能提高醛的转化率，但需平衡原料成本。

例 19：乙醇钠催化条件下甲基酮与酯的缩合反应：

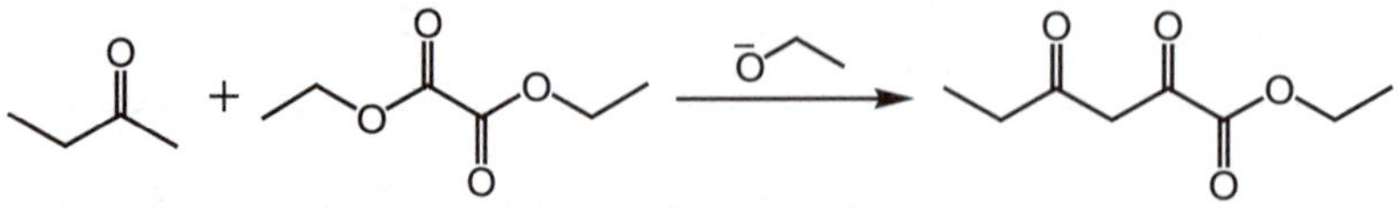

实验发现，乙醇钠的纯度对于本步反应收率有较大影响。用纯度为 96% 的乙醇钠催化收率可达 84%；用纯度 98% 的乙醇钠催化，收率仅为 79%。请解释原因。

乙醇钠与氢氧化钠均为碱性催化剂，均能催化主反应的发生：

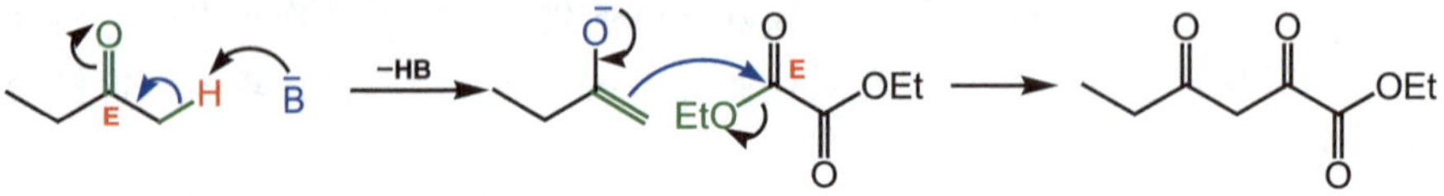

氢氧化钠的劣势是能将酯类水解成羧酸；优势是难与酮羰基加成，不易生成稳定的水合酮：

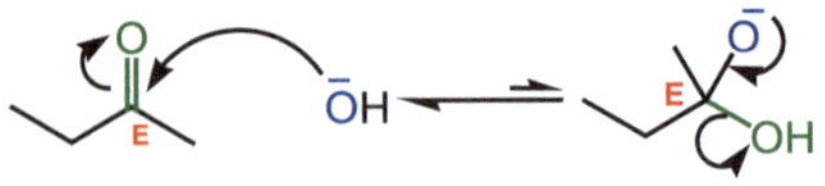

乙醇钠的优势是不会水解酯类；劣势是能与酮羰基加成，生成比较稳定的半缩酮：

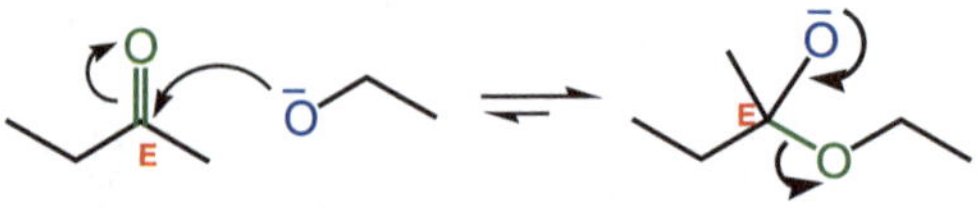

综合碱性、亲核活性、离去活性等因素，选择氢氧化钠与乙醇钠之比为 4∶96 比较合适。

综上所述，具有一对电子的有机试剂，往往碱性与亲核活性兼备，其中一个是主反应时，另一个就是副反应，必须给予极大的关注。

5.2.3 酸对于亲电试剂的催化作用

活性较弱的亲电试剂未必能与亲核试剂成键；即便成键了，若亲核试剂仍具有相对较大的电负性，也能转化成离去基，其逆反应也可能占优势：

为了提高亲电试剂的亲电活性，采用酸催化是最常见的方法。通过离去基上一对电子与空轨道络合或缔合成键，离去基上也就带有了正电荷，离去活性也就显著提高了，也就间接地催化了亲电试剂：

酸催化过程达到了两个效果：除了提高亲电试剂的亲电活性，加快了反应速度之外，还与离去基上的一对电子成键，降低了离去基离去后的亲核活性。这就是酸催化的双重作用。

我们再以路易斯酸对卤代烷的催化作用为例：

$$E-X: \quad AlCl_3 \longrightarrow E-X^+-\bar{Al}Cl_3 \longrightarrow E^+ + X\bar{Al}Cl_3$$

上述离去基卤原子上孤对电子首先进入路易斯酸空轨道，络合生成离子对结构；带有单位正电荷的卤原子电负性增强、离去活性增强，因此容易离去生成烷基正离子。上述过程也是平衡可逆的。

由此可见，路易斯酸催化过程是一种空轨道将另一试剂转化成空轨道的交换过程。质子酸与路易斯酸的催化作用并无本质上的差别，都是提供了空轨道，也就是说质子上存在一个没有电子的空轨道。

总之，凡是具有空轨道的酸对于离去基及亲电试剂均具有催化作用，或者说凡是催化离去基与亲电试剂的催化剂一定属于酸性的亲电试剂。

既然酸具有空轨道能与一对电子络合，包括亲核试剂上的一对电子，则酸的存在势必降低反应系内亲核试剂的反应活性。

5.2.3.1 酸催化亲电试剂的原理

酸催化离去基就是催化亲电试剂。

例 20：四甲基乙烯与双氧水在酸催化条件下可先后合成频哪醇、频哪酮、2,2,5,6,6-五甲基庚-4-烯-3-酮：

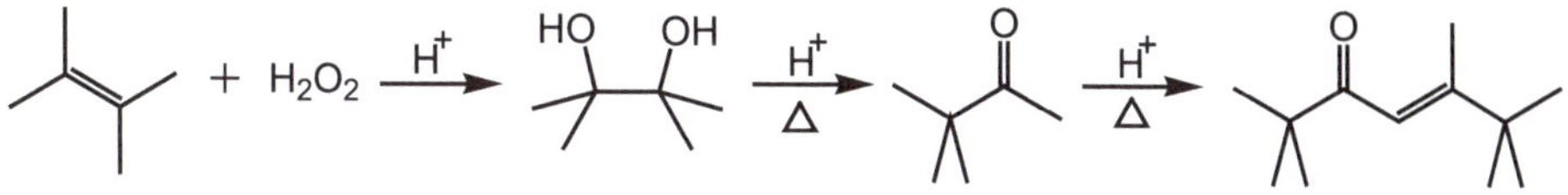

首先，双氧水上氧原子的孤对电子与质子成键，生成的氧正离子的电负性显著增强，因此转化成了离去基，与其成键的另一氧原子受高电负性的氧正离子的影响而成了缺电体——亲电试剂。水离去后生成了带有空轨道的氧正离子：

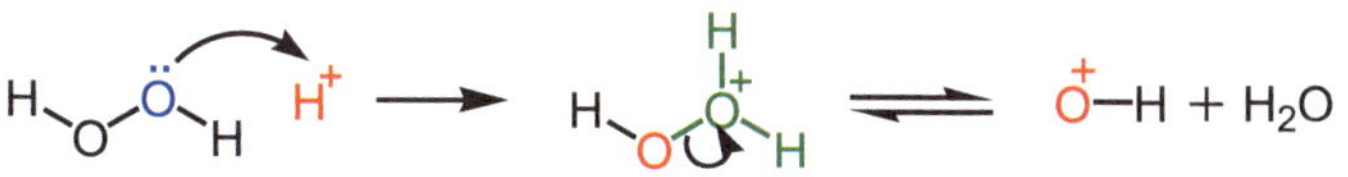

接着，四甲基乙烯 π 键上的一对电子与氧正离子成键，烯烃的另一端就伴生了碳正离子亲电试剂，该碳正离子与水成键生成频哪醇：

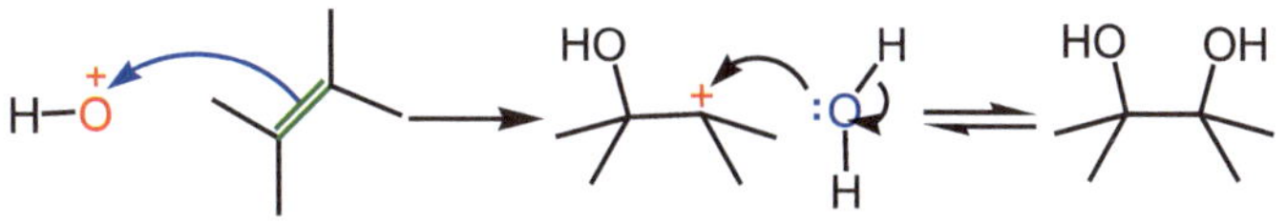

频哪醇生成后，其羟基氧原子上孤对电子能够再次质子化并离去，重新生成碳正离子亲电试剂，它具有极强的亲电活性，能吸引其 α-位的 σ 键成键，发生分子内的缺电子重排而生成频哪酮：

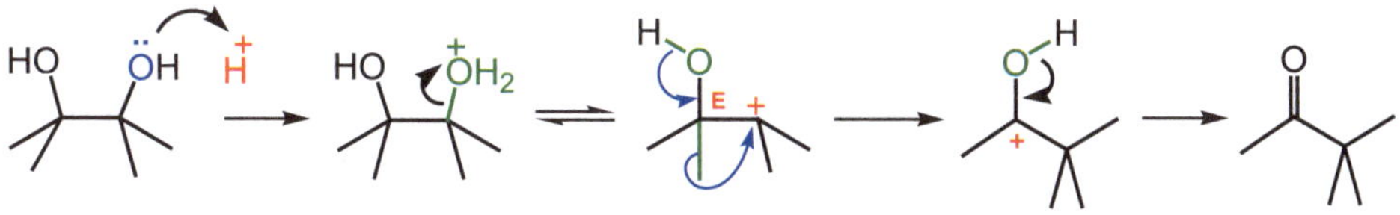

频哪酮的烯醇式结构仍为亲核试剂，能与其酮式结构发生 Michael 加成反应，接着脱水生成 2,2,5,6,6-五甲基庚-4-烯-3-酮：

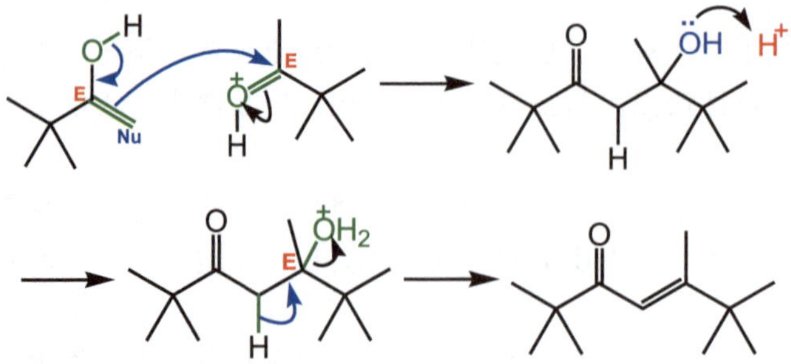

上述反应的各个阶段均是酸催化离去基而间接催化亲电试剂的反应过程，无论是羟基还是羰基，酸催化后的离去活性显著增强，因而亲电活性增强。

5.2.3.2 酸催化剂的选择

既然酸能催化亲电试剂的活性，那么就应该区别不同酸的特点，选择一个适用的酸催化剂。主要关注以下三个要点。

① 一要重视质子酸阴离子的亲核活性。

质子酸有多种，其质子并无区别，区别在于阴离子部分。质子酸分子中的质子是亲电试剂，而酸根阴离子是亲核试剂。在选择质子催化剂的时候，其阴离子的亲核活性越低越好，见表 5-2。

表 5-2　常用催化用酸的 pK_a 值及酸根亲核活性顺序

酸	HI	H_2SO_4	HBr	HCl	$ArSO_3H$	HF
pK_a	−10	−10	−9	−7	−6.5	3.17
酸根亲核活性	I^-	>Br^-	>Cl^-	>HSO_4^-	>$ArSO_3^-$	>F^-

根据上述酸根亲核活性排序，溴、碘负离子亲核活性较强，不适合用作催化用酸，除非利用其阴离子亲核试剂；硫酸根、氯离子的亲核活性不强，硫酸与盐酸价格又便宜，适合用于酸催化过程；对甲基苯磺酸（$ArSO_3H$）在有机物中的溶解度相对较大，常用于酸催化过程；然而真正催化效果更好、不易发生副反应的酸催化剂首选氟化氢。

例 21：以苯酚为亲核试剂，在酸的催化作用下取代羟基的反应机理为：

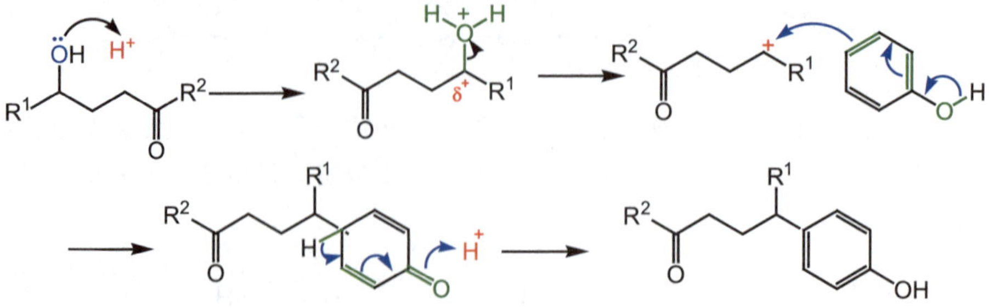

此反应选择硫酸、盐酸、对甲基苯磺酸均可，但以氟化氢为最佳，原因就在于氟负离子的亲核活性最弱。

② 二要重视路易斯酸与质子酸的活性区别。

路易斯酸与质子酸的主要区别就是路易斯酸空轨道接受电子生成的共价键不易极化，因而路易斯酸的吸电能力比质子更强。当质子酸的催化效果不佳时，往往可以通过路易斯酸来实现，如芳烃的烷基化反应只能用路易斯酸催化卤代烷，生成碳正离子。

例 22：2,3-二氟苯甲醚与卤化氢反应生成 2,3-二氟苯酚与卤甲烷：

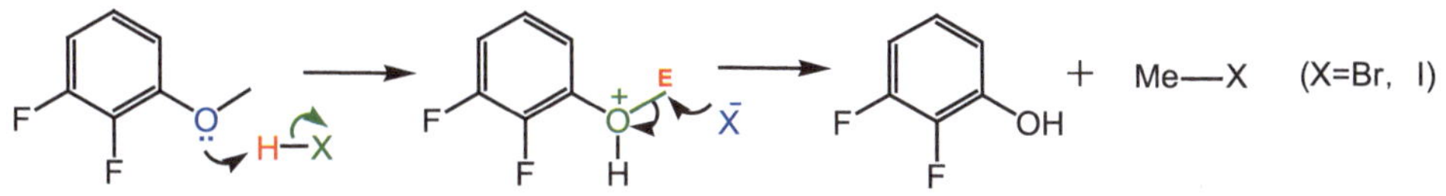

与氧成键的甲基虽属亲电试剂，但其亲电活性较弱，在非酸性条件下很难与亲核试剂成键。但当氧原子上的孤对电子与质子缔合成键后，氧正离子的电负性显著增强，与其成键的甲基碳原子便成为较强的缺电体——亲电试剂了，因而甲基碳原子与溴、碘负离子亲核试剂便可成键。以氯化氢代替溴化氢，上述反应不会发生，原因是氯离子的亲核活性不足。

例 23：2,3-二氟苯甲醚裂解反应可在三氯化铝催化下，以氯化钠为亲核试剂发生：

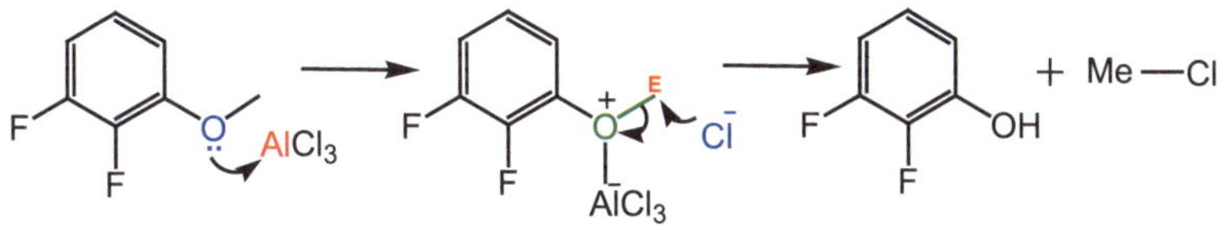

同样是生成了氧正离子，同样催化了甲基碳原子的亲电活性，但亲电活性不同，由于选择了路易斯酸作催化剂，与氧正离子成键的甲基碳原子更加缺电子，因而亲电活性增强。能与亲核活性比溴或碘更弱的氯负离子成键。

例 24：三氯甲苯的氟代反应，采用氟化钾亲核试剂是不能生成产物的，而只有用氟化氢才能完成氟代反应。仅就亲核试剂来说，氟化钾强于氟化氢，因为氟负离子具有单位负电荷，而氟化氢分子上的氟原子只是带有部分负电荷。此反应机理为如下酸催化过程：

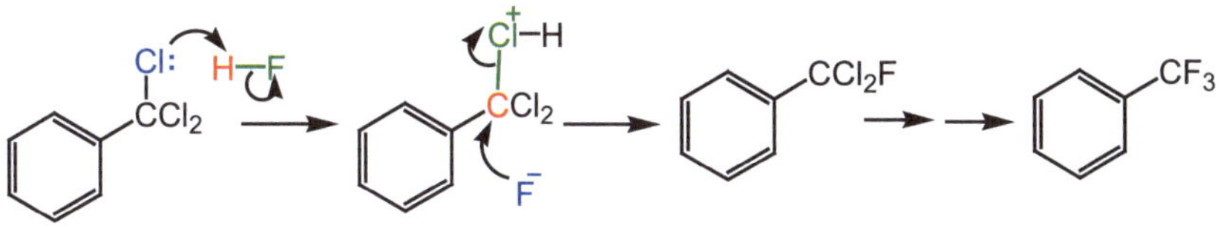

由于三氯甲基碳原子的亲电活性不强，难以和弱亲核试剂——氟负离子成键；而当三氯甲基上氯原子与氟化氢的质子成键后，氯原子带有正电荷，其电负性增强且离去活性增强，三氯甲基上的碳原子亲电活性势必增强，因此反应容易发生。

例 25：三氟甲苯与三氯化铝之间的氟氯交换反应：

反应机理为：

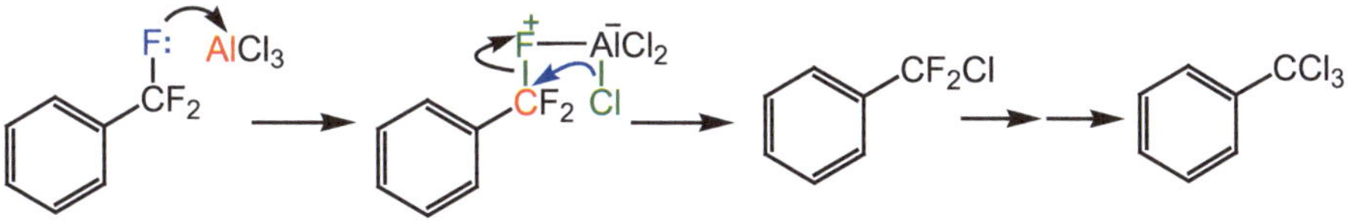

第一步反应以路易斯酸空轨道为亲电试剂，第二步反应则是以三氟甲基上缺电子碳原子为亲电试剂。第一步反应生成的中间体铝负离子的电负性显著下降，因而氯原子容易带走一对电子离去而转化成第二步反应的亲核试剂。

由于生成的三氟化铝相对稳定，氟负离子不易离去，因而化学平衡向生成三氯甲苯的方向移动。

质子酸与路易斯酸的作用机理确有其相似之处，其差异是路易斯酸的亲电活性更强。当然，酸催化剂的酸性并非越强越好，过强的酸性可能催化副反应，适度的酸性才是合适的选择。

路易斯酸是外层带有空轨道的元素。此类元素很多，不仅限于铝、铁、硼等，若干金属外层均存在空轨道，如锌、镁、铜、钯等，均具有路易斯酸的性质。

③ 三要考虑质子酸与路易斯酸互代的可能。

尽管质子酸与路易斯酸催化活性存在差异，但它们的共性是具有空轨道，均能催化离去基而间接催化亲电试剂，在若干酸催化的反应过程中它们之间可能互相替代。

例 26：三氟化硼乙醚络合物催化下的酯交换反应，是在苯溶剂中回流进行的，反应速度太慢，反应时间长，原料转化率低：

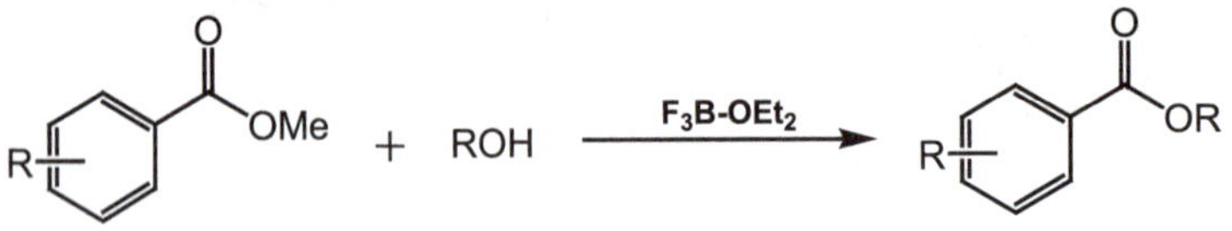

三氟化硼乙醚络合物解离成三氟化硼后的酸催化反应机理如下。首先生成路易斯酸：

路易斯酸三氟化硼催化了羰基的离去，即催化了酯交换反应：

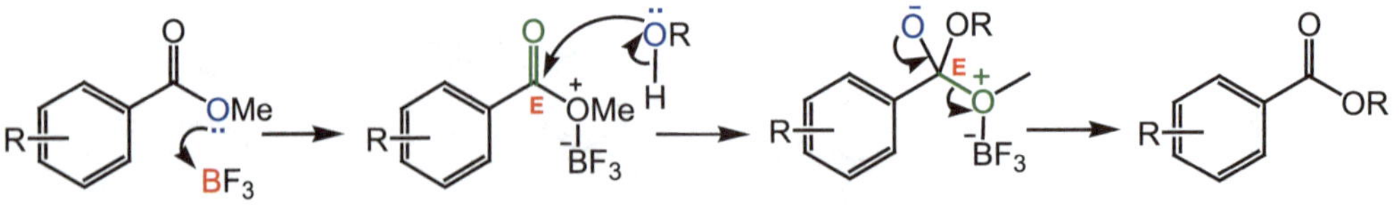

其中三氟化硼可实现循环利用：

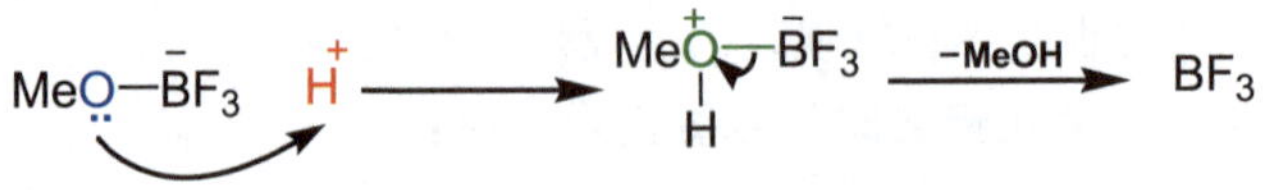

为了加快反应速度，以甲苯代替苯作溶剂以提高反应温度，但因三氟化硼乙醚络合物的沸点低于甲苯，回流过程的催化剂易挥发损失，改用质子酸——对甲基苯磺酸代替路易斯酸——三氟化硼乙醚络合物为催化剂，反应机理为：

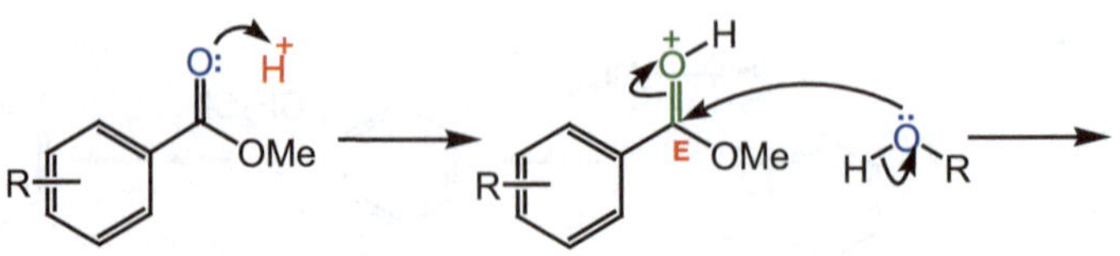

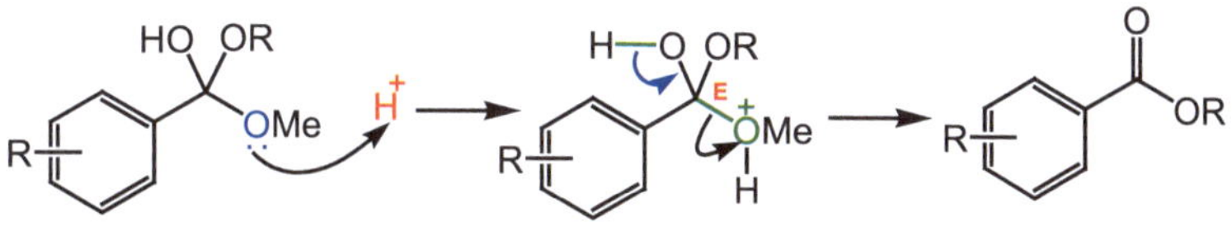

因此，实现了加快反应速度、缩短反应时间、提高转化率的目的。

例 27：以 4-氧代-4-苯基丁-2-烯酸为起始原料，经路易斯酸催化酯化，再经质子酸催化加成反应合成 2-烷氨基-4-氧代-4-苯基丁酸乙酯的两步法合成工艺：

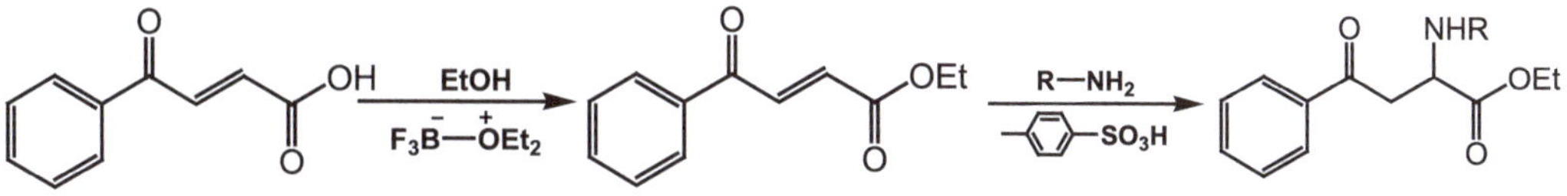

若能以同一种酸催化先后进行的两步反应，则两步反应就可合并成准一步反应：

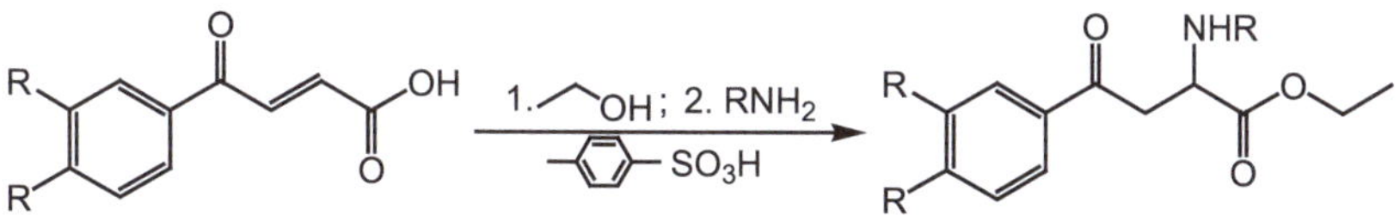

实验证明准一步合成工艺可行，不仅减少了中间体分离步骤和物料消耗，而且收率显著提高。

综上所述，若干亲电试剂由酸催化作用产生，若干弱亲电试剂也由酸催化激活，质子酸与路易斯酸均对亲电试剂的活性产生影响，两者在一定的范围内可互代互换。

5.3 极性反应的物理化学规律

在参与极性反应的各种试剂中，往往不止一种亲核试剂或一种亲电试剂，为设计合理的工艺路线以获得较好的反应选择性，应认识和解决同一要素的反应活性排序问题，即分子结构与反应活性的关系问题（简称结活关系）。

5.3.1 羰基化合物的结构与活性

羰基为不对称 π 键，因而具有较强的极性。羰基碳原子为典型的缺电体——亲电试剂。受诱导效应、共轭效应的影响，不同的羰基化合物具有不同的亲电活性。

5.3.1.1 羰基化合物的亲电活性排序

如下羰基化合物的亲电活性次序，自左至右依次减小[14]：

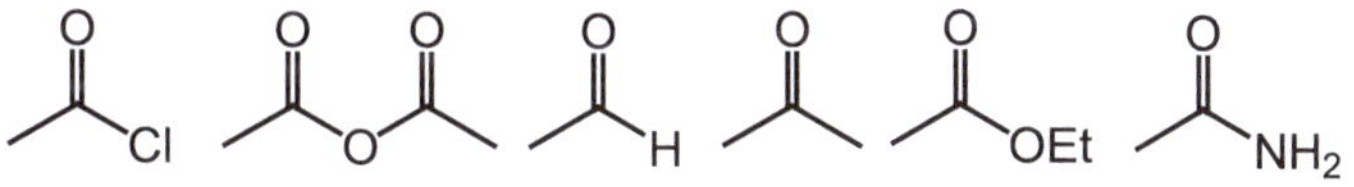

观察核磁共振氢谱数据，依据不同乙酰基化合物上甲基氢原子的化学位移 δ_H 值（表 5-3）[15-16]，就能证明如上结论。

表 5-3　羰基化合物上甲基氢原子的化学位移 δ_H 值

化合物	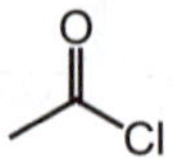 CH₃COCl	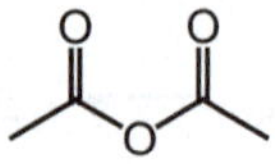 (CH₃CO)₂O	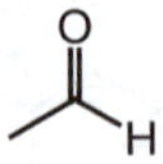 CH₃CHO	 CH₃COCH₃	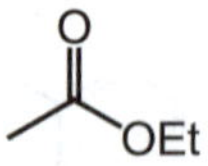 CH₃COOEt	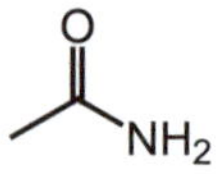 CH₃CONH₂
δ_H	2.638	2.219	2.206	2.162	2.038	2.033

比较红外光谱图中不同乙酰基化合物上羰基 π 键伸缩振动频率（表 5-4），也能证明上述结论[14]。

表 5-4　乙酰基化合物羰基 π 键伸缩振动频率 $\nu_{C=O}$

化合物	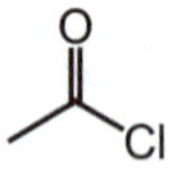 CH₃COCl	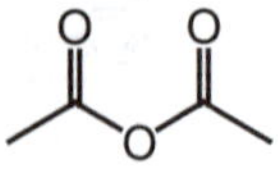 (CH₃CO)₂O	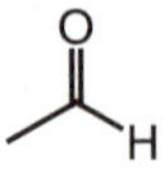 CH₃CHO	 CH₃COCH₃	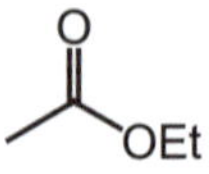 CH₃COOEt	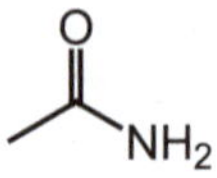 CH₃CONH₂
$\nu_{C=O}/cm^{-1}$	1806	1787	1733	1720	1740	1675

上述结活关系排序并不易通过简单的有机反应实验对比出来。因为结活关系属于动力学因素，它只表示亲核试剂与亲电试剂之间成键的能量或速度，并不表示生成新键的稳定性。因此，对于若干没有产物生成的热力学不利的反应过程，观察不到它的反应速度。

然而只要运用物理化学理论来解析化学反应机理，即运用反应动力学理论对应地研究结活关系即反应速度，运用反应热力学理论对应地研究产物的稳定性和反应的平衡移动，就能解释并排序结活关系。

5.3.1.2　羰基的加成与消除

反应动力学理论主要研究影响化学反应速度的相关因素及其影响趋势[17]。然而长期以来，人们只将反应动力学理论应用于具有产物生成的反应过程，并未包括不稳定活性中间状态的生成过程，这实质上是给反应动力学研究设置了一个范围，就是以反应热力学有利为前提条件。然而，若将反应动力学概念与反应热力学概念分开，即暂不考虑整个反应过程是否有稳定的化合物生成，而仅仅讨论某一基元反应步骤，特别是运用反应动力学的理论研究活性中间状态的生成过程，则对于反应机理研究、分子结构与反应活性关系的研究都会取得理论上的突破。

例 28：光气与溴负离子的反应过程。

溴负离子为强亲核试剂，光气分子内羰基碳原子为强亲电试剂，而光气分子上的羰基 π 键又是强离去基，这样，溴负离子与光气分子内的羰基碳原子成键，生成四面体结构就是必然的：

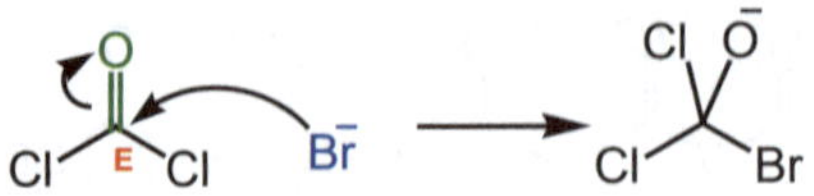

之所以认为上述反应必然发生，是由于极性反应的三要素不仅存在，而且活性足够强，没有理由不生成如上的活性中间状态。

然而，在上述反应生成的活性中间体结构中，氧负离子又成了强亲核试剂；与其成键的碳原子又是亲电试剂；亲电试剂上又带有一个溴原子、两个氯原子共三个可离去的基团，该活性中间结构中存在着极性反应三要素，因此该四面体结构必然不稳定，继续发生分子内消除反应是必然的：

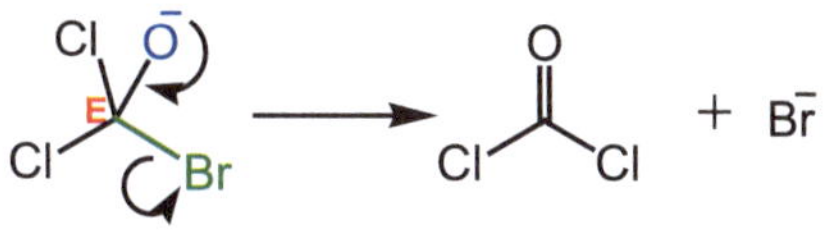

溴原子优先离去的原因是其离去活性强于氯原子。

上述羰基化合物的加成与消除两个反应，既是串联进行的也是平衡可逆的，且表观上未见化学反应发生，属于未见产物的化学反应。

此种未见产物的反应并非化学反应未曾发生，而是反应进行了一个往返。宏观结果不能代表微观状态，只有把反应是否发生与产物是否生成分开讨论，才能解释客观存在的反应现象，为排序极性反应三要素的活性提供可靠的理论基础。

例 29：以苯甲醚、光气、溴负离子为原料制备对溴苯甲醚：

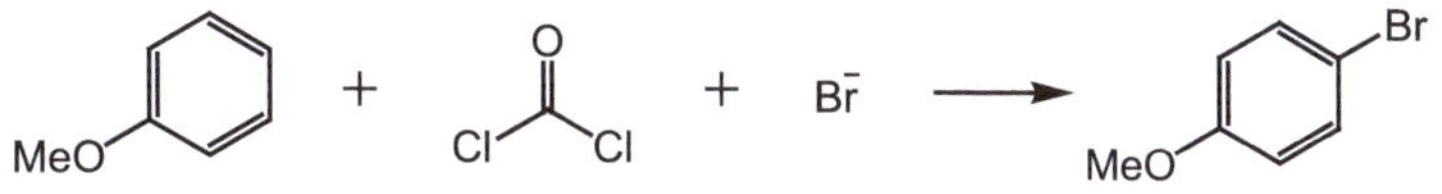

其中芳烃与溴负离子均为富电体——亲核试剂，它们之间不能直接成键，势必与光气的作用有关，反应机理为：

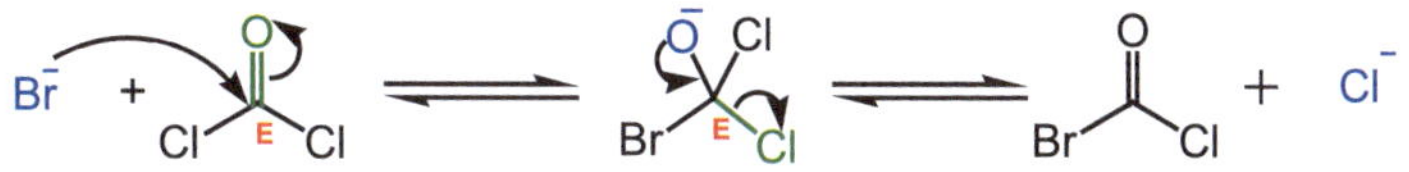

尽管溴原子的离去活性远大于氯原子，但总会有微量氯原子离去而生成单溴代光气。在单溴代光气分子内，溴原子的电负性小于氯甲酰基，因而转化成缺电体——亲电试剂，能够腾出空轨道接受芳环 π 键上的一对电子成键：

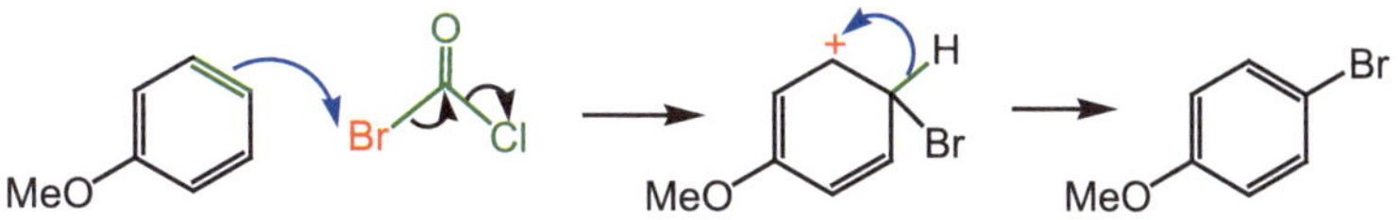

由此可见，未见产物之反应并非反应未曾发生，而是反应进行了一个往返。此例将例 28 的未见产物之反应转化成了能够进行到底之反应。证明了中间态四面体生成的客观性，证明了未见产物之反应的存在，证明了宏观状态的未见产物未必是微观状态的并未反应。

例 30：邻甲基苯甲酸与氯化亚砜生成邻甲基苯甲酰氯的反应为：

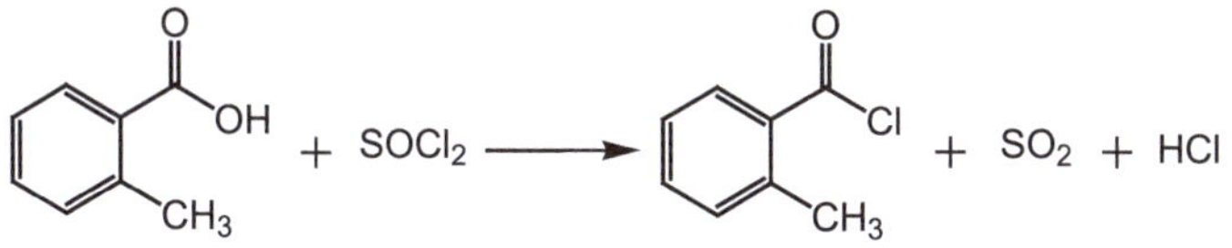

由于反应过程有氯化氢生成，其与酰基的加成反应便有可能，只不过在生成四面体结构

之后还有个消除反应，这仍是一个串联的平衡可逆过程：

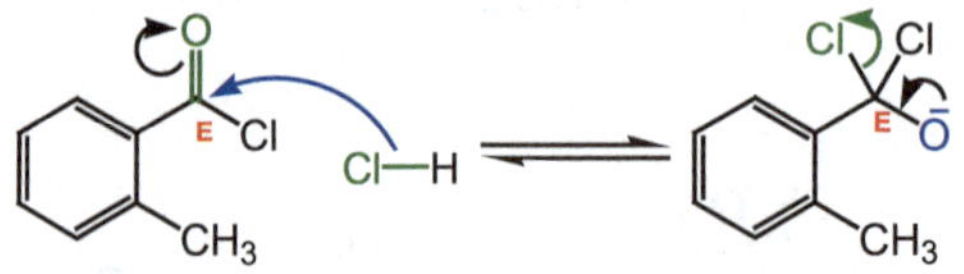

但在宏观上是未见产物之反应。

例 31：邻甲基苯甲酰氯经光氯化制备邻三氯甲基苯甲酰氯的反应：

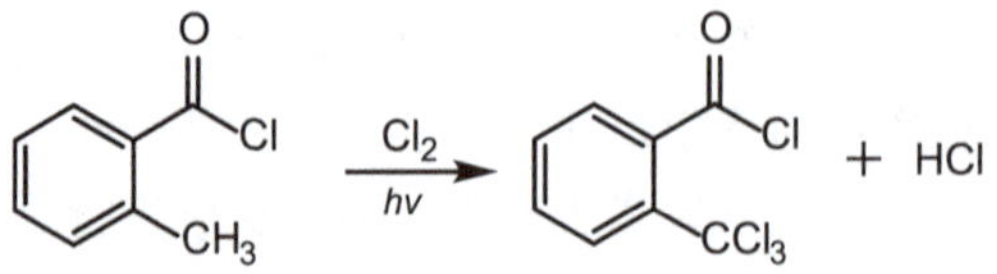

由于有氯化氢存在，其与羰基 π 键加成为四面体中间状态不可避免，但其大部分仍处于串联进行的平衡可逆状态：

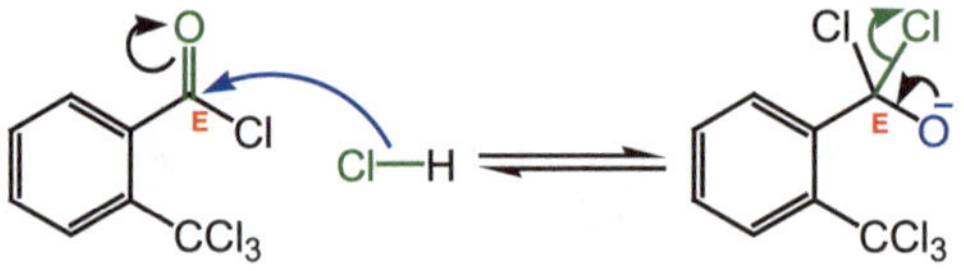

然而由于邻位存在三氯甲基亲电试剂改变了上述原有的平衡可逆状态，四面体结构上氧负离子可与三氯甲基的碳原子成键，生成如下异构产物：

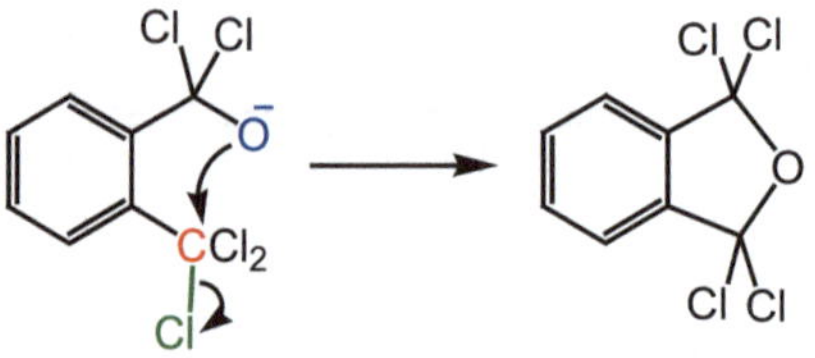

这就证明了羰基与氯化氢发生了加成反应。证明了羰基碳原子与亲核试剂成键的可能性与必然性，证明了较强亲核试剂与羰基之间平衡可逆反应的客观存在，证明了未见产物的化学反应的客观存在。

因此，有必要将新键是否生成与新键是否稳定分开讨论、区别看待。是否生成过新键是个反应动力学概念，表示某一基元反应的活性即反应速度；而新键是否稳定是个反应热力学概念，表示反应进行的方向与限度。

5.3.2 反应速度的决定因素

剔除热力学因素，仅考虑基元反应的动力学因素：反应速度由亲核试剂与亲电试剂的活性决定。

5.3.2.1 亲核试剂与亲电试剂均具活性就必然成键

按照这一概念，我们不仅能认识和发现能够进行到底的反应、可逆平衡的反应，还能认识和发现未见产物的反应。所谓未见产物的反应实质就是串联可逆反应，有如下两种情况。

一种未见产物的反应是平衡进行的基元反应，逆向反应比正向反应更容易发生，反应进行了一个往返。

例 32：二甲胺盐酸盐加热分解反应：

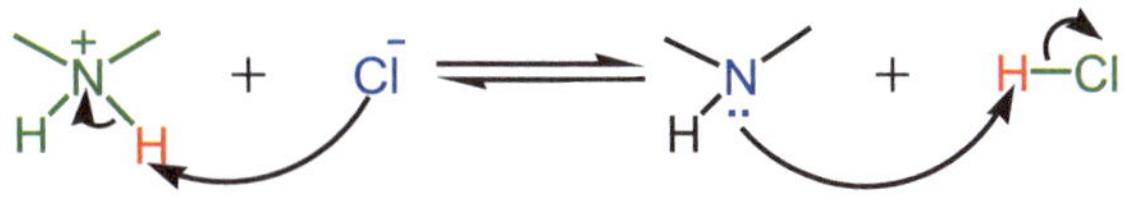

我们只能见到原料二甲胺盐酸盐，而见不到二甲胺与氯化氢，这是由于它们的逆向反应更容易发生。

然而将二甲胺盐酸盐加热时，却能够将二甲胺盐酸盐这种离子化合物蒸出来，这看似分子结构与物理性质关系不符，实际上是二甲胺盐酸盐热分解生成了二甲胺与氯化氢，两分子一同蒸发出来后冷却再成键，这就证明了上述正向反应在较高温度下是客观存在的。

这种逆向反应比正向反应更容易发生的情况，属于未见产物的串联可逆反应。

另一种未见产物之反应就是在反应进行至活性中间体后，由于没有活性更强的离去基离去，而仍具有离去活性的亲核试剂自身离去，从而返回到初始的原料状态。

例 33：碘化钾与丙酮之间必然存在着如下可逆反应：

由于碘负离子是强亲核试剂，酮羰基碳原子是较强亲电试剂，π 键又是强离去基，三要素均强，因而必然生成活性的四面体结构。但在四面体结构中，氧负离子又是强亲核试剂，碘原子又是强离去基，逆向反应更容易发生，所以此反应仍为没有产物的可逆反应。

总之，宏观上未见反应发生，微观上进行了一个往返，就是未见产物的反应。揭示这些未见产物反应的存在，为我们认识和排序亲核试剂、亲电试剂的反应活性提供了理论依据。

5.3.2.2 亲核试剂与亲电试剂能否成键，取决于两者的活性加和

亲核试剂与亲电试剂能否成键，取决于两者的活性，然而并非仅由较弱者所决定，而取决于两者的活性加和，换句话说两个试剂的活性具有互补性。

极强的亲核试剂能与较弱的亲电试剂成键，如正丁基锂能与本不属于亲电试剂的氮气成键：

极强的亲电试剂能与弱的亲核试剂成键，如碳正离子能吸引其 α-位的碳碳 σ 键成键，发生缺电子重排反应：

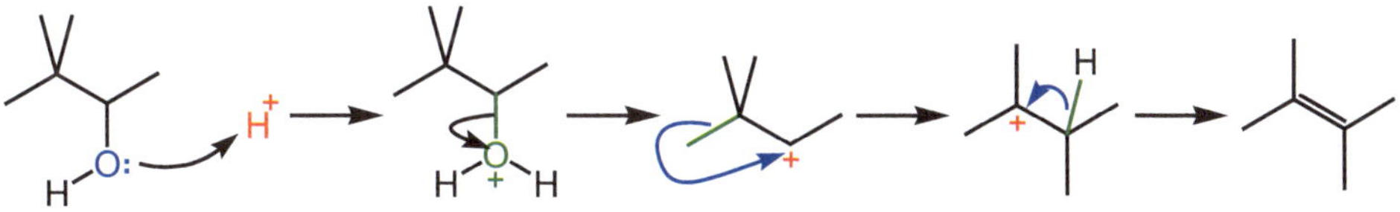

因此，亲核试剂与亲电试剂，只要其中之一是高活性的，往往就能够相互成键，这就是

所谓活性加和或活性互补的概念。

5.3.2.3 未生成稳定产物的反应的判别

比较烯烃 π 键与羰基 π 键的活性：由于 π 键为离域键，π 键的离域使其两端带有异性电荷而具有极性。羰基的 π 键为极性 π 键，比烯烃 π 键更容易极化变形、发生共振而生成离子对，因而其活性理应更高。

例 34：甲醛、乙烯的三聚反应活性比较。

甲醛的三分子聚合在室温条件下就能快速完成：

乙烯在室温下稳定，其聚合反应需要高温、高压条件：

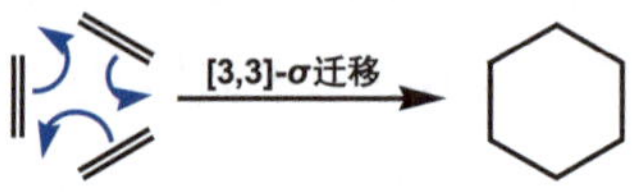

由此可见，羰基 π 键比烯烃 π 键更具反应活性。既然如此，高活性的 π 键之间存在着自身成键的可能性：

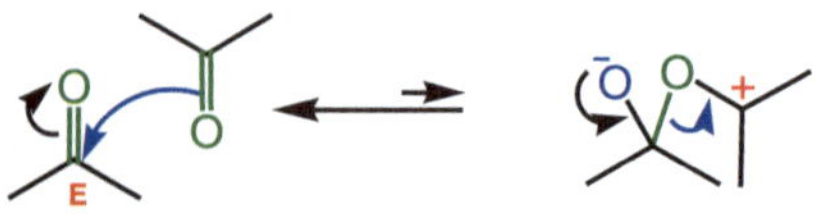

羰基氧原子与羰基碳原子的成键不可避免。然而由于生成的四面体结构不稳定，只能返回到初始的原料状态，表观上未见产物生成。

因此，反应产物内是否存在极性反应三要素，离去基是否具有较强离去活性，是判断反应产物是否稳定的依据。

5.3.3 反应的方向与限度

前已述及，亲核试剂与亲电试剂之间只要具备足够的活性就会成键，这是由反应动力学因素所决定的。然而反应生成的新键未必能够稳定存在，而能否生成稳定的共价键由反应热力学因素决定，有机反应进行的方向与限度由离去基的相对活性所决定。

5.3.3.1 极性基元反应的方向取决于离去基的相对活性

亲核试剂与亲电试剂成键后，如果新键上亲核试剂仍具有离去活性，极性反应可用如下平衡可逆式表达：

$$\text{Nu}^- + \text{E}-\text{Y} \rightleftharpoons \text{Nu}-\text{E} + \text{Y}^-$$

在这种平衡可逆状态下，反应方向取决于 Nu 与 Y 的相对离去活性。活性较强的离去基率先离去。

例 35：如下的若干有机反应的方向判别。

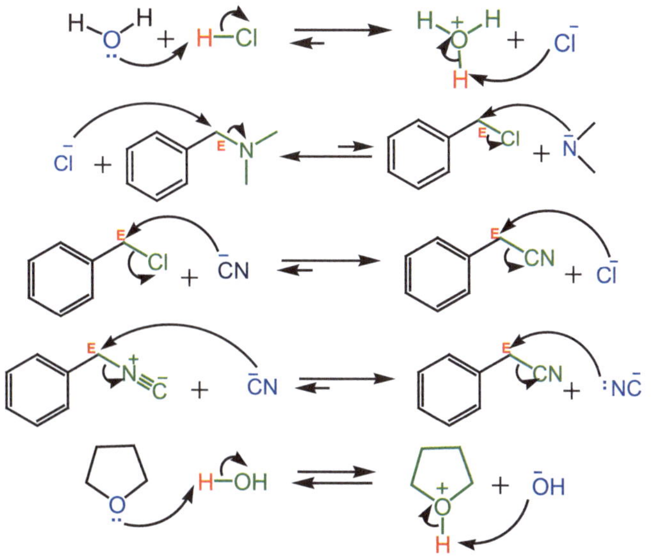

通过比较正向与逆向的离去基离去活性，就可判断反应的方向。

例 36：苯胺的溴代反应产物，不仅氨基的邻对位碳原子能够与溴正离子成键，同样作为亲核试剂的氮原子，其孤对电子与溴正离子成键也是必然的：

只不过氨基与溴成键后，并未改变溴原子原有的亲电试剂性质，亲核试剂（如溴负离子）仍容易与缺电子的溴原子重新成键，而苯胺离去返回到初始的原料状态。

5.3.3.2 四面体结构的消除取决于离去基的相对活性

对于具有多个离去基的活性中间体而言，活性最强的离去基率先离去。

例 37：如下羰基化合物能够与水加成生成四面体结构：

这是亲核试剂、离去基与同一缺电子碳原子成键的四面体结构，由于四面体内的极性反应三要素齐备，具备了发生分子内极性反应的条件，因而该四面体结构为不稳定结构，必然发生分子内消除反应。

在上述四面体结构内，存在着两个羟基和一个 X 基团。其中一个羟基为亲核试剂，可用其一对电子与碳原子成键；而另一个羟基具有一定的离去活性，只能成为离去基；X 基团是否具有离去活性则需根据该基团的结构判定。

如果 X 为离去基，则在活性四面体结构上就存在 X 与 OH 两个离去基，哪一基团率先离去取决于 X 与 OH 的相对离去活性。

在酰氯、酸酐、醛、酮、酯与酰胺这六种常见羰基化合物结构内，若 X＝Cl、OCOCH$_3$、OEt，则它们的离去活性均强于 OH，故会发生如下反应生成羧酸：

若 X 为氨基，酸性条件下质子化的氨基的离去活性强于羟基，酰胺也能水解成羧酸：

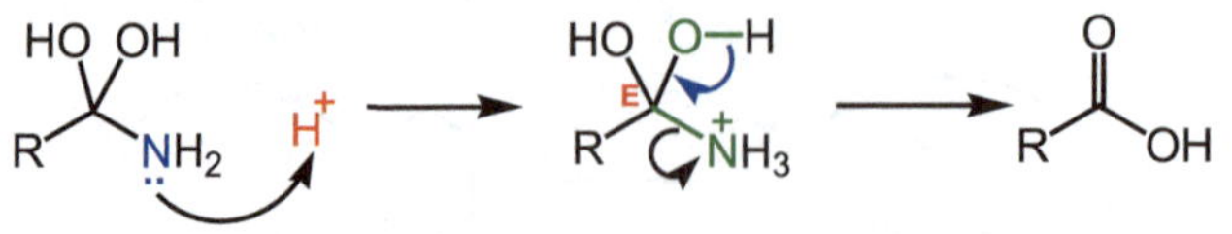

在强碱性条件下，氨基成了唯一的离去基，离去后会生成羧酸负离子：

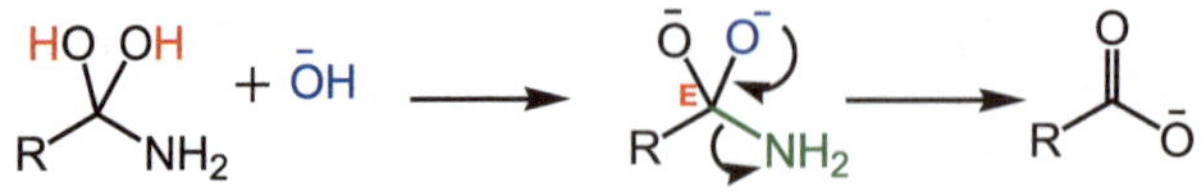

中性与弱碱性条件下酰胺水解反应也没有新产物生成，这是氨基的离去活性低于羟基的缘故。

在醛、酮与水加成的活性中间状态，即 X＝H、R（烷基）情况下，它们的离去活性均比羟基更弱，因而在四面体中间结构上，羟基成了唯一具有活性的离去基，羟基只能自身离去，因而其后续消除反应只能返回到初始的原料状态：

水与醛、酮的加成消除反应从宏观上看似乎并未发生，而微观上是两个串联可逆反应的多次往返。

5.3.4 反应的进程与产物

能否发生反应与能否生成产物不是一个概念。类似于羰基的加成与消除反应，就是串联进行的两步反应，是否生成产物仅仅取决于四面体的消除反应，与羰基加成无关。因此不能因为未见产物生成就否定了加成反应的客观存在。

醛、酮与其它羰基化合物的区别不在于羰基加成这一动力学因素，因为这仅由亲核试剂与亲电试剂的活性决定；它们的区别仅在于活性四面体结构内不同离去基的相对活性，在于四面体消除反应这一热力学因素。

然而，羟基、氨基等基团的离去活性较弱，羟基、氨基共存的四面体结构也还相对稳定，在反应体系内水合醛、半缩醛、半缩酮、半缩胺等还能在一定条件下稳定存在。更强的离去基，如卤原子等，与羰基加成的中间状态是瞬间消除而无法检测到的。我们只能根据反应动力学与反应热力学理论，推测该活性中间体的瞬间存在。

5.3.4.1 反应的进程与平衡转移

有机反应总是按照活化能从小到大的次序发生的，至于是否生成产物，取决于离去基的离去活性。因此，只有识别反应的中间状态及未见产物的反应，才能认识和理解有机反应发生的所有可能。

例 38：Krapcho 脱羧基反应为 β-酮酯、β-氰基酯、丙二酸酯、β-砜酯的脱羧基反应，一个典型的实例为[18]：

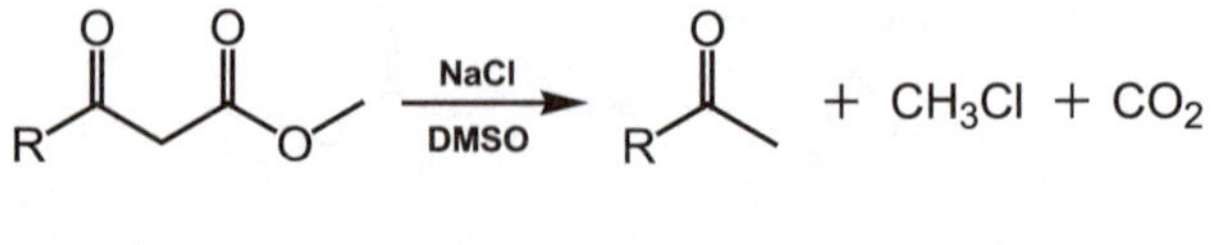

反应机理为[19]：

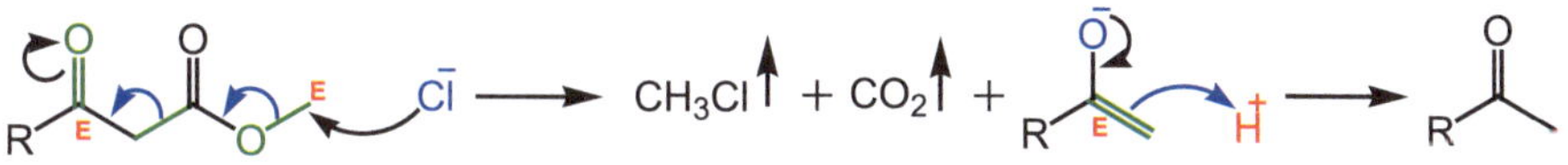

表面看来，氯负离子亲核试剂仅与甲基碳原子成键了，其实不然。在此之前已经发生过两个可逆反应，因为分子内存在三个亲电试剂，它们的亲电活性自强至弱的次序为：

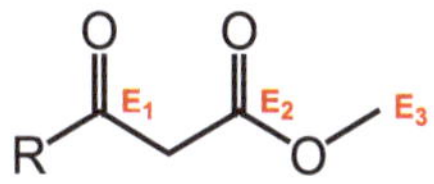

从动力学角度观察，具有较强亲核活性的氯负离子与羰基成键应率先进行，然而氯原子本身又具有较强的离去活性，在其与羰基加成的四面体结构内存在着亲核试剂——氧负离子，因而当氧负离子重新与羰基碳原子成键时，氯负离子率先离去，这仍属于串联可逆反应过程而返回到初始的原料状态：

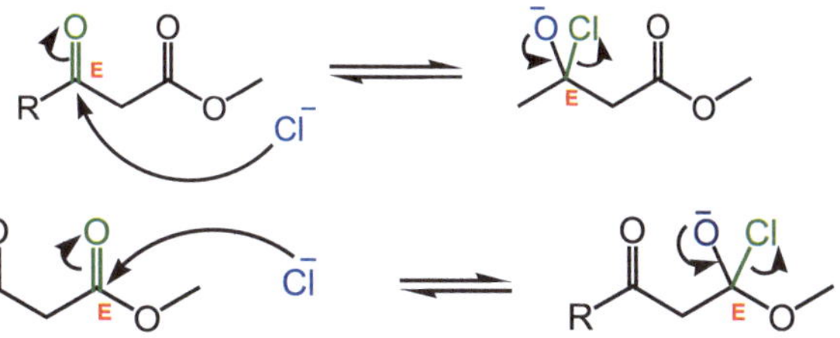

正因如此，唯有氯负离子与甲基成键而 β-酮酸离去，才是唯一对热力学有利、能生成另一新产物的反应过程。

例 39：试评价如下合成工艺设计的可行性：

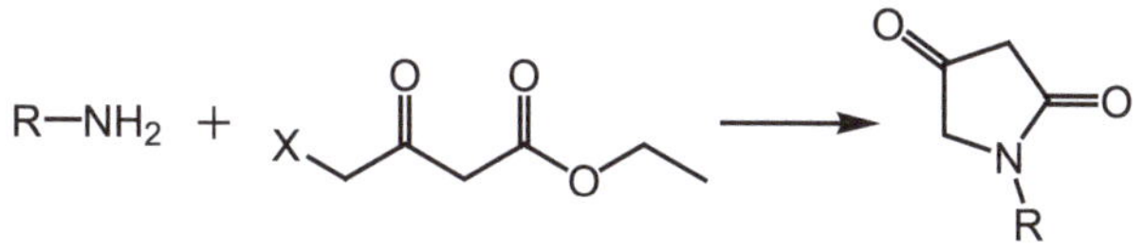

亲核试剂为单烷基取代胺，其孤对电子与不同亲电试剂的成键次序取决于各个亲电试剂的活性次序；而成键之后是否可逆地返回到初始的原料状态则取决于离去基的相对活性。对于氯代乙酰乙酸乙酯来说，其各亲电试剂的活性次序为：

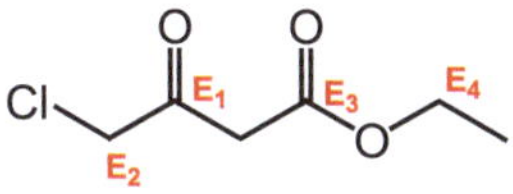

其与亲核试剂的反应只能按此次序进行，除非属于串联可逆反应状态。含有两个氢原子的氨基不易发生可逆消除反应，原因是亲核试剂上含有两个氢原子，在生成半缩胺活性四面体的结构上，成键的氨基既是离去基又是亲核试剂，且其亲核活性强于羟基，而其离去活性又弱于羟基，反应平衡只能向生成亚胺方向移动：

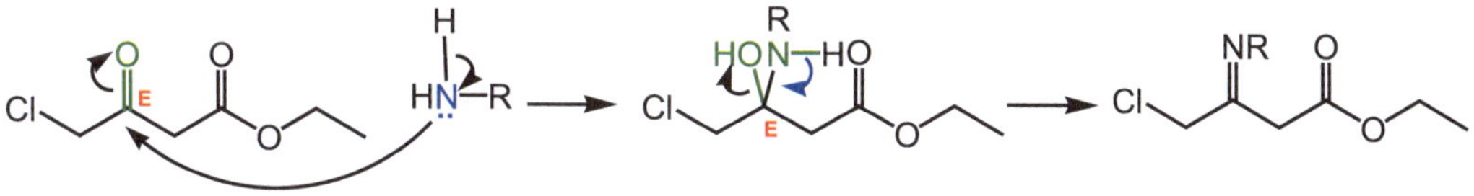

由此看来，原有合成工艺路线构思并不合理，它违背了亲电试剂的活性次序。

由此可见，由于氨基氮原子上具有两个活泼氢原子，氨基亲核试剂能够两次发挥其亲核试剂作用，在与羰基加成后能第二次与中心碳原子成键，取代羟基而生成亚胺类化合物。因此，双氢胺与羰基亲电试剂的反应就不可能未见产物了，故可将双氢胺视作排序亲电试剂活性的通用性亲核试剂，排序羰基亲电试剂的活性正是以双氢胺亲核试剂为标准的[14]。

例 40：与例 39 类同，若作为亲核试剂的氮原子上只有一个氢原子，其与羰基碳原子的反应就处于可逆平衡状态而没有产物生成：

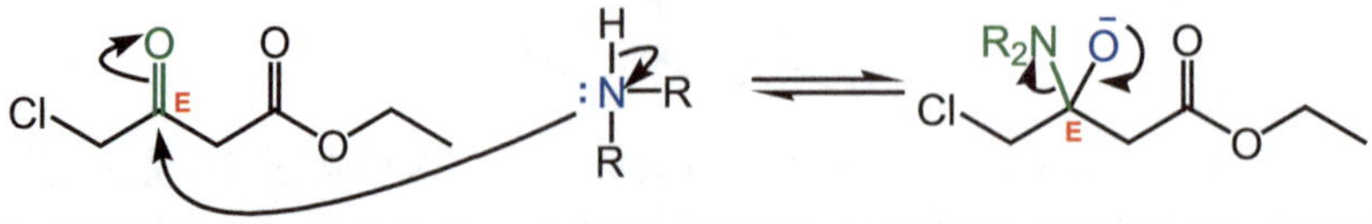

此种情况下氨基是唯一的离去基，只能离去后再与次活泼的卤碳原子生成稳定的共价键：

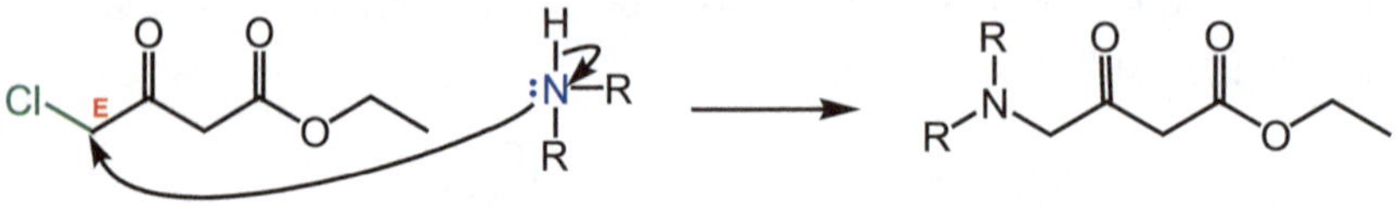

由此可见，尽管亲核试剂的结构不同而生成产物不同，然而这些反应仍然遵循相同的反应活性次序。

综上所述，从反应动力学角度观察，在多种亲核试剂与多种亲电试剂共存条件下，最活泼的亲核试剂与最活泼的亲电试剂必然优先成键，即亲核试剂与亲电试剂成键严格遵循试剂的反应活性次序。但是否有稳定的化合物生成，则取决于后续反应过程中离去基的相对活性。只要运用反应动力学和反应热力学概念，就容易解析反应进程与产物结构，并理解和把握有机反应的内在规律。

5.3.4.2 反应产物与离去基活性

既然反应进行的方向是由离去基的活性决定的，反应机理解析就必须体现出不同离去基的活性次序。

例 41：酰胺与水反应产物。

酰胺与水加成的四面体结构，在不同的酸碱性条件下其结构不同，且各种结构均属于三要素齐备的不稳定状态，由于离去基活性不同，生成的产物也不同。

碱性条件下酰胺与水加成后，生成的四面体中间态结构为：

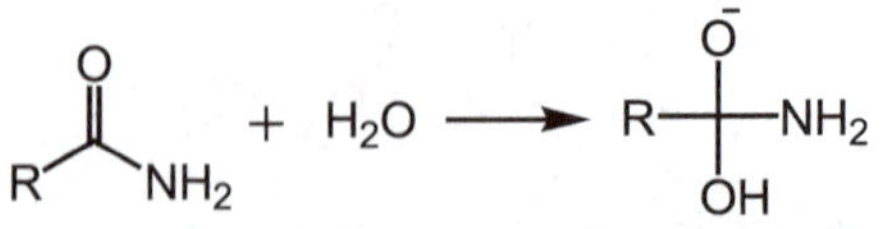

在不同的酸碱性条件下，上述四面体结构不同，离去基的相对活性不同，所消除的产物也就不同：

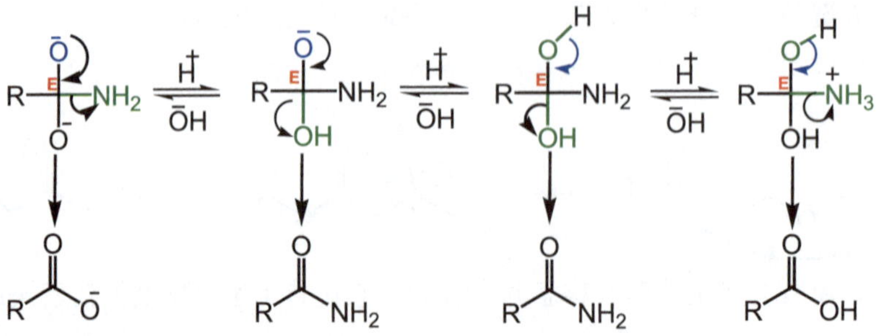

显然，带有正电荷的氨基电负性更强，离去活性也强于羟基，因而作为活性更强的离去基率先离去。由此可见：上述不同离去基的离去活性排序为：

$$-\overset{+}{N}H_3 > -OH > -NH_2 > -\bar{O}$$

这也验证了分子结构与反应活性之间的对应关系：酸性条件催化了离去基的活性，间接地催化了亲电试剂的活性，同时钝化了亲核试剂的活性；碱性条件催化了亲核试剂活性，而钝化了离去基与亲电试剂的活性。

例 42：Pinner 合成，是由腈转化为亚氨基醚，再继续转化为酯或脒的反应[20]：

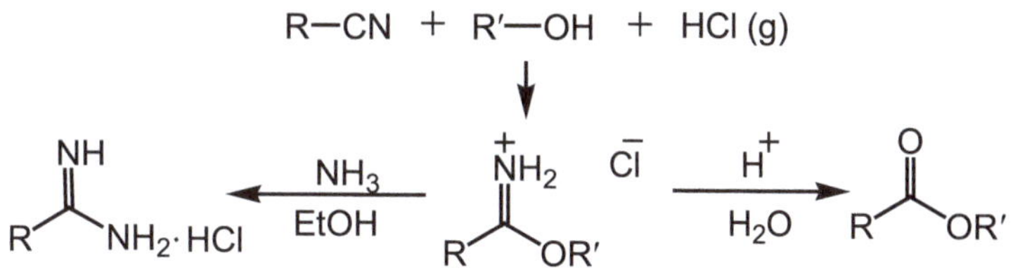

有文献认为首先生成了一个共同中间体——氨亚基醚[21]：

然后在酸性条件下进行水解反应，即氨亚基的加成与消除反应。机理解析为：

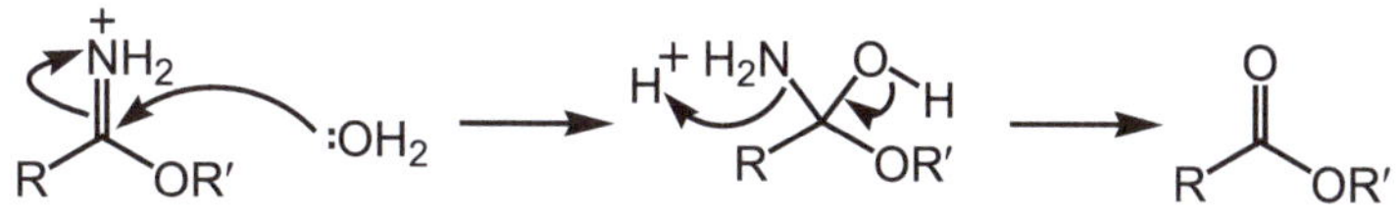

这里的问题是：四面体结构上氨基的孤对电子是何时与质子成键的，不可能在离去之后，也不可能是协同进行，必须在离去之前，否则烷氧基的离去活性大于氨基，就不可能是氨基优先离去。规范的反应机理应为：

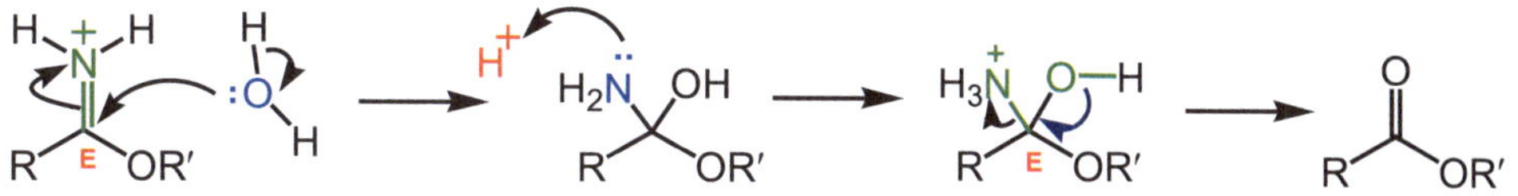

该文献将碱性条件下氨基取代反应解析为：

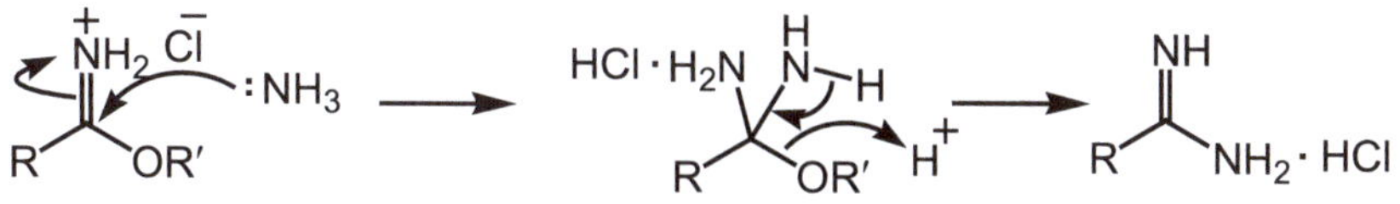

这里的问题是：氨基在成盐状态下就是氨基正离子的状态，其离去活性是高于烷氧基的。这里颠倒了离去基的活性次序。规范的反应机理为：

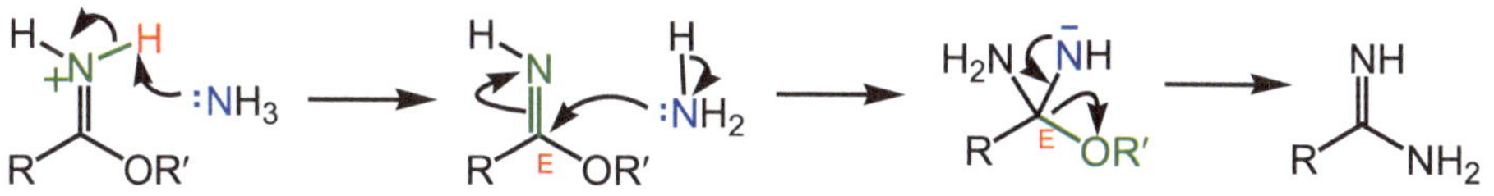

在不同的酸碱性条件下，氨基与羟基的离去活性不同，因而最终产物不同。根据这一基本原理，基团的质子化与脱质子次序不可以任意表述。

5.3.5 离去基的可逆离去与不可逆离去

离去基能否离去与是否离去，其内因是该离去基的离去活性与亲核活性，外因是该离去基能否被平衡转化掉。

离去基离去后带有一对电子，能够转化成亲核试剂。那么，离去基在何种状态下真正不可逆离去，在何种状态下处于可逆的平衡状态，这与离去基的性质及离去基是否转化等因素相关。

5.3.5.1 不可逆离去的离去基

不可逆离去的离去基大致有不具有亲核活性的、移出反应系统的和与其它亲电试剂成键的三种。

① 不具有亲核活性的离去基虽然带有一对电子，但其碱性或可极化度较弱，因而其亲核活性很弱，一旦离去后很难作为亲核试剂再与亲电试剂成键。如磺酸根、硫酸根、磷酸根、卤负离子等：

由于此类离去基的亲核活性较弱，一般不具备与亲电试剂再成键的能力，于是不可逆地离去了，反应能够进行到底。

② 离去基在离去后移出了反应系统，或者转化成了不具亲核活性的试剂，也相当于离去基不可逆地离去了。如羧酸与醇在酸催化作用下酯化生成水的反应，在不断地将水蒸出反应系统情况下，或者是生成的水分子被质子化后丧失了亲核活性的情况下，均属于离去基不可逆地离去了。

③ 与其它亲电试剂成键的离去基发生的是多步串联的极性反应，前一步反应的离去基为后一步反应的亲核试剂，因此对于前一步反应来说，离去基便是不可逆地离去了。

5.3.5.2 平衡可逆的离去基

有些离去基既未转化掉，也未离开反应系统，且仍具有亲核活性。此类离去基就是平衡可逆的离去基，它作为亲核试剂会重新与亲电试剂成键，而返回到其未离去之前的状态。我们称此类未离开反应系统、具有亲核活性的离去基为平衡可逆的离去基。

例43：醛基与碱的加成、消除反应是未见产物的反应，反应进程也难以判定处于何种阶段，因为两个离去基均为平衡可逆的离去基：

在逆向进行的消除反应过程中，离去的碱并未离开反应体系，它会再次与羰基成键而生成四面体结构，故此种离去基属于平衡可逆的离去基。在正向进行的羰基加成反应过程中，离去的π键生成了氧负离子，它仍未离开反应系统，仍是较强的亲核试剂，会重新与亲电试剂成键生成醛羰基，故羰基的 π 键并非不可逆离去，为平衡可逆的离去基。

5.3.5.3 离去基的活性排序与平衡移动

在最具活性的离去基处于平衡可逆状态下，分子内若有另一离去基，尽管其离去活性相对较弱，只要能够不可逆地离去，就成为能够生成产物的唯一的离去基。

由此可见，离去基是否真正离去，并不是判别其离去活性的标准。只有区别离去基是否处于平衡可逆状态，才能够准确排序离去基的离去活性。

例 44：Cannizzaro 歧化反应，是碱性催化条件下醛基自身的氧化还原反应[22]。

碱与羰基的加成是平衡可逆反应，其机理如下：

碱首先作为亲核试剂与羰基碳原子成键，羰基 π 键离去生成带有氧负离子的活性四面体结构。生成的氧负离子亲核试剂能重新与碳原子亲电试剂生成 π 键，而离去的正是刚刚成键的亲核试剂——碱。故正向反应离去的 π 键也好，逆向反应离去的碱也好，均属于平衡可逆的离去基。由于率先离去的离去基并未离开反应系统，它还会再与醛羰基成键，导致 π 键离去而重新生成四面体结构。此种情况下，我们可将此种离去基视作"未离去"。

既然平衡可逆的离去基"未离去"，若分子内还存在另一不可逆离去的离去基，则其宏观上便成为唯一的离去基了。Cannizzaro 歧化反应的负氢转移正是如此：

从宏观上看，似乎是"不活泼的负氢离去基率先离去了"，或者是"氢原子的离去活性强于羟基"，而实质上这两种结论均不正确。这仍然是最活泼的离去基率先离去，只是其处于平衡可逆状态而已，此时的氢原子成为唯一能够离去的离去基而实现了负氢转移。

换句话说，碱是体系内最强的离去基，其动力学因素有利但其热力学因素不利，因而未见产物生成；而负氢虽离去活性不强，动力学因素不利，但热力学因素有利，它能离去后立即转化掉，从而移动了反应平衡。

也可将 Cannizzaro 歧化反应机理解析如下，在这里负氢成了唯一的离去基：

综上所述，不能仅仅根据宏观上所生成的产物结构来排序离去基的活性，必须认识到微观状态下尚有更具活性的离去基是处于离去平衡状态的。

例 45：Favorskii 重排反应，是在乙醇钠催化作用下 α-卤代酮重排成酯的反应[23]：

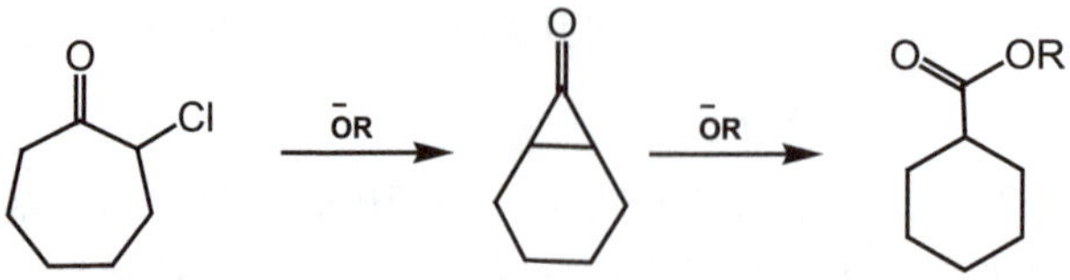

其中，三元环中间体的生成机理为：

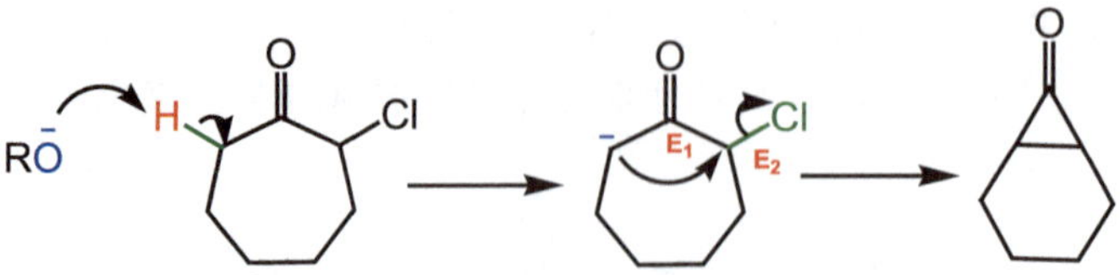

此处羰基 α-位氯代碳原子并非最强亲电试剂，氯原子也不是最强离去基。之所以得到如此结果，是由于碳负离子与羰基的加成是平衡可逆的：

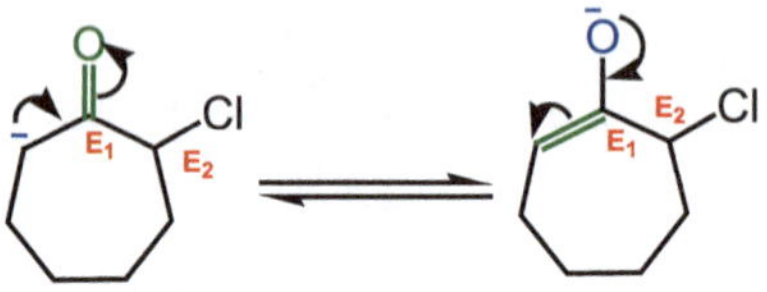

因此碳负离子只有与羰基 α-位氯代碳原子成键才能生成稳定的产物。

中间体三元环的开环反应机理为：

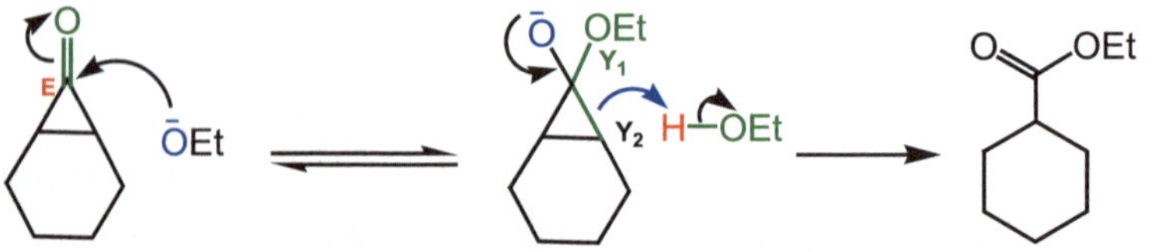

类似地，此处乙氧基才是最强离去基，因其并未真正离开反应系统，属于平衡可逆的离去基，故只有烷基离去才能移动平衡。

总而言之，生成产物的反应未必是活性最强的反应。应关注到活性更强、处于平衡状态的未见产物的反应过程，只有这样，才能正确排序不同基团的反应活性，才能认识和把握有机反应的内在规律。

5.3.5.4 不稳定的分子结构

在羰基 π 键与亲核试剂生成四面体结构之后，由于离去的羰基 π 键仍未离开反应系统，仍处于分子内而并未转化掉，且又具有较强的亲核活性，因羰基属于平衡可逆的离去基，能够重新与碳原子成键，而取代碳原子上的活性离去基。

根据反应动力学与反应热力学理论，我们容易推测活性四面体结构的客观存在。然而，分子内存在极性反应三要素的四面体结构是不稳定的，半缩醛、半缩酮、半缩胺、水合醛等的不稳定性便属此类。

而羟基、氨基、烷氧基等毕竟还不是较强的离去基，带有这些离去基的四面体结构还算相对稳定，在反应体系内水合醛、半缩醛、半缩酮、半缩胺等毕竟还能检测到，而具有更强离去基的四面体结构会在瞬间消除而无法检测到。

例 46：四氯化碳的水解反应机理解析。

四氯化碳虽然亲电活性不强，但在高温条件下能发生水解反应生成光气，光气再进一步水解生成二氧化碳和氯化氢：

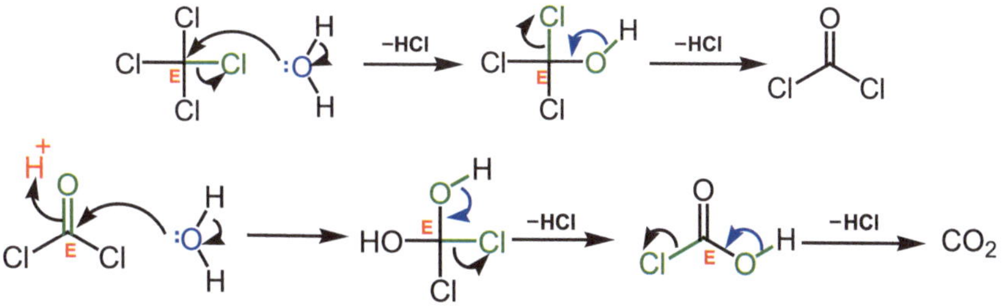

式中的若干中间体结构，如三氯甲醇、氯甲酸、二氯二羟基甲烷等，只能画出结构而不能得到产物，这是由于亲核试剂与离去基处于同一亲电的碳原子上。

容易推论，不稳定的四面体结构为：

不稳定结构

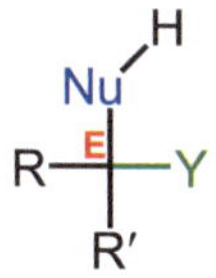

式中，Nu＝O、S、NR 等；Y＝OR、NR$_2$、SR、X 等；R、R'为有机基团。

例 47：有客户求购二氯二烷基硅烷，要求控制其中杂质一氯二烷基硅醇的量小于 0.1%。即：

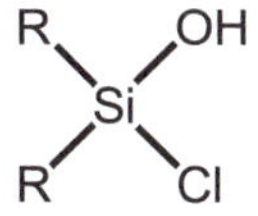

＜ 0.1%

实际上，此杂质不可能存在，因为这是典型的三要素兼备的不稳定结构：

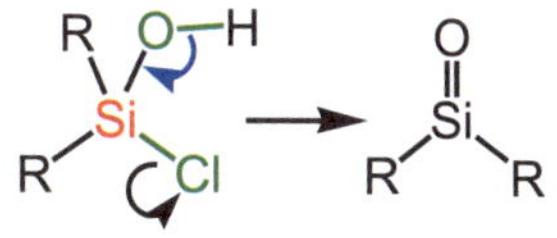

例 48：有用户寻求采购如下结构的化合物：

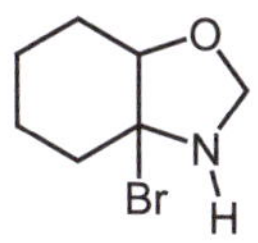

该结构为典型的不稳定结构，会瞬间消除生成亚胺：

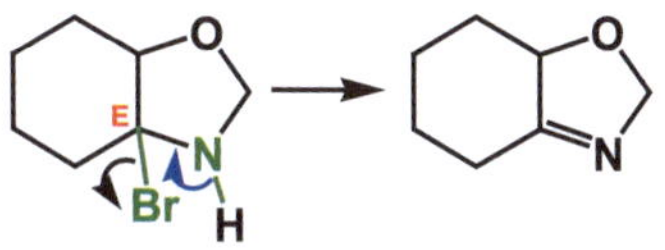

5.4 本章要点总结

① 揭示了有机反应的电子转移规律。电子转移是有方向、有规律的。极性反应是富电子的亲核试剂上一对电子进入亲电试剂空轨道的过程，也是离去基带走一对电子为亲电试剂腾出空轨道的过程。归根结底就是亲核试剂与离去基的交换过程。

② 揭示了亲电试剂必须具有空轨道并属于缺电体这两大特征。季铵盐类氮正离子上没

有空轨道，也不能腾出空轨道，不能成为亲电试剂，带有部分负电荷的卤原子也不能利用 d 轨道接受电子。

③ 揭示了有机反应的酸碱催化规律。酸与碱对于极性反应的催化作用存在着一一对应关系：碱属于亲核试剂，也只能催化亲核试剂；酸属于亲电试剂，也只能催化亲电试剂，这是通过催化离去基而间接实现的。

④ 揭示了催化亲核试剂的碱只能钝化离去基并钝化亲电试剂，催化亲电试剂与离去基的酸也只能钝化亲核试剂。亲核试剂与离去基（及亲电试剂）的催化方向截然相反。

⑤ 论证了碱性与亲核活性的共性与区别。碱性是指与氢原子的成键能力，亲核活性是指与碳原子及其它缺电子原子的成键能力。碱催化剂往往兼有碱性与亲核性双重性质，在碱催化反应过程中应该关注碱催化剂与亲电试剂的副反应，这是选择合适催化剂的主要依据。同理，亲核试剂也能与活泼氢原子成键而发生副反应。

⑥ 揭示了酸是催化离去基而间接催化亲电试剂活性的基本原理。指出了酸是能提供空轨道的所有元素，包括并不限于质子、路易斯酸，所有低价金属盐或重金属均可提供空轨道与一对电子络合。

⑦ 揭示了在酮式与烯醇式的共振平衡式中，酮式结构的羰基碳与 α-氢为两个亲电试剂，它们在与亲核试剂成键时具有竞争关系，因此影响反应的选择性；烯醇式结构的氧原子与烯烃 π 键（即原羰基 α-位）为两可亲核试剂。它们之间理论上存在四个化学反应，但其产物稳定性不同。

⑧ 揭示了有机反应的物理化学规律。极性反应的速度由亲核试剂与亲电试剂的活性决定，无论所生成的共价键是否稳定；未见产物并不意味着没有成键，可能是平衡可逆反应的往返过程。极性反应进行的方向与限度由离去基的相对活性及其平衡移动所决定；宏观上未见产物的反应未必是微观上反应没有发生，全面评估反应进程才能排序不同试剂的反应活性。

⑨ 揭示了没有产物的化学反应和不稳定的分子结构，可据此判断反应系统内宏观未见而微观发生的有机反应，由此排序亲电试剂的活性次序，并解释反应进行的方向与限度。

参考文献

[1] 邢其毅，裴伟伟，徐瑞秋，等．基础有机化学．3 版．北京：高等教育出版社，2005：a，467；b，476.
[2] Michael B. Smith, Jerry March. March 高等有机化学——反应、机理与结构．李艳梅，译．北京：化学工业出版社，2009：a，197-198；b，472；c，280；d，371.
[3] Hansen, H. J. In Mechanisms of Molecular Migrations. New York：Wiley，1971：177-200.
[4] Arndt, F., Eistert, B. Ber. Dtsch. Chem. Ges., 1935, 68: 200.
[5] Podlech, J., Seebach, D. Angew. Chem., Int. Ed., 1995, 34: 471.
[6] Baeyer, A., Drewson, V. Ber. Dtsch. Chem. Ges., 1882, 15: 2856.
[7] Friedlander, P., Schenck, O. Ber. Dtsch. Chem. Ges., 1914, 47: 3040.
[8] Boyland, E., Manson, D., Sims, P. J. Chem. Soc., 1953, 3623.
[9] Boyland, E., Sims. P. J. Chem. Soc., 1954: 980.
[10] 陈荣业．有机反应机理解析与应用．北京：化学工业出版社，2017：76-77.
[11] Michael, A. J. Prakt. Chem, 1887, 35: 349.
[12] Feist, F. Ber., 1902, 35: 1537-1544.
[13] Bénary, E. Ber., 1911, 44: 489-492.
[14] 陈荣业．分子结构与反应活性．北京：化学工业出版社，2008：42.

[15] 孙喜龙. 基团电子效应定量计算研究. 张家口师专学报(自然科学版), 1992 (2): 27-30.
[16] 朱淮武. 有机分子结构波谱解析. 北京: 化学工业出版社, 2005: 32-38.
[17] 陈荣业. 有机合成工艺优化. 北京: 化学工业出版社, 2006: 63.
[18] Krapcho, A. P., Glynn, G. A., Grenon, B. J. Tetrahedron Lett., 1967: 215.
[19] Jie Jack Li. 有机人名反应及机理. 荣国斌, 译. 上海: 华东理工大学出版社, 2003: 230.
[20] Pinner, A., Klein, F. Ber., 1877, 10: 1889-1897.
[21] Pinner, A., Klein, F. Ber., 1878, 11: 1825.
[22] Cannizzaro. S. Justus Liebigs Ann. Chem., 1853, 88: 129.
[23] Favorskii, A. E. J. Prakt. Chem., 1895, 51: 533-563.

第6章

未成键原子间的作用力

无论是在分子间还是在分子内,近距离未成键的原子间由于所带电荷的差异,必然存在着同性相斥、异性相吸的静电作用力。

这种未成键原子间的相互影响与作用,往往影响化学反应活性与化学反应速度,并存在其内在的规律性。

6.1 溶剂对有机反应速度的影响

多数有机反应是在溶剂中进行的,这是由于固体原料需溶解分散至分子级,即以单个分子独立存在于反应体系内,否则固体的初始原料就可能被反应生成的固体产品包裹,使未反应物料被阻隔而无法参与反应。此外,由于主副反应之间的竞争,为保证较高的转化率与选择性,多数有机反应均需控制在一定温度范围内,而控制温度的最好方法就是提供载热体——溶剂以分散反应放出的热量[1]。

众所周知,选择溶剂的一般标准为:具有良好的化学稳定性,不参与化学反应;对原料或产物有良好的溶解性;价格低廉、挥发损失小、容易回收;毒性较低,符合劳动卫生规范;等等。然而,溶剂选择还有一个更重要的标准,就是对化学反应速度的影响。因为溶剂在一定程度上能起到催化剂的作用。

人们在选择溶剂时,总是希望上述所有目标均得到满足,但这并不现实,往往需要在某些方面(包括反应速度)做出让步,以获得最佳的综合效果。

6.1.1 溶剂的极性与分子间力

根据万有引力定律,分子间存在相互作用力。尽管这种作用力不大,只有几千卡/摩尔,远小于化学键的键能(30~150kcal/mol),但是可以影响分子的物理性质[2]。有机分子的分子间力大致分为如下三种。

6.1.1.1 万有引力与色散力

万有引力的大小遵循万有引力定律:与分子的质量成正比,与分子间距离的平方成反比。它存在于一切分子中,对于大多数非极性分子来说这种力是主要的,分子的沸点随分子量(质量)的增加而增加。

然而即便对于非极性分子来说,万有引力也不是唯一的,因为非极性分子在运动中可能被极化,产生瞬时偶极矩,瞬时偶极矩之间的相互作用力称为色散力。色散力不属于万有引力的范围,因为它的作用机理属正负电荷间的引力,同取向力、诱导力一样属于偶极作用的范围。

正因为有色散力的存在,易极化的非极性分子往往比不易极化的非极性分子有较高的沸点。表 6-1 中比较了相同碳原子数的烷烃与芳烃的沸点,从中可见不同结构分子可极化度的差别。

表 6-1　烷烃与芳烃的沸点比较　　　　　　　　　单位:℃

烃类	碳原子数				讨论
	6	8	9	10	
正构烷烃	68.7	125.6	150.7	174.0	万有引力稍大,但色散很小,总分子间引力较小
对称芳烃	80.1	138.4	164.6	—	万有引力稍小,但色散很大,总分子间引力较大

从表 6-1 中的沸点差异可明显观察到,芳烃的可极化度显著大于烷烃,因而分子间的色散力相对较大。

正因为某些非极性分子易极化,如芳香族的 π 键共轭体系,它们对质子溶剂的溶解度也明显高于不易极化的烷烃。表 6-2 比较了苯和正庚烷在两种甘醇中的溶解度。表 6-2 中数据表明,芳烃的可极化度显著大于烷烃,这是其分子间色散力较大的缘故。同理,芳烃对氢卤酸及其它质子酸的溶解度高于烷烃,这是离域 π 键"碱"性较强的缘故。

表 6-2　苯和正庚烷在二甘醇和三甘醇中的溶解度　　　　　　单位:g/100g

溶质	溶剂	
	二甘醇	三甘醇
苯	14.27	45.5
正庚烷	0.82	1.24

芳环的电子云密度越大,可能产生的瞬时偶极矩就越大,色散力也就越大,对质子的溶解度就越大,因而带有供电基的芳烃所显示的"碱性"更强些。

当芳烃分子的色散力对反应造成不利影响时,应通过吸电基的"去色散"作用减小色散力,以降低其瞬时极性。

万有引力、色散力存在于所有极性或非极性的分子间。

6.1.1.2　诱导力

诱导力是分子与分子偶极矩间的相互作用,是一个分子偶极正端与另一分子偶极负端之间的静电吸引作用。可以简单地表示为:

  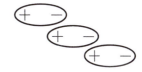

分子的极性越强,分子的偶极矩越大,分子间的诱导力也越大。

除上述形式的诱导力外,在外界电场作用之下,分子呈整齐排列时分子之间正负电荷的引力称为取向力。可以将取向力视作诱导力的特殊形式。

总之,诱导力为极性分子所特有的静电引力。因此,极性分子之间除了具有非极性分子之间所具有的万有引力、色散力之外,还有诱导力。诱导力也会影响分子的物理性质,最显著的特征是使其沸点增高。表 6-3 给出极性分子——酮类与相同分子量的正构烷烃之间的沸点比较。

表 6-3　酮类与相同分子量的正构烷烃的沸点比较

烷烃(分子量)	沸点/℃	脂肪酮(分子量)	沸点/℃
丁烷(58)	−0.5	丙酮(58)	56.1
戊烷(72)	36.1	丁酮(72)	79.6
己烷(86)	68.7	戊-2-酮(86)	101.7
庚烷(100)	98.4	己-2-酮(100)	126.2

表 6-3 中相同分子量的酮与烷烃沸点差体现了诱导力的影响。分子间的正负电荷存在诱导力，分子内不同原子间的正负电荷间也存在诱导力。如果分子内未成键的原子间距离较近，且分子内的原子间正负电荷相互吸引，则必然削弱分子间的诱导力。诱导力发生在分子内还是分子间，对化合物的沸点、酸性、碱性等物理性质均有显著的规律性的影响。参见本书 6.2 节。

6.1.1.3　氢键

当氢原子与强电负性原子（如氟、氧、氮）之间形成共价键时，由于较大的电负性差异使共用电子对偏向于电负性较大的原子一方，这样氢原子便成为缺电子的带有部分正电荷的活泼氢。又因为活泼氢的原子半径小，屏蔽效应小，容易与另一电负性较大的原子（如氟、氧、氮）上的孤对电子产生静电吸引作用而形成氢键。

氢键是个远比诱导力大的作用力，能量在 2～10kcal/mol 范围内。如：

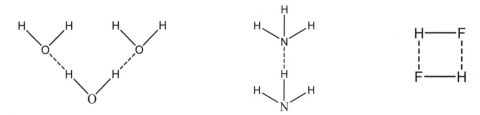

实线表示共价键，虚线表示氢键。这种以氢键结合在一起的分子称为缔合体，这种氢键作用也称为缔合作用。在若干化学文献中通常将氟化氢写成 H_2F_2（而不是 HF）的形式，就是因为双分子缔合体是其主要存在形式。

活泼氢仅与较大电负性的元素（如氟、氧、氮）能生成氢键，而与氯、硫等元素难以形成稳定的氢键。

在有机分子内，活泼氢与强电负性原子间也存在氢键，这需要在原子间距离足够近的条件下，此种作用力称为分子内氢键。

由于氢键作用力比较大，对分子的物理性质有较大的影响。表 6-4 给出了分子量相近的几个分子的沸点比较。

表 6-4　分子量相近的几个分子的沸点

化合物名称	丙烷	二甲醚	乙醇
分子结构	∧	∧O∧	∧OH

续表

分子量	44	46	46
沸点/℃	-42.2	-23.6	78.3
分子间力	万有引力	万有引力+诱导力	万有引力+诱导力+氢键

表 6-4 中数据表明了各种分子间力对分子沸点的影响，其中氢键的影响最为显著。

同为氢键作用，分子内氢键的存在减少了分子间的氢键，因而比双分子或多分子缔合的分子间氢键化合物具有较低的沸点，见表 6-5。

表 6-5 不同异构体的沸点比较

化合物						
沸点/℃	211/2.6kPa	—	250/75kPa	—	214.5	279(分解)
氢键形式	分子内	分子间	分子内	分子间	分子内	分子间

表 6-5 中数据表明：形成双分子或多分子缔合的分子间氢键化合物具有更高的沸点，甚至不挥发。此外，氢键显著影响化合物的酸性、碱性，参见本书 6.2 节。不同分子之间也必然具有分子间力，而且更加复杂。溶剂与溶质之间的相互作用就是不同分子之间的作用力，溶剂的作用主要指溶剂分子对溶质的作用。

6.1.2 溶剂作用的理论基础

溶剂对溶质的影响与作用，特别是对于活性反应组分的作用，遵循如下基本规律。

6.1.2.1 质量作用定律

根据质量作用定律，化学反应速率与反应温度及各反应组分的浓度相关：

对于化学反应：$A+B \longrightarrow P$

则有反应速率：$r_P = k_0 e^{-\frac{E_v}{RT}} c_A^a c_B^b$

式中，r_P 为产物 P 的生成速率，即产物 P 随时间的变化率；c_A、c_B 分别为原料 A、B 的浓度；幂指数 a、b 分别为原料 A、B 的反应级数；E_v 为反应活化能；T 为反应温度；R 为气体常数；k_0 为反应速率常数。

反应物 A、B 未必指的是分子状态，而是具有反应活性的物种，可能是正负离子或自由基等活性中间状态。正因为如此，不同的溶剂可导致反应物所带电荷不同，即活性反应物的浓度不同，因而影响反应速率。

由质量作用定律，溶剂从两个方面对反应速率产生影响。

（1）溶剂影响反应的活化能

溶剂对化学反应活化能的影响非常显著，甚至起到了催化剂的作用。对于极性反应，反应物（无论是亲电试剂还是亲核试剂）所带的电荷越大，其反应活性越高，反应活化能越低。初始反应物活性不同则反应活化能不同。以如下两个极性反应为例：

$$\text{H—Nu} + \text{E—Y} \longrightarrow \text{Nu—E} + \text{H—Y}$$
$$\text{Nu}^- + \text{E—Y} \longrightarrow \text{Nu—E} + \text{Y}^-$$

这两个反应在反应过程中的能量变化如图 6-1 所示。

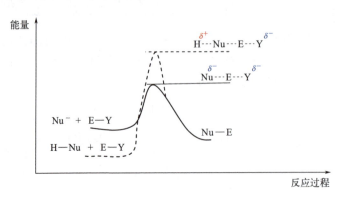

图 6-1　不同亲核试剂在反应过程中的能量变化

具有高活性的亲核试剂不是分子状态而是离子状态,所谓亲核试剂的浓度也只有其负离子浓度才有意义。这是由于只有活性亲核试剂才能满足中间过渡态生成的活化能条件,而不具负电荷的分子结构并不满足生成反应过渡态的条件。

同样,催化生成带有正电荷的亲电试剂,也能降低相关极性反应的活化能。

亲核试剂是否带有负电荷,或者亲电试剂是否带有正电荷,是中间过渡态活化能的决定性因素,因此溶剂对中间过渡态活化能的影响便转化成为溶剂对于反应物离子化状态的影响,这样溶剂选择的方向和依据也就明确了。

(2) 溶剂影响反应物浓度

质量作用定律表明:反应物浓度显著影响反应速度,且反应物浓度越大,则反应速度越快。

然而,正如图 6-1 所示,分子态反应物与离子态反应物的反应活性不同,甚至可能分子态的反应物根本就不具有反应活性。因此,活性反应物一般为离子型化合物,其浓度往往是决定反应速度的关键。

对于极性反应,依据不同的反应机理来确定关键组分,并选择相应的溶剂,便是溶剂选择的基本原理。

总之,活性反应组分的浓度所要求的溶剂条件正是生成活性中间体所要求的条件。能够增加活性反应物浓度的溶剂也同时降低了活性中间体生成的活化能。

6.1.2.2　溶剂与反应速度的对应关系

化学反应分为单电子转移和一对电子转移两类。一对电子转移的反应又与亲核试剂、亲电试剂的活性相关。反应溶剂的选择应与反应机理相对应,应满足有利于活性组分生成的条件。对于有机反应来说,存在三种决定反应速度的活性组分。

(1) 亲电试剂浓度决定反应速度的反应

亲电试剂浓度决定反应速度的反应,由具有空轨道的正离子浓度决定反应速度,就需要创造一个有利于正离子产生的条件来催化反应。前已述及,酸催化亲电试剂,因此质子溶剂有利于催化亲电试剂的生成,从而促进反应的进行。

例 1：芳烃与亲电试剂的反应，如硝化反应，反应速度由硝酰阳离子的浓度决定：

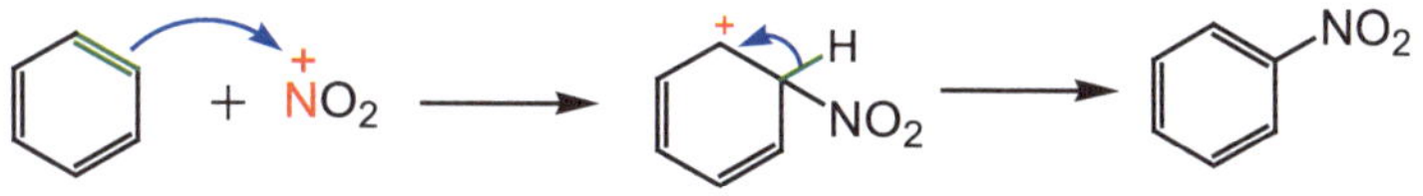

硫酸显然是最佳质子溶剂，此外硝酸、醋酸均可使硝酸质子化，促进硝酰阳离子的生成。

例 2：叔丁基氯的醇解反应，速度由碳正离子的浓度决定：

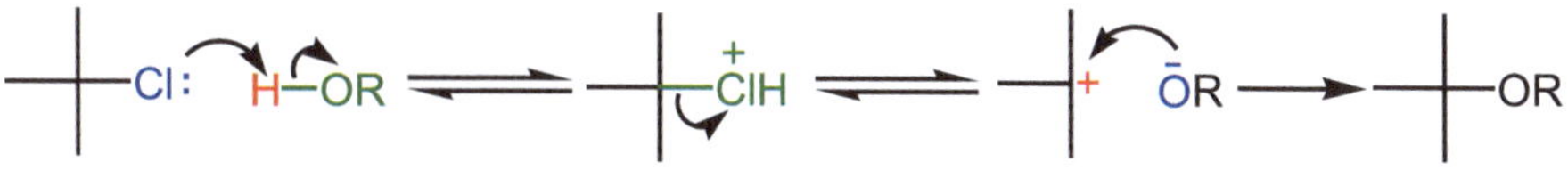

离去基的质子化催化了离去基的离去活性，有利于碳正离子的生成。对于这些由亲电试剂决定反应速度的反应，质子溶剂对离去基的离去起到了催化作用，有利于正离子亲电试剂的生成。

（2）亲核试剂浓度决定反应速度的反应

凡是亲核试剂浓度决定反应速度的反应，即负离子浓度决定反应速度，则需创造一个有利于负离子生成的条件，便可催化此类反应。

例 3：碘甲烷的水解反应，活性亲核试剂是碱而不是水：

缺电子芳烃上的取代反应，亲核试剂是裸负离子而不是离子对：

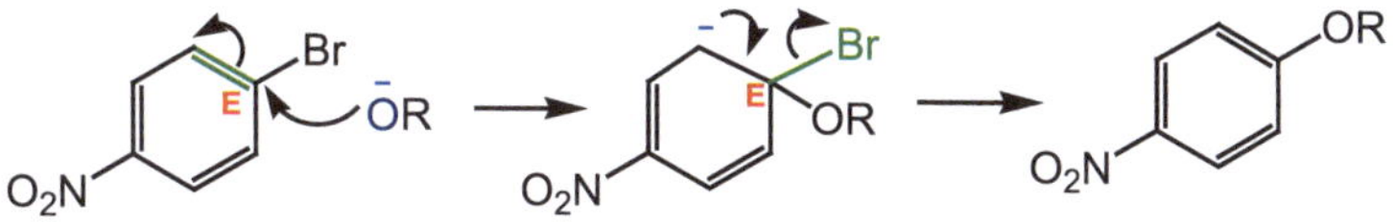

这些反应速度均由负离子浓度决定，创造一个有利于负离子生成的条件可加速此类反应，而带有孤对电子的偶极溶剂具有碱性，能够络合金属阳离子，也就催化了裸负离子的生成。参见本书 6.1.3 部分。

（3）自由基浓度决定反应速度的反应

反应过程中，由自由基浓度决定反应速度的，有利于自由基引发而不利于自由基终止的非极性溶剂，有利于反应进行。如光卤化反应：

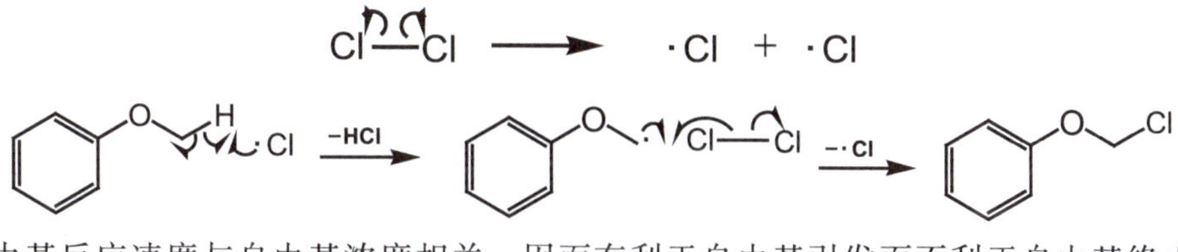

自由基反应速度与自由基浓度相关，因而有利于自由基引发而不利于自由基终止的非极性溶剂有利于抑制极性副反应，参见本书 6.1.3 部分。

6.1.2.3 溶剂的分类与作用

溶剂分类[3] 的依据是溶剂对溶质的作用机理，看其是否有利于反应活性组分的生成与稳定。反应溶剂通常分为三类：质子溶剂、偶极溶剂和非极性溶剂。

(1) 质子溶剂的氢键缔合作用

氢键作用力发生在水、醇、酸、酚、胺等分子的活泼氢与具有孤对电子的高电负性元素之间。氢键作用力能够极化离去基使其带有部分正电荷，即活泼氢可与离去基上孤对电子缔合而呈部分成键状态，促使离去活性增加而亲电试剂活性增强。质子溶剂有利于增大亲电试剂的正电荷，因而催化亲电试剂的活性。

以芳烃溴代反应为例，溶剂对于溴素的极化作用如表6-6所列。

表6-6 不同溶剂对溴素的极化作用[1]

溶剂	极化作用	溶剂化结果	对生成正电荷的影响
$CHCl_3$	$\overset{\delta+}{Br}-\overset{\delta-}{Br}---\overset{\delta+}{H}-\overset{\delta-}{CCl_3}$	产生部分正电荷	有利
CCl_4	$Br-Br \quad CCl_4$	无缔合作用	无影响
吡啶	$\overset{\delta-}{Br}-\overset{\delta+}{Br}-\overset{\delta-}{N}$(吡啶)	产生部分负电荷	不利

表6-6清楚地表明：偶极溶剂与质子溶剂对于活性组分的作用完全相反。质子溶剂容易催化产生部分正电荷——亲电试剂，而偶极溶剂容易催化产生部分负电荷——亲核试剂。

质子溶剂对产生亲电试剂有利，因而能催化以亲电试剂浓度为反应控制步骤的反应类型（如叔丁基氯的水解、醇解反应等）。选择既能溶解反应物又能与其离去基缔合的质子溶剂便可加快反应速度。原因并非其极性强弱[4]，而是因其氢键的缔合作用催化了离去基的离去活性。

具有氢键作用的质子溶剂能催化亲电试剂的反应活性。氢键作用力较大的溶剂具有较强的亲水性，因此与水混溶的质子溶剂，无论其介电常数或偶极矩大小，均具有较强的氢键作用力，在溶液状态下显现出较强的极性，因而不应划入弱极性溶剂的范围，如冰醋酸等。

质子也能与亲核试剂的一对电子缔合，因而能降低亲核试剂的活性。路易斯酸与质子溶剂有类似的效果。

例4：有文献指出：芳烃溴代反应，以二氯甲烷为溶剂比以氯仿为溶剂速度快了6000倍。试解释原理：

质子溶剂有利于亲电试剂——溴正离子生成，且酸性越强的溶剂反应速度越快。氯仿的酸性强于二氯甲烷，上述结论应该相反，以氯仿为溶剂比二氯甲烷快6000倍，这才合理。

例5：糠醛溴代反应是在二氯甲烷溶剂中进行的，因反应活性不足，补加催化剂三氯化铝，在溴素过量40%情况下反应完全，但在加水淬灭过程中生成大量二溴副产物。试问如何优化此工艺。

反应活性不足应该考虑催化手段，而催化反应最简单的方法是选择合适的溶剂，选择乙

酸为溶剂可能催化生成该反应的亲电试剂——溴正离子，淬灭过程中加入水生成二溴化物已经证明质子酸催化的有效性，用质子溶剂催化亲电试剂的活性，溴素可能就无需过量。

(2) 偶极溶剂的络合作用

偶极溶剂是提供孤对电子的溶剂，对正离子有较大的溶解度，其作用机理是：偶极溶剂带电的正端藏于分子内部而负端露于分子外部，溶剂负端的孤对电子进入阳离子的外层空轨道，相当于为其增加一层电子，从而与阳离子络合、溶解。例如氟化钾与DMSO的络合过程：

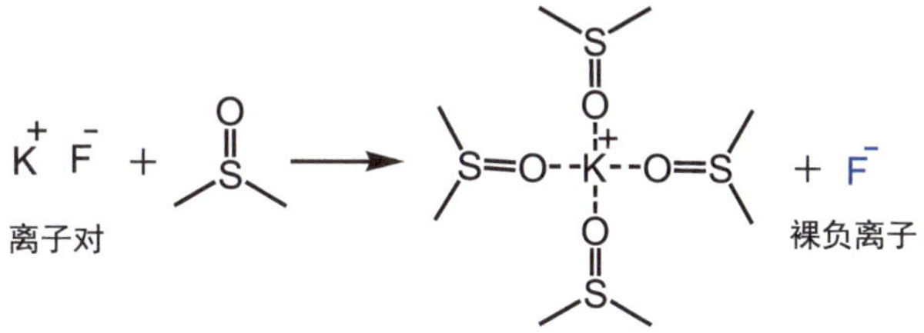

其它偶极溶剂，如丙酮、DMF、DMP、环丁砜、吡啶、乙腈等，均具有类似的络合作用。

由于溶剂负端能与正离子形成离子-偶极键，相当于孤对电子部分地进入正电荷外层的空轨道而络合，而其正端藏于分子内部不与负离子作用。这样便生成裸负离子亲核试剂，具有较大的浓度和反应活性。

综上所述，偶极溶剂能使金属正离子溶剂化，使离子对的负离子变为裸负离子，增强了亲核试剂活性。通常需要催化亲核试剂的场合选用偶极溶剂而不用质子溶剂，因为质子溶剂能与亲核试剂形成氢键而减弱其亲核活性。

例6：在对硝基氯苯与叠氮化钠反应时采用DMF为溶剂的反应速度比采用甲醇为溶剂的反应速度快32000倍[4]。原因是DMF能络合金属阳离子，使叠氮负离子成为裸负离子增强了反应活性：

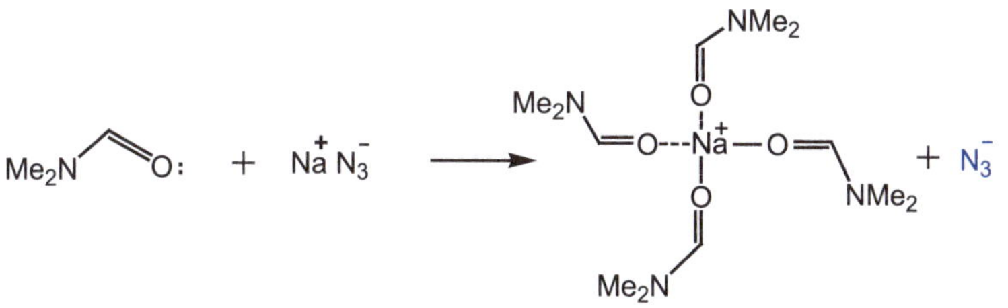

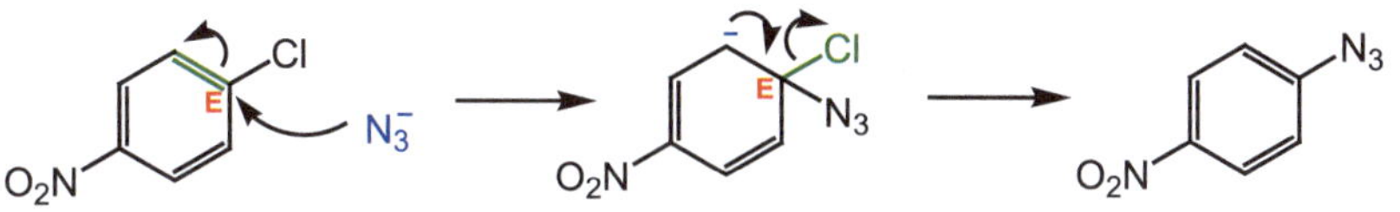

而甲醇上的活泼氢与叠氮负离子之间形成氢键，使原有的单位负电荷变成了部分负电荷，降低了叠氮负离子的亲核活性：

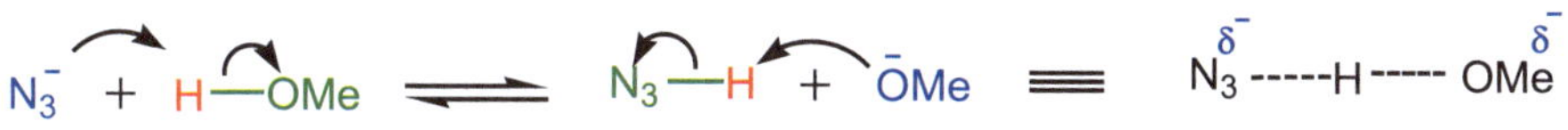

例7：在碘甲烷碱性水解反应过程中，质子溶剂与非质子溶剂作用完全不同。只有在质

子溶剂中，呈现出随着极性的增强而反应速度减慢的趋势[4]：

$$HO^- + CH_3I \longrightarrow [HO^{\delta-} \cdots CH_3 \cdots I^{\delta-}] \longrightarrow HO-CH_3 + I^-$$

文献的意思为："在偶极溶剂中极性越强反应速度越快。"这是因为偶极溶剂能够催化亲核试剂的活性，而质子溶剂钝化了亲核试剂的活性。

如前所述的均是溶剂作用的区别，而不是极性大小的区别。在非质子溶剂中，随着溶剂极性的增强，特别是随着溶剂碱性的增强，络合了金属阳离子后，碱成了裸负离子，其反应速度必然加快。而在质子溶剂中，活泼氢会与氢氧根缔合，使得氧原子上的单位负电荷转化成了部分负电荷，因而碱性减弱、亲核活性降低。

带有孤对电子的碱性偶极溶剂本身就具有亲核试剂性质，有利于增强亲核试剂的活性；而能够腾出空轨道的酸性质子溶剂具有亲电试剂性质，有利于增强亲电试剂的活性。这符合本书5.2节中讨论的催化作用机理。

(3) 非极性溶剂的稀释分散作用

有些反应是厌极性的，如自由基反应，极性环境可促进自由基终止，且容易引发极性副反应。这样的反应仅仅需要溶剂去稀释、分散反应物以控制反应温度、浓度等。因此需要将溶剂"去极性化"。只有非极性溶剂才能为反应提供一个非极性环境，且起着分散稀释作用，这对于不需要极性条件的自由基反应是有利的。它既能起到常规溶剂所要求的溶解稀释作用，解决了反应要求的浓度条件，又提供了一个反应热的载体，解决了反应要求的温度条件。

溶剂对溶质的稀释作用不仅体现在浓度上，而且体现在它对溶质的极化作用上，而非极性溶剂可减小极化作用而创造一个非极性的反应环境。一些偶极矩接近零，特别是那些不易极化的非极性溶剂，有利于自由基的产生和传递。因此偶极矩小、结构对称且电子云密度低的一些卤代和（或）三氟甲基取代芳烃适合于用作自由基反应的溶剂。

例8：苯甲醚光氯化反应制备三氯甲氧基苯：

为了替代四氯化碳溶剂，只能选择缺电子的、非极性或弱极性的芳烃。不同溶剂的反应选择性为：

其中，选择性最好的溶剂是3,4,5-三氯三氟甲苯，其次是1,3,5-三氯苯，由此证明非极性条件对于自由基反应的重要性。

此类溶剂具有较低的电子云密度和对称的电子云密度分布，因而仅仅能稀释和分散反应体系内各组分的浓度，符合自由基取代反应溶剂选择的标准。

6.1.3 溶剂选择的 Hughes-Ingold 规则及其局限性

用过渡态理论研究溶剂对反应速度影响的 Hughes-Ingold 规则，未能揭示溶剂对反应速度影响的主要因素，因而具有局限性和片面性。

Hughes-Ingold 规则认为反应必经活化络合物阶段，有三条规则：

① 当活化络合物的电荷密度大于起始反应物时，溶剂极性的增加有利于络合物的形成，使反应速度加快。

② 当活化络合物的电荷密度小于起始反应物时，溶剂极性的增加不利于络合物的形成，使反应速度减慢。

③ 当活化络合物与起始反应物的电荷密度相差不大时，溶剂极性的改变对反应速度的影响不大。

总之，Hughes-Ingold 规则是研究溶剂的极性大小与化学反应速度关系的，这就脱离了溶剂影响的主要因素，颠倒主次关系的规律必然不复存在，因而具有局限性与片面性。

离开了最主要影响因素去研究因果关系，不会得到规律性的结论。人们在实践中已经发现 Hughes-Ingold 规则并不具有规律性了[5]。其缺陷在于违背和脱离了如下基本原理。

6.1.3.1 Hughes-Ingold 规则与化学反应的质量作用定律不一致

有机反应的质量作用定律为人们所熟知：

对于化学反应：$a\text{A} + b\text{B} \longrightarrow p\text{P}$

其产物生成速度：$r_\text{P} = k_0 \text{e}^{-\frac{E_\text{v}}{RT}} c_\text{A}^a c_\text{B}^b$

反应速度 r_P 随活性反应物浓度 c_A、c_B 的增加而增加。而 Hughes-Ingold 规则既没有考虑溶剂对反应物浓度的影响，也忽视了反应物浓度对反应速度的影响。

此外，Hughes-Ingold 没有考虑生成中间体过渡态的活化能与起始反应物电荷大小的对应关系。正如本书 6.1.2.1 部分所述，对于极性反应来说，中间过渡态生成的活化能是随起始反应物电荷量的增加而降低的，这里存在着一一对应关系，不应把中间活性络合物的生成活化能与初始反应物所带电荷割裂开来。

6.1.3.2 Hughes-Ingold 规则与溶剂作用原理不一致

溶剂的极性并不具有统一的标准。有的以偶极矩 μ 标度，有的以极性经验常数 $k_\text{T}(30)$ 标度，有的以溶剂给体数 DN 或溶剂受体数 AN 标度，还有的以介电常数 ε 标度。不同的标度方法对同一溶剂的极性可以做出完全不同的判别。如乙酸的溶剂受体数很高表示其极性很高；乙酸极性给体常数 $E_\text{T}(30)$ 值也很高，表示其极性很高；而其偶极矩 μ 和介电常数 ε 都较低，以致有文献将其看作非极性质子溶剂[6-7]。

即便同属极性溶剂，其作用机理也完全相反。质子溶剂所提供的空轨道易与负离子缔合，而偶极溶剂（电子对给体溶剂）提供的孤对电子则易与正离子络合，因而两者极化反应物的方向不同：

Br---Br---O=N   DMF抑制芳烃溴化反应
δ^- δ^+

Br-----Br-----H-O-C(=O)   酸促进芳烃溴化反应
δ^+ δ^-

既然极化的方向不同，比较其极性大小就没有意义。Hughes-Ingold 规则在忽略溶剂作用原理前提下去研究溶剂极性对反应速度的影响，无法得到溶剂影响的客观规律。

实践表明，影响反应速度的主要因素是其溶剂的结构与作用原理，只有认识不同溶剂的氢键缔合作用、偶极络合作用、稀释分散作用，才能把握溶剂对反应速度影响的客观规律。

6.1.3.3 Hughes-Ingold 规则未与反应机理关联

Hughes-Ingold 规律不仅未能区别溶剂作用机理，也未能将溶剂作用与反应机理一一对应起来。

首先，无论是反应物还是中间络合物都有其特定的电荷分布。无论哪些反应、何种机理，其中间活性物种只有正离子（包括非经典碳正离子）、负离子（含共振异构物）和自由基，它们各有其特征和存在条件，而不是单一的极性所能概括的。

既然反应过程的活性中间状态为反应速度的决定因素，就应该以亲核试剂、亲电试剂与自由基的生成与稳定性为依据，研究与反应机理相对应的溶剂作用。

6.1.4 化学反应类型与溶剂作用机理的对应关系

正如本章 6.1.2.3 部分所述，化学反应类型与溶剂作用机理之间存在着一一对应的关系，见表 6-7。

表 6-7 溶剂作用机理与化学反应类型的对应关系

速度决定因素	亲电试剂	亲核试剂	自由基
溶剂种类	质子溶剂	偶极溶剂	非极性溶剂
溶剂作用机理	缔合负离子	络合正离子	分散稀释自由基

6.1.5 溶剂作用因果关系讨论

溶剂与化学反应速度的关系，必须遵循质量作用定律、溶剂作用机理并与反应机理相对应。

例 9：苯绕蒽酮在不同溶剂中于 50℃ 下溴化反应生成 3-溴苯绕蒽酮[6]：

（弱极性）（溶剂化）→ Br$_2$ → （强极性）（溶剂化）→

实例点评：文献试图通过表 6-8 数据证明，苯绕蒽酮一溴化反应是电荷增加的反应，因此转化率随溶剂极性的增加而增加，表中数据似乎有此规律。但此种证明存在以下疑点：

① 电荷增加与减小的判别依据不足。因为溴素中含有微量溴化氢，它可催化溴分子成溴正离子，若将此溴代反应视作苯绕蒽酮与溴正离子的反应，则所谓电荷增加的前提就不复存在了，且恰恰相反。

② 列举的溶剂种类片面，只局限于非质子类溶剂。而溴代反应为溴正离子浓度决定反应速度，质子溶剂有利于催化反应速度，所以应该选择质子溶剂。

③ 忽略了质子溶剂与偶极溶剂对反应的不同影响。如二噁烷为偶极溶剂，不反应很正常；若换成极性更大的吡啶（ε=12.3）为溶剂，也仍然不会发生反应，因为选择的溶剂种类错了。如果选择质子溶剂，如氯仿（ε=4.8）或冰醋酸（ε=6.15）为溶剂，尽管其介电常数不大，但其氢键作用将大大促进溴化反应速度，这样表 6-8 中的规律性将不复存在。

表 6-8　苯绕蒽酮在不同溶剂中一溴代反应的转化率

溶剂	二噁烷	氯苯	1,1,2,2-四氯乙烷	1,2-二氯乙烷	乙腈	N,N-二甲基甲酰胺	硝基苯
转化率/%	0	1.37	3.31	8.37	15.32	17.56	28.67
偶极矩 μ/D	0.45	1.54	1.71	1.86	2.82	3.86	4.21
介电常数 ε	2.21	5.65	8.00	10.45	20.7	36.71	34.82

例 10： 碘负离子 $\overset{*}{I}{}^-$ 与碘甲烷之间的碘交换反应。反应速度对比数据如表 6-9 所列。

$$\overset{*}{I}{}^- + CH_3I \underset{25°C}{\overset{k_2}{\rightleftharpoons}} [\overset{*}{I}{}^{\delta-} \cdots CH_3 \cdots I^{\delta+}] \longrightarrow \overset{*}{I}-CH_3 + I^-$$

表 6-9　碘交换反应不同溶剂的速度对比[6]

溶剂	CH_3COCH_3	C_2H_5OH	$(CH_2OH)_2$	CH_3OH	H_2O
k_2（相对）	13000	44	17	16	1
ε	20.75	25.7	38.66	31.2	78.39
μ/D	2.69	1.68	2.20	1.66	1.84

实例点评：表 6-9 试图证明 Hughes-Ingold 规则的正确性，其前提条件是认定碘交换反应是电荷减小的反应，极性越强则反应速度越慢。

这里溶剂选择的种类不对。亲核试剂决定反应速度的反应不宜采用质子溶剂，因为质子溶剂的氢键缔合作用会减弱亲核试剂（负离子）的活性：

$$I^- + H-OR \longrightarrow I^{\delta-}\text{-----}H\text{-----}OR^{\delta-}$$

如果改用非质子偶极溶剂，ε 越大则反应速度越快。若以 DMF 为溶剂，其介电常数较大达 36.71，其反应速度比表中任何一种溶剂都快，这与 Hughes-Ingold 规则完全相反。因此，溶剂极性并非影响反应速度的主要因素，而溶剂的种类与作用机理远比其极性更重要。

例 11： 溴负离子取代碘乙烷的反应[7]，溶剂极性对亲核反应速率的影响见表 6-10。

$$Br^- + \underset{\underset{CH_2-I}{|}}{CH_3} \underset{30°C}{\overset{k_2}{\rightleftharpoons}} [Br^{\delta-} \cdots \underset{\underset{CH_2}{|}}{CH_3} \cdots I^{\delta-}] \longrightarrow Br-\underset{\underset{CH_2}{|}}{CH_3} + I^-$$

表 6-10 溶剂极性对亲核反应速率的影响

溶剂	N,N-二甲基乙酰胺(DMF)	丁-2-酮	碳酸异丙酯	乙腈	甲醇
ε	37.78	18.31	65.1	37.5	32.7
$E_T(30)$	43.70	41.3	46.6	46	55.5
k_2(相对)	61900	57500	2200	1000	1

表中，$E_T(30)$ 为极性经验参数。$E_T(30)$ 的值越大，表示溶剂的极性越强。

实例点评：表 6-10 数据试图显示随着溶剂极性的增加，反应速率降低。然而以 DMF 为溶剂比以甲醇为溶剂的反应速度快了近 61900 倍的原因，并非因其极性的微小差异，而是质子溶剂的氢键作用与偶极溶剂的络合作用不同。

例 12：不同溶剂对门舒特金反应速度的影响，比较了三正丙胺与碘甲烷在 20℃和不同溶剂下的反应速度。反应过程为：

$$(n\text{-}C_3H_7)N + CH_3I \rightleftharpoons \left[(n\text{-}C_3H_7)_3\overset{\delta+}{N}\cdots\overset{H}{\underset{H}{C}}\cdots\overset{\delta-}{I}\right] \longrightarrow (n\text{-}C_3H_7)_3\overset{+}{N}HCH_3 \ \ I^-$$

0.7D　　　1.64D　　　　　　　　8.7D

由于中间络合物的极性远大于反应物的极性，因而证明了 Hughes-Ingold 规则的正确，即溶剂极性增强则反应速度加快（表 6-11）。

表 6-11 不同溶剂对门舒特金反应的影响[5]

溶剂	$n\text{-}C_6H_{14}$	$COMe_2$	CH_2Cl_2	CH_3NO_2
k(相对)	1	120	13000	110000

实例点评：本实例之所以符合 Hughes-Ingold 规则，是因其所用溶剂均选用偶极溶剂。反之，若选用一种质子溶剂（如三氟乙酸），则表 6-11 所列出的反应速度随极性增加而增加的规律将不复存在。

例 13：三甲胺与三甲基硫离子的反应为二级反应：

$$(CH_3)_3N: + H_3C\text{-}\overset{CH_3}{\underset{CH_3}{S^+}} \underset{45℃}{\overset{k_2}{\rightleftharpoons}} \left[(CH_3)_3\overset{\delta+}{N}\cdots\overset{H}{\underset{H}{C}}\cdots\overset{\delta+}{\underset{CH_3}{\overset{CH_3}{S}}}\right] \longrightarrow (CH_3)_4N^+ + CH_3SCH_3$$

不同溶剂下相对速度比较，由表 6-12 给出。

表 6-12 不同溶剂下三甲胺与三甲基硫离子的反应速度比较[5]

溶剂	CH_3NO_2	C_2H_5OH	CH_3OH	H_2O
k_2(相对)	119	10	6	1

实例点评：本例的作者试图说明，此反应是电荷减小的反应，因此反应速度随溶剂极性的增加而减小，从表 6-12 中似乎存在此规律。然而此对应规律经不起推敲。

首先，设定的中间状态电荷减小的前提条件依据不足，硫正离子是可以用其 d 轨道接受亲核试剂成键的。如：

$$\overset{H}{\underset{}{}}\text{-}\overset{+}{S}Me_2 \longrightarrow H_2C=SMe_2$$

$$Me_3S^+ + X^- \longrightarrow Me_3S-X$$

上述反应至少是处于平衡可逆状态。而三甲胺与硫化物成键也可表示成如下机理：

$$Me_3N: \quad Me_3S-X \longrightarrow Me_3\overset{+}{N}-SMe_3 \quad X^-$$

这样的反应过程显然不能解释成电荷减少的反应过程。

其次，表 6-12 所比较的是质子溶剂，是其活泼氢与亲核试剂氮原子形成氢键所致。若再增加非质子偶极溶剂（如 DMF、DMSO、NMP 等），表 6-12 数据所示趋势将不复存在。

实际上，上述反应就是一个亲核试剂决定速度的反应过程，只有偶极溶剂才能催化亲核试剂的活性。

例 14：烯醇含量与溶剂极性的关系见表 6-13[3]。

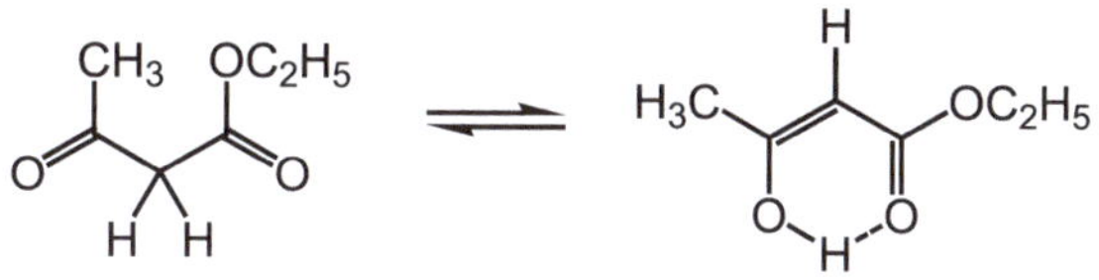

表 6-13 烯醇含量与溶剂极性的关系

溶剂	气相	正己烷	苯	无溶剂	甲醇	乙酸
介电常数	0	1.88	2.28	15.7	32.7	6.15
K_T=[烯醇]/[酮]	0.74	0.64	0.19	0.081	0.062	0.019
烯醇/%	43	39	16	7.5	5.8	1.9

实例点评：本例的作者试图证明烯醇含量随极性的增强而降低。

将表 6-13 看成是烯醇含量与极性的关系并不合适，因为溶剂的酸碱性远比极性更重要，碱性有利于烯醇式的生成，而酸性有利于酮式的生成，若用强碱性非质子溶剂吡啶（尽管其 $\varepsilon=12.3$），烯醇含量仍会更高（参见例 15）。

例 15：萘-2-酚与溴苄的反应[2]。不同的溶剂作用，生成不同的活性中间体，得到不同的主要产物：

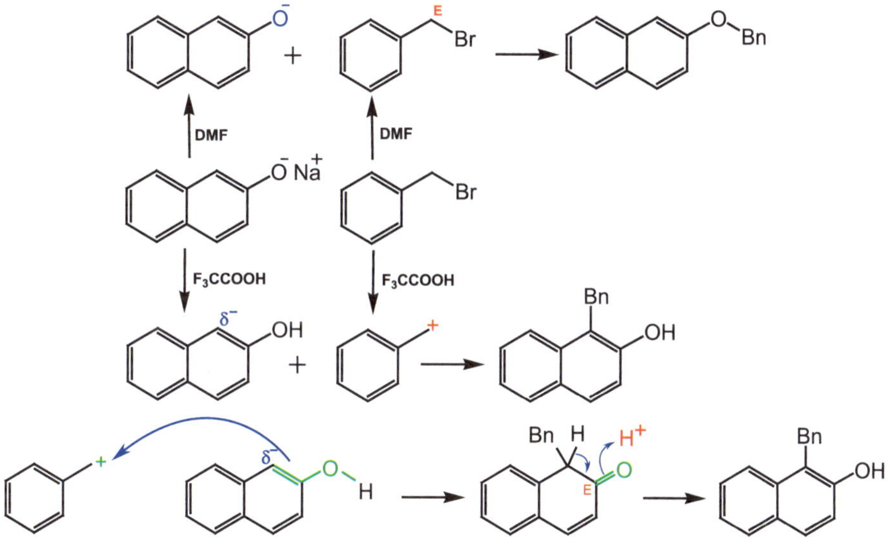

这是因为，DMF 为提供孤对电子的偶极溶剂，与钠正离子络合的结果是生成了碱性的芳氧基负离子，氧负离子的亲核活性强于 α-位的碳原子，容易与苄基碳原子成键；三氟乙酸为酸性质子溶剂，所提供的质子与溴原子之间存在静电引力，能催化溴原子离去而生成碳正离子亲电试剂，接受一对电子成键，而在酸性条件下的萘-2-酚 α-位的亲核活性强于羟基氧原子。

6.1.6 争议问题讨论

【议题 1】 在选择反应溶剂过程中，优先考虑的因素是什么？

应将主反应选择性作为最优先考虑的因素，并非主反应速度越快其反应选择性就越好。

例 16： 卤代芳烃的酚解反应：

由于产物的质量限定单一杂质＜0.5%，且以 DMF 为溶剂出现的单一最大杂质不易除去，故应选择乙二醇二甲醚溶剂(表 6-14)。

表 6-14 在 DMF 和乙二醇二甲醚两种不同的偶极溶剂中的反应结果

溶剂	反应温度/℃	反应时间/h	收率/%	纯度/%	单一杂质/%
DMF	90	2	85	98.5	＞0.5
乙二醇二甲醚	120	2	80	98.5	＜0.5

【议题 2】 在有机合成反应过程中，混合溶剂是否有应用价值。

在特定的条件下，混合溶剂确有优势。例如以下三种情况。

① 第一种是同类"混合"，实际上并不存在混合过程，只是此类溶剂未经分离直接应用。这样可降低溶剂的使用成本而对反应结果没有影响。常用的此类混合溶剂有石油醚代替单一烷烃、异构芳烃代替单一芳烃等。

② 第二种是用一种廉价的非极性溶剂混入一种较贵重的偶极溶剂或质子溶剂中，这样既可保持极性溶剂的反应性能，又能降低溶剂的使用和回收成本。例如在格氏试剂制备过程中，以甲苯-四氢呋喃代替纯的四氢呋喃，或以环己烷-四氢呋喃代替纯的四氢呋喃，既满足了格氏试剂生成配位体的需要，又降低了溶剂成本。

③ 第三种是将质子溶剂与偶极溶剂混合，以调节反应速度和反应活性，甚至可以各自独立地发挥其催化作用。

例 17： 如下农药中间体的氯代反应：

部分 DMF 混入 $CHCl_3$ 后，抑制了氯化反应速度，反应液颜色变黑的现象消失，副反应减少，选择性提高。

质子溶剂与偶极溶剂之间存在氢键缔合作用，但是这种缔合是平衡可逆的，一旦这种氢键解离，则两种溶剂也可能各自独立地发挥其催化作用。

总之，溶剂对化学反应速度的影响主要依据溶剂结构及反应机理，只有促进活性组分生成的溶剂才会加快反应速度。

6.1.7 本节要点总结

① 揭示了溶剂对化学反应速度的影响主要是其催化作用，这种催化作用是通过溶剂的酸碱性来实现的，即溶剂的酸性能催化亲电试剂而溶剂的碱性能催化亲核试剂。

② 指出了活性反应物浓度才是影响反应速度的显著因素。反应溶剂分为三类：质子溶剂的氢键缔合作用催化了离去基离去，间接催化了亲电试剂的活性；偶极溶剂上孤对电子的偶极络合作用络合了金属阳离子，催化了活性裸负离子的亲核活性；非极性溶剂的稀释分散作用有利于自由基的稳定。

③ 纠正了 Hughes-Ingold 规则的片面性。溶剂的极性强弱根本不是影响反应速度的主要因素，而酸碱性才是；所谓中间状态电荷增减的认定，也没有人们普遍认同的客观标准；若将质子溶剂与偶极溶剂比较反应速度，极性的影响就不存在任何规律性。

6.2 分子内空间诱导效应

分子内空间诱导效应，是分子内空间距离不超过范德华半径之和的两个未成键原子间的静电作用力，显著地影响着分子内电子云密度分布、分子的物理性质和化学性质[8]。

6.2.1 分子内空间诱导效应的作用与形式

有机分子为共价键化合物，共价键由原子间的杂化轨道构成，并有一定的键角与键长，由此可判断出分子的空间结构并计算未成键原子间的距离。

无论是万有引力还是电荷之间的静电引力，均与质点间距离相关，且质点间的距离越近，它们之间的相互作用力越大。

原子间距离不能无限制地缩小，当小于它们的成键半径之和时，原子核间电子云密度增加而形成斥力，该斥力会使两个原子核彼此远离至平衡位置——共价半径之和的位置，故讨论小于共价半径的原子间距离没有意义。

若原子间距离足够大，当大于两原子的范德华半径之和时，原子间的静电作用力很小，对分子的物理性质、化学性质影响很小，甚至可以忽略不计，故讨论大于范德华半径之和的原子间距离也无意义。

我们仅讨论原子间距离大于原子的成键半径之和因而并未成键，而又小于两原子的范德华半径之和因而并未彼此远离，两原子间的相互作用力，无论是引力还是斥力，均不容忽视的作用即分子内空间诱导效应。

分子内空间诱导效应具有以下特点：

① 分子内距离处于范德华半径之和以内的未成键原子间的静电作用力，是分子内两个带电的原子间形成的空间电场，根据两质点所带电荷的差异，同性相斥、异性相吸。

② 分子内空间诱导效应不是沿着化学键传播，而是靠近的两元素电子云的部分交盖，

③ 未成键原子间异性电荷引力导致了两原子的相互吸引、接近，导致了两原子电子云的部分交盖，相当于两原子间处于半成键或部分成键状态，这显著地影响了分子内的电子云密度分布，进而影响该分子的物理和化学性质。

④ 这种分子内未成键原子间的静电作用，表现为多种具体形式。如邻位基效应、分子内氢键、场效应、γ-位效应等，它们均源于分子内空间诱导效应的基本原理。

对于分子内空间诱导效应，邻位基效应具有典型的代表性。在芳烃邻位未成键的原子间，只要它们能处于五元环或六元环状态，在共价键的转动和振动条件下，总会在某一时刻使得两元素间距离最小化，处于范德华半径之和距离内，此时未成键两个原子 X、Y 间处于半成键或部分成键状态，因而存在着分子内空间诱导效应。比较如下邻对位异构体，X 与 Y 元素间的静电作用力完全不同：

第 2 章中曾讨论过通过化学键传播的诱导效应与共轭效应，它们对于芳烃间位与对位的电子云密度分布具有规律性的影响。然而仅用诱导效应、共轭效应还无法解释邻位与对位的区别，无法解释邻位基的复杂情况，因为邻位基团间除了诱导效应、共轭效应之外，又叠加了一个分子内空间诱导效应。

6.2.2 分子内空间诱导效应对电子云密度分布的影响

邻位取代基未成键原子间的空间诱导效应是通过五元环或六元环内的静电引力产生的，其原理是同性相斥、异性相吸。我们以未成键原子间分别带有异性电荷为例，讨论其对电子云密度分布的影响。

当芳环上具有强电负性的取代基时，即取代基上 X 为强电负性原子，如 F、O、N、Cl 等，邻位氢则受强电负性元素的静电引力吸引，有半成键趋势，因而邻位氢的屏蔽效应减小，化学位移 δ_H 增加；相应地因 C—H 键上一对电子部分地向碳原子方向转移，而使邻位碳原子的电子云密度增加，δ_C 值降低（相对于对位）。整个空间未封闭的五元环趋向于一个闭环共轭体系，使未封闭的五元环内所有原子的电子云密度趋于平均化：

再以甲苯的邻对位分别带有较强电负性元素 Y 为例，即带有 F、O、N、Cl、Br 等，Y 与甲基上氢原子的相互吸引增大了。Y 对邻位碳的引力，致使邻位碳 δ_C 值增大，同时 Y 与 H 之间的引力使直连碳与甲基碳的 σ 键处于受压状态，因而它们的屏蔽效应增加，δ_C 值降低。整个空间未封闭的五元环趋向于一个闭环共轭体系，使五元环所有原子的电子云密度趋于平均化：

第 6 章 未成键原子间的作用力

[分子结构图:邻、对位二溴苯、二氯苯、二氟苯、硝基甲苯的电荷分布数据]

总而言之,分子内空间诱导效应的存在使得未封闭五元环或六元环内各元素的电子云密度趋于平均化。

6.2.3 空间诱导效应对分子物理性质的影响

空间诱导效应是分子内未成键原子间的静电作用力,那么这种分子内作用力的增加必然导致分子间作用力的减小。

若在同一分子内的两个质点存在静电引力,则必然削弱该分子与另一分子间的静电引力。因此,空间诱导效应对沸点、酸性、碱性等物理性质具有显著的、规律性的影响。

6.2.3.1 空间诱导效应对沸点的影响

分子内原子间的引力增加,必然导致分子间的引力减小。设 X 为缺电体,Y 为富电体,则芳烃邻对位化合物的静电作用力完全不同:

单分子内空间诱导效应

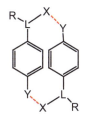
双分子间的诱导效应

很明显,当分子内两基团分别带有异性电荷且距离较近时,则分子内空间诱导效应将减小分子间的引力,使得沸点降低。表 6-15 给出了芳烃上两取代基分别带有异性电荷状态下,邻位和对位异构体的沸点比较。

表 6-15　邻位二取代基电荷相吸时邻位和对位沸点比较　　　　　　　　　　　单位:℃

取代基	—OMe —OMe	—F —Me	—F —Ph	—F —OH	—Me —NO₂	—Cl —Me	—NH₂ —NH₂	—Ph —NH₂	—Cl —NH₂	—Me —OH
邻位	207.0	114	73.5	151.2	222.3	159.5	256.8	299	208.8	190.8
对位	212.6	116	74.5	188	237.7	162.2	267	302	232	202

反之,若邻位两基团所带同性电荷,则两基团间存在斥力。此时邻位异构体因其不对称性而极性较大,沸点相对较高。见表 6-16。

容易推论,不存在分子内空间诱导效应的间位异构体,其沸点应该接近于对位而不是接近于邻位,实际结果正是如此。表 6-15、表 6-16 数据进一步证明了取代芳烃邻位基团间分子内空间诱导效应的存在。

表 6-16 邻位两取代基电荷相斥时邻位和对位沸点比较　　　　　　　　单位:℃

取代基	—Me —Me	—F —F	—Cl —Cl	—Br —Br	—Et —Et	—F —NO$_2$	—CF$_3$ —Cl
邻位	144.4	91.92	180.5	221.5	183.5	214.6	152
对位	138.5	88.8	174	218.6	182.5	205	139.3

6.2.3.2 空间诱导效应对酸性的影响

当有机酸在水溶液中处于溶解平衡时：

$$HA \rightleftharpoons A^- + H^+$$
$$\text{酸} \qquad\quad \text{共轭碱}$$

其溶解平衡常数 K_a 为：

$$K_a = \frac{[A^-][H^+]}{[HA]}$$

$$pK_a = -\lg K_a = pH - \lg \frac{[A^-]}{[HA]}$$

显然，pK_a 值越小，酸性越强。

比较苯甲酸邻、对位异构体的酸性大小，可见分子内空间诱导效应的显著影响与规律性的差别。

① 当取代基为缺电体时，邻位缺电子原子与羧基负离子间能形成分子内空间诱导效应，因而加剧了羧基的离解，平衡向右移动，酸性增强。如：

由于共轭碱结构中氧负离子与邻位氢原子之间的分子内诱导引力，羧基相对容易离解，因而酸性较强。

受分子内空间诱导效应的影响，羧基邻位的缺电子取代基使其酸性增强。表 6-17 给出了一些取代苯甲酸的 pK_a 值。

表 6-17 取代苯甲酸的 pK_a 值比较 (1)

取代基	—CH$_3$	—OCH$_3$	—N$^+$(CH$_3$)$_3$	—OH	—C$_2$H$_5$	—OC$_2$H$_5$
邻位	3.91	4.09	1.37	2.98	3.77	4.27
对位	4.37	4.47	3.43	4.58	4.35	4.45

② 当取代基为负离子或为碱性孤对电子时，邻位上的负离子或碱性孤对电子与羧基上氢原子形成分子内氢键，因而抑制了羧基的离解。即：

表 6-18 给出了一些取代苯甲酸的 pK_a 值。

表 6-18　取代苯甲酸的 pK_a 值比较（2）

取代基	—NH$_2$	—N(CH$_3$)$_2$	—COO$^-$	—NHCH$_3$
邻位	4.98	8.42	5.41	5.30
对位	4.92	5.03	4.82	5.04

羧基邻位碱性的负离子或孤对电子与羧基氢的氢键作用（可视为空间诱导效应的一种特殊形式）使羧基不易离解，酸性减弱。

综上所述，羧基的邻位为缺电子的酸性基团，其酸性增强；羧基邻位为富电子的碱性基团，其酸性减弱。

6.2.3.3　空间诱导效应对碱性的影响

当有机碱在水溶液中处于溶解平衡时：

$$\underset{\text{共轭酸}}{\overset{+}{BH}} \rightleftharpoons \underset{\text{碱}}{B} + \overset{+}{H}$$

其溶解平衡常数 K_a 为：

$$K_a = \frac{[B][H^+]}{[BH^+]}$$

$$pK_a = -\lg K_a = pH - \lg \frac{[B]}{[BH^+]}$$

显然，pK_a 值越大碱性越强。

比较苯胺的邻、对位异构体的碱性强弱，发现邻位取代基总是减弱芳胺的碱性。

① 当取代基为缺电体时，邻位缺电子原子与氨基孤对电子间处于半成键状态，因而降低了芳胺的碱性。如：

表 6-19 给出了一些此类芳胺的 pK_a 值。

表 6-19　取代芳胺的 pK_a 值比较（1）

取代基	—NH$_2$	—OH	—COOH	—OCH$_3$	—OC$_2$H$_5$	—AsO$_3$H	—Ph
邻位	4.47	4.72	2.04	4.49	4.47	3.77	3.78
对位	6.08	5.50	2.32	5.29	5.25	4.05	4.27

表 6-19 数据说明，氨基上孤对电子与缺电子原子之间的半成键状态降低了芳胺的碱性。

② 当取代基上带有强电负性原子时，邻位上强电负性原子将吸引芳胺上的活泼氢原子，使 N—H 键上的一对电子向氢方向移动，而未成键的孤对电子向氮原子方向收缩，同样降低了芳胺的碱性。如：

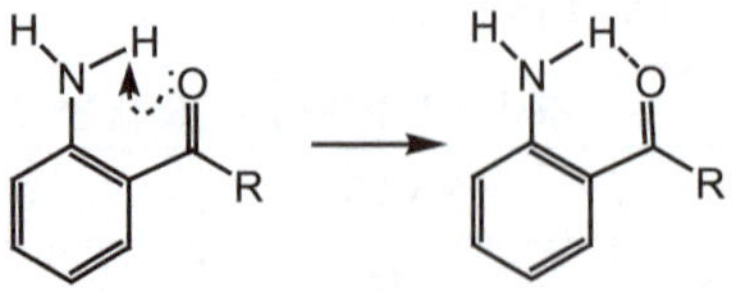

表 6-20 给出部分邻、对位取代胺的 pK_a 值。

表 6-20　取代芳胺的 pK_a 值比较（2）

取代基	—COOCH$_3$	—COOC$_2$H$_5$	—F	—Cl	—Br
邻位	2.16	2.10	2.96	2.62	2.60
对位	2.36	2.38	4.52	3.81	3.91

表 6-20 数据表明：强电负性原子与氨基氮原子和氢原子之间处于半成键状态，使氨基氮原子的电子云密度降低，因而碱性降低。

总之，芳胺氮原子上的孤对电子具有碱性，而与氮原子成键的氢原子具有酸性。具有双重酸碱性的氨基无论与富电体（强电负性原子）还是缺电体（弱电负性原子）之间，均可在范德华半径范围内形成分子内的空间诱导效应，总会使其碱性降低。

综上所述，比较芳烃邻、对位异构体的物理性质，包括酸性、碱性和沸点，可知分子内空间诱导效应的客观存在和影响规律。

例 18：如何理解乙醚、四氢呋喃、甲基四氢呋喃在水中溶解度的巨大差别？

四氢呋喃能够混溶于水的原因是其氧原子上裸露的孤对电子为亲核试剂，能与水分子上的氢原子成键而生成离子，极性较强的离子结构易溶于水：

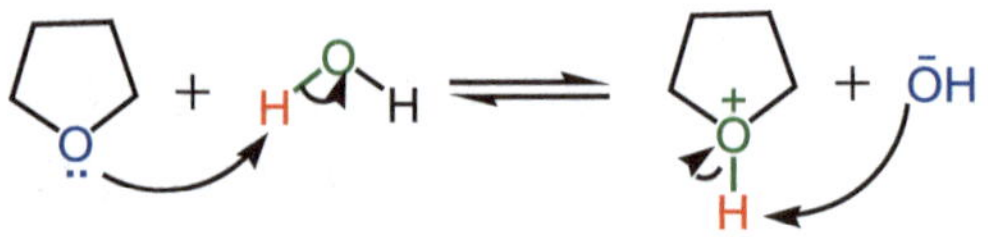

而在乙醚与甲基四氢呋喃分子上，氧原子的孤对电子与氢原子之间已经处于半成键状态，其亲核活性显著降低，因而很难再与水分子的氢原子成键，因而其水溶性减弱：

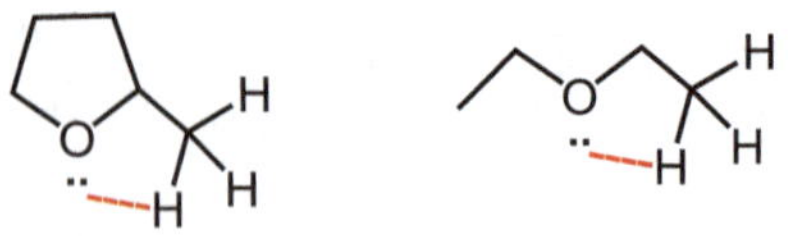

例 19：某公司先将间氟甲苯硝化制成硝基化合物，然后再将硝基还原成氨基。如何构思各种异构体的分离工艺？

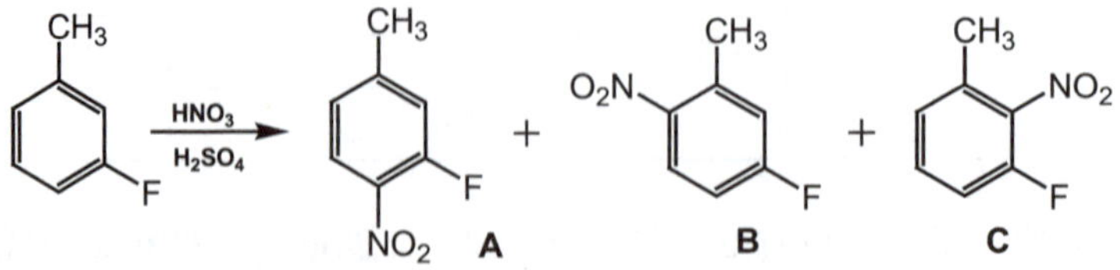

硝化反应各种异构产物熔点、沸点的相对高低可根据分子结构估计。

影响取代芳烃熔点的主要规律为：对称结构的熔点较高。虽然产物中有三个基团，似乎难以比较其对称性。然而芳烃上氟元素对于熔点、沸点的贡献接近氢。

影响取代芳烃沸点的主要规律为：邻位取代基之间若存在异性电荷，受分子内空间诱导效应影响，其分子间力减小、沸点降低。

故间氟甲苯硝化反应三种异构体的熔点、沸点比较如下：

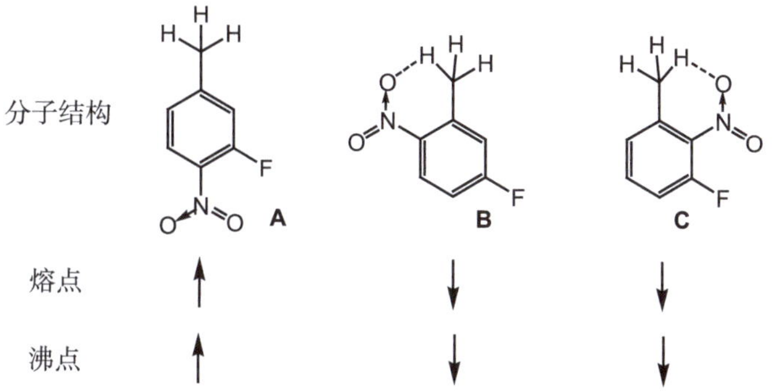

A 结构属于对称结构，熔点较高；而 B、C 结构熔点相对偏低。B、C 结构存在着分子内的空间诱导效应，因而分子间力减小，沸点较低；而 A 结构不存在分子内空间诱导效应，沸点相对较高。

首先精馏出部分 B、C，再结晶、过滤、洗涤得到 A 结构，这样可将 A 组分分离提纯。

剩余的 B、C 结构混合物未见物性的显著差别，因此不是分离过程的良好时机，待还原反应后生成氨基再进行分离提纯。

B、C 硝基结构经还原后得到氨基化合物 B′、C′，在碱性、沸点等物理性质上差异显著：

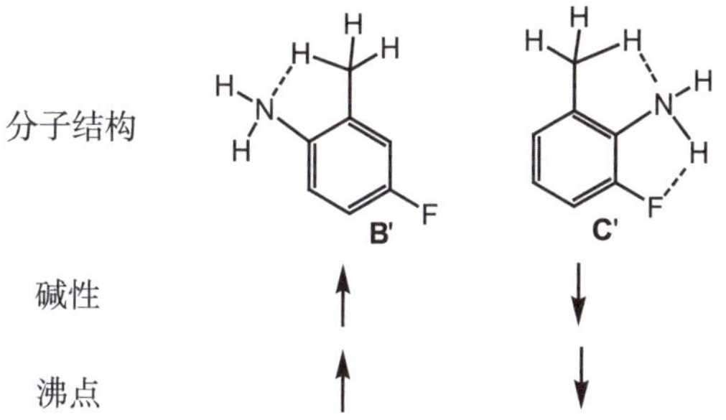

在 C′ 结构中，氨基氮原子上的孤对电子与甲基氢原子之间存在分子内空间诱导效应，且氨基上活泼氢与氟原子之间存在能量更大的分子内氢键，此种情况下 C′ 组分的碱性已经基本消失，且其沸点也较低。B′ 结构由于氨基上氢与氟原子不存在分子内氢键而仍然存在碱性，且其沸点比 C′ 结构高。

酸性水溶液可溶解 B′ 组分，C′ 组分作为有机相被分离提纯。水相经碱处理再游离出芳胺 B′。这样间氟甲苯硝化、还原的三种异构体均可得到分离提纯。

例 20：6-苄基-5H-吡咯并 [3,4-b] 吡啶-5,7(6H)-二酮的水解反应生成了两个异构体 M_1 与 M_2，其中一个能减压蒸出，另一个则不能。试判断蒸出的是哪一个异构体。水解反应式为：

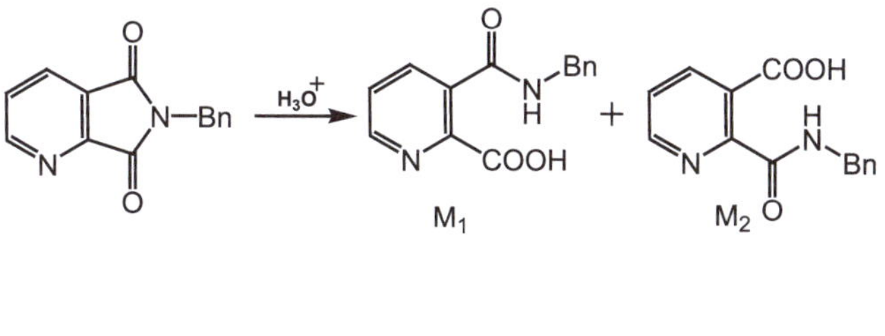

此两个中间体 M_1 与 M_2 的主要差异在于羧酸活泼氢原子与吡啶氮原子间是否存在分子内氢键,具有较强分子内氢键的分子在物性上相当于单分子,而分子间氢键化合物则相当于多分子的缔合物,沸点自然较高:

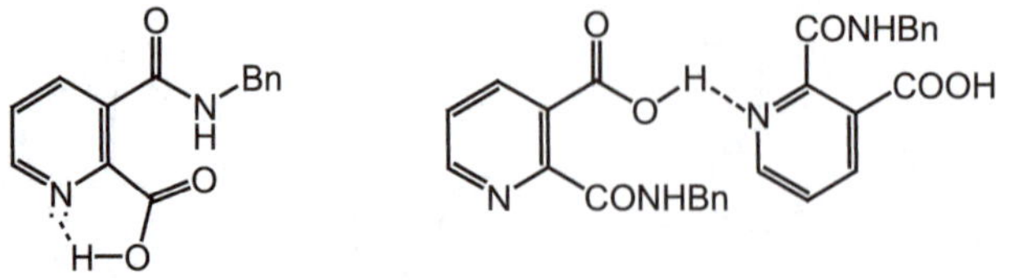

6.2.4 分子内空间诱导效应对反应活性的影响

分子内空间诱导效应影响分子内电子云密度分布,因而影响反应活性。受空间障碍的影响,取代芳烃邻位的反应活性应该处于劣势,然而空间障碍只是影响因素之一,还存在更为重要的电子因素的影响。

缺电子芳烃作为亲电试剂的反应,如果两个邻位取代基间能够形成五元环或六元环的空间结构,取代基邻位的亲电活性往往高于对位异构体。

例 21:Sulfalene 中间体的合成[9]:

由于分子内的溴原子与氨基氢原子之间存在着分子内空间诱导效应,相当于生成了五元环状的共振杂化体:

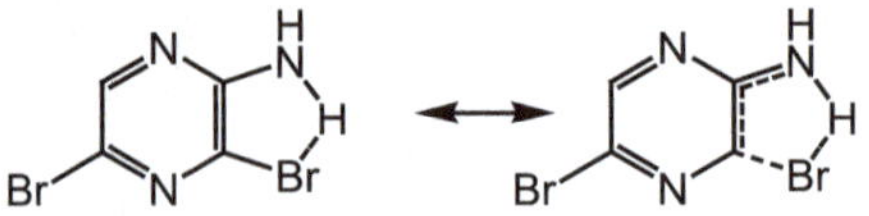

由于邻位活泼氢与溴原子间相互吸引而形成分子内空间诱导效应,相当于溴与氢间处于半成键状态,削弱了原有的溴碳 σ 键,邻位溴原子才更容易被取代。

例 22:2,3,4-三氟硝基苯与乙醇钠的反应优先发生在邻位:

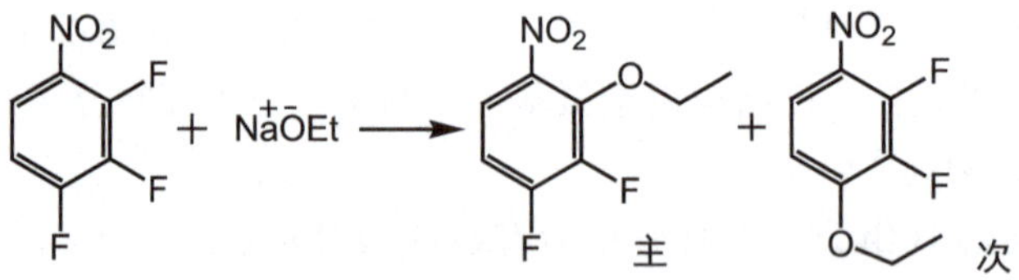

由于带有部分负电荷的邻位氟原子与带有部分正电荷的双键氧原子相互吸引而生成半成键状态的五元环结构,削弱了碳氟 σ 键,邻位氟原子的离去活性明显强于对位:

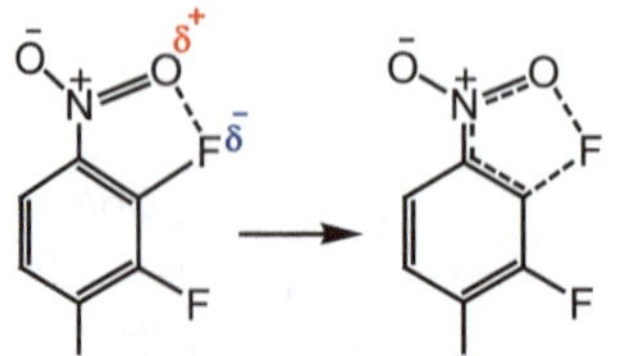

例 23：S,S-(2,8)-二氮杂双环 [4.3.0] 壬烷结构中，两个氮原子（N，N*）在药物合成过程中的亲核活性差异巨大。

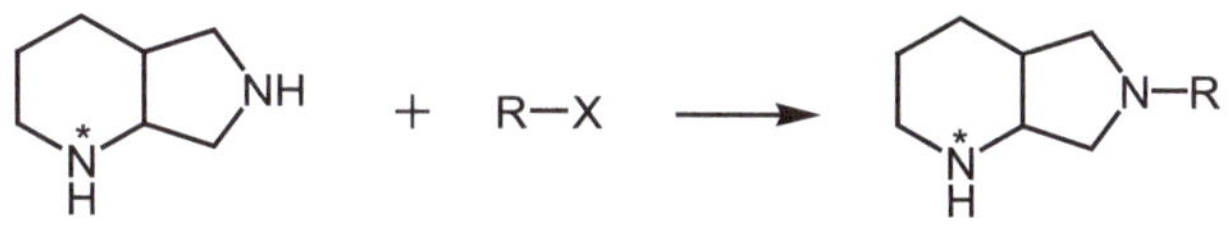

这是分子内空间诱导效应影响的结果。观察下面分子结构：

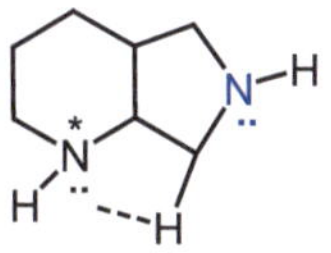

N 原子上的孤对电子处于裸露状态，具有较强的碱性和亲核活性。N*原子上的孤对电子与氢原子之间存在分子内空间诱导效应，由于 N*原子与两碳一氢及 N*原子上的孤对电子构成了分子内空间不规则五元环，其碱性与亲核活性均显著减弱。

例 24：4-羟基吡啶与 2-甲基-4-羟基吡啶的甲基化反应比较。

4-羟基吡啶在碱性条件下分别与硫酸二甲酯缩合生成两种异构产物：

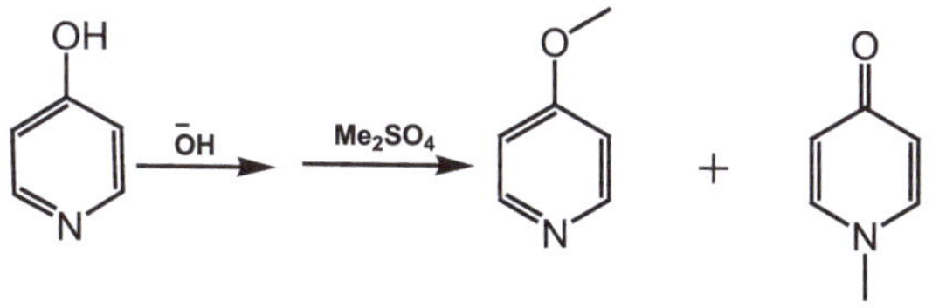

这是由氧负离子与芳环可逆地共振异构生成氮负离子所致：

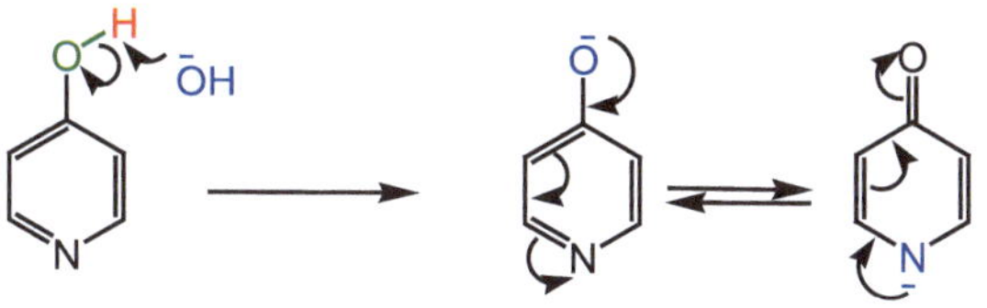

而 2-甲基-4-羟基吡啶在碱性条件下也能生成两种共振结构的中间体，但只能生成甲氧基产物：

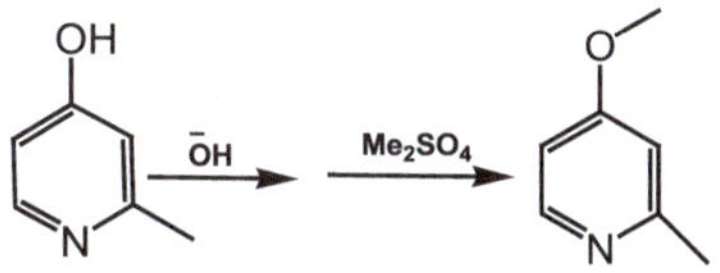

这是由生成的氮负离子与甲基氢原子之间存在分子内空间诱导效应，氮负离子的亲核活性显著降低所致：

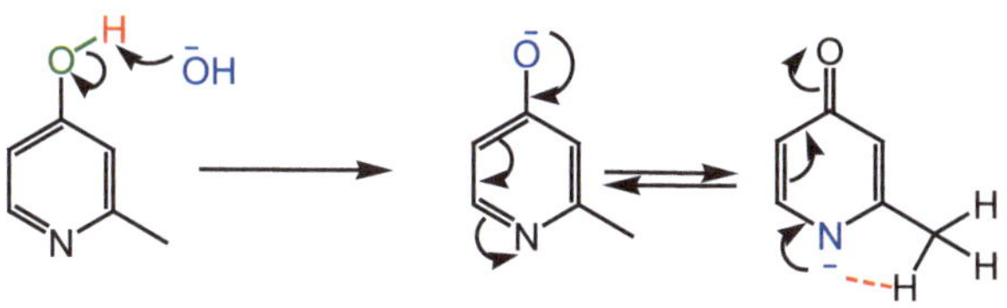

例 25：有如下 A、B 两种类似结构的混合物，唯有 A 结构才能与甲醛加成，而 B 结构未见化学反应发生：

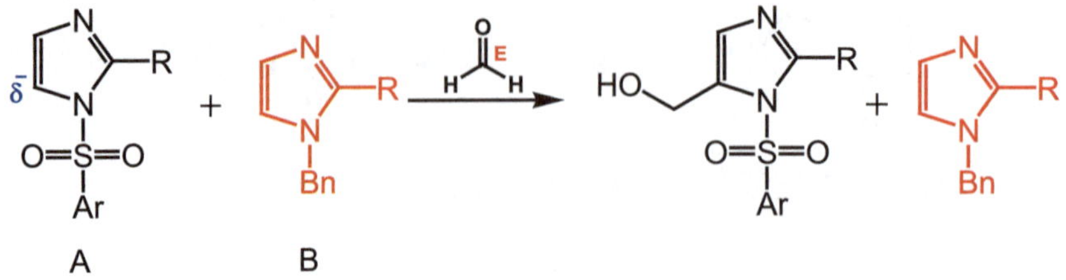

两者的差异就在于 A 分子砜基氧原子与邻位氢原子的分子内空间诱导效应，催化了碳负离子的生成：

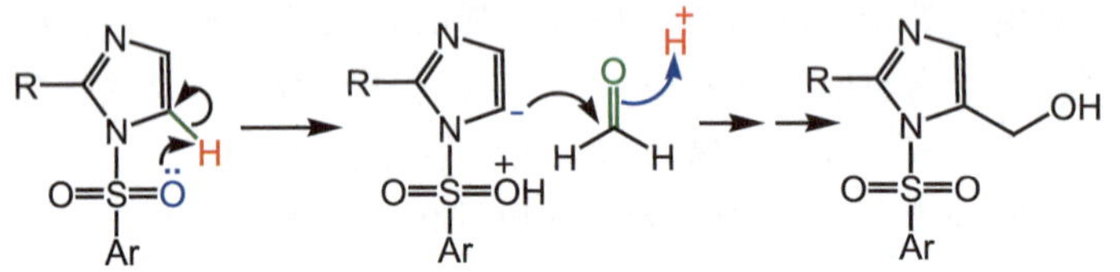

例 26：γ-丁内酯的乙酸乙酯溶液，在同一温度条件下，唯有 γ-丁内酯才能与胺成键生成酰胺，而乙酸乙酯则不能：

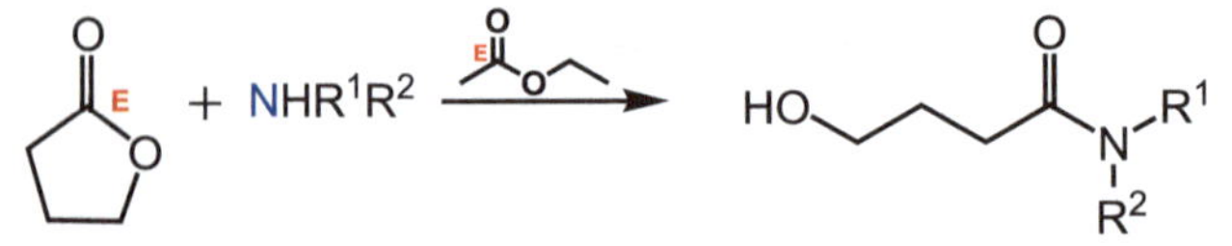

两者的差异就在于其分子的空间结构：

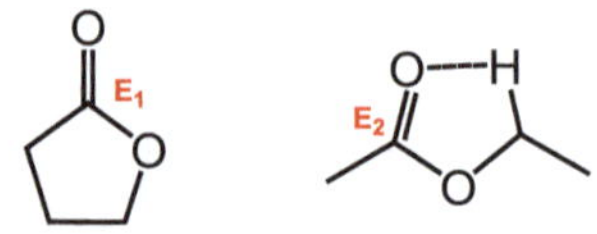

乙酸乙酯分子内空间诱导效应的存在，使得未封闭的五元环内的电子云密度分布趋于平均，导致羰基的亲电活性下降。

例 27：拟将如下 A、B 两种结构的手性化合物做消旋化处理。结果唯有 A 结构容易消旋化，而 B 结构则不能：

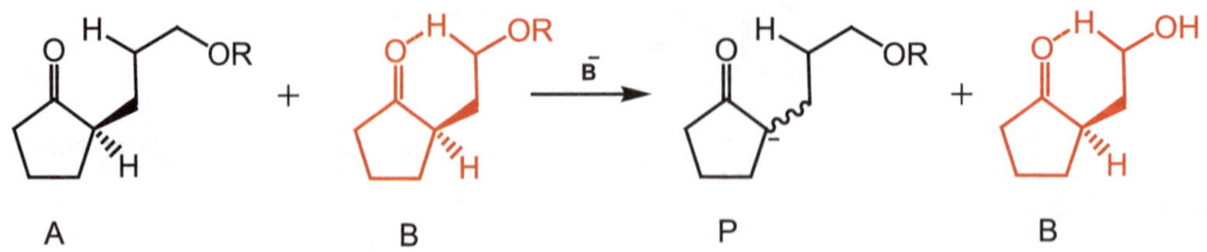

上述 A、B 两结构的侧链上均存在氢原子，似乎均能与羰基氧原子构成五元环或六元环状的分子内空间诱导效应。但空间诱导效应的强弱有较大区别，烷氧基 α-氢原子更为缺电子，与富电子的羰基氧原子的静电引力也就更大，因而在空间六元环内电子云密度趋于平均，致使羰基碳原子的电子云密度增加，其 α-氢原子的酸性减弱：

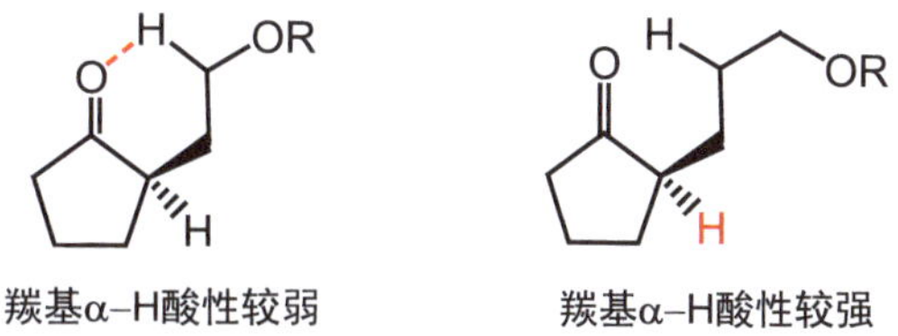

羰基α-H酸性较弱　　　　羰基α-H酸性较强

这就是 B 结构难以消旋化的原因。

例 28：以 4-羟基-2,4-色烯-2-酮和 2-氧代-2-苯基乙醛为起始原料，环己酮为溶剂，三氟甲磺酸铜为催化剂合成 2-苯基-4,4-糖[3,2-c]色烯-4-酮：

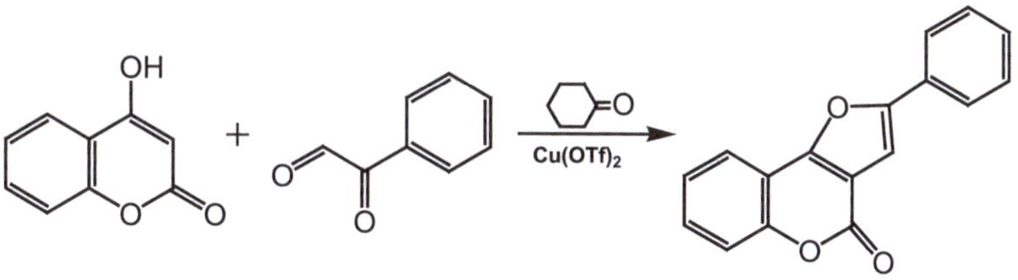

这是极性反应与自由基反应的多步串联过程：

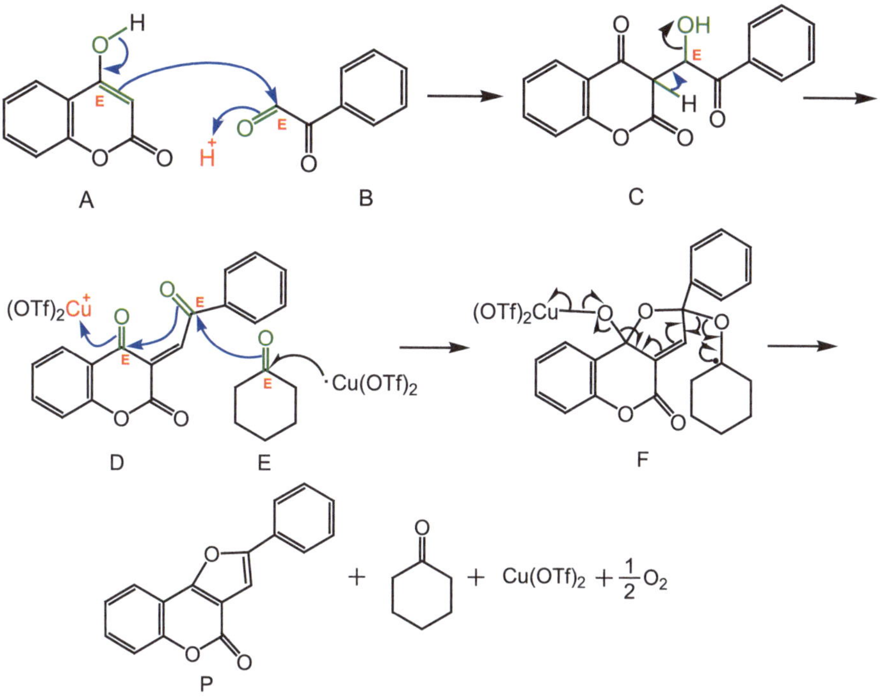

此反应溶剂可以用环戊酮代替环己酮，但用己-2-酮代替环己酮则反应不会发生。

此处环己酮不仅作为溶剂，而且参与了反应。在自 D 至 F 过程中，铜原子上自由电子能转移至环己酮羰基碳原子上。而己-2-酮分子内的羰基氧原子与其 β 位的氢原子之间处于范德华半径距离内，两者处于半成环状态，环内的电子云密度趋于平均，羰基的亲电活性下降。

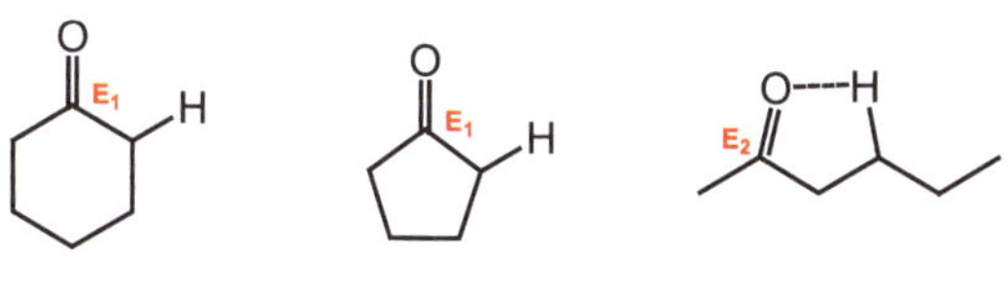

综上所述，在分子内处于范德华半径之和距离内未成键的原子间存在着分子内空间诱导效应，它显著地影响着基团的化学性质。

6.2.5 分子内空间诱导效应概念的拓展与延伸

分子内未成键的原子间存在着同性相斥、异性相吸的静电引力，分子间也同样存在。这主要体现在新键生成的定位效应上。

例 29：Reimer-Tiemann 反应是在碱性条件下酚与氯仿合成水杨醛的反应[10]：

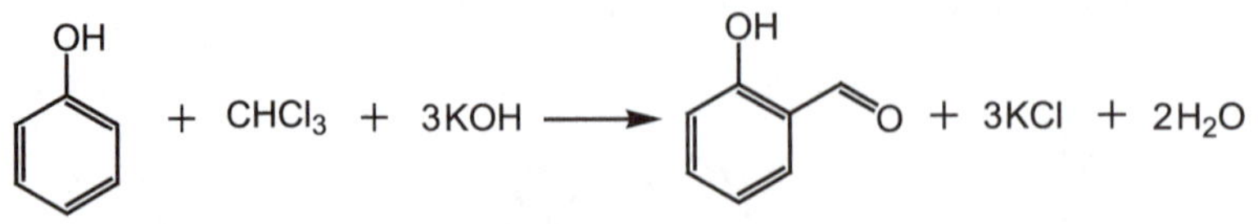

$$C_6H_5OH + CHCl_3 + 3KOH \longrightarrow \text{水杨醛} + 3KCl + 2H_2O$$

有文献将 Reimer-Tiemann 反应机理解析为[11-12]：

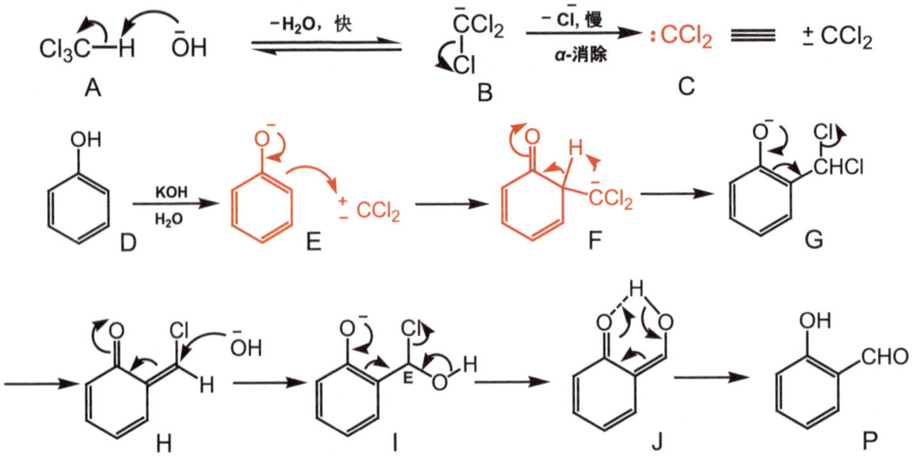

如上机理解析并未解释为什么反应发生在羟基的邻位而不发生在其对位。此反应之所以选择性地生成邻位取代物，主要是酚羟基与氯仿之间存在着分子间异性电荷的静电引力。

故 Reimer-Tiemann 反应机理自 D 至 H 步骤应该改为：

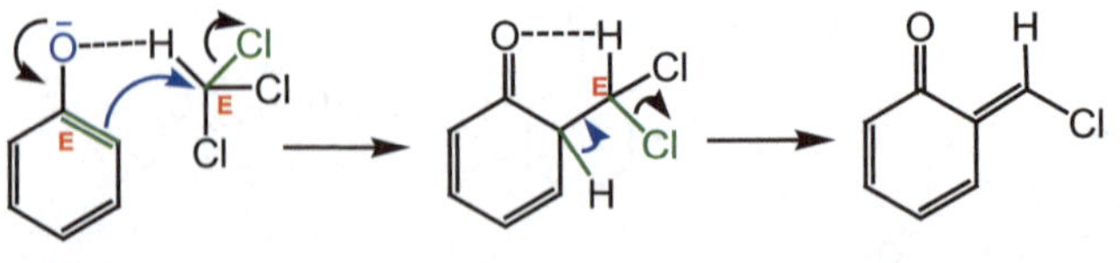

此例说明：不是氯仿在碱性条件下全部生成了卡宾，而是一个平衡过程。此反应恰恰是苯氧基负离子与氯仿氢原子之间的诱导效应，决定了在羟基的邻位成键。

例 30：苯酚高选择性地制备邻溴苯酚，文献是采用叔丁胺为溶剂于 −70℃ 条件下制备的：

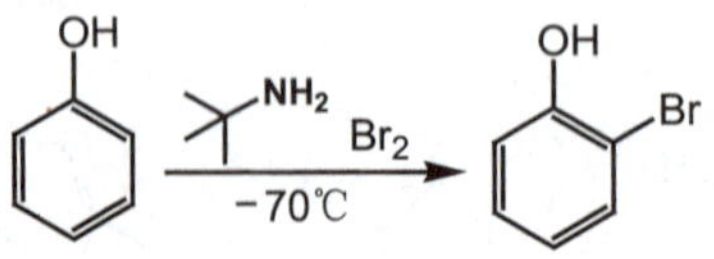

在此反应过程中，叔丁基胺不仅是溶剂，而且是活性亲核试剂。其与溴素首先生成 N-溴代叔丁基胺活性中间体，靠其碱性孤对电子与羟基活泼氢的氢键作用定位于羟基邻位，再靠其三对电子的协同迁移而具有较低的活化能，才能在－70℃的低温条件下实现［3,3］-σ 迁移：

由此可见，在－70℃的低温条件下，苯酚的对位并不具备成键条件，唯有邻位三对电子的协同迁移才具备较强的反应活性。

综上所述，即便在不同的分子间，带有异性电荷的原子间的诱导效应往往起着重要作用，尽管其诱导力远小于氢键作用力。

6.2.6　分子内空间诱导效应的范围与形式

6.2.6.1　分子内空间诱导效应与分子内氢键

氢键的概念为人们所熟知：当氢原子与强电负性原子（如氟、氧、氮）形成共价键时，由于电负性的差异较大，共用电子对偏向于电负性较大的原子一方，氢原子便带有部分正电荷而形成活泼氢；由于活泼氢的原子半径小、屏蔽效应小，容易与另一电负性大的原子（如氟、氧、氮）的非共用孤对电子间产生静电引力而形成氢键。氢键是个比较强的静电作用力，远比范德华力大，能量范围在 2～10kcal/mol 之间，氢键能够发生在分子间，也能发生在分子内而形成分子内氢键。

分子内氢键证明了分子内不同原子间异性电荷的相互吸引，这与分子内空间诱导效应的概念吻合。然而两者仍有区别：

① 分子内氢键所关注的是几个最强电负性原子（N、O、F）与活泼氢之间的静电作用力，并未涉及其它较强电负性原子和非活泼氢原子之间的作用力。

② 分子内氢键所关注的是 2～10kcal/mol 之间较强的静电作用力，而能量范围小于 2kcal/mol 不够强的静电作用力并未涵盖其中。

因此可以说分子内氢键是分子内空间诱导效应的特殊形式，或者说分子内空间诱导效应的概念是对于分子内氢键概念的拓展与延伸，它涵盖了氢键的概念又不限于氢键的范围。利用分子内空间诱导效应概念，不仅能解释分子内电子云密度分布，而且能解释不同异构体的物理、化学性质。

例 31：甲基吡啶的邻、间、对位异构体在光氯化反应过程中，只有邻甲基吡啶可以制成氯甲基、二氯甲基和三氯甲基吡啶化合物，其余两个异构体在光氯化反应过程中结焦。

这是由吡啶的分子结构决定的，尽管 N 原子的杂化轨道为 sp^2 杂化，基于此种结构其碱性不应太强，但因 N 原子具有较大的电负性，使得芳环上大 π 键显著向 N 原子方向偏移，致使吡啶分子内 N 原子聚集了较多的负电荷，因而具有较强的碱性和较强的亲核活性。

当间位或者对位的甲基上发生氯代反应而生成氯甲基后，氯甲基上碳原子就成了含有离去基的较强的亲电试剂，这样分子内极性反应三要素齐备，分子间的缩合反应便不可避免，从而导致多分子聚合而结焦[13]。以间甲基吡啶为例，其氯代物不稳定：

对甲基吡啶与此类似，而邻甲基吡啶就不同了。由于邻位甲基上的氢原子与吡啶环上氮原子间存在着分子内空间诱导效应，其原料、一氯代产物、二氯代产物上的氮原子碱性减弱、亲核活性减弱，化学性质比较稳定：

在邻二氯甲基吡啶生成邻三氯甲基吡啶后，虽然分子内空间诱导效应消失，但此时生成的三氯甲基是高电负性基团，具有较大的诱导效应，其位置也刚好处于吡啶氮原子的邻位，其吸电的诱导效应显著减少了邻位氮原子上的电子云密度，致使其亲核活性显著下降。因此邻三氯甲基吡啶的碱性与亲核活性也显著地减弱了，化学性质也相对稳定：

由此可见，分子内空间诱导效应是分子内氢键概念的拓展和延伸，分子内氢键是分子内空间诱导效应的特殊形式，这就是两者之间的区别与联系。

6.2.6.2 分子内空间诱导效应与场效应

场效应是戈尔登-斯托克提出来的[14]，场效应的概念描述如下：

① 场效应是直接通过空间或溶剂分子传递的电子效应，是一种长距离的极性相互作用，是作用距离超过两个 C—C 键长的极性效应。

② 化学中的场效应是指空间的分子内静电作用，即某一取代基在空间产生电场，它对另一反应中心产生影响。

③ 场效应的方向与诱导效应的方向往往相同，一般很难将两种效应区别开。

由此可见，场效应在其起源、传播方式、作用等方面的论述模糊且理论依据不足。

场效应的起源："某一取代基在空间产生电场，它对另一反应中心产生影响。"电场是需要正负两极的，不可能产生于某个取代基，而是在分子内两个未成键的、带有异性电荷的原子间。

电场的传播方式："空间的分子内静电作用""直接通过空间或溶剂传播"，而实际上在电场两极的两个原子间，距离已经处于范德华半径之和范围内，电子云已经部分交盖了，无需其它传播条件。

场效应的作用："超过两个 CC 键长""长距离的静电作用力"是不可能的。因为距离若超过两个元素的范德华半径之和，则两元素间的作用力极小甚至可以忽略。此外，两个元素间距离也不应以沿着化学键折线测量，而应是两元素的直线空间距离。

另外，"对另一反应中心产生影响"是抽象的，并未指出怎样的影响和影响趋势。实际上两原子电子云的部分交盖，就相当于两原子处于部分成键的中间状态了。

还有，场效应与诱导效应关系：认为"两者方向相同，很难将两者区别"的表述没有依据[15]。

唯有运用分子内空间诱导效应的概念，才能准确地解释分子结构及其物理、化学性质。

场效应依据的两个实例，用分子内空间诱导效应解析更为准确。

例 32：如下结构的化合物，在取代基 X 为氯原子或氢原子的不同结构状态下，羧酸水溶液的 pK_a 值差异较大：

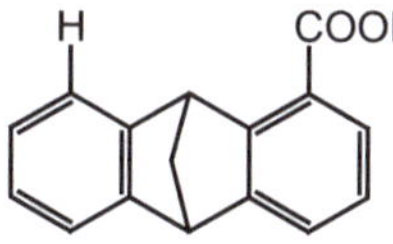

$$pK_a = 6.04 \qquad pK_a = 6.25$$

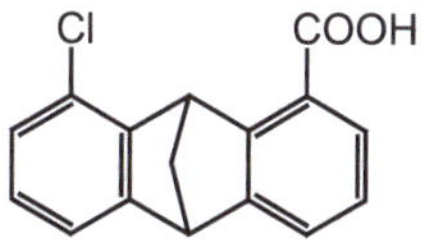

若将上述氯代化合物结构改写为如下结构：

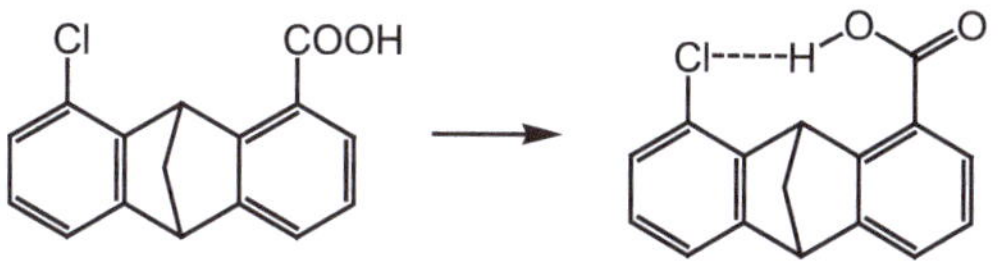

从分子的平面结构观察，芳环上氯原子与羧基上的活泼氢原子间的空间距离已经处于两个未成键元素的范德华半径之和范围内了；再考虑到此结构两芳环之间并非平面，而是带有 109°的角度，实际两元素的空间距离就更加接近；再考虑化学键的振动与转动，两原子间范德华力的作用即分子内空间诱导效应就更为显著。氯原子与氢原子之间的相互引力形成了空间环状结构，使得"环上"各元素间的电子云密度趋于平均，因而影响了羧基的离解。该化合物的空间作用力就是作用于氯原子与羧基氢原子之间的分子内空间诱导效应。

例 33：如下不同空间异构体的 pK_a 值差异较大：

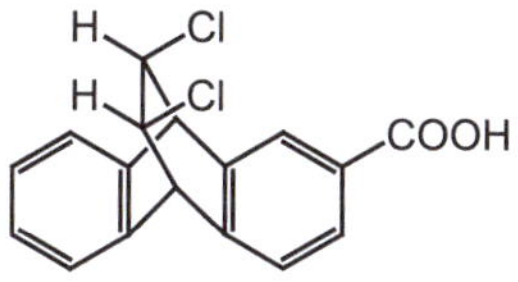

$$pK_a = 6.07 \qquad pK_a = 5.67$$

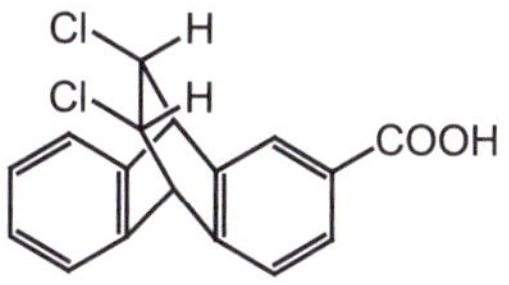

在用场效应的概念解释如上实例中基团之间的相互关系时，认为生成分子内氢键的可能性小，而 Cl 与 COOH 之间距离较远，相当于 4 个化学单键的距离。

若将上述化合物改写成如下结构：

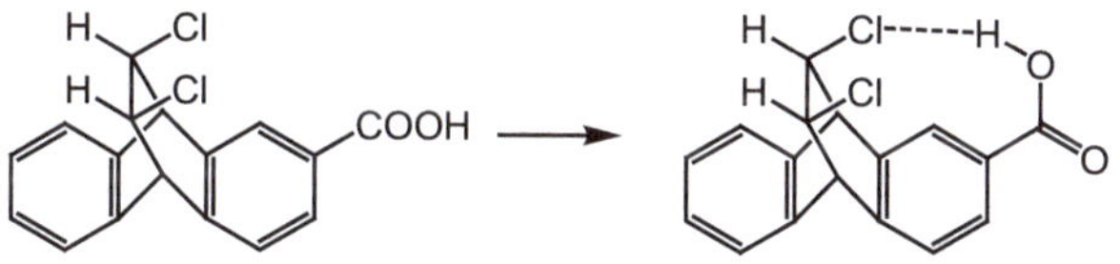

分子的平面结构已经表明：羧基上活泼氢原子与氯原子间的空间距离已经处于两元素的范德华半径之和范围内，同样是"空间环状结构"影响了羧基的离解，归根结底是 Cl 或 H 原子与羧基 H 的作用力方向完全不同所导致的差异。

由此可见，场效应的概念未能发现也难以解释分子结构的内在规律。而分子内空间诱导效应的概念在其起源、传播、影响、作用的各个方面，全面、具体、明确地做出了科学解释。

6.2.6.3 分子内空间诱导效应与 γ-位效应

根据分子内空间诱导效应的概念，只要未成键的两个原子间距离处于范德华半径之和范围内，它们之间就必然存在静电作用力。

γ-位效应是取代烷烃碳链上的电荷分布规律，也是由分子内空间诱导效应决定的。

按照诱导效应的规律，吸电基的诱导效应沿着碳链的伸长而递减，即碳链上原子的缺电子程度应遵循 $\alpha>\beta>\gamma>\delta>\cdots$ 的规律逐渐减弱。然而实际上，在 γ-位却出现了最小值，对此现象的传统解释为 γ-交叉效应（或立体效应），是空间氢原子之间的斥力作用使与 γ-氢成键的 γ-碳上电子云密度有所增加，从而增大屏蔽效应，化学位移移向高场。表 6-21 给出了部分取代烷烃的位移参数，它表示有取代基的烷烃与无取代基的烷烃相应位置的 ^{13}C 化学位移的差值。

表 6-21　部分取代烷烃的位移参数（Aki）

取代基 Xi	$Aki\left(Xi\underset{\beta}{\overset{\alpha}{\frown}}\underset{\delta}{\overset{\gamma}{\frown}}\overset{\varepsilon}{\frown}\right)$				
	α	β	γ	δ	ε
—C_6H_5	23	9	−2	0	0
—COOR	22.5	2.5	−3	0	0
—OH	49	10	−6	−0.5	0
—OR	57	7	−5	−0.5	0
—OCOR	52	6.5	−4	0	0
—NO_2	61.5	3	−4.5	−1	−0.5
—Cl	31	10	−5	−0.5	0
—Br	20	10	−4	−0.5	0

γ-碳原子的化学位移参数之所以最小，绝不是诱导效应所能解释的。这是带部分正电荷的 α-氢对 γ-氢的斥力作用所致：

即缺电子的 α-氢原子将 γ-位 C—H 共价键上部分电子"压入" γ-碳原子上，即 γ-C—H 键的一对电子向 C 原子方向偏移，因而使 γ-碳的电子云密度增加，屏蔽效应增大，化学位移值 δ_C 降低。由表 6-21 中数据可知，取代基 X 的电负性越大，往往其 α-位就越缺电子，γ-碳的电子云密度增加也就越多，就能证明如上原理。

按此推论：若取代烷烃的 α-位没有低电子云密度的 α-氢存在，也就不应存在 γ-交叉效应了，实际情况正是如此。如：2-氯代-2-甲基己烷的 ^{13}C 的化学位移 δ_C 值为：

显然，带部分正电荷的 α-氢的存在是 γ-交叉效应的必要前提，γ-交叉效应只是分子内空间诱导效应的一种形式。

综上所述，只要分子内存在两个带电的未成键原子，它们的距离处于范德华半径之和范围内，就必然存在分子内空间诱导效应，且同性相斥、异性相吸。

6.2.7 本节要点总结

① 揭示了分子内未成键的原子间，距离小于两个元素范德华半径之和时，存在着同性相斥、异性相吸的分子内空间诱导效应。它对分子内的电子云密度分布、分子的物理性质与分子的化学性质均有显著的规律性的影响。

② 揭示了芳烃邻位取代基与间位、对位取代基的显著区别，即邻位取代基除了具有诱导效应、共轭效应之外，又叠加了一个分子内空间诱导效应，由此导致了邻、对位基团物理化学性质的显著差异。

③ 纠正了场效应的提法，它对分子内未成键原子间静电作用力的原理解析欠科学，包括起源、传播、作用等各个方面。而用分子内空间诱导效应的概念，就能科学解释场效应提法引证的所有实例。

④ 揭示了分子内空间诱导效应的涵盖范围，包括但不限于邻位基效应、γ-交叉效应、分子内氢键等。凡是分子内未成键原子间处于五元环或六元环状态，均存在着带电原子间同性相斥、异性相吸的现象。

⑤ 揭示了分子内空间诱导效应对反应活性的影响规律，它对于亲核试剂、亲电试剂活性的影响，依据未封闭的五元环或六元环内电子云密度平均化的原理就能判断。

参考文献

[1] 陈荣业. 有机合成工艺优化. 北京：化学工业出版社，2006.
[2] 邢其毅，徐瑞秋，周政. 基础有机化学. 北京：人民教育出版社，1980：68，933.
[3] 章育中，郭希圣. 薄层层析法和薄层扫描法. 北京：中国医药科技出版社，1990：123-126.
[4] 姚蒙正，程侣柏，王家儒. 精细化工产品合成原理. 北京：中国石化出版社，2000：15-20.
[5] 俞凌翀. 基础理论有机化学. 北京：高等教育出版社，1983：105-109.
[6] 唐培堃. 精细有机合成化学与工艺学. 北京：化学工业出版社，2002：30-36.
[7] 杨锦宗. 工业有机合成基础. 北京：中国石化出版社，1998：145-153.
[8] 陈荣业. 分子结构与反应活性. 北京：化学工业出版社，2008：29-31.
[9] Kleemann A., Engel J, Kutscher B., et al. Pharmacetical Substances. 4th Edition, New York：Thieme，1927.
[10] Reimer, K., Tiemann, F. Ber., 1876, 9：824-828.
[11] Wynberg, H., Meijer, E. W. Org. React., 1982, 28：1-36.
[12] Bird, C. W., Brown, A. L., Chan, C. C. Tetrahedron, 1985, 41：4685-4690.
[13] 刘广生，贾铁成，刘占龙. 2-氯-X-三氟甲基吡啶系列化合物合成反应规律研究. 当代化工，2014，43（5）：709-711.
[14] 汪秋安. 高等有机化学. 北京：化学工业出版社，2004.
[15] Michael B. Smith, Jerry March. March 高等有机化学——反应、机理与结构. 李艳梅，译. 北京：化学工业出版社，2009.

第 7 章

氧化还原反应的机理解析

氧化还原反应是电子的得失或共用电子对的偏移。在氧化还原反应发生前后，元素的氧化数发生了变化，这种变化基于元素或基团的电负性。

7.1 氧化还原反应基本概念

氧化还原反应包括反应前后的电子得失或共价键上电子对偏移方向的改变，这种改变并非偏移程度的量变而是偏移方向的质变，即在氧化还原反应发生前后，其旧键与新键上一对电子的偏移方向截然相反。

氧化还原反应既可发生在一对电子转移过程中，也可以发生在单电子转移过程中。其共性就是共价键上一对电子偏移方向改变了。

7.1.1 极性反应的氧化剂与还原剂

对于一对电子转移的极性反应，氧化剂只能是得电子的亲电试剂，还原剂只能是失电子的亲核试剂。然而亲核试剂是否属于还原剂还需要观察其新键生成前后共价键上一对电子的偏移方向是否变化。

例 1：鉴别如下卤代烷烃参与的反应是否属于氧化还原反应。

卤代烷烃水解反应：

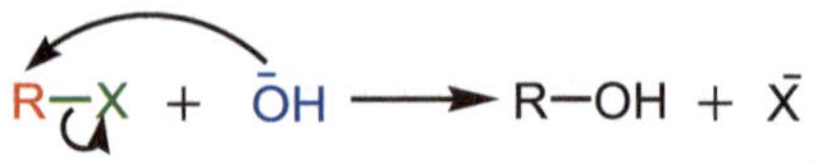

$$R-X + \bar{O}H \longrightarrow R-OH + \bar{X}$$

卤代烷烃与格氏试剂成键：

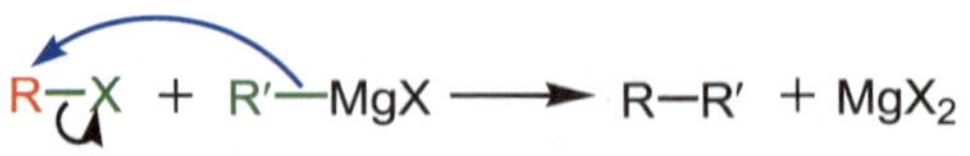

$$R-X + R'-MgX \longrightarrow R-R' + MgX_2$$

卤代烷烃加氢反应：

$$R-X + H-H\text{-}Cat. \longrightarrow R-H + HX$$

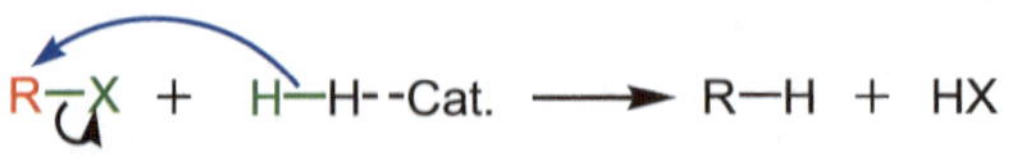

卤代烷烃水解前后，虽然与碳原子成键的元素变了，但取代基与碳原子共价键上一对电子的偏移方向并未改变，不属于氧化还原反应。

其余两个反应，无论是生成了碳碳共价键，还是生成了碳氢共价键，新生成的共价键上一对电子已不再偏离碳原子，即原有的 R 基团已经不属于缺电体，因而改变了原有共价键一对电子的偏移方向，属于氧化还原反应。

此例说明：不是所有的亲核试剂都是还原剂，只有低电负性的亲核试剂才可能成为还原剂。这里所谓低电负性，指的是成键之后其电负性不高于原有亲电试剂。

亲电试剂也是如此，如与其空轨道成键的一对电子亲核试剂与离去基一样具有较大电负性，则亲电试剂在旧键断裂与新键生成前后的氧化数并未改变，此亲电试剂就不是氧化剂。

例 2：鉴别如下反应是否属于氧化还原反应。

卤代烃制备锌试剂：

$$R-X: \; Zn \longrightarrow R \underset{Zn}{\overset{X^+}{\diagdown}} \longrightarrow R: ZnX \longrightarrow R-ZnX$$

芳烃重氮盐成苯：

$$Ar-\overset{+}{N}\!\!\equiv\!\!N \;\; H\!-\!\ddot{O}\!-\!Et \longrightarrow Ar\underset{H}{\overset{N=N}{\diagup\!\!\!\diagdown}}O \xrightarrow[-N_2]{[3,3]-\sigma\text{重排}} Ar-H + \text{醛}$$

卤代烃氰代：

$$R-X + \bar{C}N \longrightarrow R-CN + \bar{X}$$

卤代烃氰代前后，虽然与碳原子成键元素变了，但亲核试剂与碳原子共价键上电子对的偏移方向并未改变，故不属于氧化还原反应。其余两个反应，无论是生成了金属有机化合物，还是生成了碳氢共价键，碳原子与取代基之间的共价键上电子对已不再偏离碳原子，即碳原子已经不是缺电体了，因而改变了共价键上一对电子的偏移方向，属于氧化还原反应。

由此看来，具有一对电子的富电体亲核试剂是作为还原剂的必要条件。还原剂应该定义为低电负性的亲核试剂。而具有空轨道的缺电体亲电试剂是作为氧化剂的必要条件，氧化剂应该定义为高电负性的亲电试剂。这里所谓的电负性的高低指的是在新键生成前后的相对电负性。

基于如上氧化剂、还原剂的概念，最典型的氧化剂是带有空轨道的氧正离子，最典型的还原剂是带有一对电子的氢负离子。所以，氧化还原反应的机理解析应围绕着氧正离子或氢负离子来展开[1]。

7.1.2 自由基氧化反应的氧化剂与还原剂

对于自由基反应，不同自由基具有不同电负性，在未成键之前，两者仅有一个电子，也就不存在电子得失问题，当两个自由基成键之后，新键两端不同电负性会导致共价键上电子对的偏移，这种偏移定义为氧化还原反应。然而准确地判定氧化还原反应还要看旧键断裂之前与新键生成之后共价键上电子对的偏移方向是否发生变化。

例 3：甲烷于 400℃ 条件下硝化生成硝基甲烷的反应，是自由基机理的反应[2-3]：

$$Me-H + HO-NO_2 \xrightarrow{400℃} Me-NO_2 + H_2O$$

判别该反应是否为氧化还原反应，若是，其氧化剂、还原剂是什么？

在初始原料甲烷分子内，碳氢键上电子对略向碳原子方向偏移，而在硝基甲烷分子内，甲基与硝基之间的共价键上电子对向硝基方向偏移，因此属于氧化还原反应，氧化剂为硝基自由基，还原剂为甲基自由基：

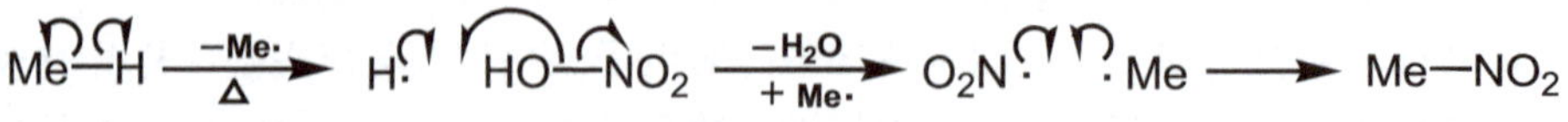

例 4：烷烃与二氯化硫在紫外光照下进行的氯硫化反应也是自由基反应机理[4]：

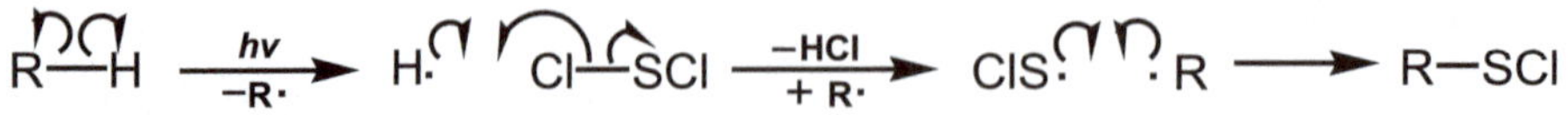

该反应过程碳氢键变成了碳硫键，共价键上电子对的偏移方向变了，为典型的氧化还原反应。其中氧化剂是硫原子，还原剂是烷基碳原子。

另外，该反应不可避免地生成副产物：

硫原子氧化数由 -2 变为 0，是反应体系的还原剂，自身被氧化成单质硫。

例 5：辨别氯化溴生成的反应是否为氧化还原反应，判断氧化剂与还原剂。

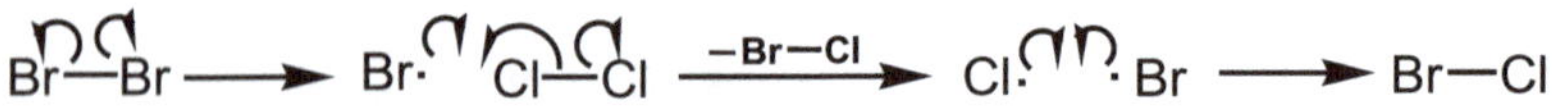

生成的溴氯共价键上电子对向氯方向偏移，属于氧化还原反应，且氯原子为氧化剂，溴原子为还原剂。

例 6：对溴氯苄的光氯化反应制备对氯氯苄[5]：

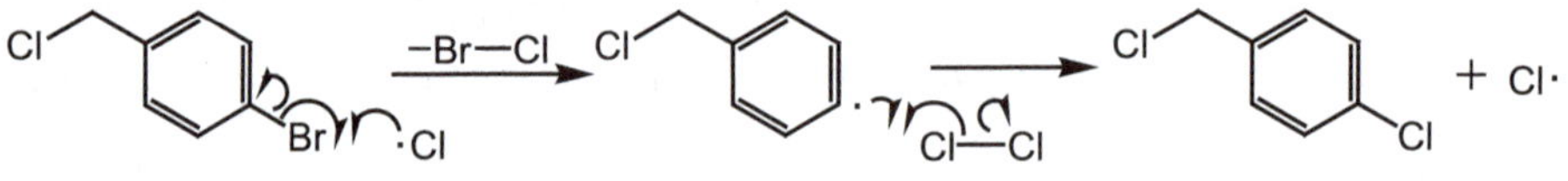

识别其是否为氧化还原反应并判断氧化剂与还原剂。

该反应的溴原子原来带有部分负电荷，与氯原子成键生成氯化溴后便带有部分正电荷，其共价键的偏移方向发生了改变，属于氧化还原反应，氯气为氧化剂，而溴原子为还原剂。

例 7：由 2,4-二硝基氟苯与氯气在加热条件下发生的自由基反应：

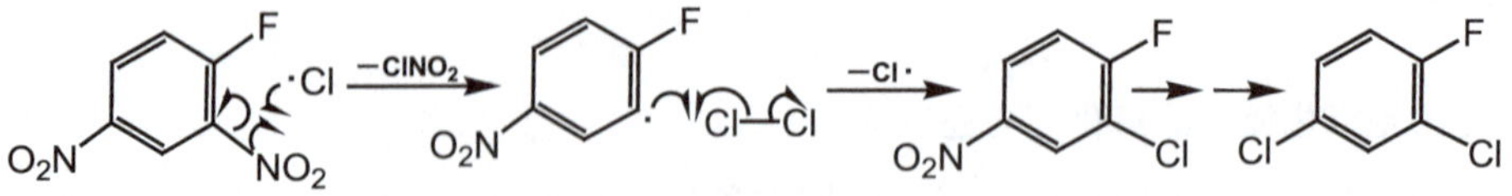

鉴别其是否为氧化还原反应及判断氧化剂与还原剂。

首先观察主产物，芳环上碳原子与取代基之间共价键上电子对的偏移方向并未改变。

再观察副产物硝酰氯分子内硝基与氯之间共价键上电子对的偏移方向。氯原子的电负性是 3.16，而硝基的电负性是 3.49，共价键上电子对偏移向硝基方向。观察硝基成键前后电子对的偏移方向并未改变，看出此反应不属于氧化还原反应。

最后观察氯原子的变化：氯原子发生了自身的氧化还原反应，一个被氧化而带有部分正电荷，体现在硝酰氯分子上；另一个被还原而带有部分负电荷，体现在芳烃分子上。

综上所述，鉴别自由基反应是否为氧化还原反应，也要比较其旧键断裂与新键生成前后的共价键上电子对的偏移方向，有变化的就是氧化还原反应。

无论极性反应还是自由基反应，作为氧化剂的一定是高电负性的缺电子基团，作为还原剂的一定是低电负性的富电子基团。

7.2 电子得失与电负性的变化

电负性是元素在化合物中吸引电子的能力。然而元素的电负性随着与其成键的基团而变，随着元素所带电荷而变。

7.2.1 电负性均衡原理与变化趋势

元素吸引电子的能力与其外层电子的动态变化相关。当一个电子远离时，元素吸引电子的能力增强，从而将远离的电子吸引回来，回到其初始的平衡位置。当一个电子靠近时，元素周围电子云密度增加产生斥力，这种斥力将大于原子核的引力，会将靠近的电子推离出去，推到其初始的平衡位置。

由电负性随电子距离的变化可知：同一元素只要有失去电子趋势，其电负性就会增加，且电负性的增加幅度与电子远离程度相关。同理，同一元素只要有得到电子趋势，其电负性减小，且电负性的减小幅度与电子靠近程度相关。

例 8：氯化氢分子是共价键化合物，其共价键上的电子对由两个元素各自贡献一个。然而此对电子不会停留在两原子正中间，由于氯元素的电负性较大，吸引电子的能力较强，共价键上电子对就会向电负性较大的氯原子方向偏移。但是这种偏移不会是无限的，否则就生成了离子键。当电子对偏移向氯原子时，氯原子的电负性因得到部分电子而减小，而氢原子的电负性因失去部分电子而增大，相互作用的结果就是共价键上电子对处于一个平衡位置，在这个平衡位置时，氯原子与氢原子对于共价键上电子对的吸引能力相等。

这正是 Sanderson 电负性均衡原理的依据。根据 Sanderson 电负性均衡原理，任何元素在其成键之后都不可能保持其原有的电负性，其电负性必然随着其电子得失情况而变。

7.2.2 正负离子的电负性

根据 Sanderson 电负性均衡原理，成键元素的电负性随其得失电子情况变化。得到的电荷越多，其电负性减小越显著；失去的电荷越多，其电负性增加越显著。当一个元素得到一个电子而具有单位负电荷时，其电负性将显著减小；当一个元素失去一个电子而具有单位正电荷时，其电负性将显著增大。

例 9：比较质子与氟负离子的电负性大小。

质子的外层已经没有电子，再无失去电子的可能，而只能得到电子，故其电负性最大，尽管未知其电负性数值。

氟原子，是最大的电负性元素，其与任一元素成键均是得电子的。然而在其得到一个电子之后便生成了满足八隅律的氟负离子。氟负离子已经再无得电子的可能了，而只有失去电子的可能，其电负性很小，尽管未知其电负性数值。

氟负离子是具有一对电子的亲核试剂，质子是具有空轨道的亲电试剂，这样亲核试剂的一对电子势必进入亲电试剂的空轨道而成键：

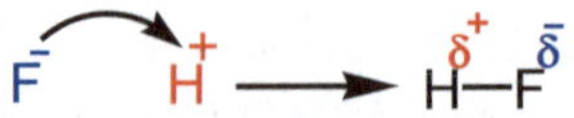

在氟负离子与质子生成共价键之后，两元素所带有的单位正负电荷消失。此共价键上一对电子尽管偏向于氟原子，但毕竟是质子从氟负离子上得到了部分电子，说明质子的电负性远大于氟负离子。

结论：正离子的电负性显著增大，负离子的电负性显著减小。参阅本书 1.1.3 部分。

7.3 常用杂正离子氧化剂的结构

前已述及，氧化剂是高电负性的亲电试剂，即在成键之后仍然具有相对较高的电负性。但并非所有具有空轨道的正离子成键之后仍具有较高电负性。即只有一部分亲电试剂才具有氧化性。按此定义，氧化剂大致可分为两类：一类是若干具有空轨道或者能腾出空轨道的杂正离子；另一类是与高电负性基团成键的元素。

杂原子若与较大电负性的离去基团成键，则该杂原子成为缺电体，在离去基离去条件下容易生成杂正离子。此类杂正离子不多，只有卤素、氧、氮、硫等。

7.3.1 酸催化产生的杂正离子

在酸催化条件下，带有正电荷的离去基更易离去，因而有利于生成具有空轨道的杂正离子。

例 10：若干卤、氧杂正离子生成机理。

路易斯酸催化卤素生成卤正离子：

醋酸催化卤素生成卤正离子：

酸催化次卤酸生成卤正离子：

酸催化双氧水生成氧正离子：

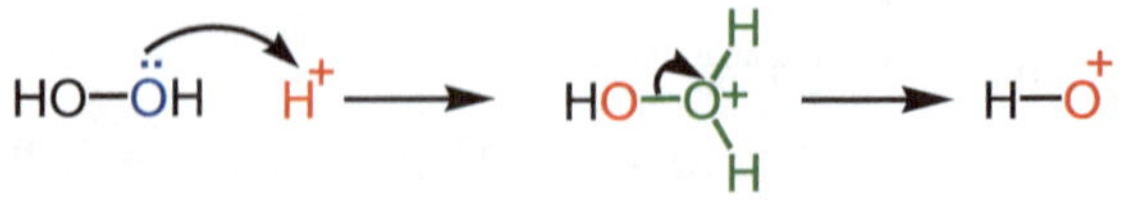

注意：在上式中有两种杂正离子，其中间态绿色的杂正离子是没有空轨道的，不具有亲电试剂功能，不是氧化剂，而只能是离去基。在其离去之后腾出空轨道，即红色的杂正离子才是亲电试剂，才具有氧化性。

7.3.2 强酸脱水生成的杂正离子

例 11：磺酰正离子与硝酰正离子的生成机理。

浓硫酸具有氧化性，其原因是生成了具有空轨道的磺酰正离子：

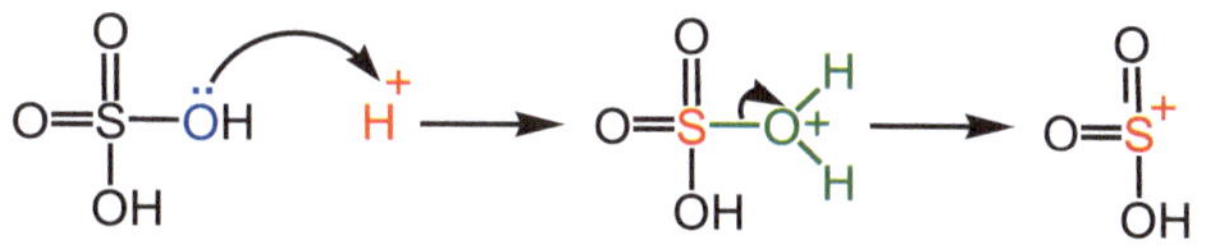

磺酰正离子是磺化反应的亲电试剂。有文献将三氧化硫或其共振状态作为亲电试剂显然不对，因为其活性差距太大。磺酰正离子与质子化的三氧化硫是共振异构体，分子结构稳定，也更具亲电活性：

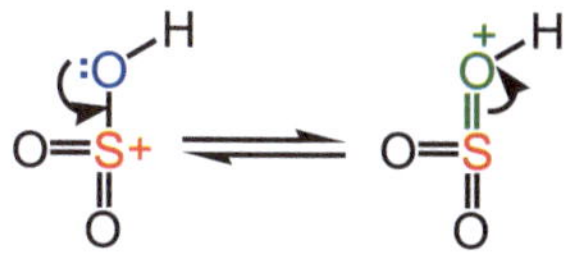

硝酰正离子的生成与磺酰正离子类似，但与硝酸成键的质子有多种选择，用硝酸、乙酸、硫酸均可，而用浓硫酸更易催化硝酰正离子的生成：

与磺酰正离子类似，硝酰正离子也存在如下共振平衡，生成满足八隅律结构的正离子相对稳定：

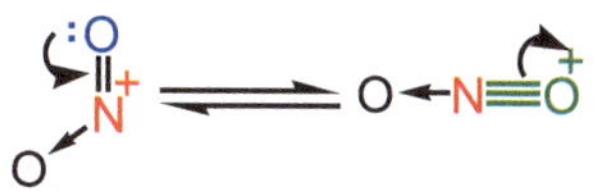

磺酰正离子与硝酰正离子均属于高电负性的亲电试剂，属于氧化剂。它们的结构特点是中心元素与多个氧原子成键。

7.3.3 高价重金属含氧酰基正离子

根据 Sanderson 电负性均衡原理，中心元素上带有正电荷的含氧酸的电负性很大，除了 N、S 元素之外，其它高价重金属元素的含氧酸也属于高电负性的亲电试剂——氧化剂。

例 12：高锰酸氧化剂的生成机理。

高锰酸是极强的氧化剂，广泛用于有机反应的氧化反应。其氧化剂的生成机理为：

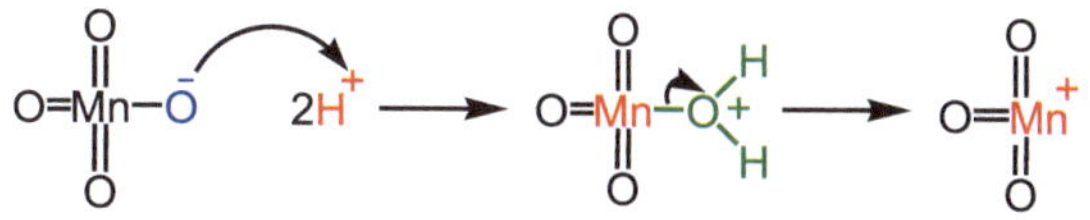

锰正离子的电负性高于氧原子，同样存在如下的可逆共振平衡，生成缺电子的氧原子：

总之，氧正离子是典型的氧化剂。除了高锰酸之外，重铬酸、高氯酸等含氧酸类的氧正离子生成机理与此类似。

7.3.4　高价金属正离子

此类氧化剂包括但不限于三价铁离子,但它是典型的氧化剂,其还原产物为二价铁离子。人们将此氧化反应表示为:

$$Fe^{+++} + e \xrightarrow{SET} Fe^{++}$$

其实,三价铁离子的概念并不准确,因为金属铁是以部分共价键的形态存在的,且其氧化反应一般发生在酸性水溶液中:

$$X_2Fe-X + H^+ \rightleftharpoons X_2Fe-XH \rightleftharpoons X_2Fe^+ + :OH_2 \rightleftharpoons HOFeCl_2$$

上式中,X 表示卤、氧等高电负性的离去基。而只有带有空轨道且又带有正电荷的铁离子才是较强的氧化剂,因此所谓三价铁的氧化反应的准确反应机理为:

$$X_2Fe^+ + e \xrightarrow{SET} FeX_2$$

铁盐在水中的离解反应处于可逆的平衡状态,根据 Sanderson 电负性均衡原理,铁与离去基之间不会全部生成离子键。在第一个离去基离去之后,生成了一个带有单位正电荷的铁离子,其电负性不弱于卤、氧等元素,原有的两个取代基的电负性相对减小,因而不具有离去活性,不可能再带走一对电子离去。只有生成铁的单正离子与水络合后,铁的电负性下降,第二个离去基才可能离去。换句话说三个离去基是逐个离去的,而在每个离去基离去前,铁元素均不带有正电荷。

因此三价铁离子不可能存在,因为三价铁离子的概念与 Sanderson 电负性均衡原理相矛盾。不仅三价铁离子不存在,就连二价铁离子也难以产生,此种解离平衡只能处于单个正离子阶段,这才符合 Sanderson 电负性均衡原理。

此种单个正离子结构仍具有较强的亲电活性和氧化性,原因在于离去基离去之前铁元素即已属于路易斯酸亲电试剂了,再腾出空轨道则电负性显著增大,亲电活性更高,因而满足了其作为氧化剂的条件。

7.4　常见还原剂的结构

如前所述,还原剂为低电负性的亲核试剂,低电负性指成键之后该基团的电负性不大于与其成键的亲电试剂。之所以如此界定,是因为所有带有负电荷的亲核试剂都是低电负性的。如果亲核试剂在与亲电试剂成键后电负性仍大于亲电试剂,就意味着它能转化成离去基,其与亲电试剂之间的共价键上电子对的偏移方向并未改变,因而并未发生氧化还原反应。也就是说,不是所有亲核试剂都是还原剂,亲核试剂在与亲电试剂成键后其电负性仍然较弱才属于还原剂。

由于还原剂是低电负性的亲核试剂,催化还原剂生成的必须是碱性条件。

7.4.1　负氢与路易斯酸的络合物

如前所述,最典型的还原剂就是负氢。然而真正的氢负离子,如氢化钠,因其体积太小、可极化度太小，并不具有亲核活性，它只能作为强碱与有机分子内的氢原子成键，或者说只能还原缺电子的活泼氢，因而并不具备通用的还原剂功能。

作为亲核试剂的还原剂需要具备一定的可极化度，因此还原剂的负氢不是独立存在的，它必须与较大的基团成键且其电负性相对较大，能够带着一对电子离去，符合这一条件的有铝与硼等路易斯酸的氢化物，且应是其路易斯酸结构与负氢的络合物：

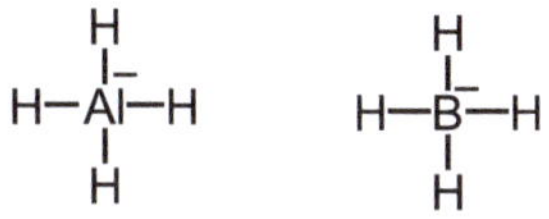

这类较大体积的氢化物具有一定的可极化度，可满足亲核试剂的负氢转移条件。硼原子的电负性为 2.04，小于氢原子电负性 2.20，在硼原子带有负电荷情况下，硼负离子的电负性更低，硼氢共价键两端的电负性差更大，氢原子也就具备了带走一对电子离去的条件，这种亲核试剂上的负氢才能与亲电试剂成键，实现负氢的转移：

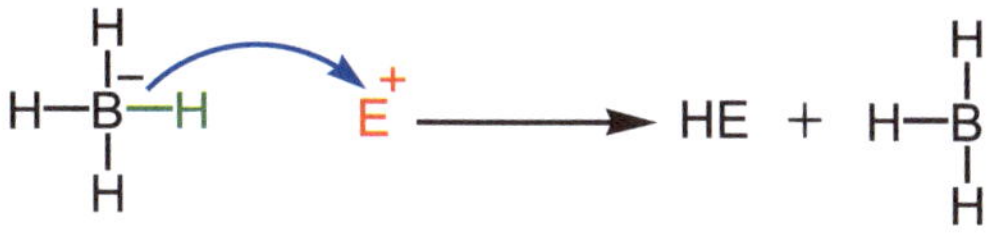

这样，亲电试剂作为氧化剂被还原，负氢作为还原剂被氧化。

负氢离去后产生了硼烷，而在硼烷分子内硼氢共价键的电负性差很小，氢原子并不具备带走一对电子转移的能力，故硼烷并非还原剂。然而此硼烷具有路易斯酸结构，其空轨道能够接受来自溶剂或其它元素上的一对电子络合成键，使硼元素重新转化成硼负离子，硼负离子上的另一氢原子便容易再离去并与亲电试剂成键：

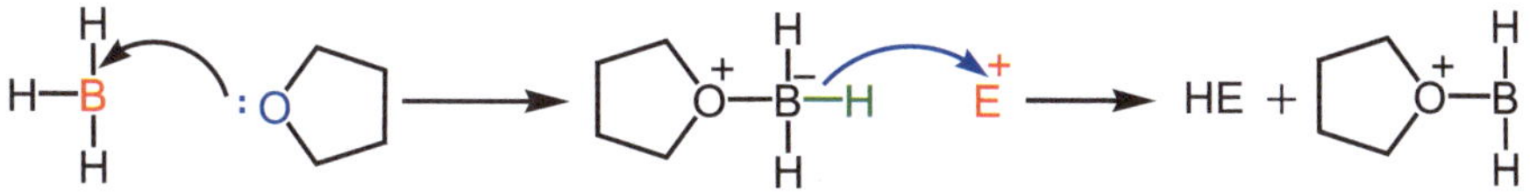

以此类推，理论上一个氢化硼钠分子可以提供四个负氢用于还原反应，而实际上，由于最后一个硼负离子是与三个正离子成键的，其电负性显著增大，因而最后一个氢原子不易带走一对电子转移出去，只有在最后酸化过程中，此负氢才与质子成键：

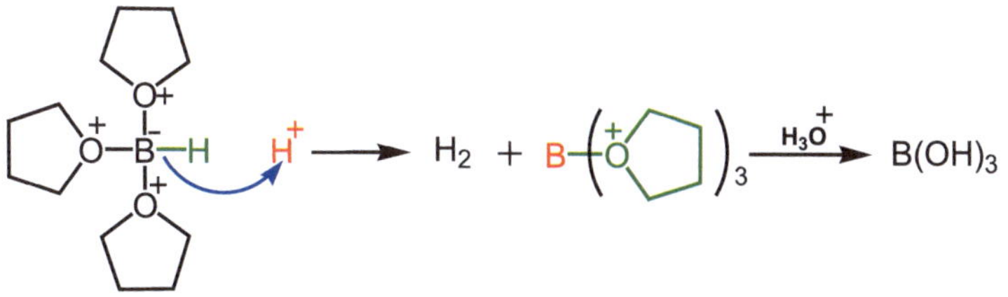

总之，中心元素的电负性越小，其与氢原子的电负性差越大，负氢就越容易转移，其还原活性就越强，这是影响还原剂还原活性的一般规律：

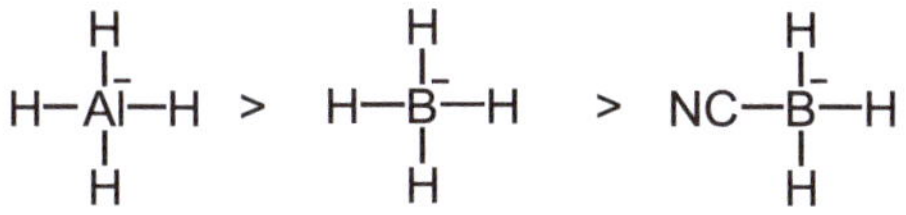

同理，硅氢共价键上的负氢也容易迁移。

7.4.2 低价元素上的氢原子

如前所述，负氢作为还原剂需要两个条件：一是具有足够大的可极化度；二是具有相对较大的电负性。

除了 7.4.1 部分所述的负氢络合物能够满足上述条件之外，还有如下四面体结构也能够满足负氢的转移：

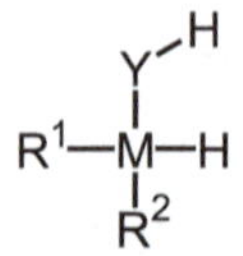

在上述四面体结构中，M 代表 N、S、P、C、Si 等中心元素，Y 代表 O 或 NR。上述结构中存在一个 M—H 共价键，只要再创造一个条件，使得 M 的电负性降低到远小于 H 原子的程度，则负氢转移便可能发生。若在中心元素 M 上增加一个低电负性的供电基 YH，能生成氧负离子、氮负离子、硫负离子等，使其向中心元素供电，这样中心元素由于得到电子而电负性显著下降，氢原子的电负性便相对较大，接近亲电试剂时就可实现负氢转移。

7.4.2.1 低价杂原子上的负氢转移

众所周知，低价含氧酸，如亚磷酸、亚硫酸、次磷酸、亚硝酸水合物等均为还原剂：

之所以具有如上结构，是由于这些分子均为两可亲核试剂，分子结构为互变异构的平衡体系。

例 13：亚磷酸还原剂的反应机理。亚磷酸是两种异构体的可逆平衡：

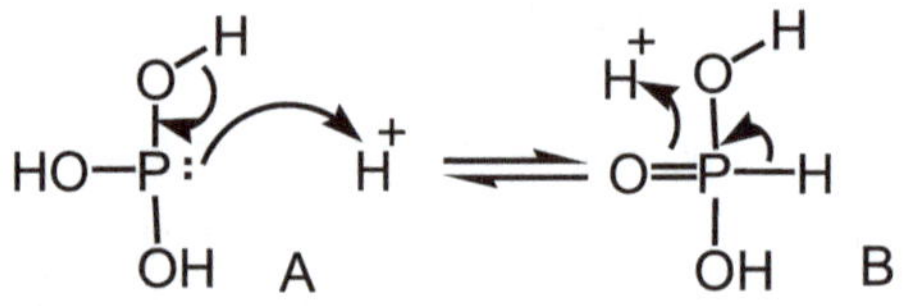

在亚磷酸的 MR 磷谱分析过程中，已经观察到上述互变异构平衡体系。而作为还原剂的亚磷酸一定是上述的 B 结构，还原反应机理为：

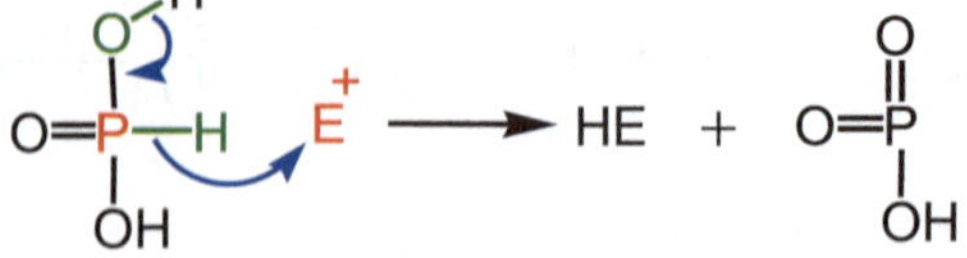

亚硫酸的反应机理与此类似，但两种亚硫酸的平衡比例不同，但平衡移动的结果仍可满足还原反应的需要。

例 14：由 2-氯-4-氨基甲苯经重氮化反应制备 2-氯-4-氟甲苯过程，有副产物 2-氯甲苯生成：

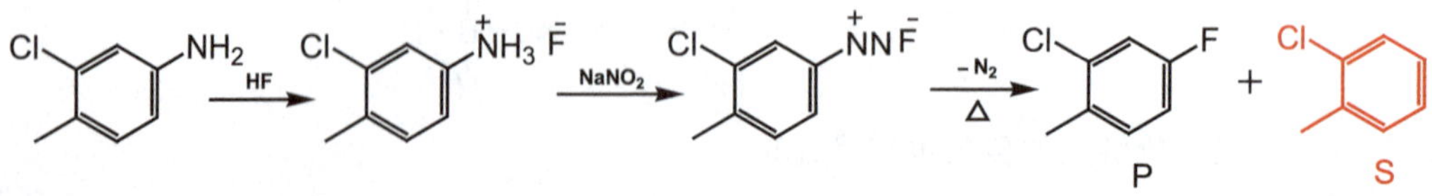

这是重氮盐热分解后生成芳烃正离子亲电试剂，再接受亲核试剂氟负离子上一对电子成键：

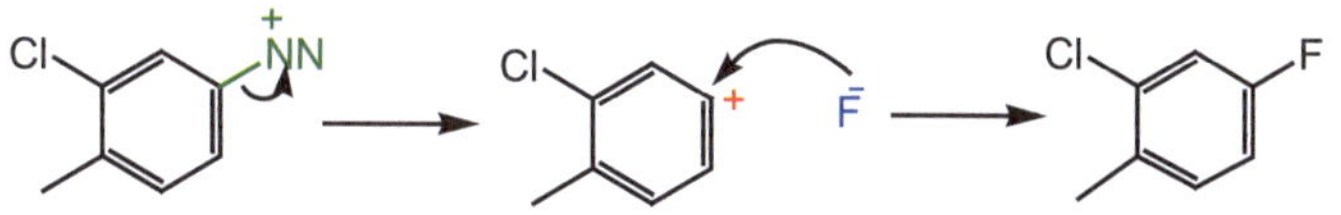

不同亲核试剂会生成不同产物。亲核试剂为氟负离子则生成目标产物，亲核试剂为水则生成酚，只有亲核试剂为负氢才会生成2-氯甲苯。而负氢的产生来自重氮化反应过量的亚硝酸钠：

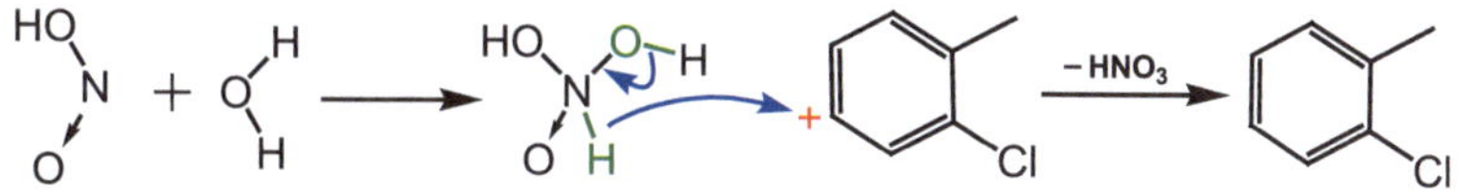

减少亚硝酸钠的投入量后，2-氯甲苯的生成得到抑制。

综上所述，低价杂原子与氢的共价键是还原剂的结构，是完成负氢转移的必要条件。而M—H共价键未必天然具有，它可能是异构化生成，也可能是瞬间的络合生成。

7.4.2.2 碳氢键上的负氢转移

同理，只要能够降低碳原子的电负性，使之显著地低于氢原子，则碳原子上的负氢转移就可以实现。正如7.4.2.1部分中讨论的，碳原子的电负性下降也是通过四面体结构实现的。

碳氢键上的负氢转移一般具有如下结构：

上述结构包括了水合醛、甲酸、伯醇与仲醇。它们的共性是中心碳原子既与羟基成键又与氢原子成键，而在碱性条件下羟基转化为低电负性的氧负离子，能为中心碳原子供电。

例15：Cannizzaro歧化反应[6]是碱性条件下水合醛与醛分子的负氢迁移，自氧化、自还原反应生成了醇与酸[7]：

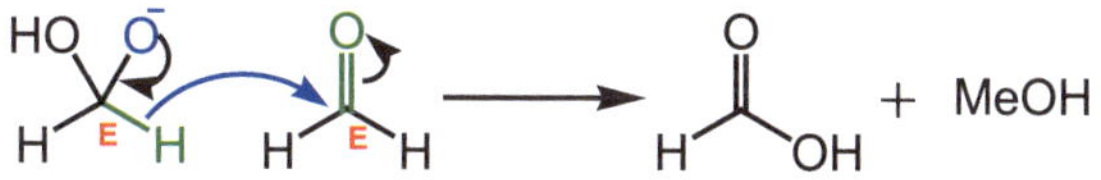

其中，还原剂是水合醛四面体上离去的负氢，氧化剂是羰基碳原子。

在仲醇、伯醇的中心碳原子上，既存在亲核试剂羟基又存在碳氢共价键，在碱与活泼氢成键后，生成的氧负离子具有较小的电负性和较大的亲核活性，它必然向与其成键的中心碳原子供电，致使其电负性显著下降，碳氢键上一对电子向氢原子方向偏移，一旦与亲电试剂接近，负氢便可带着一对电子转移出去。

例16：有如下结构的手性仲醇，讨论其在碱性条件下消旋化的可能性。

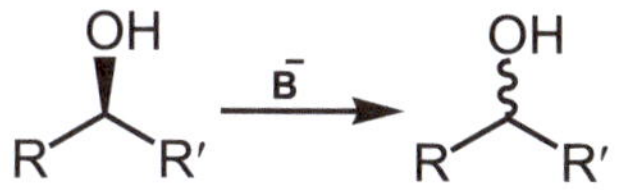

此结构的手性仲醇不能消旋化，尽管羟基α-碳原子上存在一个缺电子的氢原子。因为碱会率先与仲醇羟基上的活泼氢成键，生成的氧负离子电负性远远小于碳原子，氧负离子又是亲核试剂而向碳原子方向供电，使碳原子电负性低于氢原子，此时氢原子是带有部分负电

荷的元素，不具有酸性，因而不能与碱成键：

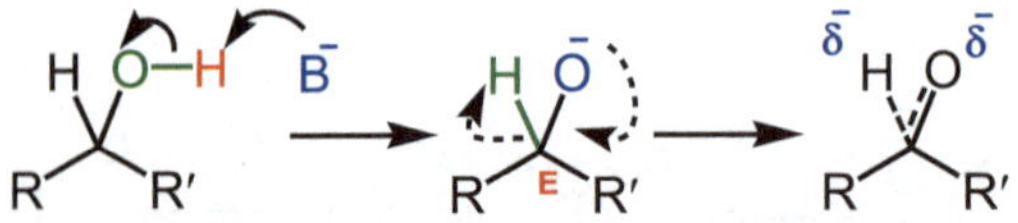

由于 α-氢原子不具酸性，中心碳原子也就不能生成碳负离子，也就没有消旋化的可能。

7.4.3　金属外层的单电子转移

金属的电负性一般较低，其对于最外层电子控制能力较弱，相对容易失去最外层自由电子而生成正离子，本身是还原剂而被氧化，得到自由电子的元素或基团被还原。

例 17：Clemmensen 还原是金属锌还原羰基成亚甲基的反应[8]。

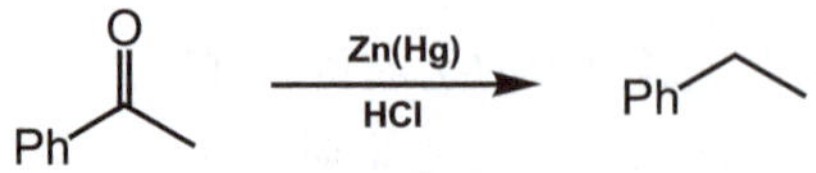

有文献将 Clemmensen 还原反应的机理解析为[9]：

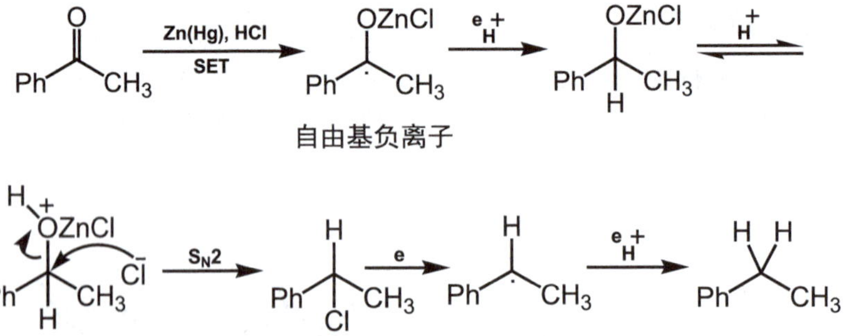

这是典型的单电子转移反应机理，并未生成自由基负离子。而羰基氧原子上孤对电子进入金属锌空轨道的络合过程是关键，这就是用金属锌而不用金属钠的原因：

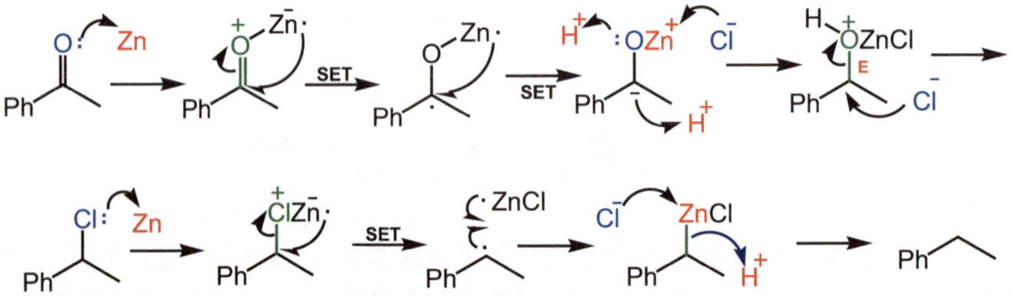

在此单电子转移过程中，金属锌原子上带有单位负电荷的自由电子转移到缺电子的羰基碳原子上，羰基 π 键离去而为自由电子的进入腾出空轨道。

例 18：Birch 还原反应是金属钠在液氨或醇中，其外层自由电子对芳环的还原反应[10]，该类还原反应产物与取代基的电子效应相关。

带有供电取代基的苯环，还原反应产物结构为：

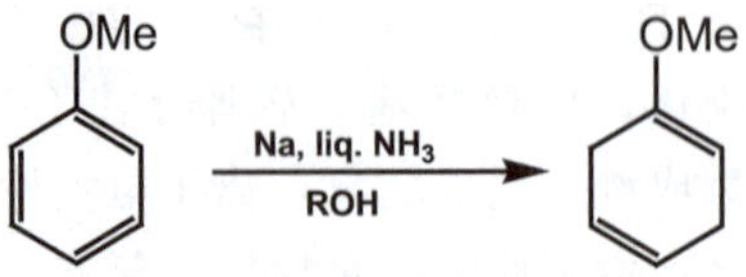

有文献将带有供电取代基的苯环上 Birch 还原反应的机理解析为[11]：

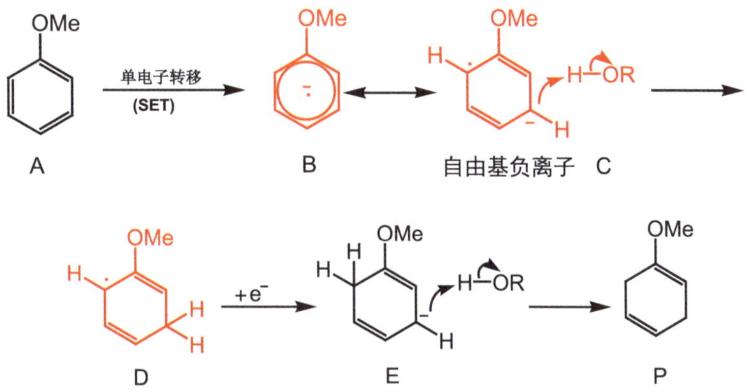

上述解析式中自 A 至 C 阶段，既未标注单电子的起始与终到位置，又模糊表述 B 化合物的结构，难以理解 C 化合物的生成机理。

运用电子转移规律解析 Birch 还原反应机理：

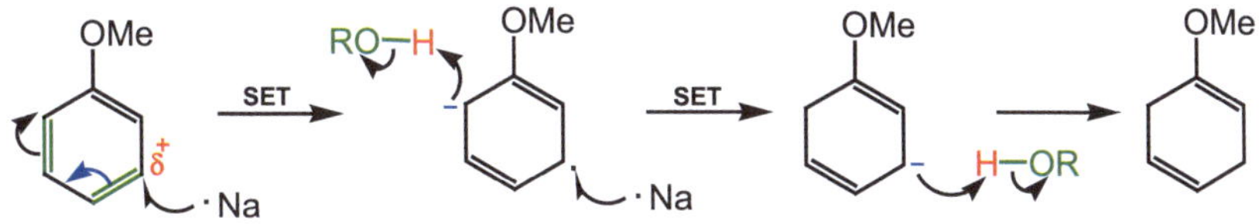

由于芳环上甲氧基具有推电子的共轭效应＋C，其间位才是缺电子的位置，依据电子转移规律只有间位能够得到自由电子。

同理，如果芳环上带有拉电子共轭效应的－C 基团，还原产物结构应为：

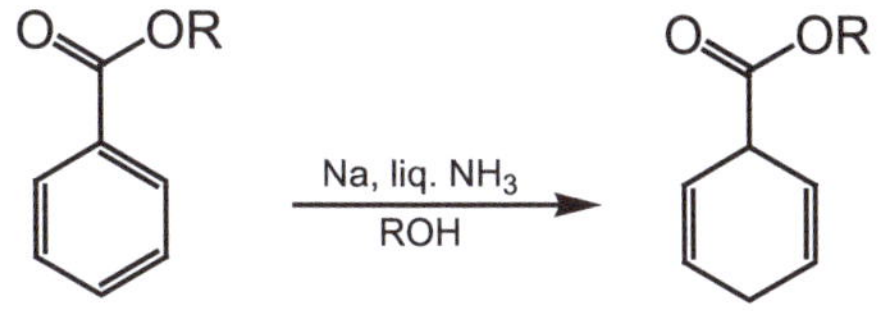

由于该类取代基的对位为缺电子位置，因而带有部分正电荷，正是接受自由电子的位置。

7.4.4 含有活泼氢的杂原子亲核试剂

这里含有活泼氢的杂原子亲核试剂的结构指的是该亲核试剂成键后仍然含有活泼氢，即杂原子是与两个氢原子成键的。

亲核试剂以其一对电子进入亲电试剂的空轨道而生成新键，相当于亲核试剂上的一对电子被共享了，若在此亲核试剂上还有活泼氢存在，则在碱性条件下它会再次生成低电负性的负离子，即再次生成亲核试剂，则此含有活泼氢的杂原子亲核试剂也就成了还原剂。氨、硫化氢、水合肼等正是此类还原剂。

例 19：Wolff-Kishner-黄鸣龙反应[12]是在碱性条件下用水合肼还原羰基的反应：

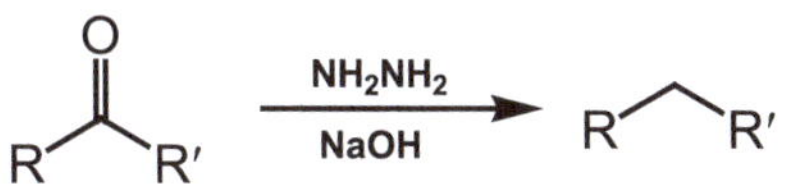

反应机理为[13-14]:

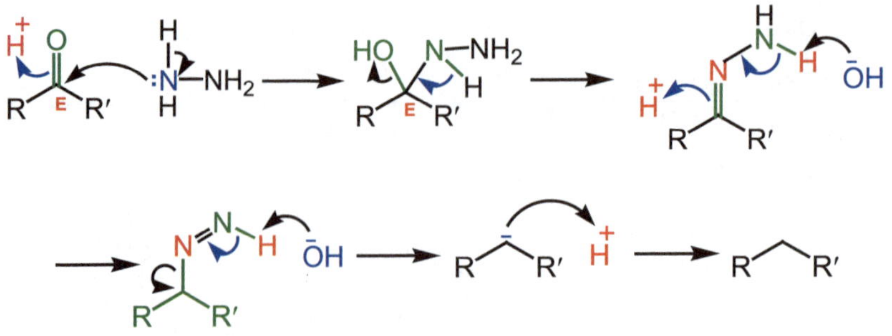

例 20: 硫氢化钠还原硝基的反应:

$$Ar-NO_2 + NaSH \longrightarrow Ar-NH_2$$

由硫氢负离子的结构所决定,它是两可亲核试剂。其硫负离子上的一对电子为亲核试剂;另一个亲核试剂就是氢原子,它的电负性强于硫负离子,因而能够实现负氢转移。硫氢化钠还原硝基的反应机理为:

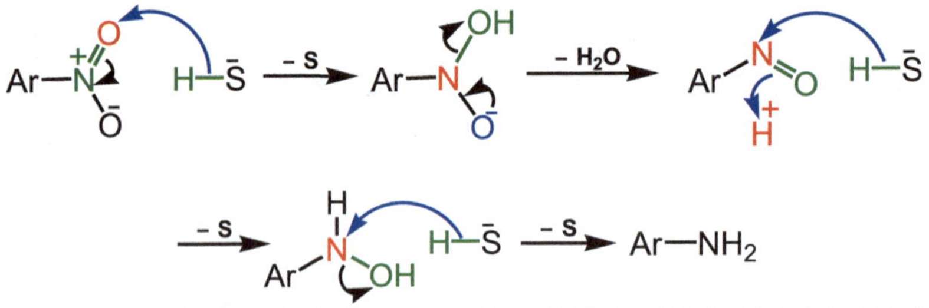

总之,此类还原反应是在碱性条件下发生的,均是含活泼氢的杂原子转化成了杂负离子,电负性下降才导致负氢转移而成了还原剂。

7.4.5 低电负性的碳、氢亲核试剂

如前所述,低电负性的亲核试剂均是还原剂,而低电负性的亲核试剂主要是碳负离子与氢负离子,如金属有机化合物加成反应、催化加氢等。

例 21: 苯乙酮与格氏试剂的加成反应:

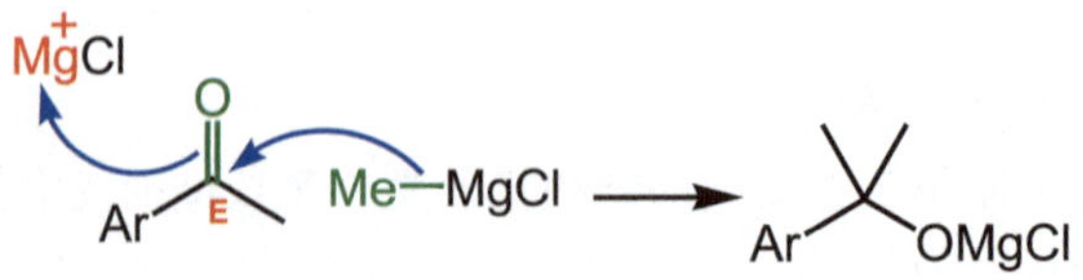

这里氧化剂为羰基碳原子,还原剂即是格氏试剂上带有一对电子的碳原子。

例 22: 群多普利中间体的加氢过程就是氧化还原反应:

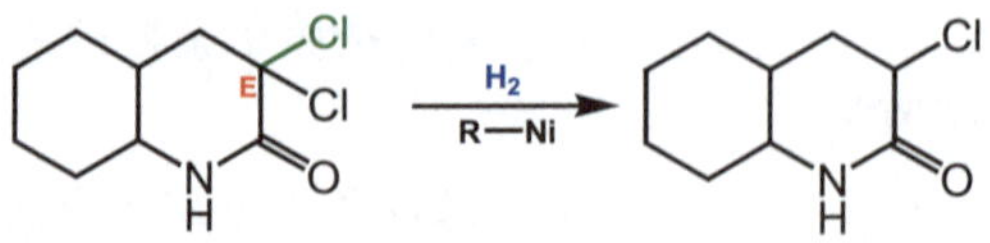

氧化剂为羰基 α-碳原子,还原剂就是氢原子。

这些碳氢亲核试剂取代离去基与亲电试剂成键之后,改变了原有共价键上电子对的偏移方向,因而还原了亲电试剂。

7.5 多对电子协同迁移过程的氧化还原

氧化还原反应不仅可以按照负氢转移机理进行,也可以按照单电子转移机理进行,还可以按照多对电子协同迁移的机理进行,只要有利于负氢转移,氧化还原反应就可能发生。

7.5.1 [2,3]-σ 迁移过程的氧化还原

在有机反应中,多对电子协同迁移过程一般具有较低的活化能。而在五元环内进行的 [2,3]-σ 迁移反应,是三对电子在五个元素之间转移,这就必然导致有的元素有电子的得失,即分子内的氧化还原反应发生。

然而只有在识别氧化剂和还原剂结构的基础上,才能准确把握氧化还原反应电子转移的方向。无论何种氧化还原反应,正氧为氧化剂、负氢为还原剂才是氧化还原反应的基本特征。

例 23:Corey-Kim 氧化反应是仲醇与 NCS 和 DMF 作用生成酮的反应[15]:

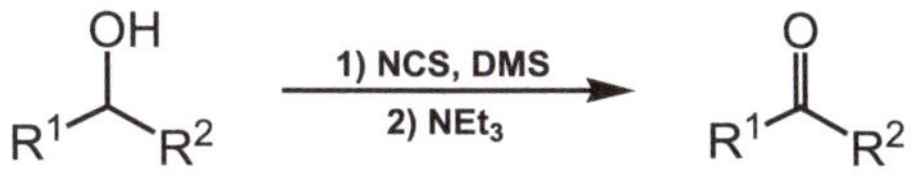

有文献将 Corey-Kim 氧化反应的机理解析为[16]:

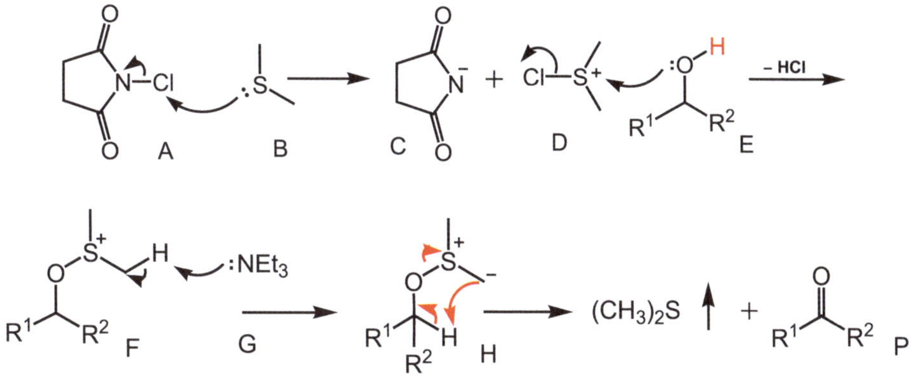

自 H 至 P [2,3]-σ 迁移过程的电子转移方向不对,违背了电子转移规律,如此解析更容易生成卡宾,再水解返回到醇结构的初始状态:

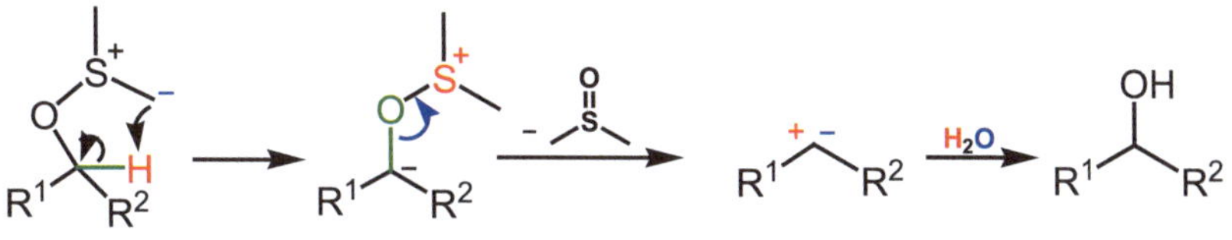

碳负离子上的一对电子应该优先进入硫原子上空的 d 轨道生成 pπ-dπ 键生成 M_1,然后分子内消除生成碳硫 π 键化合物 M_2:

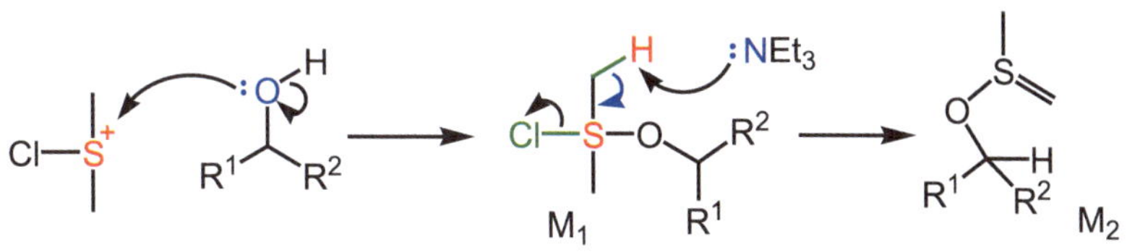

由于氧原子在五元环内的电负性最大,不可能作为亲电试剂而先失电子再得电子,而只能先得电子再用这对电子与亲电试剂成键,是个离去基转化成亲核试剂的过程。弯箭头只能跨越而不能避开氧原子。反应按照如下 [2,3]-σ 迁移机理进行:

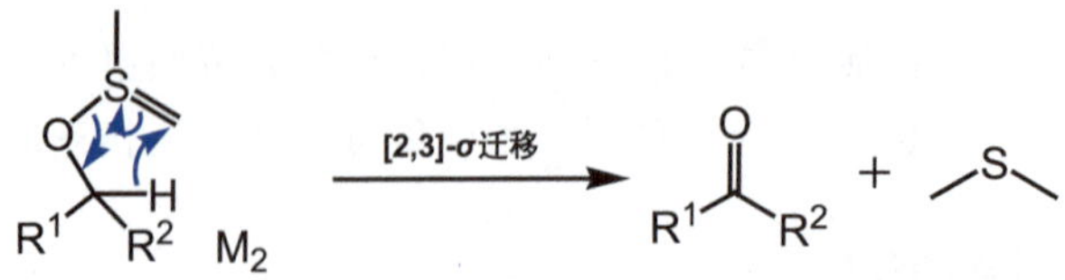

在 M_2 分子结构内,碳硫 π 键上碳原子一端为缺电体——亲电试剂,而具有较大电负性的氧原子处于离去基位置并可转化成亲核试剂,在氧原子与碳原子成键过程中便于负氢转移,这才符合氧化还原反应的一般规律。

总之,具有高电负性的氧原子,首先得到一对电子再用这对电子与亲电试剂成键,即氧原子总是首先作为离去基离去再转化成亲核试剂与亲电试剂成键的。

例 24:Dess-Martin 过碘酸酯氧化反应,是过碘酸酯将仲醇氧化成酮的反应[17]:

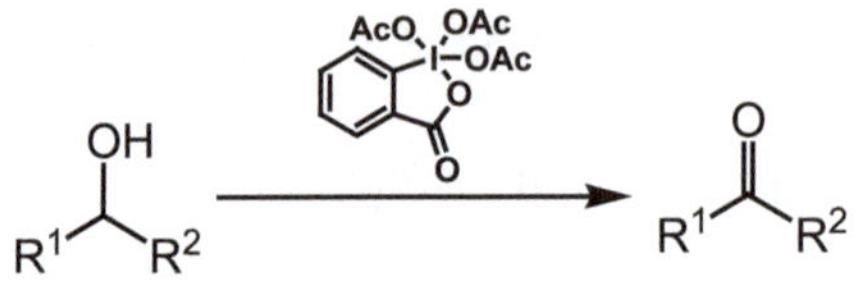

有文献将 Dess-Martin 过碘酸酯氧化反应的机理解析为[18]:

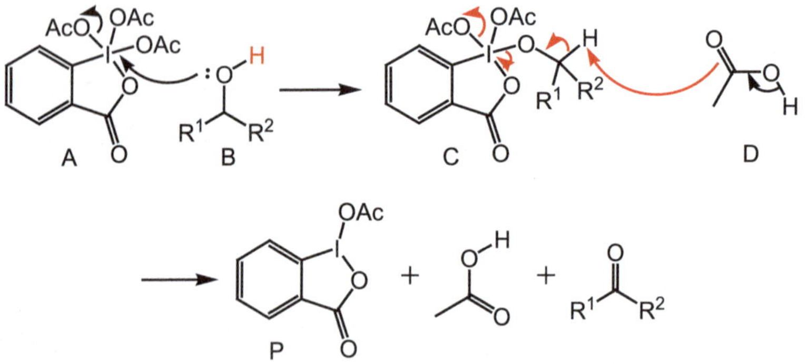

自 C、D 至 P 的过程原理不对,又将最大电负性的氧原子摆在了亲电试剂的位置上。

作为还原剂的醇类,其负氢转移才能生成羰基;与碳原子成键的氧原子,只能在先得到共价键上一对电子条件下再利用这对电子与亲电试剂成键,即氧原子一定是首先属于离去基然后转化成亲核试剂的。

故 Dess-Martin 过碘酸酯氧化反应机理应该改为负氢转移的 [2,3]-σ 迁移机理:

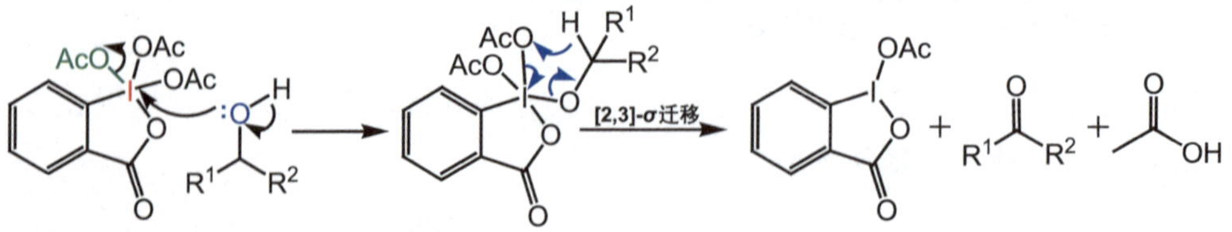

这种负氢参与的 [2,3]-σ 迁移的还原反应符合氧化还原反应的一般规律。只有这种多对电子协同进行的 [2,3]-σ 迁移,才具有较低的活化能。

例 25：Riley 氧化反应是羰基 α-位甲叉基被 SeO_2 氧化成酮的反应[19]：

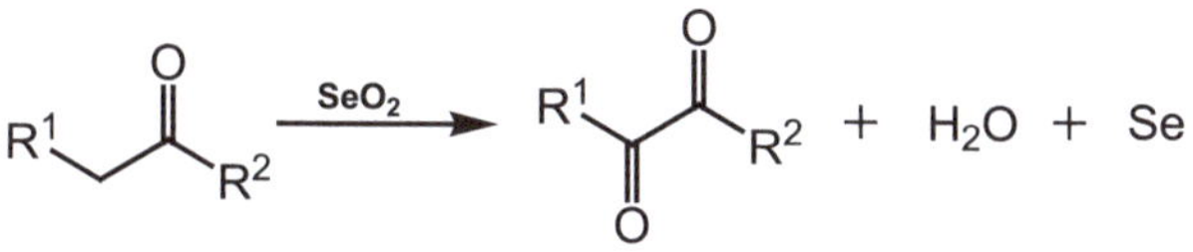

$$R^1\text{-CO-CH}_2\text{-}R^2 \xrightarrow{SeO_2} R^1\text{-CO-CO-}R^2 + H_2O + Se$$

有文献将 Riley 氧化反应机理解析为[20]：

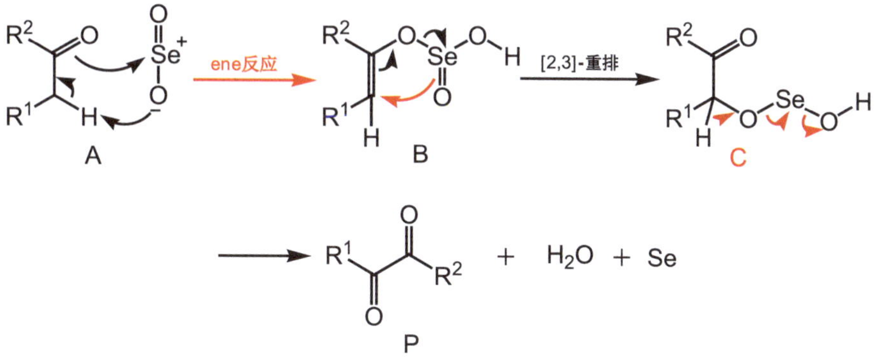

在自 B 至 C 的 [2,3]-σ 迁移步骤，弯箭头的弯曲方向不对；在自 C 至 P 步骤，氢、氧原子的功能不对，这也是个 [2,3]-σ 迁移的负氢转移过程。

Riley 氧化反应机理规范解析如下：

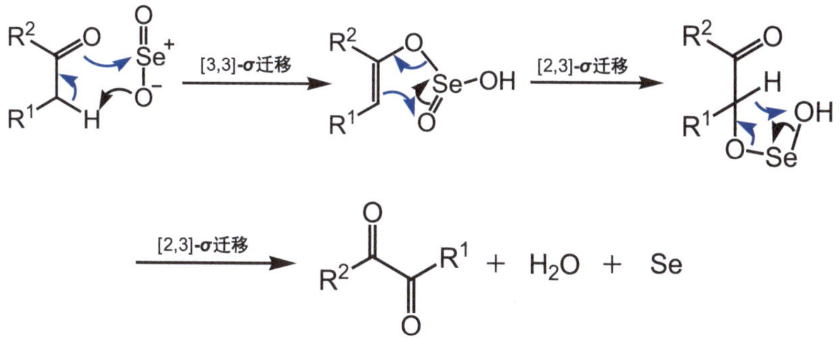

这是一个 [3,3]-σ 迁移与两个 [2,3]-σ 迁移的串联过程，前一个 [2,3]-σ 迁移体现了正氧的氧化，后一个 [2,3]-σ 迁移体现了负氢的还原。

例 26：Sarett 氧化反应是用三氧化铬将羟基氧化成羰基的反应[21]：

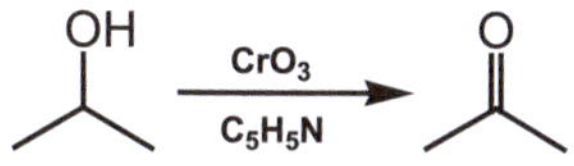

$$\text{(CH}_3\text{)}_2\text{CHOH} \xrightarrow[C_5H_5N]{CrO_3} \text{(CH}_3\text{)}_2\text{C=O}$$

有文献将 Sarett 氧化反应机理解析为：

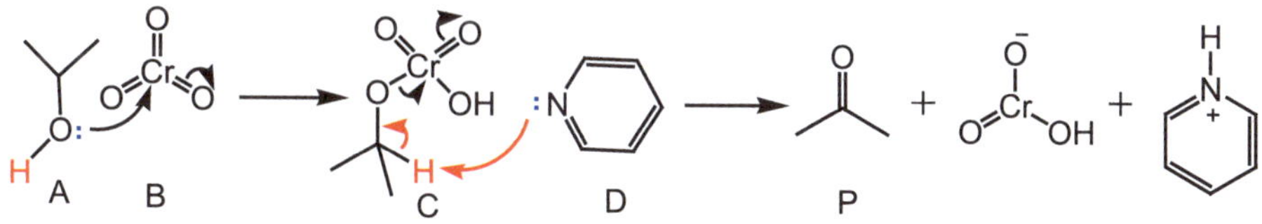

D 与 C 成键后不可能生成 P，而只能生成卡宾中间体和铬酸：

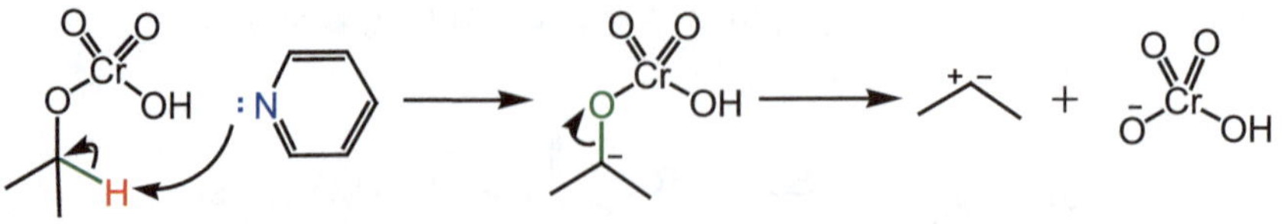

铬酸脱掉的水还可以与卡宾成键返回到初始的原料状态：

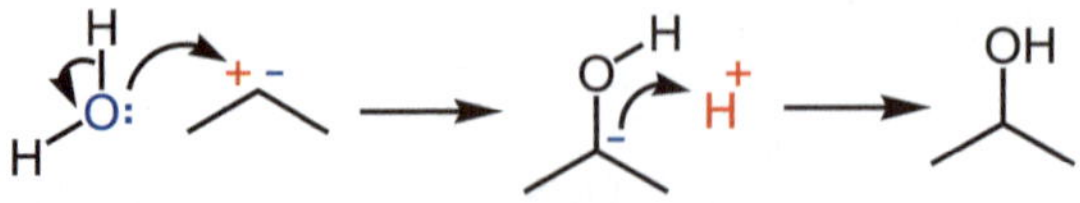

由于碳负离子的电负性远远小于氧原子，氧原子从碳负离子上得到共价键上一对电子才是最容易、最可能发生的。而负氢转移是还原反应的特征。

Sarett 氧化反应只能是负氢转移的 [2,3]-σ 迁移过程：

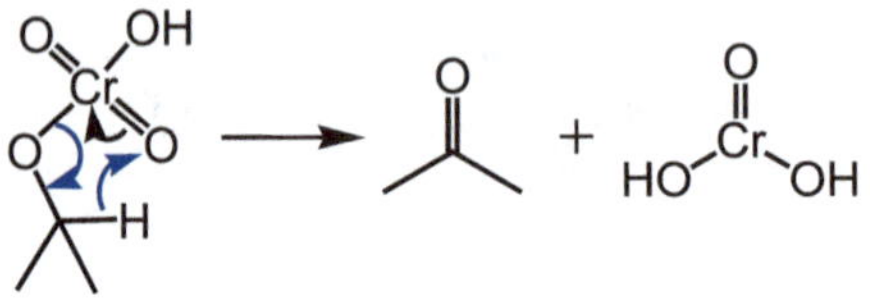

或者：

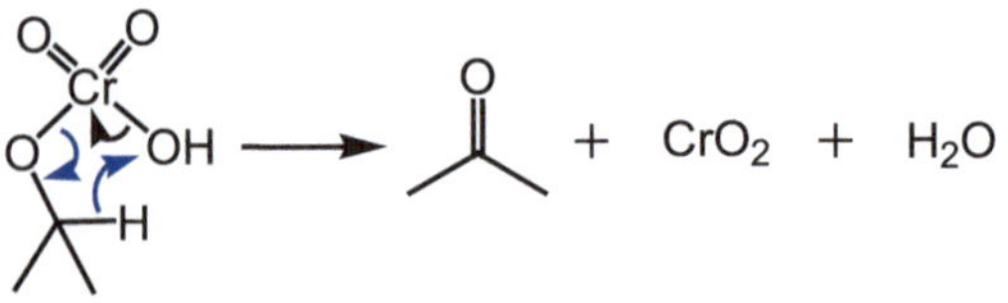

综上所述，分子内的氧化还原反应一般按照 [2,3]-σ 迁移机理完成，在这三对电子协同迁移过程中仍然存在着极性反应的三要素，遵循电子转移规律。在这些极性反应三要素中，负氢亲核试剂是还原剂，正氧亲电试剂是氧化剂。

7.5.2 [3,3]-σ 迁移过程的氧化还原

只要在负氢容易产生的条件下，氧化还原反应就容易发生，在多对电子协同迁移条件下，由于反应活化能较低，因而更易实现负氢转移。

例 27：Clark-Eschweiler 反应是胺的还原烷基化反应[22-23]：

$$R-NH_2 + CH_2O + HCOOH \longrightarrow R-NMe_2$$

此反应过程中，甲酸作为还原剂，是负氢的供体。反应经过了单取代的中间体阶段，该阶段既是负氢转移过程，也是三对电子的协同迁移过程[24]：

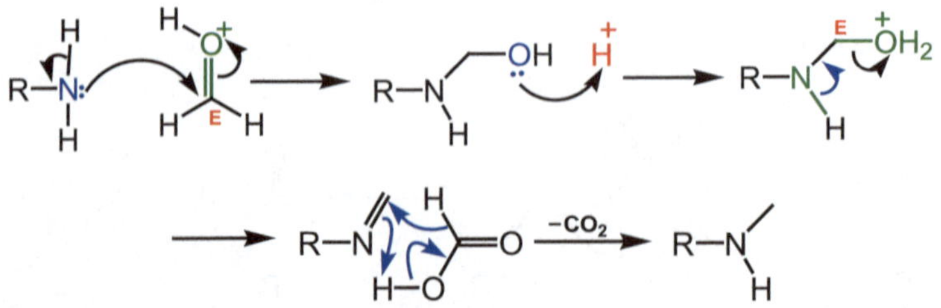

在单取代中间体生成产物的第二个还原反应阶段，原有反应机理是这样解析的：

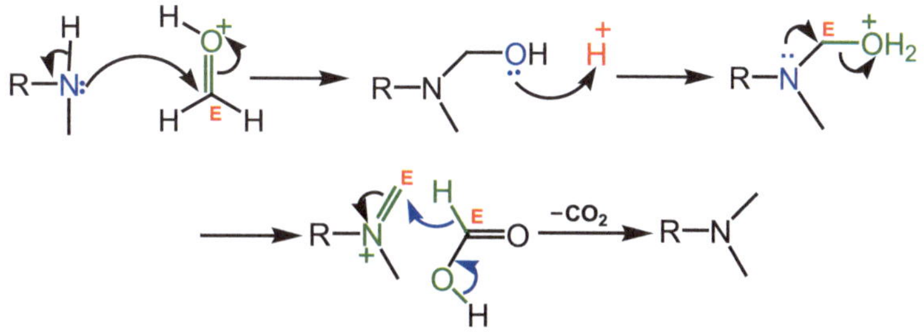

此机理解析符合反应原理，若将最后一步解析成 [3,3]-σ 迁移过程更为合理：

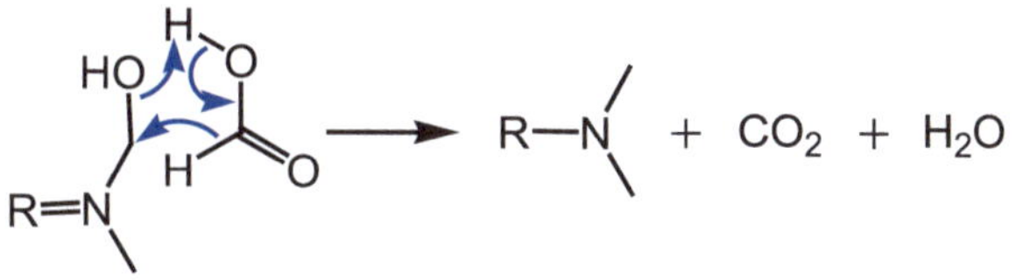

因为这样具有相对较低的活化能。

例 28：Meerwein-Ponndorf-Verley 还原反应，是用异丙醇铝还原酮成仲醇的反应[25]。

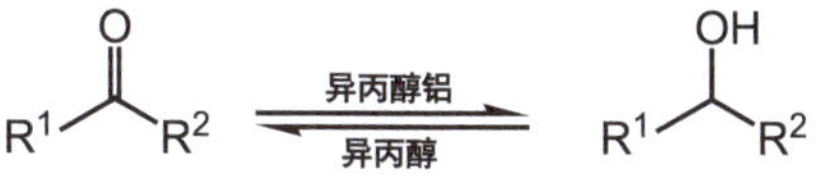

反应机理解析如下[26]：

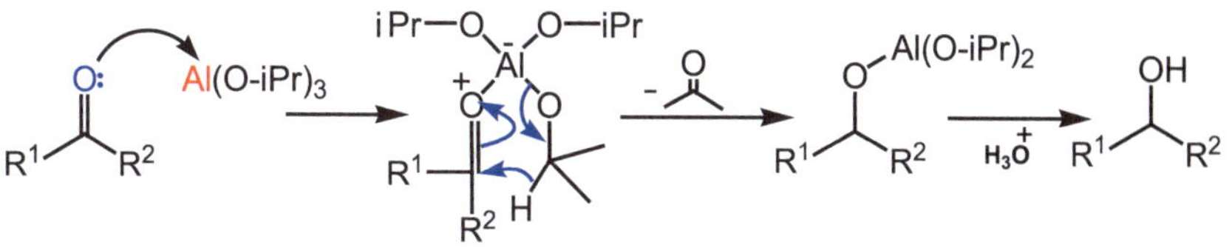

在用异丙醇铝还原酮羰基过程中，第一步络合过程十分重要。生成的氧正离子增加了羰基碳原子的亲电活性；生成的铝负离子其电负性显著减小，有利于氧原子的离去，因此有利于负氢转移。

例 29：Tishchenko 反应是用醛与乙醇铝反应得到相应的酯和醇铝[27]。

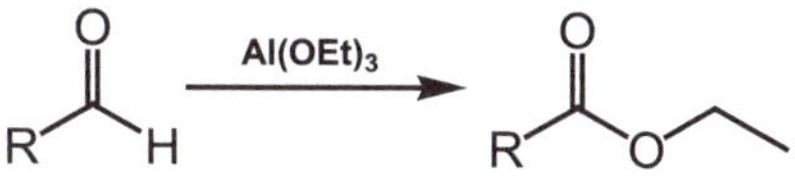

反应机理为[28]：

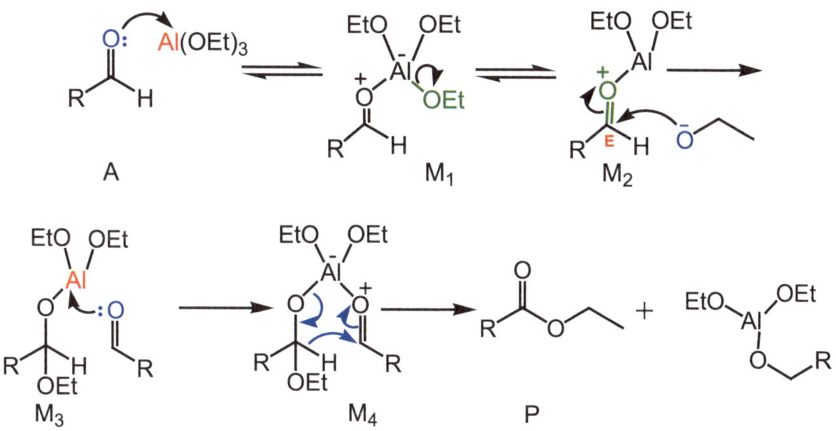

自 M_4 至 P 是三对电子协同迁移的负氢转移过程。

容易推论：叔丁醇铝分子上与羟基成键的碳原子上没有碳氢共价键，因而不可能存在负氢转移过程，因而不可能成为还原剂。

例 30：乙醇镁也能将酮羰基还原成仲醇：

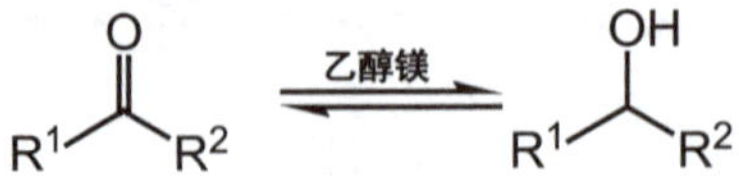

$$R^1-CO-R^2 \xrightleftharpoons{\text{乙醇镁}} R^1-CH(OH)-R^2$$

与异丙醇铝、乙醇铝等一样，乙醇镁首先与羰基络合再进行三对电子协同迁移，从而实现负氢转移：

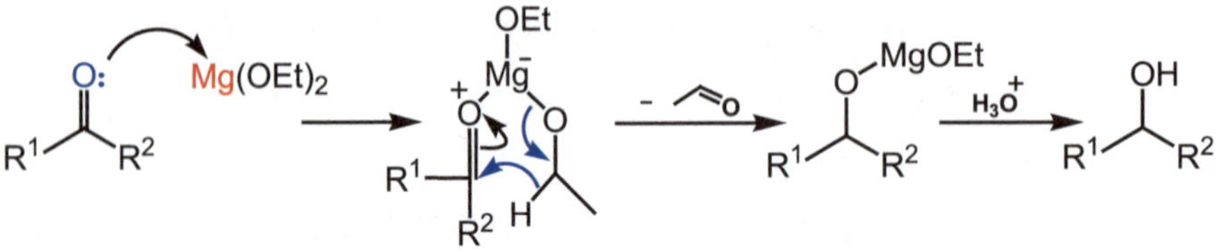

显然，用甲醇镁代替乙醇镁仍能还原羰基，而叔丁醇镁分子上没有 α-氢原子，也就不能还原羰基。

例 31：芳基重氮盐还原成芳烃的反应机理讨论。

不少教科书认为：重氮化物除了能够进行偶氮化反应之外，仅有两种可能的机理，一是加热分解生成芳基正离子，二是在亚铜的催化作用下生成自由基，两种必居其一。实验证明并非如此。

以乙醇还原重氮盐反应为例：

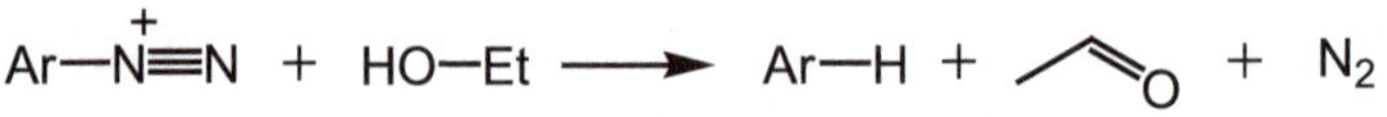

$$Ar-N{\equiv}N^+ + HO-Et \longrightarrow Ar-H + CH_3CHO + N_2$$

如果是按照热分解生成芳基正离子的机理，则还原反应机理为：

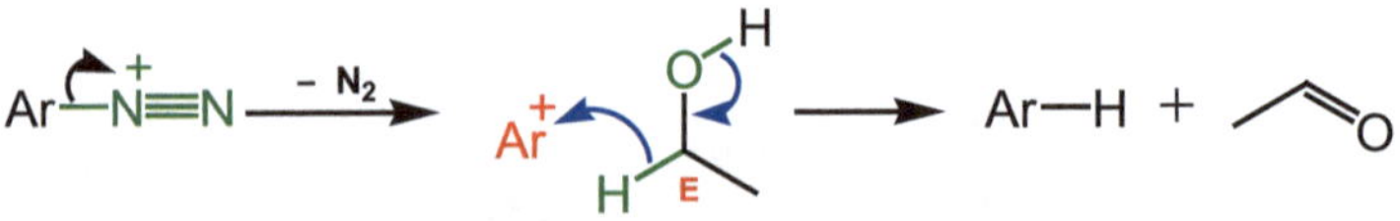

然而，乙醇分子上的氧原子也是亲核试剂，其氧原子上孤对电子进入芳基正离子的空轨道生成苯乙醚不可避免：

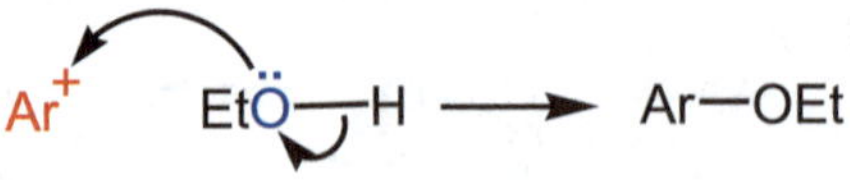

$$Ar^+ + EtÖ-H \longrightarrow Ar-OEt$$

实际上并未检测到苯乙醚的生成，由此可判断芳基正离子并未生成。

根据重氮盐与乙醇的结构与活性，它们更应该是先缩合，再按照 [3,3]-σ 迁移反应机理进行：

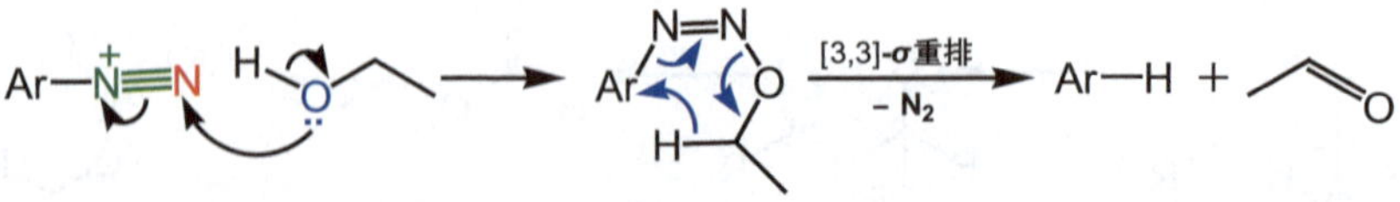

这样才具有较低的反应活化能，才能避免芳基正离子的生成，因而不能生成苯乙醚。

重氮盐被次磷酸还原的机理与此类似：

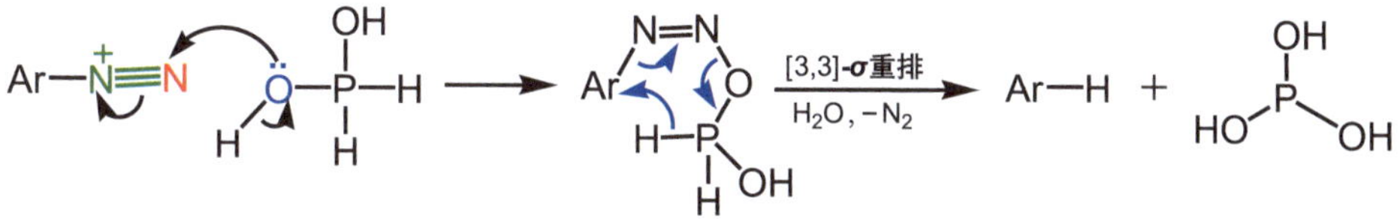

综上所述，无论是 [2,3]-σ 迁移还是 [3,3]-σ 迁移，它们均是三对电子的协同迁移，更加有利于负氢的转移。

7.6 偶联反应的氧化加成与还原消除

由钯催化的偶联反应，一般由氧化加成、金属转移异构化和还原消除步骤构成。金属钯的如下三大特点催化了反应的进行：

① 钯原子外层存在着空轨道，因而具有路易斯酸性质，能与离去基上一对电子络合，增强了离去基的离去活性。

② 钯原子外层存在自由电子，外层单电子容易转移给亲电试剂，特别是在与一对电子络合成为钯负离子的条件下，容易失去外层自由电子。

③ 过渡金属钯具有较大的原子半径，因而具有较大的可极化度，其极化变形的特点导致其得失电子能力增强。

7.6.1 氧化加成的电子转移

氧化加成反应经过三个步骤：a. 金属钯利用其空轨道与离去基上一对电子络合，生成钯负离子与离去基正离子；b. 钯负离子最外层自由电子转移到缺电子的碳原子上，同时带有正电荷的高电负性离去基离去腾出空轨道；c. 生成的烷基自由基与钯自由基成键。

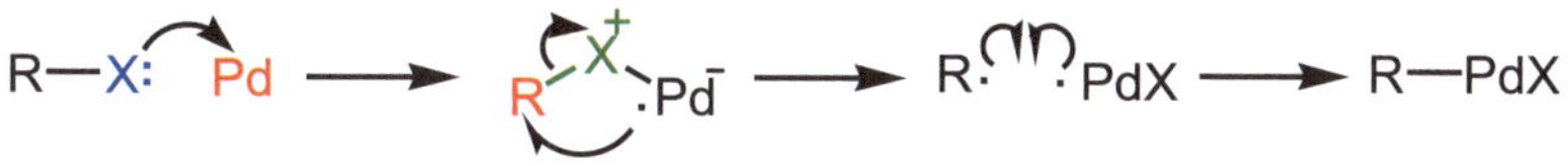

7.6.2 还原消除的电子转移

在生成钯的双取代物之后，容易发生两取代基之间偶联反应，而将钯原子"挤出来"，这个反应被命名为还原消除。

由于过渡金属钯的体积较大即可极化度较大，外层电子云容易极化变形；在极端条件下，电负性较大的一端可以带着一对电子离去；带有正电荷的钯正离子具有较大的电负性，而与其成键的取代基变成了亲电试剂，发生了还原消除反应：

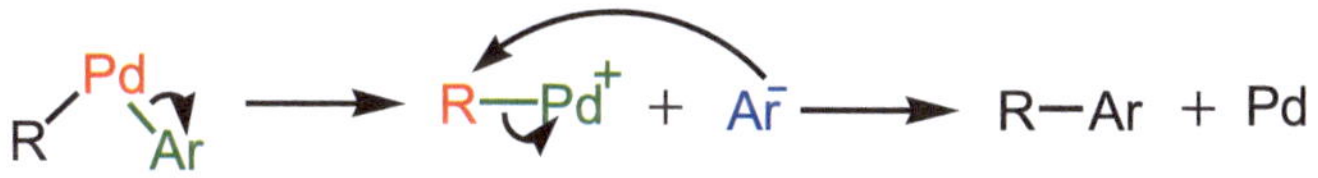

上述两步反应过程也可能是协同进行的：

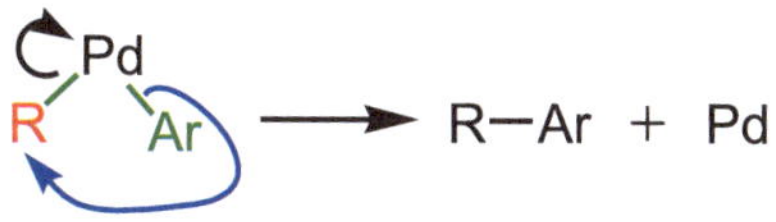

总之，钯元素具有较大的可极化度是发生还原消除反应的主因。

7.6.3 偶联反应的机理解析

例32：Hiyama 交叉偶联反应是在钯催化条件下卤代芳烃与硅化物之间的偶联反应[29]：

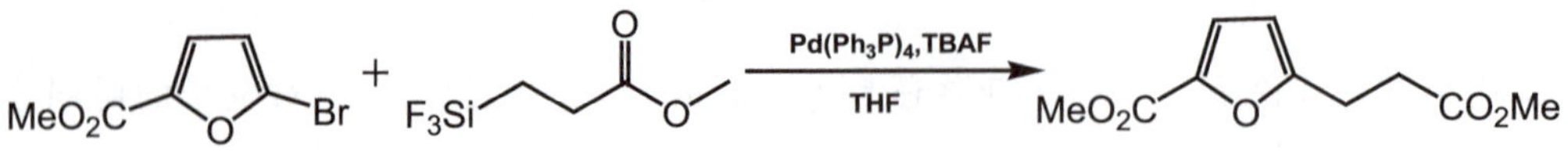

有文献将 Hiyama 交叉偶联反应的机理解析为[30]：

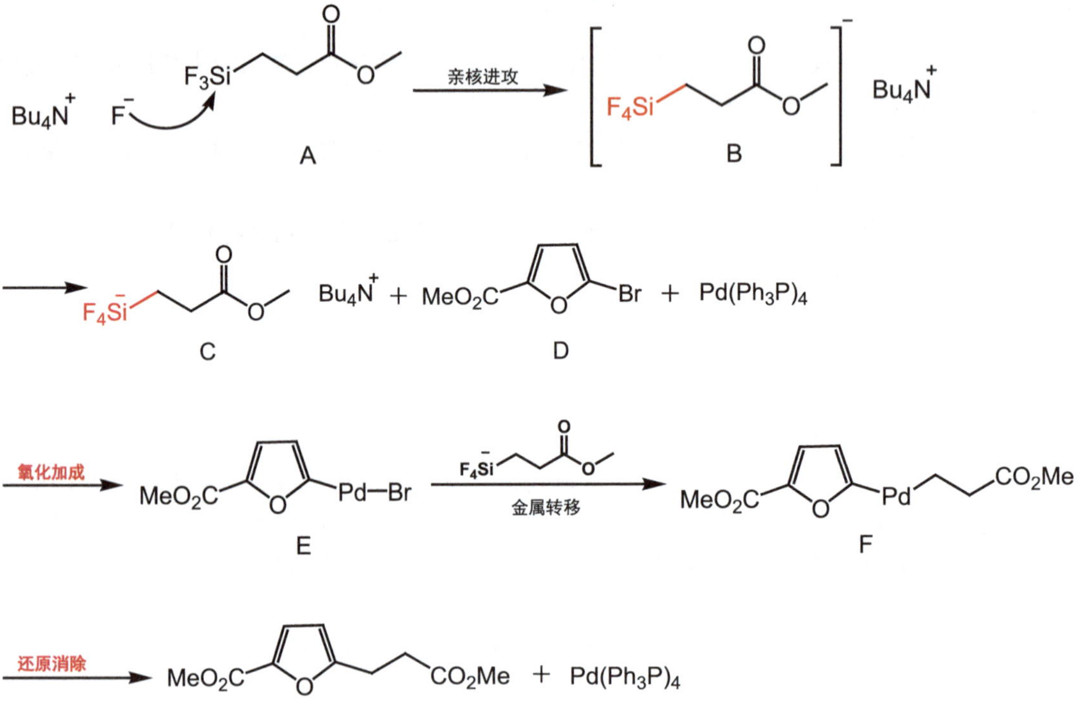

首先，对于氧化加成步骤机理解析补充如下：

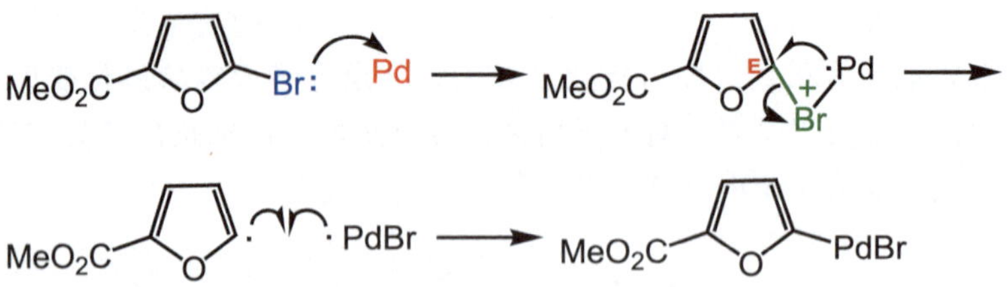

其次，硅原子是第三周期元素，虽然外层满足了八电子稳定结构，但可利用的 d 轨道接受氟负离子上的一对电子，由 A 直接生成 C 结构理所当然，没有必要标注 B 的模糊结构。

由于硅负离子的生成，其电负性显著减小，烷基能够带着一对电子离去转化成为亲核试剂，与缺电子的亲电试剂——钯成键，由溴原子带走一对电子离去而腾出空轨道：

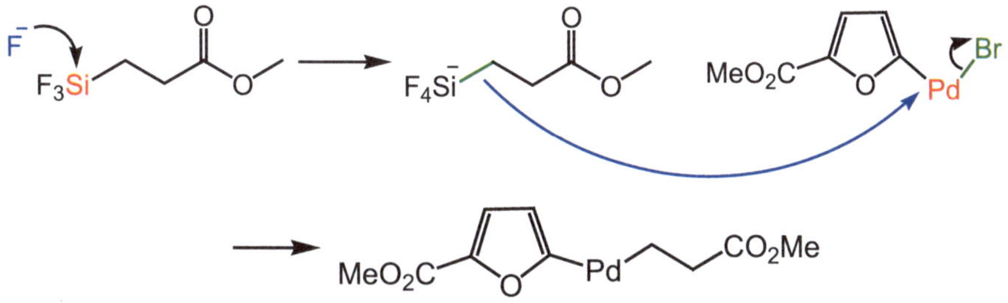

最后，还原消除过程未标注电子转移，补充如下：

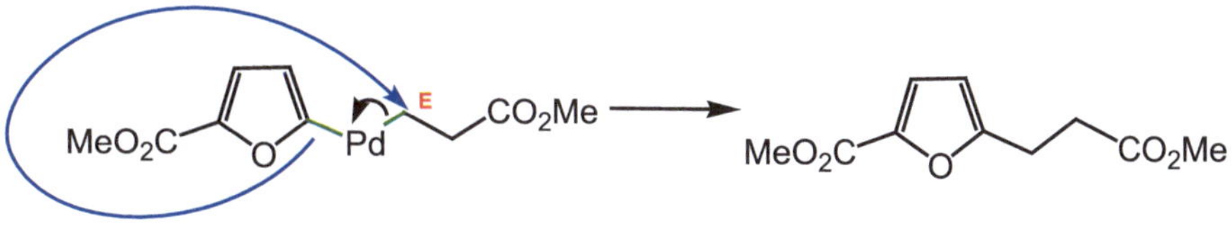

由于与钯成键的两个取代基电负性不同，则电负性较强的基团率先离去并转化为亲核试剂与亲电试剂成键。

例 33：Buchwald-Hartwig 反应是卤代芳烃在钯催化作用下与吡咯的缩合反应[31]：

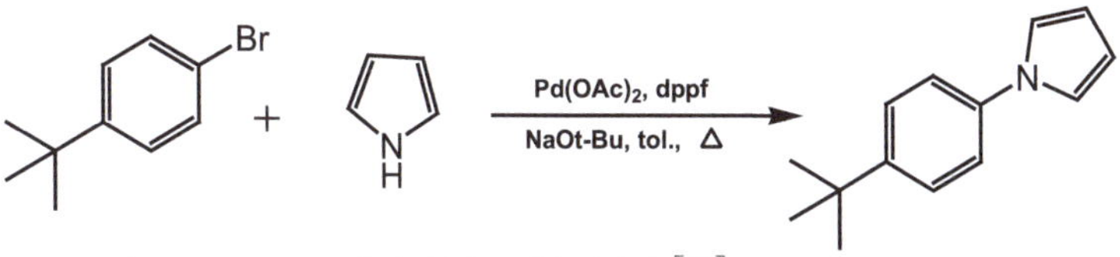

有文献将 Buchwald-Hartwig 反应的机理解析为[32]：

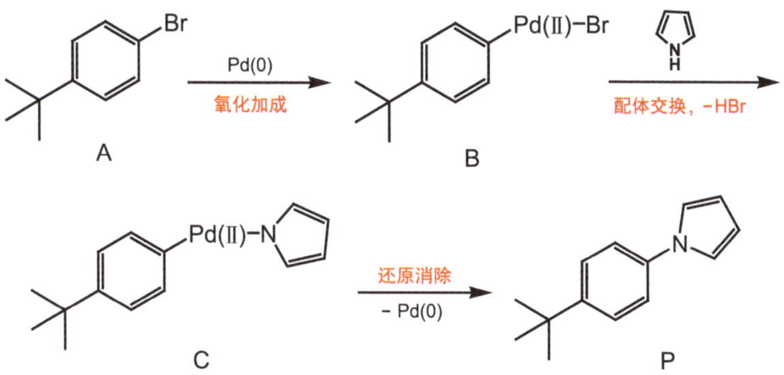

该机理解析从头至尾未见电子转移标注，仅仅标明了两个中间体和三个概念——氧化加成、配体交换和还原消除。

自 A 至 B 的氧化加成反应，首先是钯元素与溴原子络合生成溴正离子与钯负离子，随后钯负离子外层自由电子转移至缺电子的碳原子上，同时溴正离子离去生成芳烃自由基与溴化钯自由基，最后两自由基成键：

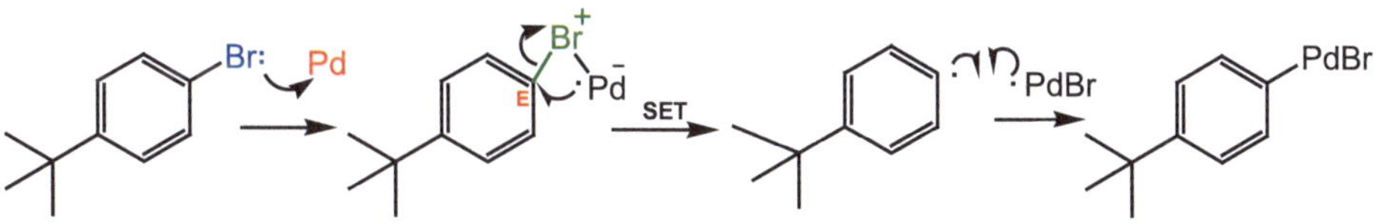

自 B 至 C 过程的配体交换反应是一个极性基元反应过程，而吡咯分子并不具有一对电子，因而不是亲核试剂，只有在碱与活泼氢成键条件下，离去的吡咯负离子才是亲核试剂：

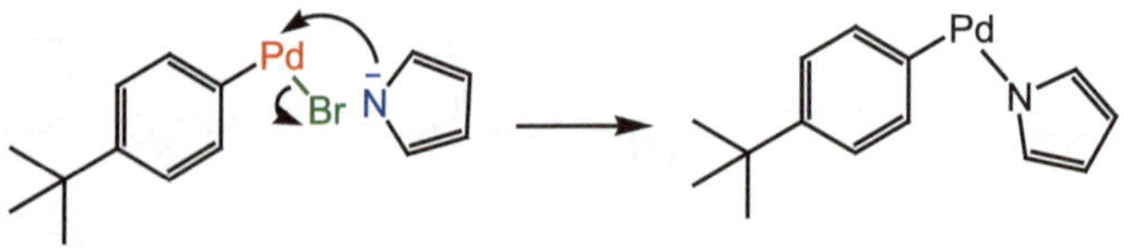

自 C 至 P 的还原消除反应，是由于与钯成键的两个元素之间电负性差异而分别带有异性电荷，且钯元素的可极化度较大，因而两元素间可近距离成键，钯元素在两元素间分别得失一对电子还原成钯元素：

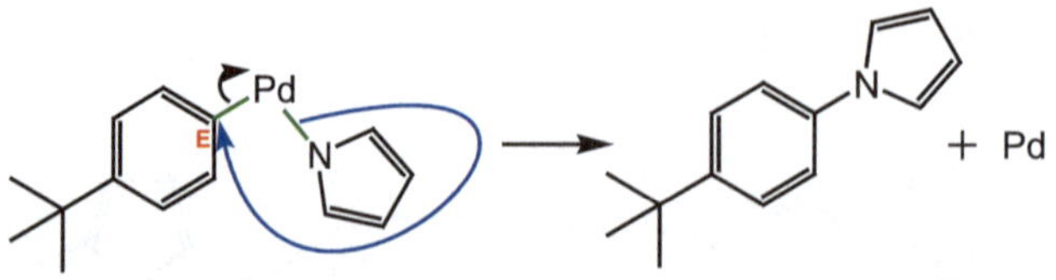

还原消除反应也可以按串联的两步反应解析，则反应原理更加清晰：

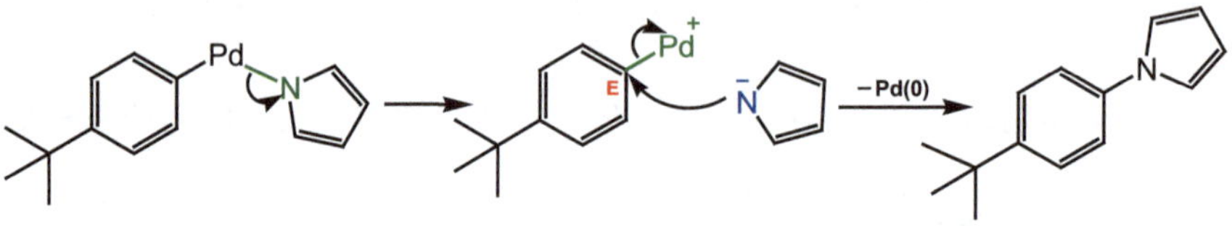

7.7 氧化还原反应的催化

氧化还原反应活性由氧化剂与还原剂的反应活性所决定，而氧化剂、还原剂的活性由其分子结构决定，有机分子结构往往并非以一种形式存在，这就需要对于氧化剂、还原剂的结构与变化做出判断，以揭示氧化剂、还原剂反应活性规律，找到促进、催化氧化还原反应活性的方法。

7.7.1 还原剂的催化过程

前已述及，还原剂分为两类：一类是低电负性的亲核试剂，以负氢为典型代表；另一类是提供外层自由电子的金属，包括低电负性的金属离子。作为提供负氢的还原剂的反应活性或还原能力，以其负氢是否容易转移为依据。

例 34：碱性条件下伯醇与仲醇均可成为还原剂，原因是氧负离子向中心碳原子供电，降低了中心碳原子的电负性，氢原子相对电负性较大，因而具有部分负电荷，一旦与缺电体——亲电试剂接近，负氢便容易转移：

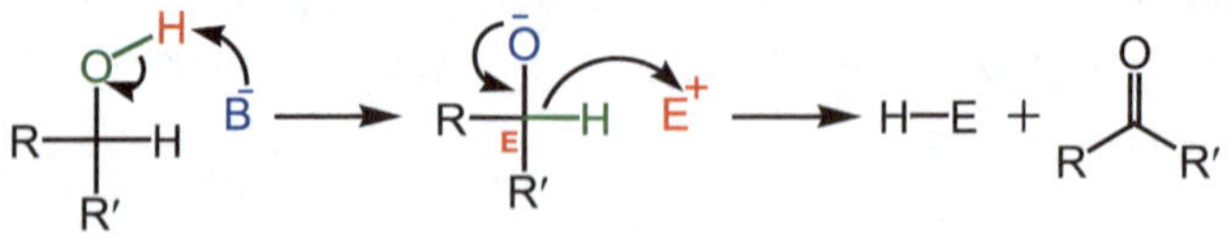

显然，叔醇不可能成为还原剂，因为在富电子的中心碳原子上并不存在氢原子。

例 35：醛羰基碳原子上的氢原子受羰基碳上较强电负性的吸引，本身并不具有负电荷，而是带有部分正电荷，似乎不可能实现负氢转移，因而不具还原能力。

然而在碱性亲核试剂作用下，由于醛羰基碳原子严重缺电子的性质，容易与亲核试剂加成生成四面体结构：

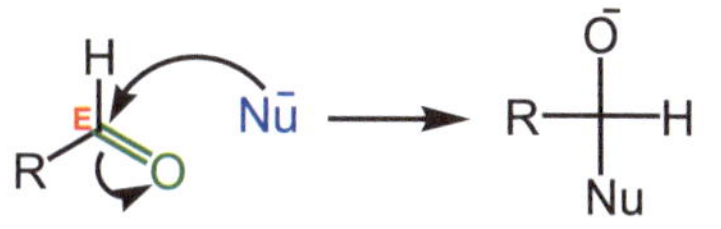

在该种四面体结构中心碳原子上,既存在亲核试剂——氧负离子,又有碳氢键,在氧负离子向中心碳原子供电情况下,氢原子具有相对较大的电负性,因而容易带着一对电子离去,成为亲核试剂即还原剂。

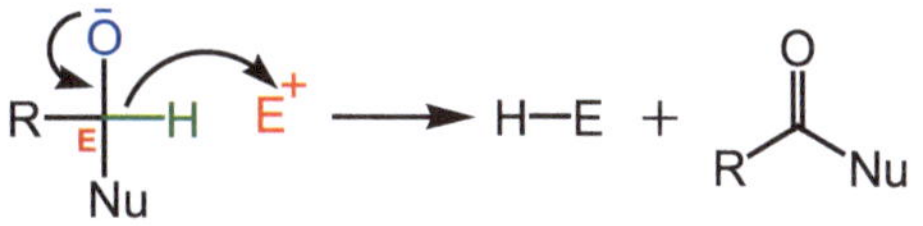

能够与羰基加成的亲核试剂包括但不限于水、醇、胺等。而没有碳氢共价键的酮不同于醛,不可能成为还原剂。

例 36:低价杂原子的含氧酸分子,往往并非一种结构,而是一对共振异构体。如亚硫酸分子就是如下两种共振异构状态:

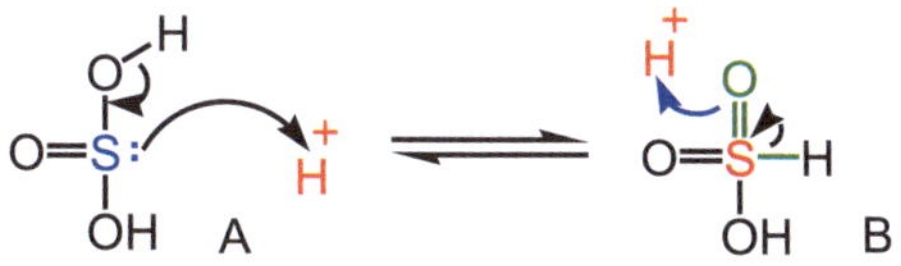

如上 B 结构的亚硫酸在碱性条件下生成氧负离子,氧负离子向中心硫原子供电,致使氢原子的电负性大于硫原子,因而能够实现负氢转移:

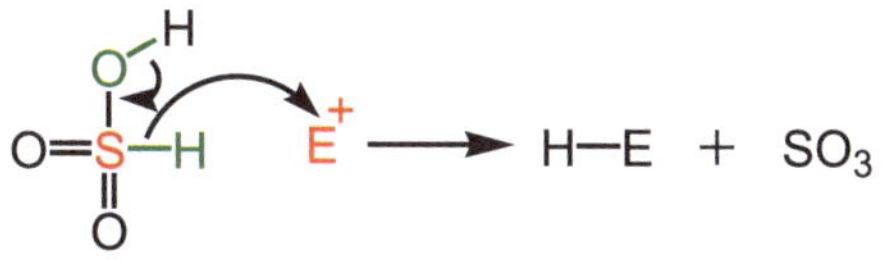

其它低价杂原子的含氧酸,如次磷酸、亚磷酸等,均与此类似地成为还原剂。

综上所述,负氢转移为还原剂的基本特征,而实现负氢转移的必要条件就是氢原子具有相对较大的电负性,这就要求与氢成键的元素具有较小的电负性。因此若干醇的金属盐类,如含有 α-氢原子的醇铝、醇镁等,均为常用的还原剂。

7.7.2 氧化剂的催化过程

前已述及,为新键的生成提供一对电子并在成键之后失去电子的为还原剂,而为新键提供空轨道并在成键之后得到电子的为氧化剂。因此,提供空轨道且具有较大的电负性是氧化剂的基本特征。

7.7.2.1 酸催化离去基生成的空轨道

在本章 7.3.2 部分中,曾列举了若干质子酸或路易斯酸催化离去基生成杂正离子的实例。由于杂正离子的电负性较强,生成新键的一对电子容易向杂原子方向偏移,因此发生氧化还原反应。

例 37:Schiemann 反应,是芳胺生成重氮化合物,再热分解发生氟代反应的过程[33]:

$$Ar-NH_2 + HNO_2 + HBF_4 \longrightarrow Ar\overset{+}{N_2}\ \overset{-}{B}F_4 \xrightarrow[-N_2]{\Delta} Ar-F + BF_3$$

其中重氮盐生成过程就是酸催化条件下生成空轨道氮正离子的氧化还原反应过程。反应机理为[34-35]：

$$HO-N=O \xrightarrow{H^+} H_2O^+-N=O \xrightarrow{-H_2O} O=\overset{+}{N} \quad H\overset{..}{N}H-Ar \longrightarrow$$

$$Ar-\overset{H}{\underset{..}{N}}-N=O \xrightarrow{2H^+} Ar-N=N-\overset{+}{O}H_2 \xrightleftharpoons[+H_2O]{-H_2O} Ar-N\equiv N$$

酸催化生成杂正离子氧化剂是个普遍性规律。然而空轨道未必只有在酸催化条件下才可以生成，碱也能在某种特殊条件下催化空轨道的生成。

7.7.2.2 碱催化下生成的杂原子空轨道

前已述及，碱催化亲核试剂，而亲核试剂为新键提供一对电子，只能是还原剂，不可能是氧化剂。

然而在特殊条件下，中心元素在既与高电负性的离去基成键又与缺电子的活泼氢原子成键情况下，碱就会与活泼氢成键生成低电负性的负离子，该负离子的电负性显著下降，因而与其成键的离去基容易离去而腾出了空轨道，且此种空轨道以单线态卡宾形式存在。

该空轨道若再接受电负性较弱的亲核试剂成键，共价键上一对电子的偏移方向就发生了改变，氧化还原反应也就必然发生。

例 38：Hofmann 重排反应是伯酰胺用碱处理去除羰基的氧化还原反应[36]：

$$R-\overset{O}{\underset{}{C}}-NH_2 \xrightarrow[NaOH]{Br_2} R-N=C=O \xrightarrow{H_2O} R-NH_2 + CO_2$$

其中间状态的异氰酸酯生成过程就是杂正离子——氮烯的产生过程。反应机理为[37]：

在这种负离子上若存在着高电负性离去基，则单线态卡宾或单线态氮烯的生成就不可避免，这种空轨道结构当然属于氧化剂。

7.7.3 自由基氧化反应的催化

除了一对电子转移的氧化还原反应，即负氢转移的反应之外，若干自由基反应所生成的新键与原有旧键上电子的偏移方向不同，也属于氧化还原反应。

有文献比较了离解能数据：O—O(118kcal/mol)＞Ph—CH$_2$—H(88kcal/mol)，因而判定甲苯氧化反应首先产生的是苄基自由基，这就未必正确了。

因为氧化反应一般在低价金属盐的催化条件下进行，这就说明金属离子参与了氧化反应过程，不应将此重要的条件排除在外。

因此在金属离子催化下的甲苯氧化反应有可能首先引发的是氧自由基，即除了光与热能够引发自由基外，金属外层自由电子也能引发自由基。

在若干氧气氧化反应的催化剂配方中，至少有一种低价金属离子。它具有两个特点：a. 其最外层仍然具有单电子，相当于仍然存在自由基；b. 正离子具有较高的电负性，使外层单电子不易自由离去。这样的单电子便可能具有自由基的性质，可能与氧气成键生成氧自由基：

$$\overset{\cdot}{M}\overset{\frown}{\underset{}{O}}\overset{\frown}{\underset{}{O}} \longrightarrow \overset{+}{M}-O-O\cdot \overset{\frown}{\underset{}{H}}\overset{\frown}{\underset{}{R}} \longrightarrow \overset{+}{\underset{R}{M}}\overset{\frown}{\underset{}{O}}-OH \xrightarrow{-\overset{+}{M}\cdot} RO-OH$$

由此可见，若干低价金属离子是可能将氧气催化成氧自由基的，此类金属离子包括但不限于铁、铜、钯、锰、钴等。其更详尽的机理解析有待我们进一步深化。

7.8 本章要点总结

① 归纳了氧化还原反应的两种形式：无机化学的氧化还原反应主要体现为电子的得失，而有机化学氧化还原反应主要体现为共价键上电子对偏移方向的改变，以此为据判断氧化还原反应是否发生。

② 氧化剂具有两个特征，即高电负性的亲电试剂，最典型的氧化剂是不满足8电子稳定结构的氧正离子或氧自由基，它们具有接受电子的能力且具有较大电负性。此类氧化剂均需在酸催化条件下生成。

③ 还原剂具有两个特征，即低电负性的亲核试剂，包括但不限于氢（或碳）的负离子（或自由基），最典型的还原剂是负氢，它是带走共价键上一对电子生成的，而与氢成键的元素必须具有相对较低的电负性。

④ 揭示了氧化还原反应发生的原理。强调多对电子协同迁移过程的氧化还原反应，仍然以"负氢"与"正氧"的生成为标志，强调单电子转移前的络合步骤为氧化还原反应的引发步骤，这就为后续反应原理提供了科学的解释。

参考文献

[1] 陈荣业. 分子结构与反应活性. 北京：化学工业出版社，2008：2-3.
[2] Michael B. Smith, Jerry March. March 高等有机化学——反应、机理与结构. 李艳梅，译. 北京：化学工业出版社，2009：440.
[3] Titov, A. I. Tetrahedron, 1963, 19：557.
[4] Muller, E., Schmidt, E. W. Chem. Ber., 1963, 96：3050.
[5] 陈荣业. 有机反应机理解析与应用. 北京：化学工业出版社，2017：4-5.
[6] Cannizzaro, S. Justus Liebigs Ann. Chem., 1853, 88：129.
[7] Pfeil, E. Chem. Ber., 1951, 84：229.
[8] Clemmensen, E. Ber. Dtsch. Chem. Ges., 1913, 46：1837.
[9] Martin, E. L. Org. React., 1942, 1：155-209.
[10] Birch, A. J. J. Chem. Soc., 1944：430-436.
[11] Birch, A. J. Pure Appl. Chem., 1996, 68：553-556.
[12] Kishner, N. J. Russ. Phys. Chem. Soc., 1911, 43：582.
[13] Wolff, L. Justus Liebigs Ann. Chem., 1912, 394：86.
[14] Huang Minglong. Huang-Minglong Modification. J. Am. Chem. Soc., 1946, 68：2487.
[15] Corey, E. J., Kim, C. U. J. Am. Chem. Soc., 1972, 94：7586-7587.
[16] Katayama, S., Fukuda, K., Watanabe, T., et al. Synthesis, 1998：178-183.

[17] Dess, D. B., Martin, J. C. J. Org. Chem., 1983, 48: 4155-4156.
[18] Dess, D. B., Martin, J. C. J. Am. Chem. Soc., 1991, 113: 7277-7287.
[19] Riley, H. L., Morley, J. F., Friend, N. A. C. J. Chem. Soc., 1932: 1875.
[20] Rabjohn, N. Org. React., 1976, 24: 261.
[21] Poos, G. I., Arth, G. E., Beyler, R. E., et al. J. Am. Chem. Soc., 1953, 75: 422.
[22] Eschweiler, W. Chem. Ber., 1905, 38: 880.
[23] Clarke, H. T. J. Am. Chem. Soc., 1933, 55: 4571.
[24] Moore, M. L. Org. React., 1949, 5: 301.
[25] Meerwrin, H. Schmidt, R. Justus Liebigs Ann. Chem., 1925, 444: 221.
[26] Aremo, N. Hase, T. Org. React., 2001, 42: 3637.
[27] Tishchenko, V. J. Russ. Phys. Chem. Soc., 1906, 38: 355.
[28] Chang, C. P., Hon, Y. S. Huaxue., 2002, 60: 561.
[29] Hiyama, T., Hatanaka, Y. Pure Appl. Chem., 1994, 66: 1471-1478.
[30] Hiyama, T. In Metal-Catalyzed Cross-Coupling Reactions. Weinheim: Wiley, 1998: 421-453.
[31] Paul, F., Patt, J., Hatiwig, J. F. J. Am. Chem. Soc., 1994, 116: 5969-5970.
[32] Palucki, M., Wolfe, J. P., Buchwald, S. L. J. Am. Chem. Soc., 1996, 118: 10333-10334.
[33] Balz, G., Schiemann, G. Ber., 1927, 60: 1186-1190.
[34] Roe, A. Org. React., 1949, 5: 193-228.
[35] Sharts, C. M. J. Chem. Educ., 1968, 45: 185-192.
[36] Hofmann, A. W. Ber., 1881, 14: 2725-2736.
[37] 陈荣业, 张福利. 有机人名反应机理新解. 北京: 化学工业出版社, 2020: 114-115.

第8章

亲核试剂

极性反应是亲核试剂与亲电试剂的成键过程，也是离去基从亲电试剂上离去而腾出空轨道的过程。这就涉及三要素中不同要素的分子结构与反应活性之间的关系，简称结活关系。由于分子结构千变万化，很难定量地对所有结构中各要素的反应活性进行排序，但这并不是否认分子结构与反应活性之间关系存在着规律性。自本章开始的连续三章中，将分别讨论极性反应三要素的基本结构及其活性排序问题。

亲核试剂是为新键提供一对电子的富电体，因而基团内必然拥有相对较多的电子而具有部分负电荷。有些富电体亲核试剂是天然存在的，如各种非金属负离子等；有些则是由共价键的异裂产生的，如碳负离子等；有些是π键的极化共振产生的，如烯烃、芳烃等；也有些则是容易获得共价键上一对电子的元素，如羟基上的氧原子、氨基上的氮原子等。凡是拥有孤对电子的元素或基团均具有亲核试剂活性，其差别仅仅在于其亲核活性的强弱不同。

8.1 杂原子亲核试剂的反应活性

比较亲核试剂的反应活性，我们首先从最简单的带有负电荷的杂原子或杂原子基团开始，从中可观察到亲核试剂的一般性规律。所有带有一对电子的富电体均为亲核试剂，其中最典型的例子是具有较大电负性的元素，如 O、N、S、X（卤素）等杂原子，它们在有机或无机化合物结构中往往带有未成键的孤对电子，因而具有亲核试剂的性质，其亲核试剂的活性次序有如下规律性[1]。

8.1.1 所带电荷对亲核活性的影响

比较氯甲烷被取代的速度，带有负电荷的元素总是快于不带电荷的元素，而不带电荷的元素也总是快于带正电荷的元素，且带有正电荷的元素并不具有亲核活性。带不同电荷的杂原子的亲核试剂的反应活性次序为：

$$\overset{-}{N}H_2 > \overset{..}{N}H_3 > \overset{+}{N}H_4$$
$$\overset{-}{O}H > H_2\overset{..}{O} > H_3\overset{+}{O}$$
$$\overset{-}{S}H > H_2\overset{..}{S}$$
$$\overset{-}{O}Et > H\overset{..}{O}Et > H_2\overset{+}{O}Et$$

带有负电荷的元素除了具有孤对电子之外，还具有较强的碱性，这是其亲核活性较强的主因。而带有正电荷的元素，其一对电子已经与质子成键了，不再具有亲核试剂的性质，只能作为离去基带走其与氢原子共价键上的一对电子离去。

8.1.2 碱性对亲核试剂活性的影响

以第二、第三周期元素为例，其碱性次序与其亲核活性次序完全一致：

$$\bar{C}H_3 > \bar{N}H_2 > \bar{O}H > \bar{F}$$
$$\bar{S}iH_3 > \bar{P}H_2 > \bar{S}H > \bar{C}l$$

由此可见，亲核活性随着碱性增加而增加，随碱性的减弱而减弱。

然而，碱性并非影响亲核活性的唯一因素，亲核试剂活性还与基团的可极化度等因素相关。

8.1.3 可极化度对亲核活性的影响

可极化度是分子或基团的周围电子在外界电场影响下极化变形的难易程度，易变形者可极化度就大。以第 6 主族与第 7 主族元素为例，其可极化度与亲核活性的关系均为：

$$\bar{I} > \bar{B}r > \bar{C}l > \bar{F}$$
$$H_2\ddot{S}e > H_2\ddot{S} > H_2\ddot{O}$$

由此可见，质量越大、体积越大的基团越容易变形，其可极化度越大，亲核活性也越强。

利用可极化度的概念可解释烯烃具有较强亲核活性，而负氢离子（NaH）仅具强碱性而不具有亲核活性的原因。

8.1.4 空间位阻对亲核活性的影响

亲核试剂的体积增大，空间位阻就增大，与亲电试剂成键的难度也增大。一个典型的例子，碱性的排序、可极化度的排序均为：

$$\bar{O}CH_3 < \bar{O}\diagup\diagdown < \bar{O}\diagup\!\!\!\diagdown < \bar{O}\diagup\!\!\!\!\diagdown$$

若按照碱性与可极化度对亲核活性的影响，亲核活性也应按上述排序才对。然而实际上却恰恰相反，亲核试剂的反应活性排序为：

$$\bar{O}CH_3 > \bar{O}\diagup\diagdown > \bar{O}\diagup\!\!\!\diagdown > \bar{O}\diagup\!\!\!\!\diagdown$$

这是空间位阻对亲核活性的影响所致。醇类与胺类都一样，其亲核活性次序为：

　　　　伯醇 > 仲醇 > 叔醇　　　　伯胺 > 仲胺 > 叔胺

同样，对于其它亲核活性，碱性、可极化度和空间位阻仍然是影响亲核试剂反应活性的主要因素。

8.2 π 键亲核试剂

由于 π 键上的一对电子是离域化的，其可极化度相对较大，本身又是富电体，因而具有较强的亲核活性。在教科书中均将富电子的烯烃与芳烃的取代反应命名为亲电取代反应，这反证了烯烃、芳烃具有亲核试剂的性质。

8.2.1 烯烃的结构、反应机理与定位规律

8.2.1.1 烯烃的结构与反应机理

烯烃上的两个共价键并不相同,一个是由两个 sp^2 杂化轨道构成的 σ 键,另一个则是两个 p 电子重合构成的 π 键。其中 σ 键是定域的共价键,而 π 键则是离域的共价键,顾名思义就是该对电子容易游离于两个碳原子之间,结果导致两个碳原子上的电子云密度不均匀,受取代基的影响,π 键上一对电子容易发生偏移与共振,且共振方向主要受基团共轭效应的影响。

我们设定推电子的共轭效应+C 基团为 G_1、拉电子的共轭效应-C 基团为 G_2,则非定域 π 键的电子云密度分布与共振方向为:

其中得到部分电子的富电子一端即为亲核试剂,另一缺电子的一端即为亲电试剂。由于烯烃本身就是富电体,其亲核试剂与亲电试剂并非协同产生,π 键的第一功能是亲核试剂,它只能与亲电试剂成键。而在烯烃与亲电试剂成键后才伴生出碳正离子,才能接受另一亲核试剂成键:

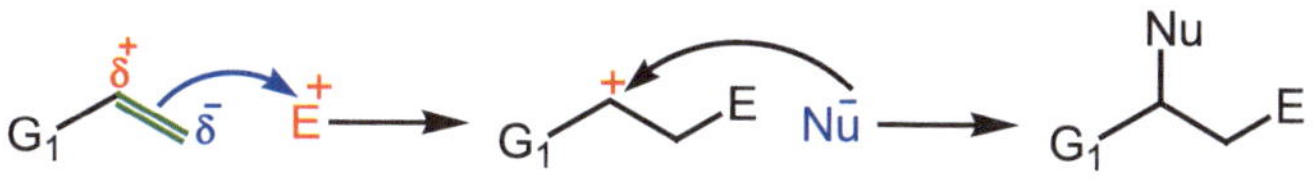

因此,富电子的烯烃与强亲核试剂(如格氏试剂)不易成键。

例 1:有文献对于烯烃与无机酸的加成反应机理解析如下,第一步没有表述电子的转移[2]315:

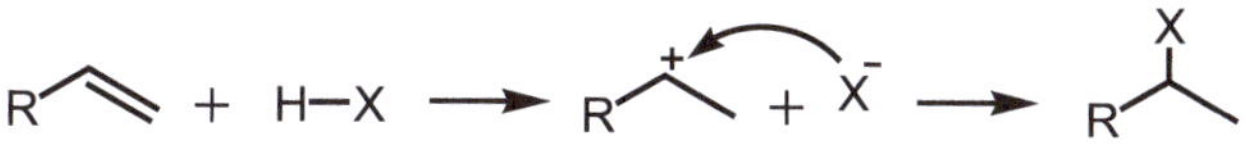

第一步反应无法标注电子转移,是由亲电加成概念与弯箭头概念的矛盾所致。极性反应为亲核试剂与亲电试剂的相互吸引、接近、成键过程,人为设定"进攻试剂"进攻"底物"的概念没有依据,也没有意义。

用极性反应三要素的概念解析烯烃与无机酸的加成反应机理,只是两个极性反应的串联:

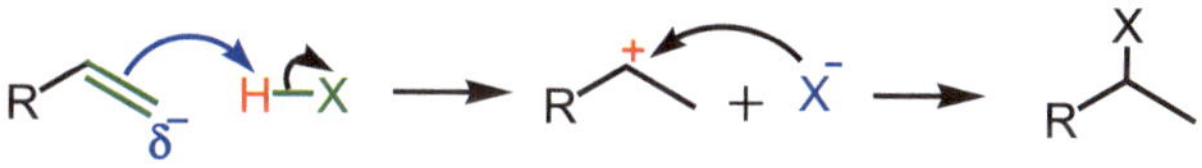

在第一步反应过程中,富电子的烯烃 π 键为亲核试剂,缺电子的氢原子为亲电试剂,酸根为离去基。

相比较而言,极性反应的三要素概念才能反映出化学反应的本质特征、基本原理与客观规律,且机理解析过程也更简单、更容易。

富电体烯烃作为亲核试剂,可与各类亲电试剂成键。

例2：烯烃与酰基氯的反应为：

这是典型的烯烃亲核试剂与羰基亲电试剂的反应。反应机理为：

8.2.1.2 烯烃亲核试剂的定位规律

如前所述，带有取代基的烯烃 π 键两端的电子云密度一般是不对称的，即烯烃 π 键的两端具有不均等的电子云密度分布，其电子云密度相对较大的一端具有亲核试剂的基本性质，容易与亲电试剂生成共价键化合物。即烯烃 π 键的哪一端作为亲核试剂是由电子云密度分布决定的。

然而，马氏规则描述烯烃加成反应定位规律为："酸中的氢原子总是加到含氢较多的双键碳原子上。"为了证明马氏规则的正确性，有学者用超共轭效应理论来解释："生成的产物结构与活性中间体稳定状态相关，二级碳正离子比一级碳正离子的正电荷更容易分散，因而更稳定。"

但是，符合马氏规则的只有取代基为推电子共轭效应的＋C基团。若取代基为拉电子共轭效应的－C基团，则马氏规则并不成立。

例3：三氟甲基乙烯与溴化氢的加成反应，反应机理应为：

事实上，烯烃的哪一端与质子成键，与烯烃哪一端的含氢多少并无关系，与中间状态正电荷的"分散"与"稳定性"也无关系。质子只是个亲电试剂，加到烯烃的哪一端取决于烯烃的哪一端是亲核试剂。在烯烃结构的两个双键碳原子上，哪个碳原子带有较多负电荷，哪个碳原子就是亲核试剂，就会优先与质子成键。即烯烃 π 键富电子的一端为亲核试剂，能与质子成键，与含氢多少无关。正负电荷之间的相互吸引成键，才是化学反应的客观规律。

8.2.2 芳烃亲核试剂的结构、活性与定位规律

8.2.2.1 芳烃亲核试剂的结构与活性

芳烃是由 sp^2 杂化轨道元素构成的具有 $4n+2$ 个 π 电子的平面结构。以苯的分子结构为例，由单、双键相间的共轭体系所决定，芳烃属于富电体——亲核试剂，教科书中将芳烃与带有正电荷的亲电试剂成键称为亲电取代反应，也反证了芳烃作为亲核试剂的性质。

将苯分子视作环己三烯结构，形象化地表示 π 键的特征，容易解析反应机理。

例4：教科书中将芳烃上氢原子被亲电试剂取代的反应命名为亲电取代反应，其反应机理解析为[2]461：

该反应机理解析式中，并未标注电子转移过程。这是由于人为设定"底物"与"进攻试剂"概念，使"亲电取代反应"的命名与弯箭头代表一对电子转移的概念相矛盾。

若从极性反应的基本概念出发，按照极性反应三要素的基本关系式解析机理，就能把该反应的过程与原理清晰地表示出来：

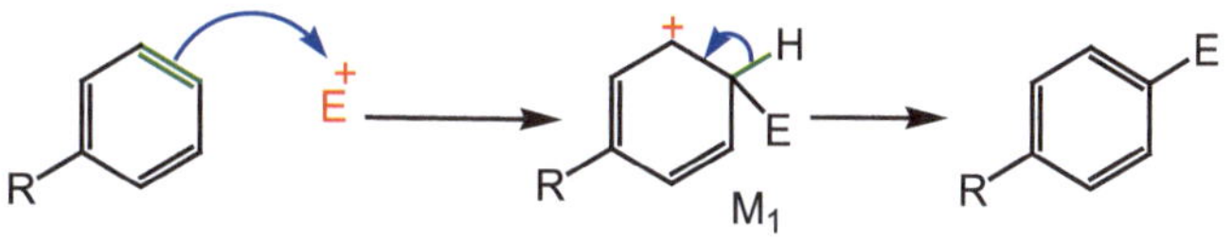

该反应机理解析清晰地表述了旧键断裂与新键生成的电子转移过程。该机理解析省略了中间体的共振状态描述，参见 4.3.2.3 部分。

芳烃作为亲核试剂，其反应活性是与芳环上电子云密度相对应的。芳环上电子云密度越高，其亲核活性就越强。特殊地，当芳环上的取代基含有活泼氢时，即取代基为羟基或氨基时，由于氧、氮原子容易得到其与氢原子共价键上的一对电子，其亲核活性更强，能与较弱的亲电试剂成键。

例 5：苯酚与重氮盐反应生成偶氮化合物的反应机理：

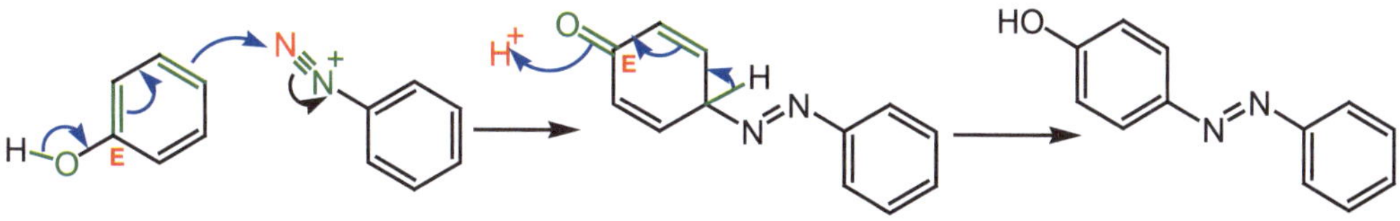

在反应的中间状态下，亲核试剂结构上始终未见正电荷出现，表明亲核试剂的反应活性始终保持在较强状态。能与重氮盐反应的芳烃只有酚类和芳胺类，足以证明含有活泼氢亲核试剂的特殊机理与更高活性。

芳烃作为通用的亲核试剂，能与诸多亲电试剂成键，而绝不仅限于硝化、磺化、烷基化、酰基化、卤代等反应。

例 6：Bradsher 反应是邻酰基二芳基甲烷经酸催化环化脱氢反应生成蒽化物的过程[3]：

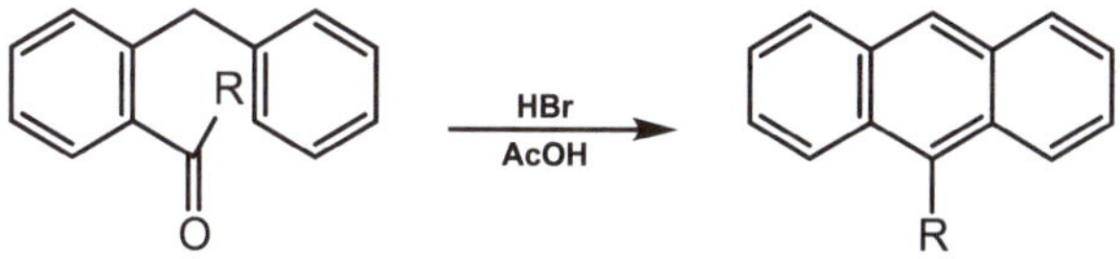

反应机理为[4]：

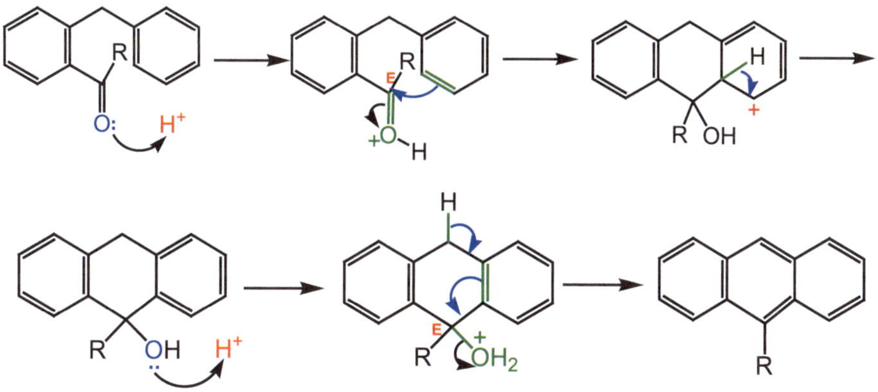

这是芳烃为亲核试剂、羰基碳原子为亲电试剂的反应过程。实际上，芳烃几乎能与所有较强的亲电试剂成键。

例 7： 以邻氟对溴苯胺为起始原料，经重氮化反应后与苯缩合合成邻氟对溴联苯：

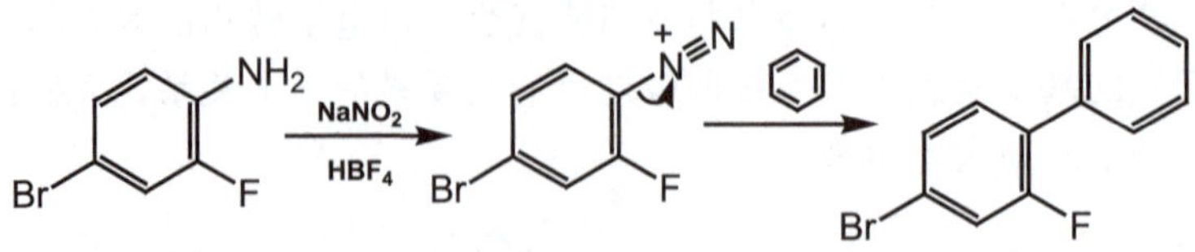

这是一个典型的芳烃为亲核试剂与重氮盐亲电试剂的反应。反应机理为：

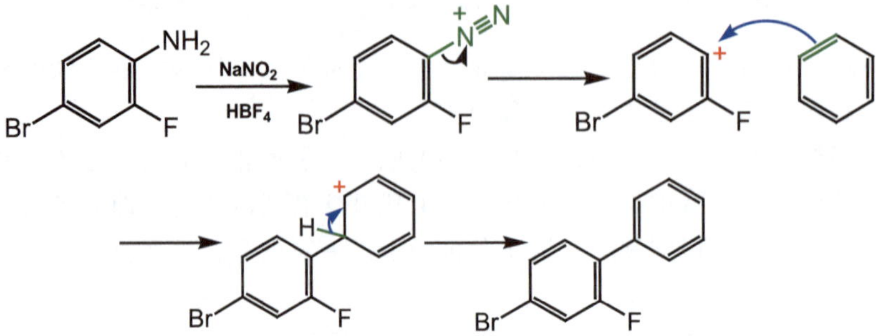

显然，在上述反应过程中，苯分子上 π 键为亲核试剂。若用苯酚或苯胺替代苯，则由其含氢亲核试剂的活性所决定，可在较低温度下与重氮基成键生成偶氮化合物。

实际上，芳烃几乎能与所有的羰基化合物反应，如在 Skraup 喹啉合成反应中能与醛基反应生成加成产物[5]，在 Simonis 色酮环化反应[6]中与酯基生成酮类产物等。

8.2.2.2 芳烃亲核试剂的定位规律

芳烃与亲电试剂成键的定位规律，目前教科书中是以电子效应作为主要影响因素的：供电基为邻对位定位基；吸电基为间位定位基；卤素属于特例，即虽为吸电基团却是邻对位定位基。

之所以会出现特例，是因为芳烃的定位规律与电子效应不对应。芳烃上电子云密度较大之处为亲核试剂的位置，而影响电子云密度分布的并非电子效应而是共轭效应，推电子基 +C 为邻对位定位基，拉电子基 −C 为间位定位基，没有特例。

我们设定 G_1 为 +I+C>0 或 −I+C>0 的基团，G_2 为 −I+C<0 的基团，G_3 为 −I−C<0 的基团，则不同基团对芳环上电子云密度分布的影响示意为：

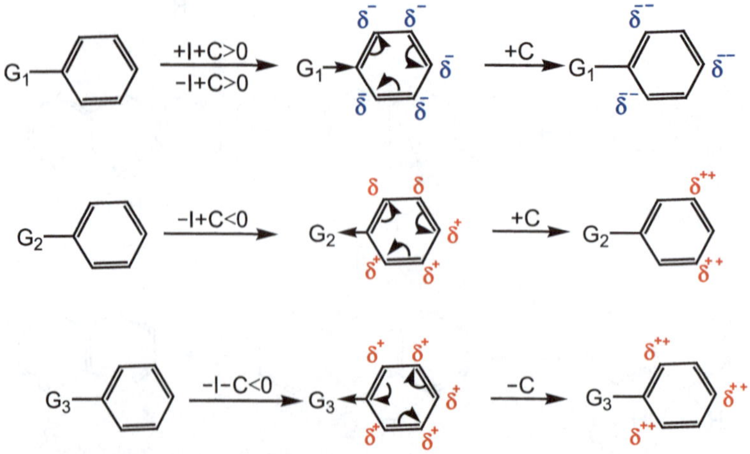

由此可见，在取代芳烃上的不同位置，电子云密度是不均等的，作为亲核试剂的芳烃，只能在电子云密度较大之处才可能与亲电试剂成键，当然也只能在电子云密度较小之处与亲

核试剂成键。由于芳环上 π 键的电子云密度分布主要由取代基的共轭效应决定，因此其与亲电试剂成键的定位规律如下：

共轭效应为 +C 的推电子基团，该基团的邻位和对位的电子云密度相对较大，芳烃作为亲核试剂的反应主要发生在邻位和对位。

共轭效应为 −C 的拉电子基团，该基团的邻位和对位的电子云密度较小，而间位的电子云密度相对较大，芳烃作为亲核试剂的反应主要发生在间位。尽管如此，在 −C 基团的间位碳原子上，因其电子云密度较低，反应活性一般较弱。

按照定位规律主要由共轭效应所决定这一概念，就不存在卤素对芳烃亲核试剂定位规律的例外了，卤素对芳烃共轭体系是 +C 基团，其邻位与对位的电子云密度显著大于间位，当然属于邻对位定位基。

由此可见，芳烃上反应的定位规律由芳环上的电子云密度分布决定，而电子云密度分布主要由取代基的共轭效应决定。相对富电子位置为亲核试剂位置，严重缺电子位置就是亲电试剂的位置。

8.2.3　烯醇结构亲核试剂及其共振状态

如果羰基化合物的 α-碳与氢原子成键，则羰基能够部分地转化成其共振的烯醇式结构，即酮式-烯醇式互变异构体系：

上述互变异构体系在一定条件下可以稳定存在，在高压液相色谱中也可以分离出来，且两种互变异构体的比例随分子结构的不同而异。即便是同一化合物，互变异构体的比例也随着酸碱性的不同而变化，碱性有利于烯醇式生成，酸性有利于酮式生成。烯醇式属于亲核试剂，容易与亲电试剂——质子成键生成酮式；而酮式结构上的 α-氢属于亲电试剂，容易与亲核试剂——碱成键生成烯醇式：

在高压液相色谱分析中，为了将异构混合物的双峰转化为单一结构的单峰，往往加入质子酸将烯醇式转化为酮式。

观察上述平衡式中的烯醇式结构，烯烃是与含活泼氢的亲核试剂羟基成键的，当氧原子从氢氧共价键上收回一对电子与碳原子成键时，π 键离去而转化成了碳负离子亲核试剂，更容易与亲电试剂成键。

在酸性条件下，尽管烯醇式结构向酮式结构转化，但这种转化不可能完全，残留的、微量的烯醇式结构仍能够作为亲核试剂与亲电试剂成键，在反应过程中由于原有共振平衡被打破，酮式结构也会源源不断地向烯醇式转化，最终仍可完成反应。

例 8： 4-羟基香豆素是个典型的互变异构混合物，在中性条件下烯醇式结构与酮式结构各占一半：

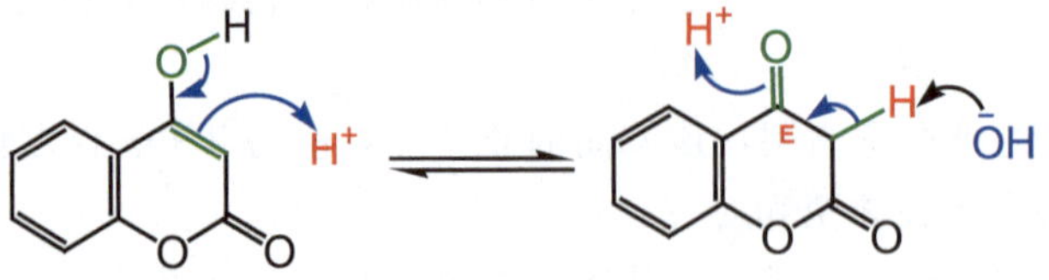

尽管在酸性条件下 4-羟基香豆素以酮式为主，微量的烯醇式结构仍能满足其作为亲核试剂的需要，其与 α-四氢萘醇合成抗凝血剂——立克命（Racumin）的反应机理如下：

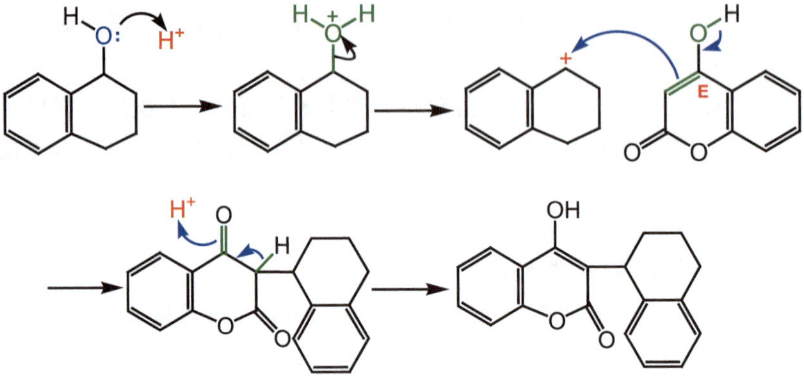

例 9：环己酮与醛的反应就是以环己酮的烯醇式为亲核试剂的。反应机理为：

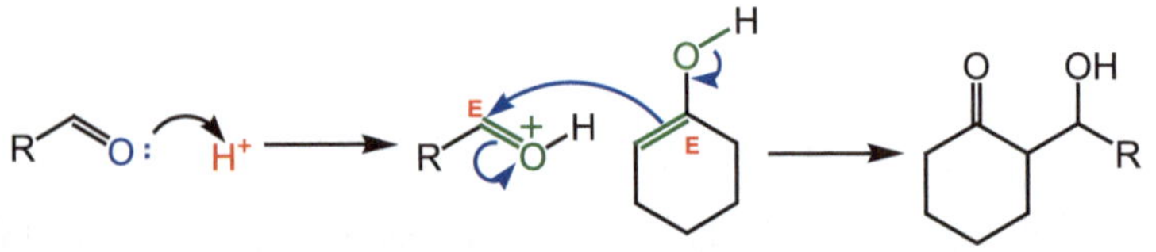

同理，酸催化了亲电试剂，微量的烯醇式结构仍能完成与亲电试剂的反应，这就是互变异构体系的平衡移动规律。

烯醇式结构上有两个亲核点：一个是烯醇上的 π 键，另一个是羟基氧原子上的孤对电子。羟基氧原子虽属亲核试剂，但因其产物的离去活性较强而不稳定，容易再被 π 键亲核试剂取代而离去，故以烯醇分子内氧原子为亲核试剂生成稳定产物的并不多，但不能否认烯醇式结构上羟基的亲核试剂性质，若干以羰基氧为亲核试剂的反应实际上就是以烯醇式结构上的羟基氧为亲核试剂的反应。

8.2.4 羰基 π 键亲核试剂

提及 π 键亲核试剂自然想到羰基，与烯烃相比羰基为极性 π 键，其共振生成离子对结构更加容易，因而氧负离子亲核试剂更容易生成，故羰基氧的亲核活性比烯烃更强，因而甲醛的三聚反应远比乙烯的三聚反应更容易发生：

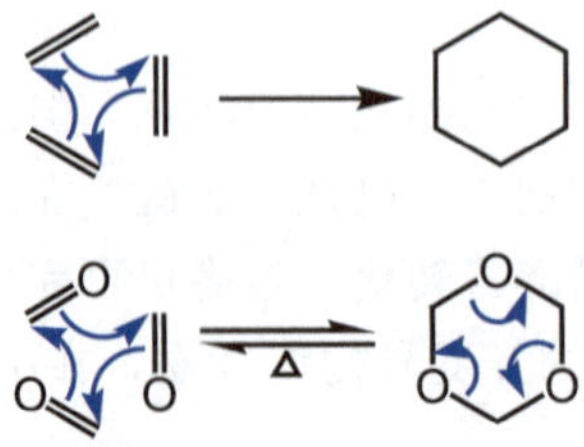

羰基 π 键与亲电试剂能否成键是个动力学问题，而成键之后是否稳定则是热力学问题。毫无疑问，羰基 π 键是较强的亲核试剂，容易与亲电试剂成键。然而，人们很少见到其与亲电试剂的成键产物，原因在于成键后生成的碳正离子能够吸引氧原子上孤对电子成键，生成的氧正离子具有较大的离去活性，从而返回到初始的原料状态：

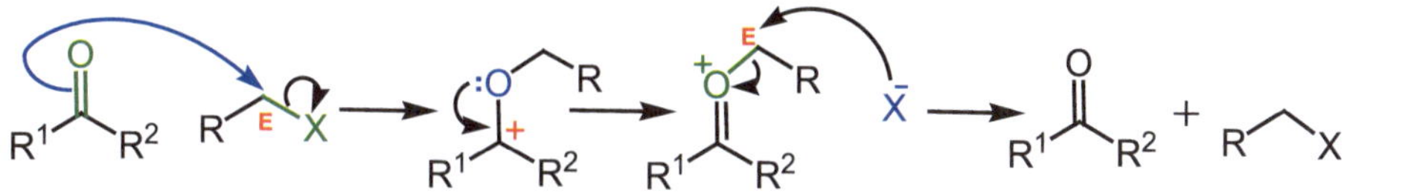

这是典型的未见产物的化学反应。因为羰基 π 键与亲电试剂成键是动力学有利而热力学不利的可逆反应过程。这里的热力学不利是由氧正离子的离去活性过强所致，若中间状态并未生成氧正离子，即在羰基碳原子与另一亲核试剂成键条件下，羰基 π 键上氧原子便能与亲电试剂生成稳定的共价键。

8.2.4.1 具有 α-氢原子的羰基氧原子为亲核试剂

在羰基 π 键离去生成氧负离子亲核试剂的同时，羰基碳正离子具有较强的亲电活性，容易与 α-氢原子消除生成烯氧基负离子，此烯氧基负离子能与亲电试剂生成相对稳定的共价键。

例 10：Bischler-Napieralski 反应是 β-苯乙酰胺环合生成二氢异喹啉的反应[7]：

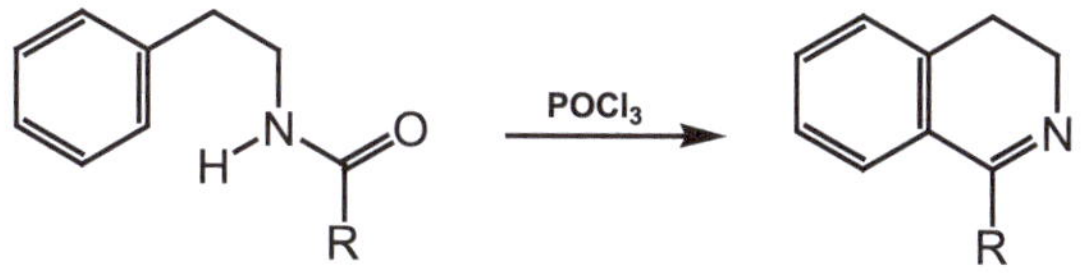

反应机理为：

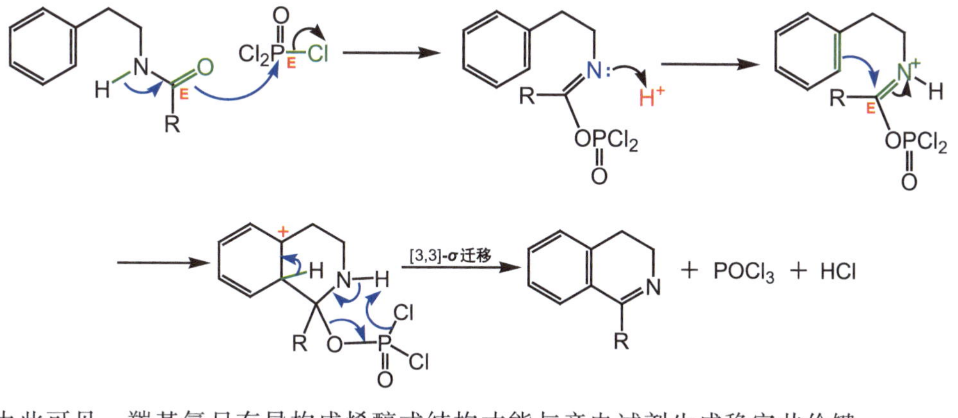

由此可见，羰基氧只有异构成烯醇式结构才能与亲电试剂生成稳定共价键。

例 11：乙酰乙酸乙酯的烯醇式亲核试剂在与亲电试剂成键过程中，不同条件下会生成不同的异构产物[8]：

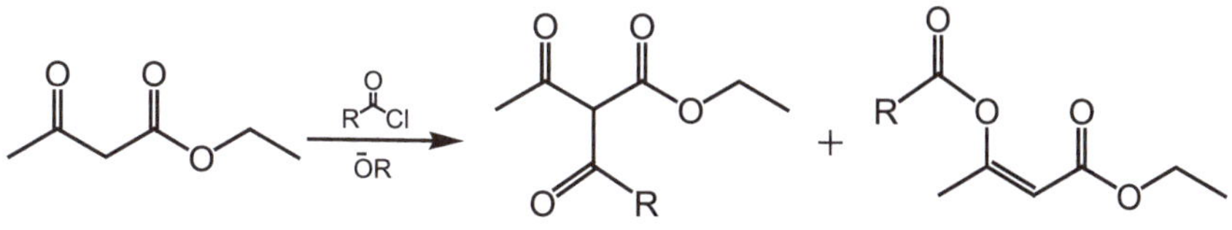

反应机理为：

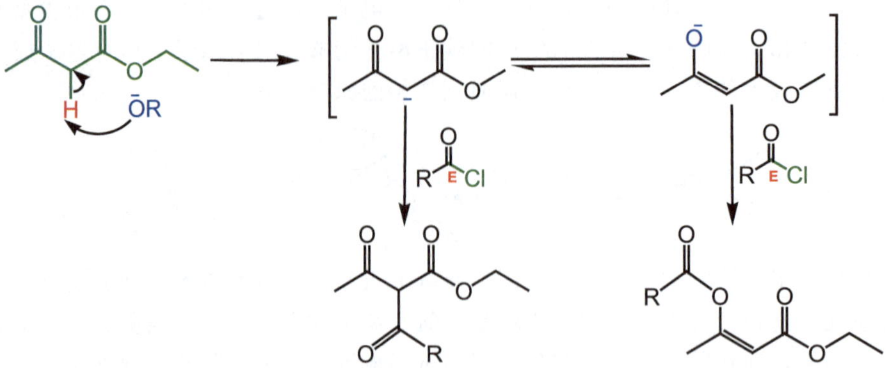

[反应机理示意图]

这里的两个中间体——碳负离子与氧负离子均为亲核试剂，是典型的两可亲核试剂。

总之，羰基化合物，如酯类、酰胺、酸酐、酰氯等，只要在α-位存在氢原子，均能异构为烯醇式，其差异是烯醇式所占比例不同[9]。

8.2.4.2 羰基加成后的氧负离子为亲核试剂

在羰基与亲核试剂加成所生成的四面体结构上，氧负离子可成为亲核试剂。氧负离子与亲电试剂成键后，由于未生成氧正离子离去基，因而可以稳定存在。

例 12：邻甲基苯甲酰氯经光氯化反应后，生成了邻三氯甲基苯甲酰氯及其异构体。该异构化的生成机理解析为：

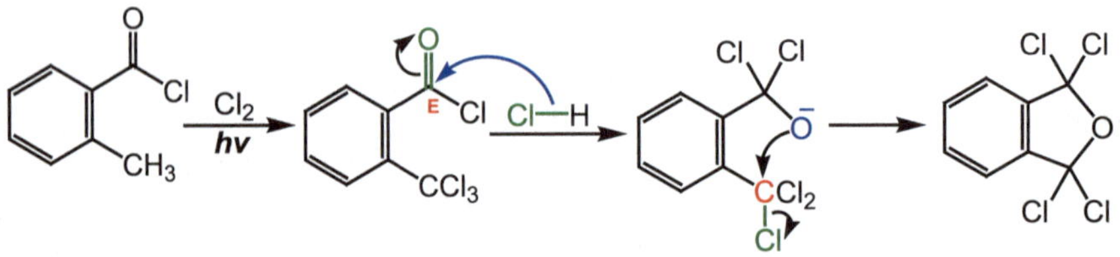

[反应机理示意图]

羰基上缺电子碳原子在与亲核试剂成键后生成了具有四面体结构的氧负离子，该氧负离子具有较强的亲核活性，且与亲电试剂成键后其离去活性不强，因而可以稳定存在。

总之，羰基的 π 键与烯烃不同，该 π 键并不易与亲电试剂生成稳定的共价键，这主要是因为其与亲电试剂成键后，自身离去活性过强。若羰基 α-位存在氢原子，或在羰基与另一亲核试剂加成条件下，羰基 π 键转化成了羟基亲核试剂，则可能与亲电试剂生成稳定的共价键。

此外，在亲电试剂活性足够强的条件下，如质子或路易斯酸，羰基氧原子上孤对电子还是能与其生成相对稳定的共价键的，但由氧正离子极强的离去活性所决定，反应只能处于平衡状态：

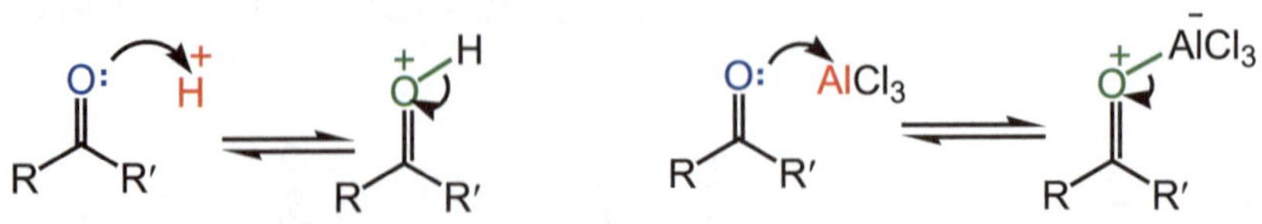

[反应机理示意图]

8.2.5 其它 π 键亲核试剂

除了烯烃、羰基 π 键亲核试剂之外，其它 π 键的富电子一端也具有亲核试剂性质，如炔烃、亚胺、氰基等。

炔烃 π 键可作为亲核试剂，能与卤素、氢卤酸、水等加成。但由于 sp 杂化轨道的两个碳原子距离较近，极化程度较低，因而其亲核活性远不如烯烃强。如炔烃与氯的加成必须在路易斯酸的催化条件下进行[2]375：

$$HC\equiv CH \xrightarrow[FeCl_3]{Cl_2} ClHC=CHCl \xrightarrow{Cl_2} CHCl_2CHCl_2$$

炔烃的亲核活性低于烯烃，这从两基团共存条件下与溴素加成的产物结构容易辨别[2]375：

亚胺、氰基等的 π 键结构，其亲核活性均与前述原理类同，请读者参考。

8.3 碳负离子亲核试剂

碳负离子具有极强的亲核活性，不可能稳定存在。根据碳负离子的产生方法，将碳负离子亲核试剂分为下述三类。

8.3.1 金属有机化合物

金属有机化合物的结构特点是金属原子直接与碳原子成键。由于碳原子的电负性远大于金属原子的电负性，共价键上一对电子显著向碳原子方向偏移，致使碳原子上凝聚了较多负电荷，因而成为富电体——亲核试剂。常见的金属有机化合物有锂试剂、镁试剂（格氏试剂）、锌试剂等（这里不包括铜、钯等重金属有机化合物）。

实际上，在金属有机化合物的碳原子上并不具有真正意义上的单位负电荷。然而，由于碳原子与上述金属原子的电负性差较大，我们近似地将其视作具有单位负电荷的碳负离子。

金属有机化合物上碳原子的亲核活性次序与其相对电负性大小相关，电负性差越大，碳原子上所带电荷就越大，其亲核活性也就越强。如上述三种金属有机化合物的亲核活性由大到小顺序为：

锂试剂 > 镁试剂 > 锌试剂

有机锂化物作为亲核试剂的反应活性极强，为了抑制其连串副反应，总是选择低温条件。

例 13：正丁基锂总是储存在正己烷溶液中，为什么？

正丁基锂分子内的碳-锂共价键上的一对电子因其电负性的巨大差异而显著地向碳原子方向偏移，因而碳原子上接近带有单位负电荷，是极强的亲核试剂，几乎能与所有亲电试剂成键。其与四氢呋喃之间的极性反应不可避免：

为了抑制副反应的发生，只能将正丁基锂溶解储存在不具反应活性的烷烃溶剂中。

由于不同金属有机化合物的碳原子上所带有的负电荷大小不同，因而反应活性不同，导致反应的选择性也不同。

例 14：以金属有机化合物为亲核试剂、硼酸酯为亲电试剂合成甲基硼酸。

由甲基格氏试剂与硼酸三酯合成甲基硼酸，反应于低温条件下不能发生，常温条件下又难以控制在一取代阶段，容易生成三甲基硼化物，它在后处理的酸化步骤中逸出，遇空气燃烧：

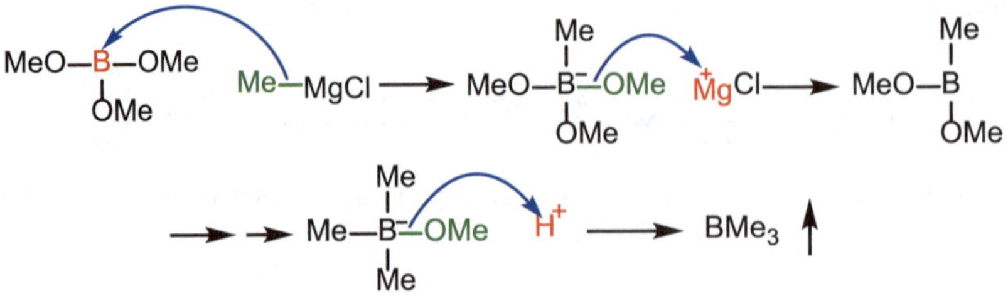

上述各取代反应步骤的活化能差距较小，难以控制在一取代阶段，三甲基硼便不可避免地生成了。

以甲基锂为亲核试剂，以双二甲氨基一氯化硼为亲电试剂，于低温条件下反应，能够停留在一取代阶段：

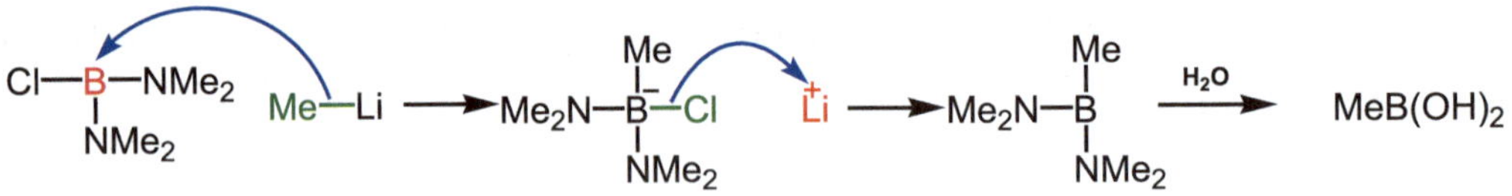

实验结果表明：只有高活性的金属有机化合物才能在低温条件下与硼化物成键，也只有在低温条件下才容易抑制较弱的离去基离去。

实验表明：在低温条件下几乎所有锂化物的选择性都高于格氏试剂，因此对于价格较高的亲电试剂说来，选择锂试剂为亲核试剂往往比采用格氏试剂的成本更低。

例 15：研究发现：直接以芳烃格氏试剂与亲电试剂反应，选择性不高；加入氯化锂催化该反应，则在更低温度条件下能显著地提高选择性。这是典型的格氏试剂与氯化锂交换生成锂试剂的过程：

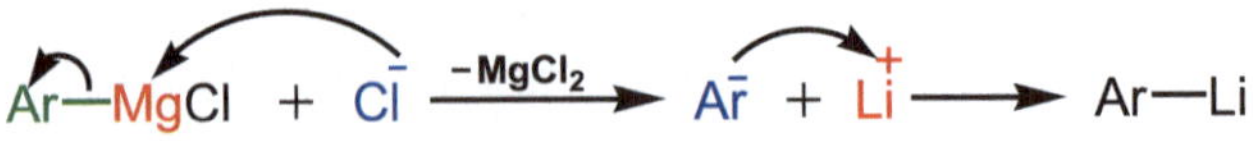

例 16：高血压新药群多普利中间体合成的连串副反应难以抑制：

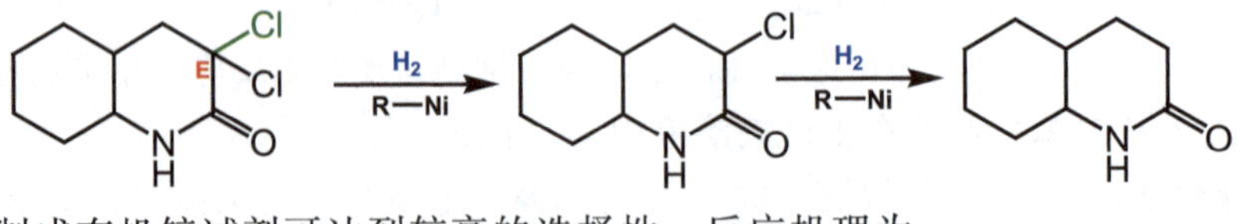

将原料制成有机锌试剂可达到较高的选择性。反应机理为：

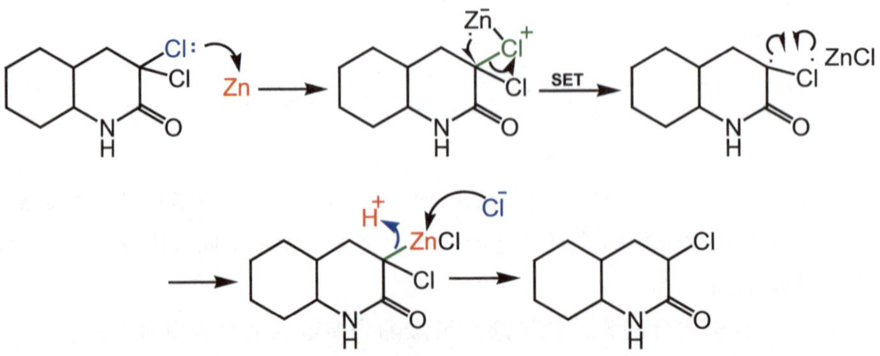

总之，可将若干金属有机化合物视作碳负离子亲核试剂，包括锂化物、镁化物、锌化物等。

8.3.2 共轭状态的碳负离子

当羰基 α-碳原子上含有氢原子时，该 α-氢原子受羰基强电负性的影响而略显酸性，在强碱作用下容易生成碳负离子，该碳负离子与 π 键共轭，发生分子内共振异构而趋于稳定：

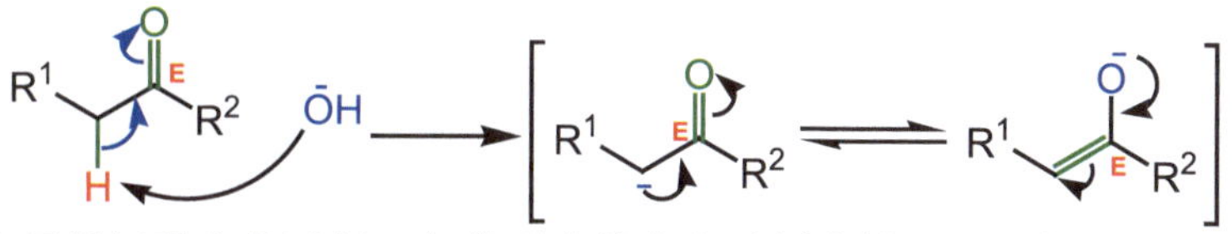

由于碳负离子是极强亲核试剂，与分子内的亲电试剂成键不可避免，在这种互变异构体系内，相当于负电荷被分散了，因而该种碳负离子能够比较稳定地存在，特别是在低温状态下。

在上述共振体系内，其烯氧基负离子的比例远大于碳负离子结构，即碱性有利于烯醇式结构的生成。然而无论是碳负离子还是其烯醇式结构，我们均可将其简单地视作碳负离子。这一方面是由于共振过程的平衡转移；另一方面，氧负离子虽为亲核试剂，但因烯氧基离去活性较强，生成的烯氧基化合物难以稳定存在。

上述共轭状态的碳负离子有别于酮式-烯醇式互变异构体系，虽然两者互变异构体系相同，但还是存在不同之处：一方面所处酸碱性环境不同，碳负离子及其共振异构的烯氧基负离子必须在碱性条件下存在，因而带有单位负电荷且以烯氧基负离子结构为主。而烯醇式与酮式的异构互变并不要求碱性条件，尽管酸性有利于酮式生成而碱性有利于烯醇式生成。另一方面，两者亲核活性不同，酸性条件下两个互变异构体中较强的亲核试剂是烯醇式结构，碱性条件下两个互变异构体中较强的亲核试剂是碳负离子，很明显拥有单位负电荷的碳负离子的亲核活性更强。

正是由于烯醇式与碳负离子之间亲核活性的较大差异，将烯醇式视作 π 键亲核试剂，而将碱性条件下生成的碳负离子视作碳负离子亲核试剂。

这种在碱性条件下生成的碳负离子具有相当强的亲核活性，一般在室温或更低温度条件下便能与亲电试剂成键。

例 17：苯亚甲基丙酮的合成：

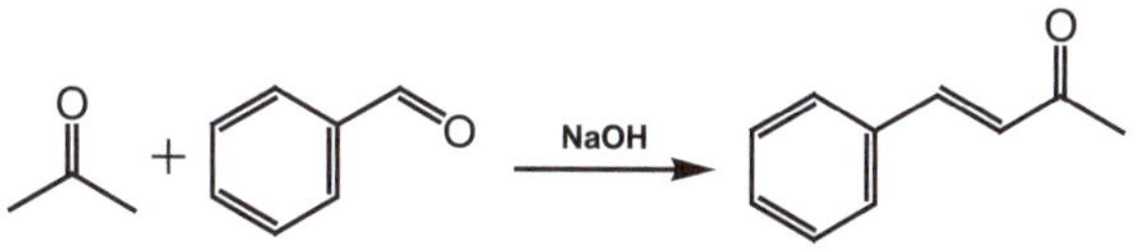

反应机理为：

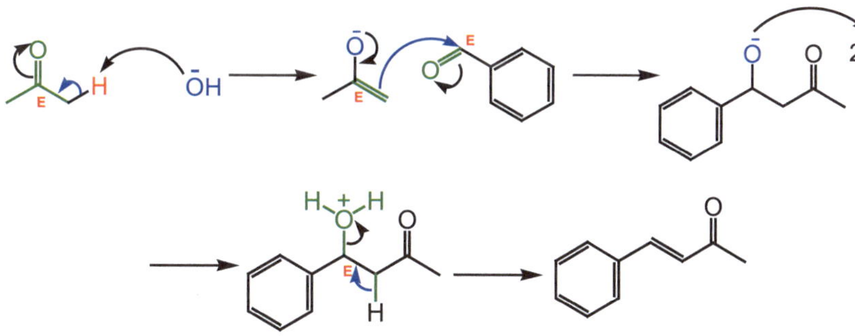

在苯亚甲基丙酮分子上，甲基碳原子仍能转化成烯氧基结构而生成碳负离子亲核试剂。而与羰基共轭的缺电子烯烃一般不再属于亲核试剂了，而是由于缺电子而转化为亲电试剂，详见第 9 章中的讨论。

例 18：在甲醇钠催化作用下，甲基叔丁基酮羰基的 α-位可生成碳负离子，与邻苯二甲酸二甲酯缩合生成茚烷。反应机理如下：

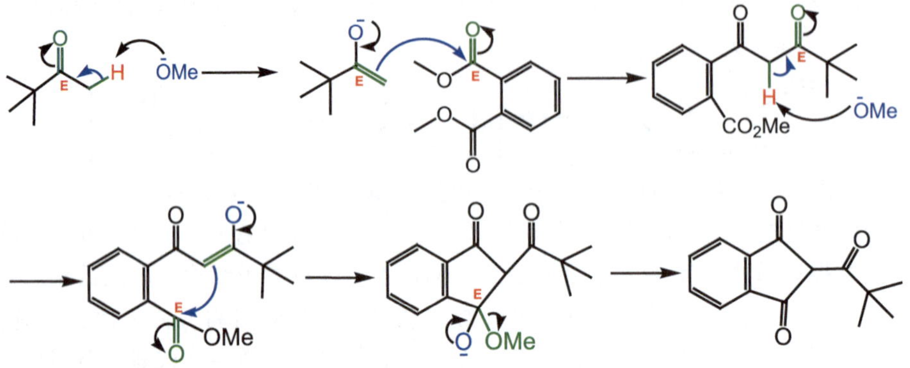

上述反应生成的碳负离子亲核试剂也会与甲基叔丁基酮的羰基碳原子缩合，因为酮羰基碳原子比酯羰基碳原子的亲电活性更强：

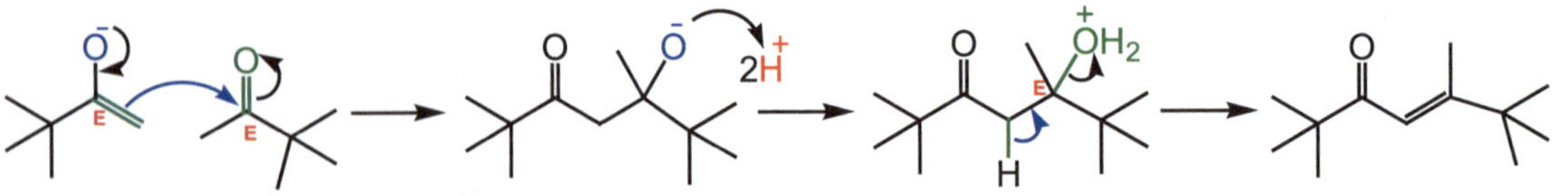

为抑制该副反应发生，反应体系内低浓度的甲基叔丁基酮比较有利，该组分需要采取滴加方式缓慢加入。

上述亲核试剂均是在碱性条件下生成的，是羰基 α-碳负离子与烯氧负离子的共振体系，属于两可亲核试剂。选择碱性条件，先与 α-氢原子成键而生成碳负离子，从而催化了亲核试剂。

若一个亚甲基与两个羰基成键，即 β-二酮、β-二酯、β-酮酯等，亚甲基上氢原子的酸性更强，在碱的作用下更容易生成碳负离子。而且，此种碳负离子仍与羰基共振，也更趋于稳定。

例 19：丙二酸二甲酯于碱性条件下生成的碳负离子，再与 2,4,5-三氟溴苯发生缩合反应。反应机理为：

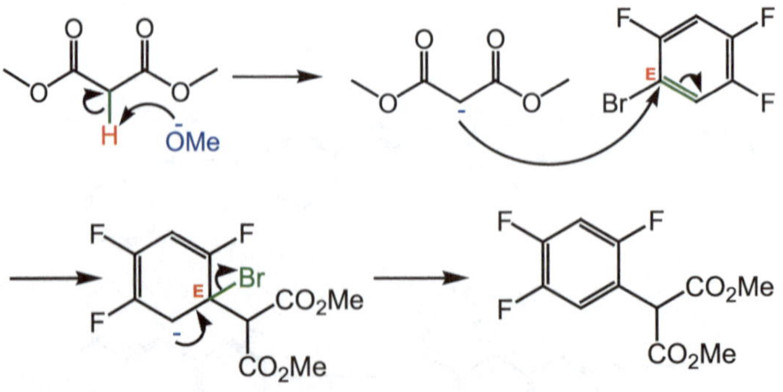

例 20：乙酰乙酸乙酯在碱性条件下其亚甲基生成碳负离子，能与乙酰基水杨酰氯缩合：

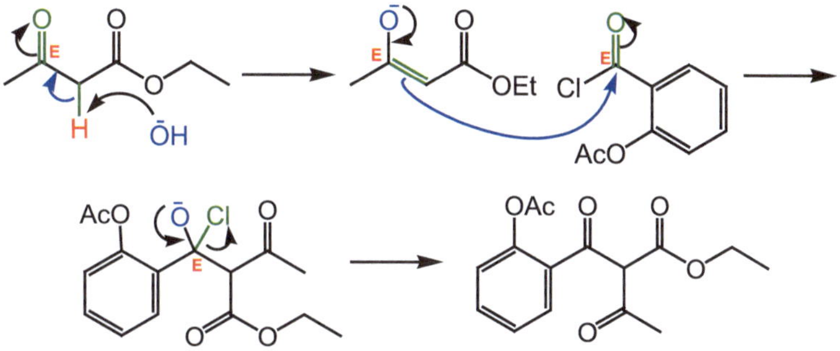

该反应在 0℃条件下瞬间完成，说明碳负离子亲核试剂的反应活性很强。

例 21：乙酸乙酯在碱性条件下生成碳负离子，再与三氟乙酸乙酯缩合生成三氟乙酰乙酸乙酯：

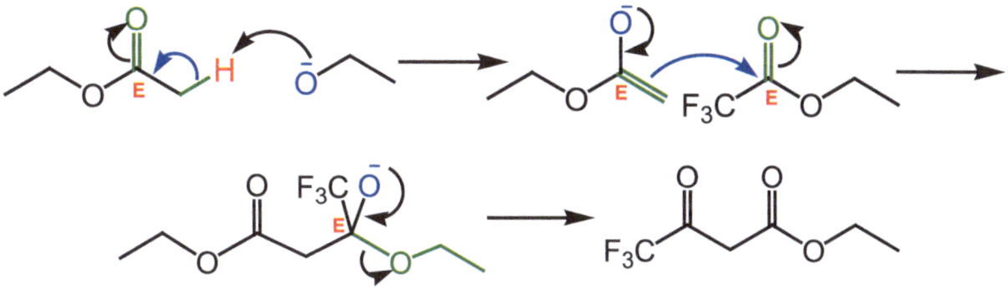

在上述反应过程中，不含 α-氢的三氟乙酸乙酯只能是亲电试剂，而含有 α-氢的乙酸乙酯在碱性条件下会生成碳负离子亲核试剂，由于三氟乙酸乙酯上羰基碳原子的亲电活性远强于乙酸乙酯，所以在低温条件下主要发生乙酸乙酯与三氟乙酸乙酯的缩合反应，但也不可避免少量乙酸乙酯自身缩合反应的发生：

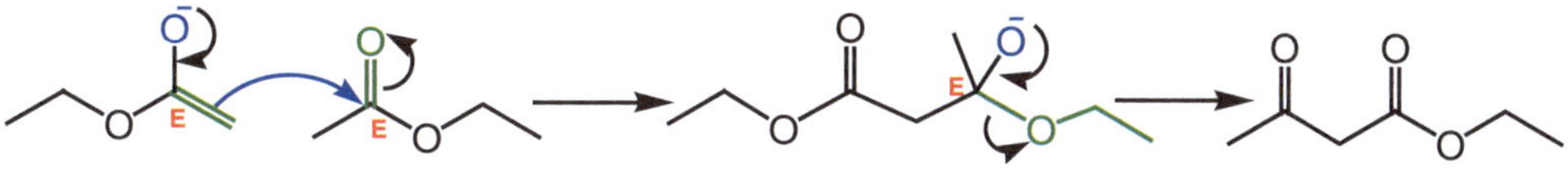

以碱为亲核试剂与 π 键 α-氢原子成键，生成碳负离子的反应并不仅限于羰基的 α-位，亚氨基、氰基、硝基等－I－C 基团的 α-氢均为较强的亲电试剂，均能与碱性亲核试剂成键，离去的碳负离子便转化成了新的亲核试剂。这里碱催化过程也是亲核试剂的转换过程。

含有 α-氢的酮类化合物，在较高温度下都不稳定。由于酮羰基碳原子为较强的亲电试剂，而其共振异构的烯醇式结构又为较强的亲核试剂，分子之间容易成键。

即便在非碱性条件下，β-二酮式结构化合物的烯醇式与酮式均占有一定的比例，且烯醇式的 α-碳原子具有亲核试剂性质，而酮式的羰基碳原子具有亲电试剂性质，两者在一定温度下容易发生反应。

8.3.3 其它离去的碳负离子

碳负离子一般为前步极性反应的离去基，是在强碱与 α-氢成键过程中离去的。碳原子的电负性并不强，因而对于共价键上一对电子的控制能力有限，一般很难带走一对电子离去而成为离去基。但一些特殊的结构在特殊的条件下，碳原子是可能具有相对较强电负性而能够带走一对电子离去的。

例 22：在有机碱性溶剂中的五氟苯甲酸的脱羧反应机理：

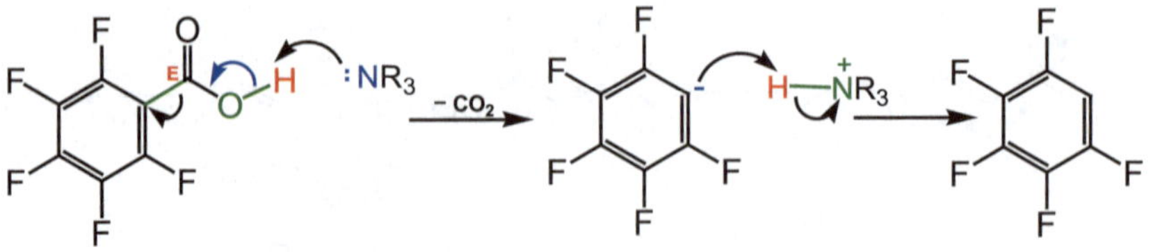

反应包含了三个极性反应过程。

① 第一个反应过程，胺分子上孤对电子为亲核试剂，活泼氢为亲电试剂，五氟苯甲酸负离子为离去基。

② 第二个反应过程发生在离去基内部，氧负离子为亲核试剂，羰基碳原子为亲电试剂，在亲核试剂与亲电试剂成键的这一特殊条件下，五氟苯的电负性显著大于羧基碳原子，导致五氟苯基带着一对电子离去了。

③ 第三个反应过程，五氟苯基碳负离子为亲核试剂，铵盐上的氢原子为亲电试剂，氨基为离去基。

由于苯基负离子亲核试剂能与绝大多数亲电试剂成键，而在上述反应体系内只有质子为亲电试剂，因而五氟苯是其唯一产物，反应是定量完成的。

例 23：芳酮的脱羰基反应机理。首先碱与羰基加成生成含氧负离子的四面体结构中间体：

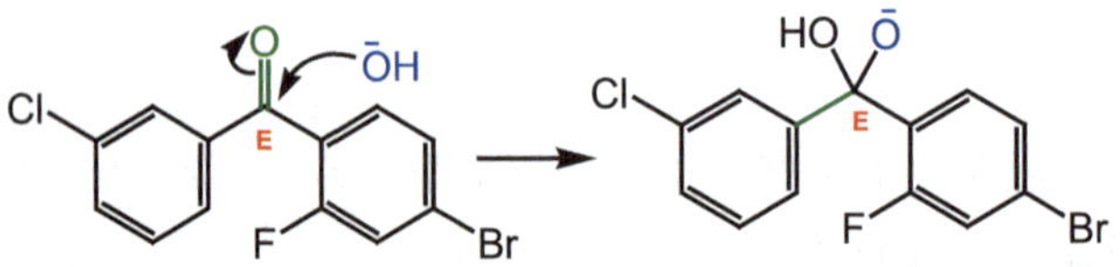

在生成的四面体结构内，氧负离子向羰基碳原子供电、成键的瞬间，羰基碳原子的电负性下降并显著低于与其成键的芳烃，芳烃便可带着一对电子离去：

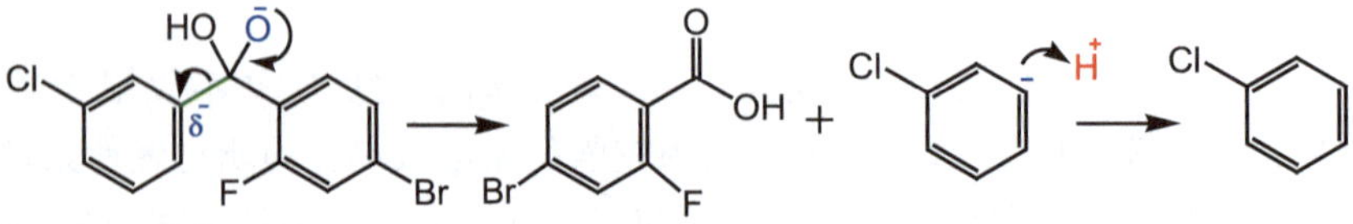

离去的羧酸依据同一原理完成脱羧反应：

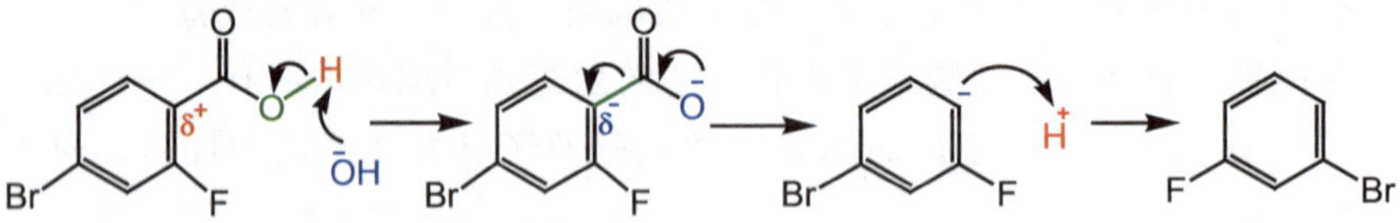

碳碳共价键的异裂过程是碳负离子的离去过程。其实碳负离子不仅能从碳碳共价键上异裂离去，只要在某种动态条件下的瞬间实现碳原子相对较强的电负性，就可能带着一对电子离去。

例 24：苯磺酸脱磺基的反应机理解析。

苯磺酸分子上的碳硫共价键，虽然磺基的电负性大于苯基，但在一定条件下苯基仍有可能离去：

在苯磺酸分子内，芳环 π 键本身就是富电体——亲核试剂，缺电子的活泼氢是亲电试剂，而磺酸根就是离去基，这样分子内具备了发生极性重排反应的三要素条件。

一旦反应发生，就改变了磺基与苯基的电负性，从而改变其共价键上一对电子的偏移方向。与磺基成键的苯基碳原子由于失去了 π 键上一对电子而成为碳正离子，其电负性剧增，而磺基因去质子化导致电负性骤减，结果使得苯基碳原子的电负性大于磺基硫原子的电负性，其共价键上一对电子必然向碳原子方向偏移。同时，在氧负离子上一对电子与磺基硫原子成键之时，硫原子电负性进一步下降并难以控制其与苯正离子之间的一对电子，苯基正离子便带着一对电子离去。离去的芳烃具有卡宾结构，发生分子内芳构化反应生成芳烃。

例 25：药物中间体 ECPPA 的合成经过了 Michael 加成反应过程：

由于烯烃与强吸电基羰基共轭而成为缺电体——亲电试剂，当氨基上孤对电子与缺电子的 β-位烯烃碳原子成键时，π 键离去生成碳负离子。这种碳负离子具有很强的亲核活性，在反应系统内容易与活泼氢生成共价键，这相当于氨基对于烯烃的加成反应。

该反应也是两个极性反应的串联过程：第一个反应以氨基孤对电子为亲核试剂、缺电子烯烃碳原子为亲电试剂、π 键离去后生成了碳负离子；第二个反应以碳负离子为亲核试剂、质子为亲电试剂、离去基为与质子缔合的酸根。

例 26：2,3,4-三氟硝基苯的醇解反应机理如下：

缺电子的芳烃碳原子为亲电试剂，而硝基的邻、对位为显著缺电子的位置。在第一步反应中，乙氧基为亲核试剂，硝基邻、对位与氟原子成键的缺电子碳原子均为亲电试剂，活性较强的离去基为 π 键，π 键离去后便生成了碳负离子。在第二步反应中，亲核试剂即是首步反应 π 键离去后生成的碳负离子，亲电试剂仍是首步反应那个缺电子碳原子，氟原子的离去活性较强而带着一对电子离去。

综上所述，碳负离子均是在其离去过程中产生的，包括 π 键离去，产生的前提条件是碳原子具有相对较大的电负性。

8.4 负氢亲核试剂的结构与活性

负氢作为亲核试剂与亲电试剂成键，就是人们所共知的还原反应。

亲核试剂的一个主要特征就是具有一对电子。对于氢原子来说，只有一个电子轨道，装满也只有一对电子，含有一对电子的氢负离子才是亲核试剂。然而，由于亲核试剂的亲核活性不仅取决于碱性强弱，还与其可极化度相关，而恰恰具有最小原子半径的氢负离子实在是太小了，具有不可极化、不可变形的性质，这就决定了真正的氢负离子并没有亲核活性。氢化钠在有机合成过程中，只能作为一种强碱，而不能用作亲核试剂。

能够成为氢负离子亲核试剂必须满足两个条件：a. 氢原子在带走一对电子而成为负氢之前必须是与其它基团成键的，否则其可极化度太小就不能成为亲核试剂；b. 与氢成键的基团电负性必须是小于氢原子的，否则就不能在非均裂过程中产生负氢。

关于氢负离子亲核试剂的结构与活性，第 7 章中详细讨论过，本章不再赘述。

8.5 两可亲核试剂

两可亲核试剂并非在同一分子上含有两个各自独立的亲核试剂，而是在同一基团上含有两个彼此影响、彼此关联的亲核试剂位置，且当其中一个与亲电试剂成键后另一个的亲核活性即刻消失。故所谓两可亲核试剂实质是一个亲核试剂可在两个不同位置与亲电试剂成键。

8.5.1 芳烃 p-π 共轭体系的共振结构

共轭效应是使电荷平均化的一种效应，对于共轭体系来说，富电子的位置会在其整个共轭体系内进行电荷再分布，从而形成双位或多位亲核试剂。

例 27：苯胺的溴化反应，既可生成邻位产物，也可生成对位产物。

p-π 共轭的芳烃（+C 基团）均为邻对位定位基，是共轭效应导致的共振状态所致。其中苯胺最具典型性：

由于氨基上的孤对电子与 π 键共轭，极化了与其共轭的 π 键，使其转化成了亲电试剂与离去基，这样分子内便具备了极性反应的三要素，因而分子内反应——共振就必然发生，且这些富电子的位置均可与亲电试剂成键，其中包括氨基上的孤对电子。

然而生成的新键未必都能够稳定存在，氨基上的孤对电子虽能与溴素成键，但因氮原子的电负性大于溴原子，与溴原子成键后并未改变溴原子的亲电试剂性质，因而在另一亲核试剂与缺电子的溴原子成键时，氮原子离去而返回到初始的原料状态。这也是未见产物的平衡可逆的反应过程：

类似的还有苯酚、硫酚及萘酚、萘胺等，均为两可亲核试剂。若在这些富电子芳烃的一个位置与亲电试剂成键后，其它位置还具有与亲电试剂成键的能力，我们称其为多位亲核试剂。

所有 p-π 共轭体系都存在类似的共振平衡，且共轭体系越大，亲核试剂的位置越多。

例 28：萘-2-酚与溴苄的反应，在不同条件下生成不同的异构产物。

在碱性条件下于 DMF 溶剂中，β-氧负离子与苄基成键生成醚：

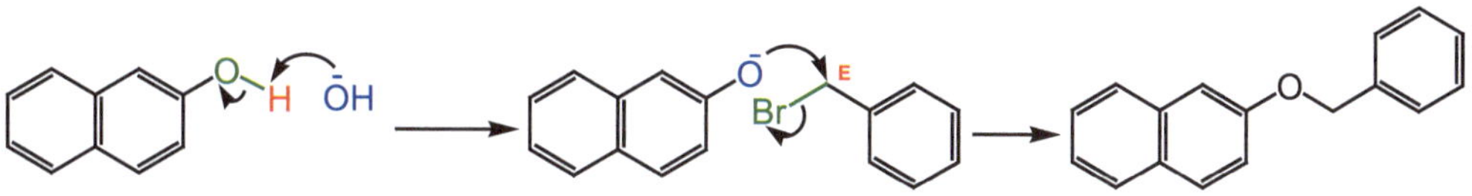

在酸性的三氟乙酸溶剂中，α-碳原子与苄基成键生成 1-苄基萘-2-酚：

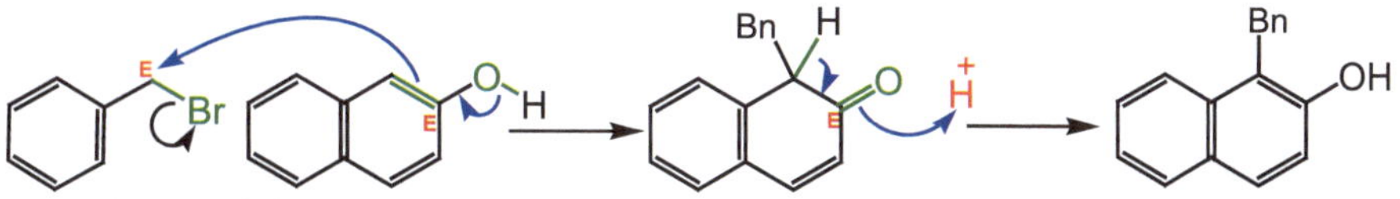

实际上，在酸性条件下也可能生成苄醚，只不过不稳定而离去，是一个未见产物的平衡可逆反应过程：

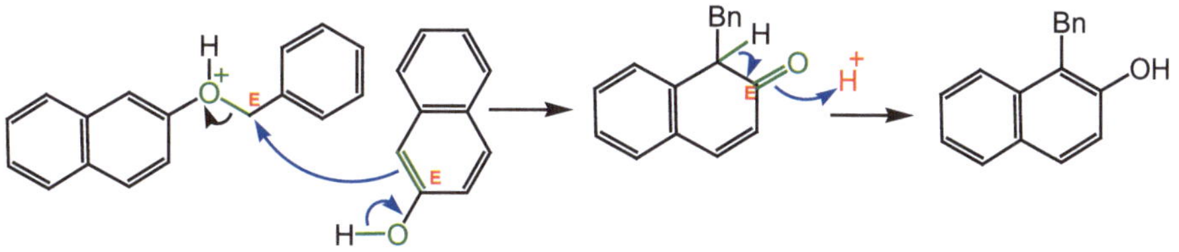

实验发现，碱性条件下酚的氧负离子亲核活性较强，而酸性条件下羟基的邻对位碳原子亲核活性较强。

总之，带有孤对电子的亲核试剂，只要与 π 键处于共轭位置，就会出现分子内共振状态，因而生成两可亲核试剂。p-π 共轭的芳烃正是这种结构。

8.5.2 非芳烃分子 p-π 共轭体系内的共振

例 29：合成杀菌剂 BOIT 过程中生成两个异构体：

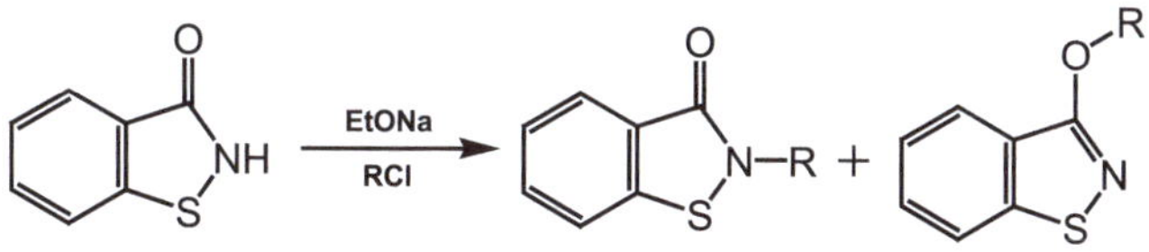

这是由碱性条件下生成的负离子与 π 键共振所致：

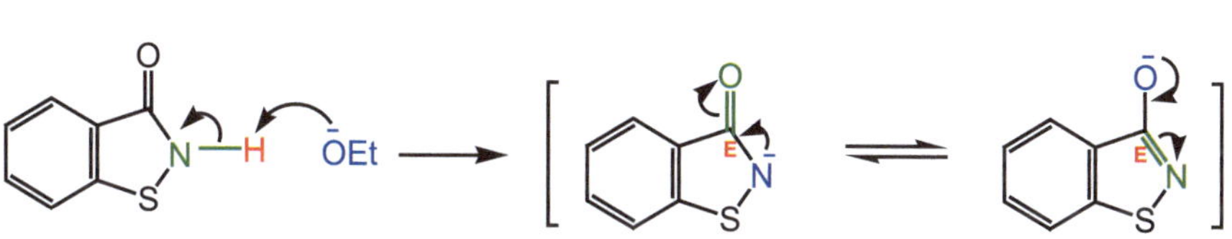

存在着共振的两可亲核试剂势必与同一亲电试剂生成两种异构体，除非生成的某一种异构体不稳定。

例 30：硫脲与卤代乙酰乙酸乙酯的反应产物为：

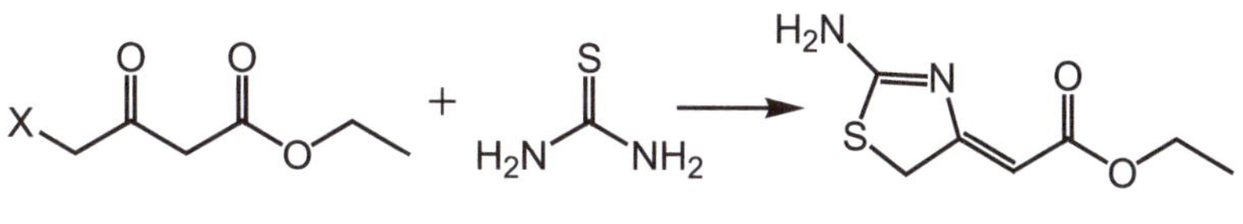

硫脲分子是典型的 p-π 共轭体系，分子内的共振导致有两个亲核试剂，其中一个又能共振生成两可亲核试剂：

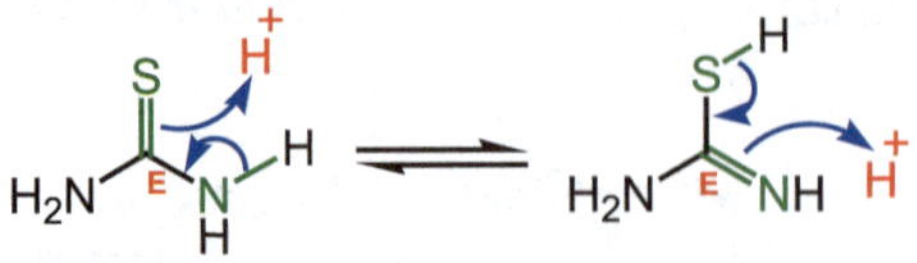

根据亲核试剂、亲电试剂的活性次序，亲核活性最强的巯基硫原子应该率先与最强的亲电试剂酮羰基碳原子成键。然而所生成的四面体结构为不稳定结构，这也是个未见产物的平衡可逆反应过程：

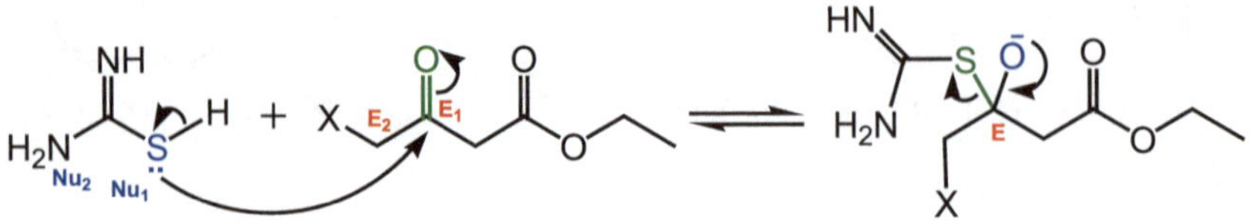

而巯基硫原子与次强的亲电试剂——与卤成键的碳原子成键，能生成稳定的中间体：

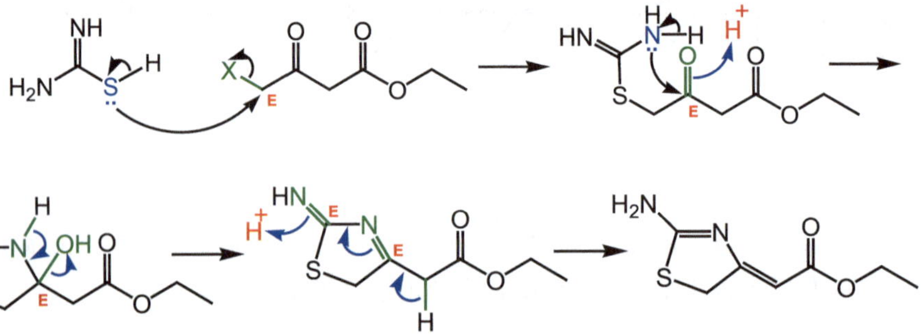

综上所述，在负离子与 π 键共轭条件下存在共振异构体，因而成为两可亲核试剂。

8.5.3 与氧负离子成键的低价杂原子

由于氧负离子是亲核试剂，可以直接与亲电试剂成键，也可以再和与其成键的杂原子成键，这就使杂原子具有富电体性质，杂原子上的孤对电子便成为第二个亲核试剂。这种两可亲核试剂具有如下结构：

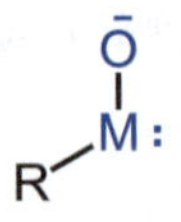

在上述结构中氧负离子本身就是亲核试剂，而低价杂原子与亲电试剂成键是需要氧负离子供电的，一旦两个亲核试剂当中的一个与亲电试剂成键了，另一个也就不具有亲核活性了。此种两可亲核试剂的反应机理为：

M 为低价杂原子，包括但不限于氮、硫、磷等。

例 31：亚硝酸根负离子作为两可亲核试剂，氧负离子能与亲电试剂——质子成键：

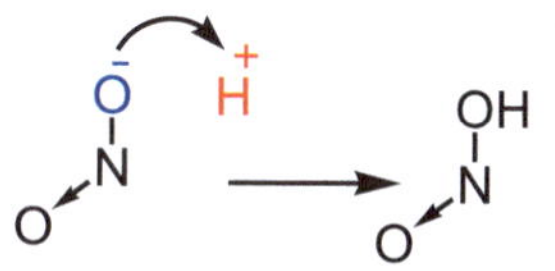

亚硝酸根氮原子上具有孤对电子，其孤对电子与亲电试剂成键时，负氧离子的一对电子与氮原子成键。如亚硝酸与卤代烃生成硝基烷烃：

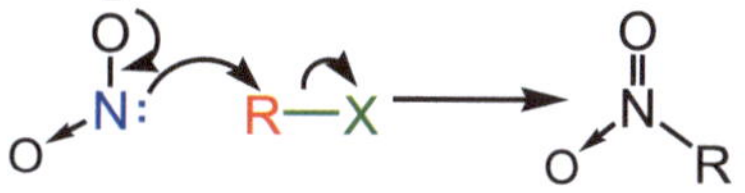

然而，上述两可亲核试剂分别与两个亲电试剂成键应该生成四个产物，亚硝酸根作为两可亲核试剂，与氢原子还是碳原子成键是没有选择的。

若认为亚硝酸根中的负氧离子仅仅是碱，只能与质子成键，就片面了；若将亚硝酸根中氮原子仅仅作为亲核试剂，只能与非质子的亲电试剂成键[2]265-266，也同样片面。

由于质子是亲电试剂之一，而且是最强亲电试剂，能够与氮原子上孤对电子成键，只是该反应处于可逆平衡状态，而且以逆向反应为主：

亚硝酸根上氧负离子也是富电子体亲核试剂，能与亲电试剂成键。只是亚硝酸根的离去活性太强，因而并不稳定，再次转化成硝基烷烃：

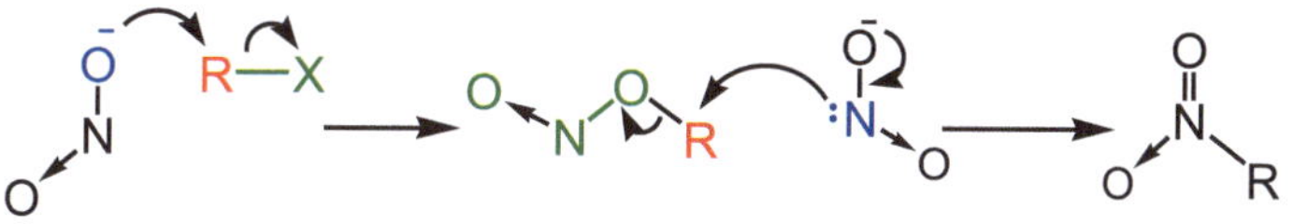

由此可见，无论亚硝酸根的氧负离子还是氮原子上的孤对电子，均兼有碱性与亲核活性，属于两可亲核试剂。判定亲核试剂与亲电试剂的依据应视其反应活性这一动力学因素，而不能依据是否生成稳定的反应产物这一热力学因素。一些客观存在的反应之所以未见反应产物，是由于生成的产物不稳定。

例 32：与亚硝酸根类似，亚硫酸氢钠的负离子也同样具有两可亲核试剂的性质，教科书中认可的依据为：

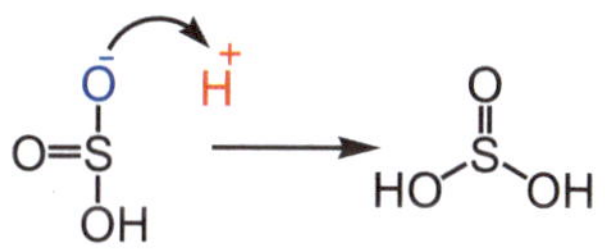

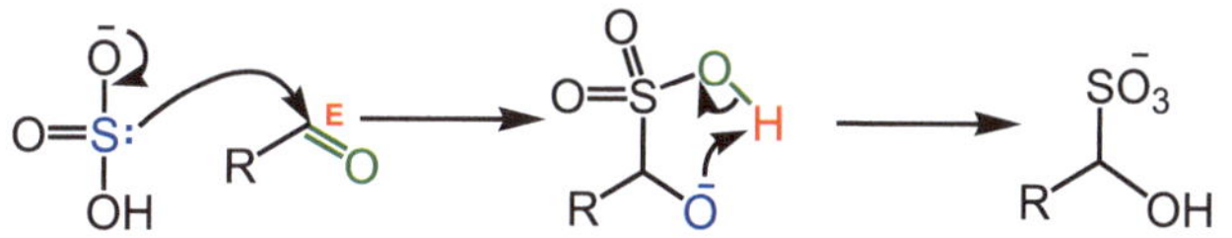

同样，两可亲核试剂分别与两个亲电试剂成键必然生成四个产物。硫原子上孤对电子也绝非只能与亲电试剂成键而不具碱性，上述反应照例存在：

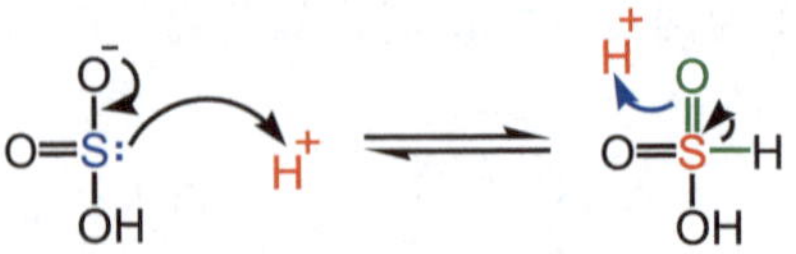

亚硫酸作为还原剂正是硫氢共价键上负氢转移的结果。

亚硫酸根上氧负离子也不仅体现为碱性,而且也是亲核试剂,能与亲电试剂成键,只不过亚硫酸根的离去活性太强,生成的半缩醛式亚硫酸酯不稳定:

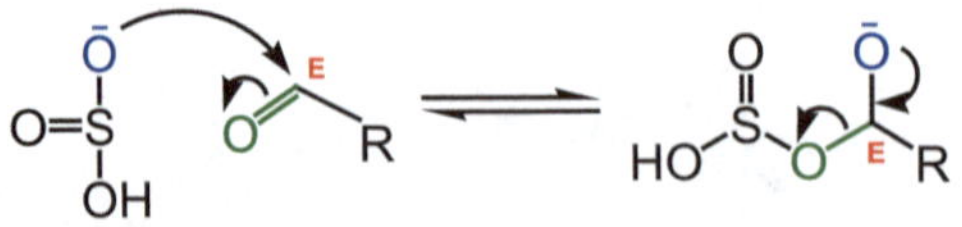

此外,亚磷酸根、次磷酸根等既带有孤对电子又与氧负离子成键的化合物均具有两可亲核试剂的性质。

总之,反应机理解析要揭示反应过程与原理,不能只解释宏观现象,还要解释微观状态。

8.5.4 其它两可亲核试剂

只要在同一分子内具有两个富电子位置且均可与亲电试剂成键,就满足了两可亲核试剂的条件。

例 33:若干文献将氰基负离子视作具有两可反应性[2]265-266:

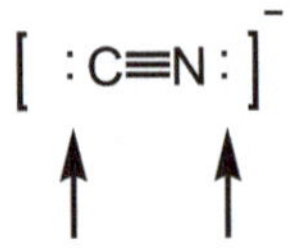

亲核点 亲电荷点

N、C 两元素均为富电体,均可为新键提供一对电子,具备成为两可亲核试剂的条件。尽管氰化钠或氰化钾与卤代烷反应产物中只见腈而未见异腈生成,但也不能否定氰基的两可亲核试剂性质。因为异腈与亲电试剂成键后,其离去活性很强,容易被其它亲核试剂取代:

有学者用氰化银与卤代烷反应生成异腈来证明异氰的两可亲核试剂性质:

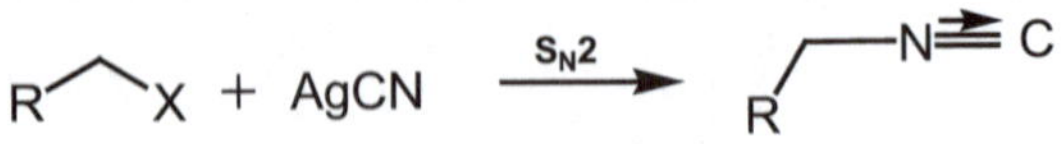

这种证明并不具有说服力,因为氰化银与氰化钠没有可比性,氰化钠是离子键,而氰化银是共价键。这是由于分子内的氰基与银元素之间的电负性差较小,氰基的电负性为 2.96,而银的电负性为 1.93,按照电负性差值 1.7~2.0 为界限判断,它们以共价键结合,并非氰基负离子和银正离子。在氰化银分子中,氰基碳原子并不具有亲核活性,分子内唯一的亲核试剂是氰基氮原子上的孤对电子:

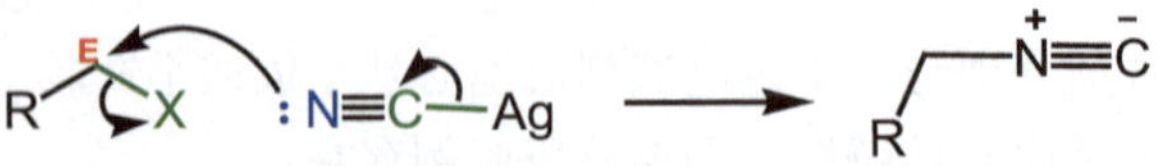

有文献将异腈画成配位键的形式，这可能来自异氰合成过程的机理解析[10]：

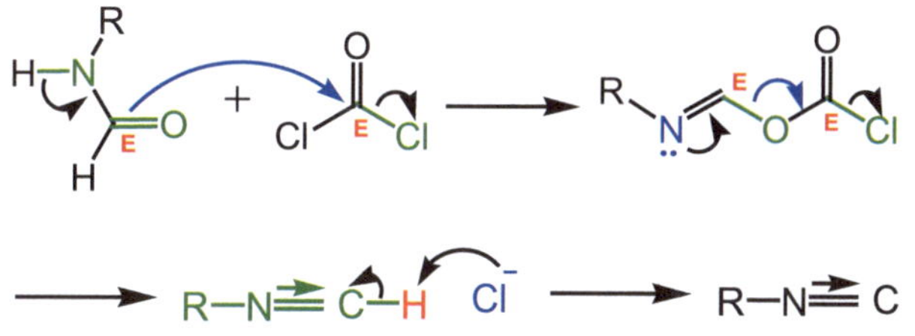

这就是异氰配位键的来历。尽管如此，碳原子上照样应该具有负电荷，而氮原子上照样应有正电荷。

在异腈分子结构内，碳、氮原子均为 sp 杂化轨道，显然 R—N—C 三元素在同一直线上，可将此结构视作氮原子上 sp 杂化孤对电子与亲电试剂成键：

故配位键画在叁键上还是画在 N—R 单键上似乎没有区别，均是氮原子提供孤对电子的配位键，表述方式仅仅是个习惯，而以正负电荷标注异腈结构更能显示异腈的反应活性。

例 34：硫氢负离子为两可亲核试剂。

硫氢负离子结构上的硫负离子为亲核试剂，氢原子的电负性远大于硫负离子，因此能够实现负氢转移，也应属于亲核试剂。

以硫化氢为亲核试剂、三氧化硫为亲电试剂于 -70℃下合成硫代硫酸：

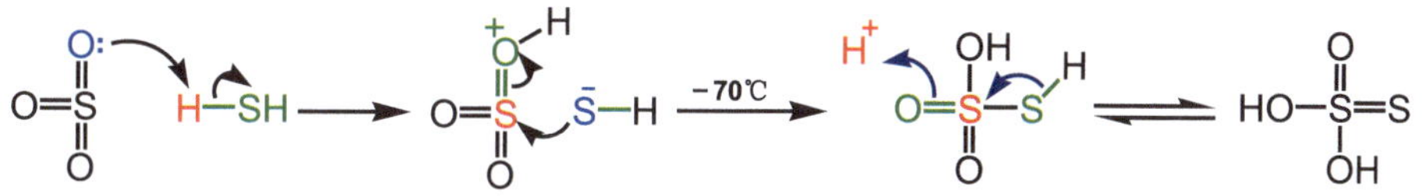

而硫代硫酸可在 0℃条件下分解，生成硫化氢和三氧化硫：

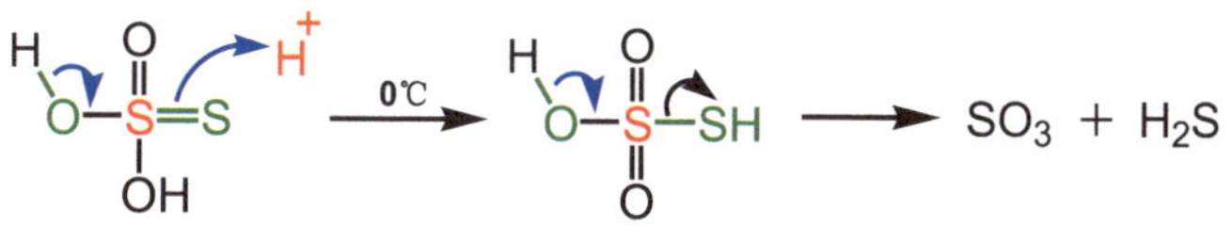

这实际上就是硫代硫酸合成的逆反应。上述反应证明了硫负离子的亲核试剂性质。

硫代硫酸还可以在 45℃条件下分解成单质硫与亚硫酸：

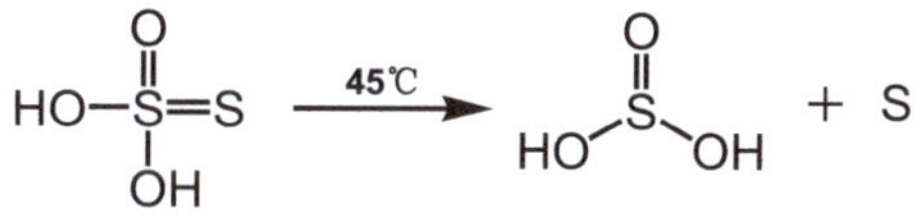

这是硫代硫酸分解成三氧化硫和硫化氢之后，在分子间发生了氧化还原反应：

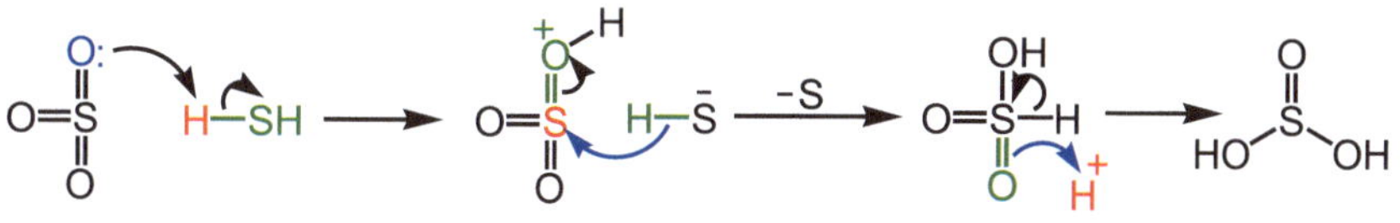

由此可见硫氢负离子上负氢转移的性质，并证明了硫氢负离子为两可亲核试剂。

综上所述，两可亲核试剂并非两个亲核试剂，其中一个位置与亲电试剂成键之后，另一个位置的亲核活性便不复存在。

8.6 碳负离子的性质

众所周知，碳负离子具有极强的碱性和亲核活性，几乎能与所有的亲电试剂成键。本节侧重讨论碳负离子在分子内的性质。

由碳负离子带有单位负电荷的结构所决定，具有极强的亲核活性和极弱的电负性，正是这一强一弱决定了碳负离子的性质。

8.6.1 与共轭 π 键的共振异构

碳负离子具有极强的亲核活性，它能极化与其共轭的 π 键，因而实现与 π 键的共振异构，生成两可亲核试剂。

8.6.1.1 与烯烃的共振异构

碳负离子与烯烃 π 键之间的 p-π 共轭，产生共振异构，生成两种结构的互变异构体系：

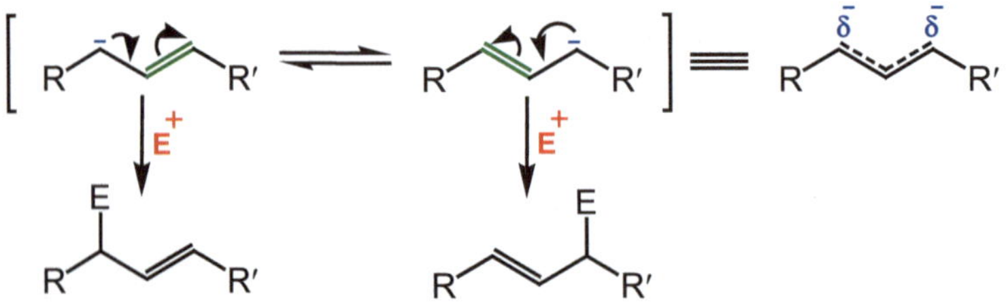

因此，凡是烯烃 α-位的碳负离子均不应视作单一结构。

8.6.1.2 与不对称 π 键的共振异构

碳负离子作为强亲核试剂，与不对称 π 键处于共轭体系时，就会发生分子内共振异构生成两个或两个以上异构体，这是分子内平衡可逆的反应过程。此种平衡可逆的共振有如下几类。

① 与羰基 π 键的共振。与羰基 π 键共轭的碳负离子为强亲核试剂，其与邻位羰基碳原子的成键不可避免，此时羰基 π 键离去生成烯氧基负离子，两种负离子均可与亲电试剂成键：

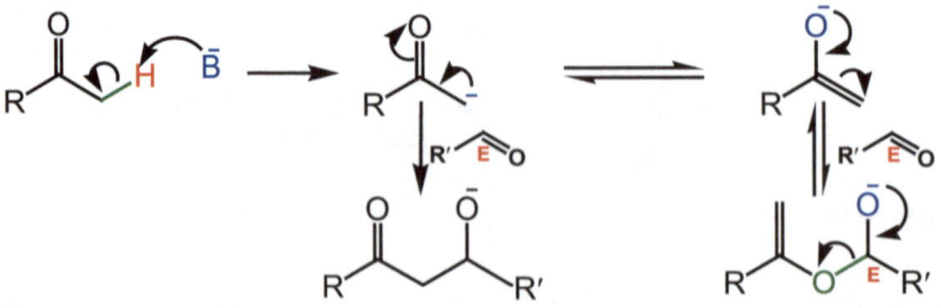

在实际反应过程中，羰基氧原子与亲电试剂成键的产物很少，主要是因为其离去活性太强，所以不稳定。

② 与氰基 π 键的共振。氰基碳原子也为缺电体亲电试剂，能与 α-位的碳负离子成键而

π 键离去：

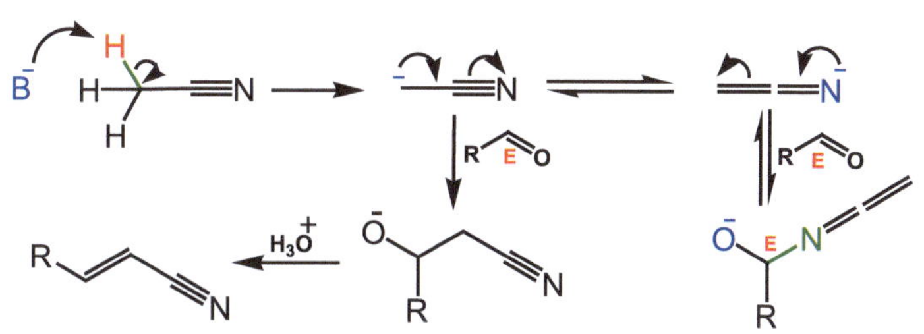

这仍是个可逆的共振平衡过程，仍为两可亲核试剂。只是碳负离子的亲核活性更强，而氮负离子的离去活性更强。

③ 与杂原子 d 轨道的共振。碳负离子作为极强的亲核试剂，容易进入亲电试剂的空轨道而成键，甚至能进入杂正离子的 d 轨道生成 pπ-dπ 键，形成离子对试剂与 pπ-dπ 键的共振平衡，这种结构称为叶立德试剂。

例 35： Wittig 反应就是羰基与膦叶立德试剂缩合成烯烃的反应[11]：

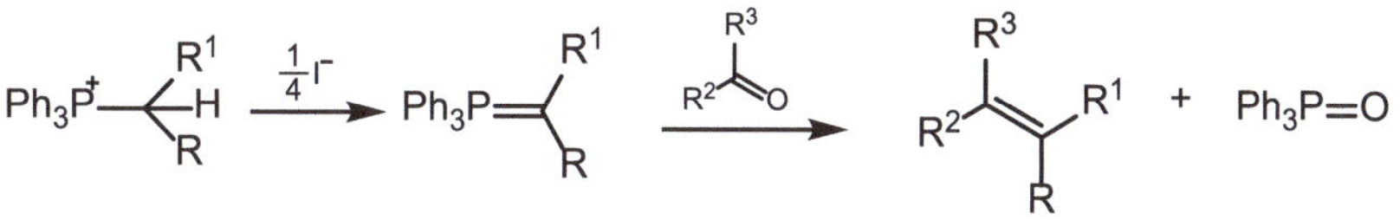

上述反应式中的叶立德试剂即为 pπ-dπ 键的结构，也可以表述为离子对结构，属于共振平衡过程：

Wittig 反应机理应该解析为：

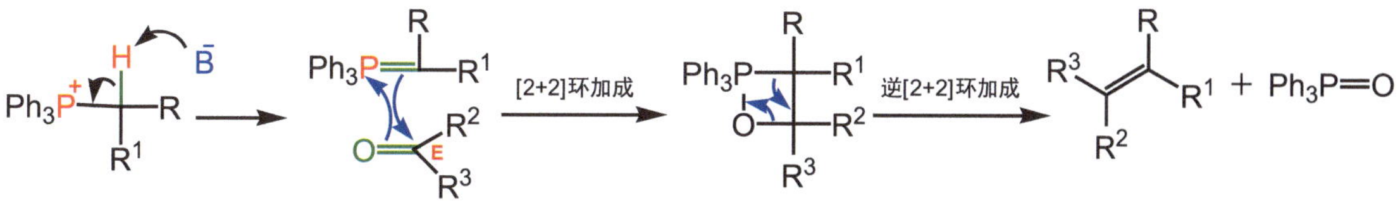

或者：

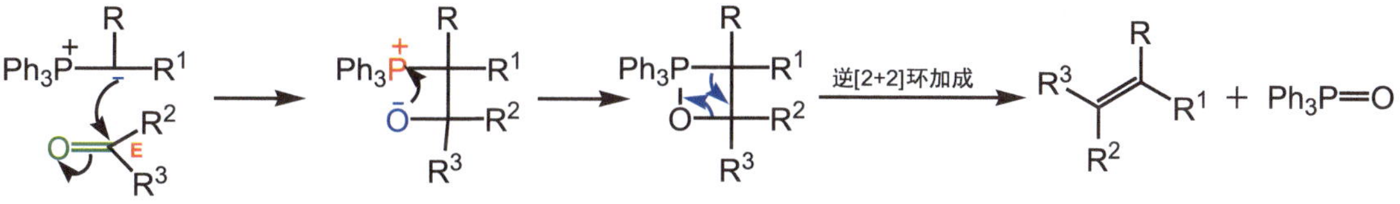

8.6.1.3 与芳烃 π 键的共振异构

具有强亲核活性的碳负离子，只要与 π 键共轭就必然发生共振。

例 36： Meisenheimer 络合物是亲核试剂与缺电子芳烃的取代反应[12]的过渡态。有文献将 Meisenheimer 络合物的生成与反应的机理解析为[13]：

原位进攻　　原位取代M_1　　Meisenheimer络合物M_2

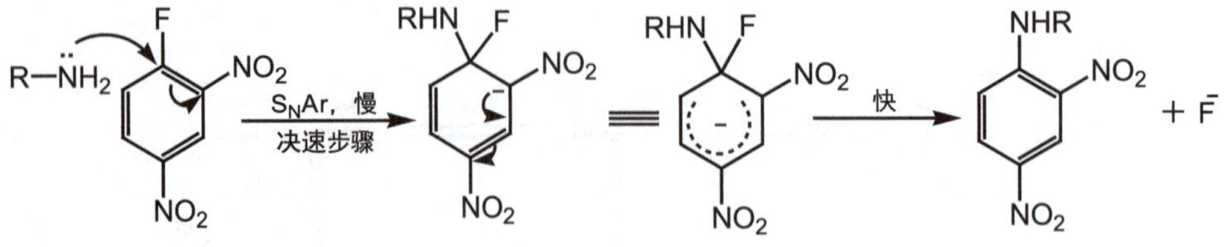

该机理解析认为，中间状态 M_1 到产物 P 之间经历一个 Meisenheimer 络合物 M_2，其实 Meisenheimer 络合物只是几种共振异构体的共振杂化体，并非单一结构，而是一个共振混合物，它仅仅表示芳环上电荷分布的变化与电荷分散：

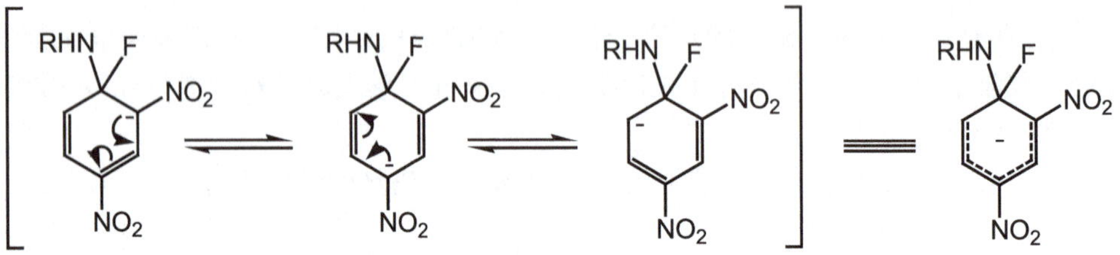

例 37：奥卡西平中间体的合成机理解析：

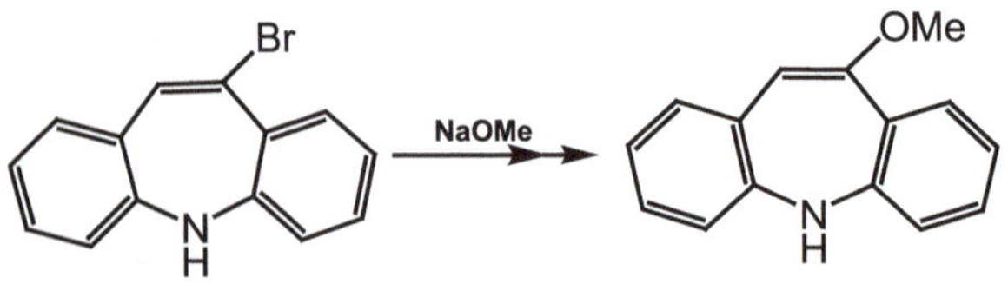

有学者按如下机理解析该反应：

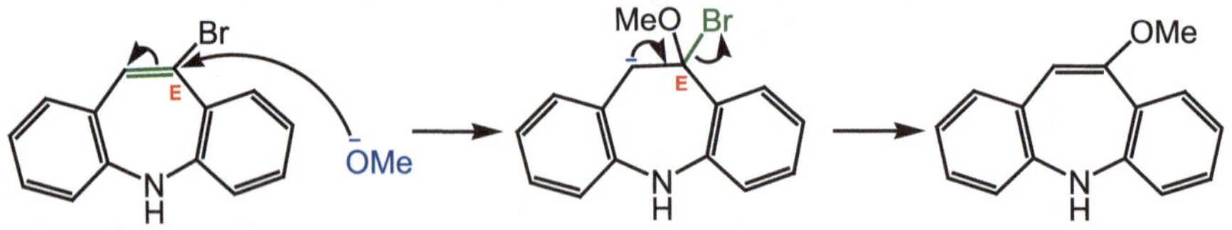

虽然上述机理解析不违背极性反应三要素的一般规律，然而，在分子内还有一个更强的亲电试剂——活泼氢原子，其与甲醇钠成键后容易生成卡宾，因此甲醇钠先与活泼氢反应具有更低的活化能：

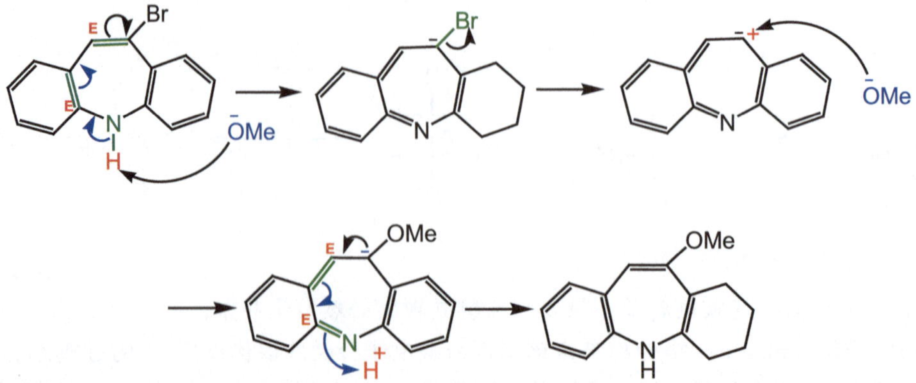

该机理已经过如下反应过程的验证：

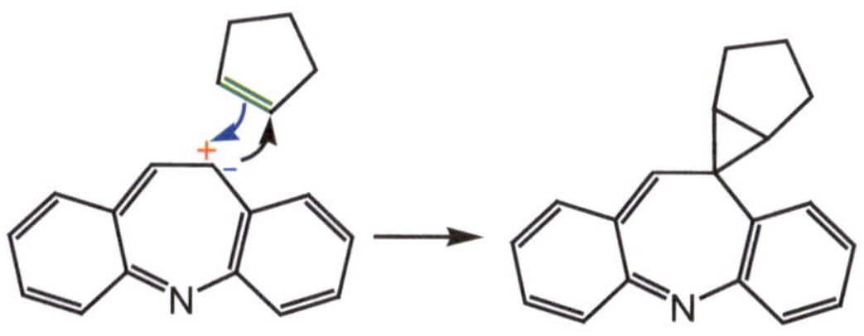

8.6.2 与 β-位亲电试剂成键

作为强亲核试剂的碳负离子，容易与邻位亲电试剂成键。

8.6.2.1 在烷烃分子内的 β-消除反应

例 38：Zaitsev 消除反应是取代烷烃消除成烯烃的反应：

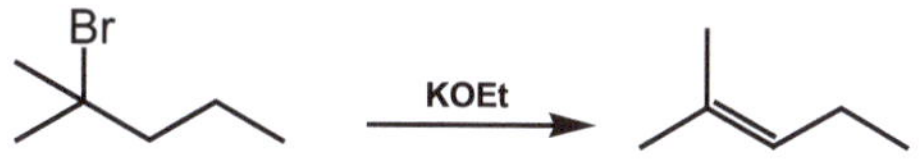

碳负离子与邻位亲电试剂的成键：

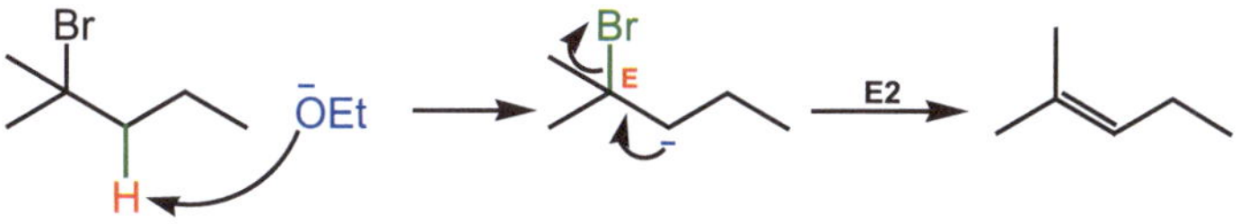

碳负离子作为强亲核试剂，不可避免地与邻位亲电试剂成键，因而发生消除反应。

注意：β-消除反应只发生在不含有 α-氢原子条件下，若存在 α-氢原子，因其酸性强于 β-氢原子，消除反应可能按 α-消除反应机理进行。

8.6.2.2 芳烃 π 键加成中间体的 β-消除反应

例 39：再讨论 Meisenheimer 络合物的消除反应的原有机理解析：

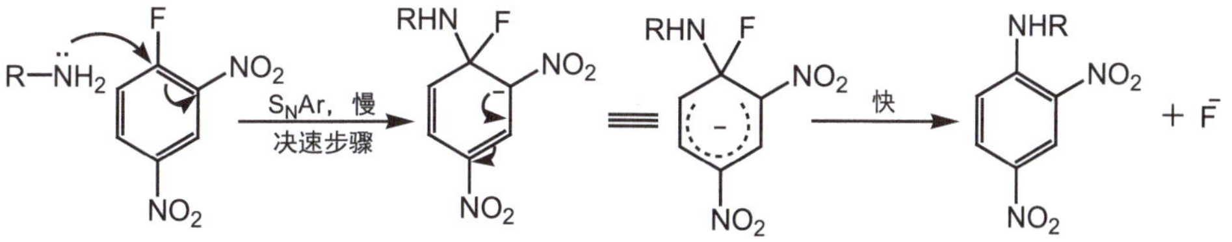

原位进攻　　　　原位取代M_1　　Meisenheimer 络合物M_2

将 Meisenheimer 络合物 M_2 视作生成产物的必要中间步骤，且将 Meisenheimer 络合物的消除视作快速反应，这些并无道理。芳烃上的取代反应与羰基加成消除反应类似，是亲核试剂先与缺电子的 π 键加成，生成四面体结构后发生消除反应：

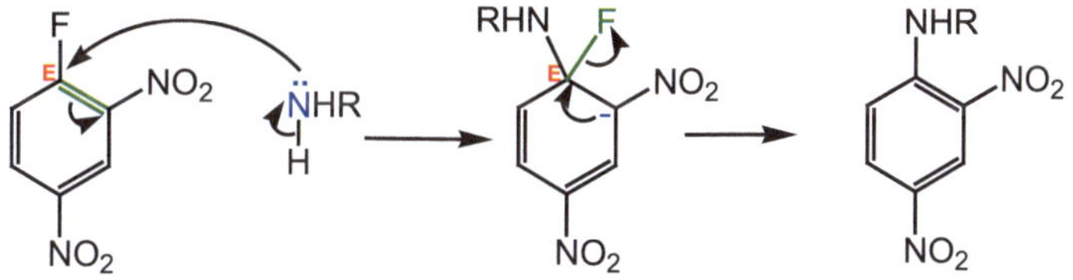

至于中间体碳负离子优先与两侧哪一个亲电试剂成键，取决于两个亲电试剂的活性与平衡转移。我们先假定消除反应不易进行，则碳负离子优先与 π 键共振，这样碳负离子的负电荷得到分散即生成 Meisenheimer 络合物，可分散之后的所谓 Meisenheimer 络合物所带电荷

密度更低，也就更不易消除，这就与假设矛盾了，因此不能认为消除反应不易进行。此外，共振过程平衡可逆，而消除过程并非可逆，这是消除反应发生的依据。因此 Meisenheimer 络合物并非反应过程的必要步骤和关键环节。

8.6.3 α-消除反应与卡宾重排

如果碳负离子与离去基成键，由于碳负离子电负性显著降低，因而离去基容易离去生成单线态卡宾。

例 40：Ciamician-Dennsted 反应是吡咯与氯仿经碱处理生成 3-氯吡啶的反应[14]：

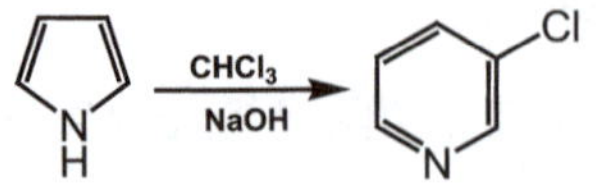

Ciamician-Dennsted 反应机理解析了碳负离子上的离去基容易离去[15]：

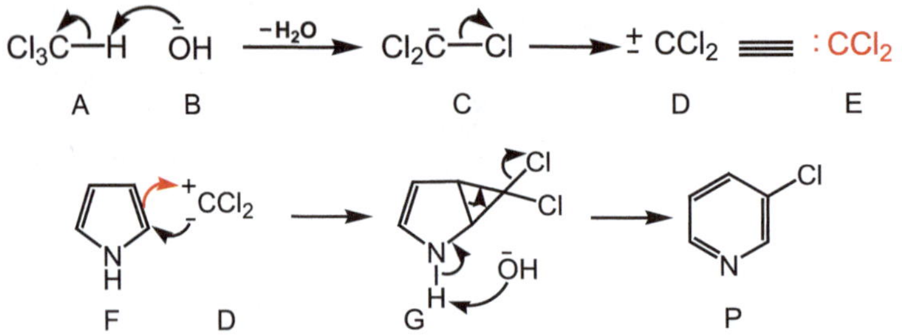

机理解析式中自 C 至 D 过程是典型的 α-消除反应过程，低电负性的碳负离子上的离去基容易离去，结果生成单线态卡宾 D。

上述机理解析的美中不足：一是生成的单线态卡宾 D 是直接与吡咯 π 键加成的，并不需要经过三线态卡宾 E 阶段；二是自 F 至 G 过程吡咯 π 键的离去方向标注有误。自 C 至 G 部分应解析为：

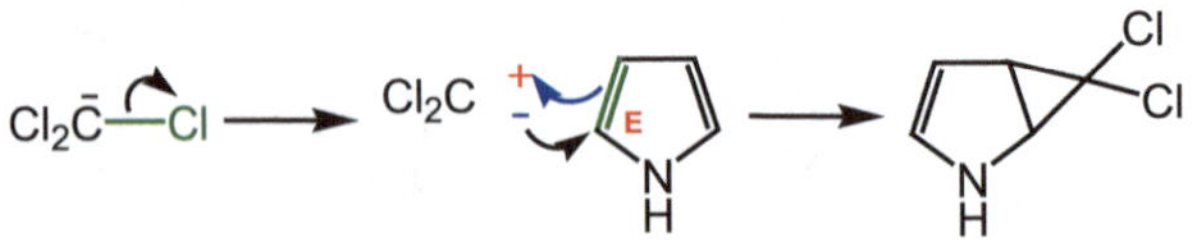

例 41：Arndt-Eistert 同系化反应是重氮甲烷与酰氯加成、重排生成烯酮中间体，再经水解生成增加一个碳原子的同系物羧酸的反应[16]：

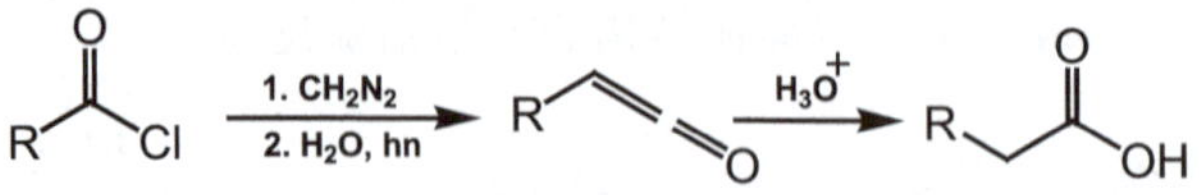

有文献将 Arndt-Eistert 同系化反应生成烯酮中间体的机理解析为[17]：

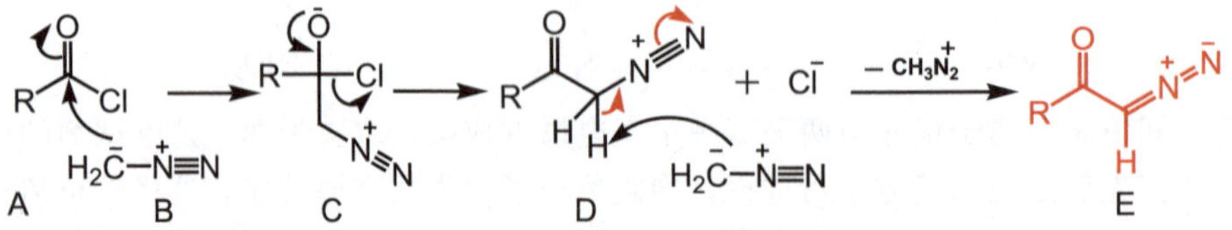

自 F 至 G 步骤是典型的 α-消除反应。美中不足是解析 E、H 结构略显多余。应修改为[18]：

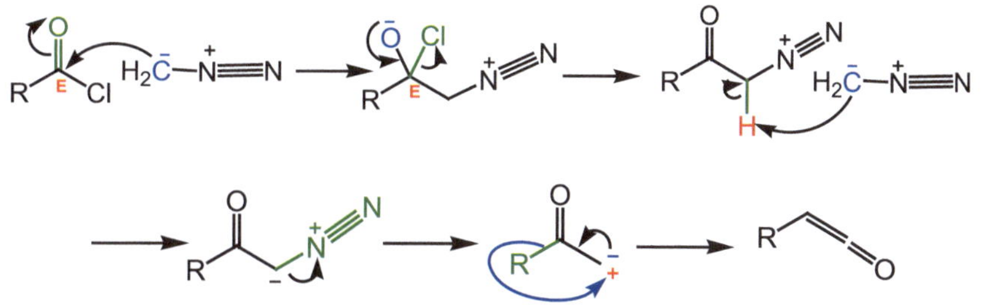

例 42：Zaitsev 消除反应是取代烷烃消除成烯烃的反应[19]：

有文献将 Zaitsev 消除反应机理解析为 β-消除反应[20]：

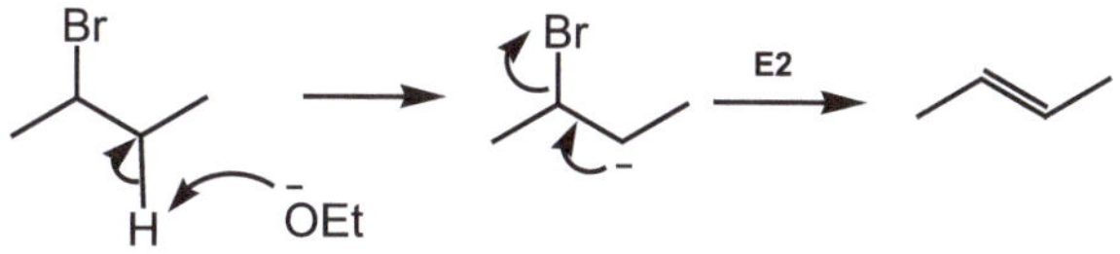

依据之一是碳负离子作为强亲核试剂，容易与邻位亲电试剂成键。依据之二是烯烃以反式结构为主的原因是碳负离子从溴原子的"背后"进攻 α-碳原子。

然而在此溴代烷烃的分子内，离去基溴原子的 α-碳原子上氢原子的酸性远强于 β-氢原子，优先生成的应该是 α-碳负离子。

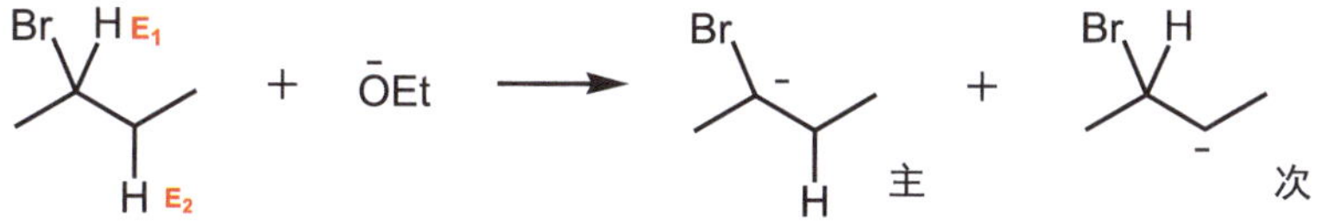

所谓"背后"进攻的提法既不能解释顺式结构生成的原因，也不能解释 α-碳与 β-碳之间的 σ 键是自由旋转的，如何确认 β-碳负离子处于"背后"？

因此，β-位消除反应是在不存在 α-氢条件下进行的，若存在 α-氢原子，因其酸性强于 β-氢原子，消除反应可能按 α-消除反应机理进行：

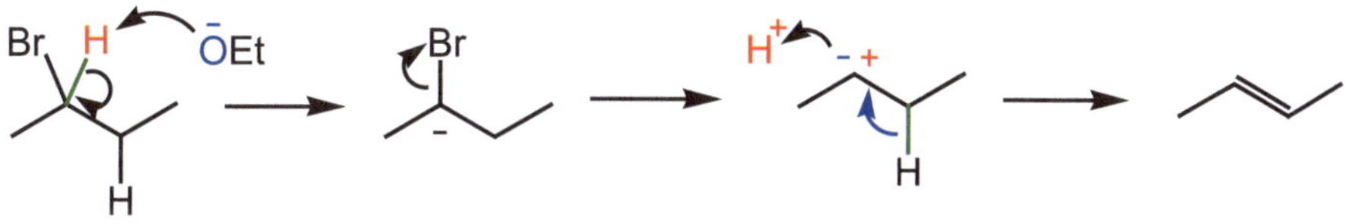

总之，与碳负离子成键的高电负性基团容易离去生成单线态卡宾，而羰基 α-位的单线态卡宾容易发生上述卡宾重排。

8.6.4 富电子重排反应

碳负离子为活性极强的亲核试剂，因此易与亲电试剂成键，而亲电试剂所处的位置有多种选择。如果碳负离子是与离去基成键的，而亲电试剂也是与离去基成键的，则必然发生分子内的富电子重排反应：

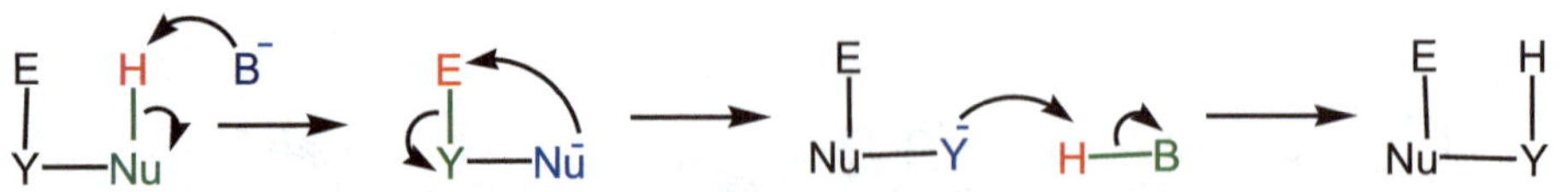

例 43：Wittig 重排是醚类化合物经强碱处理生成仲醇的反应。

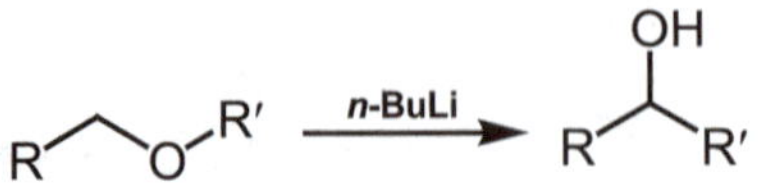

1,2-Wittig 重排：

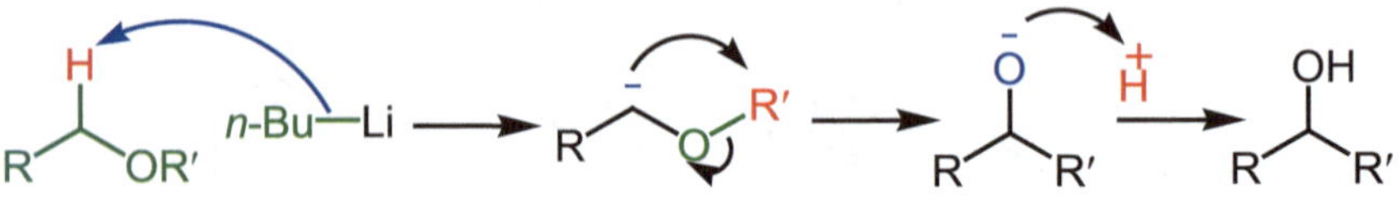

文献 [4]439 认为此反应可能为自由基机理，其依据是在反应体系内检测到了自由基存在。然而这是对于富电子重排反应机理的误解，自由基生成仅仅是富电子重排的副反应：

例 44：Sommelet-Hauser 氮叶立德重排是苄基季铵盐在强碱催化作用下的重排反应，生成邻位烃基取代的苄基叔胺：

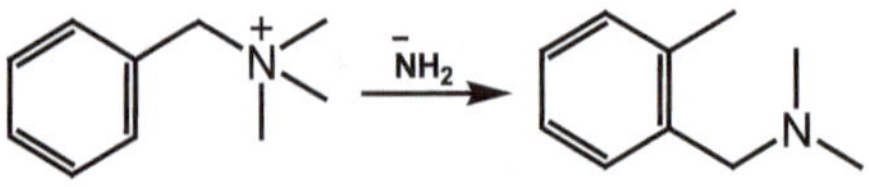

这是按照 [2,3]-σ 迁移机理进行的富电子重排反应。亲电试剂的共振位置仍然具有亲电试剂的性质：

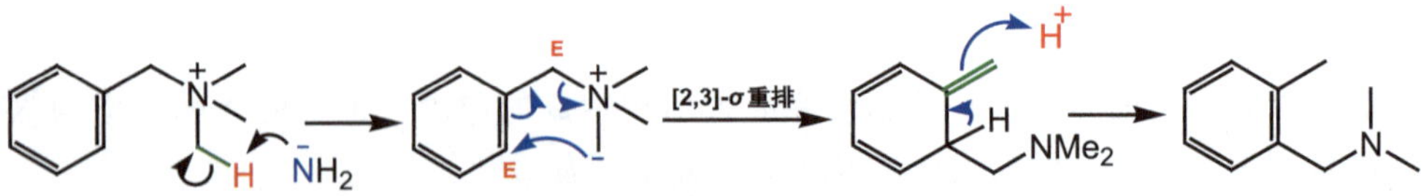

综上所述，如果碳负离子亲核试剂是与离去基成键的，则一定存在一个亲电试剂与离去基成键，分子内的极性反应三要素兼备，必然发生富电子重排反应。

8.7 本章要点总结

① 归纳了杂负离子、碳氢负离子、路易斯碱等具有孤对电子的元素，其孤对电子均可能进入空轨道生成新键。亲核试剂的反应活性与其碱性、可极化度与空间位阻相关。

② 揭示了离域的 π 键为离去基，π 电子共振其一端便生成一对电子——亲核试剂，能够进入空轨道生成新键。此类 π 键包括但不限于烯烃、芳烃、羰基等。在此种亲核试剂生成的同时，在 π 键的另一端伴生出空轨道——亲电试剂。

③ 揭示了离去基离去带走了一对电子，此对电子能够进入亲电试剂空轨道成键。多步串联的极性反应就是离去基不断地转化成亲核试剂的过程，离去基离去后也可能返回原位成

为反应平衡过程。

④ 揭示了两可亲核试剂的原理，拓宽了两可亲核试剂的范围。所有 p-π 共轭体系均为两可亲核试剂；具有孤对电子的元素若与负离子成键均为两可亲核试剂；与氢原子成键元素若与负离子成键均为两可亲核试剂。

⑤ 概括了碳负离子具有两个基本性质：较强的亲核活性与较弱的电负性。由于较强亲核活性能与所有亲电试剂成键，包括离域的 π 键，只要具备成键距离；由于较弱的电负性难以控制离去基的离去而生成单线态卡宾。

参考文献

[1] 陈荣业. 分子结构与反应活性. 北京：化学工业出版社，2008：142-143.
[2] 邢其毅，裴伟伟，徐瑞秋，等. 基础有机化学. 北京：高等教育出版社，2005：a，315；b，461；c，375；d，265-266.
[3] Bradsher C. K. J. Am. Chem. Soc.，1940，62：486.
[4] Jie Jack Li. 有机人名反应及机理. 荣国斌，译. 上海：华东理工大学出版社，2003：a，51；b，343；c，439.
[5] Theoclitou M. E.，Robinson. L A. Tetrahedron Lett.，2002，43：3907.
[6] Oyman U.，Gunaydin K. Bull. Soc. Chim. Belg.，1994，103：763.
[7] Miyatani K.，Ohno M，，Tatsumi K.，et al. Heterocycles 2001，55：589.
[8] 姚蒙正，程侣柏，王家儒. 精细化工产品合成原理. 北京：中国石化出版社，2000：15-20.
[9] Michael B. Smith，Jerry March. March 高等有机化学——反应、机理与结构. 李艳梅，译. 北京：化学工业出版社，2009：a，471；b，36-38.
[10] 孙牧. 甲酰化法合成异腈研究. 南京：南京理工大学，2014.
[11] Wittig，G.，Schöllkopf，U. Ber.，1954，87：1318-1330.
[12] Meisenheimer，J. Ann.，1902，323：205-214.
[13] Strauss，M. J. Acc. Chem. Res.，1974，7：181-188.
[14] Ciamician，G. L.，Dennsted，M. Btsch Chem. Ges.，1881，14：1153.
[15] Skell，P. S.，Sandler，R. S. J. Am. Chem. Soc.，1958，80：970.
[16] Arndt，F.，Eistert，B. Ber. Dtsch Chem. Ges.，1935，68：200.
[17] Podlech，J.，Seebach，D. Angew. Chem.，Int. Ed.，1995，34：471.
[18] 陈荣业，张福利. 有机人名反应机理新解. 北京：化学工业出版社，2020：9-12.
[19] Brown，H. C.，Wheeler，O. H. J. Am. Chem. Soc.，1956，78：2199-2210.
[20] Chamberlin，A. R.，Bond，F. T. Synthesis，1979：44-45.

第9章

亲电试剂

亲电试剂是为新键提供空轨道的缺电体。可分成两类：一类是指中心元素的外层存在空轨道，包括但不限于路易斯酸、具有空轨道的活性中间体、具有空轨道且容易利用空轨道的若干金属等；另一类是与一个较强电负性基团成键的缺电子元素上，在亲核试剂与这个缺电子元素相互吸引、接近、成键的过程中，离去基协同地离去。这两种亲电试剂也可以这样描述，前者为天然存在的或容易生成的空轨道；后者只存在缺电子趋势，只有在亲核试剂与其成键过程中才能协同地腾出空轨道。

9.1 路易斯酸亲电试剂

路易斯酸指的是外层具有空轨道的元素，能够接受一对电子成键。人们熟知的路易斯酸中最有代表性的来自第三主族元素，其外层的三个电子分别与其它元素形成共价键后，还剩余一个空轨道。硼、铝等化合物为路易斯酸类的典型代表。

9.1.1 路易斯酸的亲电活性

路易斯酸相对质子酸具有更强的酸性，其与电子对的"络合"成键比质子与电子对的"缔合"成键更加牢固，若干以质子酸不能实现的酸催化反应，用路易斯酸则可实现。

例1：三氯化铝与氯气的络合与解离：

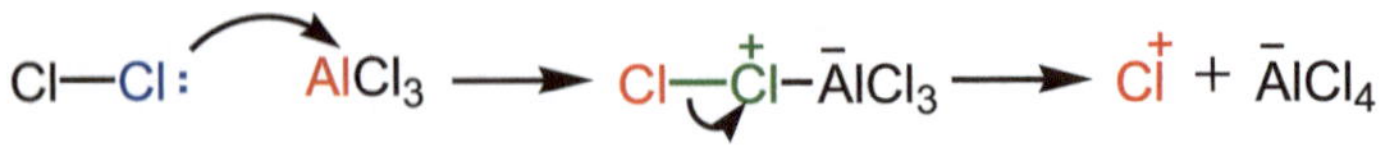

$$Cl-Cl: \quad AlCl_3 \longrightarrow Cl-Cl-\bar{A}lCl_3 \longrightarrow \overset{+}{Cl} + \bar{A}lCl_4$$

这是一种形象化的机理表述，事实上上述过程均是平衡可逆的。在上述两步反应过程中，中间状态——活性络合物的生成是必然经过的阶段，至于氯氯单键是否断裂，是否真正生成了独立、稳定的带有空轨道的氯正离子，只能说存在这个趋势。尽管如此，氯原子的亲电活性显著提高，实验过程观察到的催化作用与前述机理解析并不矛盾。

由此可见，路易斯酸与氯分子生成氯正离子只是个形象化的表述方法，而这种表述方法直观形象地表示了电子转移过程，展示了一种分子被路易斯酸催化后生成了另一种路易斯酸的原理和规律。

三氯化铝对于酰基卤化物的催化作用，也可以类似地、形象化地表述为生成碳正离子或其共振异构体形式：

$$\text{R-C(=O)-Cl} \xrightarrow{AlCl_3} \text{R-C}^+(=O)\text{-Cl-AlCl}_3^- \xrightarrow{-AlCl_4^-} \text{R-C}^+(=O) \longrightarrow \text{R-C}\equiv\overset{+}{O}$$

同理，三氟化硼的空轨道也是很强的亲电试剂，能与亲核活性较弱的醚类亲核试剂络合成键：

$$\text{EtÖEt} + BF_3 \longrightarrow Et_2\overset{+}{O}-\overset{-}{B}F_3$$

其它硼类化合物也是如此。由于路易斯酸是很强的亲电试剂，因而容易与带有一对电子的亲核试剂络合成键，特别是在非酸性条件下。

例 2：二乙基硼烷是良好的还原剂，但其易燃性使其在工业生产上的应用受到限制。如何安全使用呢？

由于硼烷属于路易斯酸，其空轨道容易与一对电子络合：

[THF-O: + BEt_2H → THF-O⁺-B⁻Et_2H]

生成的络合物分子量增大且极性增强，不易挥发而提高了安全性。同时，由于络合物结构上硼负离子的电负性显著下降，便于氢原子带着一对电子离去，增强了还原性。

由此可见：路易斯酸结构上的空轨道为很强的亲电试剂，几乎能接受所有亲核试剂上一对电子成键。

9.1.2 路易斯酸的络合平衡

尽管路易斯酸结构上空轨道能接受一对电子成键，但因成键后其中心元素变成了负离子，其电负性便显著下降，与其成键的离去基便容易离去而重新腾出空轨道，特别是离去基被酸化条件下。

也就是说，路易斯酸与亲核试剂之间存在着碱性络合与酸性解离的络合平衡。

$$R_3\overset{-}{B}-Y + H^+ \underset{\overset{-}{O}H}{\overset{H^+}{\rightleftharpoons}} R_3B + Y-H$$

式中，Y 带着共价键上一对电子离去，因而转化成为亲核试剂。

这是因为碱催化了亲核试剂，易与路易斯酸络合，酸催化了离去基，易离去后生成具有空轨道的路易斯酸。

例 3：甲基氯化镁与硼酸三甲酯反应，在反应之后的酸化过程，逸出了白色气体且遇空气燃烧。在非酸性反应步骤只能生成路易斯酸的络合物：

$$\text{ClMg-Me} + B(OMe)_3 \longrightarrow Me-\overset{OMe}{\underset{OMe}{B^-}}-OMe \quad \overset{+}{Mg}Cl \longrightarrow Me-\overset{OMe}{\underset{OMe}{B}} \longrightarrow Me-\overset{Me}{\underset{Me}{B}}-OMe$$

在非酸性条件下，三甲基硼的空轨道是被甲氧基占据的，这种络合状态的化合物极性较强而不易挥发。

在酸性条件下，甲氧基因酸化而解离并挥发出来，生成的三甲基硼白色气体逸出并遇空气燃烧：

$$\text{Me}_2\text{B-ÖMe} \cdot \text{H}^+ \longrightarrow \text{Me}_2\text{B-O}^+\text{(Me)(H)} \longrightarrow \text{BMe}_3\uparrow + \text{MeOH}$$

此例证明了路易斯酸的一般性质,就是在碱性条件下路易斯酸外层空轨道一定被亲核试剂上一对电子填满而络合,只有在酸性条件下催化了离去基才能游离出来。这就是路易斯酸碱性络合、酸性解离的平衡移动。

例 4:硼酸水溶液在不同的酸碱性条件下的结构。

硼酸分子内具有氢氧键,似乎具有质子酸的性质;硼酸又具有空轨道,又是典型的路易斯酸。然而带有孤对电子的碱优先进入空轨道,而不是与质子成键:

$$\text{B(OH)}_3 \underset{\text{H}^+}{\overset{\text{OH}^-}{\rightleftharpoons}} \text{B(OH)}_4^-$$

一旦生成了四羟基硼负离子,硼负离子的电负性将明显减小,其供电的诱导效应传递到氧原子上,氢原子便不再缺电子,也不显酸性。因此硼酸为路易斯酸,并非质子酸,硼酸在不同的酸碱性条件下存在上述络合与解离平衡。

例 5:三氯化铝在不同酸碱性水溶液中的结构。

中学化学教材中认为三氯化铝在酸性条件下仍以三氯化铝的结构存在,而在碱性水溶液中则为偏铝酸钠:

$$\text{AlCl}_3 \xleftarrow{\text{H}^+} \text{AlCl}_3 \xrightarrow{\text{OH}^-} \text{NaAlO}_2$$

然而,根据反应机理解析,三氯化铝在碱性水溶液中不可能生成偏铝酸钠,生成的只能是四羟基铝酸钠 $\text{Na}^+\text{Al}^-(\text{OH})_4$:

$$\text{Cl}_3\text{Al} + \text{OH}^- \longrightarrow \text{Cl}_2\text{Al(OH)-Cl} \longrightarrow \text{Cl}_2\text{Al-OH}$$

$$\longrightarrow \cdots \longrightarrow \text{HO-Al(OH)}_2 + \text{OH}^- \longrightarrow \text{HO-Al(OH)}_3^-$$

只有在四羟基铝酸钠焙烧脱水后才能生成偏铝酸钠:

$$\text{HO-Al(OH)}_3 \xrightarrow[\Delta]{-\text{H}_2\text{O}} \text{O}^-\text{-Al(OH)}_2 \longrightarrow \text{O=Al-O-H} \cdot \text{OH}^- \longrightarrow \text{Na}^+\text{AlO}_2^-$$

当然,偏铝酸钠溶解在水中也就生成四羟基铝酸钠水溶液了。

例 6:三氟化硼乙醚络合物的络合平衡。

三氟化硼乙醚络合物分子内并没有空轨道存在,但可用作酸催化剂,其原因是存在三氟化硼与乙醚之间的络合-解离平衡过程:

$$\text{Et}_2\overset{+}{\text{O}}-\overset{-}{\text{BF}}_3 \rightleftharpoons \text{EtÖEt} + \text{BF}_3$$

解离出的三氟化硼才是真正的路易斯酸催化剂，常用于羧酸酯化反应的催化过程。

例 7：卤代芳烃的酰基化反应，按照现有教科书的说法，有一个当量的三氯化铝与羰基氧原子定量络合，过量部分的三氯化铝才起催化作用。然而，实验结果并不支持如上结论，不足量的三氯化铝反倒收率更高：

反应式：

实验结果：	1.00	1.05	1.10	0.90
实验结果：	1.00	1.05	0.95	0.95

实验结果表明：在 X=Cl、Br 的情况下，在三氯化铝物质的量小于酰卤物质的量的条件下获得了更高的收率。由此证明：羰基与三氯化铝的络合成键仍是个络合-解离的平衡过程。

9.1.3 其它常用的路易斯酸

除了硼、铝化合物外，三氯化铁、二氯化锌也是常用的路易斯酸，其中二氯化锌的中心元素锌原子上存在的空轨道不是一个而是两个。类似地，格氏试剂或锌试剂上的镁、锌原子等都具有路易斯酸的性质，其中的空轨道能接受醚类溶剂上氧的孤对电子而络合成键[1]：

还有一些路易斯酸，如四氯化锡、四氯化钛、四氯化铅等，它们的分子结构上并不存在空轨道，并非真正的路易斯酸。但在溶液中这些化合物的一个基团极易带着一对电子离去而腾出空轨道，在反应系统内存在下述可逆平衡：

$$Cl_3Pb-Cl \rightleftharpoons Cl_3Pb^+ + Cl^-$$

正是由于存在上述平衡可逆过程，容易腾出空轨道，才可将其视作"准"路易斯酸，实际上起着路易斯酸的催化作用。

总之，空轨道的存在决定了路易斯酸具有很强的亲电活性。

9.2 缺电子的杂正离子亲电试剂

所谓缺电子的杂正离子亲电试剂，特指碳、氢以外的非金属元素的外层存在一个空轨道的正离子。包括但不限于卤正离子、氧正离子、硝酰正离子、亚硝酰正离子、磺酰正离子、磷酰正离子等，这些正离子均由酸催化生成。

9.2.1 卤正离子的生成

卤素是电负性较大的元素，只有电负性比卤素更大的基团才能从卤素上带走一对电子离去，从而生成带有空轨道的卤正离子。因此带有空轨道的卤正离子的生成有以下三种可能。

① 卤素被质子酸催化生成：

$$X-X: \quad H-OAc \longrightarrow X-X^+-H \xrightarrow{-HX} X^+$$

② 卤素被路易斯酸催化生成：

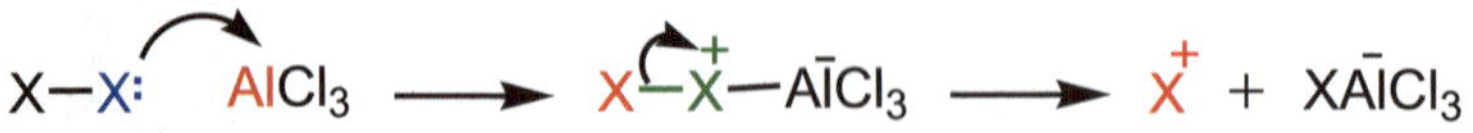

$$X-X: \quad AlCl_3 \longrightarrow X-X^+-\bar{A}lCl_3 \longrightarrow X^+ + X\bar{A}lCl_3$$

③ 次卤酸分解生成：

$$X-\overset{..}{O}^- \quad 2H^+ \longrightarrow X-\overset{+}{O}H_2 \longrightarrow X^+$$

例 8：以醋酸为溶剂进行 2,3,4-三氟苯胺的溴化反应，醋酸本身催化了溴素亲电试剂。反应机理为：

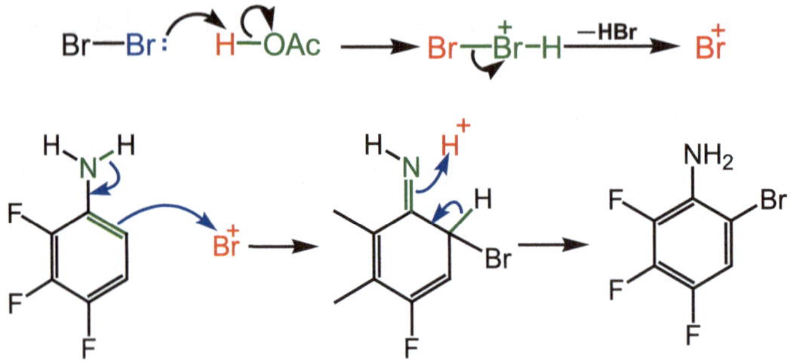

$$Br-Br: \quad H-OAc \longrightarrow Br-Br^+-H \xrightarrow{-HBr} Br^+$$

这与路易斯酸催化亲电试剂遵循同一原理，均是提供空轨道催化离去基，从而间接地催化了亲电试剂，只不过质子的催化作用不及路易斯酸那么强。

9.2.2 氧正离子的生成

氧是仅次于氟的强电负性元素，要从氧元素上带走一对电子的基团必须具有更大电负性，一般只有带有正电荷的元素才有可能。目前所知，生成氧正离子有两种可能。

① 由过氧化物的酸化或极化生成氧正离子。

例 9：由四甲基乙烯与双氧水生成频哪醇的反应就是在磷酸催化条件下发生的，反应机理为：

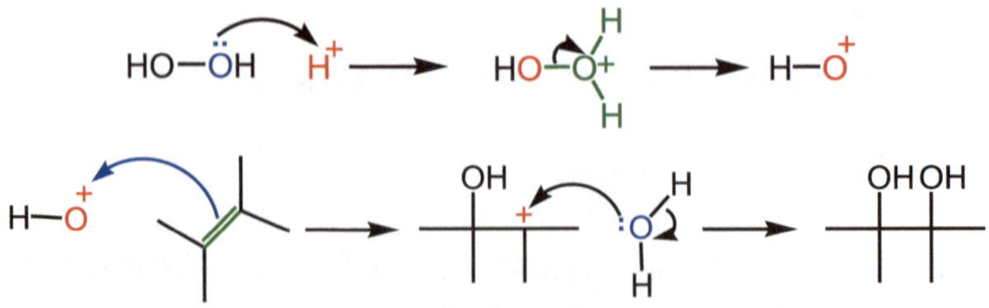

这就是双氧水酸性催化机理。此反应按如下解析也是同一原理：

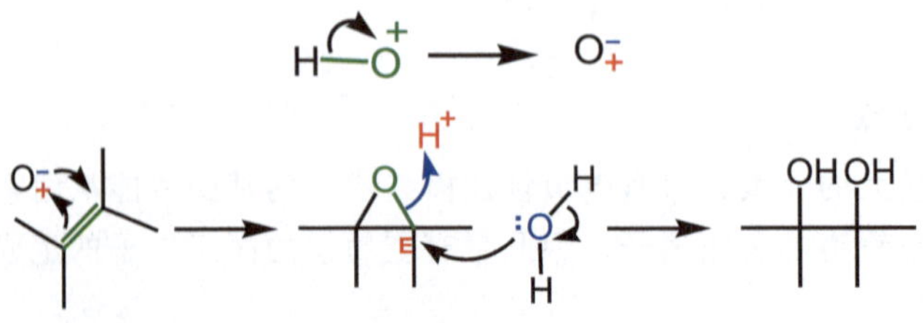

② 过渡金属阳离子催化生成氧正离子：

$$M^+ \quad O=O \longrightarrow M-O-\overset{+}{O}$$

这是若干过渡金属的低价盐催化氧化反应的过程。

例 10：对羟基甲苯于碱性条件下催化氧化生成对羟基苯甲醛的反应为：

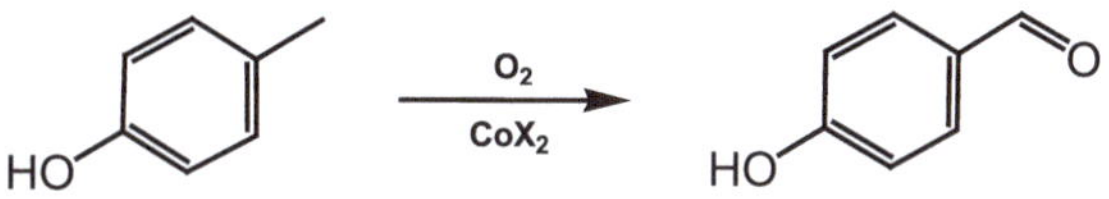

$$HO-\text{C}_6\text{H}_4-CH_3 \xrightarrow[CoX_2]{O_2} HO-\text{C}_6\text{H}_4-CHO$$

反应机理为：

[反应机理图示]

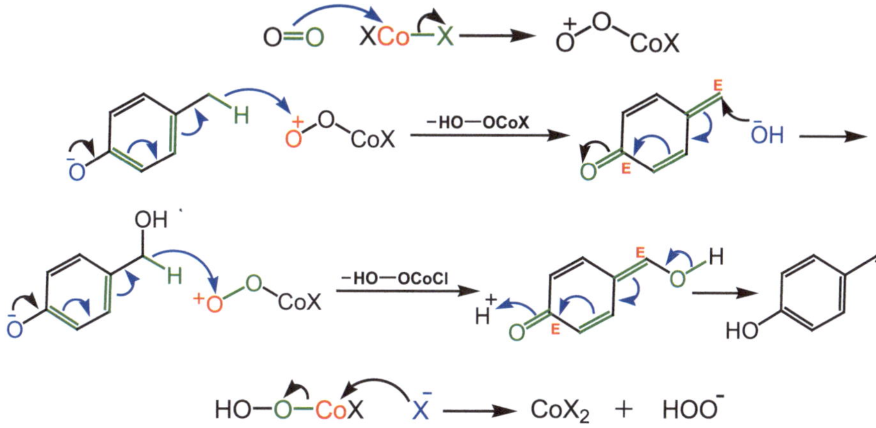

有些氧化反应需要不同过渡金属盐的混合催化，实际情况可能更加复杂，但其原理类同。

过渡金属盐类催化的氧化反应，除了提供空轨道生成碳正离子之外，还可能以其单电子与氧气生成自由基。参见第 3 章、第 7 章中的讨论。

9.2.3 磺酰正离子的生成

在硫酸分子内，有缺电体亲电试剂——活泼氢，有亲核试剂——氧原子上的孤对电子，在浓硫酸中，分子间存在如下极性反应，可逆地生成具有空轨道的磺酰正离子：

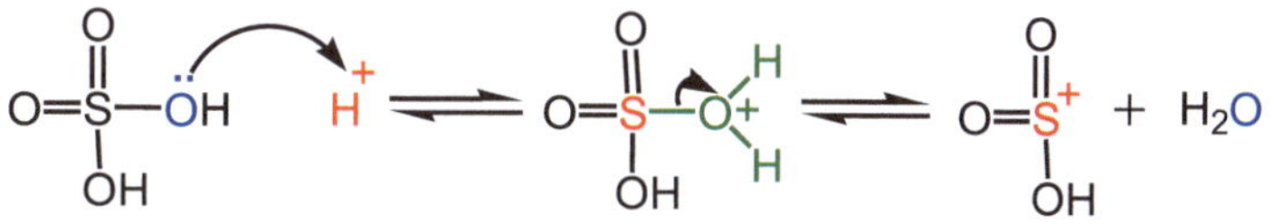

[反应式图示]

依据共振论，满足八隅律的分子结构比较稳定，磺酰正离子也可共振成质子化的三氧化硫，两者处于可逆的平衡状态：

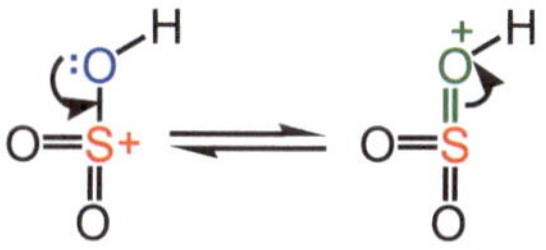

[共振式图示]

例 11：芳烃磺化反应是以磺酰正离子为亲电试剂。反应机理为：

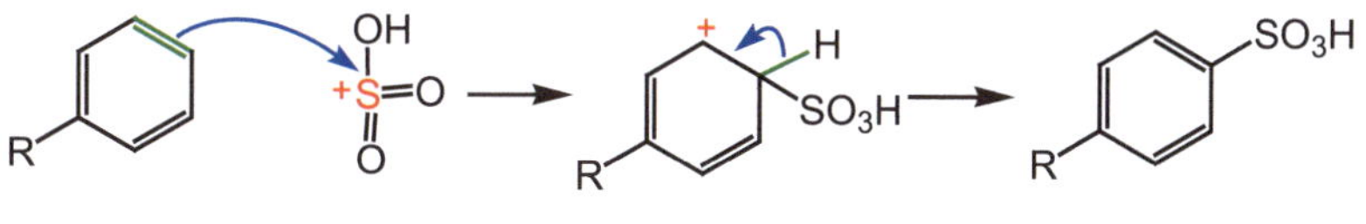

[反应机理图示]

至于三氧化硫为最强磺化剂之原因，是系统内的芳烃中或多或少地含有水分，实际上也是磺酰正离子为亲电试剂的反应。

9.2.4 硝酰正离子的生成

硝酸分子为配位键结构：

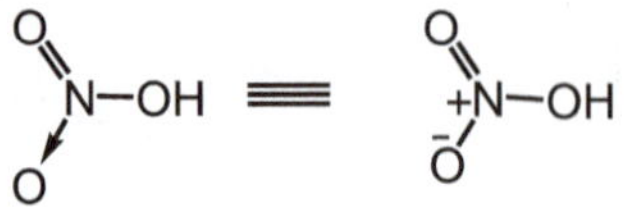

硝酸分子内存在着极性反应三要素，可能发生可逆的富电子重排反应：

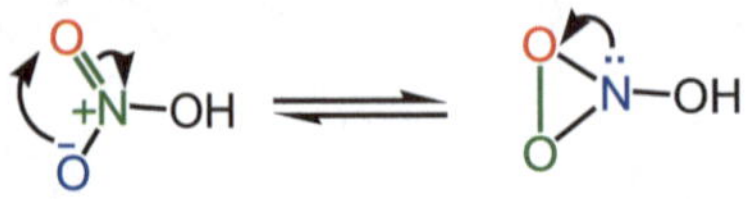

在酸性条件下质子化脱水生成硝酰正离子。依据极性反应规律及八隅律规则，硝酰正离子应该是如下两种结构的可逆共振：

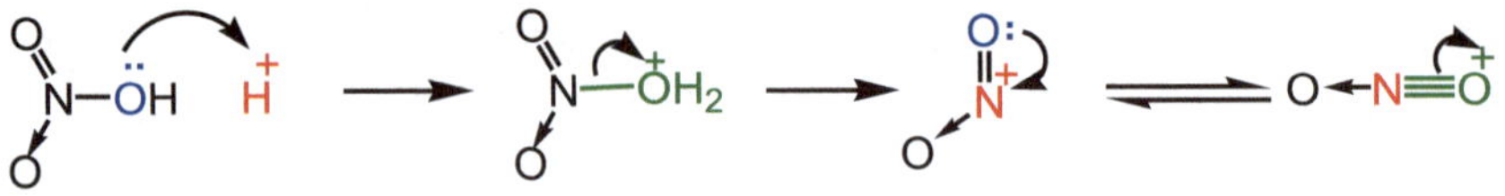

常用催化硝酰正离子生成的酸为硫酸、硝酸或醋酸与醋酸酐的混合物。

例 12： 芳烃硝化反应的亲电试剂。

芳烃在与带有空轨道的亲电试剂成键时，利用 π 键为新键提供一对电子的亲核试剂与硝酰正离子成键的硝化反应机理为：

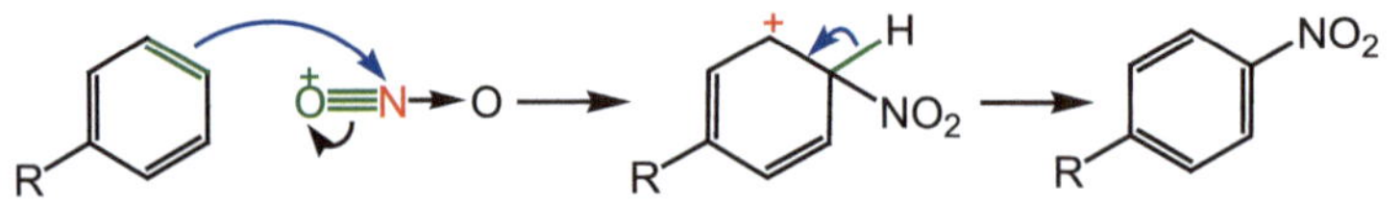

总之，具有空轨道的缺电子正离子亲电试剂总是在酸催化下生成，这些带有单位正电荷的杂正离子上存在一个空轨道，因而具有路易斯酸的结构与性质，容易接受亲核试剂上的一对电子成键[2]。

9.2.5 质子亲电试剂

质子的外层没有电子，相当于其外层存在一个空轨道，能接受一对电子成键，其功能与路易斯酸无异。由于质子具有最小的体积和最大的电荷，是极强的亲电试剂，以致质子不能孤立存在，总是与一对电子处于成键状态。也就是说孤立的质子并不存在，H^+ 只是一种简化的表述方式，人们常将水中的质子写成 H_3O^+ 的形式，才是质子在水中的确切结构。

正是由于质子是极强的亲电试剂，几乎能与所有电子对成键，因此质子酸在具有孤对电子的偶极溶剂中均有较大的溶解度。

在 9.2 节中列举的卤正离子、硝酰正离子、磺酰正离子等的生成，均存在着离去基上一对电子的质子化过程，均是以离去基上一对电子为亲核试剂首先进入质子空轨道，证明质子具有极强的亲电活性。

例 13： 醚分子上中心氧原子的孤对电子，是个很弱的亲核试剂，除了能与路易斯酸络合之外，也能与质子缔合生成钖盐：

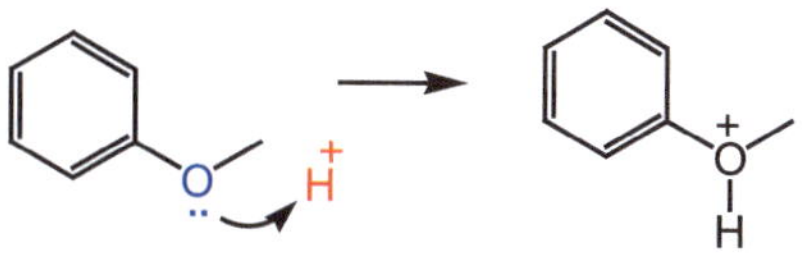

例 14：α-位没有氢原子的酮类化合物，较低亲核活性的羰基氧原子上孤对电子也能与质子成键：

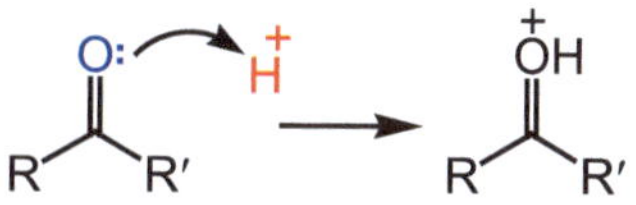

总而言之，具有空轨道的质子也是极强的亲电试剂，因而它能催化其它亲电试剂的活性。

9.2.6 两类杂正离子的结构与功能

亲电试剂是为新键提供空轨道的缺电体，因此是否存在空轨道、能否腾出空轨道才是亲电试剂的判据。在下述各种杂正离子中，红色的杂正离子具有空轨道，而绿色的杂正离子没有空轨道，也不能腾出空轨道。具有空轨道的杂正离子才是亲电试剂，而没有空轨道也不能腾出空轨道的杂正离子只能是离去基。如：

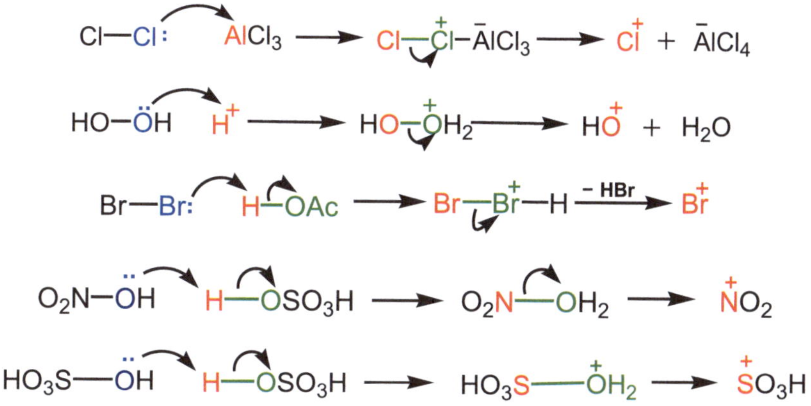

若干带有正电荷的有机物，如重氮化合物、硝基化合物、季铵盐类、叠氮化合物、氮叶立德试剂等，其中氮正离子上均不具有空轨道，不能视为亲电试剂而只能视为离去基。参见第 10 章。

9.3 碳正离子亲电试剂

当较大电负性基团与碳原子生成共价键时，在一定条件下它能带着一对电子离去而生成碳正离子，这种缺少一对电子的碳正离子属于路易斯酸结构，是极强的亲电试剂，非常容易接受亲核试剂上的一对电子成键。

9.3.1 碳正离子的生成

9.3.1.1 S_N1 机理生成的碳正离子

正如 S_N1 反应机理所描述的，如果中心碳原子上的离去基容易离去，且生成的碳正离子又比较稳定，则容易生成碳正离子，该碳正离子具有极强的亲电活性。

能够按照 S_N1 机理离去的基团，一般需具备两个条件：a. 离去基与碳原子的电负性相差较大，因而离去活性较强；b. 生成的碳正离子相对稳定。

例如，叔丁基、苄基等的碘代物、硫酸酯、重氮盐等分子内，离去基容易离去而生成碳正离子。其一般式为：

$$R—X \rightleftharpoons R^+ + X^-$$

其中，R 为叔丁基、苄基、烯丙基等；X 为重氮基、无机酸、碘原子等。

例 15： 如下烯烃的酸催化水合反应：

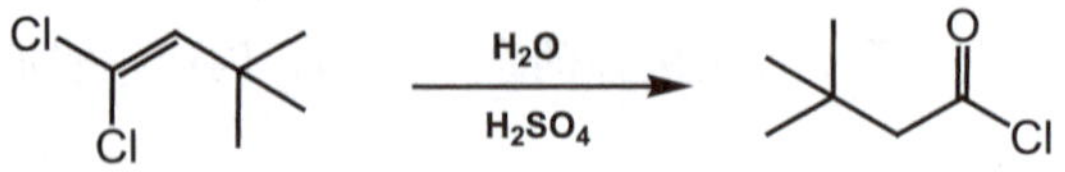

可视为硫酸酯可逆离去生成碳正离子过程：

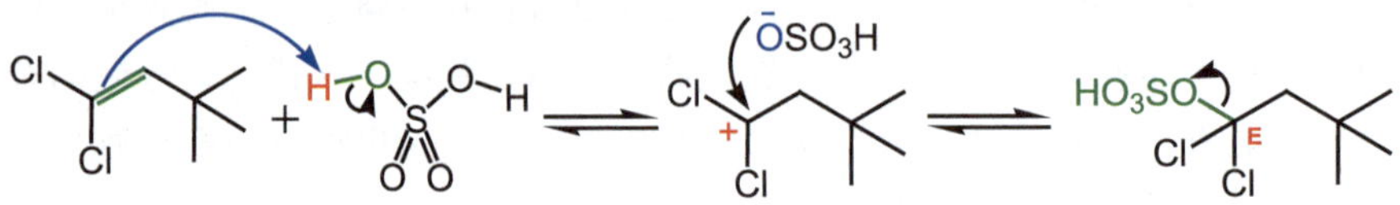

后续的水解反应机理为：

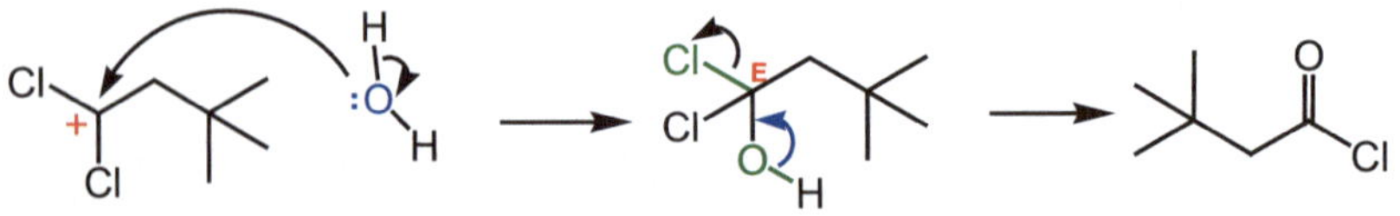

硫酸根的离去活性极强，除了少量硫酸低级酯外，一般不能稳定存在，极易消除成烯烃。

例 16： 3-氯-4-甲基苯胺的氢氟酸重氮盐的热分解反应，主副产物如下：

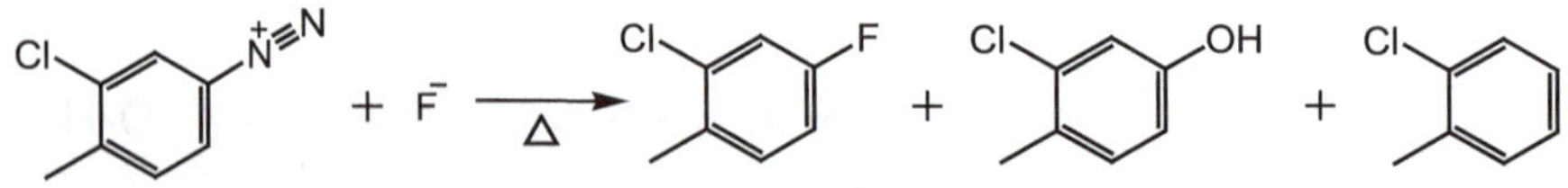

这些主副产物的生成是以同一亲电试剂——芳基正离子为活性中间体的。其生成机理为：

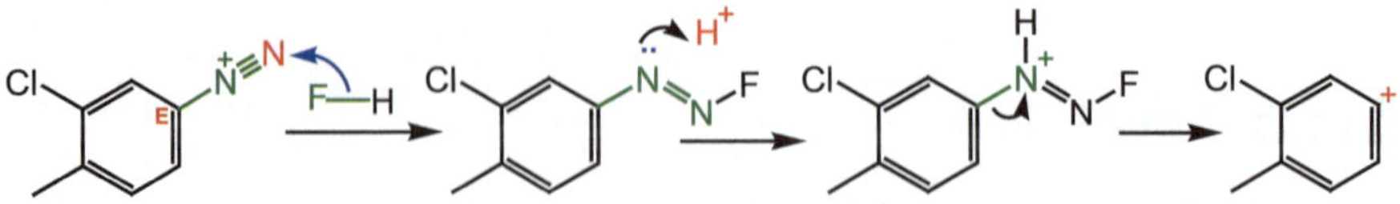

该芳烃重氮基经与氟化氢加成，增加了电负性与可极化度后离去生成芳基正离子，再利用其空轨道接受亲核试剂上的一对电子成键：

亲核试剂分别为 F^-、HO^-、H^- 时，则有上述不同产物生成。

9.3.1.2 质子酸催化生成的碳正离子

质子本身就是较强亲电试剂，其催化亲电试剂的基本原理就是与离去基成键后离去，使得另一种亲电试剂产生。因此可以说酸催化过程就是两种亲电试剂的交换过程。

例 17：TAB 合成过程中有重排副产物生成：

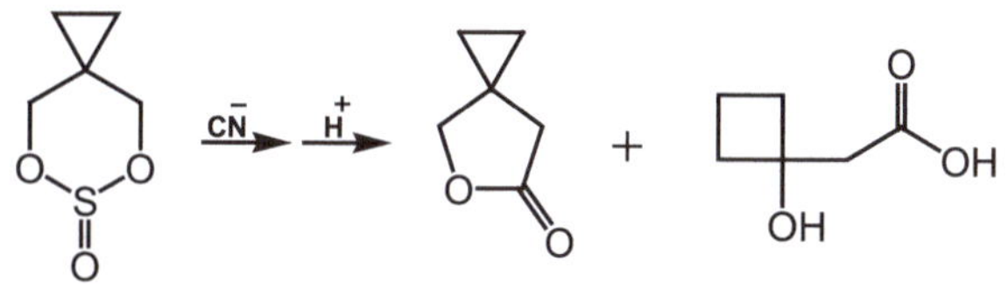

研究副产物的生成机理与条件，首先应从主产物的反应机理解析入手：

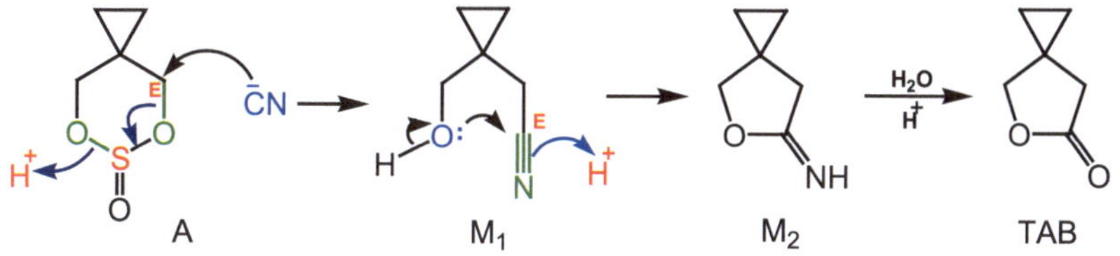

而重排副产物的生成是由中间体 M_1 酸化脱水，生成了碳正离子中间体 M_3 后，再经缺电子重排生成副产物。反应机理为：

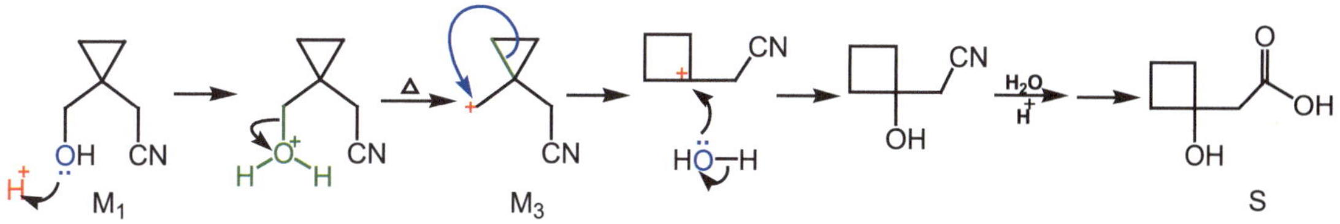

显然，酸化过度后脱水生成碳正离子是重排反应发生的内因，而后续加热条件是重排反应发生的外因。

例 18：羧酸酯化反应是脱掉一个分子水的过程，然而却存在着两种不同的脱水方式：

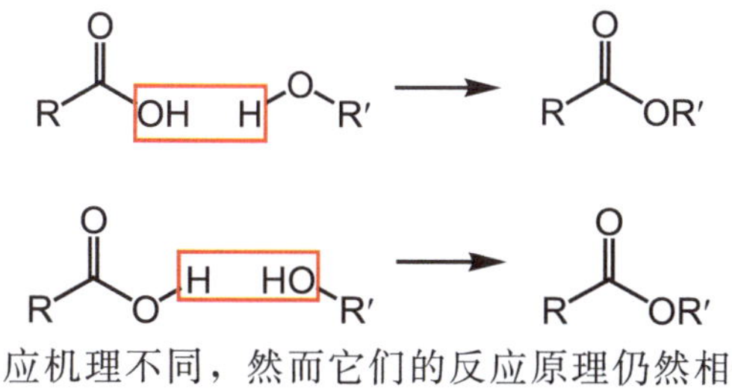

脱水方式不同表明反应机理不同，然而它们的反应原理仍然相似，就是脱去的水分子来自与亲电试剂成键的离去基。

机理一，低级醇与羧基的 Fischer-Speier 加成-消除反应：

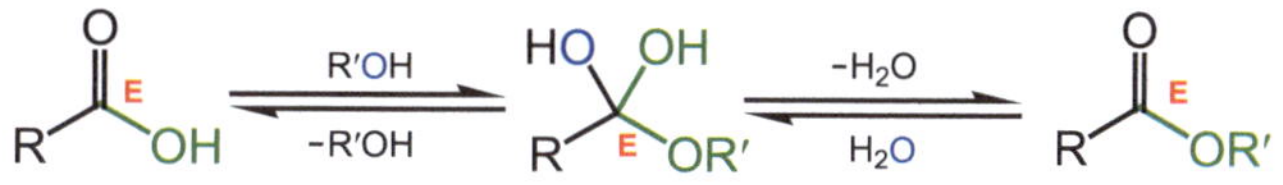

这是经历同一活性中间体且具有相等活化能的平衡可逆反应。由于低级醇与水的离去活性差异不大，因而上述反应处于平衡状态。若醇类过量或移走水分，则反应平衡向右移动，最终完成酯化反应。

然而，上述平衡进行的酯化-水解反应有一个重要前提，就是只有低级醇才能与羧酸进行酯化反应。对于高级醇来说，随着烷基质量的增加其可极化度增大，离去活性远强于水，此反应就不再是平衡可逆的，而是没有产物生成：

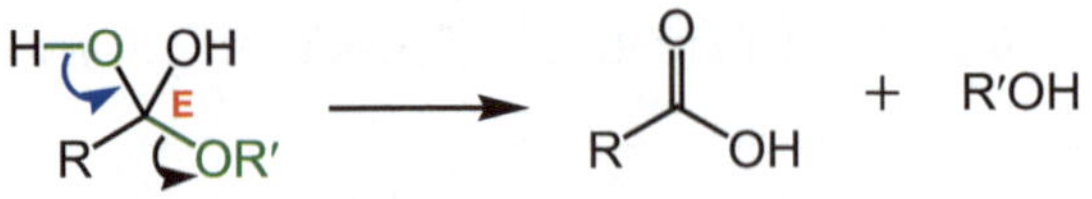

即在 R′ 为叔丁基、苄基、芳基等的情况下，反应只能逆向进行，没有酯化产物生成。

然而，某些高级醇并非不能直接与羧酸进行酯化反应，如羧酸苄酯的制备只要按照另一反应机理、以不同的脱水方式进行便可。

机理二，醇质子化脱水的 S_N1 机理：

苄醇与羧酸的加成、消除反应可逆进行，亲核试剂苄醇与羧基加成后，只能自身消除离去而返回到初始原料状态。在继续升温到较高反应温度时，较弱的亲电试剂苄基碳原子由于羟基质子化、脱水而生成了苄基碳正离子，成为较强的亲电试剂，才能与较弱的羧基亲核试剂成键：

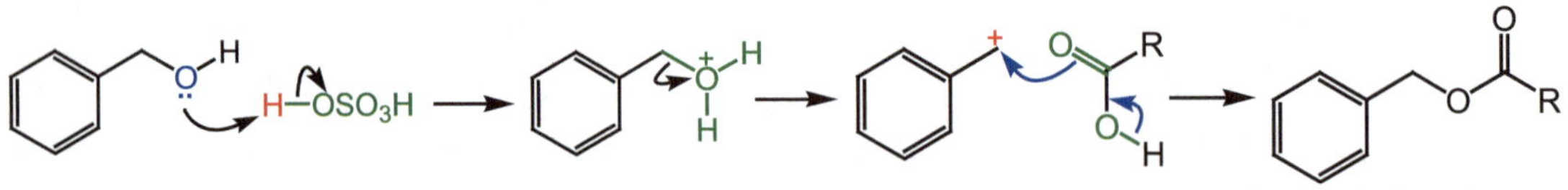

显然，在按此 S_N1 机理反应之前，已经发生过多次的 Fischer-Speier 加成-消除反应。

对于如上两个机理来说，离去基均为水。但在羧基加成-消除反应机理中，醇分子内的羟基氧原子为亲核试剂，羧基碳为亲电试剂；而在苄醇脱水的 S_N1 机理中，亲核试剂为羧基氧原子，亲电试剂为脱水后的苄基碳正离子，两者相当于亲核试剂与亲电试剂做了转换。

由苄醇质子化、脱水生成的苄基碳正离子，不可避免地接受苄醇氧原子成键，生成二苄醚：

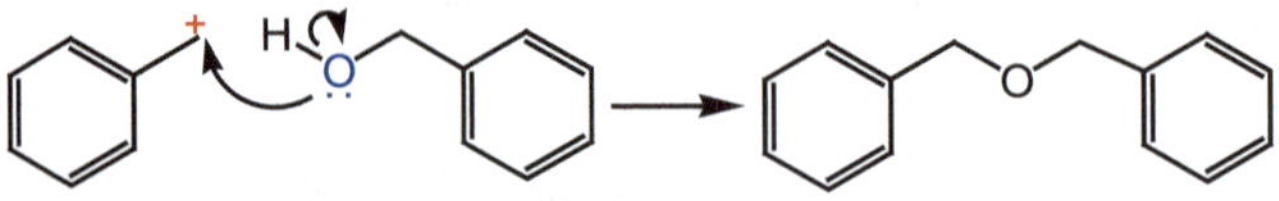

表面上相似的反应过程可能经过不同的反应机理，而具有不同的活化能。因此不能简单地根据产物结构来判别亲核试剂与亲电试剂的反应活性，因为反应进行的方向由离去基的相对活性与平衡转移决定。

9.3.1.3 路易斯酸催化产生的碳正离子

路易斯酸本身就是缺电体——亲电试剂，它能够通过接受离去基上的一对电子成键，因而离去基上带有单位正电荷而电负性显著增大，容易带着一对电子离去，生成另一种具有空轨道的亲电试剂，这也是亲电试剂的交换过程。

例 19：在三氯化铝的催化下 2,4-二氯氟苯与乙酰氯的酰基化和与二氯甲烷的烷基化反应活性对比。

酰基化反应分为两步，首先乙酰氯与三氯化铝经三对电子协同迁移机理生成乙烯酮与氯化氢：

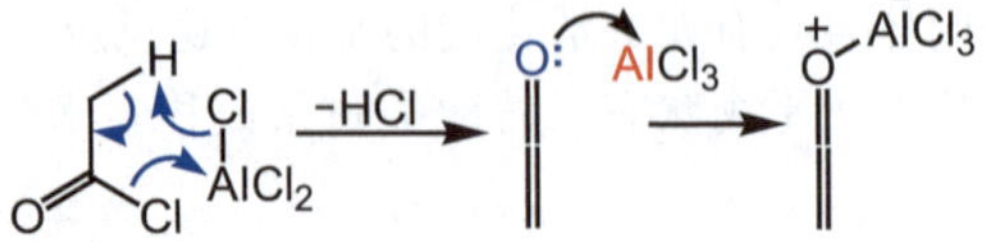

在氯化氢逸出后，生成的乙烯酮的三氯化铝络合物再与 2,4-二氯氟苯反应生成 2,4-二氯-5-氟苯乙酮：

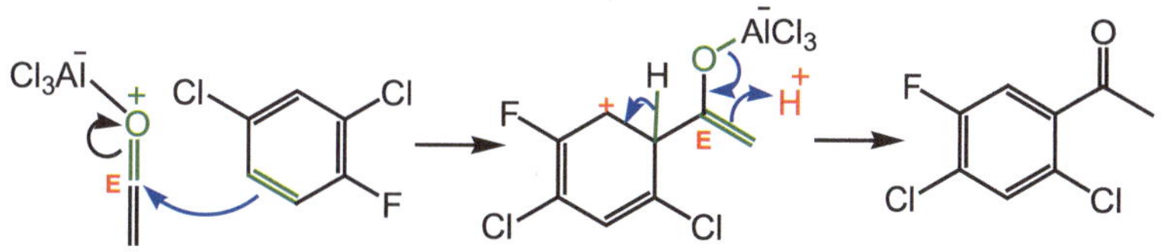

因此，只要羰基 α-位存在氢原子，就不会生成酰基正离子或碳正离子，中间状态仅仅是路易斯酸催化了的烯酮式结构，其反应活性远低于碳正离子，反应需要在 130℃下进行。

烷基化反应也分为两步，首先是二氯甲烷分子内的氯原子与三氯化铝络合后解离生成氯甲基碳正离子：

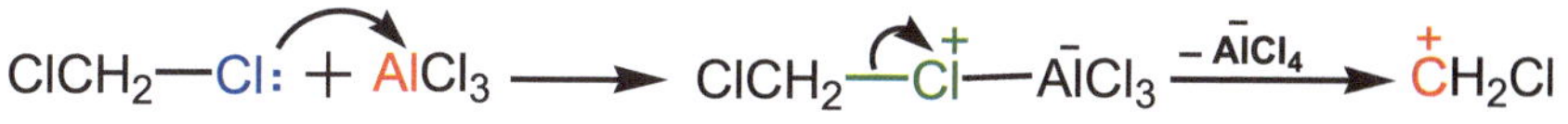

生成的碳正离子再于 50℃下与 2,4-二氯氟苯成键，生成 2,4-二氯-5-氟氯苄：

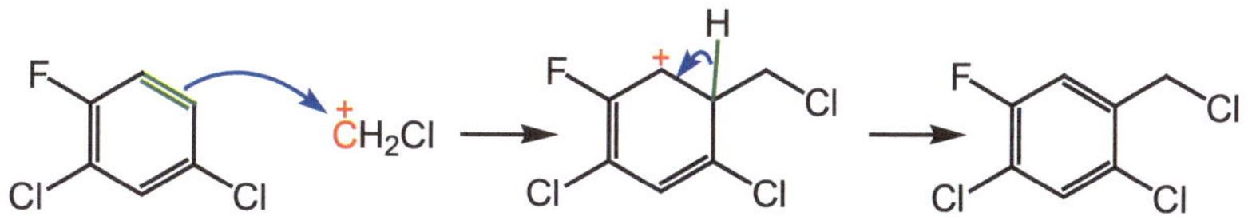

上述反应在 50℃下便可发生，足以证明此种碳正离子亲电活性之强。

比较烷基化反应和酰基化反应，也反证了酰基化反应过程中并未生成碳正离子。

例 20：在工业化分离提纯芳醛的过程中有二氯苄产生：

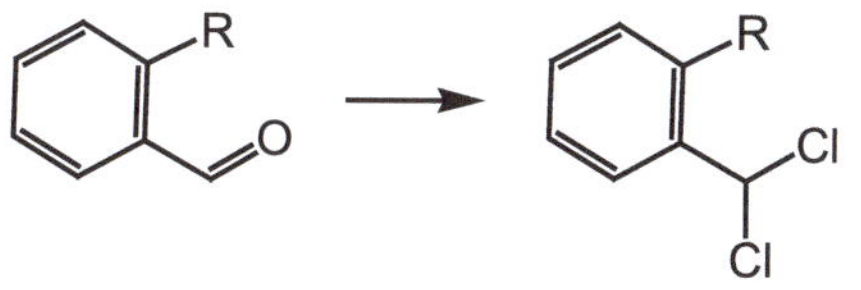

这是反应系统内存在着氯化氢和路易斯酸的缘故：

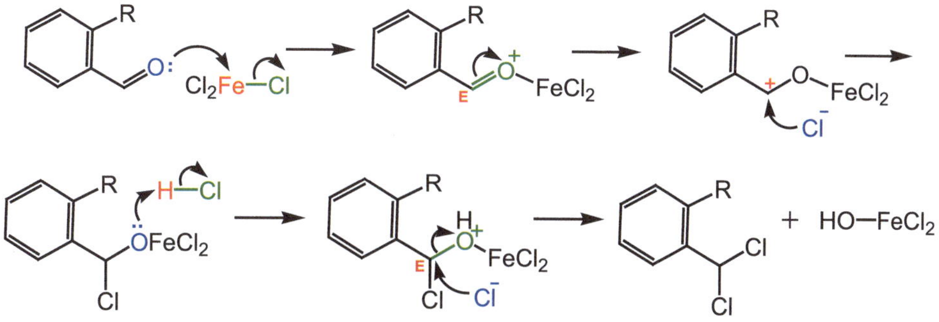

上述实例表明，路易斯酸与杂原子上孤对电子络合后，容易催化其离去活性，因而生成碳正离子亲电试剂。

9.3.1.4 π 键离去所伴生的碳正离子

例 21：丙烯与溴素加成反应的中间状态，有碳正离子生成：

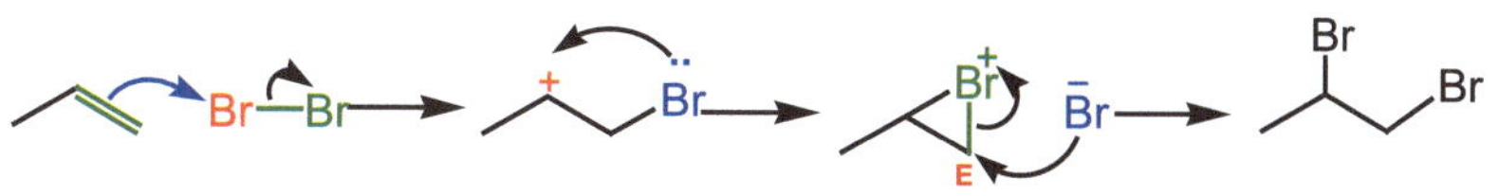

烯烃π键上一对电子共振到一端，再进入亲电试剂空轨道成键；在此过程中就伴生出一个碳正离子的空轨道，该空轨道亲电活性极强，能接受不带电的溴原子上孤对电子瞬间成键。

例 22：以 1,1-二氯乙烯和叔丁基氯为原料制备 3,3-二甲基丁酸过程中，有 1,1-二氯-3,3-二甲基丁-1-烯副产物生成：

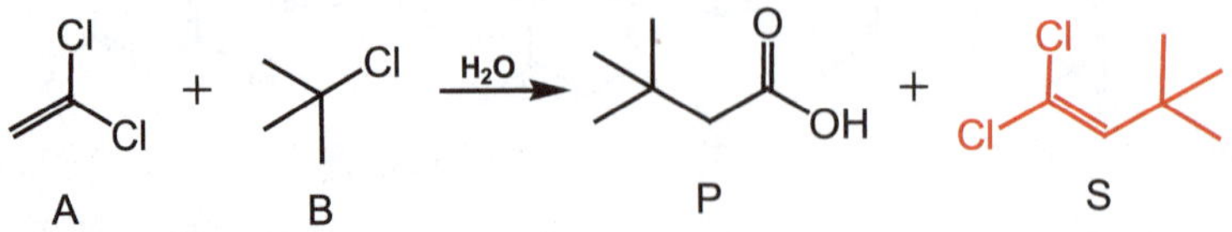

主产物的反应机理为：

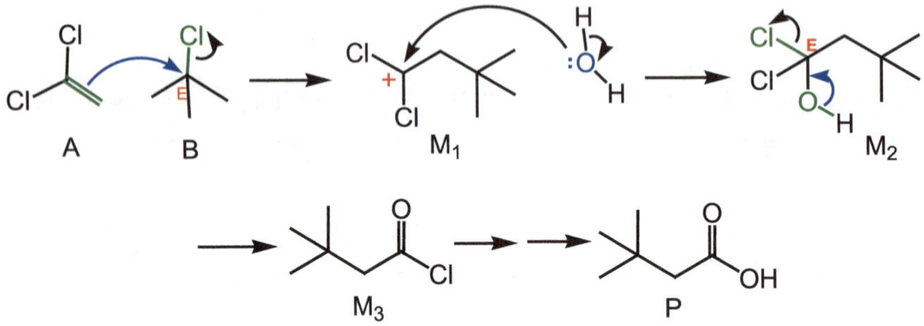

其中碳正离子中间体 M_1 的消除反应为副反应：

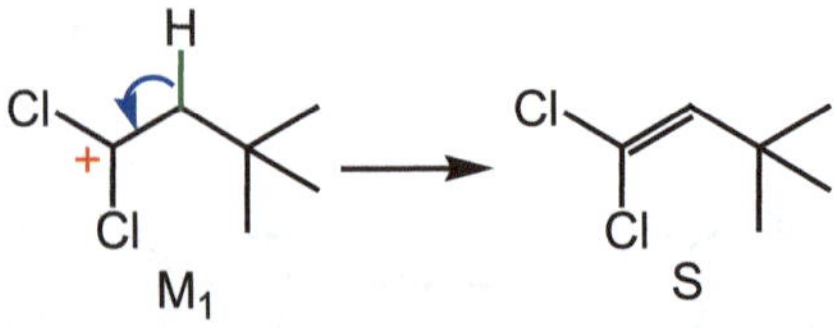

如在反应体系内加入硫酸，副产物便可重新转化成中间体——碳正离子：

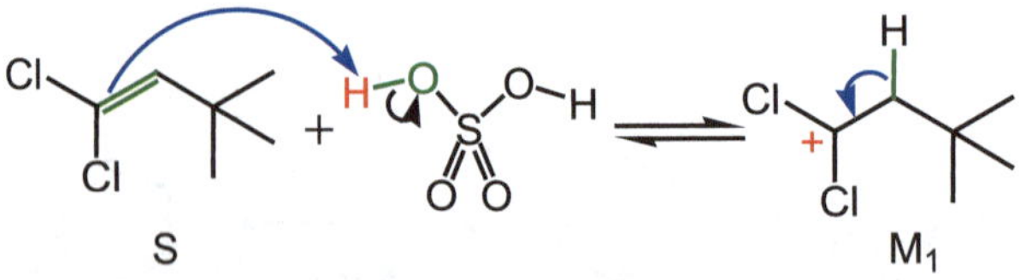

例 23：芳烃π键作为亲核试剂，与亲电试剂成键后同样会伴生碳正离子，该碳正离子具有很强的亲电活性，能够吸引邻位碳氢σ键成键：

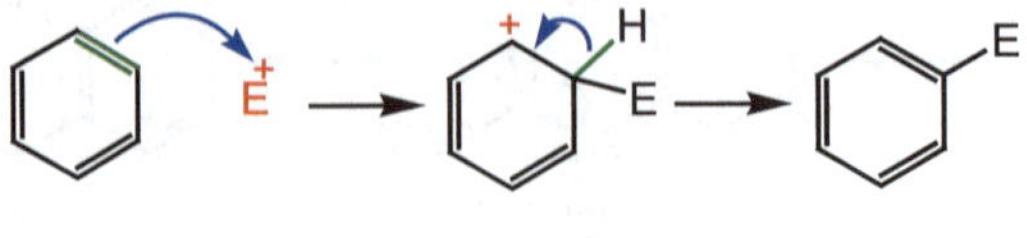

9.3.2 碳正离子的性质

碳正离子是有机反应最常见、最典型的亲电试剂，它缺少一对电子的路易斯酸结构决定了其极强的亲电活性，它带有单位正电荷又决定了其极大的电负性，这就决定了它极强的反应活性。作为一个强亲电试剂，能与较弱亲核试剂成键。本节主要讨论碳正离子在分子内的性质。

9.3.2.1 吸引α-位碳氢σ键的单分子消除 E1

由于带有空轨道的碳正离子具有极强的亲电活性，能够强烈吸引邻位σ键上一对电子，并与之成键。

在碳正离子的邻位碳原子上存在氢原子的情况下，碳正离子会强烈地吸引邻位的碳氢 σ 键上一对电子，致使 α-氢原子成了活泼氢，此碳氢 σ 键便容易与碳正离子成键而生成烯烃。

例 24：溴代叔丁烷的单分子消除反应[3]：

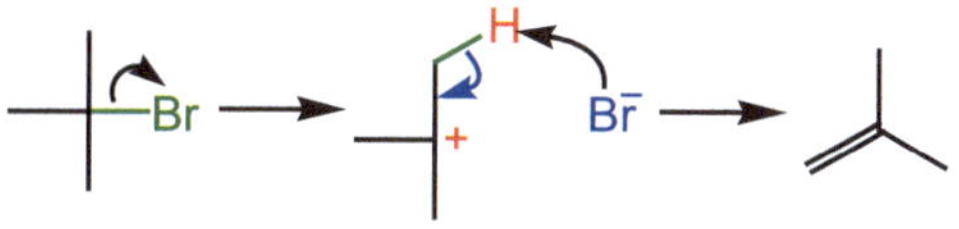

9.3.2.2 吸引α-位σ键的缺电子重排

碳正离子的存在，会强烈吸引 α-位 σ 键上一对电子，不仅能够吸引碳氢 σ 键，也能吸引碳碳 σ 键上一对电子成键，即导致烷基迁移的缺电子重排反应发生。

例 25：Pinacol 重排反应机理[2]：

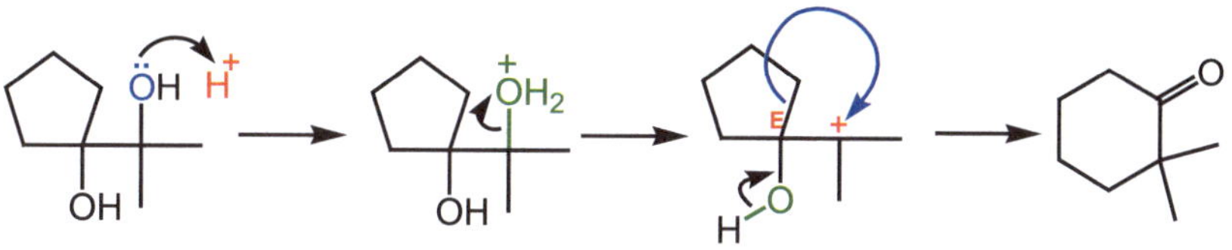

正是碳正离子的强亲电活性，致使 α-位的 σ 键上一对电子迁移。

例 26：醇羟基的溴代重排反应：

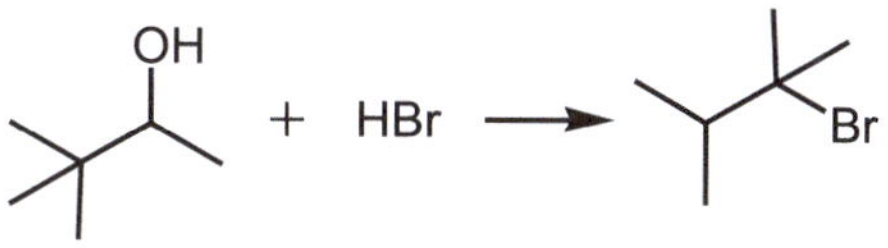

反应机理为：

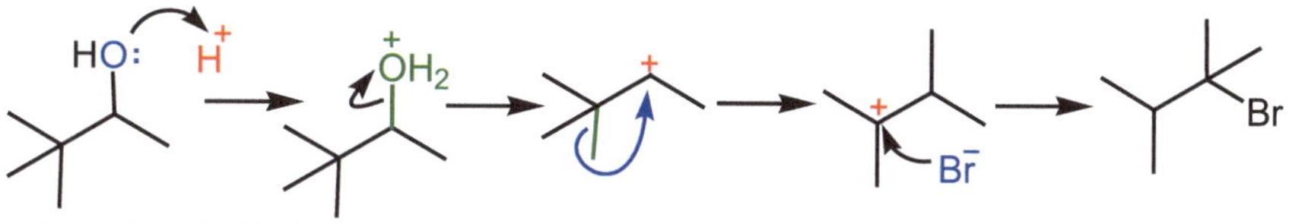

显然，在生成中间体碳正离子后，存在着烷基迁移的重排反应，生成了更为稳定的叔碳正离子，然后与亲核试剂溴负离子成键，生成 2,3-二甲基-2-溴丁烷。

9.3.2.3 接受分子内的孤对电子成键

由碳正离子具有极强的亲电活性所决定，能与所有孤对电子成键。

若碳正离子的 α-碳原子与杂原子成键，则杂原子上孤对电子便容易进入碳正离子的空轨道成键：

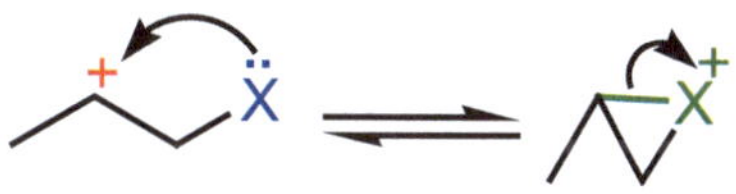

式中，X 为氧、氮、溴、碘等元素。

其中氧、氮元素与碳正离子生成的三元环结构比较稳定。

若碳正离子直接与带有孤对电子的杂原子成键，则杂原子上的孤对电子必然进入碳正离子的空轨道：

式中，X 为硫、氧、氮、卤素等杂原子元素。

9.3.2.4 与共轭 π 键的共振异构

众所周知，碳正离子是具有空轨道的路易斯酸结构，它并未满足八隅律的稳定结构，因而是极强的亲电试剂。若其与 π 键共轭，则势必发生分子内的共振。

例 27：丁二烯的加成反应有两个产物，即 1,4-加成产物与 1,2-加成产物：

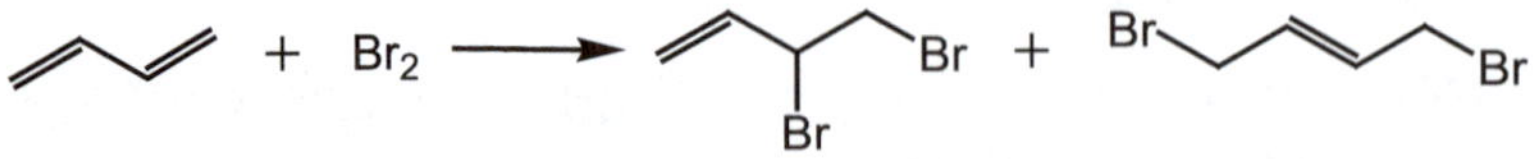

原因是碳正离子中间状态发生了共振，共振体系为两可亲电试剂，均可接受亲核试剂上的一对电子成键：

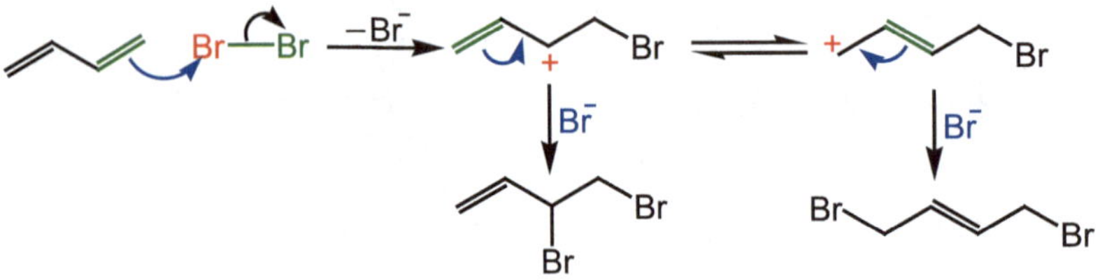

例 28：以 N,N,N-三甲基取代苄铵和乙醇钠为原料制备取代苄基乙醚，发现有异构体生成：

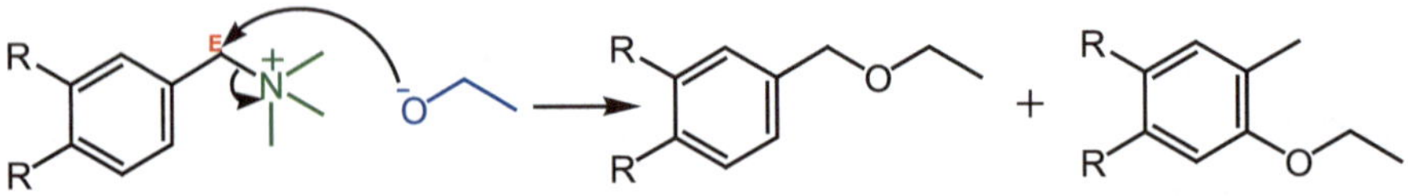

首先三甲铵离去生成苄基碳正离子，由于碳正离子与芳环上 π 键共振，生成两个异构的碳正离子，各自分别接受孤对电子成键。反应机理示意为：

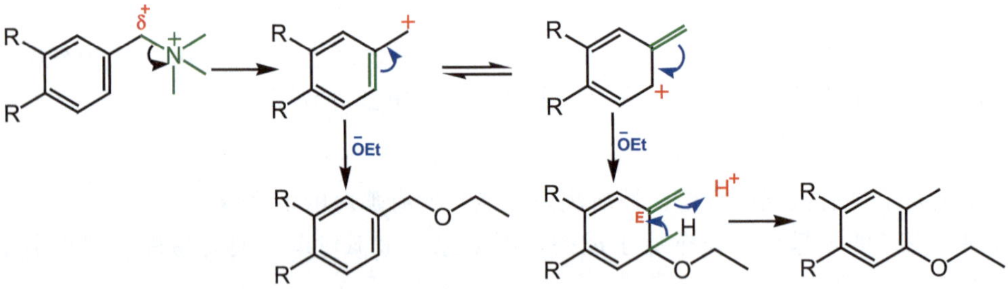

由此可见，只要碳正离子能与 π 键共振，就是两可亲电试剂，可分别与亲核试剂成键，得到两种不同结构的产物。

9.4 带有独立离去基的亲电试剂

本节讨论的亲电试剂，其外层满足 8 电子稳定结构要求，因而不存在空轨道，但其与较强电负性的离去基成键，当其与亲核试剂逐步吸引、接近、成键时，离去基也就协同地离去了。此种亲电试剂虽然没有空轨道，但能够腾出空轨道，此种空轨道是在亲电试剂接受亲核试剂一对电子过程中协同地腾出来的。

9.4.1 具有独立离去基的亲电试剂结构

这类亲电试剂虽然满足 8 电子稳定结构，但其中的一个共价键上一对电子向电负性较大的离去基方向偏移，因而该亲电试剂上往往带有部分正电荷而属于缺电体，在与亲核试剂上一对电子吸引、接近、成键过程中，离去基便能协同地将这对电子带走。

$$\text{Nu}^- + \text{E}{-}\text{Y} \longrightarrow \text{Nu}{-}\text{E} + \text{Y}^-$$

前文谈及的四氯化锡、四氯化铅等亲电试剂均属于此种类型：

$$\text{Nu}^- + \text{Cl}_3\text{Pb}{-}\text{Cl} \longrightarrow \text{Nu}{-}\text{PbCl}_3 + \text{Cl}^-$$

之所以离去基能够带着一对电子离去，是因为离去基团的电负性相对较大、碱性较弱（或酸性较强）、可极化度较大。对于中心元素为碳原子的饱和烃类来说，与其成键的氮、氧、硫、卤素等杂原子基团均具有较强的电负性与离去活性，是最常见的离去基团，与杂原子成键的碳原子便成为亲电试剂。

例 29：若干带有独立离去基的亲电试剂与亲核试剂的反应举例[4]：

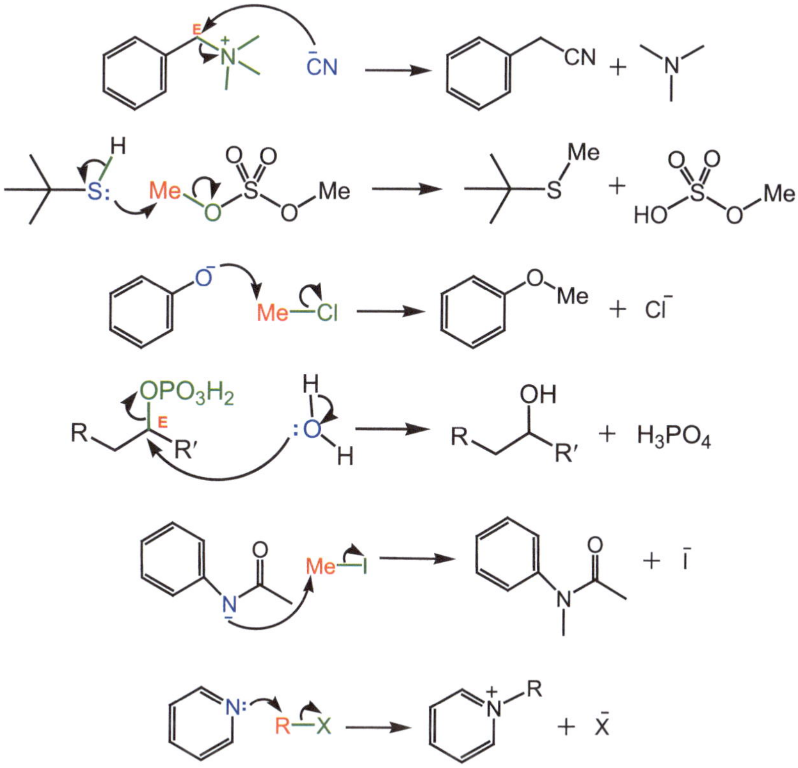

上述实例中绿色标注的三甲胺、硫酸根、磷酸根、卤负离子等均为独立的离去基。

综上实例表明：亲电试剂与独立离去基是以单个共价键成键的，此独立离去基一般为具有较大电负性的杂原子。

9.4.2 独立离去基的酸催化原理

即便是独立的离去基，也未必具有足够的离去活性；那些相同杂原子之间的共价键甚至不具有极性，因而离去活性不足。这就需要酸催化以提高其离去活性，也就间接地催化了亲电试剂的亲电活性：

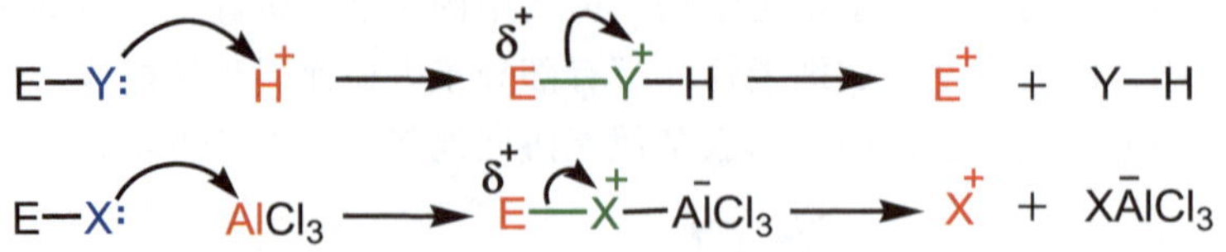

$$E—Y: \xrightarrow{H^+} E\overset{\delta+}{—}\overset{+}{Y}—H \longrightarrow E^+ + Y—H$$

$$E—X: \xrightarrow{AlCl_3} E\overset{\delta+}{—}\overset{+}{X}—\overline{A}lCl_3 \longrightarrow X^+ + X\overline{A}lCl_3$$

离去基上的孤对电子具有亲核试剂的功能，它能够进入酸的空轨道而成键，成键后的离去基上便带有单位正电荷，其电负性与离去活性显著增强，这就是酸催化亲电试剂的基本原理。

9.4.3 质子酸与路易斯酸催化作用的异同

路易斯酸的催化作用与质子酸类同，都是提供空轨道与孤对电子成键以提高离去基的离去活性，间接催化亲电试剂。但路易斯酸空轨道与孤对电子的络合成键更牢固，催化效果也比质子酸更强。

例 30：在卤化氢催化下的 2,3-二氟苯甲醚的裂解反应。反应机理为：

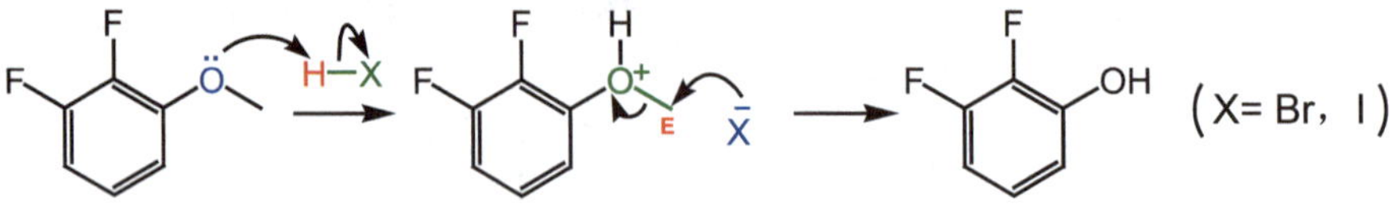

与氧成键的甲基虽属缺电体——亲电试剂，但其亲电活性较弱，在非酸性条件下很难与亲核试剂成键。当氧原子的孤对电子与质子缔合成键后，氧正离子的电负性显著增强，因而离去活性增强，与其成键的甲基碳原子便成为较强的亲电试剂，能与较强亲核活性的溴、碘负离子成键。

由于氯负离子的亲核活性不足，不能像碘或溴负离子那样完成上述反应。但催化剂改用三氯化铝时，氯负离子便可与甲基成键。反应机理为：

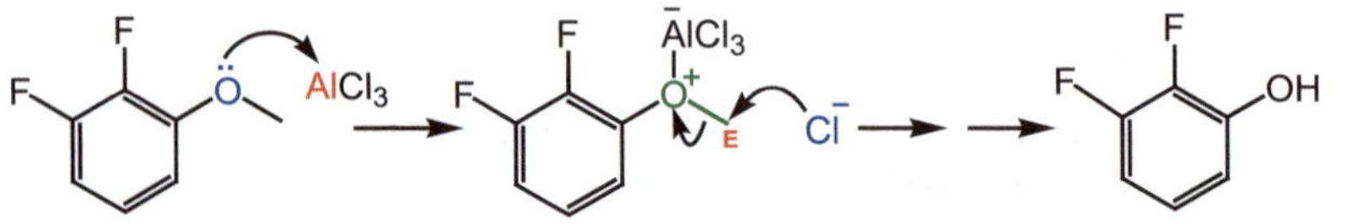

例 31：Blanc 氯甲基化反应是用聚甲醛和卤化氢在路易斯酸催化作用下，芳环上引入氯甲基的反应[5]：

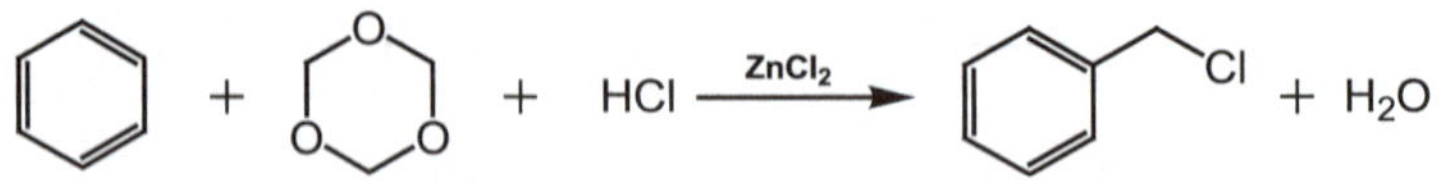

这是首先生成苄醇中间体，再经过催化氯代反应的过程。反应机理为[6]：

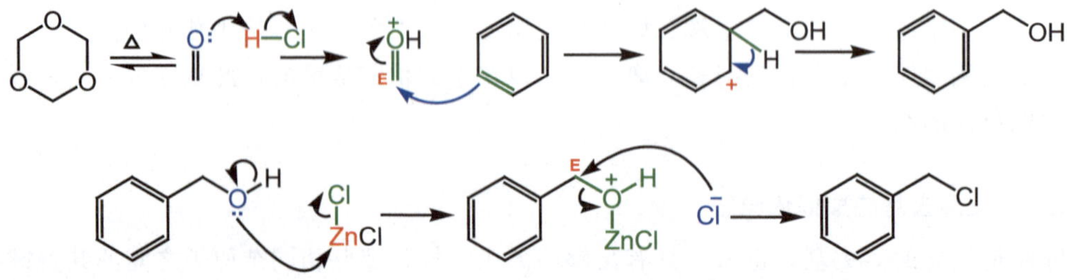

如果不采用路易斯酸而只用质子酸，则氯代反应不能完成。由此可见路易斯酸与质子酸的区别，路易斯酸具有相对较大的催化活性。

例 32：在二氯甲烷溶剂中，用三氯化铝催化糠醛溴化反应：

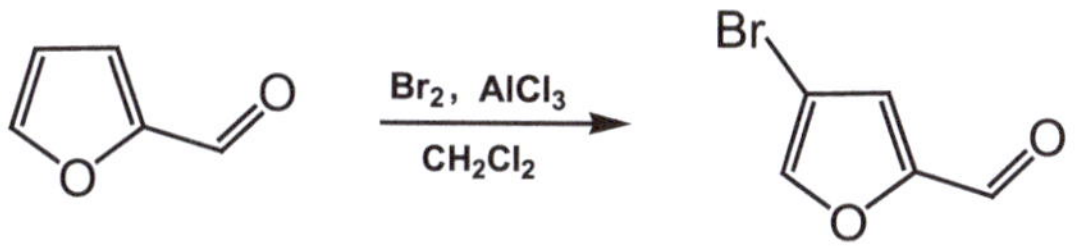

$$\text{糠醛} \xrightarrow[\text{CH}_2\text{Cl}_2]{\text{Br}_2, \text{AlCl}_3} \text{4-溴糠醛}$$

实验发现，不加催化剂就没有产物生成；加了三氯化铝反应部分发生；溴素过量 40% 反应完成；加酸性水溶液淬灭反应，二溴化物生成。

不加催化剂难以生成活性亲电试剂——溴正离子：

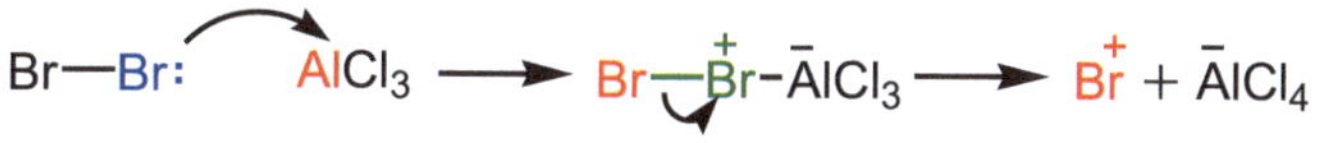

$$\text{Br—Br}: \quad \text{AlCl}_3 \longrightarrow \text{Br}\overset{+}{-}\text{Br}-\bar{\text{AlCl}}_3 \longrightarrow \text{Br}^+ + \bar{\text{AlCl}}_4$$

加了三氯化铝反应不完全，是路易斯酸，能够钝化亲核试剂：

增加溴素浓度，主反应速度加快：

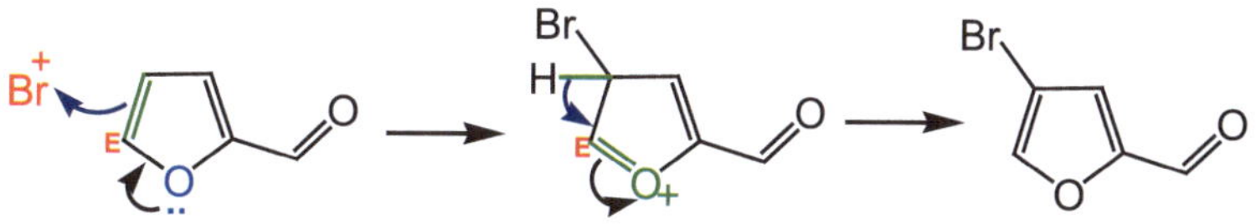

加入酸性水溶液淬灭，解钝了羰基与路易斯酸的络合：

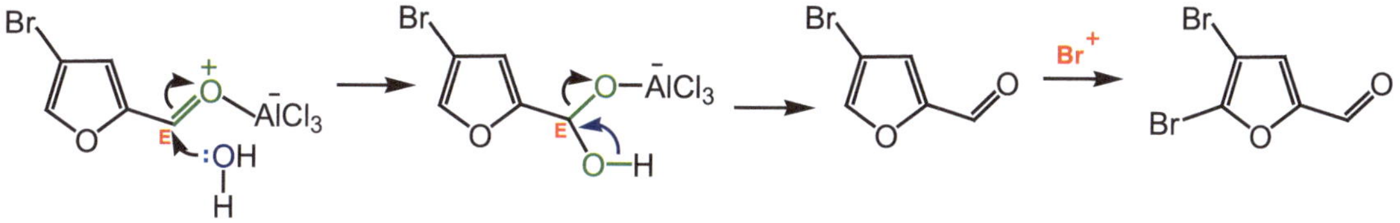

连串副反应的发生证明，采用质子酸催化甚至改用质子溶剂催化仍有可能发生反应：

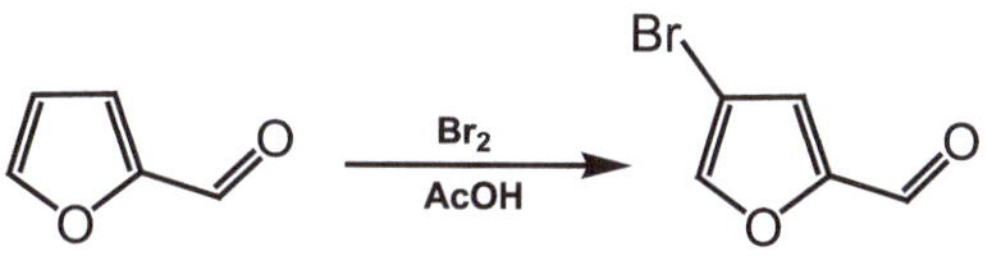

$$\text{糠醛} \xrightarrow[\text{AcOH}]{\text{Br}_2} \text{4-溴糠醛}$$

综上所述，若干亲电试剂是由酸催化作用生成的，若干弱亲电试剂也是由酸催化激活的，质子酸与路易斯酸均能催化亲电试剂的反应活性。亲电试剂的催化剂对于亲核试剂来说往往是反应的钝化剂，选择催化剂时应注意其对应关系和双重作用。

质子酸与路易斯酸的催化作用机理相似，差异是路易斯酸与孤对电子的共价键更牢固，其催化亲电试剂的活性也更强。

9.5 缺电子的不对称 π 键亲电试剂

不对称 π 键本身就是较强的离去基，因而其缺电子的一端也就成了亲电试剂。不对称 π 键，又可分为分子结构不对称与电子效应不对称两种。

9.5.1 分子结构不对称 π 键

所谓分子结构不对称 π 键指的是 π 键两端由不同电负性的元素构成，羰基 π 键就是分子结构不对称 π 键的典型代表，缺电子的羰基碳原子容易接受亲核试剂上一对电子成键，同时 π 键离去生成四面体结构：

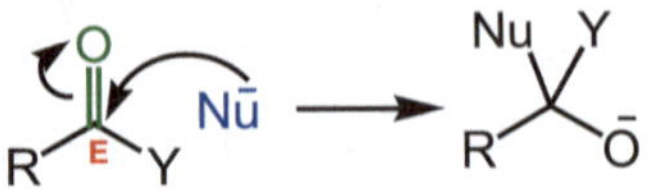

由此可见，羰基上的 π 键比羰基上的其它离去基 Y 更易离去，在亲核试剂与羰基碳原子成键时，并不是其它离去基 Y 率先离去，而是 π 键率先离去生成四面体结构，这就足以说明 π 键的离去活性相对更强。

例 33：邻三氯甲基苯甲酰氯与氯化氢的异构化反应：

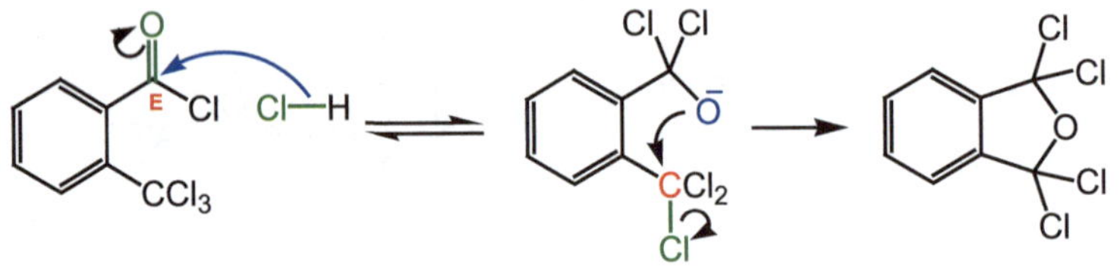

在氯负离子与羰基碳原子成键过程中，假设不是 π 键离去生成四面体结构的氧负离子，而是氯原子率先带着一对电子直接离去，则不会发生异构化反应。但实际结果与假设相矛盾，说明羰基 π 键比氯原子更易离去。

因此，在反应机理解析中，四面体结构的中间体不可省略，因为它直接反映了离去基的活性次序。

与羰基 π 键一样，亚氨基、氰基等 π 键也比较容易离去，在其 π 键缺电子的一端，碳原子同样体现出亲电试剂性质。但氰基上的氮碳原子之间的 π 键是在两个 sp 杂化轨道的元素间形成的，其键长相对较短，π 键的离去活性不如 sp^2 杂化轨道形成的羰基、亚氨基上的 π 键那样活泼，但仍能与活性较强的亲核试剂成键。

例 34：甲基氯化镁的 THF 溶液与五氟苯腈加成，再于酸性条件下水解生成了五氟苯乙酮：

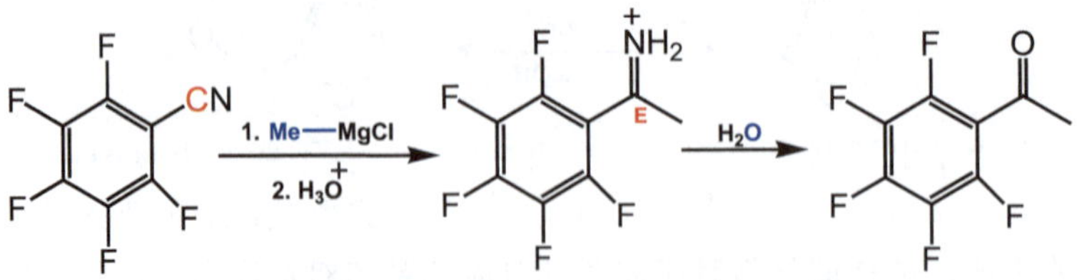

上述反应首先是格氏试剂为亲核试剂与亲电试剂氰基碳原子成键，然后水为亲核试剂与亲电试剂亚氨碳原子成键，两者均存在不对称 π 键的离去过程。

此类不对称 π 键包括但不限于异氰酸酯、硫氰酸酯、烯酮等，与亲核试剂成键时 π 键容易离去。

例 35：异氰酸酯作为亲电试剂能与胺、醇、水等亲核试剂成键。其中与胺类反应生成脲类化合物。反应机理为：

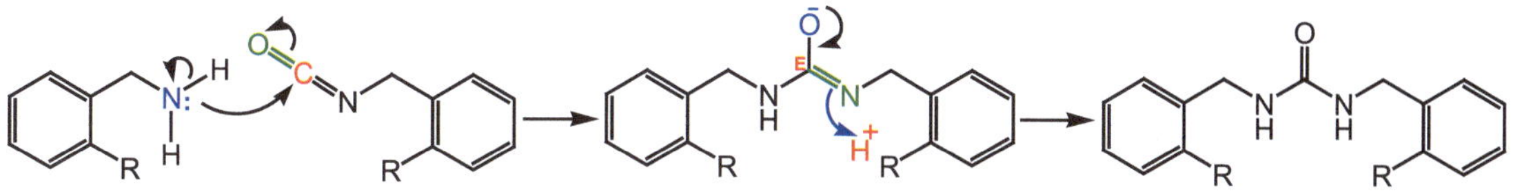

表面上看似乎是碳氮π键离去，而实际上首先离去的还是碳氧π键，因为碳氧π键的键长更长、极性更大而离去活性更强。

如前所述，我们将π键视作离去基去讨论不对称π键加成反应时，极性反应的三要素清晰可见。

9.5.1.1 羰基化合物的亲电活性

不同羰基化合物的亲电活性次序与羰基碳原子上的电子云密度相关。对于简单的羰基化合物如乙酰基化合物，通过其光谱数据就能比较出其羰基碳原子的缺电子程度[7]51-52。

从红外光谱数据中容易查找碳氧双键的伸缩振动频率，碳氧双键之间的电子云密度差越大，力常数就越大，羰基伸缩振动频率就越大，羰基碳原子的亲电活性也就越强。

从核磁共振氢谱数据中容易查找到羰基α-氢原子即甲基上氢原子的化学位移 δ_H 值，其所受羰基的诱导效应越大，其化学位移也就越大，说明羰基的亲电活性越强。

各种乙酰基化合物的亲电试剂活性比较如下[8-9]：

化合物	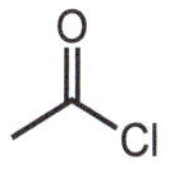 Cl	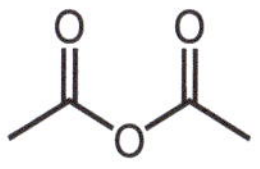 O-Ac	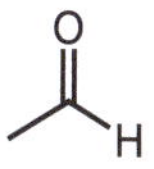 H	 Me	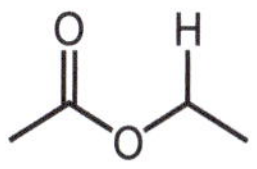 O-Et	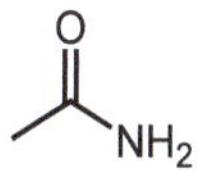 NH$_2$
甲基 δ_H	2.638	2.219	2.206	2.162	2.038	2.033
$\nu_{C=O}/cm^{-1}$	1806	1787	1733	1728	1740	1675

由此可见，羰基的亲电活性自左至右依次减弱。

但存在一个特例，就是乙酸乙酯上羰基伸缩振动频率较大，这与其亲电活性次序不符。然而这是由于乙基上氢原子与羰基氧原子之间存在着分子内空间诱导效应（参见本书 6.2 节）[7]56-74：

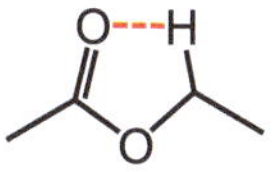

以上述羰基化合物的亲电活性为参照，其它羰基化合物，如光气、烯酮、异氰酸酯、氯甲酸酯、碳酸酯、氨基碳酸酯、尿素等，均可大致地估计其亲电活性次序。

乙酸的亲电活性接近或略低于乙酸乙酯，之所以未将其列出排序，是由于乙酸随物系内酸碱性的变化差异太大，其亲电活性次序：

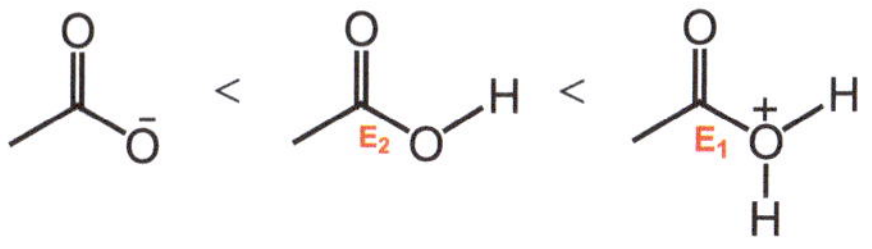

质子化乙酸的亲电活性很强，乙酸的亲电活性较弱，而乙酰氧基负离子已经不属于亲电试剂了。

缺电子的羰基若与芳烃成键，则羰基与芳环处于共轭状态，受诱导效应、共轭效应的影响，芳环不可避免地向羰基供电，因而减弱了羰基的亲电活性。因此所有芳香族羰基化合物的亲电活性都弱于脂肪族羰基化合物。如：

羰基的亲电活性与其 α-氢原子的化学位移相对应，因此不同芳基乙酮分子内的 α-氢原子的酸性即亲电活性不同。

例 36：苯乙酮与间氯苯乙酮分子内甲基氢原子的酸性不同，与格氏试剂的反应结果差异很大：

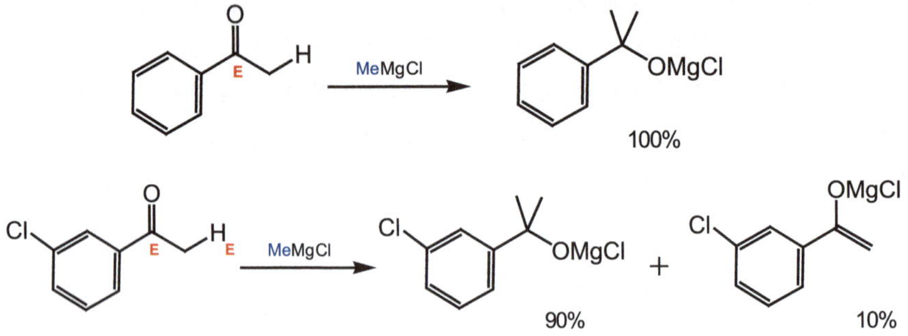

卤素是－I＋C 基团，是使芳环间位缺电子的基团，故间氯苯乙酮的甲基 α-氢酸性较强。

9.5.1.2 羰基的加成与消除

羰基碳原子为亲电试剂，羰基 π 键为离去基，亲核试剂与羰基碳原子成键生成四面体结构：

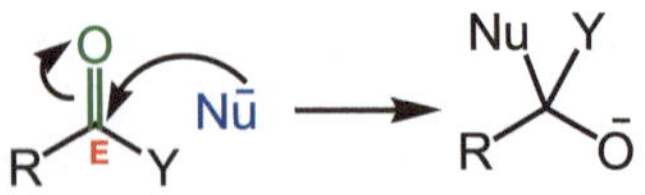

这个四面体结构生成的难易即反应速度严格遵循羰基的亲电活性：

酰氯＞酸酐＞醛＞酮＞酯＞酰胺

然而四面体结构的稳定性不同，π 键离去后生成的氧负离子是亲核试剂，原有的羰基碳原子仍然是亲电试剂，若该碳原子上的 Nu 或 Y 之一为离去基，则极性反应三要素具备，分子内的消除反应便不可避免：

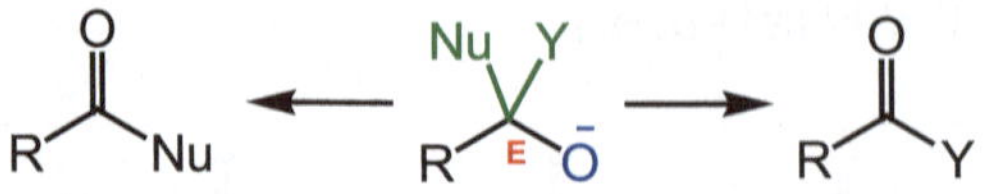

消除反应生成哪种结构取决于四面体结构上哪个基团的离去活性更强，且最强的离去基率先离去。

若在四面体结构上所有基团的离去活性均弱，如醛酮类与金属有机化合物成键，则氧负离子就不能再与原有羰基碳原子成键，只能与质子生成醇。此类四面体结构相对稳定。

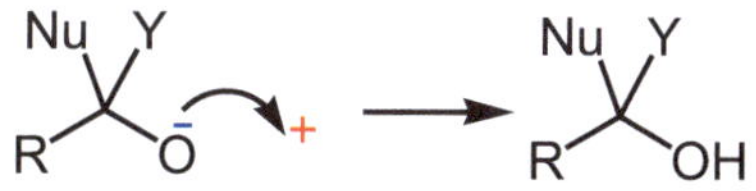

综上所述，将加成与消除视作两个各自独立的极性反应，就不难判断羰基上是否会发生反应和能否生成新的产物。

9.5.1.3 羰基加成与消除过程的物理化学特征

羰基碳原子的亲电活性排序，既表述了其与亲核试剂成键的难易，也体现了其与亲核试剂成键的速度。换句话说，此加成反应与羰基上其它离去基的活性无关，羰基与亲核试剂的加成是个仅由亲核试剂与亲电试剂活性决定的动力学控制过程。

例 37：Krapcho 脱羧反应，是氯负离子与 β-酮酯的反应[10]：

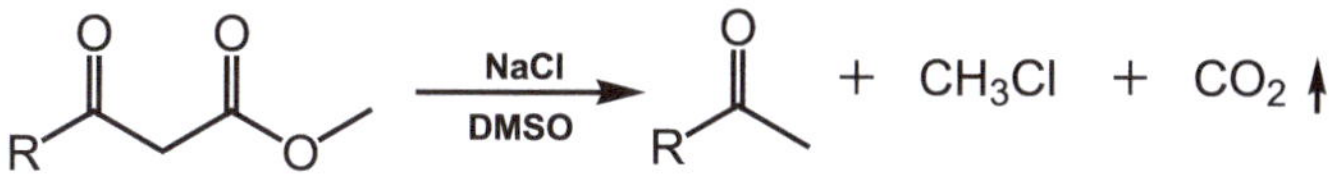

反应机理为[11]：

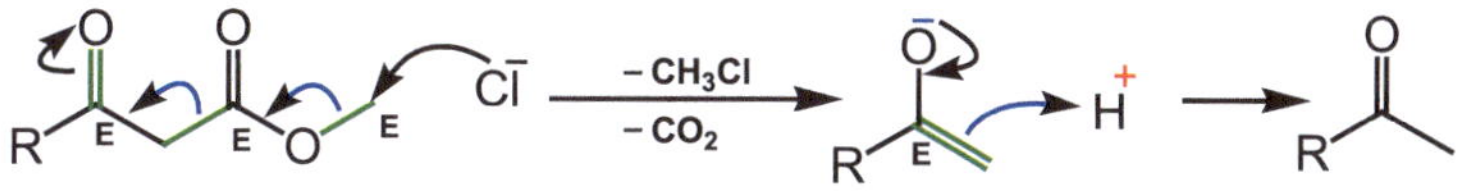

在分子内的所有三个亲电试剂中，甲基碳原子的亲电活性是最低的，在氯负离子与该甲基成键之前已经有两个加成与消除的平衡可逆过程发生。即：

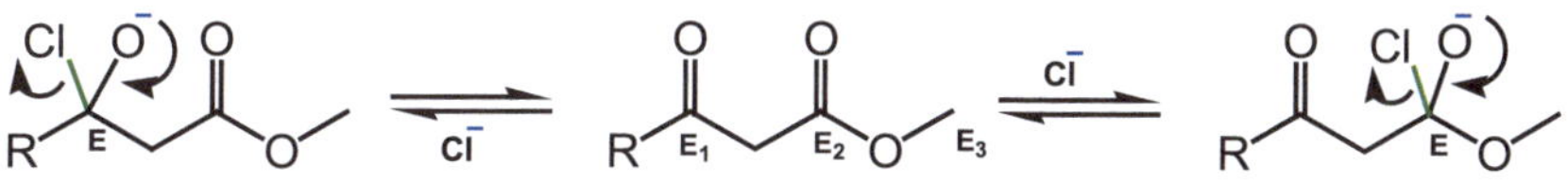

只不过都没有产物生成，这是因为在生成的四面体结构中三要素齐备，而作为亲核试剂的氯原子为最易离去的基团，因而发生逆反应返回到初始的原料状态，属于未见产物的反应过程。

因此，羰基化合物与亲核试剂能否生成产物不能反映亲核试剂或亲电试剂的活性强弱，而只能比较出离去基的活性强弱。

例 38：酮羰基与不同有机胺的反应产物讨论。

二甲胺与羰基加成后生成的四面体结构为：

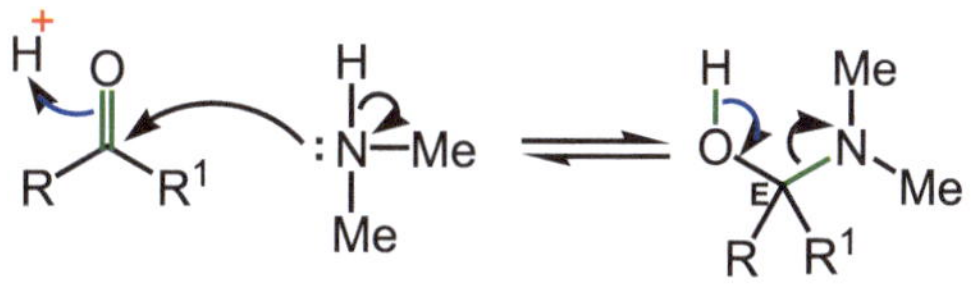

在四面体结构上，没有活泼氢的二甲胺基亲核活性较弱，属于具有活性的离去基；而带有活泼氢的羟基氧原子具有较强的亲核活性，此四面体结构容易发生可逆反应而返回到初始的原料状态。

单甲胺与羰基加成后生成的四面体结构为：

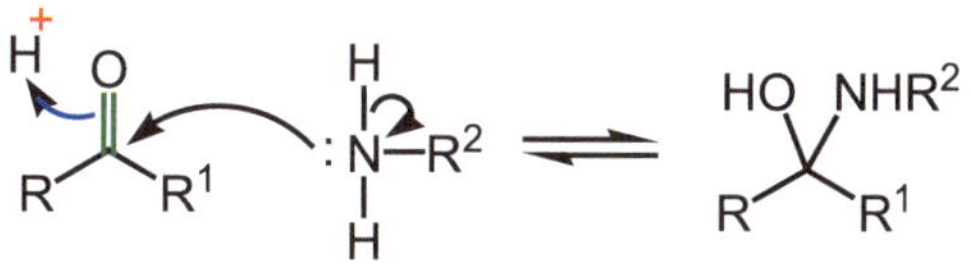

羟基与氨基均带有活泼氢，均属于较强亲核试剂，它们的电负性均大于原有的羰基碳原子，又均属于离去基。这是一个三要素齐备的不稳定结构：

$$\underset{R}{\overset{O}{\|}}\underset{R^1}{-} \longleftarrow \underset{R}{\overset{HO\ NHR^2}{|}}\underset{R^1}{-} \longrightarrow \underset{R}{\overset{NR^2}{\|}}\underset{R^1}{-}$$

只有离去活性相对较大的基团才会率先离去，中性条件下羟基的离去活性强于氨基，反应更容易向右进行。酸碱性影响羟基与氨基的离去活性次序，参见本书5.2节。

由此可见：四面体结构的消除过程能否发生，是由离去基相对活性决定的热力学控制过程。

9.5.2 电子效应不对称 π 键

所谓电子效应不对称 π 键，指的是烯烃 π 键的至少一端与吸电的 −I−C 基团成键，吸电基团的诱导效应 −I、共轭效应 −C 分别导致了 π 键电子云密度的减少和 π 电子的偏移，由此导致了 π 键的缺电子和其两端电子云密度的不对称。

9.5.2.1 缺电子的烯烃 π 键亲电试剂

烯烃本来属于富电体亲核试剂。但当其一端与强吸电基团（−I−C 基团）成键时，会降低烯烃 π 键的电子云密度；且烯烃 π 键上一对电子必然向缺电的 −I−C 基团方向偏移，远离吸电基团的一端的电子云密度便显著降低而成为缺电体——亲电试剂，亲核试剂与其成键时 π 键便可离去。

由此可见，由电子云密度减小的量变可以导致烯烃基团功能的质变。

例 39：Michael 加成反应是羰基与烯烃共轭体系为亲电试剂的典型案例。反应机理为：

例 40：以 4-氧代-4-苯基丁-2-烯酸乙酯和烷基胺为原料合成 2-烷氨基-4-氧代-4-苯丁酸乙酯。反应机理为：

一旦烯烃成为缺电体，其缺电子的一端就由原来的亲核试剂转化为亲电试剂，能够接受亲核试剂上一对电子成键，而 π 键协同地离去。

π 键离去过程是个协同进行的过程，亲电试剂在逐步得到来自亲核试剂的电子的同时降低了亲电试剂的电负性，即逐渐减小了对共价键 π 电子的控制能力，π 键便自然而然地离去了。

9.5.2.2 缺电子的芳烃 π 键亲电试剂

与烯烃类似，在芳烃上存在着 −I−C 的较强吸电基时，基团的诱导效应、共轭效应必然降低芳环的电子云密度，且受共轭效应分布作用的影响，基团邻对位的电子云密度达到最小。此处既属于缺电体而带有部分正电荷，又有易离去的π键，因而成为亲电试剂。若在此处还有其它更易离去的基团，此离去基就容易被亲核试剂取代。

例 41：Meisenheimer 反应是典型的缺电子芳烃上的取代反应[12]：

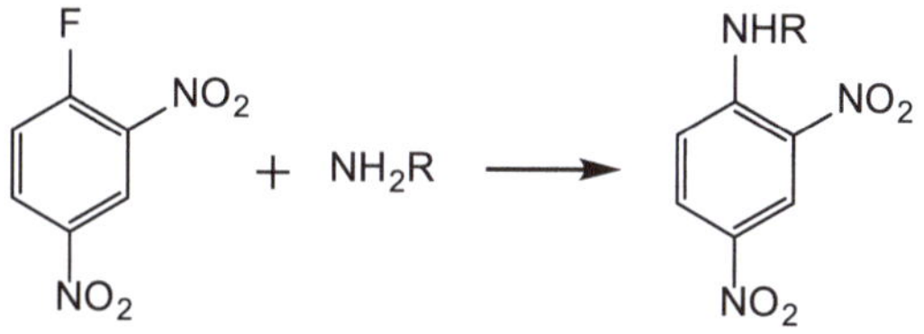

反应机理为[13]：

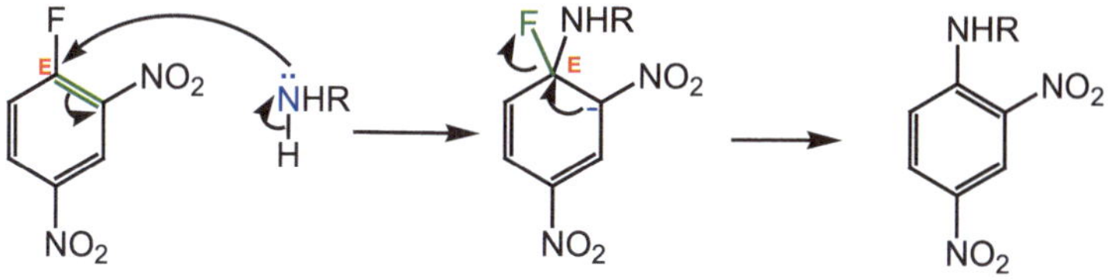

与羰基π键类似，芳烃π键缺电子的一端为亲电试剂，能与亲核试剂成键毋庸置疑，而与离去基是否存在无关。但若不存在比亲核试剂更具活性的离去基，则在亲核试剂与芳烃成键生成活性中间体后，往往又自身离去而返回到初始的原料状态，这又是一个平衡可逆、没有产物的反应过程：

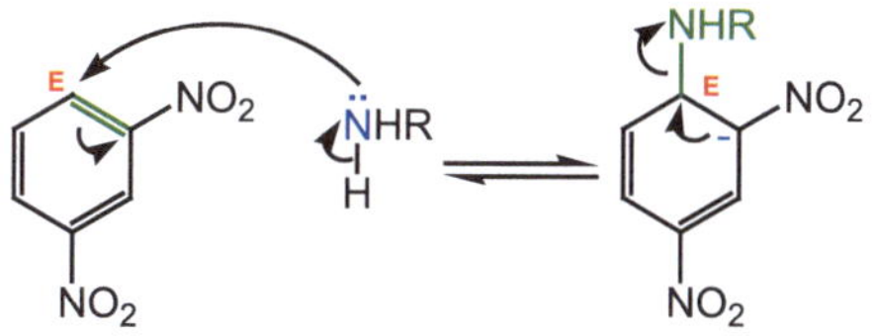

故在芳烃缺电子碳原子上有无离去基决定了反应进行的方向。若在缺电子位置存在着活性更强离去基，则反应的最终结果是离去基被亲核试剂取代；若不存在较强离去基，则反应进行至中间状态四面体结构，在后一步消除过程中亲核试剂自身离去，表观上未见化学反应发生。故反应是否生成产物，并不代表亲核试剂与亲电试剂的活性强弱，而只说明离去基与亲核试剂离去活性的相对强弱。

例 42：硝基苯邻、对位的氟氯交换反应，是一个以缺电子芳烃为亲电试剂的平衡可逆的反应。反应机理为：

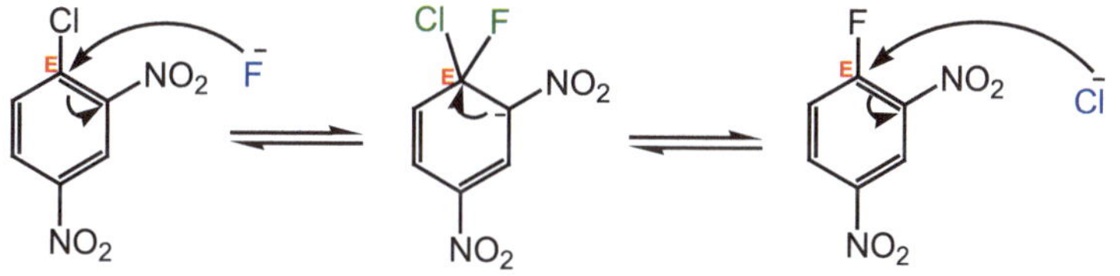

反应过程是生成同一活性中间体，具有相等的活化能，只不过氯原子的离去活性略强，因而反应主要方向是向右进行。

综上所述：缺电子芳烃π键的缺电子一端为亲电试剂，能与亲核试剂成键，这仅仅是由亲核试剂与亲电试剂的活性决定的动力学过程。而后续消除反应进行的方向，仅由离去基的相对活性这一热力学因素所决定。

9.6 两类亲电试剂的活性排序

除了具有空轨道的路易斯酸型亲电试剂具有很强的亲电活性之外，还有带有独立离去基的和带有不对称 π 键的两类亲电试剂，比较这两类亲电试剂的活性次序对于构思有机合成工艺路线具有重要意义。

在羰基上进行的加成与消除两个反应过程，是前后两个反应串联的复杂过程，且存在可逆进行和没有产物的反应过程，这为两种亲电试剂的活性比较增加了难度。

9.6.1 两类亲电试剂的活性比较

由于羰基碳原子的亲电活性体现在第一步加成反应上，如果能够剔除第二步可逆的消除反应，则比较两类亲电试剂的活性次序也就方便了。

这就需要选择一种通用型亲核试剂，它既能与具有独立离去基的亲电试剂成键，又能与羰基碳原子加成且不发生亲核试剂离去的消除反应，这也就剔除了可逆反应这一热力学因素，便容易比较不同亲电试剂的反应活性。金属有机化合物与单烷基取代胺均属此类。

为了比较不同类亲电试剂的亲电活性，首先应使反应体系处于足够低的温度下，不具备两个以上化学反应发生的条件，在缓慢升温过程中依次地、逐一地满足各个不同反应发生的条件，则先与亲核试剂生成产物的亲电试剂，其亲电活性相对较高，即反应活化能相对较低。

按照上述方法，以金属有机化合物或单烷基取代胺为亲核试剂分别与 α-卤代乙酰乙酸乙酯分子上各亲电基团依次成键，则各种缺电子的碳原子亲电活性排序为[7]102：

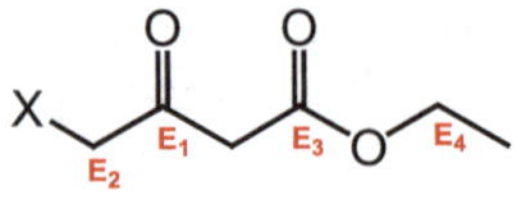

$$X-E_2-\overset{O}{\underset{E_1}{C}}-CH_2-\overset{O}{\underset{E_3}{C}}-O-E_4$$

这样确认的亲电试剂活性次序，符合反应过程的客观规律。

例 43：Pechmann 缩合反应，是在路易斯酸催化下苯酚与 β-酮酸酯缩合生成香豆素的反应[14]303：

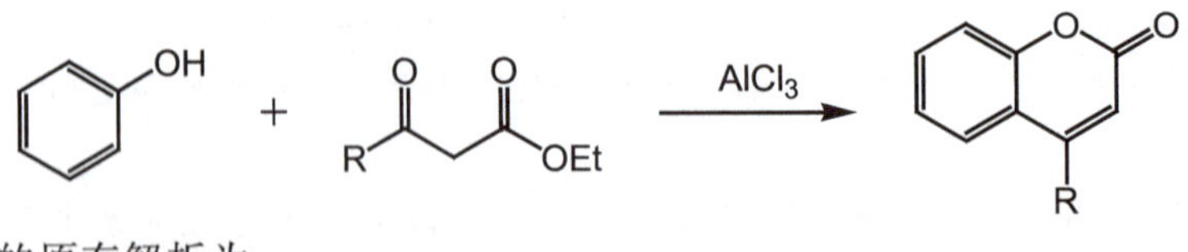

反应机理的原有解析为：

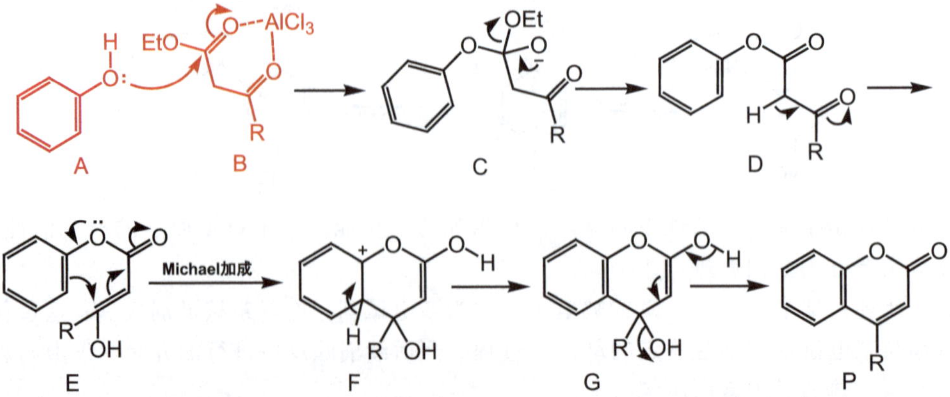

上述机理解析违背了亲电试剂的活性次序。首先，酚羟基上的氧原子只是分子内的亲核试剂之一，其邻对位也是富电体——亲核试剂，且在酸性条件下邻对位的亲核活性相对较强。其次，在 β-酮酸酯分子内，酯羰基的亲电活性不及酮羰基。

根据亲核试剂、亲电试剂活性次序，Krapcho 脱羧反应机理解析如下：

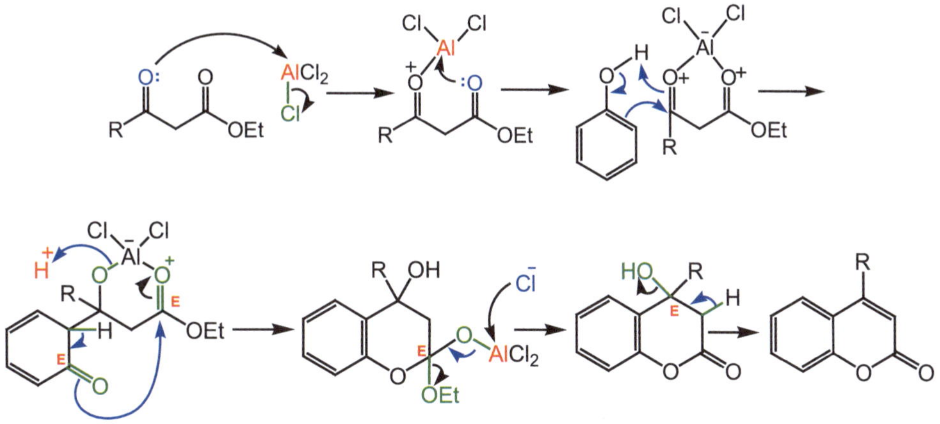

例 44：试判断下述合成工艺的可行性：

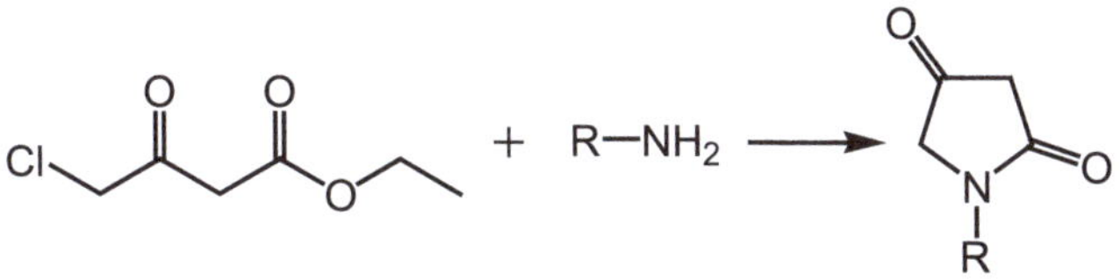

根据亲电试剂的活性次序，酮羰基碳原子的亲电活性最强，反应机理为：

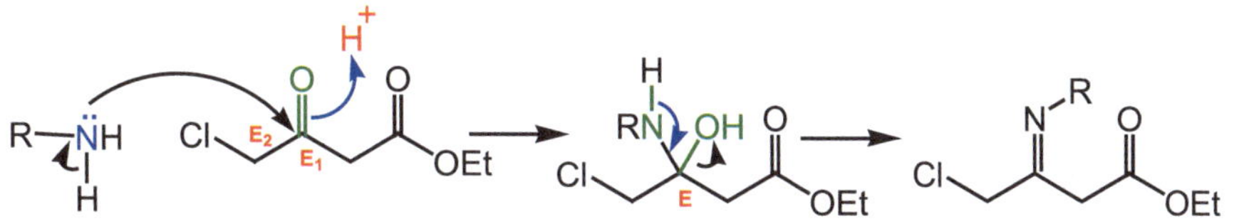

若以二烷基胺为亲核试剂，与酮羰基加成反应可逆地返回，只能与第二活性的卤碳原子成键，这是由亲电试剂活性排序决定的：

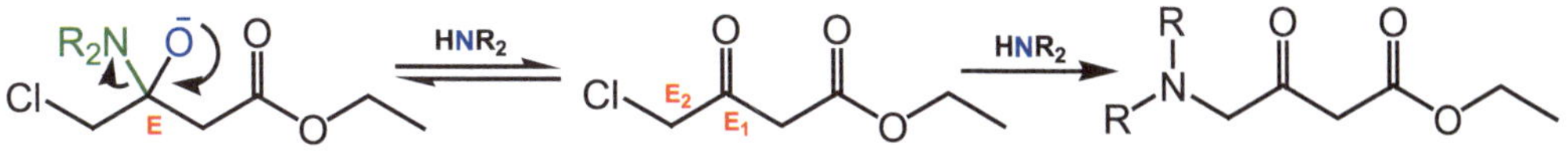

由于亲核试剂与酮羰基优先生成半缩胺型不稳定的活性四面体，在氧负离子重新与羰基碳原子成键时二烷基胺又离去了，因而没有产物生成。故亲核试剂只能与活性次之的亲电试剂成键而生成产物。

9.6.2 共轭效应对羰基亲电活性的影响

不同亲电试剂的相对活性不是一成不变的，它会受分子内诱导效应、共轭效应的影响而变。如，羰基与其 α-卤（氯、溴）碳原子的相对亲电活性依分子结构的不同而不同[7]102：

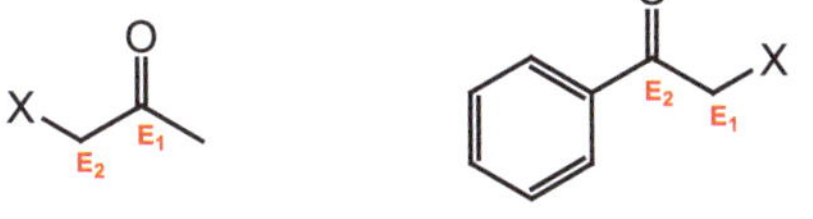

这是由于与羰基共轭的芳烃向羰基供电，此消彼长的结果使羰基碳原子的亲电活性弱于卤碳。由于分子结构的复杂性，若干亲电试剂的活性是难于排序的，而只能通过实验比较。

例 45：Bischler-Möhlau 反应，是以 α-溴代苯乙酮和过量的苯胺为原料加热合成 2-苯基吲哚[15]：

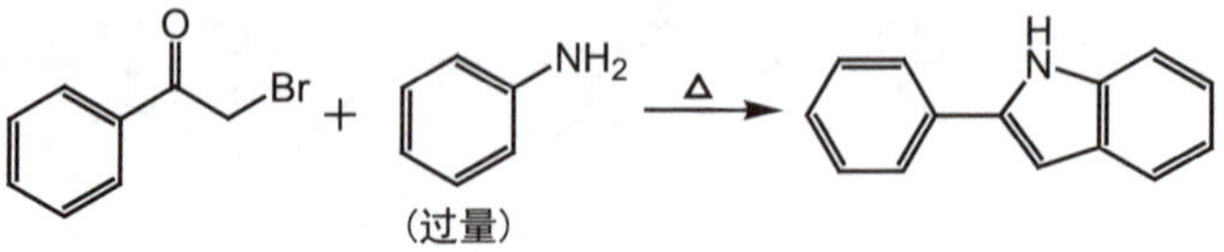

有文献对 Bischler-Möhlau 反应机理解析为[14]38：

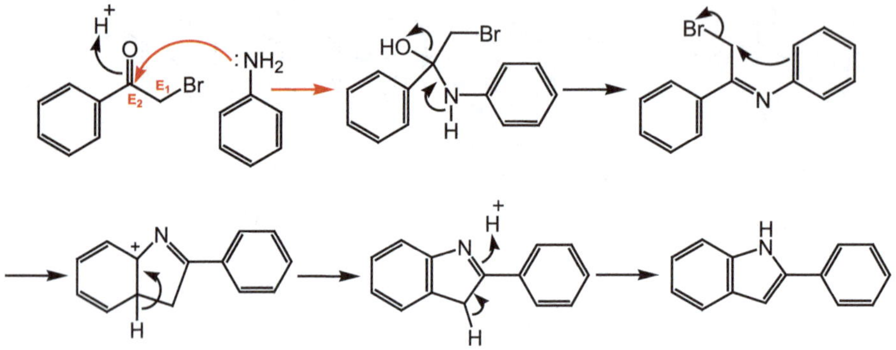

该机理解析存在两个不合理之处：其一是两个亲电试剂的活性次序反了，卤碳原子的亲电活性应强于芳酮上羰基碳原子[16]；其二是没有解析苯胺过量这一必要条件。

所以 Bischler-Möhlau 反应机理应为[7]212-213：

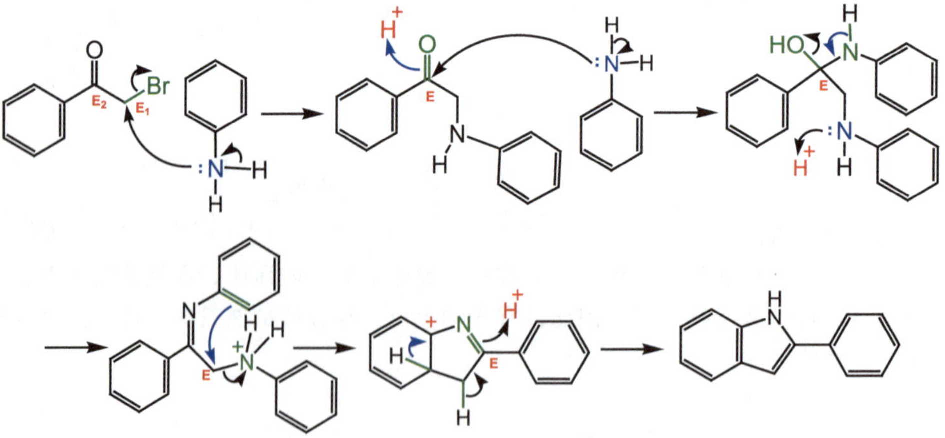

例 46：Perkow 反应，是以卤代酮和亚磷酸三酯为原料合成磷酸烯醇酯[14]：

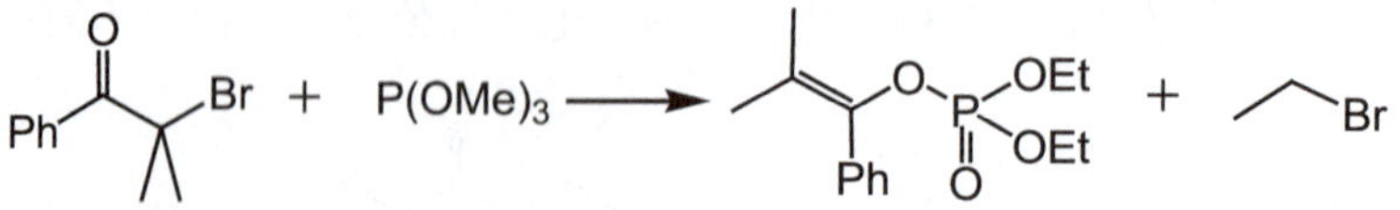

有文献解析的反应机理为[17]：

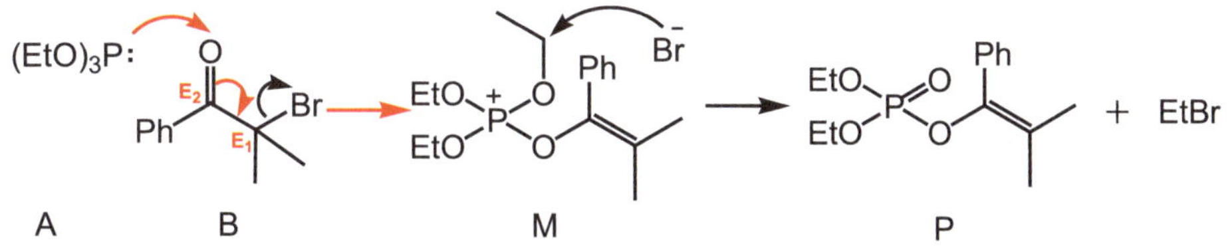

该机理解析明显有误。其一，羰基氧原子不可能是亲电试剂而只能是离去基，反应不可能发生在两个亲核试剂之间。其二，卤碳比芳酮的亲电活性更强，应是最活泼的亲电试剂。故上述反应的机理应为：

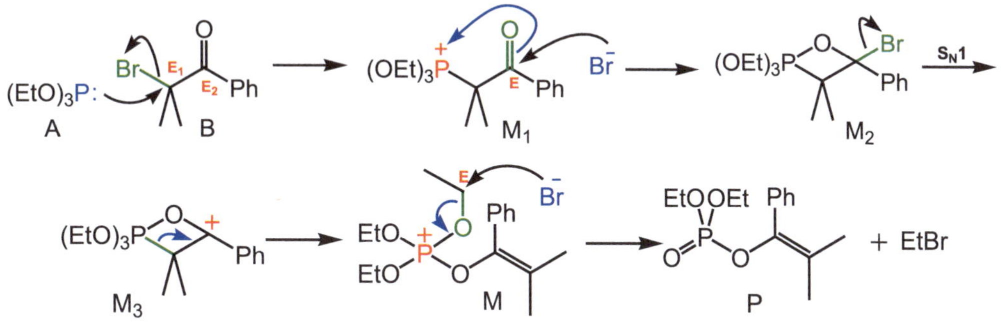

9.7 碳氢亲电试剂的差别

从广义上说，所有缺电子的元素均属于亲电试剂。但缺电子的氢原子与其它缺电子元素有差异。缺电子的氢原子主要表现为酸性特征，更易与碱性强的亲核试剂成键；而其它缺电子元素主要表现为亲电试剂，容易与其成键的亲核试剂不仅与碱性相关，还与可极化度相关。

9.7.1 碳氢亲电试剂的活性比较

前已述及，在卤代乙酰乙酸乙酯分子内存在着 4 个缺电子的碳原子，它们的亲电活性次序为：

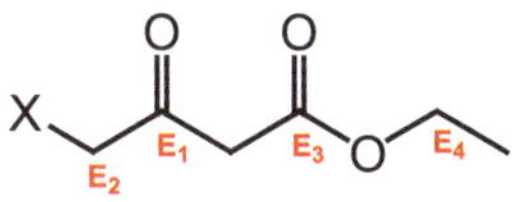

这里并未将所有亲电试剂活性排序出来，仅排序了碳原子的亲电活性，而未将缺电子氢原子的亲电活性排序其中。原因在于缺电子氢原子与缺电子碳原子不同，它们虽为广义上的亲电试剂，但与不同亲核试剂成键时往往体现不同的活性：碱性指的是与缺电子氢原子成键的难易，而亲核活性指的是与缺电子碳原子及其它缺电子元素成键的难易。与缺电子氢原子成键的难易仅与基团的碱性相关，而与缺电子碳原子成键的难易则不仅取决于基团的碱性强弱，还与基团的可极化度相关。

例如：钠氢中的负氢，由于可极化度太小，只是强碱，而不是亲核试剂；丁基锂为强碱，但其亲核活性并不太强。再如：碘负离子难与羰基 α-氢原子成键，而容易与羰基加成；在硫脲分子内硫基的碱性弱于氨基，但硫基的亲核活性强于氨基；等等。

一个典型的例子就是卤代乙酰乙酸乙酯分子内的亲电试剂，除了四个碳原子外还有亚甲基上的活泼氢。氢化钠的碱性极强，但因其可极化度极小而并不具有亲核活性，只能与卤代乙酰乙酸乙酯分子内亚甲基上的氢原子成键。各种烷氧基与活泼氢成键难易严格遵循碱性次序：

$$\text{叔丁氧基} > \text{异丙氧基} > \text{乙氧基} > \text{甲氧基}$$

而与卤代乙酰乙酸乙酯分子内缺电子的碳原子的反应活性次序则完全相反：

$$\text{叔丁氧基} < \text{异丙氧基} < \text{乙氧基} < \text{甲氧基}$$

这就是为什么人们往往宁愿用价格偏贵的强碱性的乙醇钠而不用比较廉价的甲醇钠来催化亚甲基亲核试剂：

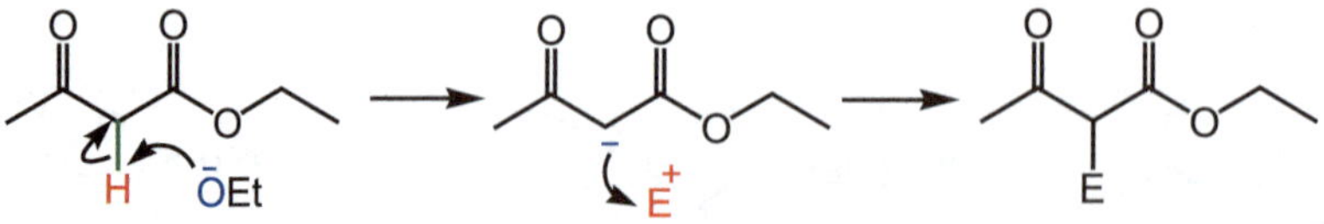

在生产实践中，人们往往采用甲醇钠与乙醇钠的混合碱来催化亲核试剂，就是综合其亲核活性、碱性与原料成本的平衡结果。

9.7.2　两可亲电试剂的选择性

在 9.3 节中提及，碳正离子若与 π 键共轭，则发生共振生成异构体，我们称此类亲电试剂为两可亲电试剂。除此之外，两可亲电试剂还包括但不限于如下几种。

9.7.2.1　与 π 键共轭的单线态卡宾

单线态卡宾与 π 键共轭属于 p-π 共轭体系，容易发生分子内共振，为两可亲电试剂。

例 47：以 2-氟-4-溴苯酚为原料合成 2-氟-4-溴三氟甲氧基苯的过程中发现有 2-氟-6-溴三氟甲氧基苯异构体生成：

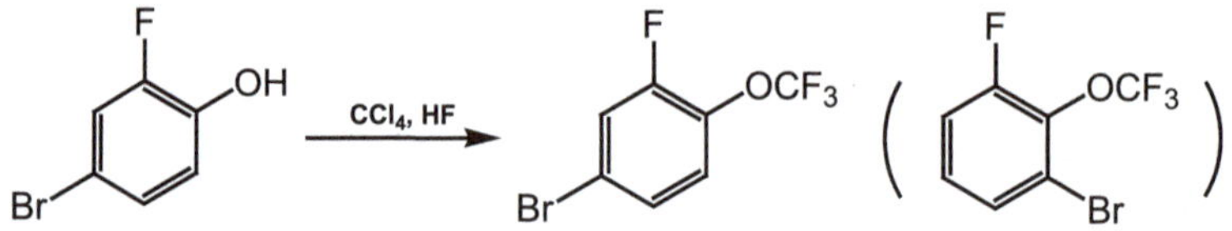

由于初始原料在加热条件下不稳定而发生重排反应产生异构体：

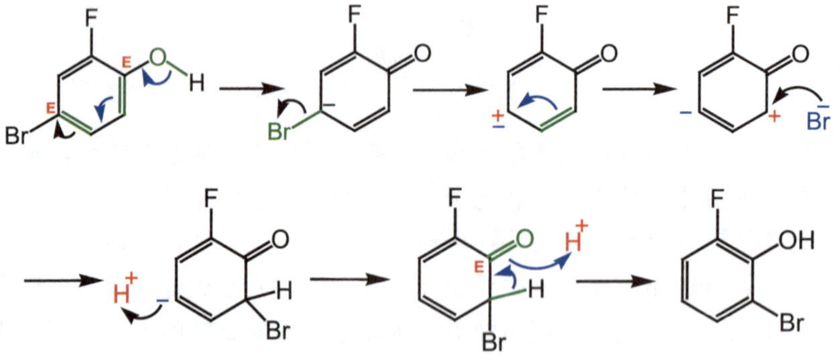

只要碳正离子的空轨道与 π 键共轭，共振就不可避免，因而此类碳正离子便属于两可亲电试剂。

9.7.2.2　烯丙基结构的缺电体

除了这种 p-π 共轭的碳正离子之外，所有与 π 键共轭的亲电试剂均为两可亲电试剂，如烯丙基结构等。

例 48：Meisenheimer [2,3]-σ 重排反应机理解析为：

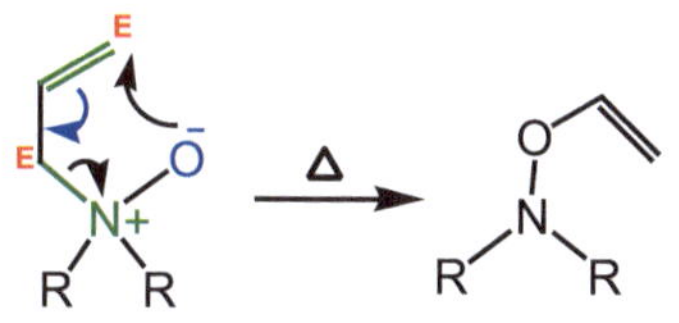

初始反应物分子内存在着烯丙位的两个亲电试剂位置，均可与亲核试剂成键：

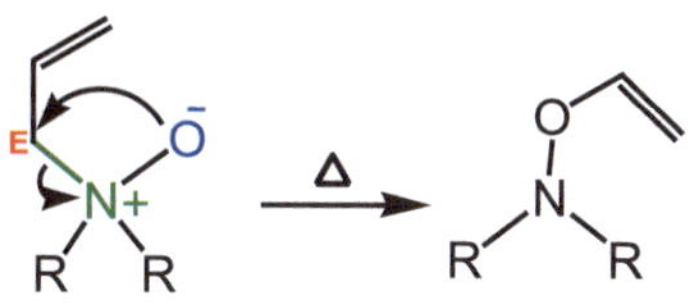

只不过如上两个反应生成同一产物而难以区别。

9.7.2.3 羰基碳原子与 α-氢原子

在含有 α-氢原子的羰基化合物分子内存在着羰基碳原子与 α-氢原子两个亲电试剂，且当其中一个与亲核试剂成键后另一个亲电试剂的活性消失，故羰基碳原子与 α-氢原子属于两可亲电试剂。

此类两可亲电试剂均可与碱性亲核试剂成键，反应选择性与亲核试剂有关。碱性强的优先与 α-氢原子成键，亲核活性强的优先与羰基碳原子成键。

此类亲电试剂的烯醇式共振结构，又是两可亲核试剂：

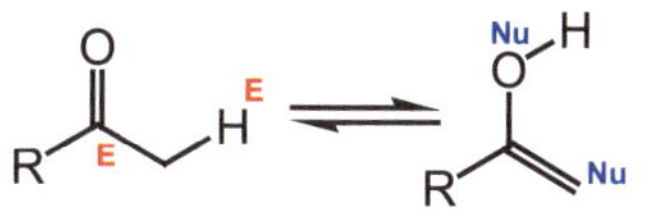

在用碱与 α-氢原子成键来催化碳负离子生成时，碱性亲核试剂也可能与羰基碳原子成键，加成反应也可能发生：

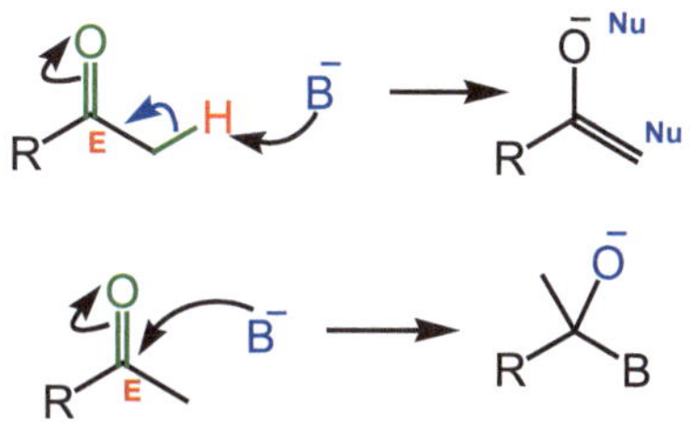

因此不同碱的催化效果不同，其区别往往在于碱与羰基化合物是否存在加成反应。

例 49：甲醇钠催化甲基酮与醛的缩合反应：

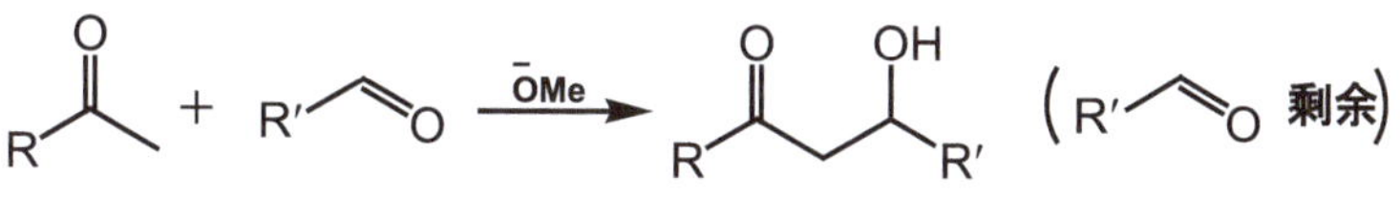

实验发现：无论甲基酮与甲醇钠过量多少，总有 10% 的醛类化合物。该反应的机理如下：

该反应的亲核试剂是甲基酮，亲电试剂是醛基碳原子，由于反应不可逆，因此在酮与碱过量条件下就不应有未反应的醛，唯一的可能就是亲电试剂——醛不存在了，在该反应体系中碱与醛羰基加成生成了相对稳定的半缩醛：

反应产物经酸化步骤处理时，半缩醛又重新转化成了醛：

解决方法有两种：一方面选择碱性较强而亲核活性较弱的碱，如氢化钠，使其不与羰基碳原子成键；另一方面选择离去活性更强的碱，如叔丁醇钾、三烷基胺类等，即便与羰基碳原子成键了，也不能稳定地存在而再度离去。

半缩醛、半缩酮的生成可导致两种不良后果：一种是如前所述的这种半缩醛的生成使羰基亲电试剂活性消失，影响反应转化率；另一种是半缩醛、酮的生成使其不能烯醇化，因而羰基 α-位的亲核试剂活性消失，同样影响转化率，参见 5.2 节。

9.8 本章要点总结

① 概括了所有具有空轨道的基团，包括但不限于杂正离子、碳正离子、质子、路易斯酸，均为活性亲电试剂，容易接受一对电子成键；非碱金属阳离子、金属外层空轨道、可利用 d 轨道的第三周期以上缺电子元素，也具有路易斯酸的性质，可能接受一对电子成键。

② 概括了缺电子元素若与一个较大电负性的离去基成键，则缺电子元素即为亲电试剂，在离去基协同离去时与亲核试剂生成新键。

③ 揭示了缺电子 π 键的缺电子一端可接受一对电子成键，而 π 键协同地离去。此类 π 键包括但不限于缺电子烯烃、缺电子芳烃、羰基碳原子等。在亲电试剂与 π 键共轭条件下，此亲电试剂的共振位置也可能共振成为亲电试剂，此种结构为两可亲电试剂。

④ 揭示了两种正离子的区别。具有空轨道的正离子为亲电试剂，而不具有空轨道的正离子为离去基，季铵盐分子内的氮正离子就是典型的离去基。

⑤ 概括了碳正离子较强的电负性与极强的亲电活性。作为极强的亲电试剂能与所有的亲核试剂成键，特别是能够吸引其 α-位的 σ 键成键，缺电子重排与卡宾重排就是其亲电活性的体现，卡宾重排就是缺电子重排的延伸。

⑥ 讨论了亲电试剂的结构特点，分析了亲电试剂的反应活性，比较了不同亲电试剂的活性，解析了两可亲电试剂对于转化率、选择性的影响。

参考文献

[1] Michael B. Smith, Jerry March. March 高等有机化学——反应、机理与结构. 李艳梅, 译. 北京: 化学工业出版社, 2009.
[2] 汪秋安. 高等有机化学. 北京: 化学工业出版社, 2004: 89.
[3] 邢其毅, 裴伟伟, 徐瑞秋, 等. 基础有机化学. 3版. 北京: 高等教育出版社, 2005: 273.
[4] Mohlau R. Ber. Dtsch. Chem. Ges., 1881, 14: 171.
[5] Blanc, G. Bull. Soc. Chim. Fr., 1923, 33: 313.
[6] 陈荣业, 张福利. 有机人名反应机理新解. 北京: 化学工业出版社, 2020: 32-33.
[7] 陈荣业. 分子结构与反应活性. 北京: 化学工业出版社, 2008: a, 51-52; b, 56-74; c, 102; d, 212-213.
[8] 孙喜龙. 基团电子效应定量计算研究. 张家口师专学报(自然科学版), 1992 (2): 27-30.
[9] 朱淮武. 有机分子结构波谱解析. 北京: 化学工业出版社, 2005: 42-49.
[10] Krapcho A. P., Glynn G. A., Grenon B. J. Tetrahedron Lett., 1967: 215.
[11] Baylis A. B., Hillman M. E. D. Ger. Pat. 2155113, 1972.
[12] Meisenheimer J. Justus Liebigs Ann. Chem., 1902, 323: 205.
[13] Sepulcri P., Goumont R., Halle J. C., et al. Chem. Commun., 1997: 789.
[14] Jie Jack Li. 有机人名反应及机理. 荣国斌, 译. 上海: 华东理工大学出版社, 2003: a, 303; b, 38.
[15] Möhlau R. Ber. Dtsch. Chem. Ges., 1881, 14: 171.
[16] Leemann A. K., Engel J. Pharmaceutical Substances. 4th Edition. 2000, 83: 254.
[17] Janecki T., Bodalski R. Heteroat. Chem., 2000, 11: 115.

第10章

离去基

除了路易斯酸之外的亲电试剂并没有空轨道,不能直接接受一对电子成键。绝大多数亲电试剂的空轨道是在亲核试剂与亲电试剂相互吸引、接近、成键过程中离去基协同地离去而腾出来的,即亲核试剂与亲电试剂成键与离去基离去"腾出"空轨道是协同进行的。正如极性反应通式所描述的:

$$\text{Nu}^- + \text{E}—\text{Y} \longrightarrow \text{Nu}—\text{E} + \text{Y}^-$$

离去基 Y 之所以能够带着一对电子离去,是因为其电负性显著大于亲电试剂 E,共价键上一对电子向离去基方向偏移,至少在亲核试剂靠近亲电试剂的瞬间是如此。

根据 Sanderson 电负性均衡原理[1],在离去基从亲电试剂上离去的整个过程中,其与亲电试剂的电负性总是相等的。而在该过程中离去基的负电荷逐渐增加,电负性逐步减小,由此推论亲电试剂与离去基一样电负性也是逐步减小的。

另外,亲核试剂在与亲电试剂成键过程中,其负电荷逐渐减少,电负性逐步增加。由此推论亲电试剂与亲核试剂的电负性一样也是逐步增加的。

仅从离去基与亲核试剂各自在极性反应过程中的电负性变化难以推断亲电试剂电负性的变化,因为两者有增有减。这是由于在极性反应的过程中,亲电试剂上相当于存在两个不完整的共价键,且两者之和相当于整个共价键,因此可将亲电试剂的基团电负性视作其与离去基和亲核试剂这两者的电负性之和,且亲电试剂总的电负性变化趋势取决于亲核试剂与离去基的相对电负性。

按此推理,当亲核试剂逐步靠近亲电试剂并与其成键的过程,既是亲电试剂对于离去基的电负性减小的过程,也是亲电试剂对于亲核试剂电负性增加的过程。换句话说,亲核试剂对于亲电试剂的供电减小了亲电试剂对于离去基的电负性。

10.1 离去基的三种类型

除了路易斯酸与孤对电子的直接络合之外,所有的极性反应均经历了离去基离去过程,因为只有离去基离去而腾出空轨道,才能容纳亲核试剂上的一对电子进入而成键。换句话说,没有离去基就没有极性反应发生,因为离去基与亲电试剂是相互依存的一对,两者均以另一方存在作为自身存在的前提条件,两者之间共价键上一对电子偏向于电负性较大的离去基一方,至少在反应的瞬间是如此。

化学热力学是研究化学反应方向与限度的，化学反应向哪个方向进行和完成到何种程度归根结底均取决于离去基的相对活性与平衡转移。离去基的形式可大致分成三种类型。

10.1.1 独立存在的离去基

所谓独立存在的离去基，就是与亲电试剂以 σ 键成键的较大电负性基团。在极性反应通式中，亲核试剂与亲电试剂成键的同时，离去基带着一对电子离去。离去基离去后带有一对电子，也就具有亲核试剂的功能，可能转化成为另一种亲核试剂，其亲核活性因结构不同而异。

若与亲电试剂成键后的亲核试剂仍然具有相对较大的电负性，成键后还能转化为离去基，则在整个极性反应通式内就存在两个亲核试剂和两个离去基，可能存在两个方向反应的竞争与平衡：

$$\text{Nu}^- + \text{E}-\text{Y} \rightleftharpoons \text{Nu}-\text{E} + \text{Y}^-$$

在上述平衡进行的反应过程中，总是离去活性较强的离去基优先离去。

(1) 离去基的离去活性远强于亲核试剂的离去活性

若离去基的离去活性远强于亲核试剂的离去活性，反应能够进行到底。

例 1：若干极性反应的离去基举例[2-3]：

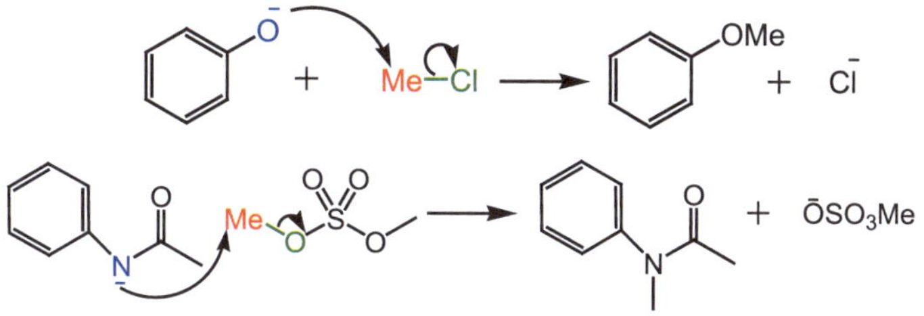

氯原子、硫酸根、磺酸根的离去活性均远强于亲核试剂的离去活性，反应能够进行到底。

(2) 离去基与亲核试剂的离去活性相差不大

若离去基与亲核试剂的离去活性相差不大，反应平衡可逆。离去基离去后又转化成亲核试剂，且与亲电试剂成键的亲核试剂又具有离去基性质，新键生成后原有的亲核试剂与离去基就互换功能了，逆反应便可能进行。如果新键与旧键的离去基活性接近，则反应处于平衡状态。

例 2：卤代烷烃上卤原子交换的 Finkelstein 反应[4]，也是经过同一中间状态、具有相等活化能的平衡可逆反应：

此可逆平衡反应的同一活性中间状态，就是亲电试剂处于 sp^2 杂化的平面结构，亲核试剂与离去基分列两侧与平面垂直：

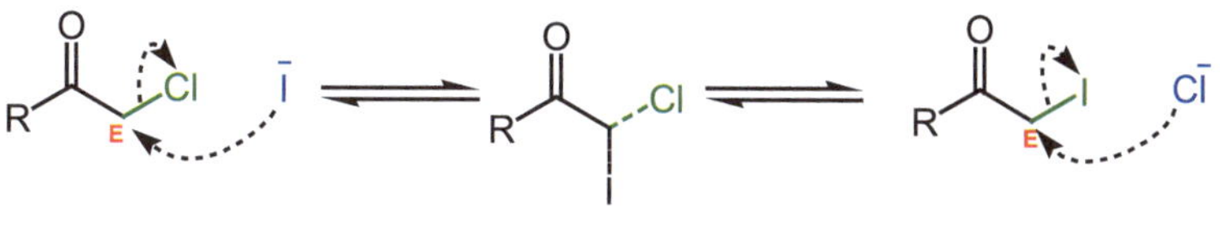

为了使反应平衡向生成较多碘化物方向移动，碘化钠必须过量，同时采用丙酮溶剂以使氯化钠结晶析出。

（3）离去基离去活性远小于亲核试剂的离去活性

若离去基的离去活性远小于亲核试剂的离去活性，则宏观上没有产物生成。在极性反应通式中，若 Nu 的离去活性远大于 Y，一定是未见产物的反应。由于亲核试剂 Nu 比离去基 Y 的离去活性更强，离去基 Y 离去后又作为亲核试剂重新回到原位，而原有亲核试剂 Nu 只能离去而返回到初始的原料状态。这从宏观上相当于没有化学反应发生，而在微观上相当于反应进行了多次往返。

例 3：碘化钾与 N,N-二甲基苄胺的反应过程。

碘负离子为强亲核试剂，苄基上的亚甲基碳原子受二甲氨基与芳基双重诱导效应的影响属于缺电体——亲电试剂，二甲氨基上氮原子的电负性强于苄基碳原子而属于离去基，这个极性反应可能发生，至少在较高温度下是如此。

然而即便这个反应发生了，苄基上碘原子又是更强离去基，离去活性远强于二甲氨基，二甲氨负离子又是较强的亲核试剂，势必重新与苄基碳原子成键，逆向反应更容易进行：

这就相当于生成的产物不稳定而重新返回到初始的原料状态，宏观上没有产物生成。正是由于碘负离子既具有较强的亲核活性又具有较强的离去活性，因而常作为极性反应的催化剂。

10.1.2 不对称 π 键离去基

不对称 π 键缺电子的一端是典型的亲电试剂，这是 π 键的离去活性更强的缘故。同独立的离去基类似，不对称 π 键的离去也分为三种：不可逆离去、离去平衡与并未离去。下面以最为典型性的羰基化合物为例讨论。

（1）负碳、负氢亲核试剂与醛、酮羰基加成

负碳、负氢亲核试剂与醛、酮羰基加成，反应能够进行到底。这是由于碳、氢亲核试剂亲核活性很强，容易与羰基亲电试剂成键。

例 4：甲基氯化镁与酮羰基的加成反应，能够发生且能进行到底：

这是由于碳、氢亲核试剂电负性小于羰基碳原子，因而不具有离去基性质。虽然离去的氧负离子的亲核活性仍在，倾向于与羰基碳原子再次成键，但由于碳原子上已经没有离去基，因而此反应只能停留在加成反应阶段，不具备再发生消除反应的条件。

（2）低级烷氧基、氨基、羟基与醛、酮羰基加成

低级烷氧基、氨基、羟基与醛、酮羰基加成，反应处于平衡状态。这是由于：低级烷氧基、氨基的亲核活性较强，能与羰基碳原子成键；它们的离去活性较弱，并不容易离去；此类离去基本身就是亲核试剂，并未离开反应系统。

例 5：醛与醇钠在低温条件下反应，生成部分半缩醛结构，反应处于可逆平衡：

人们说半缩醛、半缩酮、半缩胺、水合醛等不稳定，其实它们在不稳定的化合物中还是相对稳定的，毕竟我们能从反应体系内检测到它们的存在。半缩醛、酮类化合物相对稳定，源于其离去活性不强，只有在酸性条件下才容易离去，因此返回到初始的原料状态：

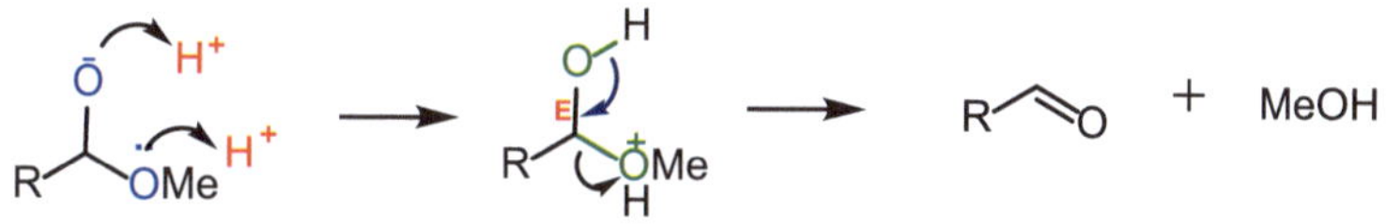

上述反应的亲核试剂仅限于低级醇、低级胺和水，这是由于高级醇、胺的可极化度较大，其离去活性较强。

（3）卤素负离子与羰基加成

卤素负离子与羰基加成，自身离去而没有反应产物生成。除氟以外的卤素的电负性较大且键长较长，为强离去基。在卤负离子与醛、酮羰基加成后生成的四面体结构上，极性反应三要素齐备，分子内消除反应必然发生：

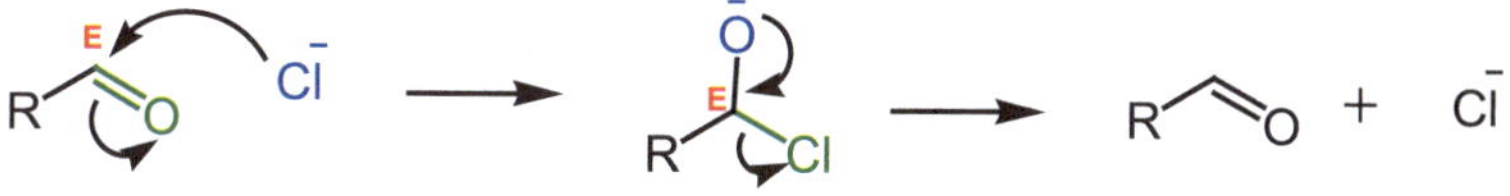

这是由于亲核试剂成键后便转化为离去基，且其离去活性较强而必然离去。

综上所述，醛、酮类羰基化合物加成后，即羰基 π 键离去后，还能否重新与碳原子成键取决于亲核试剂的离去活性。若亲核试剂不具离去活性则反应进行到底，若亲核试剂的离去活性较弱则反应处于平衡，若亲核试剂离去活性较强则宏观上没有产物生成。

10.1.3 特殊的碳、氢离去基

碳、氢原子在有机化合物中属于低电负性元素，特别是与杂原子成键时属于缺电子体，似乎不能成为离去基。然而，当它们与低电负性元素成键时，便可能成为离去基而离去，这就需要与其成键元素比碳、氢的电负性更低。这在如下四种情况下才有可能。

10.1.3.1 金属有机化合物

若干轻金属为低电负性元素，如锂、镁、锌等，当与碳原子生成共价键时，共用电子对向碳原子方向偏移，在一定条件下就能实现负碳迁移。此处不再赘述，参见本书11.1 节。

10.1.3.2 碳、氢元素与负离子成键

根据电负性均衡原理，负离子的电负性显著低于其元素的电负性。除氧、氟元素之外的所有负离子与碳、氢形成的共价键上，电子对均偏向碳、氢元素一方，碳、氢元素便可能带着一对电子离去。

例 6：铝、硼等路易斯酸与负氢的络合物为还原剂，与负离子成键的氢原子具有相对较大的电负性而能够离去：

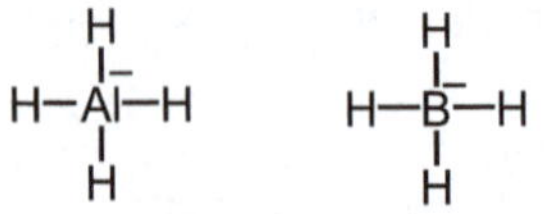

当与亲电试剂靠近时，氢原子容易带着一对电子与亲电试剂成键，从而实现负氢转移：

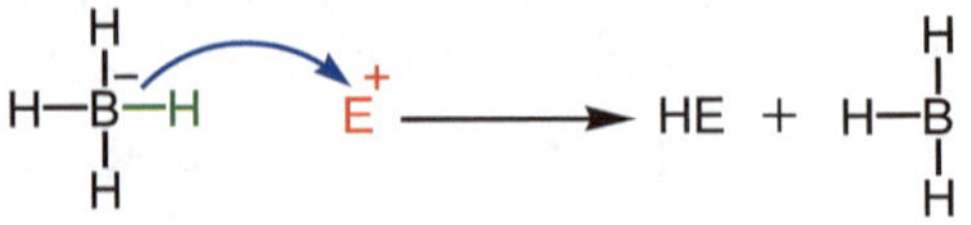

这样，亲电试剂作为氧化剂被还原，负氢作为还原剂被氧化。参见 7.4.1 部分。

例 7：硫氢化钠还原硝基的反应：

$$Ar-NO_2 + NaSH \longrightarrow Ar-NH_2$$

由于氢原子的电负性强于硫负离子，因而能够实现负氢转移。反应机理为：

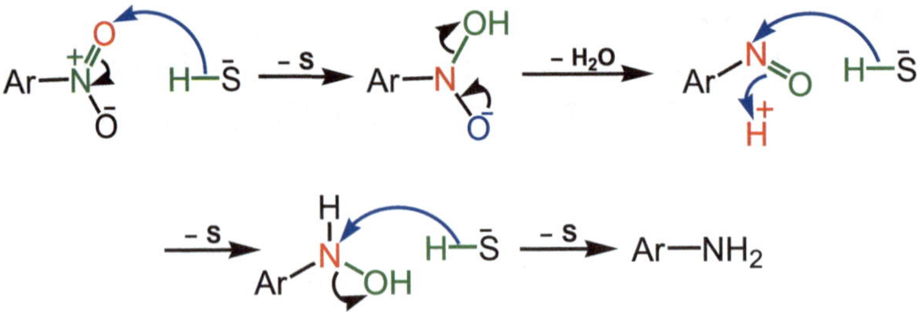

此类还原反应在碱性条件下发生，将杂原子转化成了杂负离子，其电负性下降导致负氢离去。

例 8：Tamao-Kumada 氧化反应为烷基氟硅烷被双氧水氧化成醇的反应[5]：

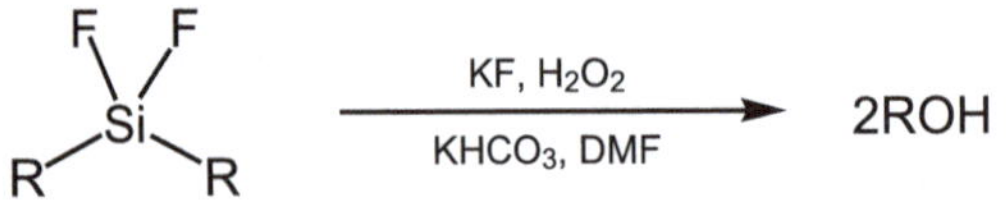

Tamao-Kumada 氧化反应机理解析为：

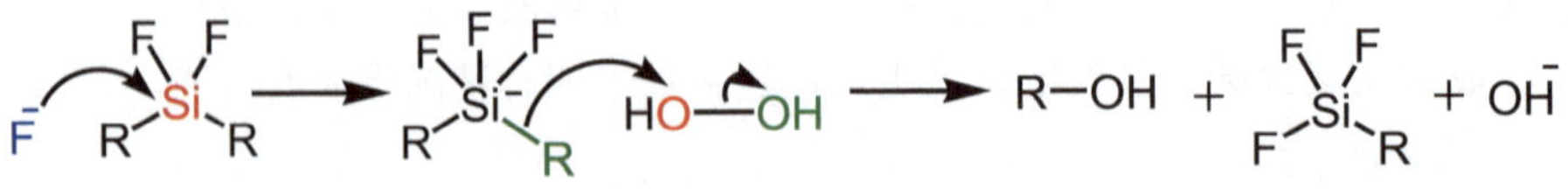

反应过程若不是硅元素利用其 d 轨道接受氟负离子，从而生成低电负性的硅负离子，烷基的离去便不容易，因其并不具有较大的电负性差，特别是硅与两个氟原子成键的条件下。

10.1.3.3 与碳、氢成键的元素与负离子成键

碳、氢元素的相对电负性强弱，与其成键元素电负性相关。在不同的条件下共价键上电子对的偏移方向会发生改变。如：

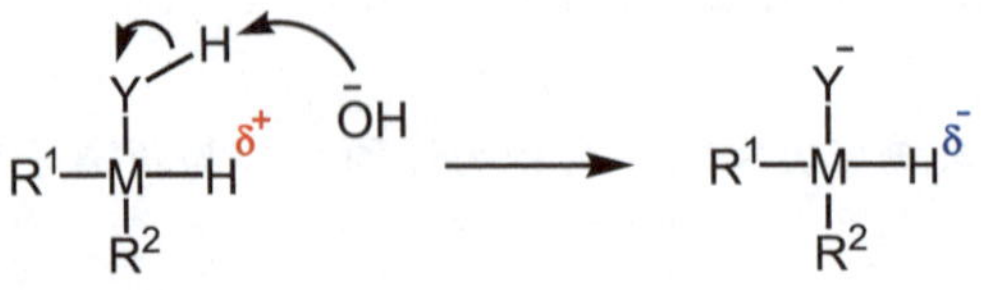

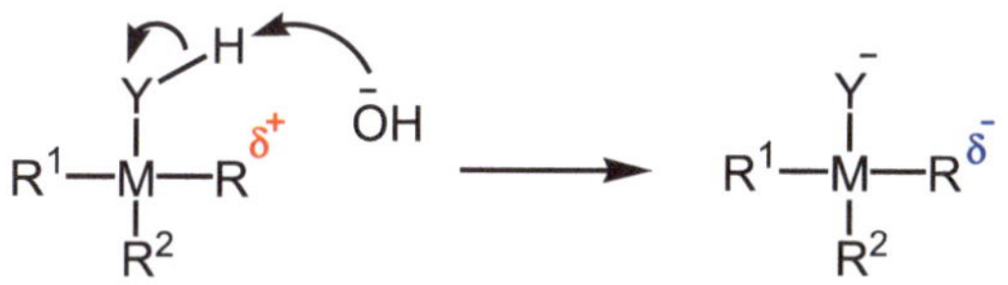

式中，M 为 N、S、P、C 等；Y 为 O、N、S 等。当在碱性条件下生成负离子时，Y 负离子向 M 元素供电使其电负性下降，氢原子的相对电负性较大而能够离去。

与上述结构类似，烷基、芳基也能在一定条件下离去生成离去基。

例 9：芳酮羰基与碱加成前后，芳烃碳原子所带电荷不同：

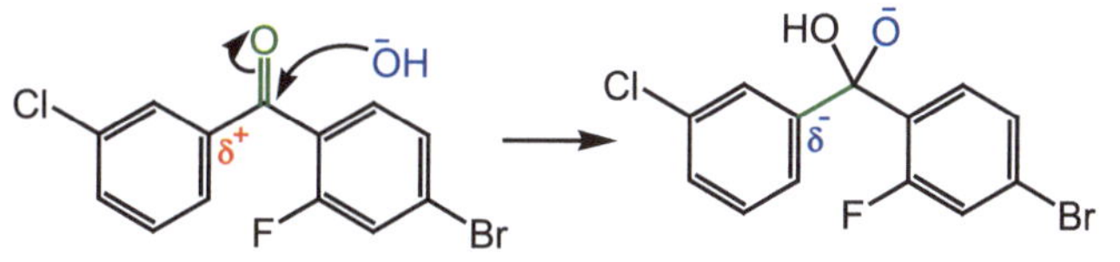

芳烃与碱加成前其电负性较小，但在加碱后芳烃的电负性相对较大，因而能够离去：

另一中间产物羧酸也遵循同一原理脱羧：

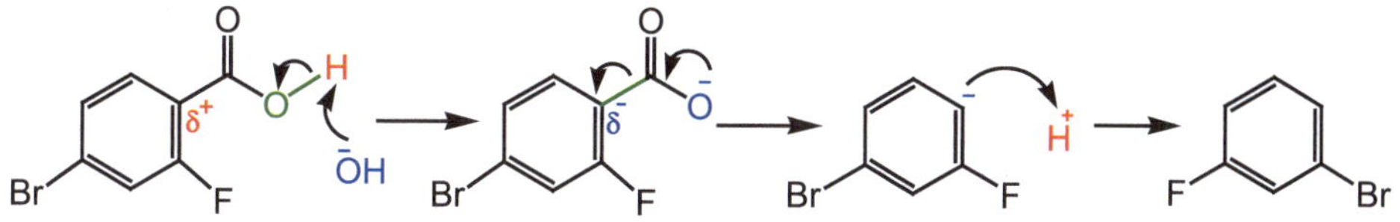

只要在某种动态条件下的瞬间，实现碳原子相对较强的电负性，就可能带着一对电子离去。

例 10：Wolff-Kishner-黄鸣龙反应[6]是在碱性条件下用水合肼还原羰基的反应：

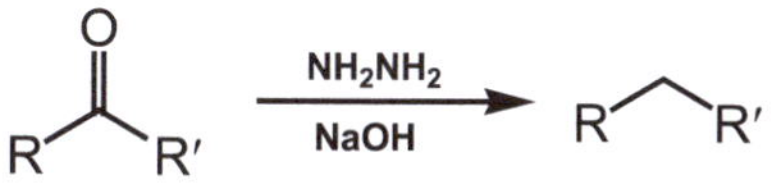

首先进行的是缩合反应。反应机理为[7-8]：

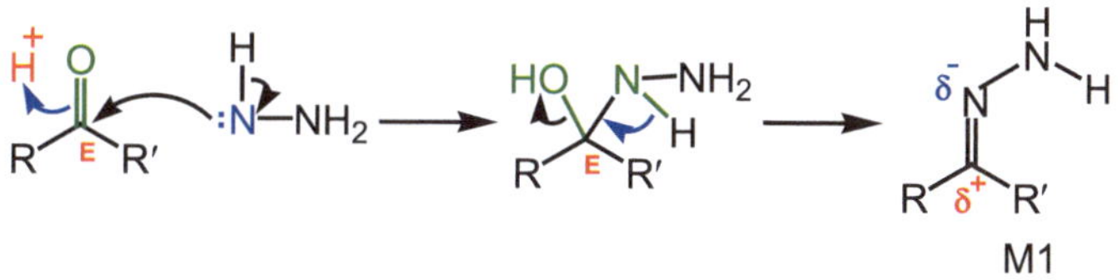

在 M_1 分子内，碳、氮双键的 π 键是偏向于氮原子的，π 键上的电子对不可能被碳原子带走。然而在碱性条件下由 M_1 转化成负离子结构后，π 电子对的偏移方向就改变了：

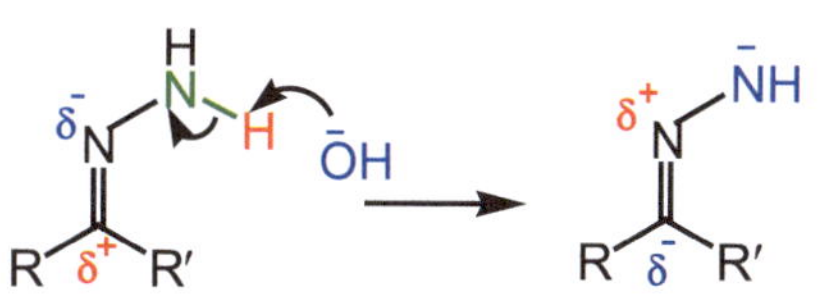

此时，碳氮 π 键的电子对被碳原子得到，与质子成键生成 M₂：

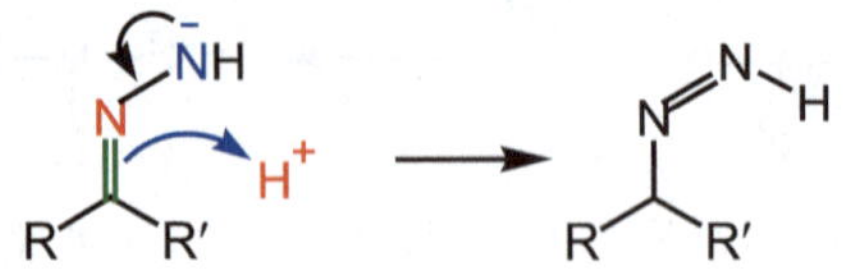

M₂ 结构在碱性条件下也同样发生碳氮 π 键偏移方向的改变：

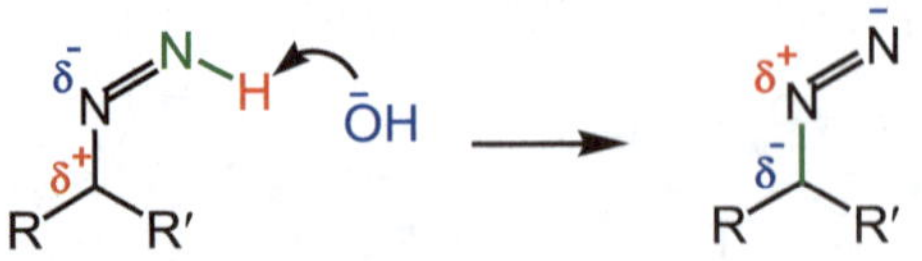

因此碳原子带走一对电子离去，生成碳负离子亲核试剂：

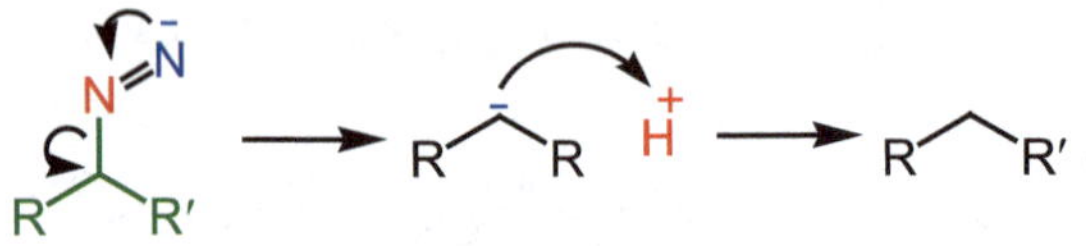

同理，邻位元素即便不是负电荷而是孤对电子亲核试剂，它仍能向其邻位供电，使其电负性降低而转化成亲电试剂。

例 11：亚硝基化合物与肟的互变异构，是个可逆平衡过程。羟胺与醛（酮）的缩合反应，生成肟的机理如下：

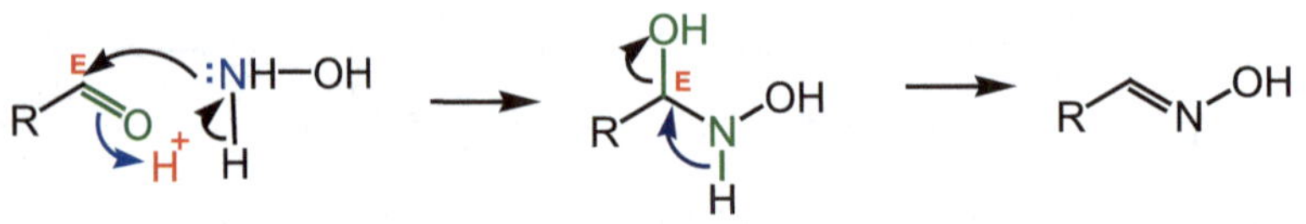

一般情况下，肟分子的氮碳 π 键是向氮原子方向偏移的，氮原子应为离去基而碳原子为亲电试剂。然而由于氮原子又是与亲核试剂成键的，当氧原子得到氢氧键上一对电子而向氮原子方向供电时，氮碳 π 键电子对的偏移方向能够瞬间改变：

因此导致了肟与亚硝基的互变异构。显然碱性有利于肟式结构的生成，酸性有利于亚硝基结构的生成：

10.1.3.4 三元杂环内的碳原子离去

若干三元杂环化合物，特别是三元多杂环化合物，由于其键角较小张力较大的结构，稳定性较差。若其中存在具有孤对电子的杂原子亲核试剂，就容易向相邻元素供电成键，致使三元杂环开环。虽然在此过程中亲核试剂仍然优先与缺电体成键，但因其孤对电子活性较强且容易极化变形之原因，可以从两个向与邻近元素成键，只是两方向的概率不同。

例 12：例 11 的亚硝基化合物与肟的互变异构，也可能经过三元杂环阶段：

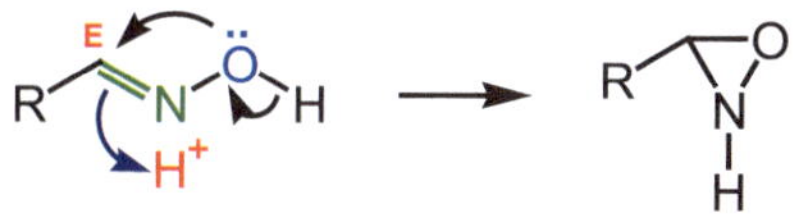

此三元杂环上氮原子上的孤对电子可以分别与邻近元素成键，生成两种异构体：

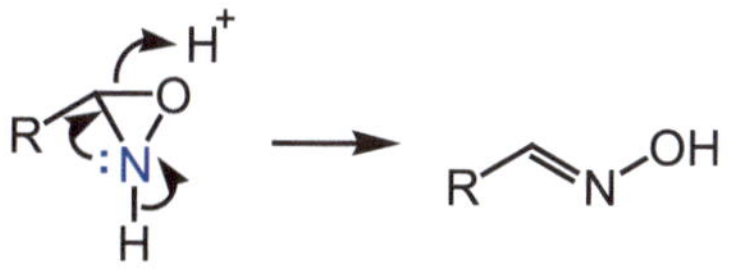

大概率

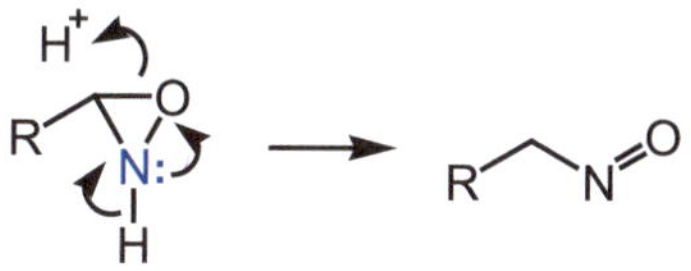

小概率

由于如上环合与开环反应是平衡进行的，上述概率的大小已难以区别。

例 13：硝基与碳负离子成键，能够共振成假酸式与硝基式两种结构，现有教科书表示为：

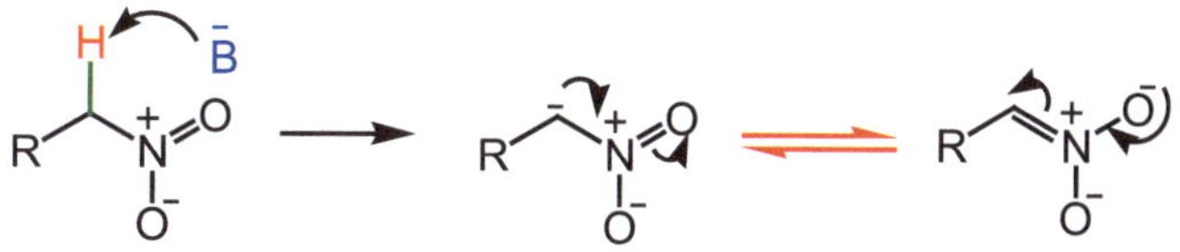

由于氮正离子没有空轨道且不能腾出空轨道，上述的互变异构是不可能的。由硝基式生成假酸式必须经过三元杂环阶段：

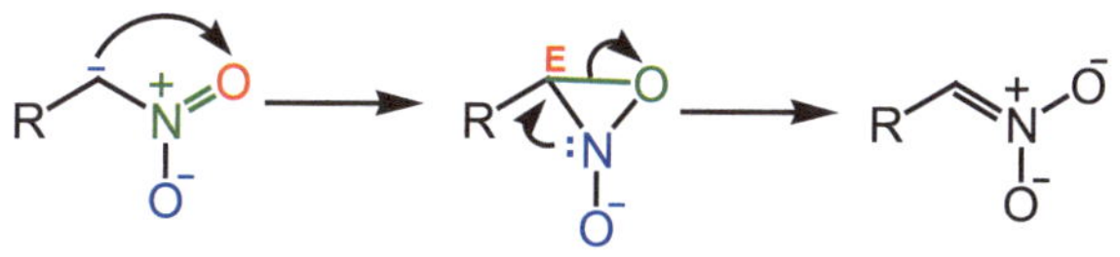

而由假酸式异构成硝基式也应经过同一三元环阶段：

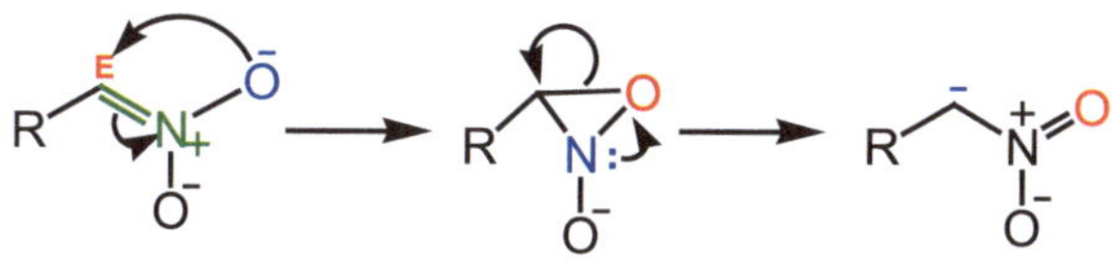

这就是说在三元杂环结构内氮原子是可能为氧原子供电的，此时氧原子的电负性降低而碳原子能够离去，尽管这种概率较小。因此，由硝基式转化成假酸式是个经过同一三元环中间体的可逆平衡，且以生成假酸式为主要方向，这与共振论的基本概念相符。

例 14：关于重氮甲烷的分子结构，若干文献将其视作两种离子对结构间的共振：

由于氮正离子为离去基而并非亲电试剂，上述共振不可能发生。根据极性反应三要素的运动规律，两者之间的互变异构必须经过三元环状的二嗪丙因（diazirines）结构：

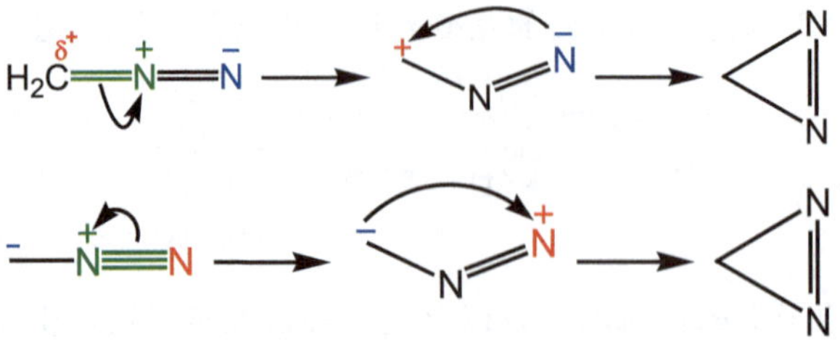

重氮甲烷的沸点只有-23℃，如此低的沸点不应该属于离子对结构，其物理性质与二嗪丙因结构相符，故三元环结构的二嗪丙因是重氮甲烷的多种结构之一。

同一分子未必只有一种结构，由于此三元多杂环内氮原子上孤对电子的亲核活性较强，能够分别与两侧的元素成键而开环：

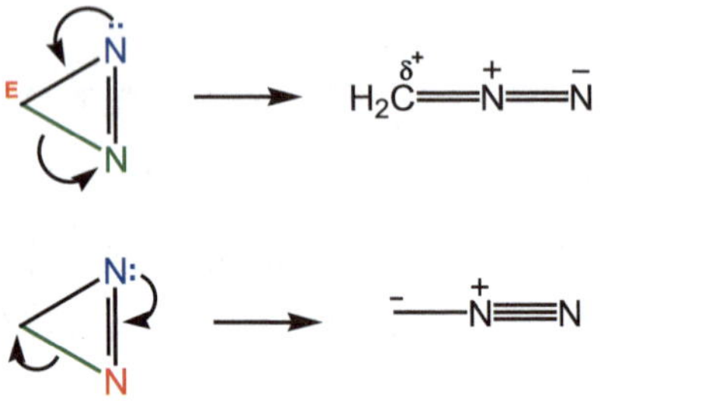

总而言之，在三元多杂环化合物内，若其中具有较强亲核活性的氮原子，则此三元杂环不稳定，孤对电子能从两个方向与邻位元素成键，生成开环的离子对结构。

10.2 离去基的离去活性比较

离去基的离去活性，即离去基被取代的难易程度，与其容纳负电荷的能力相关。如前所述，相对电负性较大的基团才容易获得共价键上的一对电子而成为离去基。更具体地，离去基的离去活性由如下三个因素所决定。

10.2.1 碱性越弱的基团越容易离去

碱性强弱指的是其与质子成键的能力。带有负电荷的原子，一般具有较强的碱性，因已经得到共价键上一对电子而带有单位负电荷，则基团电负性明显下降，很难再得到共价键上一对电子离去，其离去活性必然很弱，故强碱性基团不易离去。如氧负离子是不能带着一对电子离去的，如下反应不会发生：

由于负离子属于强碱，氧负离子的电负性小于碳原子，氧负离子与碳原子之间共价键上一对电子是偏向碳原子方向的，氧负离子并不具有带走共价键上一对电子的能力。

叶立德试剂于较高温度下不稳定之原因，就是碳负离子与杂正离子之间具有较大的电负性差，共价键上一对电子容易被杂正离子带走而生成单线态卡宾：

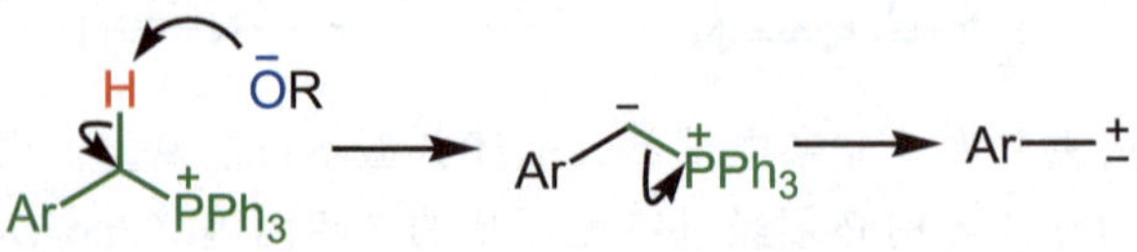

为深刻理解离去基活性与碱性的关系，表 10-1 给出了离去活性与碱性强度的关系比较[9]。

表 10-1 碱性强度和离去活性

| 共轭酸 | pK_a | 离去活性 | 共轭酸 | pK_a | 离去活性 |
强		强	弱		弱
HI(最强)	−5.2	I^-(最强)	HF	3.2	F^-
H_2SO_4	−5.0	HSO_4^-	CH_3CO_2H	4.7	$CH_3CO_2^-$
HBr	−4.7	Br^-	HCN	9.2	NC^-
HCl	−2.2	Cl^-	CH_3SH	10.0	CH_3S^-
H_3O^+	−1.7	H_2O	CH_3OH	15.5	CH_3O^-
CH_3SO_3H	−1.2	$CH_3SO_3^-$	H_2O	15.7	HO^-
			NH_3	35	H_2N^-
			H_2(最弱)	38	H(最弱)$^-$

表 10-1 中数据表明：碱性越弱的基团越容易离去。

对于元素周期表中同一周期不同主族元素说来，自左至右碱性依次减弱，离去活性也就依次增强：

碱　　性　　$\bar{C}H_3 > \bar{N}H_2 > \bar{O}H$

离 去 活 性　$\bar{C}H_3 < \bar{N}H_2 < \bar{O}H$

综上所述，碱性越弱的基团离去活性越强，反之亦然。

10.2.2 酸催化的基团容易离去

碱性越弱的基团越容易离去，而碱性越弱也就意味着酸性越强，故可推论为酸性越强的基团越容易离去。由于基团的碱性强弱与其质子化程度相关，碱性总是随着负电荷的减少而减小，而酸性总是随着正电荷的增加而增大。如下述基团的酸碱性次序与离去基活性次序相反，而与亲核活性次序一致[9]111-112：

基团碱性　$\bar{N}H_2 > NH_3 > \overset{+}{N}H_4$

离去活性　$\bar{N}H_2 < NH_3 < \overset{+}{N}H_4$

亲核活性　$\bar{N}H_2 > NH_3 > \overset{+}{N}H_4$

基团碱性　$\bar{O}H > OH_2 > \overset{+}{O}H_3$

离去活性　$\bar{O}H < OH_2 < \overset{+}{O}H_3$

亲核活性　$\bar{O}H > OH_2 > \overset{+}{O}H_3$

由此可见，同一个基团碱性或脱质子就是亲核试剂，酸性或质子化就是离去基。带有孤对电子的中心元素与质子成键后，正电荷转移至中心元素上，致使其电负性增强、离去活性增强。离去基的元素与空轨道的质子成键，相当于在其孤对电子上增加了一个吸电基，因而离去活性显著增强。

例 15：芳烃与亲电试剂的反应，所有杂正离子离去基（绿色标注）均是在酸催化条件下生成的，杂正离子空轨道（红色标注）都是在离去基离去后生成的：

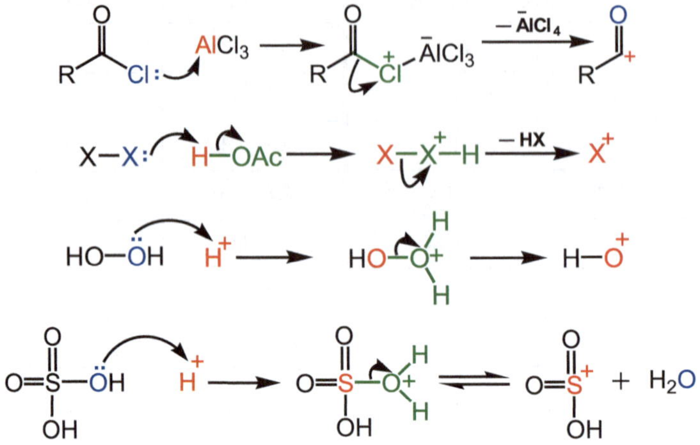

杂原子上孤对电子进入酸的空轨道后生成了带有正电荷的杂正离子，因而显著地增大了其电负性与离去活性，也就间接地催化了亲电试剂的亲电活性，这是一个普遍规律。

例 16：碘原子与硫酸根的离去活性比较。

按照表 10-1 的离去基活性次序，碘负离子离去活性高于硫酸根，可在酸性条件下往往硫酸根的离去活性更强，原因在于磺酸基上的氧原子更容易质子化：

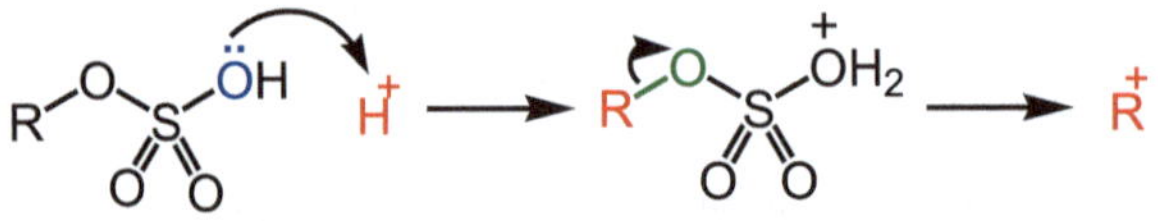

例 17：Fischer-Speier 酯化反应，在加成与消除两个步骤中，酸的催化作用讨论。

在羰基质子化阶段，酸既催化了 π 键的离去，又催化了羰基碳原子的缺电子，容易接受烷氧基上氧原子的孤对电子成键而生成四面体结构，即催化了羰基的加成反应：

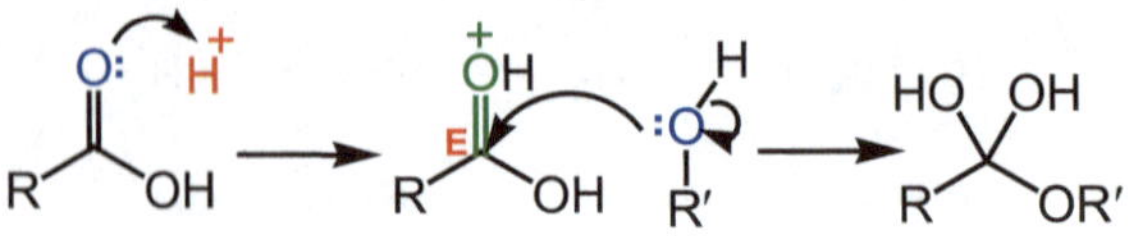

在四面体消除反应阶段，酸使得羟基质子化，生成的氧正离子便容易消除脱水，反应向酯化方向进行。

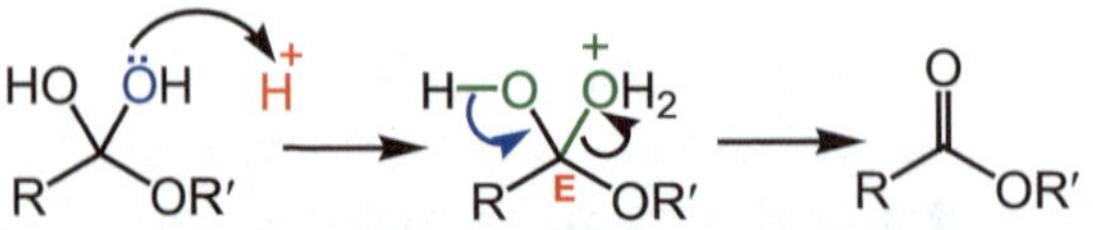

尽管能够质子化的基团不只局限于羟基，烷氧基也能质子化，但其质子化的活性不及羟基。这是因为氧原子更容易从氢氧键上得到电子，因而羟基氧原子比烷氧基氧原子的碱性更强。

只有在稀酸条件下四面体结构才更容易消除醇类，即水解反应相对有利。因为烷氧基的离去活性相对于羟基较强，因而优先离去：

综上所述，离去基的离去活性主要取决于共价键两端基团的电负性差，此电负性差决定了共价键上一对电子的偏移程度，且偏移程度越大离去基就越容易离去。

推论一：带有正电荷的中心元素容易离去。这里带有正电荷的中心元素指的是中心元素满足八隅律稳定结构的杂原子，由于带有单位正电荷而具有较大的基团电负性，容易带着一对电子离去，故我们称之为离去基型正离子。实际上所有叶立德试剂均不稳定，杂正离子容易将共价键上一对电子带走而生成卡宾：

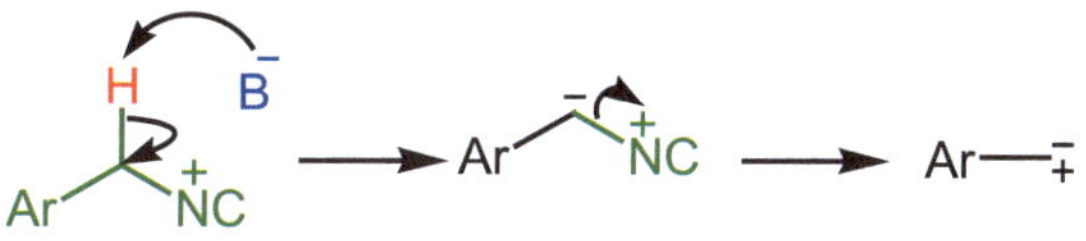

例 18：作为两可亲核试剂的氰基与亲电试剂反应，往往只能生成氰基而难以生成异氰化合物，就是异氰离去活性较强之故：

推论二：与路易斯酸络合元素容易离去。作为不带电荷的中性元素来说，当其孤对电子进入路易斯酸的空轨道后，该元素就与路易斯酸生成了配位键而带有单位正电荷，其电负性显著提高，离去活性增强。

例 19：在路易斯酸催化作用下发生的 Friedel-Crafts 反应，碳正离子正是由于离去基上带有正电荷而产生的[10]：

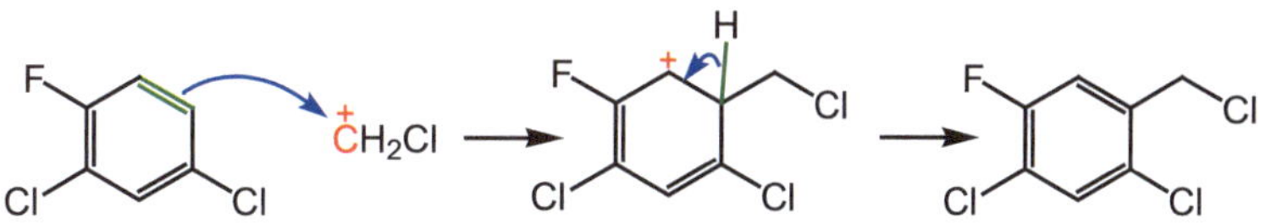

例 20：苯甲醚的解离反应也正是路易斯酸催化了氧原子的离去活性而实现的：

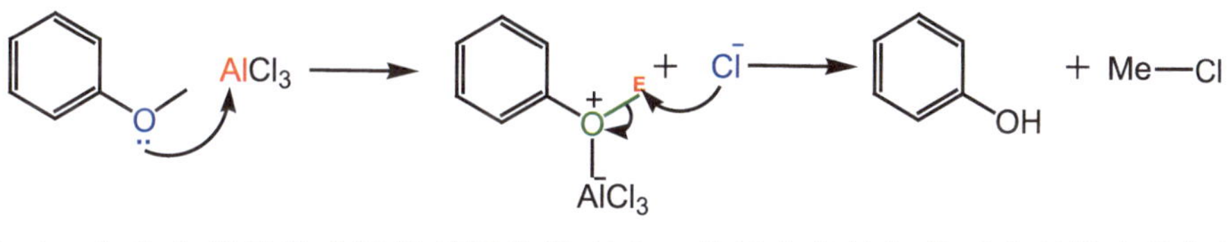

推论三：与负电荷元素成键的基团容易离去。基团电负性与其元素所带电荷相关，带有单位正电荷的元素电负性显著增加，带有负电荷的元素电负性显著减小。而基团间的电负性是相对的，与负电元素成键的基团容易带着共价键上一对电子离去。所有与负电荷元素成键的基团均为较强的离去基，这些离去基离去后转化成了亲核试剂：

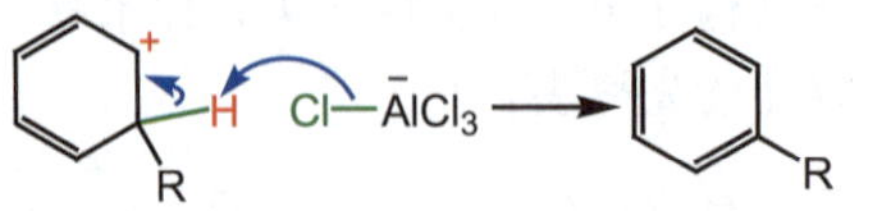

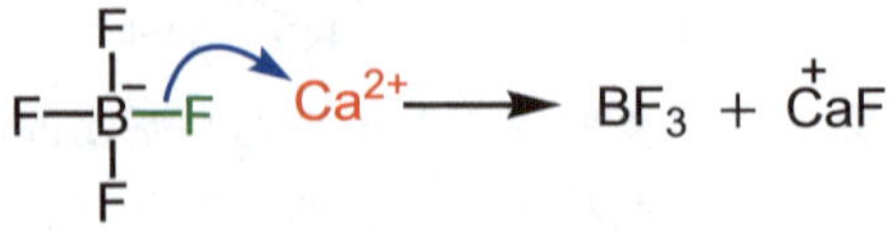

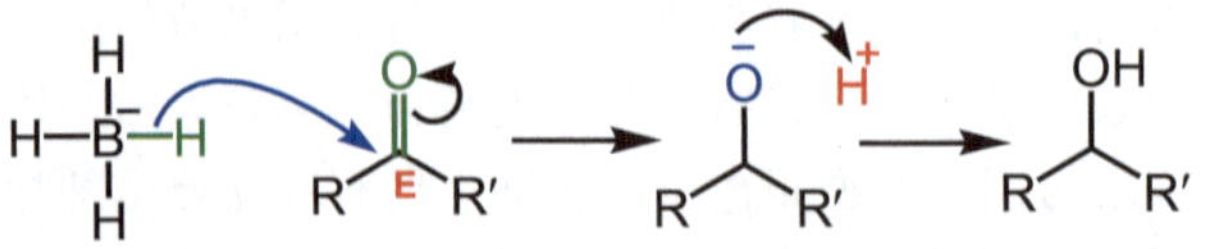

[反应机理示意图]

由此可见，容易离去的基团包括质子化的基团、带正电荷的基团和与负电元素成键的基团。总之，电负性相对较大的基团容易离去，且电负性差越大离去活性越强。

10.2.3 可极化度大的基团容易离去

可极化度指的是基团周围电子受外界电场影响极化变形的难易程度，易变形者可极化度就大，可极化度大的基团其离去活性相对较强。

在元素周期表中的同一主族元素，越是处于较高周期，其质量越大、原子半径越大，也就越容易极化变形，相对容易离去。如卤原子的离去活性次序为：

$$\bar{I} > \bar{Br} > \bar{Cl} > \bar{F}$$

同样地，第六主族元素的离去活性为：

$$CH_3\bar{S} > CH_3\bar{O}$$

由于基团的可极化度随其体积、质量的增大而增大，即便是同一中心元素也会因其质量不同、体积不同而离去活性不同。如烷氧基的离去活性次序为：

$$Me\bar{O} < Et\bar{O} < i\text{-}Pr\bar{O} < t\text{-}Bu\bar{O}$$

随着基团体积、质量的增加，其可极化度增大，从而导致离去活性增强。

例21：羧酸甲酯与羧酸叔丁酯的合成工艺比较。

羧酸甲酯可以以羧酸与甲醇为原料按照 Fischer-Speier 反应的羰基加成-消除反应机理完成：

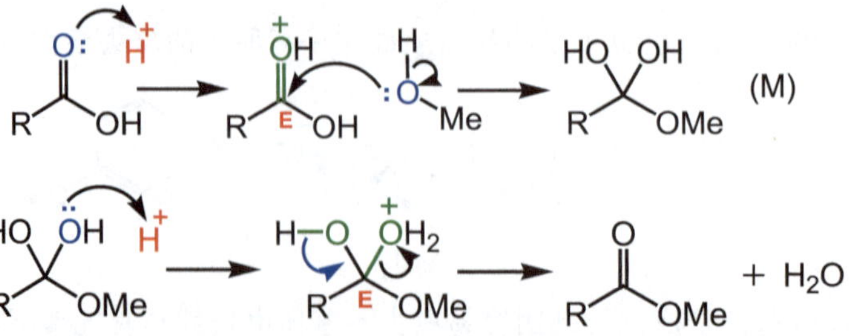

[反应机理示意图]

在其中间体 M 结构上，有两个可以离去的离去基——甲氧基和羟基，两个离去基的离去活性差异不大，且在酸性条件下羟基更容易质子化而离去活性占优，这样只要降低水的浓度（增加甲醇浓度或移走水分），反应就能向酯化方向移动，从而完成酯化反应。

而羧酸叔丁酯是不能按照上述 Fischer-Speier 反应机理（即羰基加成-消除反应机理）完成的，尽管叔丁醇能够与质子化的羰基加成生成四面体结构，但因叔丁醇的离去活性远强于水，它会在后续的消除反应阶段率先离去，因而只能返回到初始的原料状态，宏观上没有产物生成：

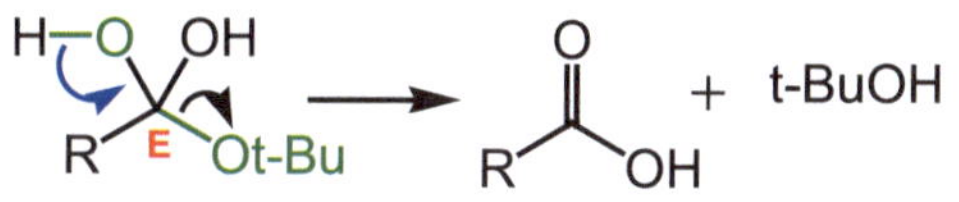

若要按照羰基加成-消除反应机理实现羧酸叔丁酯的合成，则必须将羧基上的羟基转化成更易离去的基团。如：

式中，X＝Cl、AcO 等。这就是常用酰氯、酸酐、烯酮类的羰基化合物完成酯化反应的原因。

不难推论，羧酸苯酯绝不可能由羧酸与苯酚来制备，因为亲核试剂苯酚的可极化度较大而离去活性较强。

例 22：γ-羰基酰胺在弱碱性条件下的水解反应机理讨论：

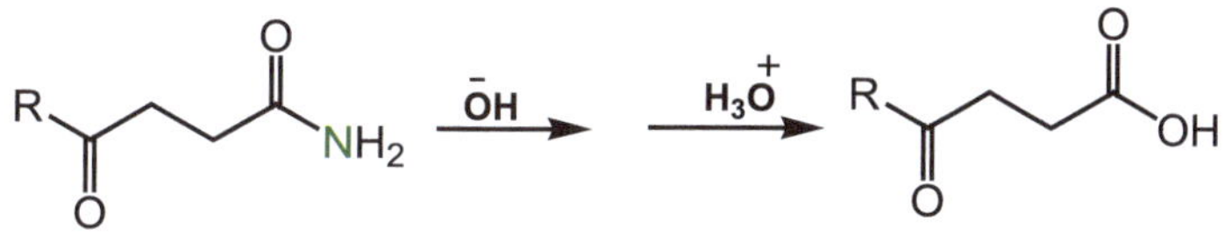

前已述及，在弱碱性条件下酰胺不易水解生成羧酸，因为在碱与羰基加成后所产生的四面体结构上羟基的离去活性强于氨基而率先离去：

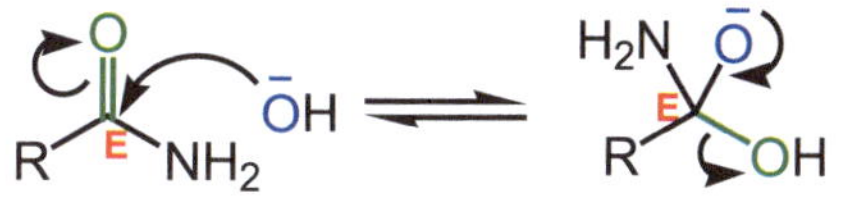

然而，在 γ-羰基酰胺的分子内存在另一个亲电试剂——羰基，它能在碱性条件下与分子内的酰胺负离子优先成键生成环状化合物：

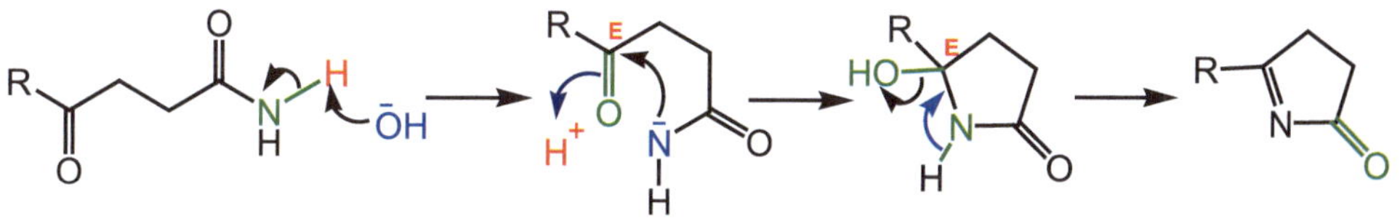

环内的亚胺结构远比酰胺结构上氨基的可极化度更大，在羰基再与碱加成生成活性四面体结构后，其离去活性比羟基更强：

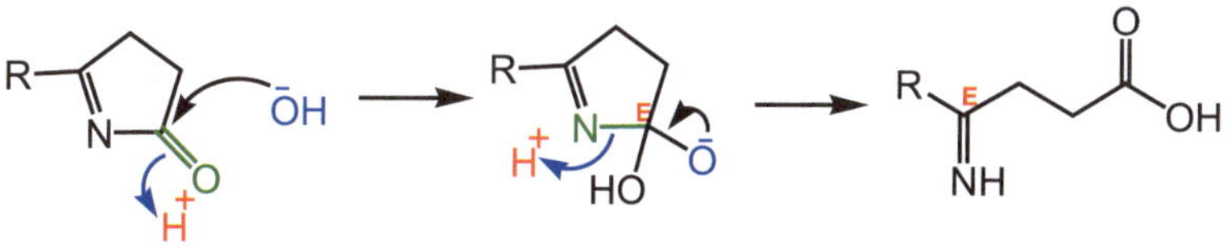

最后经过酸性水解得到羧酸：

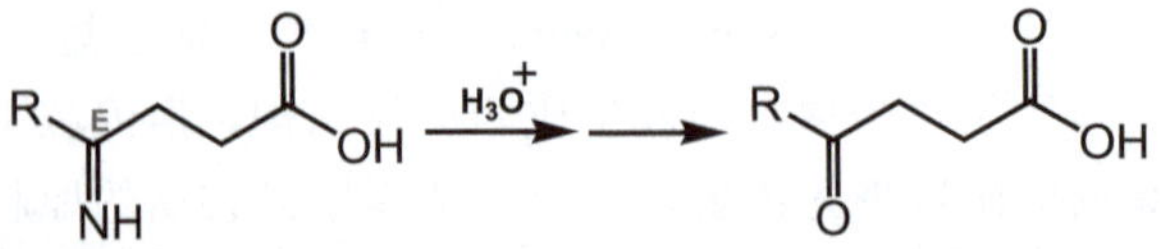

综上所述，离去基的离去活性随其酸性、正电荷和可极化度的增强而增加，这就为离去基团的催化提供了理论依据。

10.3 离去基的催化与衍生化

由分子结构所决定，催化亲电试剂只能采取催化离去基的方式来实现，而催化离去基活性除了酸催化之外，还可以衍生化生成可极化度大的基团，也可更换离去基即改变离去基。

10.3.1 几个典型的离去基催化剂

有些极性反应无法用酸来催化离去基。这是由于：酸在催化离去基的同时钝化了亲核试剂；酸往往能将亲核试剂转化为离去基；酸对于离去基的催化具有选择性。因此有的离去基的活性需要在中性或碱性条件下催化。

除了氢负离子外，所有碱性基团均为亲核试剂。具有更高可极化度的亲核试剂往往兼有较强亲核活性和较强离去活性，即该基团容易取代离去基，也容易被另一亲核试剂取代。这种同时具有较强亲核活性与较强离去活性的基团就是离去基催化剂，换句话说，就是用离去活性更强的离去基来催化原有离去基。

10.3.1.1 碘负离子

氢碘酸是强酸，其共轭碱——碘负离子便是弱碱，由于原子半径较大，原子核对于外层电子的束缚能力较弱，容易变形而可极化度较大，所以碘负离子既具有很强的亲核活性又具有很强的离去活性。

作为强亲核试剂，碘负离子容易与亲电试剂成键而取代离去基；作为强离去基，碘原子容易被其它亲核试剂取代。这种既容易"上去"又容易"下来"的基团适用于催化离去基。

例 23：某种杀菌剂在储存过程中会缓慢分解，特别在含有微量水、醇、羧酸、胺等亲核试剂条件下。从同类产品中检测出碘乙酰胺稳定剂，而此种稳定剂价格昂贵，需寻求降低稳定剂成本的方法。

碘乙酰胺是亲电试剂。采用氯乙酰胺再加入微量碘化钾代替碘乙酰胺，则能解决杀菌剂稳定性低的问题：

例 24：由 α-卤代环己酮制备 α-氨基环己酮，不同的卤原子有不同的选择性：

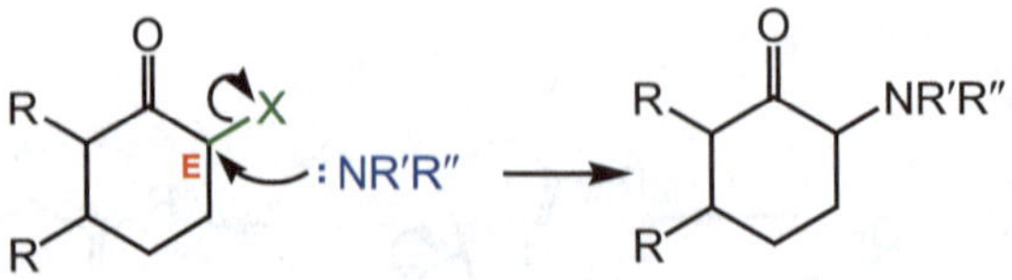

X=Br　　T=40℃　　Y=80%
X=Cl　　T=50℃　　Y=70%

为了降低原料成本，采用廉价氯化物为原料加入微量碘化钾催化，与溴化物的选择性相同：

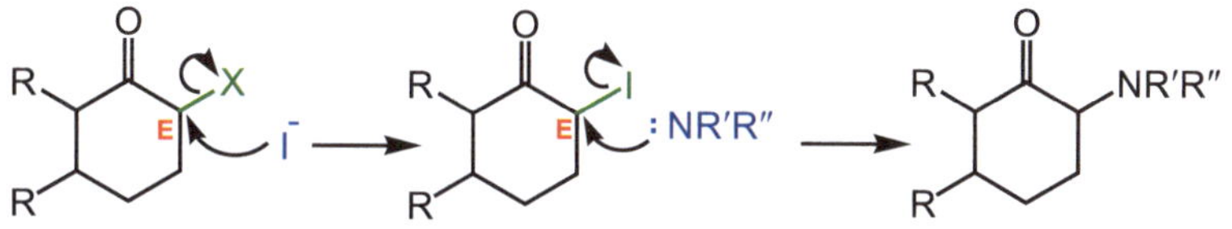

碘负离子作为常用的离去基催化剂，广泛应用于极性反应过程。因钾正离子的可极化度较大，在有机溶剂中的溶解度较大，因而碘化钾更为常用。

10.3.1.2 亚磺酸根负离子

近年来，人们发现了亚磺酸钠对于缺电子的卤代芳烃取代反应的催化作用。

例 25：安立生坦中间体的合成[6]。

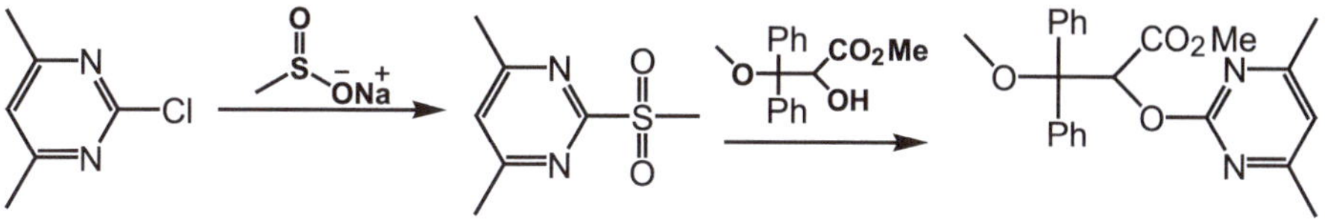

从分子结构上看，亚磺酸根具有弱碱性且可极化度较大，亲核活性与离去活性均比较强，具备了离去基催化剂的基本条件：

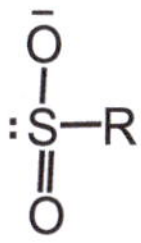

式中，R 为甲基、苯基、对甲基苯基等。亚磺酸基团上有两个亲核质点——氧负离子和硫原子上的孤对电子，为两可亲核试剂，但它们所生成的活性中间体稳定性不同。

亚磺酸根上硫原子取代卤素生成的苯砜类结构相对稳定：

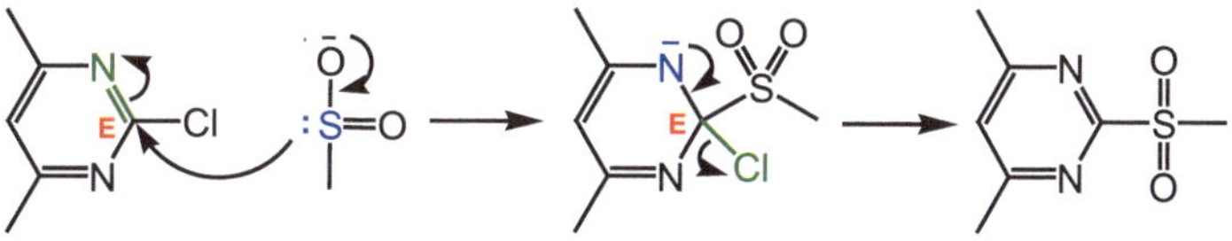

而亚磺酸根上氧负离子虽然可以作为亲核试剂与缺电子的取代芳烃成键，但其离去活性太强而极易离去，难以生成稳定产物：

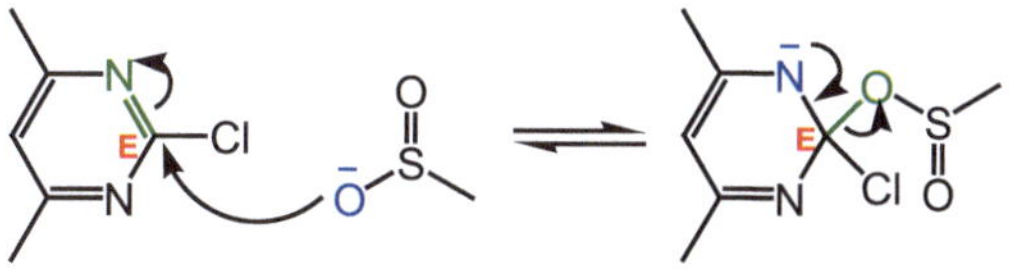

生成的砜类化合物仍然具有较大的可极化度，是个较强离去基，容易被其它亲核试剂取代。

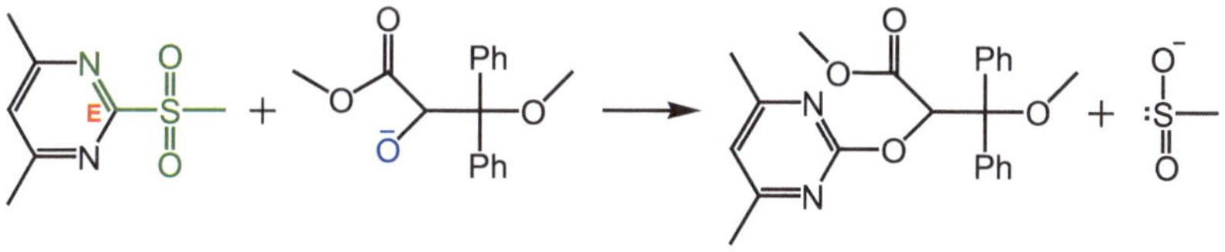

在上述反应中，没有亚磺酸盐加入则反应不能进行，且微量的甲基亚磺酸盐便能催化该反应进行，说明亚磺酸盐为良好的离去基催化剂。

例 26：马来酸阿法替尼中间体的合成[7]：

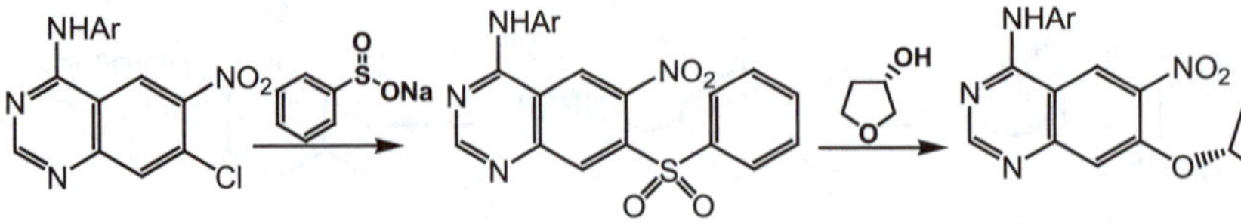

该反应在微量苯基亚磺酸钠催化下进行，体现了苯基亚磺酸盐的离去基催化剂作用。

10.3.1.3 其它离去活性强的亲核试剂

具有较强离去活性的亲核试剂均可作为离去基的催化剂使用。

例 27：2-氰基丙-2-醇对于下述重排反应的作用就是离去基催化作用：

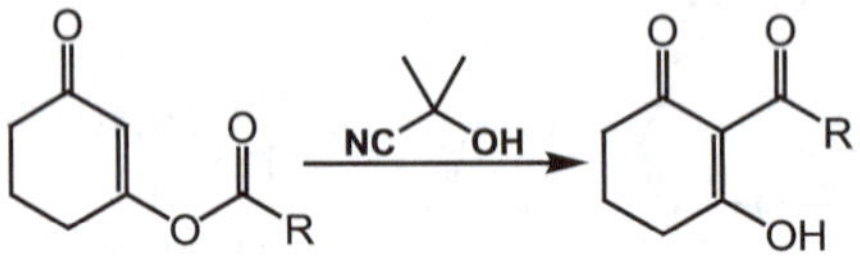

反应机理为：

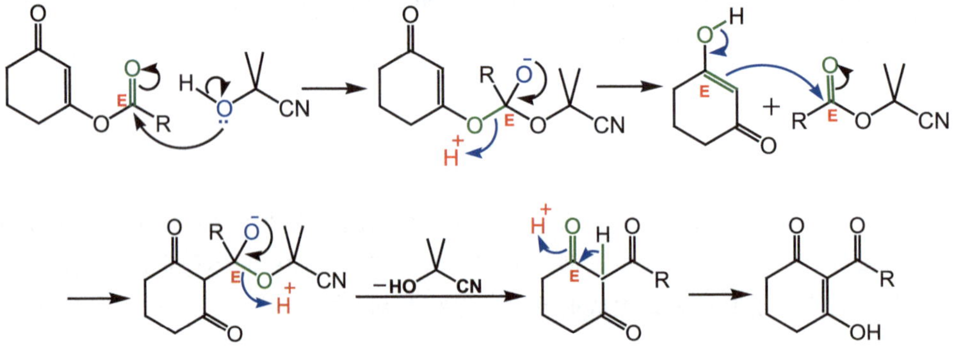

综上所述，可极化度较强的弱碱性化合物均可用作离去基催化剂。

10.3.2 离去基的衍生化催化

有些离去基，如氨基或羟基等，因基团质量小而可极化度不大、基团电负性不强而离去活性较弱。半缩醛、半缩酮、半缩胺、水合醛等还能够在一定条件下检测出来，证明羟基、氨基离去活性较弱。

为了催化羟基、氨基等较弱离去基的离去活性，需要将其衍生化。由于离去基的活性与其基团电负性和基团可极化度相关，因此可通过增强其电负性或可极化度来催化其离去活性。

10.3.2.1 衍生化增加离去基团电负性

增强离去基电负性的最佳方法就是将其转化成正离子。如将氨基衍生化为季铵盐便可增加其电负性，也就催化了其离去活性。

例 28：将氨基衍生化成季铵盐来催化取代苄胺的氰基取代反应：

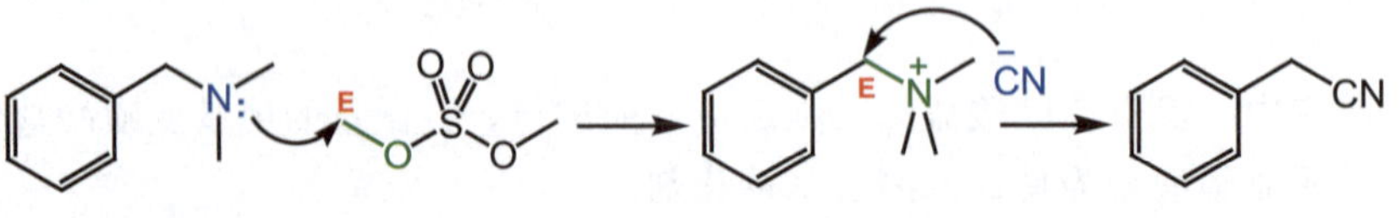

如果不将氨基衍生化为季铵盐，因二甲胺的离去活性较弱，该取代反应不能发生，可逆的反应平衡将以逆向反应为主：

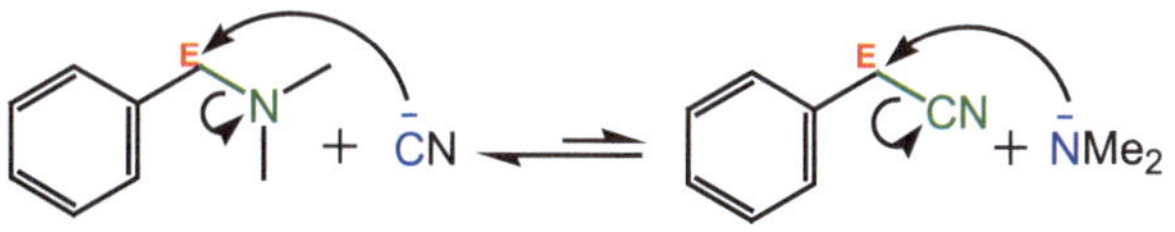

但当将二甲氨基衍生化为季铵盐后，离去基衍生化成了氮正离子，其电负性显著增大，离去活性也就显著增强，反应能够进行到底。

例 29：取代苄胺氰基取代反应的另一合成路线为：

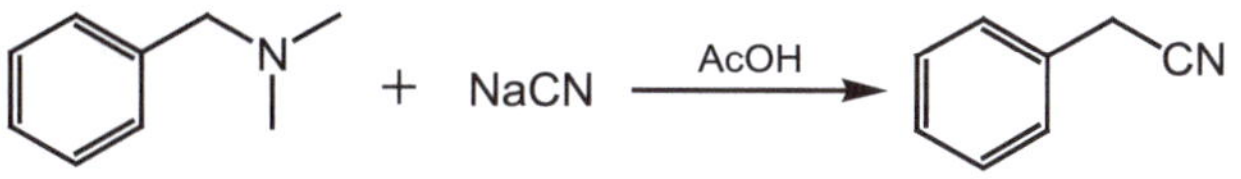

这里溶剂乙酸参与了化学反应，将离去基衍生化成了氮正离子，增强了离去基的电负性：

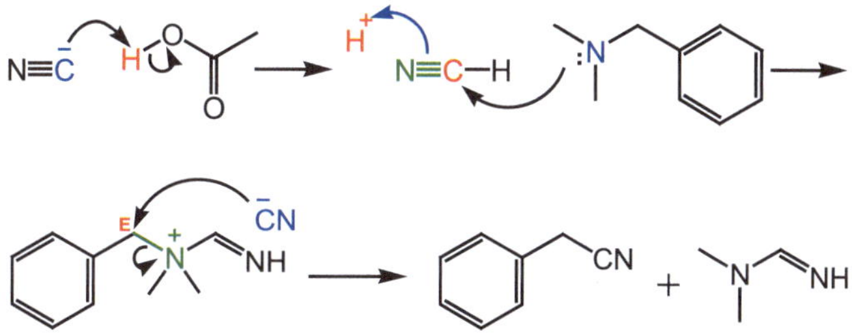

除了衍生化成季铵盐外，还可以通过增加可极化度来催化离去基的离去活性。

10.3.2.2 衍生化增加离去基团可极化度

离去基的可极化度越大，离去活性越强。而可极化度往往随质量的增加而增加，且含有 π 键基团的可极化度往往更大，因此衍生化的方向就是增大基团质量，最好具有离域的 π 键。因此，将氨基衍生成可极化度更大的酰胺，将醇羟基衍生化成可极化度更大的酯类，将羧酸衍生化成酰氯、酸酐等，是最常用的方法。

例 30：反-对丙基环己基乙腈的合成就是采用醇的酯化来催化离去基的[11]：

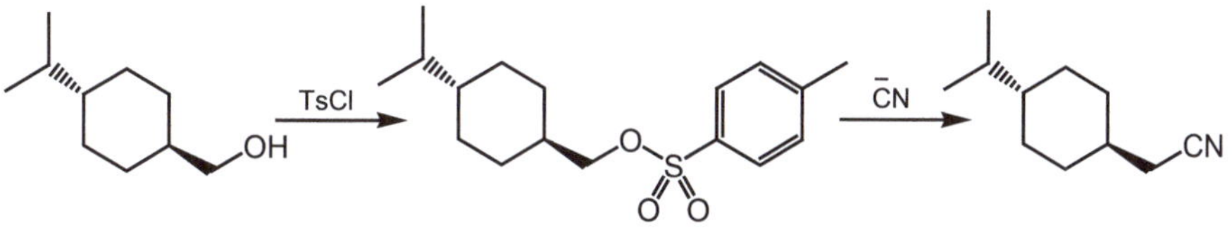

将反-对丙基环己基甲醇中的羟基转化为对甲苯磺酸酯，可极化度增大，离去活性增强。

例 31：为了催化羧酸上离去基——羟基的离去活性，一般将羧酸衍生化成酸酐或酰氯。光气与羧酸生成酰氯的反应机理为：

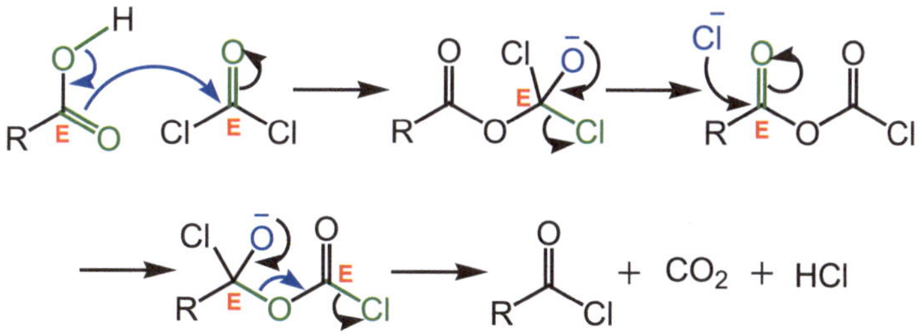

显然羟基衍生化成了更强的离去基——氯甲酰基，其离去活性增强。

与此类似，氯化亚砜与羧酸生成酰氯的反应机理为：

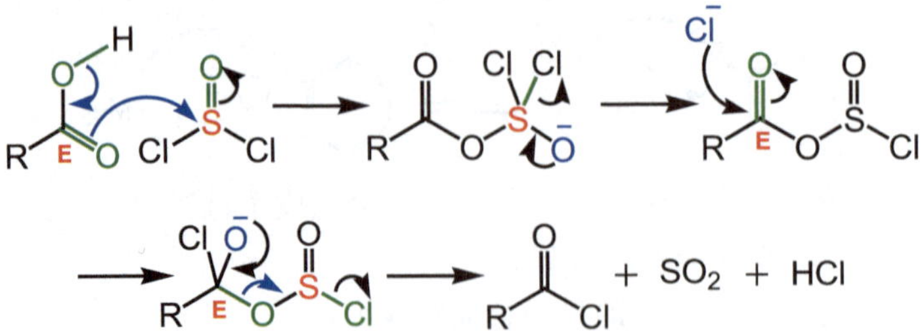

为了催化氯化亚砜的亲电活性，也往往通过催化其离去活性来实现：

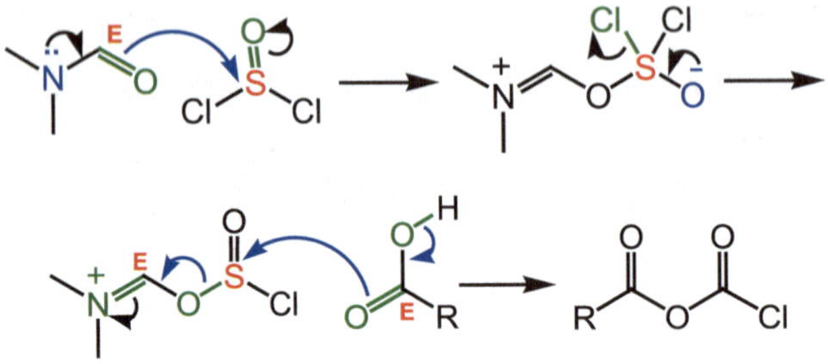

综上所述，用衍生化方法催化离去基的活性，是以增加基团电负性或可极化度来实现的。

10.4 离去基与亲核试剂的关系

离去基的作用是带走共价键上一对电子为亲电试剂腾出空轨道，而亲核试剂的作用是以其一对电子进入亲电试剂上空轨道而成键。两个基团的一进一出均发生在亲电试剂这一中心元素上。离去基与亲核试剂之间的共性、区别与联系如下。

10.4.1 两者结构类同

离去基离去后即是具有一对电子的亲核试剂，如果亲核试剂与亲电试剂成键后仍然电负性较大，则两者的功能就可能互换，从而与亲核试剂之间处于相互竞争状态而共处平衡：

逆向反应的发生必须同时具备两个条件：一是离去基 Y 仍具有较强的亲核活性，二是与亲电试剂成键的 Nu 仍具有相对较大的电负性而仍然具有离去活性。在上述条件具备前提下，该反应进行的方向由热力学因素决定，即由离去基的相对活性决定，离去基的相对活性决定了极性反应的平衡组成。例如：

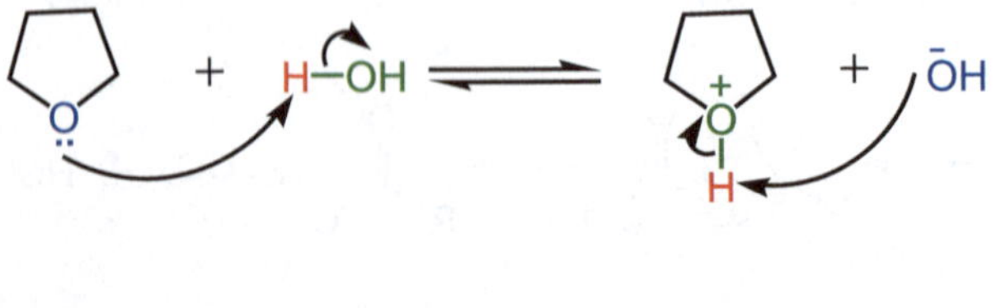

$$H_2\overset{..}{O} + H-Cl \rightleftharpoons H_2\overset{+}{O}H + Cl^-$$

总而言之，离去活性相对较强的离去基率先离去。所有平衡可逆的反应过程均存在着平衡常数大小的区别，依据离去基离去活性差异与平衡转移，有机反应分成三类：进行到底的反应、平衡可逆的反应和未见产物的反应。参见第 5、第 8 章中的讨论。

10.4.2 随酸碱性不同可相互转化

与氢成键且具有孤对电子的杂原子基团（如羟基、氨基），其杂原子上孤对电子为碱性亲核试剂，而氢原子为酸性亲电试剂。它们在碱性条件下容易脱去质子而生成杂负离子，在酸性条件下能够与质子成键生成杂正离子，这种质子化程度的不同就能改变杂原子的性质，杂负离子属于亲核试剂，杂正离子属于离去基：

$$R-\bar{O} \underset{^-OH}{\overset{H^+}{\rightleftharpoons}} R-OH \underset{^-OH}{\overset{H^+}{\rightleftharpoons}} R-\overset{+}{O}H_2$$

$$R-\bar{N}H \underset{^-OH}{\overset{H^+}{\rightleftharpoons}} R-NH_2 \underset{^-OH}{\overset{H^+}{\rightleftharpoons}} R-\overset{+}{N}H_3$$

亲核试剂   **离去基**

例 32：在不同的酸碱性条件下，双氧水分子内的氧原子具有不同的功能：

$$HO-\bar{O}-Nu_1 \overset{^-OH}{\longleftarrow} HO-O-H \overset{H^+}{\longrightarrow} HO-\overset{+}{O}H$$

双氧水分子上的两个氧原子均为带有孤对电子的亲核试剂；在碱性条件下，生成的氧负离子的亲核活性显著增强，成为强亲核试剂；而在酸性条件下，与质子成键的氧正离子便成为离去基，与其成键的另一氧原子便成为缺电体——亲电试剂。由此可见离去基与亲核试剂之间往往只是一两个质子的差距。

10.4.3 两者相互竞争、互不相容

离去基是与亲电试剂相互依存于同一共价键的两端，分子内存在离去基也就存在亲电试剂，若分子内还有亲核试剂存在，则极性反应的三要素兼备，若此三要素的活性足够强，则必然发生分子内或分子间的极性反应。因此，较强活性的亲核试剂与较强活性的离去基不可能共存于同一分子内。

10.4.3.1 不稳定的四面体结构

在四面体结构内，与离去基成键的是亲电试剂，若该亲电试剂又与活性的亲核试剂成键，则势必发生分子内的极性反应而挤掉离去基。这种亲核试剂和离去基与同一亲电试剂成键的结构为不稳定结构：

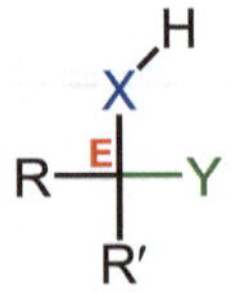

当 X 为 S、O、NR 基团，Y 为 OR、SR、NRR、卤素等基团时，此类化合物均不稳定：

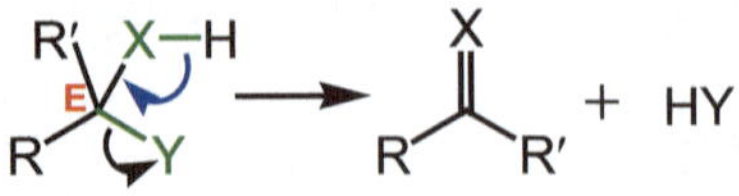

例 33：半缩醛的生成与分解反应机理为：

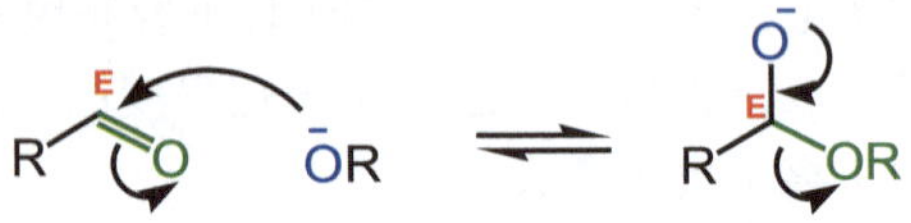

在半缩醛分子结构内，中心碳原子既与亲核试剂羟基成键，又与离去基——烷氧基成键，此种结构下的中心碳原子即为亲电试剂，氧负离子亲核试剂与中心碳原子再次成键时烷氧基只能离去。

半缩胺结构与此类似，分子内的羟基、氨基既为亲核试剂又为离去基，相对来说羟基的离去活性较强，因而率先离去生成亚胺：

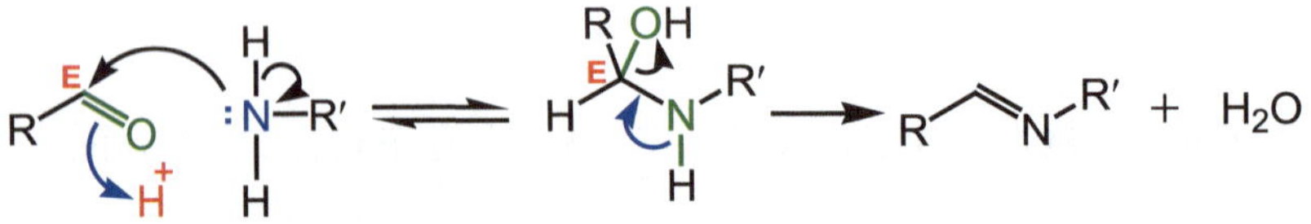

半缩醛、半缩胺结构不稳定，但在足够低的温度下还是能够稳定存在并可检测出来的。因此，半缩醛、半缩胺在不稳定的有机分子中相对还是稳定的，原因在于氨基、烷氧基的离去活性较弱而不易离去，若将其更换成离去活性更强的离去基如卤素等，则此种不稳定结构瞬间分解而无法检测到。

例 34：酰氯、酸酐与醇的酯化反应，必然经过羰基加成与四面体消除两个阶段：

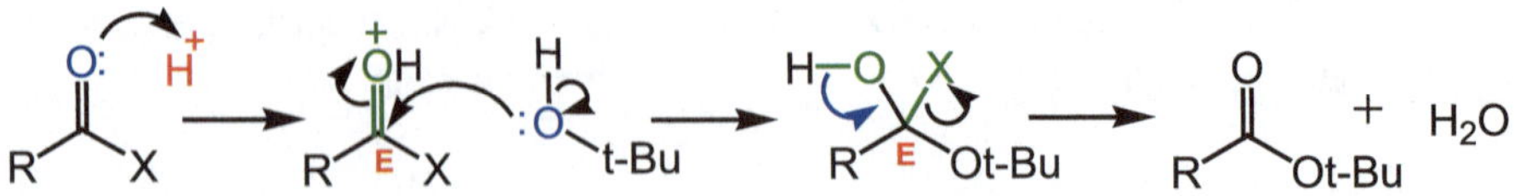

在反应过程中是无法检测到中间四面体结构的，因为亲核试剂——羟基与较强离去基——卤原子或酰氧基与同一个碳原子成键，较强活性离去基瞬间离去了，不可能稳定存在。

由此可见：亲核试剂与离去基不能稳定地与同一亲电试剂成键。两者不能共存。

10.4.3.2 富电子重排的分子结构

离去基是与亲电试剂成键的，若离去基也与亲核试剂成键，则在该结构内便三要素共存，不可避免地发生分子内极性反应。富电子重排反应便属此类，其一般表达式为：

富电子重排反应的亲核试剂必须是带有单位负电荷的负离子结构,否则没有产物生成。如下化学反应是不可能稳定地生成产物的[12]:

原因在于带有正电荷的元素具有更大的电负性,因而具有更强的离去活性,必然再次发生分子内的富电子重排而返回到初始的原料状态:

例 35:Stevens 重排反应,是季铵盐经碱处理生成氮叶立德试剂,再发生分子内重排生成叔胺的反应[5]:

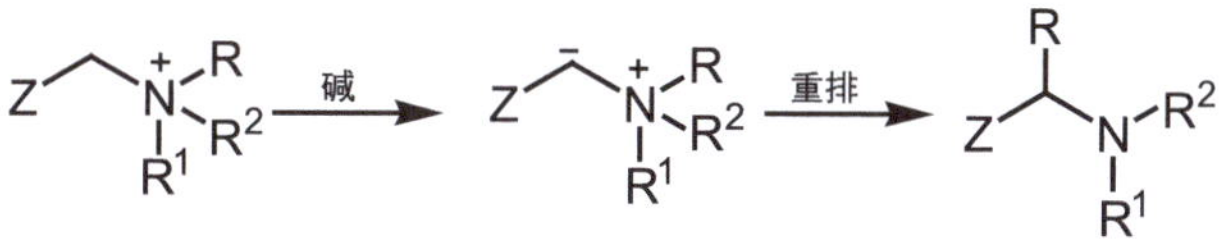

Stevens 重排反应机理就是富电子重排的标准形式:

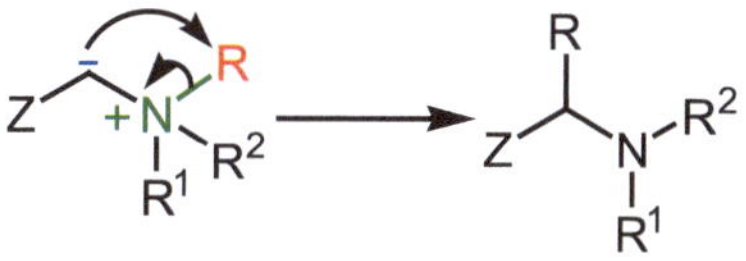

在叶立德试剂内,碳负离子为亲核试剂,高电负性的氮正离子为离去基,而与氮正离子成键的烷烃为缺电体亲电试剂。富电子重排反应便不可避免。

由此可见:亲核试剂与活性离去基之间的共价键化合物不稳定。这里不稳定的是化合物,而不是这个共价键。

总之,在同一分子内同时存在较强亲核试剂与较强离去基的化合物不稳定,至少是热不稳定。因为离去基与亲电试剂是相伴出现的,存在离去基就意味着存在亲电试剂,故所谓亲核试剂与离去基共存实际上就是反应三要素共存,容易发生分子内极性反应。

10.5 离去基与亲电试剂的关系

除了路易斯酸分子之外,亲电试剂与离去基总是以共价键成键的,两者相互依存、不可分割。即没有离去基就没有亲电试剂,没有亲电试剂也就没有离去基;离去基的离去活性越强,亲电试剂的亲电活性也就越强,反之亦然。

10.5.1 两者相互依存、不可分割

在极性反应的一般形式中:

无论何种结构的离去基，总是与亲电试剂成键的，在分子内只要找到了较大电负性的离去基，就容易判别与其成键的亲电试剂。

若亲核试剂与离去基之间存在共价键，则容易发生富电子重排：

$$\overset{E}{\underset{Y}{|}}-Nu \longrightarrow \bar{Y}-\overset{E}{\underset{|}{N}}u$$

亲核试剂与离去基之间存在共价键，也就存在与离去基成键的亲电试剂，这就具备了极性反应三要素的所有要素，富电子重排反应容易发生。一般来说，分子内的亲电试剂与离去基是本来具有的，而亲核试剂往往是在碱性催化条件下生成的。

例 36：Meisenheimer 重排反应[13]为富电子重排反应[14]：

$$\begin{array}{c} R^1 \\ R^2 \end{array} \overset{R}{\underset{O^-}{\overset{+}{N}}} \xrightarrow{\Delta} \begin{array}{c} R^1 \\ R^2 \end{array} N-O-R$$

式中，氧负离子为亲核试剂，氮正离子为离去基，与氮正离子成键的烷基碳原子即为缺电体亲电试剂。

例 37：[1,2]-Wittig 重排反应是用烷基锂为强碱催化剂处理醚重排生成醇的反应[15]：

$$R\overset{}{\underset{}{\frown}}O-R' \xrightarrow{n\text{-BuLi}} \begin{array}{c} OH \\ | \\ R \end{array} R'$$

反应机理为：

反应机理图示

这是典型的富电子重排反应机理，碳负离子为亲核试剂，氧原子为离去基，与氧成键的烷基碳原子为亲电试剂。

综上所述，分子结构内的亲电试剂与离去基均是相互依存、不可分割的，除了天然具有空轨道的路易斯酸之外。

10.5.2 两者互带异电，可能处于离解与络合的平衡状态

在亲电试剂与离去基之间的共价键上，由于离去基的电负性较大而共价键上电子对向离去基方向偏移，因而离去基带有部分负电荷，而亲电试剂带有部分正电荷，成为缺电体。然而，亲电试剂与离去基之间并非完全不可分割，在一定条件下能够实现共价键的异裂而彼此分离。离去基带有一对电子成了亲核试剂，亲电试剂上的空轨道亲电活性更强，两者之间不可避免再次成键。

10.5.2.1 S_N1 机理中的离解平衡

S_N1 机理是分步进行的极性反应。首先是离去基带着一对电子离去，生成了带有空轨道的亲电试剂：

$$E-Y \longrightarrow E^+ + Y^-$$

然后亲核试剂的一对电子进入亲电试剂的空轨道而生成新键：

该 S_N1 反应机理有两个依据：一是反应速度仅仅由亲电试剂浓度所决定，与亲核试剂的浓度无关；二是手性的亲电试剂结构发生了消旋化。

然而，亲电试剂与离去基之间的共价键均裂不可能是单向的，必然存在着可逆的离解平衡：

而在这种平衡可逆进行的反应过程中，手性的亲电试剂自身就已经消旋化了，而无需亲核试剂参与。因为带有一对电子的离去基本身就是亲核试剂，不可避免地与具有空轨道的亲电试剂成键。因此，原料自身能否实现消旋化才是 S_N1 机理存在与否的直接判据。

10.5.2.2 路易斯酸络合物的离解平衡

对于 Friedel-Crafts 酰基化反应，教科书中一般认为羰基氧原子上孤对电子进入了三氯化铝的空轨道而定量地生成了络合物，只有加入过量的路易斯酸催化剂才能催化反应进行。然而实验结果并不支持上述论点。

例 38：卤代苯的 Friedel-Crafts 酰基化反应过程：

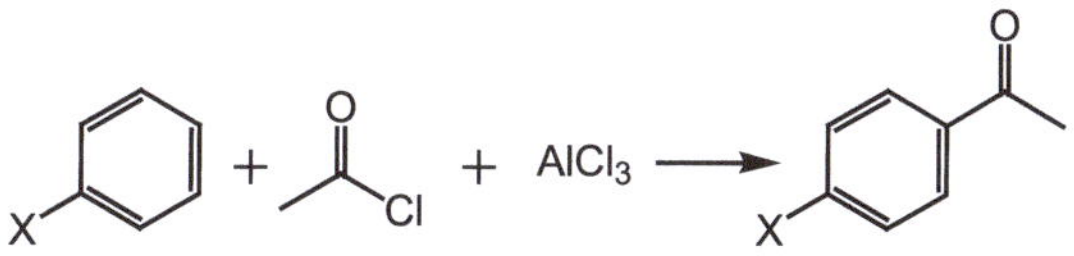

实验结果表明：在三氯化铝不足量条件下，即 1mol 酰氯投 0.95mol 三氯化铝的条件下，反应能够进行到底且具有更高选择性。这就说明羰基氧上孤对电子并非定量地与路易斯酸络合，该过程可能处于络合与离解的可逆平衡状态：

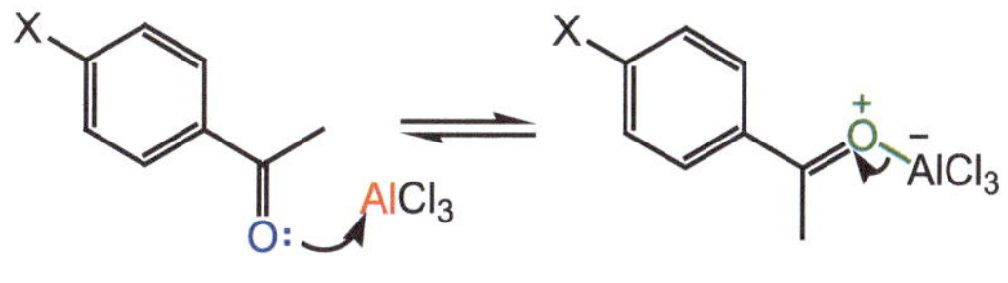

若不是处于上述平衡状态，体系内就不存在能够促进反应进行的催化剂——路易斯酸，反应也就不能进行完全。

例 39：三氟化硼乙醚络合物广泛地用作催化羰基的亲电试剂，其作用相当于路易斯酸。如：

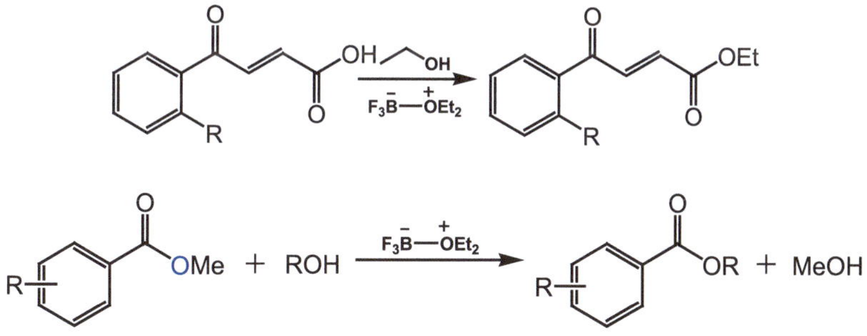

由于三氟化硼乙醚络合物分子内并不存在空轨道,因此必然存在三氟化硼乙醚络合物的离解平衡:

$$Et_2\overset{+}{O}-\bar{B}F_3 \rightleftharpoons Et_2\overset{..}{O} \longrightarrow BF_3$$

离解反应的平衡常数不必很大,只要另一亲核试剂——羰基存在,就能实现离解平衡的移动。即便是三氟化硼与羰基的络合物,也是离解-络合的平衡过程:

$$\underset{R}{\overset{O:}{\underset{\|}{C}}}-OR' + BF_3 \rightleftharpoons \underset{R}{\overset{\overset{+}{O}-\bar{B}F_3}{\underset{\|}{C}}}-OR'$$

如果不存在上述平衡,则微量的三氟化硼乙醚络合物就不可能将酯化反应或酯交换反应进行完全。

综上所述,路易斯酸络合物存在离解-络合过程,且往往处于平衡可逆状态。

10.5.3 路易斯酸空轨道上的络合与离去

路易斯酸是最典型的亲电试剂,也是最具活性的亲电试剂。当其与亲核试剂成键生成络合物之后,就容易再离解生成两个带有异性电荷的基团:

$$R-Y: \quad AlX_3 \longrightarrow R-\overset{+}{Y}-\bar{A}lX_3 \longrightarrow R^+ + Y-\bar{A}lX_3$$

生成的正离子为另一路易斯酸——缺电体亲电试剂,而生成的负离子基团便是路易斯酸与亲核试剂的络合物。由于此络合物的中心元素上具有单位负电荷,其电负性显著降低,进入其空轨道的亲核试剂便容易带走一对电子再离去,也就重新产生了路易斯酸与亲核试剂 Y^-:

$$X_3\bar{A}l-Y \rightleftharpoons AlX_3 + Y^-$$

所有带有单位负电荷的中心元素均是路易斯酸与负离子的络合物,此种络合物上的取代基容易离去并转化为亲核试剂与亲电试剂成键。

例40:氢化硼钠的还原反应,就是按照如下反应机理进行的:

$$H-\underset{H}{\overset{H}{\underset{|}{B}}}-H \quad E^+ \longrightarrow H-E + \underset{H}{\overset{H}{\underset{|}{B}}}-H$$

生成的硼烷是路易斯酸亲电试剂,空轨道再与亲核试剂络合而生成硼负离子,其电负性显著降低,因而导致另一氢原子能着一对电子离去:

$$\underset{}{\overset{}{\bigcirc}}: \quad \underset{H}{\overset{H}{\underset{|}{B}}}-H \longrightarrow \underset{}{\overset{+}{\bigcirc}}-\underset{H}{\overset{H}{\underset{|}{B}}}-H \quad E^+ \longrightarrow H-E + \underset{}{\overset{+}{\bigcirc}}-\underset{H}{\overset{H}{\underset{|}{B}}}$$

例41:氟硼酸盐与氢氧化钙的水解反应,也是路易斯酸络合物上离去基不断地转化成亲核试剂的过程。反应机理为：

只有在酸性条件下与亲电试剂——质子成键，水离去后生成硼酸：

总之，路易斯酸亲电试剂一旦与带有负电荷的亲核试剂络合，就成为亲电试剂与离去基的络合负离子，在此络合物的中心元素上带有单位负电荷，其电负性显著降低，共价键上一对电子容易被离去基带走，并能转化成亲核试剂与另一亲电试剂成键。

10.6 本章要点总结

① 揭示了离去基转化成亲核试剂的可能性与必然性。无论是独立的离去基还是 π 键离去基，离去基上均具有一对电子，因而可能转化为亲核试剂。此亲核试剂能否再与亲电试剂成键，取决于与亲电试剂成键的离去基是否活性更强。

② 揭示了有机反应的方向取决于离去基，不同离去基的相对活性与平衡转移决定了化学反应方向与限度。只有离去基的离去活性足够强才可能真正地转化掉，只有新键上不具有较强离去基才是反应的结束。

③ 揭示了离去基离去活性的影响因素。最主要的是其所带电荷即电负性的影响，带有正电荷的离去基的活性显著增大，而带有负电荷元素的离去活性几乎丧失。离去基又总是随着其可极化度的增加而增加。

④ 揭示了碳、氢离去基生成的基本原理，基团电负性变化规律和杂原子三元环内存在亲核试剂的开环规律与共振规律，以及亲核试剂上一对电子对于环内元素电负性的影响。

参考文献

[1] Sanderson R T. Polar Covalence. New York：Academic Press，1983：37-44.
[2] 顾振鹏，王勇. 制备芳香族甲醚化合物的方法. 中国发明专利 201210589021.2.
[3] 蔡鲁伯，吕永志，南海军，等. 1-(4-氟苯基)-2-(反式-4-烷基环己基)-乙酮的合成工艺. 中国发明专利 201610087365.1.
[4] Finkelstein, H. Ber. Dtsch. Chem. Ges.，1910，43：1528.
[5] Hanessian S.，Parthasarathy S.，Mauduit M.，et al. J. Med. Chem.，2003，46：34.
[6] Hastmut Riechers, Haus-Peter Albrecht, Willi Amberg, et al. Discovery and optimization of a novel class of orally active nonpeptidic endothelin—A receptor antagonists. Journal of Medicinal Chemistry，1996，39（11）：2123-2128.
[7] Schroeder J.，Dziewas G.，Fachinger T.，et al. Process for preparing amimocrotonylamino-substituted quinazoline derivatives. WO 2007085638.
[8] Higashibayashi S.，Mori T.，Shinko K.，et al. Heterocycles，2002，57：111.
[9] 陈荣业. 分子结构与反应活性. 北京：化学工业出版社，2008：111-112.
[10] Friedel, P.，, Crafts, J. M. Compt. Rend.，1877，84：1392.
[11] 陈荣业. 有机反应机理解析与应用. 北京：化学工业出版社，2017：183.
[12] Michael B. Smith, Jerry March. March 高等有机化学——反应、机理与结构. 李艳梅，译. 北京：化学工业出版

社，2009：280-282.

[13] Fischer, E., Speier. A. Ber. Dtsch. Chem. Ges., 1895, 28: 3252.

[14] Jie Jack Li. 有机人名反应及机理. 荣国斌，译. 上海：华东理工大学出版社，2003：258.

[15] Barluenga J., Fananas F. J., Sanz R., et al. Org. Lett., 2002, 4: 1587.

第11章

分子结构与反应活性

同一有机分子未必只有一种结构,分子的异构化是常见的现象,这是由分子内电子的运动、变化决定的。而分子结构又是其物理、化学性质的决定性因素,因此我们能够通过分子的物理、化学性质来推测分子结构,也能够通过分子结构推测其物理、化学性质,这就需要研究分子结构与反应活性之间的关系。

11.1 离子对试剂与三元环结构

在有机分子内,特别是活性中间状态,往往不是以某一种结构孤立地存在着,而是以多种结构共存,这就需要在鉴别其结构与功能条件下解析其反应机理。

在国内外有机化学教科书中出现了若干离子对试剂,如叶立德试剂、硝基化合物、重氮化合物、叠氮化合物、臭氧分子等。这些离子对试剂可能发生怎样的变化,本节将从分子结构与物理性质、化学性质的关系方面展开讨论。

11.1.1 分子结构与物理性质的关系

众所周知,分子的物理性质取决于分子间力,而分子间力主要包括:

① 万有引力 A,它存在于所有不同质量的分子间,且与分子的质量成正比,与分子间距离的平方成反比。

② 色散力 B,它是分子在运动中产生的瞬时极性所导致的静电引力,存在于所有极性、非极性分子之间。

③ 诱导力 C,极性分子的正电中心与负电中心不重合,使分子间的异性电荷之间存在的诱导引力。

④ 氢键 D,它是缺电子的活泼氢与富电子的高电负性元素(氟、氧、氮)之间的静电作用力,具有 2~10kcal/mol 的能量。

⑤ 离子键 E,它是带有单位正、负电荷离子间的静电引力。毫无疑问离子间的作用力是最大的。

显然,化合物的分子间力越大,其沸点也就越高。表 11-1 给出了质量相近的不同分子的沸点比较。

表 11-1 证明了分子间力与沸点之间的对应关系:化合物的分子间力越大,其沸点越高。

表 11-1　不同化合物的分子间力与沸点比较

化合物名称	分子结构	分子量	沸点/℃	分子间力
氩	Ar	39	−186	A
丙烷	C_3H_8	44	−42	A、B
甲醚	Me_2O	46	−23	A、B、C
乙醇	EtOH	46	78	A、B、C、D
氟化锂	LiF	26	1681	E

然而，若干人们公认的离子对试剂，其沸点与结构之间存在巨大反差。表 11-2 列举了部分化合物结构与沸点的比较。

表 11-2　部分化合物结构与沸点比较

化合物名称	分子结构	分子量	沸点/℃
氟化锂	LiF	26	1681
环丙烷	△	42	−32
重氮甲烷	$CH_2=\overset{+}{N}=\overset{-}{N}$	42	−23
臭氧	$\overset{-}{O}-\overset{+}{O}=O$	48	−111
叠氮酸	$HN=\overset{+}{N}=\overset{-}{N}$	43	37
硝基甲烷	$CH_3-\overset{+}{N}(\overset{-}{O})=O$	61	101
乙腈	$CH_3-C≡N$	41	82

表 11-2 中列举的化合物在结构与沸点之间似乎存在巨大反差，分子结构与其物理性质的关系似乎不符，然而这恰恰表明了同一分子具有不同结构，运用分子结构与反应活性的相关概念，运用极性反应三要素的运动规律，就能解释上述现象。

11.1.2　叶立德试剂的结构与化学性质

叶立德试剂的结构有两种定义。一种是将叶立德试剂定义为相邻原子具有相反电荷的中性分子，它是由 Lewis 结构（类似于配位键）形成的；另一种将叶立德试剂定义为正负电荷相邻的离子对试剂。

实际上叶立德试剂就是两种极限结构的共振状态[1]：

$$Ph_3\overset{+}{P}-\overset{-}{CH_2} \rightleftharpoons Ph_3P=CH_2$$

从叶立德试剂所特有的高活性判断，其更符合以离子对形式存在的、满足八隅律规则的内盐结构。

相邻的两个分别带有正负电荷的原子之间虽可能利用其 d 轨道生成 pπ-dπ 键，但在叶立德试剂的两种共振形式中离子对形式是始终存在的，至少其化学性质是这样。不仅氮叶立德试剂，磷叶立德和硫叶立德试剂也是如此。

由叶立德试剂的离子对结构所决定，具有如下化学性质。

性质一：叶立德试剂为强亲核试剂。

由叶立德试剂所具有的碳负离子所决定，为很强的亲核试剂，容易与亲电试剂成键。其中最典型的就是 Wittig 反应。

例 1：Wittig 反应是磷叶立德试剂处理羰基生成烯烃的反应[2]，如：

$$\text{Ph}_2\text{C=O} + \text{H}_2\overset{-}{\text{C}}-\overset{+}{\text{P}}\text{Ph}_3 \longrightarrow \text{Ph}_2\text{C=CH}_2 + \text{Ph}_3\text{P=O}$$

反应机理为：

此反应的 [2+2] 环加成步骤证明了磷叶立德试剂具有较强的亲核活性，该反应需要控制在低温条件便是依据；同时也说明了磷叶立德试剂为分子内鎓盐结构，否则难以解释其亲核活性如此之强。

而反应需要控制在较低温度条件下进行，也是由叶立德试剂的不稳定性所决定的。

性质二：叶立德试剂容易异裂生成卡宾。

叶立德试剂结构上的碳负离子，因其电负性显著降低而导致其控制共价键上电子对的能力下降。共价键上一对电子容易被带有正电荷的杂原子带走，异裂而生成单线态卡宾：

$$\text{Ph}_3\overset{+}{\text{P}}-\overset{-}{\text{C}}\text{H}_2 \longrightarrow \text{H}_2\text{C}\colon + \text{Ph}_3\text{P}$$

这是由两者巨大的电负性差所决定的。Wittig 反应之所以控制在低温条件，旨在抑制其异裂生成卡宾。

性质三：叶立德试剂上的富电子重排。

在叶立德试剂分子结构上，杂正离子具有较强电负性，因而离去活性较强，与其成共价键的元素就成了缺电体——亲电试剂，加之碳负离子亲核试剂的存在，分子内极性反应三要素齐备，具备了富电子重排反应发生的条件：

$$\overset{E}{\underset{Y-\overset{-}{\text{Nu}}}{|}} \longrightarrow \overset{E}{\underset{\text{Nu}-Y}{|}} \overset{+}{\text{H}} \longrightarrow \overset{E}{\underset{\text{Nu}-\text{YH}}{|}}$$

例 2：Meisenheimer 重排就是氮叶立德试剂典型的富电子重排[3]：

$$\underset{R}{\overset{R^1R^2}{\underset{|}{\overset{|}{\text{N}^+}}}}\overset{-}{\text{O}} \xrightarrow{\Delta} R^2\text{N}(R^1)-\text{OR}$$

此类富电子重排有广泛的代表性，叶立德试剂是其中最典型的代表。

11.1.3 重氮化合物的结构与化学性质

重氮甲烷是最简单的重氮化合物，因而也最具代表性。教科书中一般将重氮甲烷结构表述为：

$$H_2C=\overset{+}{N}=\overset{-}{N}$$

首先研究重氮甲烷的物理性质，其离子对结构应该具有较大的极性，因为存在分子间的离子键，相当于构成了更大的分子，因而沸点定会很高，至少远高于乙腈的沸点。然而重氮甲烷（分子量为 42）的沸点只有 −23℃，远低于乙腈（分子量为 41）的沸点（82℃）。两者比较显然乙腈的沸点更高、极性更强，这就与重氮甲烷的离子对结构相矛盾，分子结构与物理性质不符。

再来研究重氮甲烷的化学性质，如上离子对结构端点的氮负离子具有一对电子，为亲核试剂，中间的氮正离子的电负性最强为离去基，与氮正离子成键的亚甲基碳原子才是缺电体——亲电试剂，而这又与其实际化学反应的性质不符。

总之，无论在物理性质上还是在化学性质上都无法证明重氮甲烷具有如上的离子对结构。

然而，我们运用上述离子对结构上的三要素性质，还是可以推测重氮甲烷结构及其变化的。上述离子对结构的重氮甲烷与二嗪丙因（diazirines）之间存在着循环的异构化过程：

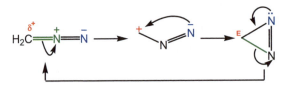

三元环结构的二嗪丙因还可以另一种方式共振异构，即存在另一种循环的异构化过程：

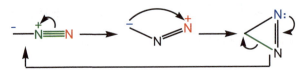

上述循环式中，三元环结构与其物理性质相符，碳负离子结构与其化学性质相符。

也就是说，重氮甲烷并非只有单一结构，是离子对结构与极性三元环结构的互变异构。在其离子对结构内存在着极性反应三要素，可通过分子内的极性反应生成极性的三元环结构——二嗪丙因，因而具有较低的沸点。在三元杂环结构内因存在着较强亲核试剂而极不稳定，能与两个方向的邻位元素成键而开环，生成两个异构化的离子对结构。参见 10.1.3.4。

在光催化条件下，重氮甲烷能分解生成三线态卡宾[4]，就是其二嗪丙因结构的有力证明：

$$\overset{N}{\underset{N}{\bowtie}} \xrightarrow{h\nu} H_2C: + N\equiv N$$

有文献将重氮甲烷光催化生成三线态卡宾机理解析成一对电子转移的形式[5]：

$$H_2C=\overset{+}{N}=\overset{-}{N} \xrightarrow{h\nu} H_2C: + N\equiv N$$

这显然不可能，因为光照条件只能催化共价键均裂，属于单电子转移，而弯箭头代表的是一对电子转移，该过程不可能生成三线态卡宾。

例 3： Arndt-Eistert 同系化反应是重氮甲烷与酰氯加成、重排生成烯酮中间体，再经水解生成增加一个碳原子的同系物羧酸的反应[6]：

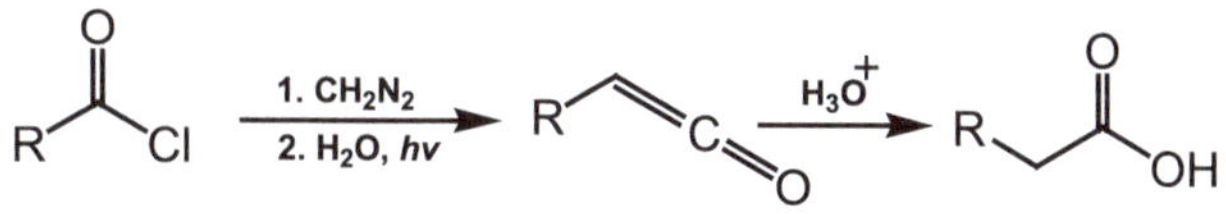

$$R-COCl \xrightarrow[2.\ H_2O,\ h\nu]{1.\ CH_2N_2} R-CH=C=O \xrightarrow{H_3O^+} R-CH_2-COOH$$

有文献将 Arndt-Eistert 同系化反应生成中间体烯酮的机理解析为[7]：

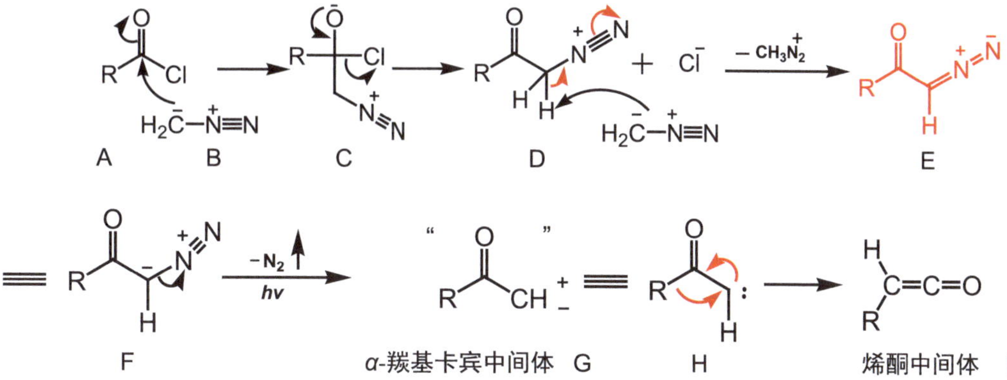

重氮甲烷与酰氯反应生成 D 结构，证明了上述重氮甲烷 B 结构符合其化学性质。然而后续的机理解析有两处与事实不符：第一，自 D 至 E 过程既不存在也没必要，D 结构经碱处理生成叶立德试剂 F 结构后，直接进行 α-消除反应，即可生成单线态卡宾 G。第二，自 G 至 H 过程既不存在也没必要，只有单线态卡宾才可能发生卡宾重排；而三线态卡宾结构上的两个电子既不成对也不处于同一轨道，不能进行一对电子转移；烷基迁移方向的表述也不规范。总之，Arndt-Eistert 同系化反应机理自 D 至 M 阶段应解析为：

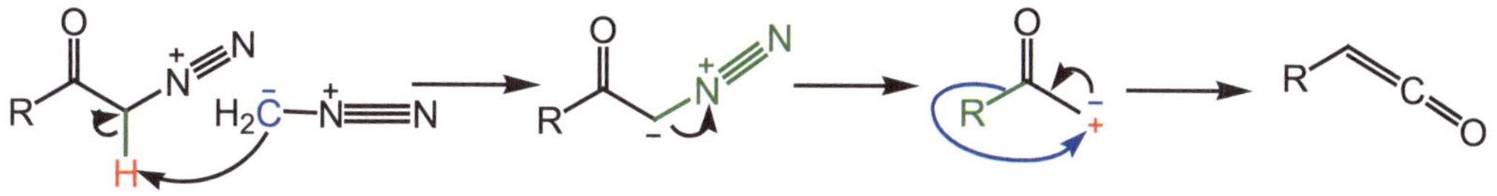

11.1.4 叠氮化合物的结构与化学性质

叠氮化合物中最简单的结构就是叠氮酸。文献中一般将叠氮化合物表述为 A_1 的离子对结构，我们参照重氮化合物的结构，容易想象出还有可能具有 A_2 离子对结构：

首先观察如上的离子对结构，它们均具有较大的极性，可以在分子间形成离子键，这就相当于构成了更大的分子，因而沸点会相当高，至少应远高于乙腈的沸点。然而，叠氮酸的分子量为 43，沸点为 37℃，而乙腈分子量为 41，沸点却为 82℃。两者比较，证明叠氮酸的分子间力更小，这与其既具有离子对又具有活泼氢的结构不符，即分子结构与其物理性质不符。再来观察如上叠氮酸的离子对结构 A_1，其端点的氮负离子显然是亲核试剂，中间的氮正离子显然具有较大的电负性，属于离去基，不带电荷的氮原子只能为亲电试剂，而这又与叠氮酸的化学性质不符。

综上所述，无论在物理性质上还是在化学性质上，叠氮酸均与 A_1 的离子对结构存在巨大反差。然而运用离子对结构的性质，利用分子结构上的三要素性质，还是可以推测出叠氮酸的结构与变化的。

与重氮甲烷循环的异构化过程类似，叠氮化合物也存在离子对结构与三元杂环结构相互转化的两种异构化过程。

反应机理一：

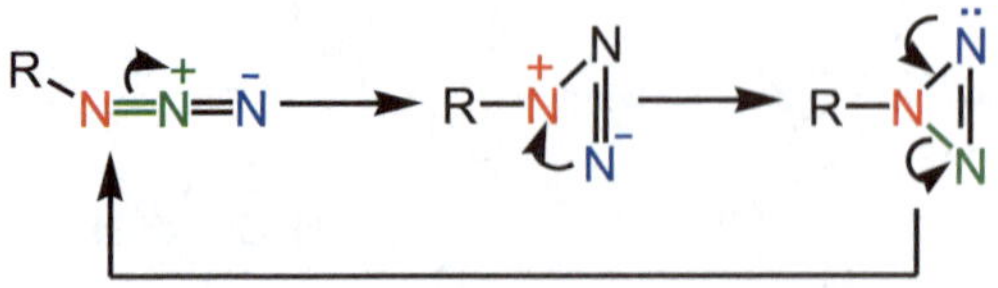

反应机理二：

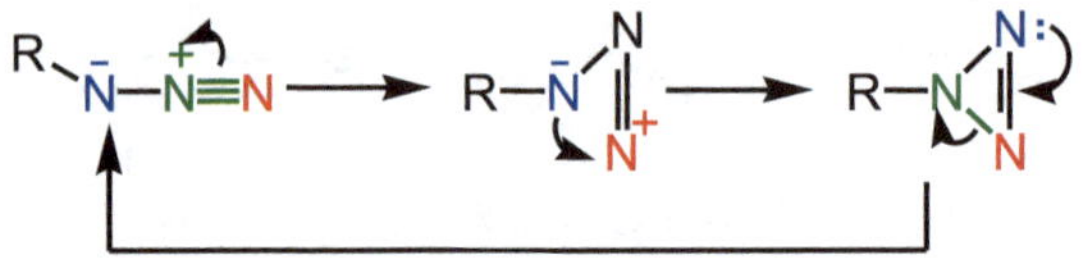

也就是说，三元杂环结构上氮原子上孤对电子能与两个方向的氮原子成键。实验结果与循环异构化的反应机理二比较吻合，即将叠氮化物视作 A_2 及其三元环状结构的共振异构，才与其物理性质和化学性质没有矛盾。

例 4：Regitz 重氮盐合成反应[8]是用有机磺酰叠氮与 β-酮酸酯合成重氮盐的反应：

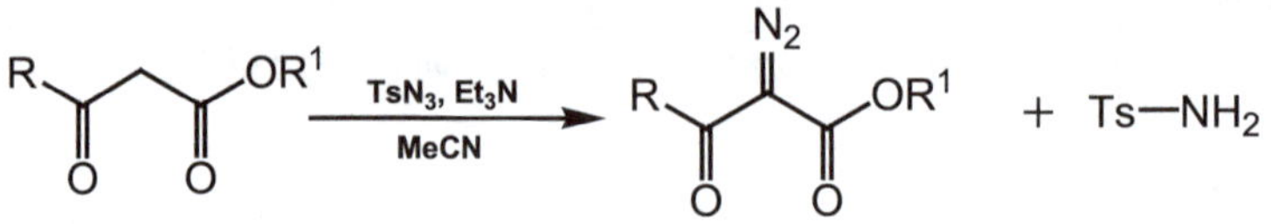

有文献将 Regitz 重氮盐合成反应机理解析为[9]：

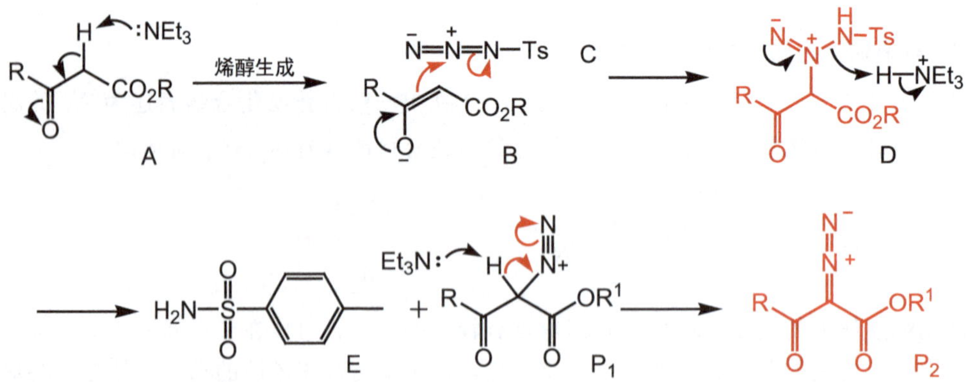

本机理解析有两处不合理：一是将叠氮化物视作双离子的 C 结构（即前述的 A_1 结构），颠倒了亲电试剂与离去基的位置，使得极性反应三要素的功能混乱；二是重氮盐结构就是 P_1，补充自 P_1 至 P_2 的转化步骤没有意义，因为重氮化合物的化学性质只与 P_1 结构相符。

在迄今所见的实例中，端点上的 N 原子总是作为亲电试剂与亲核试剂成键的。故只有 A_2 结构才符合叠氮化物的反应活性。故 Regitz 重氮盐合成反应机理应该改为：

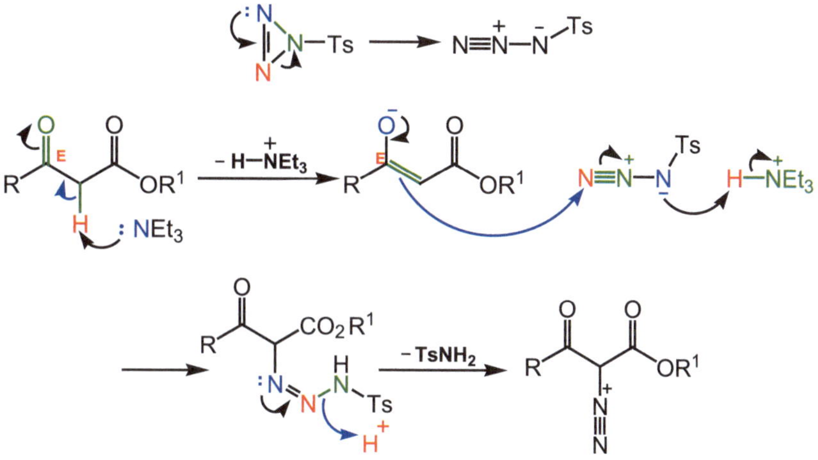

11.1.5 臭氧化合物的结构与化学性质

臭氧分子为三个氧原子构成的分子，教科书中公认其分子结构为如下离子对结构：

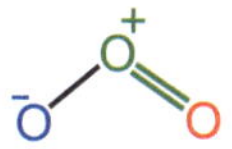

然而，具有分子量 48 的离子对结构，其沸点远小于乙腈，只有 −111℃，这在物理性质上与其极性结构完全不符。尽管如此，根据分子内极性反应三要素的概念，也能解析臭氧结构的异构变化与化学性质。

性质一：能可逆地生成三元环状结构。

在其离子对结构上，氧负离子为亲核试剂，氧正离子为离去基，不带电荷的氧原子为缺电体——亲电试剂，分子内的极性反应三要素齐备，分子内的富电子重排反应不可避免：

此三元环结构属于非极性分子，分子结构与 −111℃ 的沸点符合。然而三元环状结构化合物因键角过小而不稳定，容易在外界电场影响下异裂而生成离子对结构，因此可将臭氧视作三元环状结构与离子对结构的可逆平衡。

性质二：能可逆地生成单线态原子氧。

在其离子对结构上，具有较大电负性的氧正离子是与具有较小电负性的氧负离子成键的，两者之间巨大的电负性差使得共价键上一对电子向氧正离子方向偏移，因而容易异裂生成单线态原子氧：

单线态原子氧生成后，其空轨道仍能接受氧原子上孤对电子成键，能够重新生成初始的离子对结构，反应因此而平衡可逆。

性质三：三元环状臭氧能均裂成双氧自由基。

由于三元环状臭氧分子内的原子间电负性相等，加之氧氧共价键的键长较长，容易发生均裂生成双氧自由基：

当两个氧自由基上的电子自旋方向相反时，能够重新配对成键返回到三元环状结构。该反应仍处于平衡可逆状态。

性质四：双氧自由基能均裂生成三线态原子氧。

双氧自由基结构上的氧自由基，容易引发 α-位的 σ 键均裂，生成三线态的原子氧：

此三线态原子氧为双自由基结构，能够引发氧分子上 π 键均裂，从而返回到初始的双自由基结构。本反应仍然为平衡可逆反应。

臭氧的三元环状结构与其物理性质相符。臭氧的其它结构，如离子对、单线态原子氧、三线态原子氧、双自由基等，符合其化学性质。理解了如上诸多变化，就容易理解臭氧多元化的性质。

例 5：Criegee 臭氧化反应是烯烃与臭氧生成 1,2,4-三氧杂环戊烷的反应[10]：

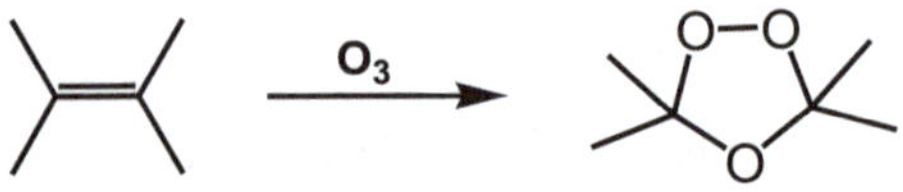

现有文献将 Criegee 臭氧化反应的机理解析为[11]：

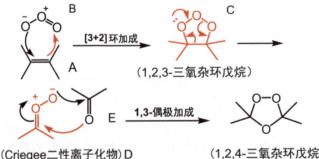

如上的机理解析分为两步：一级臭氧化物（1,2,3-三氧杂环戊烷）的合成和二级臭氧化物（1,2,4-三氧杂环戊烷）的合成。上述的自 C 至 D 过程，机理解析不合理。

按照 C 化合物的电子转移标注，一级臭氧化物 C 结构是不能生成两性离子化物 D 结构的，只能生成下述 M 结构：

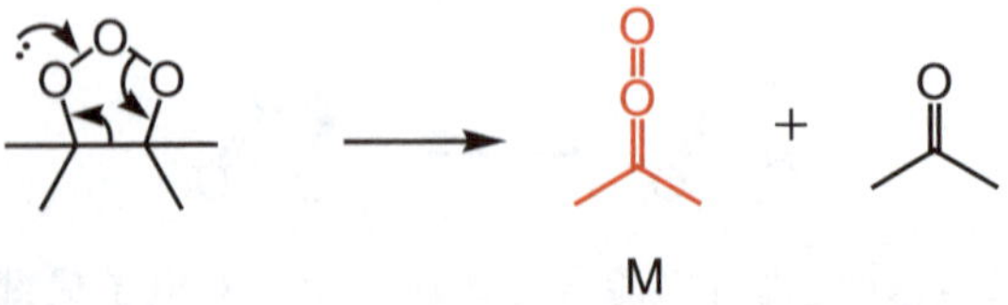

此 M 结构的氧原子既违背八隅律，也不具备共振到 D 结构的条件，显然是不合理解析。

根据前述的臭氧分子的性质，氧氧共价键是容易均裂成双自由基结构的，只能将二级臭氧化物（1,2,4-三氧杂环戊烷）的生成解析为自由基机理：

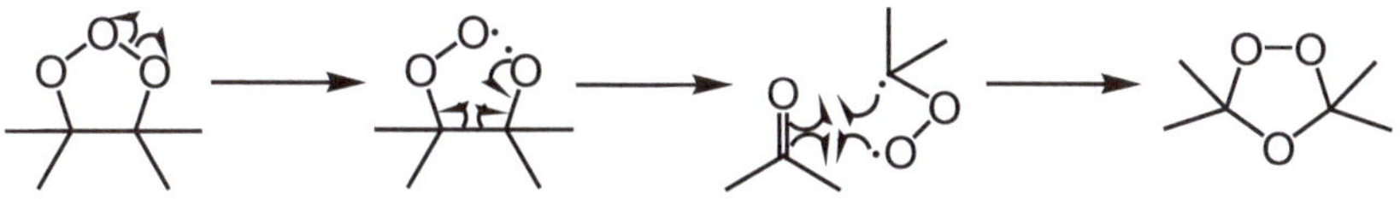

11.1.6 硝基化合物的结构与化学性质

最简单的硝基化合物是硝基甲烷，目前教科书中一般将其表述为离子对结构：

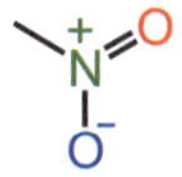

然而，硝基甲烷的分子量为 61，沸点为 101℃，其物理性质表明了其弱极性的性质，与离子对结构并不相符。然而，依据其离子对的分子结构和极性反应三要素的概念，容易解析硝基甲烷的异构化规律，也容易理解其物理化学性质的依据。

由硝基甲烷的离子对结构容易判断：氧负离子为亲核试剂，氮正离子为强电负性的离去基，与氮正离子成键的双键氧原子为缺电体——亲电试剂。如此近距离的三要素之间容易发生重排反应，生成三元环状弱极性结构：

这种弱极性的三元环状结构与其物理性质基本相符。然而，一旦生成了三元环状结构，氮原子上的孤对电子便释放出来，它便具有亲核活性，容易与一个氧原子成键而另一氧原子离去，返回到初始的离子对结构状态。

因此离子对结构与三元环状结构之间处于平衡可逆的异构化状态，这与硝基化合物的物理化学性质吻合。

例 6：具有 α-氢的硝基化合物在碱性条件下会生成碳负离子，经分子内的富电子重排能够异构化为假酸式结构。有文献将上述硝基结构异构化成假酸式结构的反应机理解析为两种结构的共振：

这个共振过程显然不成立。因为硝基上的氮正离子上既没有空轨道又不可能腾出空轨道，不属于亲电试剂。没有空轨道是因其满足了八隅律，四个轨道均处于充满状态；腾不出来空轨道是因氮正离子具有高于氧原子的电负性，其与氧原子之间的共价键上电子对偏向于氮正离子，不可能由氧原子带走。因此氮正离子不可能成为亲电试剂，只能是离去基。

这里首先以硝基 α-碳负离子为亲核试剂与缺电子的氧原子成键，氮正离子带走 π 键上一对电子离去，生成了三元环状结构中间体：

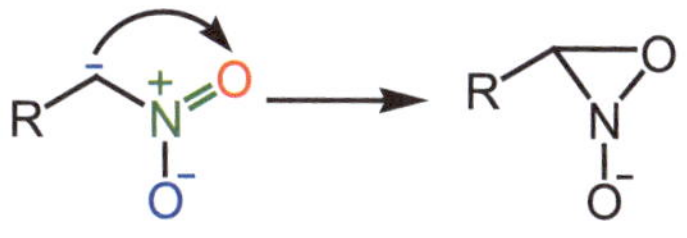

此三元环状结构键角小、张力大，加之环内存在可极化度较大的亲核试剂氮原子，氮原子上孤对电子更容易与缺电子碳原子成键，氧原子带走一对电子离去生成了假酸式结构。

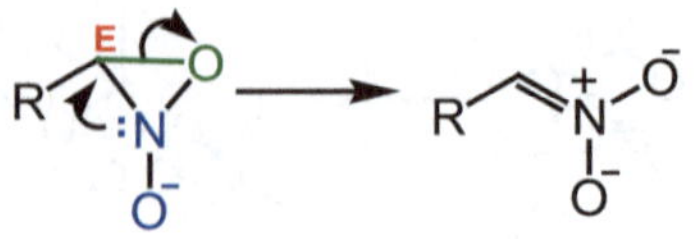

例 7：硝基甲烷在碱性条件下发生如下缩合反应：

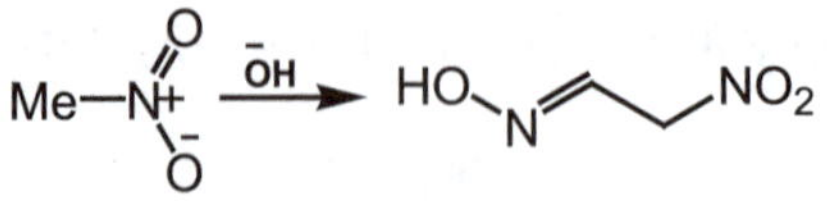

由于硝基的 α-碳上的氢原子具有酸性，与碱成键后硝基的 α-碳原子离去生成碳负离子：

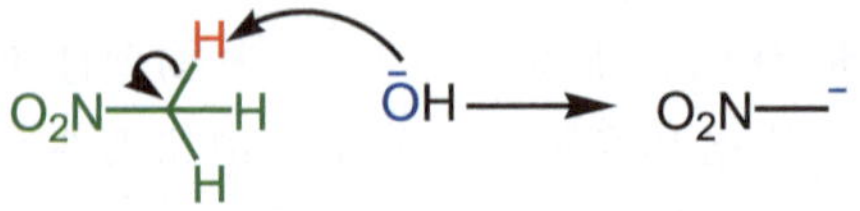

按照极性反应三要素的基本原理，假酸式结构的生成必须经过富电子重排反应阶段：

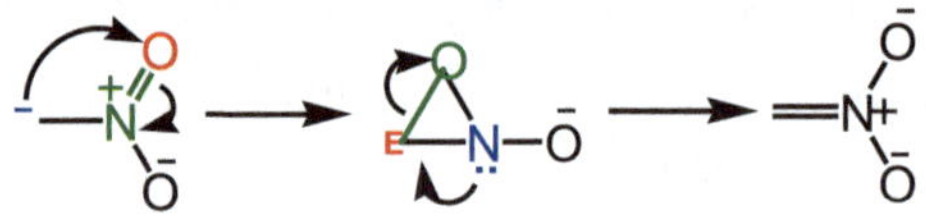

最后，硝基甲烷的硝基式与假酸式缩合，反应机理为：

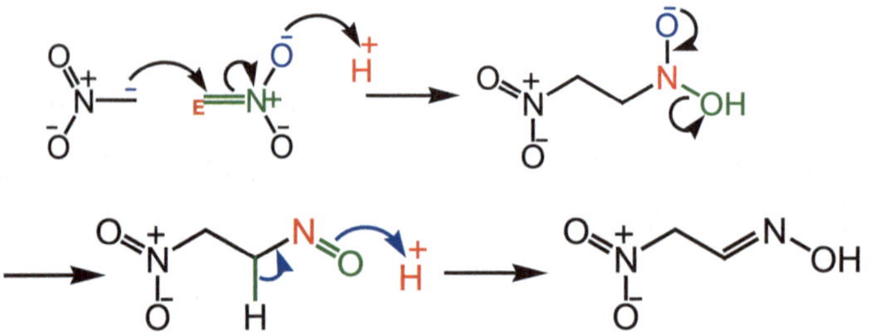

由此可见，上述缩合反应是硝基甲烷两种中间状态的缩合与消除。

由于三元杂环结构的不稳定性，假酸式结构可能按照如下机理部分返回到硝基式结构：

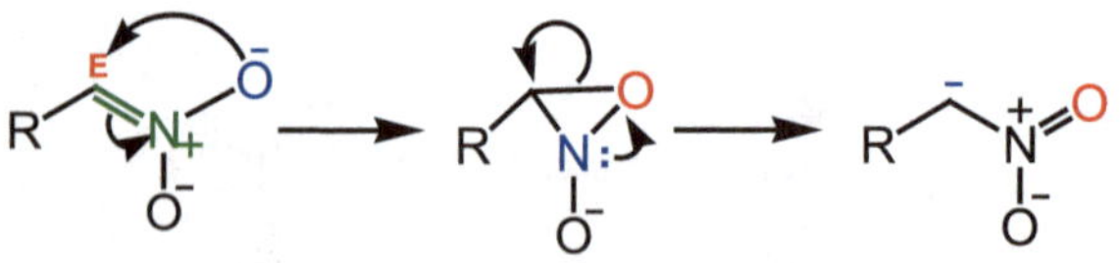

例 8：碱催化下的邻硝基甲苯与草酸二甲酯反应过程中发现有 30% 邻硝基甲苯不能转化：

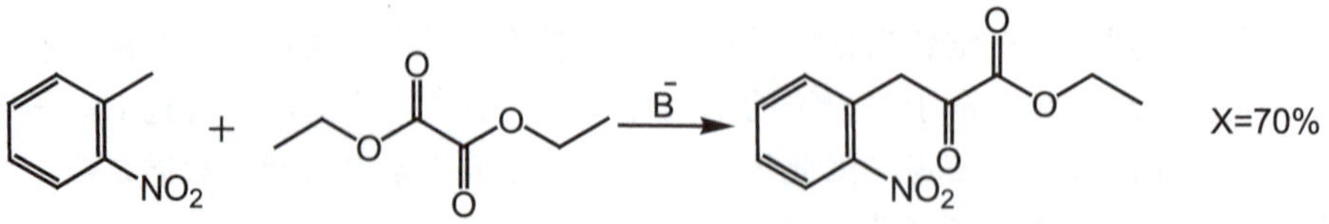

X=70%

此主反应的机理为：

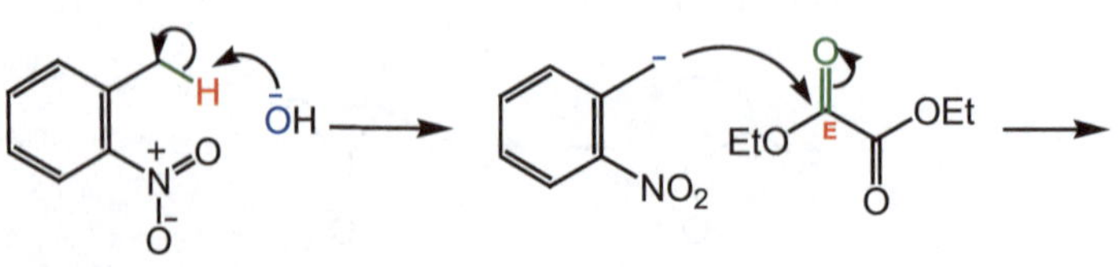

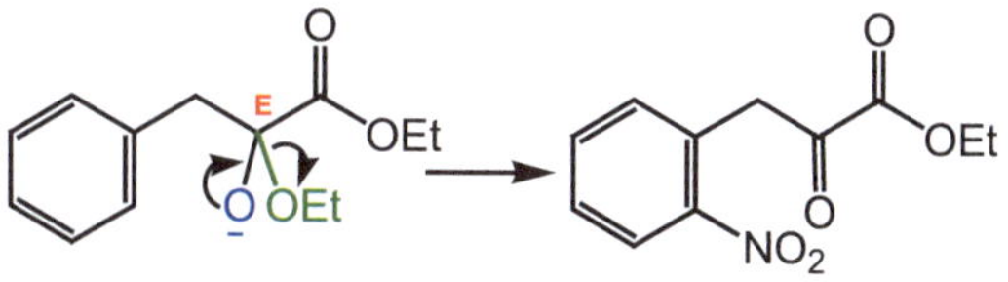

上述反应的转化率只有 70% 只是假象，邻硝基苄基负离子实际上已经转化完全，分子内极性反应生成了如下副产物：

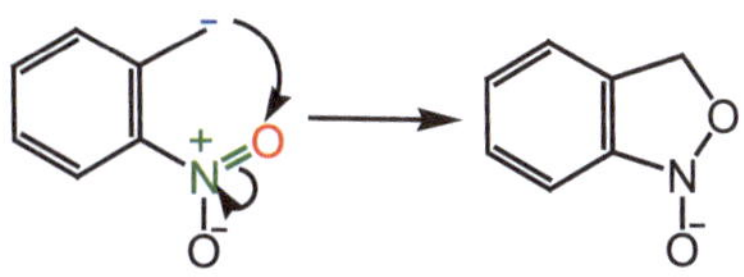

表观上转化率较低，其实是该副产物在酸化处理后返回到初始的原料状态：

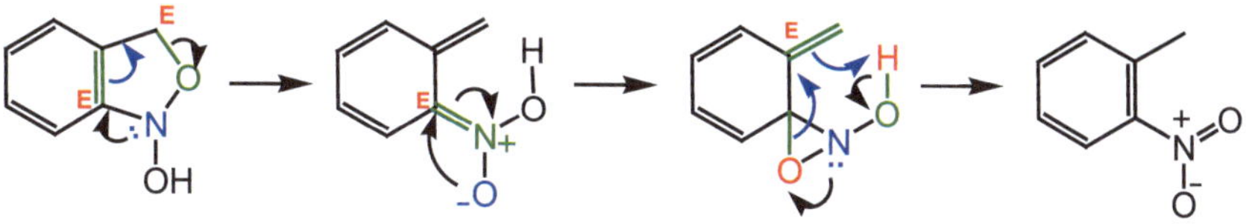

例 9：参照氰基环丙烷合成的成熟工艺：

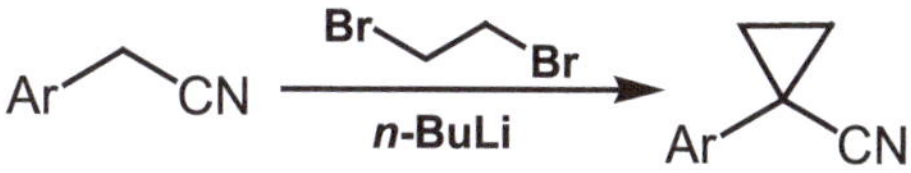

构思合成硝基环丙烷的工艺路线：

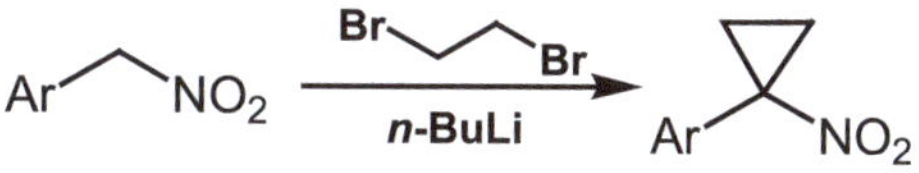

实验结果发现原料并未转化。由于硝基 α-氢与碱成键生成的碳负离子瞬间异构化为假酸式，因而亲核试剂瞬间转化为亲电试剂，也就不具备与亲电试剂成键的条件：

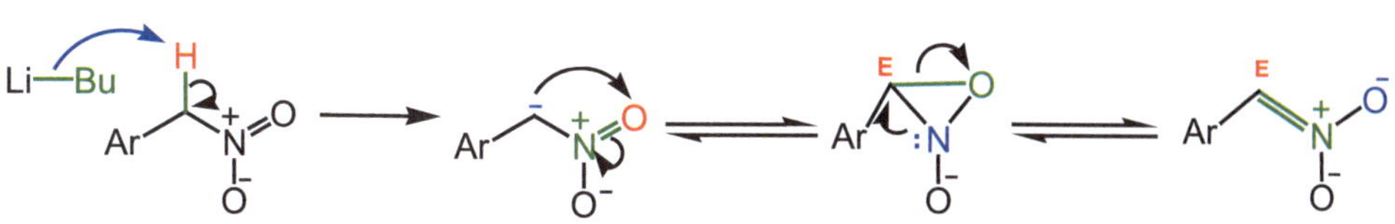

由三元双杂环结构的不稳定性所决定，在后处理的酸化过程中，三元环内的氮原子可以与两个邻位元素成键，最终返回到初始的硝基结构：

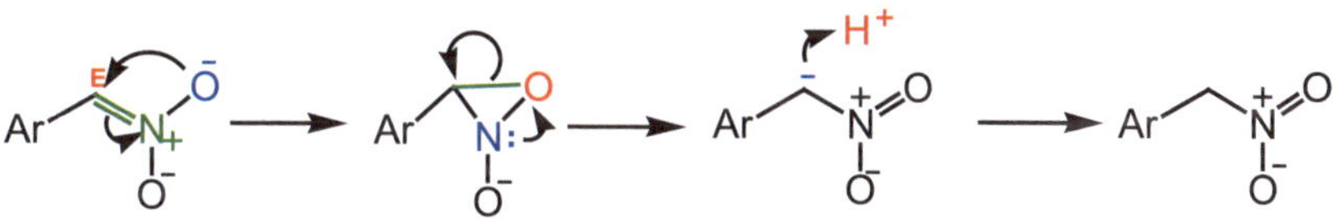

综上所述，若干有机分子并不是以同一结构形式存在的，若干具有离子对结构的分子，绝非只有单一结构，否则就无法解释其沸点较低的原因。在离子对结构的分子内，往往是极性反应三要素共存，容易重排、异构化为另一种三元杂环结构。运用极性反应三要素的基本概念，就能把握离子对试剂的反应原理与规律。

11.2 重排异构化反应的一般规律

从表面上看，重排、异构化反应变化多端，而实际上具有极强的规律性。只要遵循电子转移的客观规律，遵循极性反应三要素的运动规律，就容易把握重排反应的一般规律。

11.2.1 多对电子协同迁移导致的重排反应

前已述及，若分子内或分子间的元素构成空间六元环或五元环，且在异性电荷相互吸引而呈整齐排列状态下，由于原子或基团间的相互作用，几个共价键上的电子对容易协同迁移，因此具有较低的活化能而容易发生重排反应。

该类重排反应包括但不限于 [3,3]-σ 迁移反应、环加成反应、热电环化反应等。

例 10：农药中间体 2-溴-3-氯吡啶按如下反应合成：

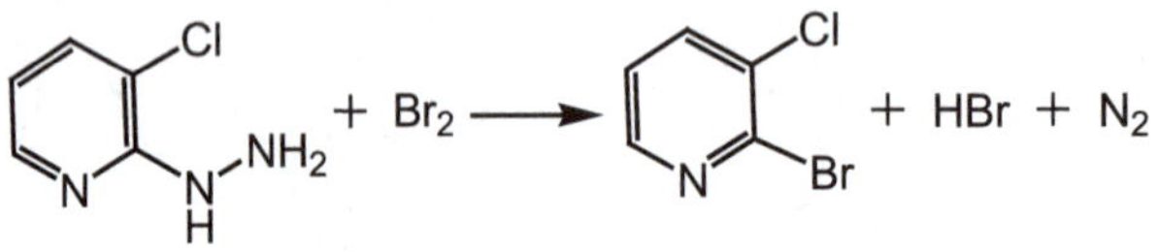

该溴代反应必然经历如下复杂过程：

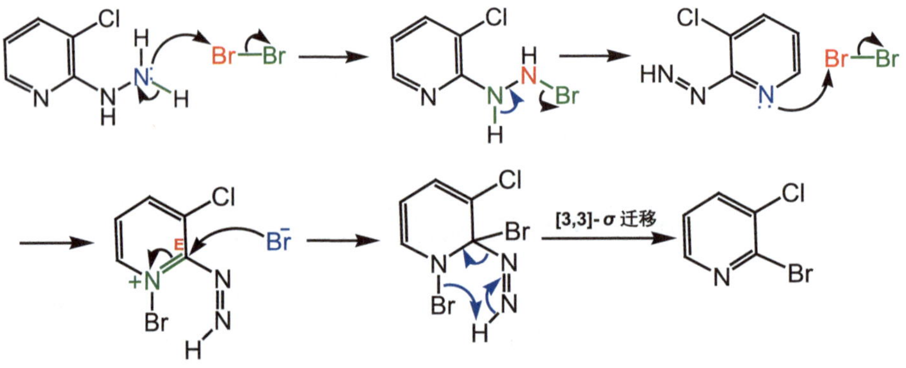

正是这三对电子的协同迁移，导致了芳构化反应的发生，产生了溴化氢与氮气。

例 11：2-乙酰基环戊酮溴代生成 2-溴乙酰基环戊酮的反应，是经过先取代、再重排生成的：

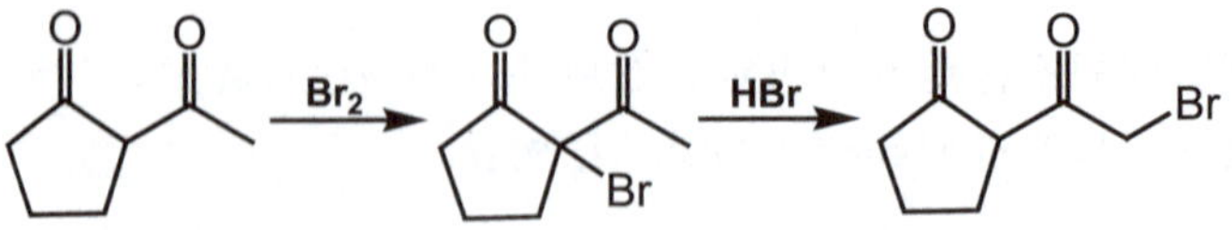

上述重排反应与系统内的溴化氢相关，也是三对电子的协同迁移过程。反应机理为：

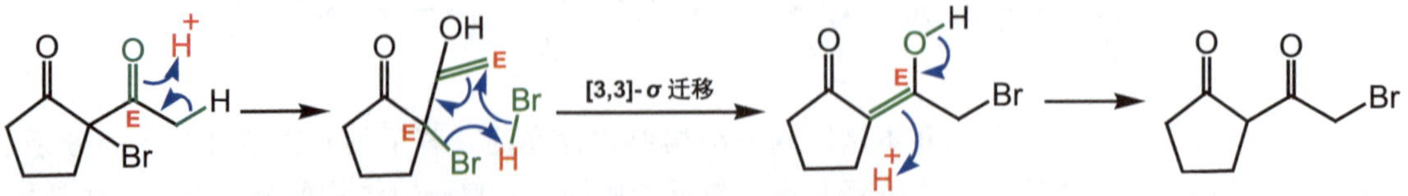

若干多对电子的分子内协同迁移反应均属于分子内的共振异构过程，只要能排列出环状结构，反应机理便容易解析。更多的实例请参阅第 3 章讨论。

11.2.2 共轭体系内的共振重排反应

前已述及，共轭体系内的共振实际上就是分子内的化学反应，只要满足共轭体系这一基本条件，孤对电子与空轨道均可与 π 键共振异构。

11.2.2.1 孤对电子与 π 键的共振

元素上所带有的孤对电子可以进入空轨道成键，当然属于亲核试剂。由带有富电的孤对电子所决定，它能极化非离域的 π 键，使其共振到 π 键的另一端，从而实现亲核试剂的转移，成为两可亲核试剂，因而发生共振异构。

例 12：对羟基吡啶在碱性条件下的甲基化反应，就会生成两种异构体：

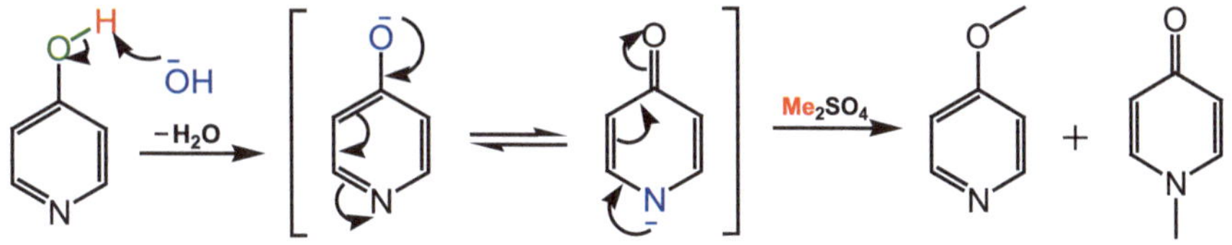

负离子与 π 键的共轭体系必然导致共振异构体的生成。

例 13：杀菌剂 BBIT 合成过程的异构产物不可避免：

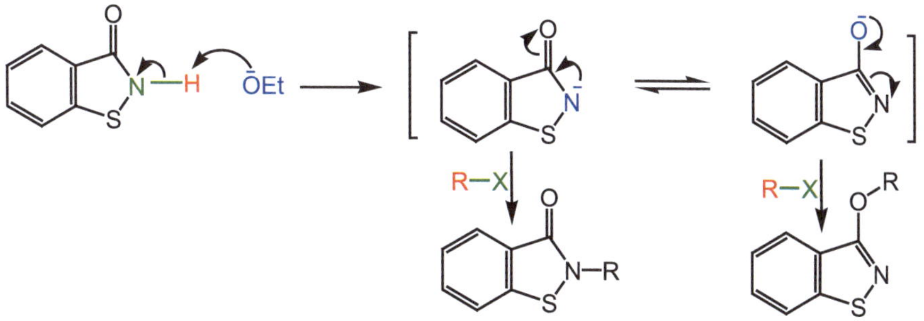

这种由 p-π 共轭导致的共振是一个普遍性规律。

11.2.2.2 空轨道与 π 键的共振

空轨道元素若与 π 键共轭，其较大的电负性会吸引离域的 π 键上一对电子成键，因而导致共振异构体的生成。

例 14：丁-1,3-二烯与溴素的加成反应，存在着 1,4-加成与 1,2-加成两种反应产物：

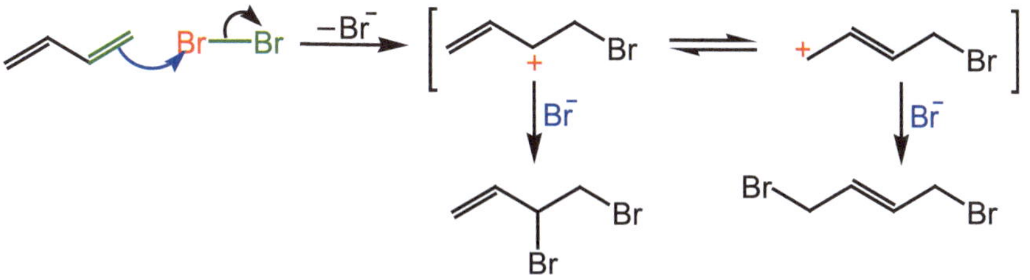

这是空轨道与 π 键生成共振异构体的典型实例，每种共振异构体均可接受亲核试剂上的一对电子成键。

例 15：在苄基乙醚制备过程中发现有异构体生成：

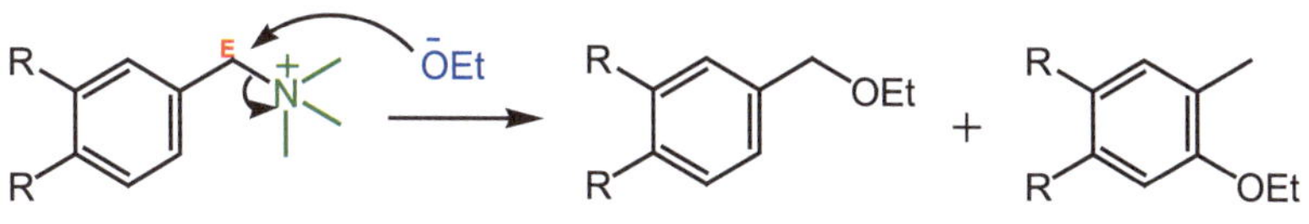

如果三甲胺先行离去，则生成的苄基碳正离子便可与芳环内 π 键发生共振异构，结果生成对应的异构体：

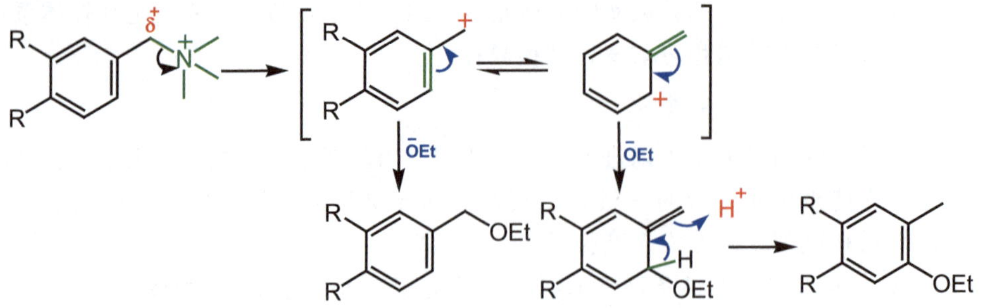

由此可见，只要碳正离子与 π 键共轭，分子内的共振异构就不可避免。

11.2.2.3 单线态卡宾与 π 键的共振

单线态卡宾碳原子上既存在一对电子又存在空轨道，它兼有一对电子与空轨道双重功能。在与 π 键共轭条件下，单线态卡宾结构上的空轨道与一对电子可以独立地与 π 键共振，即正负电荷可以分开，生成各自独立的负离子和正离子。换句话说，可以将卡宾视作独立的碳正离子与碳负离子，它们均可与 π 键共振。

例 16：以 3-氟-4-碘苯酚和氰化钠为原料合成 3-氟-4-氰基苯酚。发现有较多异构体 3-氟-6-氰基苯酚生成：

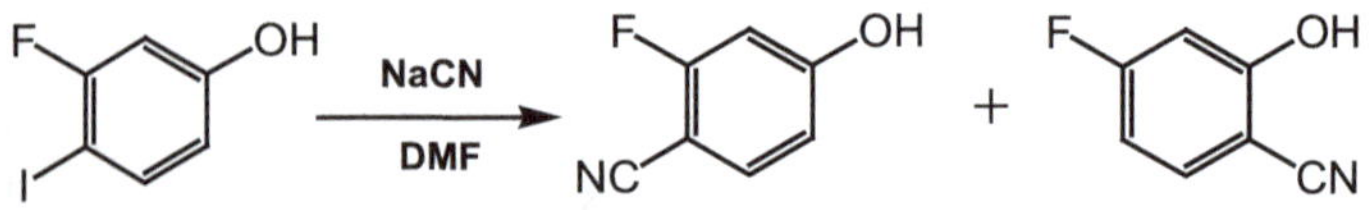

这是反应预热阶段原料发生 α-消除生成卡宾，卡宾与 π 键共振异构所致：

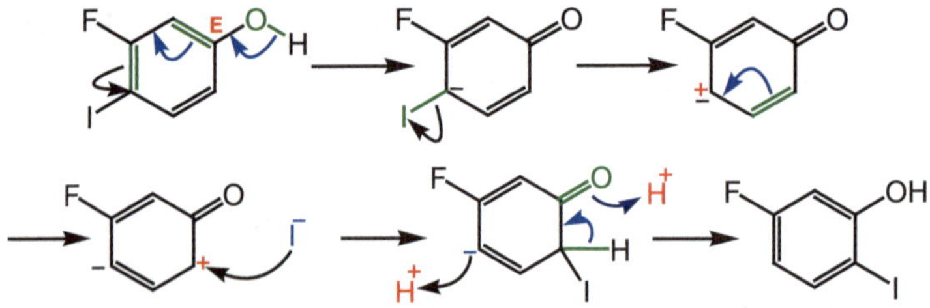

将溶剂 DMF 与氰化钠加入釜中预热至反应温度滴加 3-氟-4-碘苯酚，可抑制异构化副反应。

例 17：邻溴苯酚在五氟化锑与苯甲醚的催化作用下能够重排成间溴苯酚：

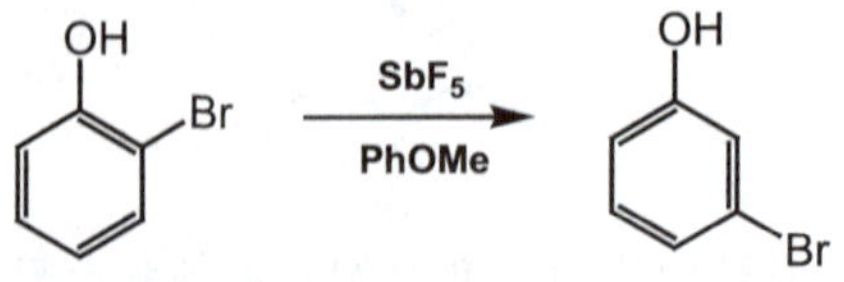

这是两次生成卡宾中间体的重排过程：

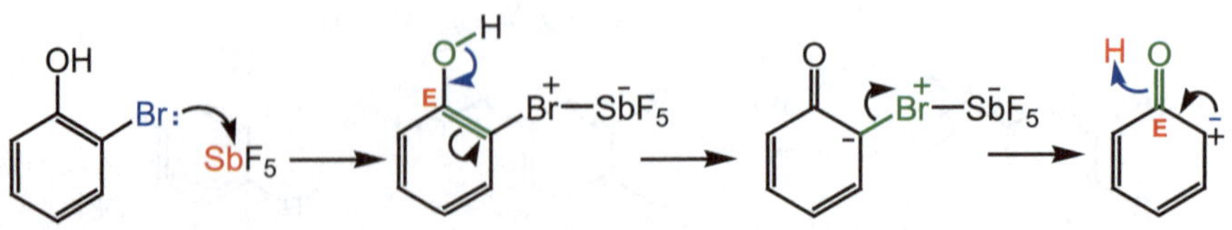

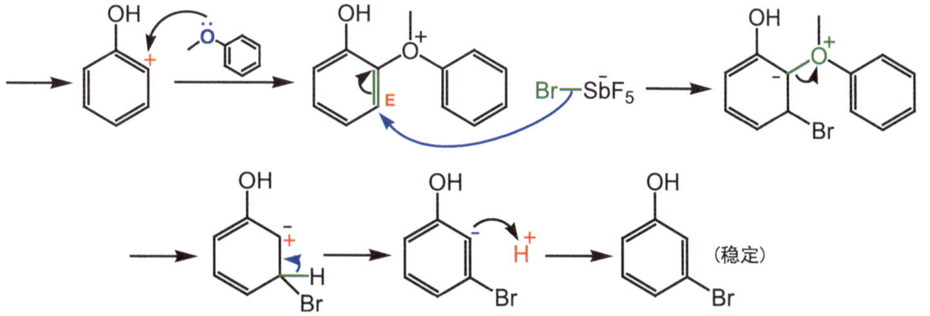

由于酚羟基的间位不能生成碳负离子，因而生成的间溴苯酚稳定。

综上所述，单线态卡宾的一对电子与空轨道均可独立地与 π 键生成共振异构体。更多的实例解析请参考第 2 章。

11.2.3 活性中间体导致的分子内重排反应

本节主要讨论分子内的活性中间体，包括碳负离子、碳正离子和单线态卡宾（或氮烯），导致的重排反应。

11.2.3.1 富电子重排反应

富电子重排起因于碱性条件下生成的负离子亲核试剂，它是与电负性较强的离去基成键的，而离去基又是与亲电试剂成键的，这样就在分子内具备了极性反应三要素，富电子重排便容易发生。其基本类型为：

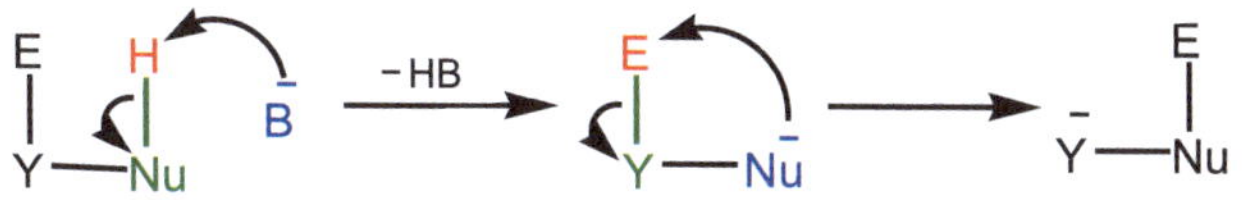

识别富电子重排的关键是识别离去基，在此基础上找到亲电试剂就容易了。

例 18：Wittig 重排是醚类化合物经强碱处理生成仲醇的反应。

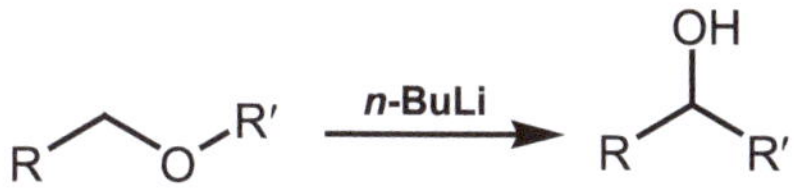

这是富电子重排的典型实例：

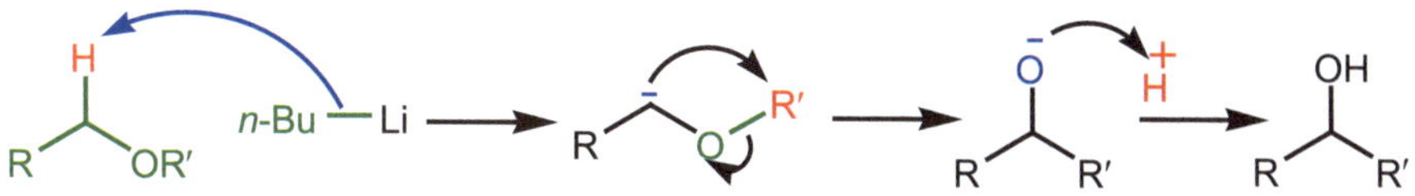

在碱催化下产生的碳负离子亲核试剂是与电负性最强的氧原子成键的，此处氧原子当然是离去基，与氧原子成键的缺电子的碳原子便为亲电试剂，分子内的富电子重排不可避免。

由于在反应体系内检测到了自由基的存在，文献［12］认为该反应为自由基反应机理，这是依据不足的误解。

由于氧原子的电负性远大于碳负离子而容易离去，生成的单线态卡宾能够衰减为三线态卡宾，体系内检测到的只能是此种双自由基结构。故自由基是由富电子重排的副反应生成的：

例 19：Stevens 重排反应就是富电子重排的典型代表：

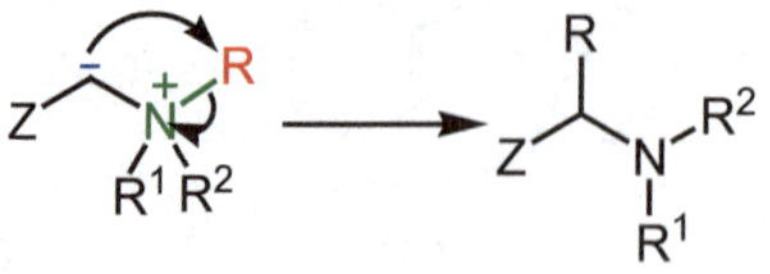

其它叶立德试剂由其具有的离子对结构所决定，碳负离子为亲核试剂，杂正离子为离去基，则与杂正离子成键的基团必然为亲电试剂，容易发生分子内的富电子重排。

综上所述，在碳负离子亲核试剂与离去基成键情况下，离去基也一定是与亲电试剂成键的，分子内的极性反应三要素兼备，不可避免地发生富电子重排。

11.2.3.2 缺电子重排反应

缺电子重排就是首先在酸性条件下催化离去基离去，生成具有空轨道的正离子亲电试剂，它具有极强的电负性与亲电活性，能吸引其 α-位的 σ 键上一对电子生成 σ 键。其基本类型为：

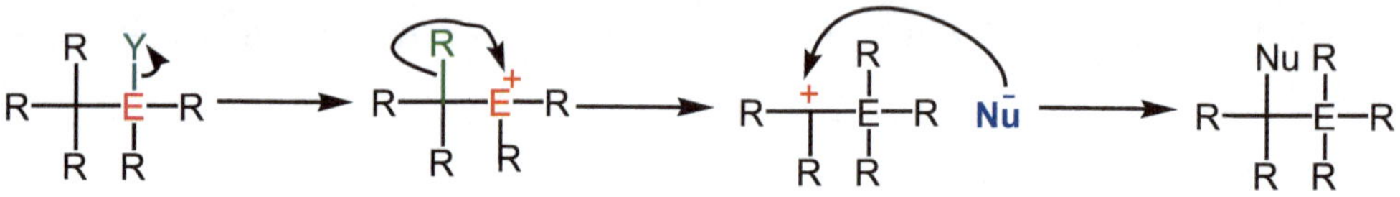

因此，缺电子重排过程包括腾出空轨道、转换空轨道、填充空轨道三个步骤：第一步，离去基离去生成空轨道——亲电试剂；第二步，亲电试剂 α-位的 σ 键上基团带着一对电子转移，进入原有空轨道的同时腾出了新的空轨道；第三步，另一亲核试剂进入新生成的空轨道。

在目前的教科书中，往往将缺电子重排过程按如下方式解析：

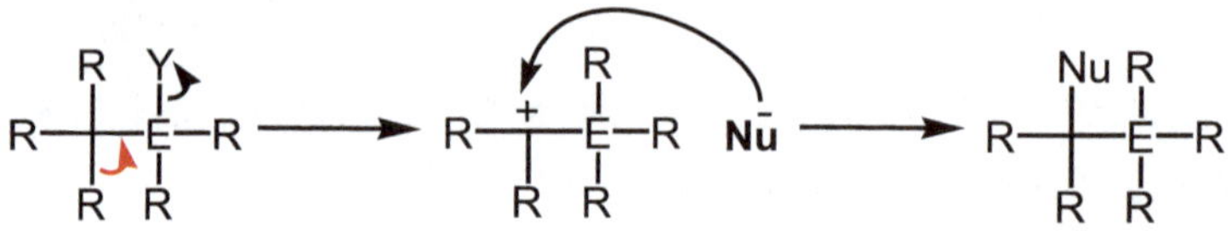

这种解析存在两个弊端：一是未见空轨道而难解其中原理；二是弯箭头标记欠规范引起误解。

例 20：醇羟基的溴代重排反应：

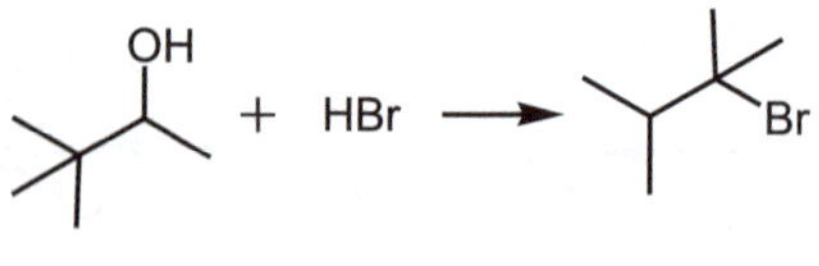

反应机理为：

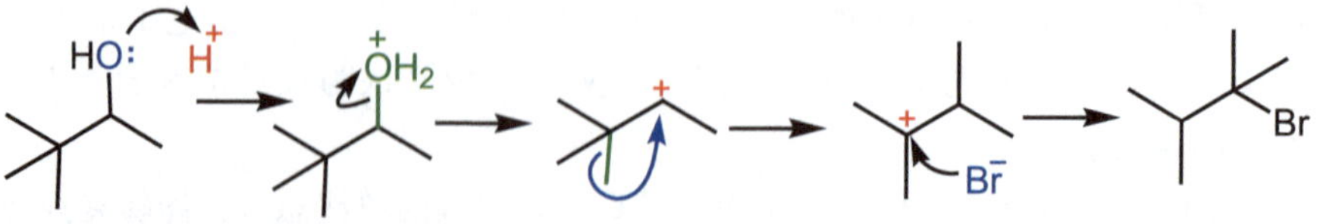

显然，先是羟基质子化后离去生成碳正离子，接着烷基迁移重排，最后新生成的碳正离子与溴负离子成键，三个过程清晰可见。

例 21：Dienone-Phenol 就是酸催化 4,4-二取代二烯酮重排成 3,4-二取代酚的反应[13]：

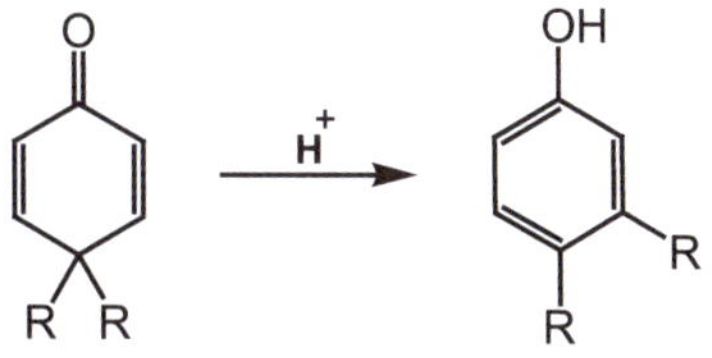

现有文献将 Dienone-Phenol 重排反应的机理解析为[14]：

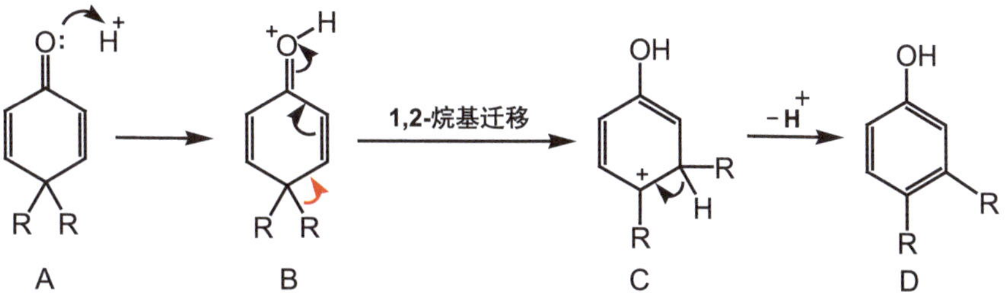

上述机理解析在自 B 至 C 阶段包含的步骤较多，读者难懂其中原理，且烷基迁移的电子转移表述错误。

将此自 B 至 C 步骤分解为两个步骤，且纠正弯箭头的弯曲方向，则缺电子重排机理才能表述清楚：

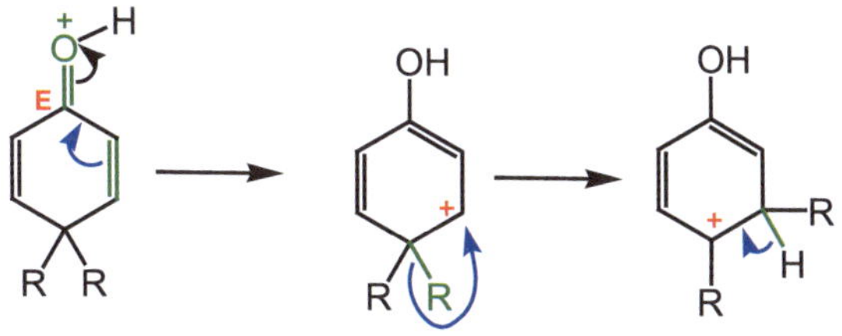

若按原有文献标注的电子转移方向解析自 B 至 C 过程，所生成的产物的结构完全不同：

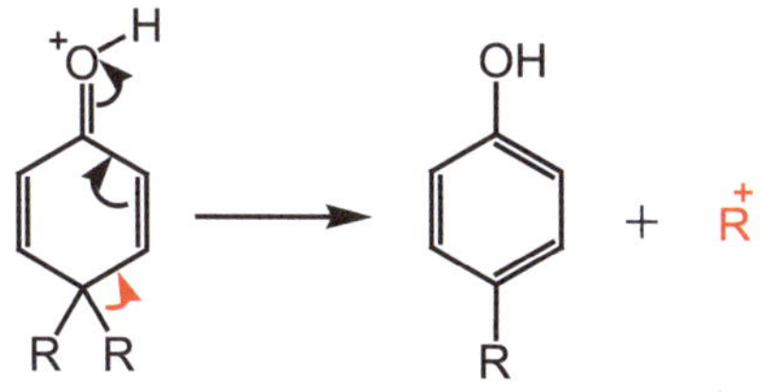

由此可见，有必要规范地表述缺电子重排反应机理。

11.2.3.3 卡宾重排

卡宾重排较多地发生在羰基 α-位，当此位置既与活泼氢成键又与离去基成键时，在碱性条件下容易生成单线态卡宾。

卡宾重排一般经过三个步骤：a. 羰基 α-位的活泼氢与碱成键生成负离子；b. 该负离子上离去基离去生成单线态卡宾；c. 卡宾上空轨道接受羰基上另一基团成键，而一对电子与羰基成键。卡宾重排包括但不限于如下基本类型：

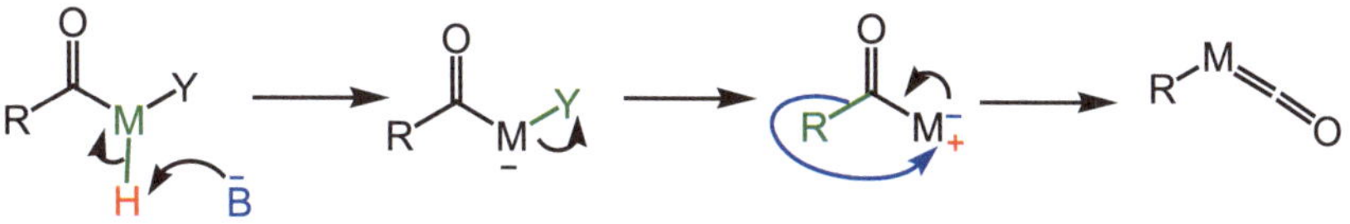

例 22：Hofmann 重排是酰胺在碱性条件下溴代生成异氰酸酯中间体，再水解生成少一个碳原子的伯胺[15-16]：

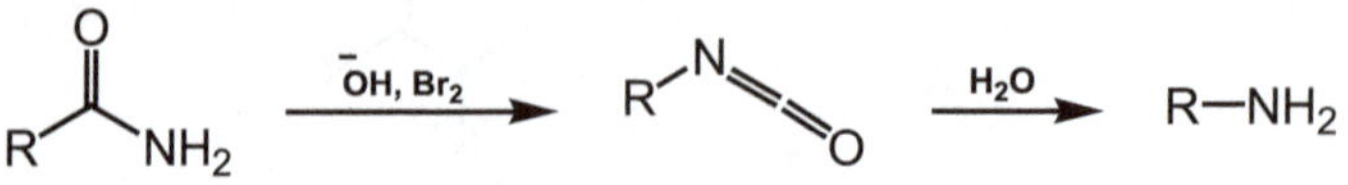

Hofmann 重排反应中间体——异氰酸酯的生成机理如下：

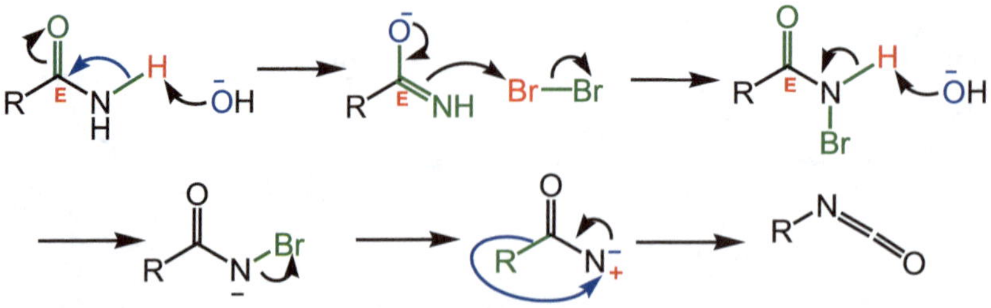

由氮烯生成异氰酸酯的过程，是一个典型的卡宾重排反应。除此之外，还有其它卡宾重排，其原理没有区别。

例 23：奥卡西平中间体上甲氧基取代溴原子的反应：

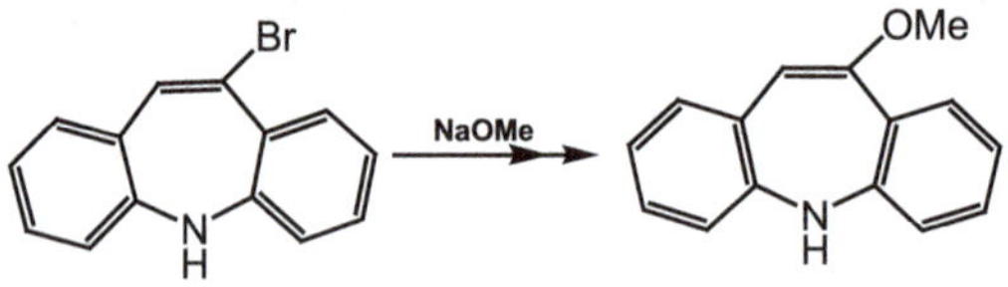

将该反应解析成如下机理符合极性反应三要素的一般规律：

然而，在分子内还有一个更强的亲电试剂——活泼氢原子，其与甲醇钠成键后更容易生成卡宾，因此这个反应的活化能更低：

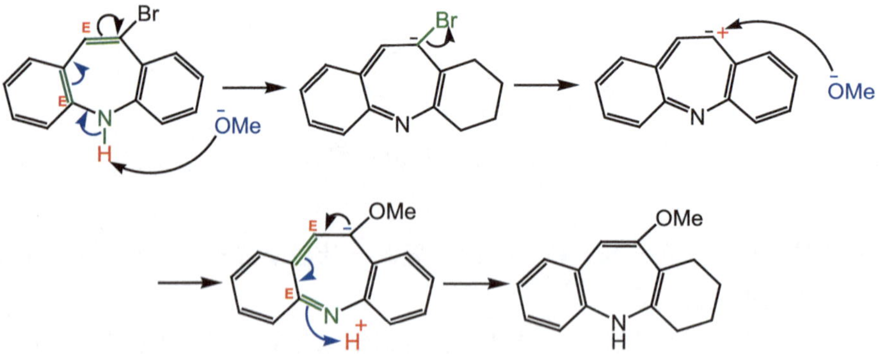

上述卡宾结构已经经过如下反应过程的验证：

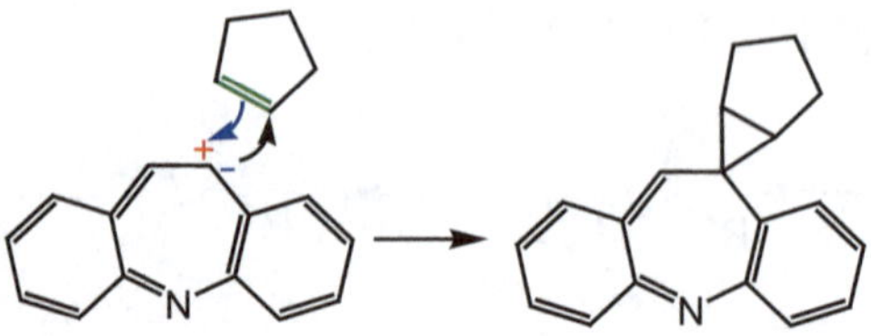

例 24：试解析如下催化重排反应机理：

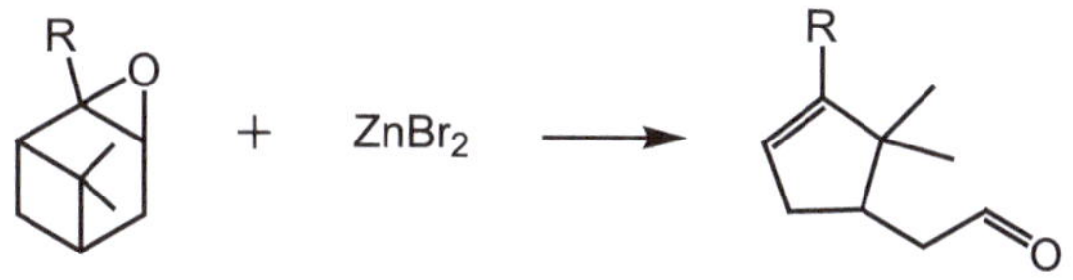

该重排反应势必经过了单线态卡宾中间体阶段：

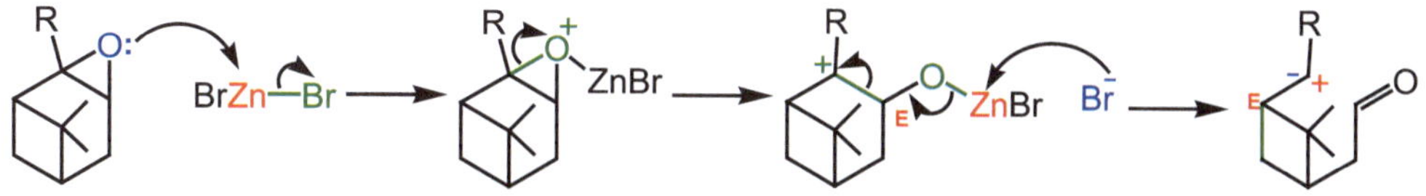

其中卡宾中间体经两种不同的卡宾重排，生成不同的产物。叔烷基迁移生成主产物：

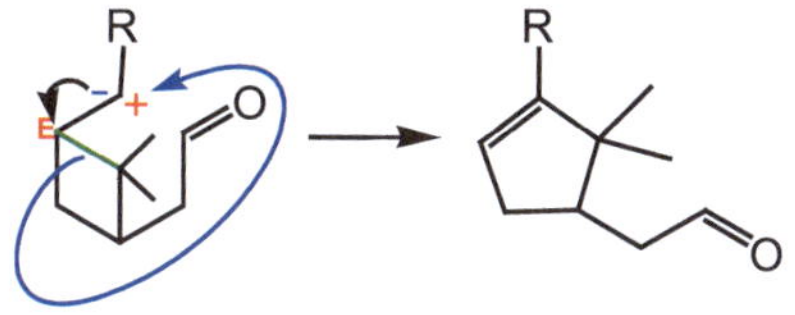

伯烷基迁移生成异构体：

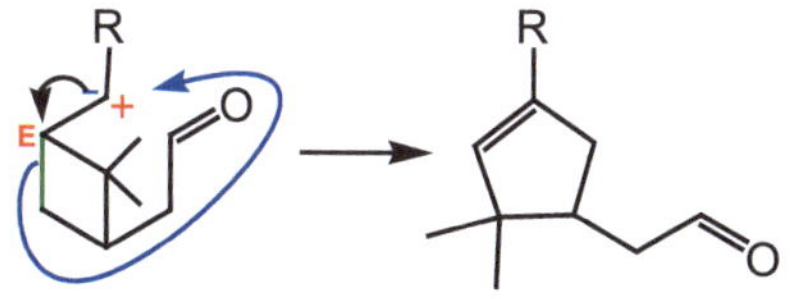

由此可见，卡宾机理也具有较多的变化，并不局限于羰基的 α-位。解析卡宾重排也可以分步进行，首先将其理解为缺电子重排，然后碳负离子进入新生成的空轨道。如：

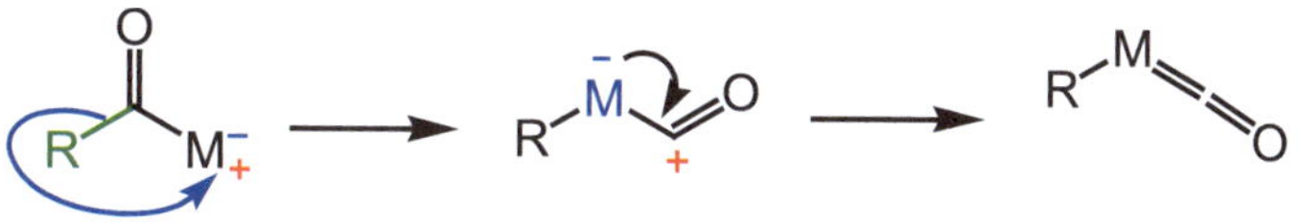

综上所述，富电子重排的关键是识别离去基，只要离去基与亲核试剂成键，富电子重排就易发生。缺电子重排的关键是解析出空轨道正离子，其 α-位的 σ 键上基团带着一对电子转移而腾出另一空轨道，腾出的空轨道重新接受亲核试剂。单线态卡宾的生成有两种情况：一种起源于羰基 α-位负离子上的离去基离去，另一种起源于空轨道亲电试剂再得到共价键上一对电子，不外乎"先得后失"或"先失后得"这两种情况，生成的单线态卡宾可吸引 α-位烷基迁移，且一对电子协同地进入新腾出来的空轨道。

只有规范地解析活性中间状态的重排机理，才能把握重排反应的内在规律。

11.3 金属有机化合物生成前后的功能转换

在有机合成实践中，经常涉及试剂的功能转换与利用问题。本节讨论作为亲电试剂的卤代烃是如何转化成亲核试剂——金属有机化合物的。

金属有机化合物是金属元素与碳原子之间的共价键化合物，不同金属原子的电负性不同、可极化度不同，其生成的机理及其化学性质也各不相同。

碱金属的电负性较小，可极化度较小，也没有可以利用的最外层空轨道；随着外层电子的增加，若干金属原子往往具有路易斯酸的性质，能够利用最外层空轨道与一对电子络合；随着金属电负性增加到一定程度，金属与烷烃之间电负性逐步接近，共价键长也逐步增加，因而共价键可能均裂成自由基结构；随着金属元素的体积、质量、电负性增大，其可极化度也会逐渐增大，金属原子就可能发生自氧化自还原的电子交换过程。

总而言之，金属有机化合物的变化极其丰富。

11.3.1 有机锂化物的生成与性质

金属原子的最外层电子数较少，其控制电子的能力较弱，因而其电负性均显著低于碳原子。而电负性稍高那部分金属原子，一般与碳原子的电负性差小于 1.7，仍能与有机碳原子生成共价键结构。由金属元素外层电子排布与电负性所决定，不同金属有机化合物的生成机理有所区别。

作为碱金属的锂具有特殊性，其电负性为 0.98，虽低于烷基的电负性 2.64、苯基的电负性 2.67，但其与烷基或苯基电负性差仍小于 1.7，因而能与有机基团生成共价键，成为能生成金属有机化合物的最低电负性元素。

有机锂化物的生成只有如下两种可能的机理：

（1）单电子转移机理

烷基或芳基锂化物一般是通过单电子转移机理实现的：

$$R-X \cdot Li \xrightarrow[-LiX]{SET} R \cdot \cdot Li \longrightarrow R-Li$$

这里金属锂的作用有二，首先是一个金属锂外层的单电子转移生成烷基自由基，接着另一个金属锂作为自由基与有机自由基成键。

（2）一对电子转移机理

芳基锂化物有如下两种生成途径：

① 以烷基锂结构上缺电子的锂为亲电试剂，烷烃为离去基，芳烃 π 键为亲核试剂，生成芳基锂与烷烃。

② 芳基锂还可以通过其它金属有机化合物与卤化锂交换得到：

$$Ar-MgCl + Cl^- \xrightarrow{-MgCl_2} Ar^- + Li^+ \longrightarrow Ar-Li$$

在芳基格氏试剂内加入等摩尔的卤化锂后，能够增加芳烃的亲核活性就是这个原因。

在有机锂化物生成后，电负性较小的、缺电子的锂原子为亲电试剂，烷基离去后便转化成了亲核试剂，故所有金属有机锂化物均具有极强的亲核试剂性质而容易与亲电试剂成键。包括较弱的亲电试剂：

综上所述，有机锂试剂的生成一般是由卤代烷烃亲电试剂转化为亲核试剂的过程，所以有机锂试剂均为极强的亲核试剂。

11.3.2　格氏试剂的制备与功能

若干非碱金属元素，如镁、锌、铜、钯等，因具有空轨道，而能够接受一对电子络合成键。一旦实现这种络合，便生成了离子对结构：

当离去基 X 上孤对电子进入金属空轨道之后，带有单位负电荷的金属原子的电负性显著降低，自由电子便容易转移离去；同时带有单位正电荷的离去基电负性显著增大，离去活性显著增强，因而易发生单电子转移过程。

例 25：有文献将 Grignard 试剂的生成机理解析为仅仅发生在金属表面[17]：

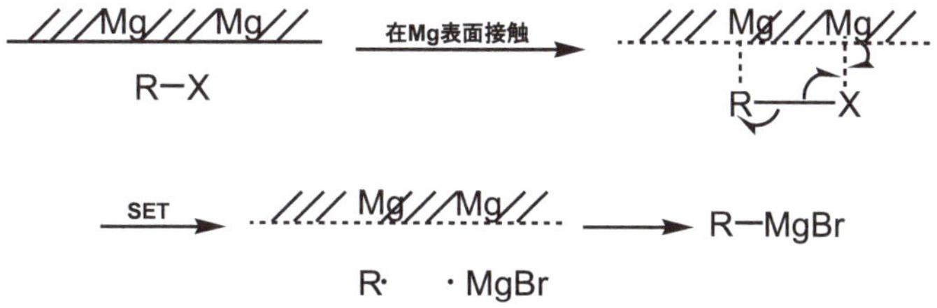

上述 Grignard 试剂的生成机理没有标注格氏试剂生成的电子转移过程，因而缺少了反应原理的必要解释。对于格氏试剂的自引发过程来说，卤原子上孤对电子与镁表面空轨道络合才是格氏试剂引发的关键。

11.3.2.1　非催化的自引发格氏试剂生成机理

一旦卤原子上孤对电子进入金属镁的空轨道，单电子转移就不可避免，因此生成格氏试剂：

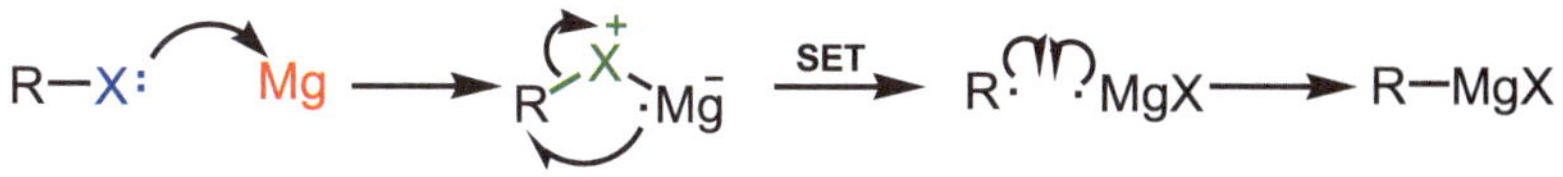

然而，若干格氏试剂是不易引发生成的，往往需要加入引发剂才能够生成。

11.3.2.2　催化条件下格氏试剂的生成机理

根据 Schlenk 平衡，格氏试剂能够平衡可逆地异构化为二烷基镁和二卤化镁：

$$2RMgX \rightleftharpoons RMgR + XMgX$$

容易推论，格氏试剂在溶剂中可以平衡地均裂，生成如下四种自由基：

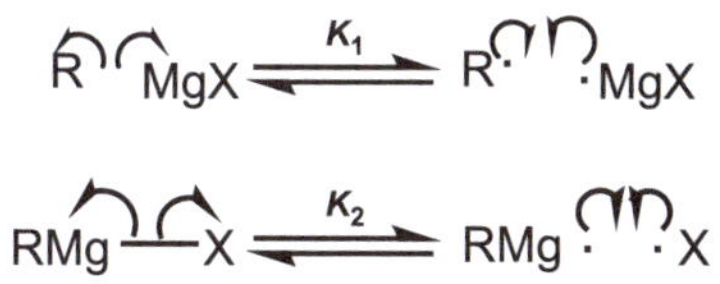

因为只有这四种自由基重新组合成键才能生成二烷基镁和二卤化镁：

$$R\cdot \quad \cdot MgR \longrightarrow RMgR$$

$$X\cdot \quad \cdot MgX \longrightarrow XMgX$$

因此，只要存在上述四种自由基的其中一种，自由基即可传递下去。如：

$$X\cdot \quad \cdot Mg \longrightarrow XMg\cdot \quad R{-}X \longrightarrow RMgX + X\cdot$$

$$R\cdot \quad \cdot Mg \longrightarrow RMg\cdot \quad X{-}R \longrightarrow RMgX + R\cdot$$

正因为如此，可以加入低离解能的微量碘来引发格氏试剂，可以在卤代烃中加入易生成格氏试剂的溴乙烷来引发，可以加入其它格氏试剂直接交换，还可以引入前批次的格氏试剂引发。

所述的两种格氏试剂的生成机理解释了为什么格氏试剂需要在金属镁的表面引发，也解释了为什么若干格氏试剂需要加入催化剂引发。

格氏试剂也是仅次于有机锂试剂的极强亲核试剂，与活泼氢、卤代烃、羰基化合物等亲电试剂均易成键。如：

综上所述，格氏试剂是由亲电试剂卤代烃转化生成的，生成的格氏试剂为较强的亲核试剂。

11.3.3 有机锌试剂的生成与性质

与格氏试剂类似，金属锌试剂的生成也经过金属与卤原子的络合过程。

例 26： 甲基氯化锌的合成就是卤原子与金属锌络合后，自由电子与离去基的交换过程：

$$Me{-}Cl: \quad Zn \longrightarrow Me{-}\overset{+}{Cl}{-}Zn^{-} \xrightarrow{SET} Me\cdot \quad \cdot ZnCl \longrightarrow Me{-}ZnCl$$

氯原子上孤对电子进入金属锌的空轨道之后生成了离子对，带有负电荷的锌元素电负性降低，容易失去外层自由电子；带有正电荷的氯正离子电负性显著增大，离去活性增强。这些为单电子转移过程即自由电子与离去基交换过程提供了有利条件。

有机锌试剂也是亲核试剂，其亲核活性比锂试剂与镁试剂弱些，但仍能与活泼氢、卤代烃、活性羰基等成键。

例 27： 农药中间体 2,3,5,6-四氟苯腈的合成机理为：

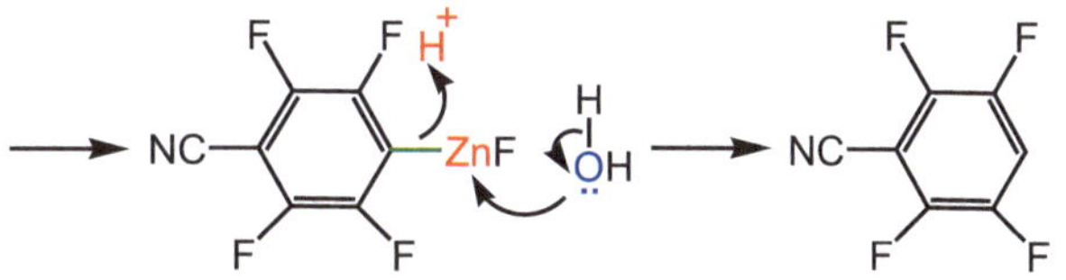

例 28： 高血压新药——群多普利中间体的合成机理为：

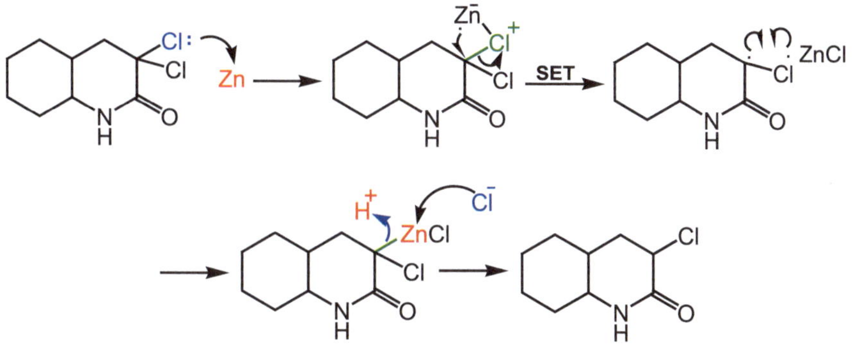

例 29： 在三氯化铝催化作用下，芳烃与氯甲烷的反应有多取代连串副反应发生：

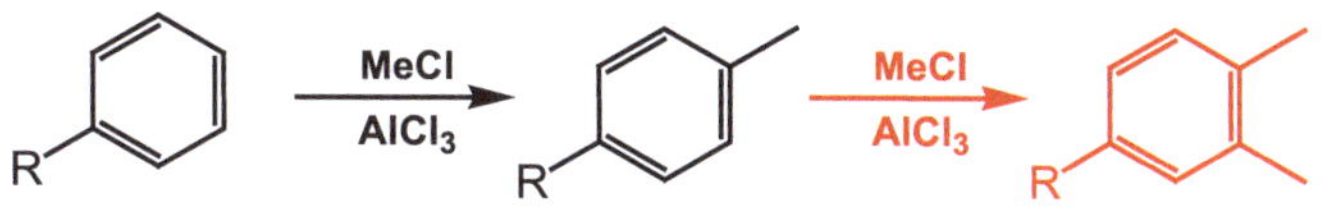

通过制备有机锌试剂，转换亲核试剂与亲电试剂的功能，可以抑制连串副反应：

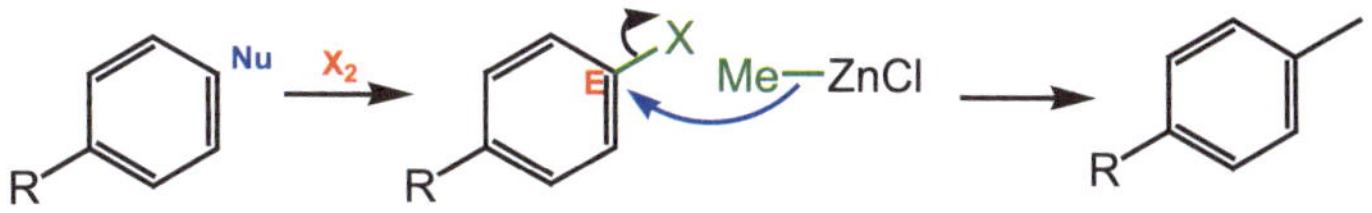

由此可见有机锌试剂的亲核试剂作用。

11.3.4 有机铜试剂的生成与反应

金属铜为第四周期元素，电负性 1.90，小于碳原子。然而，当铜原子与较大的卤、氧原子成键时，其电负性会显著增大到与碳原子相当的程度，由于铜原子半径较大，与碳原子间的共价键较长而离解能较小，容易均裂生成自由基。

有机铜化物的生成也可以通过络合、单电子转移、再自由基成键几个步骤串联得到。

例 30： Cadiot-Chodkiewicz 偶联反应是由炔基卤化物与炔基铜合成双炔衍生物的过程[18]：

$$R^1{-}{\equiv}{-}X + Cu{-}{\equiv}{-}R^2 \longrightarrow R^1{-}{\equiv}{-}{\equiv}{-}R^2$$

有文献将 Cadiot-Chodkiewicz 偶联反应的机理解析为：

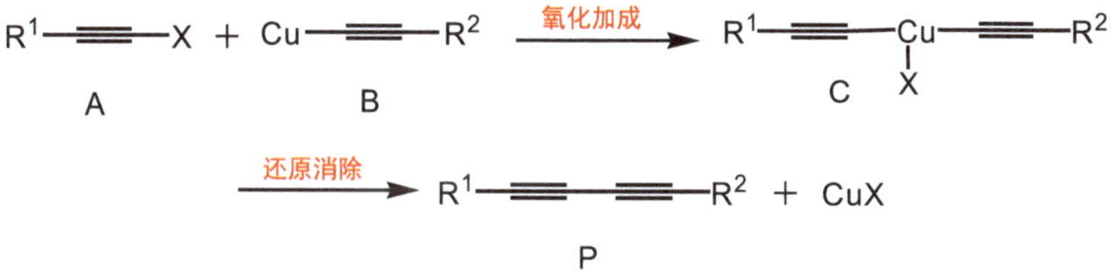

该机理解析式未标注电子转移，仅仅标明了两个概念：氧化加成与还原消除。

A 与 B 生成 C 的氧化加成反应，应该是卤原子上孤对电子与铜原子首先络合；由于络合物上铜负离子电负性降低，外层自由电子容易转移至缺电子的炔基碳元素上，而卤素正离子电负性增大而容易离去，生成炔基自由基；最后炔基自由基与铜外层单电子成键生成有机铜化物 C：

$$R^1-\!\!\!\equiv\!\!\!-X: \quad Cu-\!\!\!\equiv\!\!\!-R^2 \longrightarrow R^1-\!\!\!\equiv\!\!\!-X^+ \cdots Cu-\!\!\!\equiv\!\!\!-R^2$$

$$\xrightarrow{SET} R^1-\!\!\!\equiv\!\cdot\ \cdot Cu-\!\!\!\equiv\!\!\!-R^2 \longrightarrow \underset{X}{\underset{|}{Cu}}(\!\!\!-\!\!\!\equiv\!\!\!-R^1)(-\!\!\!\equiv\!\!\!-R^2)$$
$$ X$$

自 C 至 P 的还原消除反应，由于 C 结构的铜原子电负性已经接近炔基碳原子，且两个炔-铜共价键间的电负性接近、键长较长，因而离解能较低，容易均裂生成自由基，两个炔基自由基近距离成键，同时生成卤化亚铜：

$$\underset{X}{\underset{|}{Cu}}(R^1)(R^2) \longrightarrow R^1-\!\!\!\equiv\!\!\!-\!\!\!\equiv\!\!\!-R^2 + CuX$$

实践经验表明，金属有机铜化物的碳铜共价键容易均裂生成自由基，其还原消除反应正是如此。

例 31：Castro-Stephens 偶联反应是合成芳基炔的反应[19]：

$$Ar\text{-}X + Cu-\!\!\!\equiv\!\!\!-R \xrightarrow[\text{Ref.}]{\text{Py.}} Ar-\!\!\!\equiv\!\!\!-R$$

现有文献将 Castro-Stephens 偶联反应的机理解析为：

$$\underset{A}{Ar-X} + \underset{B}{L_3Cu-\!\!\!\equiv\!\!\!-R} \longrightarrow \underset{C}{ArX\text{-}Cu(L)(L)-\!\!\!\equiv\!\!\!-R}$$

$$\longrightarrow \left[\underset{D}{\underset{Cu}{\overset{Ar}{X}}\!\!\!\square\!\!\!-\!\!\!\equiv\!\!\!-R}\right] \longrightarrow CuX + \underset{P}{Ar-\!\!\!\equiv\!\!\!-R}$$

上述机理解析无电子转移标注，中间体 C 与 D 的分子结构模糊，难以描述反应原理。应该明确解析这里所经过的络合、单电子转移、自由基成键和还原消除反应步骤。我们将氧化加成与还原消除反应的电子转移补充完整，Castro-Stephens 偶联反应机理重新解析为：

$$Ar-X: \quad Cu-\!\!\!\equiv\!\!\!-R \longrightarrow Ar-X^+ \cdots Cu-\!\!\!\equiv\!\!\!-R \longrightarrow Ar\underset{X}{\underset{|}{Cu}}-\!\!\!\equiv\!\!\!-R$$

$$\xrightarrow{SET} Ar\cdot\ \cdot\underset{X}{\underset{|}{Cu}}-\!\!\!\equiv\!\!\!-R^2 \longrightarrow Ar-\!\!\!\equiv\!\!\!-R + CuX$$

在该有机铜化物的结构上，铜原子与氯原子成键是其铜碳共价键均裂的必要条件，只有电负性接近且键长较长的共价键才容易均裂成自由基。

例 32：Eglinton 反应是在碱催化作用下，炔烃负离子与 $Cu(OAc)_2$ 的氧化偶联反应[20]：

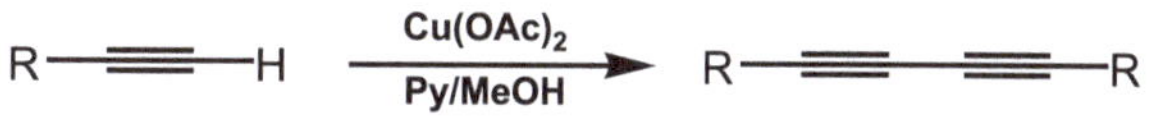

$$R-\equiv-H \xrightarrow[Py/MeOH]{Cu(OAc)_2} R-\equiv-\equiv-R$$

有文献将 Eglinton 反应的机理解析为：

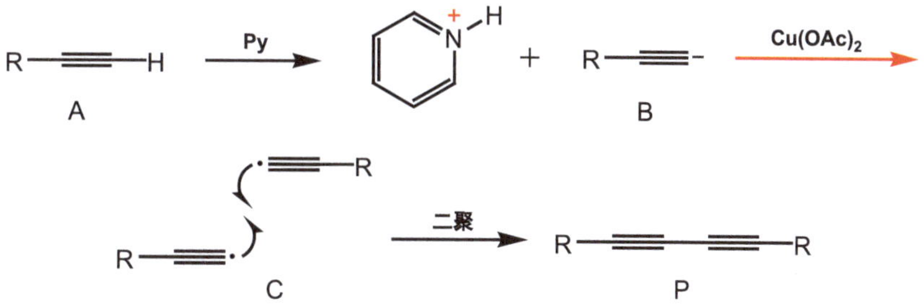

自 B 至 C 的反应应按极性反应机理生成有机铜化物，然后铜碳共价键均裂生成炔自由基：

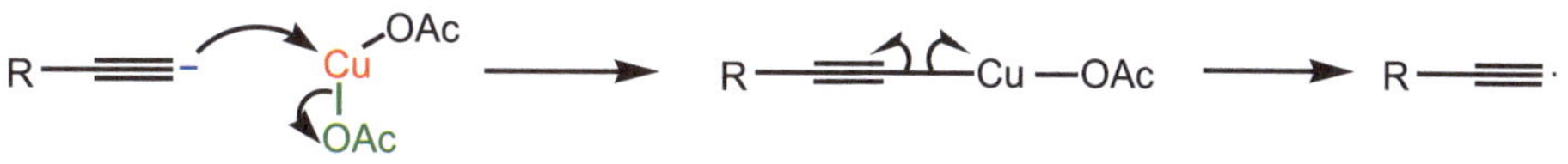

一般来说，在铜原子与高电负性基团成键状态下，由于其电负性接近炔基碳原子，炔铜共价键容易均裂生成自由基。

例 33：双对二甲氨基苯基乙烯在硝酸铜催化条件下的缩合反应如下：

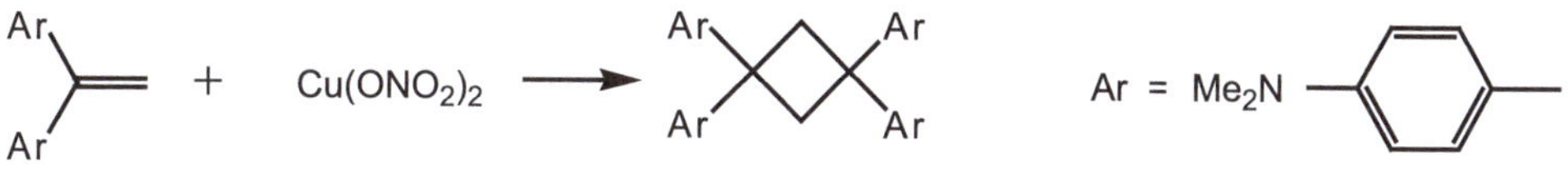

这是富电子烯烃的 π 电子进入铜原子的空轨道络合，在进行单电子转移生成自由基后，两分子之间的自由基反应：

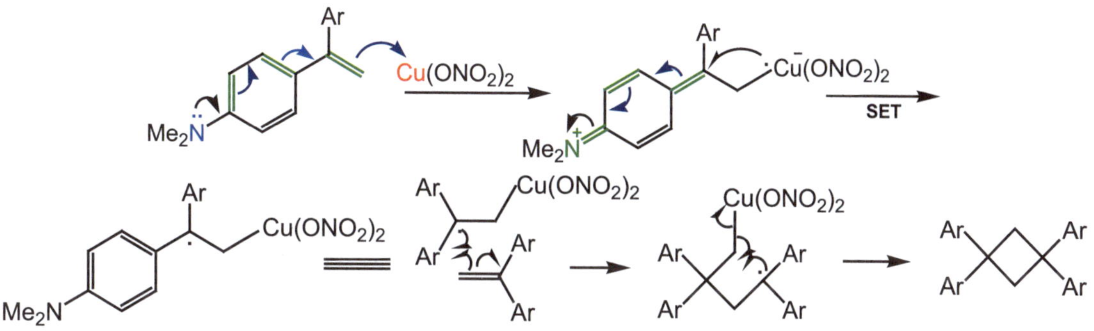

由此可见，碳铜共价键有均裂的性质。

11.3.5 有机钯试剂的生成与反应

金属钯为第五周期元素，其电负性为 2.20，刚好处于碳原子与氢原子之间，因而容易与碳、氢等元素生成共价键。因其较大的体积与质量，具有较大的可极化度，与其它原子间的共价键容易极化变形，发生共价键的异裂。

有机钯试剂的生成，就是金属钯与卤代烃的氧化加成反应。该过程也是通过络合、单电子转移、自由基成键生成烷基卤化钯：

$$R-X: \ Pd \longrightarrow R \cdots X^+ \cdots Pd^- \xrightarrow{SET} R \cdots PdX \longrightarrow R-PdX$$

显而易见，孤对电子与金属空轨道的络合过程具有双重催化功效：一方面降低了金属原子的电负性，容易失去自由电子；另一方面离去基带有正电荷而容易离去。

例 34：Heck 反应是在钯催化作用下烯烃与卤代物或三氟磺酸酯之间的偶联反应[21]：

$$R-X + \overset{}{=}Z \xrightarrow{Pd(0)} R\overset{}{=}Z$$

X=I,Br,OTf等   Z=H,R,Ar,CN,CO$_2$R,OR,OAc,NHAc等

Heck 反应是卤代烃与金属钯首先生成烷基卤化钯，然后进行 [2+2] 环加成反应，最后消除生成烯烃：

在 [2+2] 环加成反应阶段，有机钯试剂结构上的钯原子仍为亲电试剂，与其成键的较高电负性的烷基为离去基并转化成了亲核试剂。

消除反应生成的 H—Pd—X 化合物不稳定，这是由钯元素可极化度较大的特点决定的，钯原子容易从两个共价键上得一对电子和失一对电子而被还原，这就是还原消除反应过程：

$$H-Pd-X \longrightarrow Pd + HX$$

例 35：Kumada 交叉偶联反应是在 Ni 或 Pd 催化下，格氏试剂与卤代物之间的交叉偶联反应[22]：

$$R-X + R^1-MgX \xrightarrow{Pd(0)} R-R^1 + MgX_2$$

现有文献将 Kumada 交叉偶联反应的机理解析为[23]：

$$R-X + L_2Pd(0) \xrightarrow{氧化加成} \underset{B}{\overset{L}{\underset{L}{Pd}}\overset{R}{\underset{X}{}}} \xrightarrow[金属转移异构化]{R^1-MgX}$$

$$MgX_2 + \underset{C}{\overset{L}{\underset{L}{Pd}}\overset{R}{\underset{R^1}{}}} \xrightarrow{还原消除} \underset{P}{R-R^1} + L_2Pd(0)$$

该机理解析仅将反应划分为三个步骤：氧化加成、金属转移异构化、还原消除。每一步骤均未见电子转移的表述，这不是完整的机理解析，有必要补充完整。溶剂与金属 Pd 的络

合并不影响反应过程的电子转移,因而将其省略而使机理解析简化。

这样我们将 Kumada 交叉偶联反应机理重新解析如下:

$$R-X: \quad Pd \longrightarrow R \cdot X^+ \cdot Pd^- \xrightarrow{SET} R\cdot \quad PdX \longrightarrow R-Pd \cdot X \quad R'-MgX$$

$$\longrightarrow R \underset{R'}{\overset{Pd}{\diagup}} \longrightarrow R-R' + Pd(0)$$

最后一步反应就是还原消除反应机理,它是两个共价键上两对电子协同迁移过程,也是金属钯的自氧化自还原过程。

由钯元素较大的可极化度所决定,还原消除过程应该也有个中间过渡状态:

$$R \underset{R'}{\overset{Pd}{\diagup}} \longrightarrow \underset{R}{\overset{Pd}{\diagup}} \underset{\delta^+}{\overset{}{}} \underset{R'}{\overset{\delta^-}{}} \longrightarrow \underset{R------R'}{\overset{Pd}{\diagup}} \longrightarrow R-R' + Pd$$

若将还原消除反应拆分成两步表述,容易理解 Pd 元素得失电子的性质即反应原理:

$$R \underset{R'}{\overset{Pd}{\diagup}} \longrightarrow R'^- + R-Pd^+ \longrightarrow R-R' + Pd$$

综上所述,金属有机化合物的合成与性质同其它有机化合物一样,遵循相同的原理与规律,只不过在电负性、键长、可极化度等方面存在差异。由卤代烃亲电试剂制备成金属有机化合物后,原来与卤素成键基团的功能改变了。低电负性的金属有机化合物,如与锂、镁、锌成键的有机基团,一般为强亲核试剂。有机铜化物,特别是在铜原子与强电负性元素成键情况下,容易均裂生成自由基。有机钯化合物,由其较大的可极化度所决定,容易从一个共价键上失去一对电子而从另一个共价键上得到一对电子,从而实现还原消除。

11.4 重氮盐生成前后的功能变化

本节将讨论作为亲核试剂的氨基是如何转化为亲电试剂——重氮化合物的。

芳胺的氮原子上孤对电子及其邻对位的碳原子均为亲核试剂。它们能与各种亲电试剂成键。如:

$$Ar-\overset{H}{\underset{H}{N}}H + Me-Cl \longrightarrow Ar-\overset{H}{\underset{}{N}}-Me$$

然而,若将氨基转化成重氮基,原有氨基上氮原子的功能就转化为离去基,与重氮基成键的碳原子也就成为亲电试剂了:

$$Ar-NH_2 + NaNO_2 \longrightarrow Ar-N\overset{+}{=}N$$

11.4.1 重氮盐的生成

重氮盐是芳基胺与亚硝酸在酸性条件下生成的。首先是亚硝酸平衡地脱水生成亚硝酰正离子:

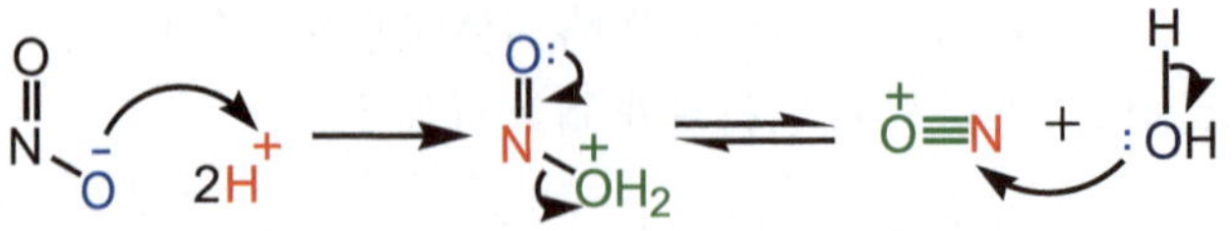

芳胺氮原子为亲核试剂与亚硝酰正离子成键、重排、消除生成重氮盐：

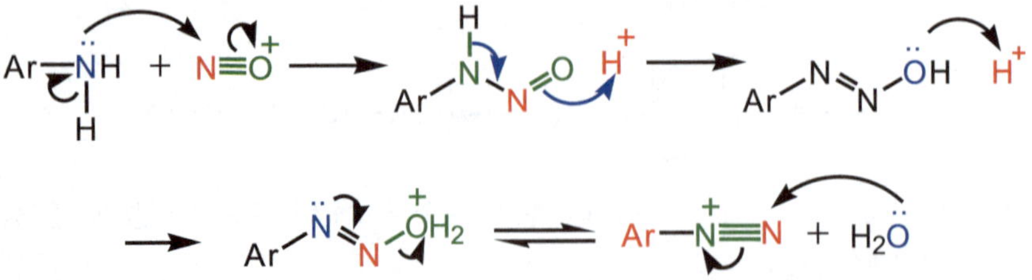

由于重氮盐的中心元素——氮正离子为离去基，与其成键的两端元素均为亲电试剂，由端点氮原子较强的亲电活性所决定，最后一步的脱水消除反应与逆向的水合加成反应应该处于可逆的平衡状态。

除了亚硝酸钠之外，亚硝酸酯也常用于制备重氮化合物：

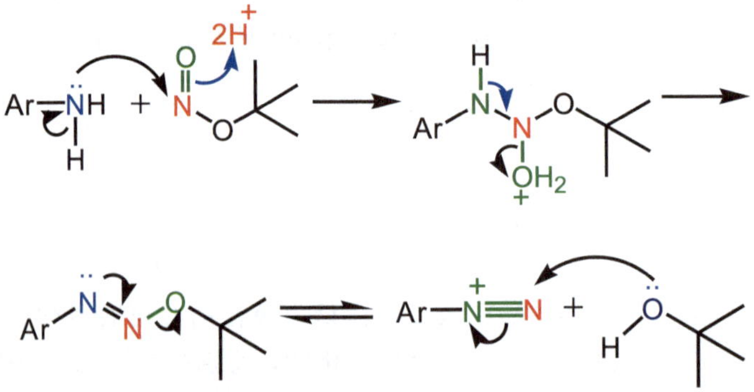

此外，亚硝酰基硫酸也可用于制备重氮化合物。它是用硝酸氧化二氧化硫得到的，常用此种方法回收二氧化硫以综合利用：

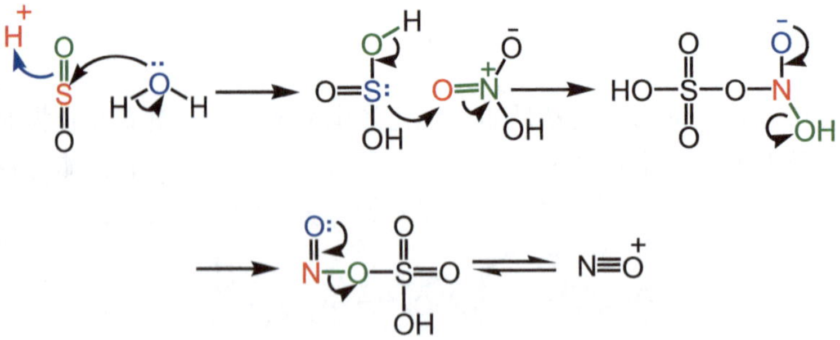

综上所述，亚硝酰正离子的生成，就是亚硝基上离去基的离去过程：

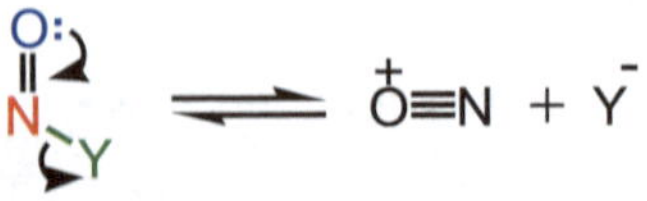

由于亚硝酸钠具有亲核试剂的功能，会与羰基等亲电试剂成键，因而在某些重氮盐制备过程中选用亚硝酸酯替代亚硝酸钠，以避免亚硝酸与亲电试剂的反应。如亚硝酸与羰基的加成：

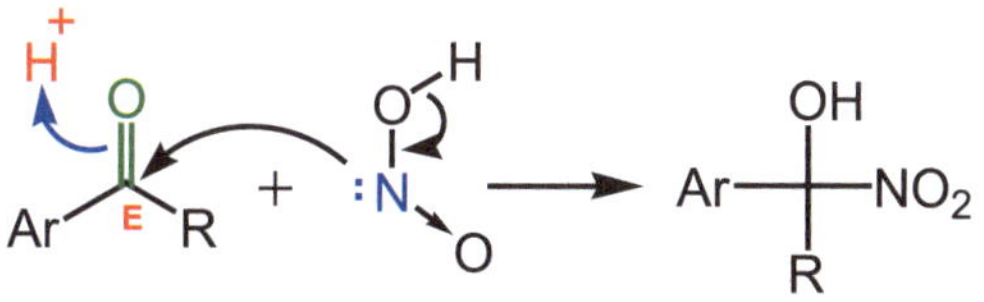

再如，亚硝酸与重氮基加成后的还原反应：

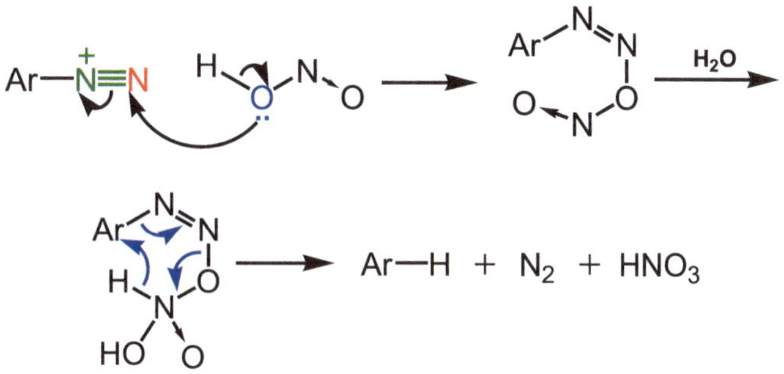

11.4.2 重氮盐的性质

从重氮盐分子结构可知，氮正离子为强电负性的离去基，其两端的元素则必然具有缺电体——亲电试剂的性质。两个亲电试剂的活性排序为：

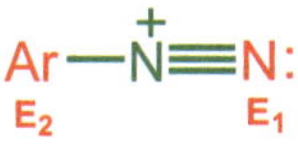

$$Ar—\overset{+}{\underset{E_2}{N}}\!\!\equiv\!\!\underset{E_1}{N}:$$

由于共轭效应是使电荷平均化的效应，当芳烃上的某一元素缺电子时，整个大 π 键向其补充电子，因而芳烃上碳原子相对地缺电子较少，端点氮原子才是最缺电子、最强的亲电试剂。

此外，端点氮原子上还具有孤对电子，因而还兼有亲核试剂性质，尽管其亲核活性不强，但仍可与较强的亲电试剂——路易斯酸成键。

11.4.2.1 重氮盐能被亚铜催化生成自由基

例 36：Sandmeyer 反应就是芳烃重氮盐与卤化亚铜还原生成卤代烃的反应[24]：

$$ArN_2^+\,Cl^- \xrightarrow{CuCl} Ar—Cl$$

有文献将 Sandmeyer 反应机理解析为[25-26]：

$$\underset{A}{ArN_2^+\,Cl^-} \xrightarrow{CuCl} \underset{B}{N_2\uparrow + Ar\cdot + CuCl_2} \longrightarrow \underset{P}{Ar—Cl + CuCl}$$

该机理解析缺少必要的中间步骤和电子转移标注。补充如下：

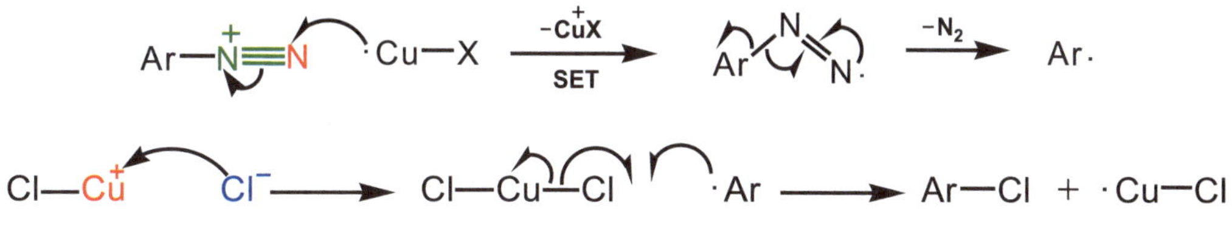

若按如下机理解析芳基自由基的生成，虽不违背基本原理，但不符合亲电试剂的活性次序：

$$\text{Ar}-\overset{+}{\text{N}}\!\!=\!\!\text{N} \cdot \text{Cu}-\text{X} \xrightarrow{\text{SET}} \text{Ar} \cdot + \overset{+}{\text{Cu}}-\text{X}$$

因为端点氮原子才是最强的亲电试剂。

11.4.2.2 π 键经加成、热分解生成芳基正离子

人们通常将重氮盐热分解生成芳基正离子的机理解析为：

$$\text{Ar}-\overset{+}{\text{N}}\!\!=\!\!\text{N} \xrightarrow[\Delta]{-N_2} \overset{+}{\text{Ar}}$$

上述重氮盐的热分解机理，只有在硼酸、硫酸铜等路易斯酸的催化作用下才容易实现。由于重氮盐的热分解反应速度在不同的介质中差异较大，因而反应机理也就未必相同。

重氮盐的水解反应往往是在硫酸重氮盐中加入路易斯酸催化剂，于较高温度下实现的：

$$\text{Ar}-\overset{+}{\text{N}}\!\!=\!\!\text{N}: \quad \overset{\text{OSO}_3\text{H}}{\underset{\text{Cu}-\text{OSO}_3\text{H}}{|}} \longrightarrow \text{Ar}-\overset{+}{\text{N}}\!\!=\!\!\text{N}-\text{CuOSO}_3\text{H} \longrightarrow \overset{+}{\text{Ar}}$$

$$\overset{+}{\text{Ar}} \quad \text{H}\ddot{\text{O}}-\text{H} \longrightarrow \text{Ar}-\text{OH}$$

$$\text{N}\!\!\equiv\!\!\overset{+}{\text{N}}-\text{CuOSO}_3\text{H} + \overset{-}{\text{O}}\text{SO}_3\text{H} \longrightarrow \text{N}_2 + \text{Cu}(\text{OSO}_3\text{H})_2$$

硼酸等其它路易斯酸也能起到催化效果。

硫酸重氮盐相对稳定，是因为硫酸根的亲核活性较弱且其离去活性较强：

$$\text{Ar}-\overset{+}{\text{N}}\!\!=\!\!\text{N} + \overset{-}{\text{O}}-\text{SO}_3\text{H} \rightleftharpoons \text{Ar}-\overset{\ddot{}}{\text{N}}\!\!=\!\!\text{N}-\text{OSO}_3\text{H}$$

氢卤酸的重氮盐较不稳定，一般需要保持在 5℃ 以下，原因在于重氮基的加成：

$$\text{Ar}-\overset{+}{\text{N}}\!\!=\!\!\text{N} + \text{X}-\text{H} \longrightarrow \text{Ar}-\overset{\ddot{}}{\text{N}}\!\!=\!\!\text{N}-\text{X} \overset{\text{H}^+}{\longrightarrow} \text{Ar}-\overset{\text{H}}{\underset{}{\overset{+}{\text{N}}}}\!\!=\!\!\text{N}-\text{X}$$

$$\xrightarrow{\Delta} \overset{+}{\text{Ar}} + \overset{-}{\text{Nu}} \longrightarrow \text{Ar}-\text{Nu} \quad (\text{Nu}=\text{F, Cl, Br, OH})$$

显然，芳基正离子与亲核试剂——水成键不可避免，生成较强亲核活性的苯酚，由此导致偶氮化合物生成或其它副反应发生。

11.4.2.3 π 键加成后的三对电子协同迁移

重氮盐的性质并不只有生成芳基正离子和生成自由基，因其端点具有较强的亲电活性，容易与较强亲核试剂成键：

$$Ar-\overset{+}{N}{\equiv}N + Nu-H \longrightarrow Ar-N{=}N-Nu$$

苯酚、苯胺亲电试剂与重氮基生成偶氮化合物便属此类。然而，能与重氮基端点氮原子成键的并不限于苯酚、苯胺，只要具有较强的亲核活性，均可生成偶氮化合物。

生成的偶氮化合物若能与芳基碳原子排列成五元环或六元环，则三对电子协同进行的 σ-迁移反应便可发生。

例 37：重氮基还原反应一般是由次磷酸或乙醇来完成的，它们均为多对电子的协同迁移机理：

$$Ar-\overset{+}{N}{\equiv}N \quad H-\overset{..}{O}-Et \longrightarrow Ar\underset{H}{\overset{N{=}N}{\diagdown\diagup O}} \xrightarrow{[3,3]\text{-}\sigma\text{迁移}} Ar-H + \overset{O}{\parallel} + N_2$$

显然，所有伯醇、仲醇均具有同样的还原作用。

如果不是如上三对电子的协同迁移，而是解析成芳基正离子与负氢成键：

$$Ar-\overset{+}{N}{\equiv}N \xrightarrow{-N_2} Ar^+ \quad \underset{H\ E}{\overset{OH}{|}} \longrightarrow Ar-H + \overset{O}{\parallel}$$

则结活关系不对。无论是负氢亲核试剂还是芳基亲电试剂均不是最活泼的反应试剂，且不可避免地有芳醚生成：

$$Ar^+ \quad Et\overset{..}{O}-H \longrightarrow Ar-OEt$$

未见芳醚生成，也就否定了芳基正离子生成。

这就意味着重氮基除了能够热分解生成芳基正离子，能够在亚铜催化下生成自由基之外，还有第三种机理存在，这就是多对电子的协同迁移机理。

重氮盐加成后的三对电子协同迁移反应并非仅有还原反应，所有亲核试剂均可与重氮盐加成，只要构成五元环或六元环，便容易进行三对电子的 σ-迁移反应。

例 38：重氮盐与氯化氢、二氧化硫生成苯磺酰氯的反应机理：

$$Ar-\overset{+}{N}{\equiv}N \quad O{=}S{=}O \quad Cl-H \longrightarrow \underset{Cl\overset{|}{\underset{\parallel}{S}}\overset{\parallel}{O}}{\overset{N{=}N}{Ar\diagdown\diagup O}} \xrightarrow{[2,3]\text{-}\sigma\text{迁移}} Ar-\underset{\overset{\parallel}{O}}{\overset{\overset{O}{\parallel}}{S}}-Cl$$

总而言之，由重氮盐结构上氮正离子两端亲电试剂的活性次序所决定，其反应机理绝非只有生成芳基正离子或芳基自由基那么简单。端点氮原子的亲电活性最强，且重氮盐加成之后的多对电子协同迁移过程是真实存在的。

11.5 本章要点总结

① 揭示了离子对试剂与三元杂环结构的互变异构，揭示了三元杂环结构，特别是三元多杂环结构的不稳定性，此种不稳定性决定了共价键异裂的特殊性，即亲核试剂的两端均可作为亲电试剂而开环。揭示了离子对结构与三元杂环结构的异构循环，从而解释了分子结

构、物理性质与化学性质的对应关系。

② 概括了重排、异构化反应的一般规律，列举了共振引起的重排异构、多对电子协同迁移引起的重排异构和活性中间体导致的重排异构。

③ 揭示了金属有机化合物的共性与个性。其共性均经过一个卤素上孤对电子与金属外层空轨道的络合过程；个性是由于金属元素质量、体积、电负性的不同，金属与烷烃共价键呈现不同的解离方式，每一种解离方式都与金属的键长、可极化度和电负性相关。

④ 揭示了重氮盐制备与性质的三个规律。首先，亚硝基原料的共性与个性，各种亚硝基均为亲电试剂，而亚硝酸还具有亲核试剂的功能。其次，重氮盐分子内两个亲电试剂及其活性排序，亲核试剂只能按其活性次序生成新键。最后，重氮盐上的反应并非只有芳基自由基与芳基正离子，还有重氮基加成后的三对电子协同迁移反应存在。

参考文献

[1] 邢其毅，徐瑞秋，周政. 基础有机化学. 北京：人民教育出版社，1980：544.
[2] Wittig, G., Schöllkopf, U. Ber. Dtsch. Chem. Ger., 1954, 87：1318.
[3] Meisenheimer, J. Ber. Dtsch. Chem. Ger., 1919, 52：1667.
[4] 陈荣业. 分子结构与反应活性. 北京：化学工业出版社，2008：169-170.
[5] Michael B. Smith, Jerry March. March 高等有机化学——反应、机理与结构. 李艳梅，译. 北京：化学工业出版社，2009：257-267.
[6] Arndt, F., Eistert, B. Ber. Dtsch. Chem. Ges., 1935, 68：200.
[7] Podlech, J., Seebach, D. Angew. Chem., Int. Ed., 1995, 34：471.
[8] Regitz, M. Angew. Chem. Int. Ed., 1967, 6：733-741.
[9] Regitz, M. Synthesis, 1972：351-373.
[10] Criegee, R., Wenner, G. Justus Liebigs Ann. Chem., 1949, 564：9-15.
[11] Criegee, R. Angew. Chem., 1975, 87：765-771.
[12] Jie Jack Li. 有机人名反应及机理. 荣国斌，译. 上海：华东理工大学出版社，2003：439.
[13] Shine, H. J. In Aromatic Rearrangements. Elsevier：New York, 1967：55-68.
[14] Schultz, A. G., Hardinger, S. A. J. Org. Chem., 1991, 56：1105-1111.
[15] Hofmann, A. W. Ber. 1881, 14：2725-2736.
[16] Moriarty, R. M. J. Org. Chem., 2005, 70：2893-2903.
[17] Ashby, E. C., Laemmle, J. T., Neumann, H. M. Acc. Chem. Res., 1974, 7：272-280.
[18] Chodkiewicz, W., Cadiot, P. C. R. Hebd. Seances Acad. Sci., 1955, 241：1055-1057.
[19] Castro, C. E., Stephens, R. D. J. Org. Chem., 1963, 28：2163.
[20] Eglinton, G., Galbraith. A. R. Chem. Ind., 1956：737.
[21] Heck, R. F., Nolley, J. P., Jr. J. Am. Chem. Soc., 1968, 90：5518-5526.
[22] Tamao, K., Sumitani, K., Kiso, Y., et al. Chem. Soc. Jpn., 1976, 49：1958-1969.
[23] Kalinin, V. N. Synthesis, 1992：413-432.
[24] Wadsworth, W. S., Jr., Emmons, W. D. J. Am. Chem. Soc., 1961, 83：1733-1783.
[25] Stanforth, S. P. Tetrahedron, 1998, 54：263-303.
[26] Guram, A. S., Buchwald, S. L. H. J. Am. Chem. Soc., 1994, 116：7901-7902.